유튜브 선생님에게 배우는

유·선·배 소방설비기사
기계분야 필기 합격노트

저자 직강 무료 동영상 강의 제공

빠른 합격을 위한 맞춤 학습 전략을
무료로 경험해 보세요.

| 혼자 하기 어려운 공부, 도움이 필요할 때 | 체계적인 커리큘럼으로 공부하고 싶을 때 | 온라인 강의를 무료로 듣고 싶을 때 |

정세윤 선생님의 쉽고 친절한 강의,
지금 바로 확인하세요!

YouTube 세짓말 설비특강

2026 시대에듀 유선배 소방설비기사 기계분야 필기 합격노트

Always with you

사람의 인연은 길에서 우연하게 만나거나 함께 살아가는 것만을 의미하지는 않습니다.
책을 펴내는 출판사와 그 책을 읽는 독자의 만남도 소중한 인연입니다.
시대에듀는 항상 독자의 마음을 헤아리기 위해 노력하고 있습니다. 늘 독자와 함께하겠습니다.

자격증 · 공무원 · 금융/보험 · 면허증 · 언어/외국어 · 검정고시/독학사 · 기업체/취업
이 시대의 모든 합격! 시대에듀에서 합격하세요!
www.youtube.com ➜ '세짓말 설비특강' 검색 ➜ 구독

PREFACE 머리말

필자가 다양한 분야에서 많은 자격증을 취득하며 느낀 점이 있습니다. "자격증을 위한 공부는 일반 공부순서와 다르다"는 것입니다.

전공자분들뿐만 아니라 많은 비전공자분들이 수험생활에 뛰어들며 2가지 정도의 공부 방법으로 준비를 합니다.

첫 번째는 가장 많은 분들이 이용하는 기출문제의 반복적 풀이를 통한 방법입니다.
CBT가 적용되기 전까지 가장 효율적인 방법이었다는 것은 분명한 사실입니다. CBT의 시행으로 문제 출제 범위가 넓어지며 풀어야 하는 범위가 넓어짐에 따라 공부 시간 또한 늘어나서 이제는 효율적이지 못한 방법이 되었습니다.

두 번째는 일반적으로 말하는 각 분야의 정석적인 순서로 학습을 하는 경우입니다.
해당 방법은 각 과목을 공부하는 데 가장 좋은 방법 중 하나이나, 제 경험에서는 굉장히 비합리적인 학습 방법이었습니다. 많은 양을 소화하며 공부할 정도로 많은 시간을 투자하지 못하였기 때문입니다.

해당 서적은 위 두 가지 방법과 다르게 순서대로 공부하면 대부분의 문제를 풀이할 수 있도록 공부의 순서를 필자의 임의로 작성하였습니다. 대부분의 정석 공부방법은 앞부분을 풀이하기 위해 뒷부분의 내용이 들어가고, 그로 인해 다시 돌아와서 봐야 하는 문제가 발생하므로 해당 부분에 대한 문제점을 최대한 해결하려 노력하였습니다. 해당 서적과 강의에 따라 학습하신다면 어려움 없이 합격하시리라 믿어 의심치 않습니다.

20개년의 기출문제를 분석하여 과감히 필요 없는 부분은 생략하고, 공부에 비효율적인 부분은 제외하였습니다. 합격의 기준은 60점임을 항상 기억하시고, 모든 걸 완벽하게 숙지하시려는 생각은 버리고 수험에 임하시길 바랍니다.

저자 **정 세 윤**

시험안내

수행직무

소방시설공사 또는 정비업체 등에서 소방시설공사의 설계도면을 작성하거나 소방시설공사를 시공·관리하며, 소방시설의 점검·정비와 화기의 사용 및 취급 등 방화안전관리에 대한 감독, 소방계획에 의한 소화, 통보 및 피난 등의 훈련을 실시하는 방화관리자의 직무수행

진로 및 전망

- 소방공사, 대한주택공사, 전기공사 등 정부투자기관, 각종 건설회사, 소방전문업체 및 학계, 연구소 등으로 진출할 수 있다.
- 산업구조의 대형화 및 다양화로 소방대상물(건축물·시설물)이 고층·심층화되고, 고압가스나 위험물을 이용한 에너지 소비량의 증가 등으로 재해발생 위험요소가 많아지면서 소방과 관련한 인력수요가 늘고 있다. 소방설비 관련 주요업무 중 하나인 화재관련 건수와 그로 인한 재산피해액도 당연히 증가할 수밖에 없어 소방관련 인력에 대한 수요는 증가할 것으로 전망된다.

시행처

한국산업인력공단

관련학과

대학 및 전문대학의 소방학, 건축설비공학, 기계설비학, 가스냉동학, 공조냉동학 관련학과

시험요강

구 분	필 기	실 기
시험과목	1. 소방원론 2. 소방유체역학 3. 소방관계법규 4. 소방기계시설의 구조 및 원리	소방기계시설 설계 및 시공실무
합격기준	100점을 만점으로 하여 과목당 40점 이상, 전과목 평균 60점 이상	100점을 만점으로 하여 60점 이상
검정방법	객관식 4지 택일형 과목당 20문항(과목당 30분)	필답형(3시간)
응시료	19,400원	22,600원

시험일정(2025년 기준)

회 별	필기시험			실기시험		
	원서접수 (휴일 제외)	시험시행	합격(예정)자 발표	원서접수 (휴일 제외)	시험시행	최종합격자 발표
제1회	1.13~1.16	2.7~3.4	3.12	3.24~3.27	4.19~5.9	6.13
제2회	4.14~4.17	5.10~5.30	6.11	6.23~6.26	7.19~8.6	9.12
제3회	7.21~7.24	8.9~9.1	9.10	9.22~9.25	11.1~11.21	12.24

※ 원서접수 시간은 원서접수 첫날 10:00부터 마지막 날 18:00까지임
※ 필기시험 합격예정자 및 최종합격자 발표시간은 해당 발표일 09:00임
※ 시험일정은 종목별, 지역별로 상이할 수 있음
※ 접수일정 전에 공지되는 해당 회별 수험자 안내(Q-net 공지사항 게시) 참조 필수

검정현황

연 도	필 기			실 기		
	응 시	합 격	합격률	응 시	합 격	합격률
2024년	20,888명	9,662명	46.3%	18,587명	4,493명	24.2%
2023년	23,350명	10,669명	45.7%	20,510명	5,458명	26.6%
2022년	17,523명	8,206명	46.8%	15,080명	2,346명	15.6%
2021년	17,736명	9,048명	51.0%	17,709명	5,753명	32.5%
2020년	14,623명	7,546명	51.6%	15,862명	3,076명	19.4%
2019년	18,030명	8,223명	45.6%	12,024명	3,620명	30.1%
2018년	15,757명	4,515명	28.7%	8,812명	3,349명	38.0%
2017년	13,524명	3,891명	28.8%	8,603명	2,981명	34.7%
2016년	11,418명	4,168명	36.5%	7,936명	2,092명	26.4%
2015년	8,924명	3,295명	36.9%	6,424명	1,393명	21.7%

이 책의 구성과 특징

대표 기출유형과 족집게 과외

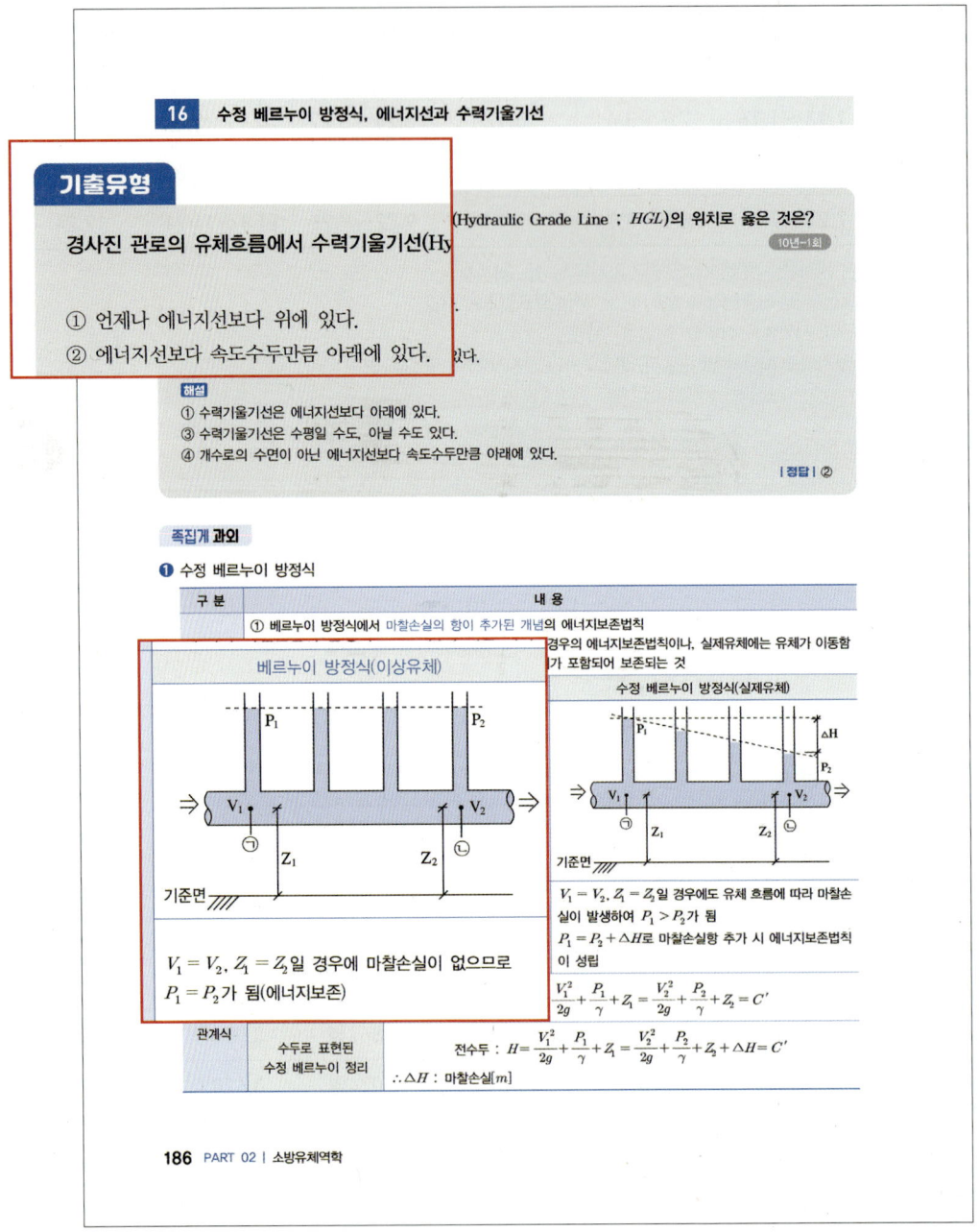

▶ 방대하게만 느껴지는 이론! 어떻게 출제되는지 재빠른 확인이 가능하도록 기출문제를 분석하여 132개의 대표 기출 유형을 수록하였습니다. 그림과 도표를 통해 쉽게 이해하고, 합격에 필요한 이론을 빈틈없이 채워줄 족집게 과외로 이론 공부를 확실하게 마칠 수 있습니다.

같은 유형의 문제를 모아 기출유형 완성하기

🔒 정답 01 ② 02 ④ 03 ④ 04 ② 05 ④ 06 ③

01 위험물제조소의 표지의 바탕 및 문자의 색으로 옳은 것은? 03년-1회

① 황색바탕, 흑색문자
② 백색바탕, 흑색문자
③ 흑색바탕, 백색문자
④ 적색바탕, 백색문자

[해설]
표지의 바탕은 백색으로, 문자는 흑색으로 할 것

02 위험물제조소에서 위험물을 취급할 때에는 정전기를 제거하는 설비를 하여야 한다. 정전기를 유효하게 제거할 수 있는 방법이 될 수 없는 것은? 25년

① 접지를 한다.
② 공기 중의 상대습도를 70% 이상으로 한다.
③ 공기를 이온화한다.
④ 종단저항을 설치한다.

[해설]
위험물제조소등에서 정전기 제거설비
• 접지에 의한 방법
• 공기 중의 상대습도를 70% 이상으로 하는 방법
• 공기를 이온화하는 방법

03 제4류 위험물을 저장하는 위험물제조소의 주의사항을 표시한 게시판의 내용으로 적합한 것은? 15년-1회

① 물기주의   ② 물기엄금
③ 화기주의   ④ 화기엄금

[해설]
제4류 위험물을 저장·취급하는 장소에는 적색바탕에 백색문자로 "화기엄금" 표시된 게시판을 설치하여야 한다.

기출유형 완성하기

04 지정수량의 몇 배 이상의 위험물을 취급하는 제조소에는 피뢰침을 설치하여야 하는가? (단, 제6류 위험물을 취급하는 위험물제조소는 제외) 25년

① 5배
② 10배
③ 50배
④ 100배

[해설]
지정수량의 10배 이상의 위험물을 취급하는 제조소(제6류 위험물을 취급하는 위험물제조소를 제외한다)에는 피뢰침을 설치하여야 한다.

---

① 바탕 – 백색, 문자 – 청색
② 바탕 – 청색, 문자 – 흑색
③ 바탕 – 흑색, 문자 – 백색
④ 바탕 – 백색, 문자 – 흑색

[해설]
게시판의 바탕은 백색으로, 문자는 흑색으로 할 것

06 위험물안전관리법령에서 정한 게시판의 주의사항으로 잘못된 것은? 10년-4회

① 제2류 위험물(인화성 고체 제외) : 화기주의
② 제3류 위험물 중 자연발화성 물질 : 화기엄금
③ 제4류 위험물 : 화기주의
④ 제5류 위험물 : 화기엄금

[해설]
제4류 위험물을 저장·취급하는 장소에는 적색바탕에 백색문자로 "화기엄금" 표시된 게시판을 설치하여야 한다.

▶ 이론이 끝날 때마다 학습내용을 바로 점검할 수 있도록 기출문제를 모아 수록했습니다. 해당 이론에서 출제된 기출문제 풀이로 실제 시험에서 어떻게 문제를 풀어야 하는지 공략할 수 있습니다. 또한, 문제 옆 기출연도 표기를 통해 문제은행 방식의 시험에서 해당 문제가 출제되었던 회차를 확인할 수 있습니다.

이 책의 구성과 특징

문제은행 기출문제로 실전감각 익히기

제1회 문제은행 기출유형 모의고사

1과목 소방원론

01 Fourier법칙(전도)에 대한 설명으로 틀린 것은? `22년-2회`
① 이동열량은 전열체의 단면적에 비례한다.
② 이동열량은 전열체의 두께에 비례한다.
③ 이동열량은 전열체의 열전도도에 비례한다.
④ 이동열량은 전열체 내·외부의 온도차에 비례한다.

02 자연발화가 일어나기 쉬운 조건이 아닌 것은? `22년-2회`
① 열전도율이 클 것
② 적당량의 수분이 존재할 것
③ 주위의 온도가 높을 것
④ 표면적이 넓을 것

03 분말소화약제 중 탄산수소칼륨($KHCO_3$)과 요소($CO(NH_2)_2$)와의 반응물을 주성분으로 하는 소화약제는? `25년`
① 제1종 분말
② 제2종 분말
③ 제3종 분말
④ 제4종 분말

04 폭굉(detonation)에 관한 설명으로 틀린 것은? `22년-2회`
① 연소속도가 음속보다 느릴 때 나타난다.
② 온도의 상승은 충격파의 압력에 기인한다.
③ 압력상승은 폭연의 경우보다 크다.
④ 폭굉의 유도거리는 배관의 지름과 관계가 있다.

05 다음 중 피난자의 집중으로 패닉현상이 일어날 우려가 가장 큰 형태는? `25년`
① T형 ② X형
③ Z형 ④ H형

06 물리적 폭발에 해당하는 것은? `25년`
① 분해폭발
② 분진폭발
③ 중합폭발
④ 수중기폭발

07 다음 중 착화온도가 가장 낮은 것은? `21년-4회`
① 아세톤
② 휘발유
③ 이황화탄소
④ 벤젠

▶ 소방설비기사 기계분야 시험의 노하우를 가진 저자가 출제경향을 분석하여 CBT 문제은행 방식의 시험에 대비할 수 있도록 문제를 조합하여 5회분의 모의고사를 수록했습니다. 문제은행 기출문제를 풀어보면서 실전감각을 익히고 어떤 문제가 출제될지 예측할 수 있습니다.

상세한 해설로 실력 다지기

기출유형 완성하기

정답 10 ① 11 ③ 12 ④ 13 ③

10 두께 $4mm$의 강평판에서 고온 측 면의 온도가 $100℃$이고 저온 측 면의 온도가 $80℃$이며 단위 면적($1m^2$)에 대해 매분 $30,000kJ$의 전열을 한다고 하면 이 강판의 열전도율은 몇 $W/m \cdot ℃$인가? 〔06년~1회〕

① 100   ② 105
③ 110   ④ 115

해설

단위를 살펴보면 $W = J/s$, $kW = kJ/s$가 된다.

$$\dot{q}_C'' = k \cdot \frac{(T_H - T_L)}{l} = k \cdot \frac{\triangle T}{l}$$

열유속은 초당이므로

총 전도열량 $Q_c'' = k \cdot \frac{(T_H - T_L)}{l} \times 60[s]$

$k = \frac{Q_c'' \times l}{(T_H - T_L)} \times \frac{1}{60} = \frac{30,000 \times 0.004}{(100 - 80)} \times \frac{1}{60}$

$= 0.1[kW/m \cdot ℃]$

$k = 0.1[kW/m \cdot ℃] = 100[W/m \cdot ℃]$

11 온도차이 $\triangle T$, 열전도율 k, 두께 x, 열전달면적 A인 벽을 통한 열전달률이 Q이다. 다른 조건은 동일한 상태에서 벽의 열전도율이 4배가 되고 벽의 두께가 2배가 되는 경우 열전달률은 Q의 몇 배가 되는가? 〔12년~2회〕

① 1/2   ② 1
③ 2   ④ 4

해설

전도열량 $\dot{q}_C = k \cdot A \cdot \frac{(T_H - T_L)}{l} = k \cdot A \cdot \frac{\triangle T}{l}$

$\frac{Q_2}{Q_1} = \frac{4k \cdot A \cdot \triangle T / 2l}{k \cdot A \cdot \triangle T / l} = \frac{4}{2} = 2$

12 온도차이 $20℃$, 열전도율 $5 W(m \cdot k)$, 두께 $20 cm$인 벽을 통한 열유속(heat flux)과 온도차이 $40℃$, 열전도율 $10 W(m \cdot k)$, 두께 t인 같은 면적을 가진 벽을 통한 열유속이 같다면 두께 t는 몇 cm인가? 〔19년~1회〕

① 10   ② 20
③ 40   ④ 80

해설

전도열량 $\dot{q}_C = k \cdot A \cdot \frac{(T_H - T_L)}{l} = k \cdot A \cdot \frac{\triangle T}{l}$

$\dot{q}_{C1} = \dot{q}_{C2} = k_1 \cdot A_1 \cdot \frac{(T_{H1} - T_{L1})}{t_1}$

$= k_2 \cdot A_2 \cdot \frac{(T_{H2} - T_{L2})}{t_2}$

$A_1 = A_2$이므로 t_2로 정리하면

$t_2 = \frac{k_2}{k_1} \times \frac{(T_{H2} - T_{L2})}{(T_{H1} - T_{L1})} \times t_1 = \frac{10}{5} \times \frac{40}{20} \times 0.2 = 0.8[m]$

$t_2 = 0.8[m] = 80[cm]$

13 물체의 표면온도가 $100℃$에서 $400℃$로 상승하였을 때 물체 표면에서 방출하는 복사에너지는 약 몇 배가 되겠는가? (단, 물체의 방사율은 일정하다고 가정한다) 〔13년~2회〕

① 2
② 4
③ 10.6
④ 256

해설

복사열에너지의 크기 $\dot{q}_R = \sigma A T^4$이므로 복사에너지의 비

$\frac{\dot{q}_{R2}}{\dot{q}_{R1}} = \frac{\sigma A_2 T_2^4}{\sigma A_1 T_1^4} = \frac{(400 + 273)^4}{(100 + 273)^4} = 10.6$

▶ 많은 문제를 푸는 것보다 중요한 것은 한 문제를 정확히 파악하고 이해하는 것입니다. 한 문제, 한 문제마다 완벽한 해설, 상세한 해설을 수록했습니다. 자세하고 꼼꼼한 해설로 모르는 문제도 충분히 해결할 수 있습니다. 문제를 풀고 해설을 통해 한 번 더 복습해 보세요.

이 책의 목차

PART 01 | 소방원론

CHAPTER 01	연 소	2
CHAPTER 02	소화원리	7
CHAPTER 03	가연물, 조연성 가스, 점화원	12
CHAPTER 04	자연발화	17
CHAPTER 05	인화점, 연소점, 발화점, 연소범위	20
CHAPTER 06	열전달	25
CHAPTER 07	연 기	29
CHAPTER 08	연기농도	33
CHAPTER 09	폭발과 방폭	36
CHAPTER 10	화 재	40
CHAPTER 11	플래시오버, 화재하중, 화재강도	46
CHAPTER 12	건축재료	51
CHAPTER 13	무창층, 지하층, 주요구조부	54
CHAPTER 14	방화구조, 내화구조, 방화벽	56
CHAPTER 15	피 난	60
CHAPTER 16	증기비중, 분자량	66
CHAPTER 17	위험물 분류	72
CHAPTER 18	위험물 소화	81
CHAPTER 19	소화약제-1(물)	86
CHAPTER 20	소화약제-2(분말&이산화탄소)	91
CHAPTER 21	소화약제-3(할론&불활성 가스)	100

PART 02 | 소방유체역학

CHAPTER 01	단위와 차원	106
CHAPTER 02	기초 물리량	111
CHAPTER 03	압 력	115
CHAPTER 04	점성계수, 동점성계수	120
CHAPTER 05	유체의 정의, 분류	127
CHAPTER 06	압축률과 체적탄성계수	130
CHAPTER 07	표면장력과 모세관현상	134
CHAPTER 08	부 력	139
CHAPTER 09	액주계(=마노미터)	145
CHAPTER 10	정수력-1(수평력, 수직력)	152
CHAPTER 11	정수력-2(도심, 작용점, 수문을 개방하는 힘)	160
CHAPTER 12	파스칼의 원리	165
CHAPTER 13	연속방정식	169
CHAPTER 14	토리첼리의 정리	174
CHAPTER 15	베르누이 방정식	181
CHAPTER 16	수정 베르누이 방정식, 에너지선과 수력기울기선	186
CHAPTER 17	정압, 동압, 전압, 피토관, 정체압	190
CHAPTER 18	방수량, 방사압, 배수(=방수)시간	196
CHAPTER 19	유량계, 압력계, 오리피스와 벤츄리관	200
CHAPTER 20	운동량 방정식(평판에 작용하는 힘, 노즐 반발력)	205
CHAPTER 21	레이놀즈 수(Re) 및 기타 무차원수	212
CHAPTER 22	마찰손실-1(주손실, 배관손실)	218
CHAPTER 23	마찰손실-2(부차적손실, 등가길이)	226
CHAPTER 24	유체기계 동력	230
CHAPTER 25	상사법칙과 비속도	237

CHAPTER 26	펌프에서의 제현상 (공동현상, 맥동현상, 수격현상)	243
CHAPTER 27	비열, 비열비, 현열, 잠열	249
CHAPTER 28	열역학 법칙	254
CHAPTER 29	과정변화	258
CHAPTER 30	카르노사이클	264
CHAPTER 31	보일의 법칙, 샤를의 법칙, 아보가드로의 법칙	268
CHAPTER 32	이상기체 상태방정식	272
CHAPTER 33	열전달(전도, 대류, 복사)	278

PART 03 | 소방관계법규

CHAPTER 01	소방기본법의 목적, 소방신호, 상호응원	286
CHAPTER 02	소방대상물, 소방박물관 등	291
CHAPTER 03	소방대와 소방활동	294
CHAPTER 04	종합상황실과 소방활동장비	300
CHAPTER 05	소방용수시설	303
CHAPTER 06	한국소방안전원ㆍ소방안전관리자의 업무, 관계인 훈련	307
CHAPTER 07	소방계획서, 방화구획 유지관리	310
CHAPTER 08	소방안전관리자(자격, 선임)	312
CHAPTER 09	소방안전관리대상물, 총괄소방안전관리자	316
CHAPTER 10	화재의 예방조치 등-1	319
CHAPTER 11	화재의 예방조치 등-2	322
CHAPTER 12	특수가연물	325
CHAPTER 13	화재예방강화지구	330
CHAPTER 14	화재안전조사	334
CHAPTER 15	화재예방안전진단	339

CHAPTER 16	소방시설	342
CHAPTER 17	특정소방대상물	346
CHAPTER 18	소방용품	350
CHAPTER 19	형식승인과 우수품질인증	353
CHAPTER 20	특정소방대상물에 설치ㆍ관리해야 하는 소방시설(기계)	357
CHAPTER 21	특정소방대상물에 설치ㆍ관리해야 하는 소방시설(전기)	361
CHAPTER 22	소방시설 설치의 면제기준 및 범위	364
CHAPTER 23	수용인원과 임시소방시설	367
CHAPTER 24	건축허가등의 동의대상물의 범위	370
CHAPTER 25	소방시설기준 적용의 특례	374
CHAPTER 26	성능위주설계 범위, 기술심의위원회	378
CHAPTER 27	작동점검과 종합점검	380
CHAPTER 28	자체점검 결과, 면제, 연기	385
CHAPTER 29	소방시설관리업	388
CHAPTER 30	소방시설법 중 기타 법규	390
CHAPTER 31	방염 대상	394
CHAPTER 32	소방시설업, 소방시설설계업	397
CHAPTER 33	소방공사감리업	401
CHAPTER 34	착공신고, 완공검사, 하자보수	403
CHAPTER 35	소방기술자 및 소방안전관리자의 교육	408
CHAPTER 36	위험물 분류 및 지정수량	410
CHAPTER 37	위험물 표지, 정전기 제거 및 피뢰설비	413
CHAPTER 38	채광ㆍ조명 및 환기설비, 배출설비	417
CHAPTER 39	제조소등의 허가 및 변경신고 등	420
CHAPTER 40	정기검사, 예방규정	424
CHAPTER 41	제조소의 위치ㆍ구조 기준	426
CHAPTER 42	옥외탱크저장소의 방유제	429
CHAPTER 43	위험물의 임시저장	432

이 책의 목차

PART 04 | 소방기계시설의 구조 및 원리

- CHAPTER 01 소화기구 및 소화장치 … 436
- CHAPTER 02 방수량과 방수압력 … 443
- CHAPTER 03 수원과 가압송수장치 유량 … 448
- CHAPTER 04 살수밀도와 수원(물분무설비) … 455
- CHAPTER 05 방사량과 수원(포소화설비) … 458
- CHAPTER 06 옥상수조와 가압송수장치의 양정(압력) … 462
- CHAPTER 07 소화펌프 성능 및 주위 구성품 … 465
- CHAPTER 08 소화배관 … 471
- CHAPTER 09 방수구와 소화전함 … 477
- CHAPTER 10 연결송수관설비 … 485
- CHAPTER 11 스프링클러 헤드-1 … 488
- CHAPTER 12 스프링클러 헤드-2 … 495
- CHAPTER 13 스프링클러설비(구성품, 방호구역) … 500
- CHAPTER 14 연결살수설비 … 506
- CHAPTER 15 연소방지설비 … 513
- CHAPTER 16 포소화설비 헤드 … 515
- CHAPTER 17 포소화설비(방출구) … 521
- CHAPTER 18 포소화설비(포혼합장치, 팽창비) … 524
- CHAPTER 19 물분무, 미분무소화설비 … 527
- CHAPTER 20 상수도 소화전 … 533
- CHAPTER 21 소화수조 및 저수조 … 536
- CHAPTER 22 물분무등소화설비 약제량-1 (가스계-전역방출방식) … 542
- CHAPTER 23 물분무등소화설비 약제량-2 (분말-전역방출방식) … 547
- CHAPTER 24 물분무등소화설비 약제량-3 (국소방출, 호스릴방식) … 552
- CHAPTER 25 물분무등소화설비 저장용기 … 558
- CHAPTER 26 물분무등소화설비 배관 및 부속품 … 564
- CHAPTER 27 물분무등소화설비 기동장치 … 568
- CHAPTER 28 피난기구-1(설치대상, 적응성) … 573
- CHAPTER 29 피난기구-2(설치기준) … 575
- CHAPTER 30 피난기구-3(설치 제외, 감소 기준) … 578
- CHAPTER 31 인명구조기구 … 580
- CHAPTER 32 거실제연설비-1(제연구역, 배출량) … 582
- CHAPTER 33 거실제연설비-2(배출방식, 배출풍도) … 585
- CHAPTER 34 거실제연설비-3(댐퍼, 작동, TAB) … 590
- CHAPTER 35 부속실 제연설비 … 594

PART 05 | 문제은행 기출유형 모의고사

- 제1회 문제은행 기출유형 모의고사 … 600
- 제1회 문제은행 기출유형 모의고사 해설 … 614
- 제2회 문제은행 기출유형 모의고사 … 620
- 제2회 문제은행 기출유형 모의고사 해설 … 633
- 제3회 문제은행 기출유형 모의고사 … 640
- 제3회 문제은행 기출유형 모의고사 해설 … 654
- 제4회 문제은행 기출유형 모의고사 … 660
- 제4회 문제은행 기출유형 모의고사 해설 … 673
- 제5회 문제은행 기출유형 모의고사 … 680
- 제5회 문제은행 기출유형 모의고사 해설 … 693

부록

[핸드북] 필수암기노트

PART 01
소방원론

PART 01 소방원론

01 연 소

기출유형

연소에서 연쇄반응은 어느 것에 해당하는가? 25년

① 연소의 3요소
② 연소의 4요소
③ 연소의 시기 및 최소 착화에너지
④ 연소의 최성기

해설
연소의 3요소는 가연물, 산소, 점화원으로서 연쇄반응은 연소의 4요소에 포함된다.

| 정답 | ②

족집게 과외

❶ 연 소

구 분	내 용					
연소의 정의	빛과 열을 동반하는 급격한 산화반응					
연소 3요소	① 가연물(탈 물질)　　　　② 산소(조연성=지연성 가스)　　　　③ 점화원(불꽃 등)					
연소 4요소	연소의 3요소+연쇄반응					
연소가 용이한 조건 (가연물)	① 비표면적이 넓을 것 ② 산소와 친화력이 좋을 것 ③ 열전도율이 작을 것 ④ 열축적이 용이할 것 ⑤ 활성화에너지가 작을 것 ⑥ 발열량(연소열)이 클 것					
연소의 형태	표면연소 (작열연소)	고 체	가연성 혼합기를 형성하지 못하고 고체 표면에서의 느린 연소 현상		목탄, 코크스, 숯, 금속분	
	자기연소	고 체	산소를 함유한 물질이 외부의 산소공급 없이 연소하는 현상		니트로글리세린, 니트로셀룰로오스	
	증발연소	고체, 액체	열분해 없이 직접 증발 또는 기화하여 증기가 연소하는 현상		촛불, 파라핀, 황, 나프탈렌	
	분해연소	고체, 액체	열분해를 일으켜 물질이 화학적으로 분해되어 연소하는 현상		석탄, 종이, 플라스틱, 목재, 고무,	
	확산연소	고체, 액체, 기체	가연성 가스와 산소가 반응에 의해 농도가 낮은 곳으로 확산되어 연소하는 현상		−	
	예혼합연소	기 체	기체와 산소가 미리 혼합되어 있는 상태에서 발생하는 연소 현상		가스 폭발	
연소속도	① 말 그대로 연소하는 속도로서 일반적으로 연료의 질량 감소 속도를 의미함 ② 연소는 급격한 산화반응으로서 연소속도=산화속도로 이해할 수 있음					
연소 온도별 색상	색 상	암적색	적 색	휘적색	황적색	백 색	휘백색
	온도[℃]	700	850	950	1,100	1,300	1,500↑

기출유형 완성하기

정답 01 ② 02 ④ 03 ③ 04 ③ 05 ① 06 ③

---

01 연소의 3요소가 아닌 것은? `04년-2회`

① 가연물
② 소화약제
③ 산소공급원
④ 점화원

해설
② 소화약제는 연소를 차단하기 위한 물질이다.

연소의 3요소
- 가연물
- 산 소
- 점화원

---

02 다음 중 연소현상과 관계가 없는 것은? `10년-1회`

① 부탄가스 라이터에 불을 붙였다.
② 황린을 공기 중에 방치했더니 불이 붙었다.
③ 알코올램프에 불을 붙였다.
④ 공기 중에 노출된 쇠못이 붉게 녹이 슬었다.

해설
연소란 빛과 열을 동반하는 **급격한 산화반응**이다.
Tip 철이 녹이 스는 것도 산화반응이나 매우 느린 반응으로서 빛과 열을 수반하지 않는다.

---

03 다음 중 연소속도와 가장 관계가 깊은 것은? `12년-1회`

① 증발속도
② 환원속도
③ 산화속도
④ 혼합속도

해설
연소란 빛과 열을 동반하는 **급격한 산화반응**이다. 즉, 연소의 속도는 산화속도와 관계가 깊다.

---

04 불꽃의 색상을 저온으로부터 고온 순서로 옳게 나열한 것은? `10년-2회`

① 암적색, 휘백색, 황적색
② 휘백색, 암적색, 황적색
③ 암적색, 황적색, 휘백색
④ 휘백색, 황적색, 암적색

해설
연소의 온도별 색상
휘백색＞백색＞황적색＞휘적색＞적색＞암적색

---

05 다음 중 연소와 가장 관련이 있는 화학반응은? `08년-2회`

① 산화반응
② 환원반응
③ 치환반응
④ 중화반응

해설
연소란 빛과 열을 동반하는 **급격한 산화반응**이다.

---

06 다음 중 화재발생 가능성이 가장 낮은 경우는? `08년-4회`

① 주위온도가 높을 때
② 인화점이 낮을 때
③ 활성화에너지가 클 때
④ 폭발하한계가 낮을 때

해설
③ 활성화에너지란 연소반응이 발생하기 위한 최소한의 에너지 크기를 의미한다. 즉, 클수록 화재발생 가능성이 작다.
① 주위온도가 높다면 온도를 조금만 올려도 화재가 발생할 수 있다.
② 인화점은 불꽃을 접촉했을 때 불이 붙는 최소 온도를 의미한다. 즉, 인화점이 낮을수록 불이 붙기 쉽다.
④ 폭발하한계란 점화 시 불이 붙는 공기 중 최소한의 가스농도를 말한다(하한계가 낮으면 작은 가스농도에서도 폭발이 발생한다).

🔒 정답 07 ④ 08 ① 09 ③ 10 ② 11 ② 12 ③

기출유형 완성하기

07 고체가 액체로 되었다가 기체로 되어 불꽃을 내면서 연소하는 현상은? `03년-1회`

① 표면연소 ② 분해연소
③ 자기연소 ④ 증발연소

해설
고체나 액체가 기체로 상변화하여 연소하는 현상은 증발연소이다.

08 가연물의 연소형태를 잘못 짝지은 것은? `05년-1회`

① 표면연소 : 석탄
② 분해연소 : 목재
③ 증발연소 : 유황
④ 내부연소 : 셀룰로이드

해설
석탄의 연소형태는 분해연소이다.

09 그림에 표현된 불꽃연소의 기본요소 중 ( ) 안에 해당되는 것은? `09년-4회`

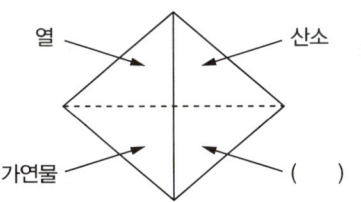

① 열분해 증발고체
② 기 체
③ 순조로운 연쇄반응
④ 풍 속

해설
연소의 4요소
• 가연물   • 산 소
• 점화원(열, 불꽃) • 연쇄반응

10 조연성 가스에 해당하는 것은? `21년-1회`

① 일산화탄소
② 산 소
③ 수 소
④ 부 탄

해설
조연성 가스는 연소를 도와주는 가스로 대표적으로 산소를 의미한다.
Tip 일산화탄소, 부탄, 수소는 가연성 가스이다.

11 황이나 나프탈렌 같은 고체위험물의 연소 형태는? `25년`

① 표면연소
② 증발연소
③ 자기연소
④ 분해연소

해설
황이나 나프탈렌의 연소 형태는 증발연소이다.

12 표면연소만 일어나는 것은? `05년-4회`

① 목 재   ② 합성수지
③ 숯   ④ 섬유질

해설
숯은 표면연소이다.
Tip 표면연소는 불꽃이 보이지 않는 연소라 연상하면 기억하기 쉽다.

CHAPTER 01 | 연 소   5

기출유형 완성하기

🔒 정답 13 ③ 14 ④ 15 ④ 16 ② 17 ④

13 가연물질이 연소가 잘되기 위한 조건 중 옳지 않은 것은? `25년`

① 표면적이 넓어야 한다.
② 산소와 친화력이 좋아야 한다.
③ 열전도율이 커야 한다.
④ 열 축적이 잘되어야 한다.

해설
연소가 용이하기 위해서는 열전도율이 작아야 한다. 가연물의 온도가 상승되어야 지속적인 연소 또는 점화가 가능하게 된다. 열전도율이 클 경우 열을 받은 가연물이 주변으로 열을 방출하여 연소에 불리하다.

14 다음 중 연소의 종류가 아닌 것은? `25년`

① 증발연소
② 표면연소
③ 분해연소
④ 기화연소

해설
기화연소라는 연소는 없다.

15 다음 중 연소를 위한 필수조건이 아닌 것은? `08년-1회`

① 가연물
② 산 소
③ 점화에너지
④ 부촉매

해설
부촉매는 연쇄반응을 늦추기 위한 물질을 말한다.
Tip 부촉매 투입 시 필요한 활성화에너지가 커진다.

연소의 3요소
- 가연물
- 산 소
- 점화원

16 분자내부에 니트로기를 갖고 있는 TNT, 니트로셀룰로오스 등과 같은 제5류 위험물의 연소 형태는? `21년-2회`

① 분해연소
② 자기연소
③ 증발연소
④ 표면연소

해설
"니트로" 작용기가 포함된 5류 위험물의 연소 형태는 자기연소이다.
Tip 니트로 명칭이 들어가 있는 경우는 자기연소가 대부분이다.

17 다음 중 표면연소에 대한 설명으로 올바른 것은? `10년-4회`

① 목재가 산소와 결합하여 일어나는 불꽃연소 현상
② 종이가 정상적으로 화염을 내면서 연소하는 현상
③ 오일이 기화하여 일어나는 연소현상
④ 코크스나 숯의 표면에서 산소와 접촉하여 일어나는 연소현상

해설
표면연소란 말 그대로 표면에서 발생하는 연소현상으로 대부분 육안으로 불꽃이 관찰되지 않는다.

02 소화원리

기출유형

소화원리에 대한 설명으로 틀린 것은? 〔19년-4회〕

① 냉각소화 : 물의 증발잠열에 의해서 가연물의 온도를 저하시키는 소화방법
② 제거효과 : 가연성 가스의 분출화재 시 연료공급을 차단시키는 소화방법
③ 질식소화 : 포소화약제 또는 불연성 가스를 이용해서 공기 중의 산소공급을 차단하여 소화하는 방법
④ 억제소화 : 불활성 기체를 방출하여 연소범위 이하로 낮추어 소화하는 방법

해설
불활성 기체를 방출하는 것은 산소농도를 낮추어 소화하는 질식소화 원리이다.

|정답| ④

족집게 과외

❶ 소화효과

구 분				내 용
소화원리	연소 4요소	소화방법	소화방법별 설비	개 념
물리적 소화	가연물	제거, 희석	-	① 연료(가연물)의 공급을 차단하여 소화 ② 물리적으로 제거 등
	산 소	질식, 차단	포소화설비, 이산화탄소설비, 불활성 기체	① 산소농도를 15% 미만으로 낮추어 소화 ② 공기 중 산소농도(부피 : vol%) : 21%
	점화원	냉 각	스프링클러설비	소화약제(물 등)의 현열, 잠열(기화열)을 이용하여 온도를 낮추어 소화
화학적 소화	연쇄반응	(연쇄반응) 억제	할로겐소화설비, 분말소화설비	연쇄반응을 차단하는 할로겐 원소 또는 알칼리 원소를 통해 불꽃을 소화

❷ 소화농도

산소농도를 낮추기 위한 필요약제 농도	$약제[\%] = \dfrac{21 - O_2[\%]}{21} \times 100$ $\therefore O_2[\%] = $ 목표 산소농도
약제 방출농도에 따른 산소농도	$O_2[\%] = 21 - \left(\dfrac{약제[\%]}{100} \times 21\right)$ $\therefore 약제[\%] = $ 방출 약제농도

※ 산소농도 식은 외우지 말고 위의 식만 숙지하고, 계산기 Solve 기능을 이용한다(밑 식은 참조용).

기출유형 완성하기

정답 01 ① 02 ④ 03 ② 04 ③ 05 ① 06 ③

01 가연성 액체의 농도를 저하시키는 방법을 이용하여 소화를 하였을 경우, 이는 어느 소화원리를 이용한 것인가? 〈05년-1회〉

① 가연물 제거
② 산소 제거
③ 열원 제거
④ 연쇄반응 차단

해설
가연성 액체는 가연물이므로 가연물의 농도를 저하시키는 것은 가연물의 제거 또는 희석 소화가 된다.

02 소화의 방법이 아닌 것은? 〈03년-2회〉

① 제거소화
② 냉각소화
③ 질식소화
④ 표면소화

해설
표면소화라는 소화방법은 없다.

03 목재 화재 시 다량의 물을 뿌려 소화하고자 한다. 이때 소화효과로서 가장 크게 기대되는 것은? 〈03년-2회〉

① 질식소화효과
② 냉각소화효과
③ 부촉매소화효과
④ 희석소화효과

해설
물은 소화약제 중 현열과 잠열이 매우 큰 약제로서 냉각소화효과가 주 소화효과가 된다.

04 소화원리에 대한 일반적인 소화효과의 종류가 아닌 것은? 〈03년-4회〉

① 질식소화
② 제거소화
③ 기압소화
④ 냉각소화

해설
기압소화라는 용어는 없다.

05 공기 중 산소농도를 몇 % 정도까지 감소시키면 연소상태의 중지 및 질식소화가 가능하겠는가? 〈04년-2회〉

① 10~15
② 15~20
③ 20~25
④ 25~30

해설
정상상태의 공기 중 산소농도는 21vol%로 불꽃연소의 경우 산소농도가 15vol% 미만 시 소화된다.

06 이산화탄소 소화약제의 소화효과와 관계가 없는 것은? 〈25년〉

① 질식효과
② 피복소화
③ 부촉매소화
④ 냉각소화

해설
② 피복소화 : 이산화탄소의 증기 비중이 크므로 기체로 피복한다.
④ 냉각소화 : 약제 방출 시 기화잠열에 의해 냉각효과가 발생한다.

정답 07 ③ 08 ③ 09 ④ 10 ① 11 ② 12 ②

기출유형 완성하기

07 화재의 소화원리에 따른 소화방법의 적용으로 틀린 것은? `20년-3회`

① 냉각소화 : 스프링클러설비
② 질식소화 : 이산화탄소소화설비
③ 제거소화 : 포소화설비
④ 억제소화 : 할로겐화합물소화설비

해설
포소화설비는 포(거품)를 점화원 위에 방출하여 산소와의 접촉을 차단하는 질식소화의 원리를 갖는다.

08 소화(消火)의 원리에 해당하지 않는 것은? `06년-4회`

① 산소공급원의 농도를 낮추어 연소가 지속될 수 없도록 한다.
② 가연성 물질을 발화점 이하로 냉각시킨다.
③ 가열원을 계속 공급한다.
④ 화학적인 방법으로 연쇄반응을 억제시킨다.

해설
가열원을 계속 공급하는 것은 점화원을 공급하는 것으로서 소화가 아닌 연소를 지속시키는 방법이다.

09 기체나 액체, 고체에서 나오는 분해가스의 농도를 엷게 하여 소화하는 방법은? `03년-4회`

① 냉각소화
② 제거소화
③ 부촉매소화
④ 희석소화

해설
연소는 가연물이 고체, 액체 상태더라도 온도가 상승하여 기체상태(분해가스, 증발가스)에서 발생한다. 즉, 가스의 농도를 엷게 하는 것은 가연물의 농도를 희석하여 소화하는 희석소화이다.

10 일반적으로 공기 중 산소농도를 몇 vol% 이하로 감소시키면 연소상태의 중지 및 질식소화가 가능하겠는가? `14년-1회`

① 15 ② 21
③ 25 ④ 31

해설
질식소화는 산소농도를 15vol% 미만으로 하여 소화한다.

11 소화를 하기 위한 산소농도를 알 수 있다면 CO_2 소화약제 사용 시 최소 소화농도를 구하는 식은? `14년-2회`

① $CO_2[\%] = 21 \times \left(\dfrac{100 - O_2\%}{100}\right)$

② $CO_2[\%] = \left(\dfrac{21 - O_2\%}{21}\right) \times 100$

③ $CO_2[\%] = 21 \times \left(\dfrac{O_2\%}{100} - 1\right)$

④ $CO_2[\%] = \left(\dfrac{21 \times O_2\%}{100} - 1\right)$

해설
산소농도를 낮추기 위해 방출 시 필요한 약제농도는 다음과 같다.
약제[%] = $\dfrac{21 - O_2[\%]}{21} \times 100$

12 목재 화재 시 다량의 물을 뿌려 소화하고자 한다. 이때 가장 큰 소화효과는? `10년-1회`

① 제거소화효과
② 냉각소화효과
③ 부촉매소화효과
④ 희석소화효과

해설
다량의 주수에 의한 소화원리는 냉각에 의한 소화효과이다.

기출유형 완성하기

정답 13 ② 14 ③ 15 ① 16 ① 17 ② 18 ①

13 상온, 상압의 공기 중에서 탄화수소류의 가연물을 소화하기 위한 이산화탄소 소화약제의 농도는 약 몇 %인가? (단, 탄화수소류는 산소농도가 11%일 때 소화된다고 가정한다) `25년`

① 45%
② 48%
③ 50%
④ 55%

해설
산소농도를 낮추기 위해 필요한 약제의 농도
$$CO_2[\%] = \left(\frac{21-O_2\%}{21}\right) \times 100 = \left(\frac{21-11}{21}\right) \times 100 = 47.62[\%]$$

14 다음 중 가연물의 제거와 가장 관련이 없는 소화방법은? `19년-4회`

① 촛불을 입김으로 불어서 끈다.
② 산불화재 시 나무를 잘라 없앤다.
③ 팽창진주암을 사용하여 진화한다.
④ 가스화재 시 중간밸브를 잠근다.

해설
팽창진주암을 이용한 소화원리는 질식소화이다.
Tip 입김으로 촛불을 끄는 것을 냉각소화라 생각하는 경우가 있으나, 이는 미미하고 초가 증발하여 공급되는 가연성 증기를 제거함으로써 소화되는 제거소화이다.

15 물의 기화열을 이용하여 열을 흡수하는 방식으로 소화하는 방법은? `10년-4회`

① 냉각소화
② 질식소화
③ 제거소화
④ 촉매소화

해설
물은 매우 큰 현열과 잠열(기화열)을 가짐으로써 화재 시 주수하면 냉각으로 인해 소화된다.

16 불연성 기체나 고체 등으로 연소물을 감싸 산소공급을 차단하는 소화방법은? `20년-4회`

① 질식소화
② 냉각소화
③ 연쇄반응차단소화
④ 제거소화

해설
산소공급을 차단하는 소화원리는 질식에 의한 소화이다.

17 소화방법 중 제거소화에 해당되지 않는 것은? `18년-2회`

① 산불이 발생하면 화재의 진행방향을 앞질러 벌목함
② 방 안에서 화재가 발생하면 이불이나 담요로 덮음
③ 가스화재 시 밸브를 잠가 가스흐름을 차단함
④ 불타고 있는 장작더미 속에서 아직 타지 않은 것을 안전한 곳으로 운반

해설
화재 시 이불이나 담요로 덮는 행위는 산소의 공급을 차단하는 질식소화의 일종이다.

18 물리적 방법에 의한 소화라고 볼 수 없는 것은? `11년-1회`

① 부촉매의 연쇄반응 억제작용에 의한 방법
② 냉각에 의한 방법
③ 공기와의 접촉 차단에 의한 방법
④ 가연물 제거에 의한 방법

해설
부촉매에 의한 연쇄반응 억제는 화학적 방법에 의한 소화 원리이다.
Tip 연쇄반응 억제 외에는 전부 물리적 소화이다.

정답 19 ① 20 ④ 21 ①

19 포소화설비의 주된 소화작용은? `12년-1회`

① 질식작용
② 희석작용
③ 유화작용
④ 촉매작용

해설
포소화설비는 포약제에 물을 혼합하여 발포한 것으로 부피를 크게 하여 가연물을 덮어 산소와의 접촉을 차단함으로써 소화하는 질식작용이 주 원리이다.

20 이산화탄소를 방출하여 산소농도가 13% 되었다면 공기 중 이산화탄소의 농도는 약 몇 %인가? `25년`

① 0.095%
② 0.3809%
③ 9.5%
④ 38.09%

해설
산소농도를 낮추기 위해 필요한 약제의 농도
$$CO_2[\%] = \left(\frac{21-O_2\%}{21}\right) \times 100 = \left(\frac{21-13}{21}\right) \times 100 = 38.09[\%]$$

21 화재 시 CO_2를 방사하여 산소농도를 11[vol.%]로 낮추어 소화하려면 공기 중 CO_2의 농도는 약 몇 [vol.%]가 증가되어야 하는가? `25년`

① 47.6
② 42.9
③ 37.9
④ 34.5

해설
산소농도를 낮추기 위해 필요한 약제의 농도
$$CO_2[\%] = \left(\frac{21-O_2\%}{21}\right) \times 100 = \left(\frac{21-11}{21}\right) \times 100 = 47.6[\%]$$

03 가연물, 조연성 가스, 점화원

기출유형

화재의 원인이 되는 정전기 예방대책 중 잘못된 것은?

① 접지시설을 한다.
② 비전도체물질을 사용한다.
③ 공기 중의 상대습도를 높인다.
④ 공기를 이온화한다.

해설
비전도체(부도체)인 물질을 사용하면 정전기 발생이 용이하므로 도체인 물질을 사용해야 예방된다.

|정답| ②

족집게 과외

❶ 가연물

구 분	내 용
개 념	불에 잘 타거나 그러한 성질을 가지고 있는 물질(연료)
구비조건	① 비표면적이 넓을 것 ② 산소와 친화력이 좋을 것 ③ 열전도율이 작을 것 ④ 열축적이 용이할 것 ⑤ 활성화에너지가 작을 것 ⑥ 발열량(연소열)이 클 것

❷ 조연성(지연성) 가스

구 분	내 용				
개 념	산소, 공기 등과 같이 직접 연소하진 않지만 연소를 도와주는 물질				
종 류	① 산 소	② 공 기	③ 오 존	④ 불 소	⑤ 염 소

Tip 물질명에 '산'이 들어가 있으면 대부분 산소를 포함하고 있는 물질이다.

❸ 점화원

기계적 점화원	충격·마찰	물질과 물질의 마찰에 의해 발생하는 열, 충돌, 충격 등에 의해 발생하는 불꽃
	나 화	공기 중 노출된 불씨, 불꽃 등에 의한 점화
	단열압축	순간적인 압축작용에 의한 고온
	고온 표면	난로, 가열로, 전자기기 등에서 방사하는 고온의 열
전기적 점화원	정전기열	정전기가 방전 시 발생하는 열 및 불꽃
	유도열	도체 주위에 자장의 변화에 의한 발열
	유전열	유전체의 누설전류에 의한 발생열(절연 감소)
	저항열	전류가 흐를 때 저항에 의해 발생하는 열(백열전구의 열)
	아크열	전류차단(스위치 off 등)에 의해 발생하는 아크에 의한 열 및 불꽃
	낙뢰열	낙뢰에 의한 열 및 불꽃
화학적 점화원	용해열	물질이 액체에 용해될 때 발생되는 열
	분해열	물질이 화학적으로 분해될 때 발생하는 열
	연소열	연소 시 발생하는 열
	자연발화열	발효열, 산화열 등 내부반응에 의해 발생하는 열

❹ 정전기

구 분	내 용			
메커니즘	전하 발생 → 전하 축적 → 방전(불꽃 발생) → 발화			
대 책	① 가습(습도 상승)	② 접 지	③ 공기 이온화	④ 도체 사용

기출유형 완성하기

정답 01 ① 02 ① 03 ③ 04 ③ 05 ④

01 가연물에 대한 일반적인 설명으로 옳은 것은? `08년-1회`

① 산소와 반응 시 흡열반응을 하는 것은 가연물이 될 수 없다.
② 구성원소 중 산소가 포함된 유기물은 가연물이 될 수 없다.
③ 활성화에너지가 클수록 가연물이 되기 쉽다.
④ 산소와의 친화력이 작을수록 가연물이 되기 쉽다.

해설
연소란 빛과 열을 동반하는 급격한 산화반응이다. 가연물은 연소의 연료이므로 흡열반응은 열을 동반할 수가 없다.
Tip 흡열반응 : 열 흡수, 발열반응 : 열 방출

02 물질의 연소 시 산소공급원이 될 수 없는 것은? `22년-2회`

① 탄화칼슘
② 과산화나트륨
③ 질산나트륨
④ 압축공기

해설
과산화나트륨, 질산나트륨, 압축공기는 산소를 포함하고 있는 물질이다.
Tip 탄화칼슘(CaC_2)은 3류 위험물이다.

03 연소의 3요소 중 점화원(발화원)의 분류로서 기계적 착화원으로만 되어 있는 것은? `06년-1회`

① 충격, 마찰, 기화열
② 고온표면, 열방사선
③ 단열압축, 충격, 마찰
④ 나화, 자연발열, 단열압축

해설
기계적 착화원(=점화원)의 종류
- 단열압축
- 마찰(충격)
- 나 화
- 고온표면

04 목재의 상태를 기준으로 했을 때 다음 중 연소속도가 가장 느린 것은? `10년-1회`

① 거칠고 얇은 것
② 각이 있고 얇은 것
③ 매끄럽고 둥근 것
④ 수분이 적고 거친 것

해설
가연물의 구비조건 중 "비표면적이 넓을 것"이란 말은 부피 대비 표면적이 큰 물질을 의미한다. 구비조건을 만족할수록 연소속도가 빨라지며, 매끄럽고 둥근 것일수록 비표면적이 작아져 연소에 불리하다.

05 점화원이라고 할 수 없는 것은? `07년-2회`

① 정전기
② 마찰열
③ 충 격
④ 증발열

해설
증발열은 흡열반응을 의미한다.
Tip 샤워 후 몸에 묻은 물이 증발하면 증발열(기화열)에 의해 체온은 내려 간다.

정답 06 ② 07 ③ 08 ③ 09 ③ 10 ② 11 ①

기출유형 완성하기

06 조연성 가스에 해당하는 것은? `21년-1회`

① 일산화탄소
② 산 소
③ 수 소
④ 부 탄

해설
일산화탄소, 수소, 부탄은 가연성 가스이다.

07 정전기의 발생이 가장 적은 것은? `03년-4회`

① 자동차를 장시간 주행하는 경우
② 위험물 옥외탱크에 석유류를 주입하는 경우
③ 공기 중의 습도가 높은 경우
④ 부도체를 마찰시키는 경우

해설
공기 중의 습도를 높이는 것은 정전기 발생의 방지 대책이다.

08 물에 황산을 넣어 묽은 황산을 만들 때 발생되는 열은? `22년-1회`

① 연소열
② 분해열
③ 용해열
④ 자연발열

해설
물에 황산을 녹일 때 발생하는 열은 용해열이다.
Tip 융해열(고체가 액체가 될 때 발생하는 흡열반응)이랑은 다르다.

09 가연물질이 되기 위한 구비조건 중 적합하지 않은 것은? `11년-2회`

① 산소와 반응이 쉽게 이루어진다.
② 연쇄반응을 일으킬 수 있다.
③ 산소와의 접촉면적이 작다.
④ 발열량이 크다.

해설
가연물의 구비조건 중 "비표면적이 넓을 것"은 산소와의 접촉면적이 넓어져 산화반응이 용이하기 때문이다.

10 조연성 가스로만 나열되어 있는 것은? `21년-4회`

① 질소, 불소, 수증기
② 산소, 불소, 염소
③ 산소, 이산화탄소, 오존
④ 질소, 이산화탄소, 염소

해설
조연성 가스
산소, 공기, 오존, 불소, 염소

11 화재발생 시 건축물의 화재를 확대시키는 주 요인이 아닌 것은? `16년-1회`

① 흡착열에 의한 발화
② 비 화
③ 복사열
④ 화염의 접촉(접염)

해설
"발화"는 화재를 확대시키는 요인이 아니고 화재의 발생(발화) 요인이다.

기출유형 완성하기

정답 12 ④ 13 ① 14 ③ 15 ④ 16 ②

12 정전기에 의한 발화를 방지하기 위한 예방대책으로 옳지 않은 것은? `09년-4회`

① 접지시설을 한다.
② 습도를 일정 수준 이상으로 유지한다.
③ 공기를 이온화한다.
④ 부도체 물질을 사용한다.

해설
정전기에 의한 발화를 방지하기 위해서는 도체인 물질을 사용한다.

Tip 정전기란 전기가 잘 흐르지 않는 물질에서 전기가 축적되어 발생한다.

도체와 부도체
- 도체 : 전기가 잘 흐르는 물질
- 부도체 : 전기가 잘 흐르지 않는 물질

13 가연물이 되기 위한 조건으로 가장 거리가 먼 것은? `14년-4회`

① 열전도율이 클 것
② 산소와 친화력이 좋을 것
③ 비표면적이 넓을 것
④ 활성화에너지가 작을 것

해설
열전도율은 물질이 열이 잘 흐르는 정도를 의미한다. 열전도율이 크다는 것은 물체에 열축적이 잘되지 않아 발화될 가능성이 작다는 것이다.

14 연소를 위한 가연물의 조건으로 옳지 않은 것은? `12년-1회`

① 산소와 친화력이 크고, 발열량이 클 것
② 열전도율이 작을 것
③ 연소 시 흡열반응을 할 것
④ 활성화에너지가 작은 것

해설
연소는 발열반응이므로 그에 반대되는 흡열반응을 하는 경우 연소가 차단되거나 발화가 잘 되지 않는다.

15 다음 중 가연성 물질에 해당하는 것은? `14년-1회`

① 질 소
② 이산화탄소
③ 아황산가스
④ 일산화탄소

해설
질소와 이산화탄소는 불활성 가스, 아황산가스는 독성 가스이다.

16 정전기에 의한 발화과정으로 옳은 것은? `21년-2회`

① 방전 → 전하의 축적 → 전하의 발생 → 발화
② 전하의 발생 → 전하의 축적 → 방전 → 발화
③ 전하의 발생 → 방전 → 전하의 축적 → 발화
④ 전하의 축적 → 방전 → 전하의 발생 → 발화

해설
정전기 메커니즘
전하의 발생(정전기의 발생) → 전하의 축적(에너지 축적) → 방전(에너지 방출) → 가연물 존재 시 발화

04 자연발화

기출유형

대두유가 침적된 기름걸레를 쓰레기통에 장시간 방치한 결과 자연발화에 의하여 화재가 발생한 경우 그 이유로 옳은 것은?

<small>21년-1회</small>

① 융해열 축적
② 산화열 축적
③ 증발열 축적
④ 발효열 축적

해설
기름걸레에 침적된 대두유는 반건성유로 산화반응에 의해 열이 축적되어 자연발화가 발생할 수 있다.

| 정답 | ②

족집게 과외

❶ 자연발화

구 분		내 용
개 념		① 계 내에 화학반응 등에 의해 발생하는 열이 방출되는 열보다 클 경우 열이 축적되어 발화가 발생함 ② 즉, 점화원 없이 스스로 발생하는 발화를 의미함
열축적 반응	발효열	퇴비, 먼지 등
	산화열	종이, 석탄, 건성유 등
	중합열	시안화수소, 산화에프틸렌, 염화비닐 등
	흡착열	목탄, 활성탄 등
	분해열	셀룰로이드, 니트로셀룰로오스, 유기과산화물 등
발생하기 쉬운 조건		① 열전도율이 작을 것 ② 주위온도가 높을 것 ③ 비표면적이 클 것 ④ 발열량이 클 것 ⑤ 열축적이 용이하게 적재되어 있는 경우 ⑥ 습도가 높은 경우
예방대책		① 주위온도를 낮출 것 ② 통풍을 양호하게 할 것(환기설비를 할 것) ③ 습도를 낮출 것 ④ 정촉매 접촉을 피할 것 ⑤ 열의 축적을 방지할 것

❷ 동식물유와 요오드값

구 분	내 용
요오드값	① 유지 $100g$이 흡수할 수 있는 요오드 $[g]$ 수로 유지의 불포화지방산 함유량 수를 나타냄 ② 요오드값이 높음=불포화도가 높음 → 산화반응이 용이함 ③ 건성유 > 반건성유 > 불건성유 순으로 요오드값이 큼

기출유형 완성하기

정답 01 ① 02 ① 03 ① 04 ① 05 ② 06 ③

01 다음 중 자연발화의 형태가 다른 것은?
03년-1회

① 퇴 비
② 석 탄
③ 고무분말
④ 기름종이

해설
① 퇴비는 발효열에 의해 열이 축적된다.
②·③·④ 석탄, 고무분말, 건성유의 주 발화요인은 산화열이다.

02 자연발화의 예방대책으로 옳지 않은 것은?
03년-4회

① 습도가 낮은 곳을 피한다.
② 통풍을 양호하게 한다.
③ 열의 축적을 방지한다.
④ 주위온도를 낮게 한다.

해설
습도가 높을수록 자연발화 발생이 용이하다.

03 동식물유류에서 "요오드값이 크다"라는 의미와 가장 가까운 것은 무엇인가?
07년-4회

① 불포화도가 높다.
② 불건성유이다.
③ 자연발화성이 낮다.
④ 산소와 결합이 어렵다.

해설
요오드값의 측정은 유류(유지)의 불포화도를 확인하기 위해 측정하는 것이다.

04 다음 중 자연발화 조건이 아닌 것은?
05년-4회

① 열전도율이 클 것
② 발열량이 클 것
③ 주위의 온도가 높을 것
④ 표면적이 넓을 것

해설
열전도율이 클 경우 가연물이 열이 축적되지 않고 주변으로 방출이 용이하여 자연발화가 잘 발생하지 않는다.

05 햇볕에 장시간 노출된 기름걸레가 자연발화하였다. 그 원인으로 가장 적당한 것은?
09년-2회

① 산소의 결핍
② 산화열 축적
③ 단열압축
④ 정전기 발생

해설
기름걸레의 자연발화 주 원인은 산화열의 축적에 의한 발화이다.

06 자연발화의 예방을 위한 대책으로 옳지 않은 것은?
06년-4회

① 통풍이나 환기로 열의 축적을 방지한다.
② 주위온도를 낮게 하여 반응계에 이상이 생기지 않도록 한다.
③ 열전도성을 나쁘게 한다.
④ 칼륨 등 석유 중에 보관하는 물질은 용기가 파손되지 않도록 한다.

해설
열전도성이 나쁘다는 것은 열전도성이 작다는 뜻이다. 열전도성(열전도도 또는 열전도율)이 작을수록 발생된 열이 축적되어 발화로 이어질 가능성이 높다.

정답 07 ① 08 ③

07 동식물유류에서 "요오드값이 크다"라는 의미를 옳게 설명한 것은? `22년-1회`

① 불포화도가 높다.
② 불건성유이다.
③ 자연발화성이 낮다.
④ 산소와의 결합이 어렵다.

해설
요오드값의 측정은 유류(유지)의 불포화도를 확인하기 위해 측정하는 것이다.

08 가연물이 공기 중에서 산화되어 산화열의 축적으로 발화되는 현상은? `15년-2회`

① 분해연소
② 자기연소
③ 자연발화
④ 폭 굉

해설
자연발화 현상 중 대표적인 열의 축적은 산화열이다. 개념의 중요 포인트는 열의 "축적"이다.

05 인화점, 연소점, 발화점, 연소범위

기출유형

메탄 80vol%, 에탄 15vol%, 프로판 5vol%인 혼합가스의 공기 중 폭발하한계는 약 몇 vol%인가? (단, 메탄, 에탄, 프로판의 공기 중 폭발하한계는 5.0%, 3.0%, 2.1%이다)   `11년-4회`

① 3.23
② 3.61
③ 4.02
④ 4.28

해설

혼합가스의 연소하한계 → $L_T = \dfrac{100}{\dfrac{V_1}{L_1}+\dfrac{V_2}{L_2}+\cdots\dfrac{V_n}{L_n}} = \dfrac{100}{\dfrac{80}{5}+\dfrac{15}{3}+\dfrac{5}{2.1}} = 4.277[\%]$

|정답| ④

족집게 과외

❶ 인화점, 연소점, 발화점

구 분	내 용
인화점	① 가연성 증기를 형성하는 고체 또는 액체의 최저온도 ② 점화원이 닿았을 때 발화하는 최저온도
연소점	① 불꽃 또는 점화원에 의해 점화 시 점화원을 제거하여도 불꽃이 지속되는 최저온도 ② 인화점보다 5~10℃ 정도 높음
발화점	공기 중에서 점화원 없이 스스로 발화(불이 붙는)하는 최저온도

※ 온도 비교 : 인화점 < 연소점 < 발화점

❷ 가연성 혼합기와 연소범위

구 분	내 용
가연성 혼합기	① 가연성 가스와 산소(또는 공기 등)가 혼합된 상태의 기체 ② 점화원 접촉 시 연소(또는 폭발)가 발생하는 혼합기체를 의미함
연소범위	① 가연성 혼합기를 형성하는 공기 중 화염전파가 가능한 가연성 가스의 범위를 의미함 ② 연소가 발생하려면 가연물과 산소가 필요하므로 일정농도 범위 안에서만 점화원 접촉 시 연소가 발생하는데, 이 농도 범위구간을 연소범위라 함 ③ 즉, 가연성 가스가 너무 적거나 또는 산소가 너무 적은 경우에는 점화원을 접촉하더라도 점화가 되지 않으며, 가스의 종류에 따라 연소범위는 달라짐 ④ 공기 중에서 연소범위가 형성되는 가연성 가스의 최소농도를 연소하한계, 최고농도를 연소상한계라고 함
물질별 연소범위	<table><tr><th>가스 종류</th><th>연소범위</th><th>가스 종류</th><th>연소범위</th></tr><tr><td>아세틸렌</td><td>2.5~81%</td><td>메 탄</td><td>5~15%</td></tr><tr><td>수 소</td><td>4~75%</td><td>에 탄</td><td>3~12.4%</td></tr><tr><td>일산화탄소</td><td>12.5~74%</td><td>프로판</td><td>2.1~9.5%</td></tr><tr><td>에틸렌</td><td>2.7~36%</td><td>부 탄</td><td>1.8~8.4%</td></tr></table>
위험도	아세틸렌 > 이황화탄소 > 에테르 > 수소 > ‥‥

Tip 아세틸렌이 보기에 나오면 대부분 아세틸렌이 답이다.

❸ 혼합가스의 연소범위

혼합가스의 연소하한계	혼합가스의 연소상한계
$L_T = \dfrac{100}{\dfrac{V_1}{L_1} + \dfrac{V_2}{L_2} + \cdots \dfrac{V_n}{L_n}}$	$U_T = \dfrac{100}{\dfrac{V_1}{U_1} + \dfrac{V_2}{U_2} + \cdots \dfrac{V_n}{U_n}}$
∴ L : 가스별 연소하한계[%], V : 가스별 부피[%]	∴ U : 가스별 연소상한계[%], V : 가스별 부피[%]

※ 가스의 총량이 100%일 경우의 계산식이다.

기출유형 완성하기

정답 01 ③ 02 ④ 03 ② 04 ③ 05 ④ 06 ③

01 가연성 액체에 점화원을 가져가서 인화된 후에 점화원을 제거하여도 가연물이 계속 연소되는 최저온도를 무엇이라 하는가? `05년-4회`

① 인화점
② 폭발온도
③ 연소점
④ 자동발화점

해설
연소점이란 불꽃 또는 점화원에 의해 점화 시 점화원을 제거하여도 불꽃이 지속되는 최저온도이다.

02 인화성 액체의 연소점, 인화점, 발화점의 온도 순서로 옳은 것은? `06년-1회`

① 연소점 > 인화점 > 발화점
② 인화점 > 발화점 > 연소점
③ 인화점 > 연소점 > 발화점
④ 발화점 > 연소점 > 인화점

해설
인화점·연소점·발화점
- 인화점 : 점화원에 의해 불이 붙는 온도(점화원 제거 시 불꽃이 지속되지 않는 온도)
- 연소점 : 점화원을 제거하여도 연소가 지속되는 온도
- 발화점 : 점화원이 없어도 연소가 발생하는 온도

03 가연성 증기를 발생하는 액체가 공기와 혼합하여 기상부에 다른 불꽃이 닿았을 때 연소가 일어나는 최저의 액체 온도를 무엇이라고 하는가? `07년-1회`

① 발화점
② 인화점
③ 연소점
④ 착화점

해설
인화점이란 점화원(불꽃)이 닿았을 때 발화하는 최저온도이다.

04 화재의 위험에 대한 설명으로 옳지 않은 것은? `13년-1회`

① 인화점 및 착화점이 낮을수록 위험하다.
② 착화에너지가 작을수록 위험하다.
③ 비점 및 융점이 높을수록 위험하다.
④ 연소범위는 넓을수록 위험하다.

해설
가연물은 기체일수록 위험하다.
Tip 휘발유가 쏟아진 공간과 가스가 차 있는 실 중 화재에 취약한 곳은?

비점과 융점
- 비점 : 액체가 기체가 되는 온도(=끓는점)
- 융점 : 고체가 액체가 되는 온도(=녹는점)

05 다음 중 연소한계가 가장 넓은 것은 어느 물질인가? `04년-2회`

① 에틸렌
② 프로판
③ 메 탄
④ 수 소

해설
연소범위=연소한계이다.
수소의 연소범위 : 4~75%
Tip 보기에 아세틸렌이 없으면 대부분 수소가 답이다.

06 증기가 공기와 혼합기체를 형성하였을 때 연소범위가 가장 넓은 물질은? `04년-4회`

① 수소(H_2)
② 이황화탄소(CS_2)
③ 아세틸렌(C_2H_2)
④ 에테르(($C_2H_5)_2O$)

해설
아세틸렌의 연소범위 : 2.5~81%
Tip 시험범위 중 아세틸렌의 연소범위가 가장 넓다.

정답 07 ④ 08 ③ 09 ② 10 ④

기출유형 완성하기

07 가스 A가 40vol%, 가스 B가 60vol%로 혼합된 가스의 연소하한계는 몇 vol%인가?
(단, 가스 A의 연소하한계는 4.9vol%이며, 가스 B의 연소하한계는 4.15vol%이다) `08년-2회`

① 1.82
② 2.02
③ 3.22
④ 4.42

해설
혼합가스의 연소하한계는 다음과 같다.
$$L_T = \frac{100}{\frac{V_1}{L_1} + \frac{V_2}{L_2} + \cdots \frac{V_n}{L_n}} = \frac{100}{\frac{40}{4.9} + \frac{60}{4.15}}$$
$$= 4.42[\%]$$

09 프로판 50%, 부탄 40%, 프로필렌 10%로 된 혼합가스의 폭발하한계는 약 몇 %인가?
(단, 각 가스의 폭발하한계는 프로판은 2.2%, 부탄은 1.9%, 프로필렌은 2.4%이다) `07년-2회`

① 0.83
② 2.09
③ 5.05
④ 9.44

해설
폭발하한계=연소하한계이다.
혼합가스의 폭발하한계는 다음과 같다.
$$L_T = \frac{100}{\frac{V_1}{L_1} + \frac{V_2}{L_2} + \cdots \frac{V_n}{L_n}} = \frac{100}{\frac{50}{2.2} + \frac{40}{1.9} + \frac{10}{2.4}}$$
$$= 2.09[\%]$$

08 공기 중에서 수소의 연소범위로 옳은 것은? `20년-4회`

① 0.4~4vol%
② 1~12.5vol%
③ 4~75vol%
④ 67~92vol%

해설
수소의 연소범위 : 4~75%

10 프로판 가스의 연소범위(vol%)에 가장 가까운 것은? `19년-4회`

① 9.8~28.4
② 2.5~81
③ 4.0~75
④ 2.1~9.5

해설
프로판 가스의 연소범위 : 2.1~9.5%

기출유형 완성하기

정답 11 ① 12 ④

11 에테르의 공기 중 연소범위를 1.9~48vol%라고 할 때 이에 대한 설명으로 틀린 것은?

`14년-4회`

① 공기 중 에테르 증기가 48vol%를 넘으면 연소한다.
② 연소범위의 상한점이 48vol%이다.
③ 공기 중 에테르 증기가 1.9~48vol% 범위에 있을 때 연소한다.
④ 연소범위의 하한점이 1.9vol%이다.

해설
연소범위를 벗어나면 연소가 불가능하다.
연소범위=연소가 가능한 범위로 연소하한계와 상한계 이내의 농도 범위를 의미한다.

12 물질의 연소범위와 화재 위험도에 대한 설명으로 틀린 것은?

`25년`

① 연소범위의 폭이 클수록 화재 위험이 높다.
② 연소범위의 하한계가 낮을수록 화재 위험이 높다.
③ 연소범위의 상한계가 높을수록 화재 위험이 높다.
④ 연소범위의 하한계가 높을수록 화재 위험이 높다.

해설
연소범위가 넓을수록, 연소하한계가 낮을수록, 연소상한계가 높을수록 화재 위험성이 높다.

Tip 아세틸렌이 시험에 자주 출제되는 이유이다.

06 열전달

기출유형

물체의 표면온도가 250℃에서 650℃로 상승하면 열복사량은 약 몇 배 정도 상승하는가?

〔18년-2회〕

① 2.5
② 5.7
③ 7.5
④ 9.7

해설

열복사량은 스테판-볼츠만 법칙에 의해 $\dot{q}_R'' = \sigma T^4$ 이므로 → $\dfrac{\sigma T_2^4}{\sigma T_1^4} = \dfrac{(650+273)^4}{(250+273)^4} = 9.7$

| 정답 | ④

족집게 과외

❶ 온도의 종류

구 분	내 용	
섭씨온도[℃]	물이 어는점과 끓는점을 100등분한 온도	어는점 : 0℃, 끓는점 : 100℃
절대온도[K]	절대0도를 기준으로 섭씨온도와 같은 눈금으로 표기한 온도	섭씨와의 환산 : ℃ = $K-273$
화씨온도[℉]	물의 혼합물(염화암모늄)이 어는점과 끓는점을 180등분한 온도	섭씨와의 환산 : ℃ = $\dfrac{℉-32}{1.8}$
랭킨온도[°R]	절대0도를 기준으로 화씨온도와 같은 눈금으로 표기한 온도	화씨와의 환산 : °R = ℉ + 460

❷ 전 도

구 분	내 용
개 념	① 물체의 이동 없이 열이 물체의 고온부에서 저온부로 흐르는 현상 ② 매질(열전달 물체)이 필요함(진공 중에서는 전도열전달이 없음), Fourier의 법칙 ③ 열전도에 의한 전달 열량은 열전도도, 온도차에 비례하고 물질 두께에 반비례
열전도도 단위 (=열전도율)	$[W/m \cdot K]$, $[W/m \cdot ℃]$, $[W/m \cdot \deg]$ ※ 필수 숙지

❸ 대 류

구 분	내 용
개 념	① 고체 표면과 유동하는 유체 사이에 의해 발생하는 열전달 현상 ② 고온에서 저온으로 이동하며 매질이 필요함(진공 중에서는 대류열전달이 없음) ③ 뉴턴의 냉각법칙 ④ 열대류에 의한 전달 열량은 열전달계수, 온도차에 비례
열전달계수 (열대류계수)	$[W/m^2 \cdot K]$, $[W/m^2 \cdot ℃]$

❹ 복 사

구 분	내 용	
개 념	① 절대0도 이상의 온도를 가진 물체가 방사하는 전자기파에 의한 열전달 ② 매질이 필요 없음(진공 중에서도 복사열 전달 가능) ③ 흑체의 복사열량은 절대온도의 4승에 비례(스테판-볼츠만의 법칙)	
관계식	$\dot{q}_R{''} = \sigma T^4$	$\dot{q}_R{''}$: 복사열 유속 $[W/m^2]$ σ : 스테판-볼츠만 상수 = $5.67 \times 10^{-8} [W/m^2 \cdot K^4]$ T : 물체의 절대온도 $[K]$

정답 01 ① 02 ② 03 ③ 04 ④ 05 ② 06 ④

기출유형 완성하기

01 열에너지가 물질을 매개로 하지 않고 전자파의 형태로 옮겨지는 현상은? `11년-4회`

① 복 사
② 대 류
③ 승 화
④ 전 도

해설
복사란 절대0도 이상의 온도를 가진 물체가 방사하는 전자기파에 의한 열전달이다.

02 열의 전달현상 중 복사현상과 가장 관계 깊은 것은? `14년-1회`

① 푸리에 법칙
② 스테판-볼쯔만의 법칙
③ 뉴톤의 법칙
④ 옴의 법칙

해설
스테판-볼쯔만의 법칙은 물질의 복사에너지는 절대온도의 4승에 비례한다는 법칙이다.

03 열전도도(thermal conductivity)를 표시하는 단위에 해당하는 것은? `21년-2회`

① $J/m^2 \cdot h$
② $kcal/h \cdot ℃^2$
③ $W/m \cdot K$
④ $J \cdot K/m^3$

해설
열전도도(k)의 단위
$[W/m \cdot K]$, $[W/m \cdot ℃]$, $[W/m \cdot \deg]$

04 열복사에 관한 스테판-볼츠만의 법칙을 바르게 설명한 것은? `06년-2회`

① 열복사량은 복사체의 절대온도에 정비례한다.
② 열복사량은 복사체의 절대온도의 제곱에 비례한다.
③ 열복사량은 복사체의 절대온도의 3승에 비례한다.
④ 열복사량은 복사체의 절대온도의 4승에 비례한다.

해설
스테판-볼츠만의 법칙은 물질의 복사에너지는 절대온도의 4승에 비례한다는 법칙이다.

05 화씨 95도를 켈빈(Kelvin)온도로 나타내면 약 몇 K인가? `16년-2회`

① 368
② 308
③ 252
④ 178

해설
화씨온도를 섭씨온도로 바꾸면
→ $℃ = \dfrac{°F - 32}{1.8} = \dfrac{95 - 32}{1.8} = 35[℃]$ 이다.
섭씨온도를 켈빈온도로 바꾸면
→ $K = ℃ + 273 = 35 + 273 = 308[K]$ 이다.

06 복사에 대한 설명으로 틀린 것은? `03년-4회`

① 복사는 전자파의 형태로 에너지를 전달한다.
② 복사에너지의 전파속도는 빛과 같다.
③ 복사에너지의 파장이 가시광선대에 들어가면 빛을 발한다.
④ 진공 속에서는 복사에 의한 전열이 이루어지지 아니한다.

해설
진공 속(매질이 없는 공간)에서도 복사에 의한 열전달이 가능하다.

CHAPTER 06 | 열전달

기출유형 완성하기

정답 07 ③ 08 ④ 09 ① 10 ① 11 ④ 12 ②

07 열전도율을 표시하는 단위는? `04년-1회`

① $[Kcal/m^2 \cdot h \cdot ℃]$
② $[Kcal \cdot m^2/h \cdot ℃]$
③ $[W/m \cdot \deg]$
④ $[J/m^3 \cdot \deg]$

해설
열전도도(k)의 단위
$[W/m \cdot K]$, $[W/m \cdot ℃]$, $[W/m \cdot \deg]$

Tip [deg]는 온도 또는 각도에서의 '도'를 의미한다.

08 화재 표면온도가 2배로 되면 복사에너지는 몇 배로 증가되는가? `06년-4회`

① 2
② 4
③ 8
④ 16

해설
열복사량은 스테판-볼츠만 법칙에 의해
$\dot{q}_R'' = \sigma T^4 \rightarrow \dfrac{\sigma T_2^4}{\sigma T_1^4} = \dfrac{\cancel{\sigma}(2T_1)^4}{\cancel{\sigma}T_1^4} = 16$배이다.

09 열의 3대 전달방법이라고 볼 수 없는 것은? `09년-2회`

① 흡 수
② 전 도
③ 복 사
④ 대 류

해설
열의 3대 전달방법은 전도, 대류, 복사이다.

10 섭씨 30도는 랭킨(Rankine)온도로 나타내면 몇 도인가? `17년-1회`

① 546도
② 515도
③ 498도
④ 463도

해설
섭씨온도를 화씨온도로 변환하면
→ $°F = (℃ \times 1.8) + 32 = (30 \times 1.8) + 32 = 86[°F]$ 이다.
화씨온도를 랭킨온도로 변환하면
→ $°R = °F + 460 = 86 + 460 = 546[°R]$ 이다.

11 다음 중 열전도율이 가장 작은 것은? `25년`

① 알루미늄
② 철 재
③ 은
④ 암면(광물섬유)

해설
암면의 열전도율이 가장 작다.

Tip 금속의 경우 대부분 열전도율이 매우 크고 암면 등은 열전도율이 낮아 단열재로 사용된다.

12 Fourier 법칙(전도)에 대한 설명으로 틀린 것은? `22년-2회`

① 이동열량은 전열체의 단면적에 비례한다.
② 이동열량은 전열체의 두께에 비례한다.
③ 이동열량은 전열체의 열전도도에 비례한다.
④ 이동열량은 전열체 내·외부의 온도차에 비례한다.

해설
퓨리에 법칙에 의한 전도열량= $\dot{q} = k \cdot A \cdot \dfrac{\triangle T}{l}$ 로
→ $\dot{q} \propto k \propto \triangle T \propto \dfrac{1}{l}$ 로 두께에 반비례한다.

Tip 유체역학 과목에서 숙지 후 반복된다.

07 연기

기출유형

화재발생 시 발생하는 연기에 대한 설명으로 틀린 것은? `18년-2회`

① 연기의 유동속도는 수평방향이 수직방향보다 빠르다.
② 동일한 가연물에 있어 환기지배형 화재가 연료지배형 화재에 비하여 연기발생량이 많다.
③ 고온상태의 연기는 유동확산이 빨라 화재전파의 원인이 되기도 한다.
④ 연기는 일반적으로 불완전연소 시에 발생한 고체, 액체, 기체 생성물의 집합체이다.

해설
연기는 주변 공기보다 온도가 높아 부력이 발생하므로, 그로 인해 기본적으로 수직방향 이동속도가 수평방향 이동속도보다 빠르다.

|정답| ①

족집게 과외

❶ 연 기

구 분	내 용
연 기	① 연소 시에 발생하는 생성물의 총칭(수증기, 이산화탄소, 일산화탄소, 포스겐 등) ② 화재 시 인명피해의 주원인임 ③ 연소생성물은 대표적으로 열, 연기, 불꽃, 가스 등이 있음
유동속도	① 수직방향 이동속도 : $2~3[m/s]$ ② 수평방향 이동속도 : $0.5~1[m/s]$
유동시키는 힘	① 가스팽창 ② 부 력 ③ 굴뚝효과(Stack Effect) ④ HVAC(공조설비) ⑤ 바 람 ⑥ 피스톤효과

※ 연돌(굴뚝)효과 영향요소 : ① 건축물 내외 온도차, ② 화재실의 온도, ③ 건축물 높이

❷ 다빈도 출제 연소생성물

구 분	내 용
완전 연소생성물	① 수증기(H_2O), 이산화탄소(CO_2)만 생성(유기물 연소 시) ② 완전연소는 이론적인 연소로 자연계에서는 불완전연소를 함(＝다양한 연소생성물)
일산화탄소(CO)	마취성 가스로 인체에 산소공급을 방해함(마취성＋가연성 가스)
이산화탄소(CO_2)	① 탄산가스라고도 불리는 무색・무취의 가스, 산소와 더 이상 반응하지 않음 ② 흡입 시 호흡속도를 촉진시키고, 연소가스 중 가장 많은 양이 발생
포스겐	기사시험에서 나오는 가장 강한 독성가스
황화수소(H_2S)	① 황 성분을 포함한 물질이 연소 시 발생(독성＋가연성 가스) ② 계란 썩는 냄새가 나는 가스
아크롤레인	독성가스로 석유제품, 유지 등이 연소할 때 발생되는 알데히드 계통의 가스

기출유형 완성하기

정답 01 ① 02 ③ 03 ② 04 ④ 05 ③ 06 ④

01 Stack Effect란? `06년-4회`
① 굴뚝효과
② 연소 저지효과
③ 연기 유동효과
④ 화염 전파효과

해설
Stack=굴뚝, Effect=효과
Stack Effect란 건물 내부와 외부와의 온도차 또는 밀도차에 의해 건물내부에 상승기류가 형성되는 것을 말한다.

02 화재 시 연기를 이동시키는 추진력으로 옳지 않은 것은? `03년-1회`
① 굴뚝효과
② 팽 창
③ 중 력
④ 부 력

해설
연기를 이동시키는 힘(추진력)
• 가스팽창
• 부 력
• 굴뚝효과(Stack Effect)
• HVAC(공조설비)
• 바 람
• 피스톤효과

03 화재 시 발생하는 연소가스 중 인체에서 헤모글로빈과 결합하여 혈액의 산소운반을 저해하고 두통, 근육조절의 장애를 일으키는 것은? `25년`
① CO_2
② CO
③ HCN
④ H_2S

해설
일산화탄소(CO)는 헤모글로빈(Hb)과 결합하여 카복시헤모글로빈(COHb)을 형성하여 인체 내 산소의 운반을 저해한다.

04 다음 연소생성물 중 인체에 독성이 가장 높은 것은? `21년-2회`
① 이산화탄소
② 일산화탄소
③ 수증기
④ 포스겐

해설
포스겐은 독성이 매우 높다.
Tip 독성문제가 나왔을 때 선지에 포스겐이 있으면 대부분 답이다.

05 건물 내에서 연기의 수직방향 이동속도는 약 몇 m/s인가? `09년-1회`
① 0.1~0.2
② 0.3~0.8
③ 2~3
④ 10~20

해설
연기의 수직방향 이동속도는 구조에 따라서 2~3 $[m/s]$ 또는 3~5$[m/s]$로 표기되는 경우가 있으나, 일반적으로 수평은 보행속도(약 1$[m/s]$)보다 느리고 수직은 빠른 것으로 기억하면 쉽다.

06 메탄이 완전연소할 때의 연소생성물을 옳게 나열한 것은? `25년`
① H_2O, HCl
② SO_2, CO_2
③ SO_2, HCl
④ CO_2, H_2O

해설
메탄(CH_4)으로서 산소(O_2)와 결합하여 완전연소 시 이산화탄소(CO_2)와 수증기(H_2O)만 형성된다.

정답 07 ④ 08 ③ 09 ④ 10 ①

기출유형 완성하기

07 고층건물 내의 연기거동 중 굴뚝효과(STACK EFFECT)와 관계가 없는 것은? `04년-1회`

① 건물 내외의 온도차
② 화재실의 온도
③ 건물의 높이
④ 층의 면적

해설
연돌(굴뚝)효과 영향요소
- 건축물 내외 온도차
- 화재실의 온도
- 건축물 높이

08 석유, 고무, 동물의 털, 가죽 등과 같이 황성분을 함유하고 있는 물질이 불완전연소될 때 발생하는 연소가스로 계란 썩는 듯한 냄새가 나는 기체는? `19년-2회`

① 아황산가스
② 시안화수소
③ 황화수소
④ 암모니아

해설
계란 썩은 내가 나는 가스는 황화수소(H_2S)이다.

09 연기의 이동과 관계가 없는 것은? `05년-1회`

① 굴뚝효과
② 비중차
③ 공조설비
④ 적설량

해설
연기를 이동시키는 힘
- 가스팽창
- 부 력
- 굴뚝효과(Stack Effect)
- HVAC(공조설비)
- 바 람
- 피스톤효과

※ 부력에 의한 연기의 상승은 주변공기와 화재에 의한 고온의 연기가 비중차 또는 밀도차에 의해 상승하는 힘이다.

10 불티가 바람에 날리거나 또는 화재현장에서 상승하는 열기류 중심에 휩쓸려 원거리 가연물에 착화하는 현상을 무엇이라 하는가? `12년-2회`

① 비 화
② 전 도
③ 대 류
④ 복 사

해설
"비화"는 용어 그대로 '불꽃이 날다'라는 뜻으로 원거리 가연물에 점화원으로 작용하는 현상을 의미한다.

CHAPTER 07 | 연 기 31

기출유형 완성하기

🔒 **정답** 11 ④ 12 ②

11 탄산가스에 대한 일반적인 설명으로 옳은 것은?

10년-4회

① 산소와 반응 시 흡열반응을 일으킨다.
② 산소와 반응하여 불연성 물질을 발생시킨다.
③ 산화하지 않으나 산소와는 반응한다.
④ 산소와 반응하지 않는다.

해설
탄산가스란 CO_2를 의미한다. CO_2는 산소와 더 이상 반응하지 않는다.

12 연소가스 중 많은 양을 차지하고 있으며 가스 그 자체의 독성은 없으나 다량이 존재할 경우, 사람의 호흡속도를 증가시키고 이로 인하여 화재가스에 혼합된 유해가스의 흡입을 증가시켜 위험을 가중시키는 가스는?

08년-4회

① CO
② CO_2
③ SO_2
④ NH_3

해설
연소 시 가장 많이 발생하는 연소생성물은 이산화탄소이다. → 이산화탄소 : CO_2

08 연기농도

기출유형

연기농도에서 감광계수 $0.1[m^{-1}]$은 어떤 현상을 의미하는가? `25년`

① 출화실에서 연기가 분출될 때의 연기농도
② 화재 최성기의 연기농도
③ 연기감지기가 작동하는 정도의 농도
④ 거의 앞이 보이지 않을 정도의 농도

해설
감광계수가 $0.1[m^{-1}]$ 정도인 연기농도에서 **연기감지기가 작동**한다.

| 정답 | ③

족집게 과외

❶ 연기농도법

구 분	내 용
중량농도	단위체적당 연기의 중량$[g/m^3]$
개수농도(=입자농도)	단위체적당 연기의 개수$[개/m^3]$
상대농도	연기농도에 따른 빛의 투과량을 기준으로 농도를 계산

❷ 감광계수와 가시거리 관계

구 분	내 용	
감광계수 $Cs[m^{-1}]$	연기의 농도를 나타내는 계수로, 빛이 공기 투과 시 연기에 의해 빛이 흡수 및 반사되어 손실되는 빛의 감소비를 의미함	
가시거리와의 관계	빛이 감소될수록 사람의 가시거리는 줄어들게 되므로 감광계수와 가시거리의 곱은 일정한 범위 내의 값을 가짐	
	$Cs \times L = 1 \sim 5$	L : 가시거리$[m]$ ※ 가시거리란 눈으로 볼 수 있는 거리

❸ 감광계수와 연기농도

구 분	감광계수$[m^{-1}]$	가시거리$[m]$	연기농도
감광계수와 연기농도	0.1	20~30	연기감지기 동작 시 농도
	0.3	5	건물 내 숙지자의 피난한계 농도
	0.5	3	어두운 것을 느낄 정도의 농도
	1.0	1~2	앞이 거의 보이지 않을 정도의 농도
	10	0.2~0.5	화재 최성기의 농도

기출유형 완성하기

🔒 정답 01 ② 02 ③ 03 ② 04 ② 05 ③ 06 ②

01 연기의 농도표시방법 중 단위체적당 연기입자의 개수를 나타내는 것은? `09년-1회`

① 중량농도법
② 입자농도법
③ 투과율법
④ 상대농도법

해설
단위체적당 입자의 개수를 나타내는 농도표시방법은 입자농도법(=개수농도법)이다.

02 연기감지기가 작동할 정도의 연기농도는 감광계수로 얼마 정도인가? `06년-2회`

① $1.0 m^{-1}$
② $2.0 m^{-1}$
③ $0.1 m^{-1}$
④ $10 m^{-1}$

해설
연기감지기가 작동하는 연기농도의 감광계수는 $0.1[m^{-1}]$이다.

03 감광계수(m^{-1})에 대한 설명으로 옳은 것은? `17년-1회`

① 0.5는 거의 앞이 보이지 않을 정도이다.
② 10은 화재 최성기 때의 농도이다.
③ 0.5는 가시거리 20~30m 정도이다.
④ 10은 연기감지기가 작동하기 직전의 농도이다.

해설
화재 최성기 연기농도의 감광계수는 $10[m^{-1}]$이다.

04 건물 내부의 화재 시 발생한 연기의 농도(감광계수)와 가시거리의 관계를 나타낸 것으로 틀린 것은? `25년`

① 감광계수 0.1일 때 가시거리는 20~30m이다.
② 감광계수 0.3일 때 가시거리는 10~20m이다.
③ 감광계수 1.0일 때 가시거리는 1~2m이다.
④ 감광계수 10일 때 가시거리는 0.2~0.5m이다.

해설
감광계수가 $0.3[m^{-1}]$일 때의 가시거리는 약 5m이다.

05 화재 최성기 때의 농도로 유도등이 보이지 않을 정도의 연기농도는? (단, 감광계수로 나타낸다) `16년-1회`

① $0.1 m^{-1}$
② $1 m^{-1}$
③ $10 m^{-1}$
④ $30 m^{-1}$

해설
화재 최성기 연기농도의 감광계수는 $10[m^{-1}]$이다.

06 연기에 의한 감광계수가 $0.1 m^{-1}$, 가시거리가 20~30m일 때의 상황으로 옳은 것은? `22년-2회`

① 건물내부에 익숙한 사람이 피난에 지장을 느낄 정도
② 연기감지기가 작동할 정도
③ 어두운 것을 느낄 정도
④ 앞이 거의 보이지 않을 정도

해설
감광계수가 $0.1[m^{-1}]$ 정도인 연기농도에서 **연기감지기가 작동**한다.

정답 07 ② 08 ①

07 실내 화재 시 발생한 연기로 인한 감광계수 (m^{-1})와 가시거리에 대한 설명 중 틀린 것은? `20년-1·2회`

① 감광계수가 0.1일 때 가시거리는 20~30m 이다.
② 감광계수가 0.3일 때 가시거리는 15~20m 이다.
③ 감광계수가 1.0일 때 가시거리는 1~2m 이다.
④ 감광계수가 10일 때 가시거리는 0.2~0.5m 이다.

해설
감광계수가 0.3[m^{-1}]일 때의 가시거리는 약 5m이다.

08 건물 내부의 화재 시 발생한 연기의 농도(감광계수)와 가시거리의 관계를 나타낸 것으로 틀린 것은? `기출변형`

① 감광계수 0.1일 때 가시거리는 10~20m이다.
② 감광계수 0.3일 때 가시거리는 5m이다.
③ 감광계수 1.0일 때 가시거리는 1~2m이다.
④ 감광계수 10일 때 가시거리는 0.2~0.5m이다.

해설
감광계수가 0.1[m^{-1}]일 때의 가시거리는 20~30m이다.

09 폭발과 방폭

기출유형

블레비(BLEVE) 현상과 관계가 없는 것은? |21년-1회|

① 핵분열
② 가연성 액체
③ 화구(Fire ball)의 형성
④ 복사열의 대량 방출

해설
BLEVE는 인화성 또는 **가연성 액체**가 충전되어 있는 용기가 외부화재에 의해 가열되면 분출하여 **화구**가 형성되며 **대량의 복사열**을 방출하는 현상을 말한다.

|정답| ①

족집게 과외

❶ 폭 발

구 분	내 용
개 념	① 물리적 또는 화학적 변화에 의해 급격히 압력 상승을 수반하는 현상 ② 연소 등에 의한 화학적 폭발과 급격한 상변화에 의한 물리적 폭발이 있음
폭 연	① 화염 전파속도가 음속 이하의 폭발 ② 전파속도 : $0.1 \sim 10 [m/s]$
폭 굉 (Detonation)	① 화염 전파속도가 음속 이상의 폭발 ② 전파속도 : $1,000 \sim 3,500 [m/s]$

❷ 폭발의 구분

구 분		내 용
물리적 폭발	수증기폭발	고온의 물질을 물속에 투입하면 급격히 물이 비등되어 폭발하는 현상
	BLEVE	탱크 주위 화재로 액화가스(가연성 또는 인화성)가 급격히 비등되어 압력 상승으로 탱크가 파괴+누출되며 폭발(화구)이 발생하는 현상
화학적 폭발	가스폭발	가연성 혼합기에 점화원이 작용하여 급격히 연소하는 현상
	분해폭발	화학물질이 분해하며 발생하는 열로 폭발하는 현상(대표물질 : 아세틸렌)
	분진폭발	① 미세한 입자의 분진(가루)에 점화원이 작용하면 폭발하는 현상 ② (소석회, 생석회, 시멘트)의 가루·분말 등은 폭발이 발생하지 않음

❸ 방폭구조

구 분		내 용
개 념		전기불꽃 등에 의해 폭발이 발생하지 않도록 하는 구조
종 류	유입방폭구조	전기불꽃 발생부에 기름을 넣어 가연성 가스 등을 점화하지 못하도록 한 구조
	압력방폭구조	구조 내에 불활성 가스를 압입하여 가연성 가스 등이 침투하지 못하도록 한 구조
	내압방폭구조	구조가 내부폭발에 견디도록 강하게 만들어 외부로 폭발이 전파하지 않는 구조
	안전증방폭구조	정상운전 중 가스 등이 인화하지 않도록 기계적, 전기적 안전도를 증가한 구조

정답 01 ③ 02 ① 03 ④ 04 ① 05 ②

기출유형 완성하기

01 폭발에 관한 설명으로 옳지 않은 것은? `03년-1회`

① 반응이 일어나는 화염면이 정지매질에 대하여 음속보다 빠른 속도로 이동하는 것을 폭굉이라고 한다.
② 반응이 일어나는 화염면이 정지매질에 대해서 음속보다 느린 경우를 폭연이라고 한다.
③ 물질의 상태 중 공기, 증기 등과 같이 기체상태의 폭발을 의상폭발이라고 한다.
④ 화염면의 이동을 파로 생각하여 폭굉파라고 하며, 그 파면에는 충격파가 수반한다.

해설
기체상태의 폭발은 기상폭발이다.

02 인화점이 40℃ 이하인 위험물을 저장, 취급하는 장소에 설치하는 전기설비는 방폭구조로 설치하는데, 용기의 내부에 기체를 압입하여 압력을 유지하도록 함으로써 폭발성 가스가 침입하는 것을 방지하는 구조는? `19년-1회`

① 압력방폭구조
② 유입방폭구조
③ 안전증방폭구조
④ 본질안전방폭구조

해설
용기 내부에 (보호)기체를 압입하여 압력을 유지하는 구조는 압력방폭구조이다.

03 분진폭발을 일으킬 수 없는 것은? `03년-2회`

① 유황가루
② 알미늄분말
③ 플라스틱
④ 석회석분말

해설
석회석분말은 분진폭발이 발생하지 않는다.

04 디토네이션(Detonation)에 대한 설명이다. 틀린 것은? `03년-2회`

① 발열반응으로서 연소의 전파속도가 그 물질 내에서의 음속보다 느린 것을 말한다.
② 물질 내 충격파가 발생하여 반응을 일으키고 또한 그 반응을 유지하는 현상이다.
③ 충격파에 의해 유지되는 화학반응 현상이다.
④ 반응의 전파속도가 그 물질 내에서의 음속보다 빠른 것을 말한다.

해설
디토네이션이란 폭굉으로, 폭굉은 연소의 전파속도가 음속보다 빠른 것을 말한다.

05 액화가스 저장탱크의 누설로 부유 또는 확산된 액화가스가 착화원과 접촉하여 액화가스가 공기 중으로 확산, 폭발하는 현상은? `25년`

① 프로스오버
② 블레비
③ 스롭오버
④ 보일오버

해설
BLEVE란 액화가스 저장탱크가 파손되어 내부 액화가스가 비등하여 점화원에 의해 폭발하는 현상이다.

기출유형 완성하기

🔒 정답 06 ③ 07 ① 08 ③ 09 ④ 10 ④

06 일반적인 방폭구조의 종류에 해당하지 않는 것은?
  [12년-1회]

① 내압방폭구조
② 유입방폭구조
③ 내화방폭구조
④ 안전증방폭구조

해설
방폭구조의 종류
- 유입방폭구조
- 압력방폭구조
- 내압방폭구조
- 안전증방폭구조

07 다음 중 분진폭발의 위험성이 없는 것은?
  [22년-1회]

① 시멘트가루
② 알루미늄분
③ 석탄분말
④ 밀가루

해설
시멘트가루는 분질폭발 위험성이 없다.

08 분해폭발을 일으키며 연소하는 가연성 가스는?
  [06년-2회]

① 염화비닐
② 시안화수소
③ 아세틸렌
④ 포스겐

해설
분해폭발을 일으키는 대표적인 물질은 아세틸렌이다.

09 폭굉의 화염 전파속도는 약 얼마인가? [25년]

① $0.1 \sim 10\,[m/s]$
② $10 \sim 100\,[m/s]$
③ $100 \sim 1{,}000\,[m/s]$
④ $1{,}000 \sim 3{,}500\,[m/s]$

해설
화염 전파속도

폭 연	폭 굉
$0.1 \sim 10\,[m/s]$	$1{,}000 \sim 3{,}500\,[m/s]$

10 BLEVE 현상을 설명한 것으로 가장 옳은 것은?
  [19년-4회]

① 물이 뜨거운 기름표면 아래에서 끓을 때 화재를 수반하지 않고 over flow되는 현상
② 물이 연소유의 뜨거운 표면에 들어갈 때 발생되는 over flow 현상
③ 탱크바닥에 물과 기름의 에멀전이 섞여 있을 때 물의 비등으로 인하여 급격하게 over flow 되는 현상
④ 탱크 주위 화재로 탱크 내 인화성 액체가 비등하고 가스부분의 압력이 상승하여 탱크가 파괴되고 폭발을 일으키는 현상

해설
BLEVE 현상의 키워드 → 액체의 비등

정답 11 ③ 12 ③ 13 ②

기출유형 완성하기

11 분진폭발의 위험성이 가장 낮은 것은?

〔18년-1회〕

① 알루미늄분
② 유 황
③ 팽창질석
④ 소맥분

해설
③ 팽창질석은 소화약제의 일종이다.
분진폭발은 기본적으로 고체가 "분진"이 될 수 있을 만큼 작은 물질이어야 한다.

12 폭발의 형태 중 화학적 폭발이 아닌 것은?

〔17년-4회〕

① 분해폭발
② 가스폭발
③ 수증기폭발
④ 분진폭발

해설
수증기폭발은 상변화에 의한 압력상승이 발생하는 폭발로서 물리적 폭발의 한 종류이다.

13 전기불꽃, 아크 등이 발생하는 부분을 기름 속에 넣어 폭발을 방지하는 방폭구조는?

〔22년-1회〕

① 내압방폭구조
② 유입방폭구조
③ 안전증방폭구조
④ 특수방폭구조

해설
유입방폭구조란 전기불꽃 등이 발생하는 부분을 기름 속에 넣어서 폭발을 방지하는 구조이다.

10 화재

기출유형

화재 분류에서 C급 화재에 해당하는 것은? 13년-4회

① 전기화재
② 차량화재
③ 일반화재
④ 유류화재

해설
C급 화재는 전기화재를 의미한다.

|정답| ①

족집게 과외

❶ 화재

구 분	내 용
개 념	① 사람의 과실이나 고의에 의해 발생하는 연소현상 ② 물적피해 또는 인명피해를 발생시키는 연소현상
특 성	① 확대성 ② 우발성 ③ 불안정성
확산 원인	① 비 화 ② 복사열 ③ 접 염
분 류	급 | 화 재 | 표시색상 | 소화방법 A급 화재 | 일반화재 | 백 색 | 냉각(물) B급 화재 | 유류화재 | 황 색 | 질식(포, 가스) C급 화재 | 전기화재 | 청 색 | 질식(가스) D급 화재 | 금속화재 | 회 색 | 건조사피복(모래)

❷ 화재에 의한 소실

구 분	내 용
전소화재	건축물에 화재가 발생하여 건축물의 70% 이상이 소실된 상태
반소화재	건축물에 화재가 발생하여 건축물의 30% 이상 70% 미만이 소실된 상태
부분소화재	전소화재, 반소화재에 해당하지 않는 화재

❸ 건축구조별 화재

구 분	목조건축물	내화건축물
화재 진행과정	무염착화 → 발염착화 → 발화 → 최성기	초기 → 성장기 → 최성기 → 감퇴기 → 종기
화재 성상	고온 단시간	저온 장시간

❹ 출화

구 분	내 용
옥내출화 시기	① 천장 속, 벽 속 등에서 발염착화한 때 ② 가옥구조 시에는 천장판에 발염착화한 때 ③ 불연 벽체나 칸막이의 불연 천장인 경우 실내의 그 뒤판에 발염착화한 때
옥외출화 시기	① 창, 출입구 등에 발염착화한 때 ② 목재사용 가옥에서는 벽, 추녀 밑의 판자나 목재에 발염착화한 때

기출유형 완성하기

정답 01 ② 02 ④ 03 ① 04 ②

01 출화란 화재를 뜻하는 말로서 옥내출화, 옥외출화로 구분한다. 이 중 옥외출화 시기를 나타낸 것은? `04년-1회`

① 천장 속, 벽 속 등에서 발염착화한 때
② 창, 출입구 등에 발염착화한 때
③ 가옥구조에서는 천장판에 발염착화한 때
④ 불연 천장인 경우 실내의 그 뒷면에 발염착화한 때

해설
옥외출화 시기
- 창, 출입구 등에 발염착화한 때
- 목재사용 가옥에서는 벽, 추녀 밑의 판자나 목재에 발염착화한 때

02 목조건축물과 내화구조건축물의 화재성상에 대한 설명 중 옳지 않은 것은? `04년-2회`

① 내화구조건축물의 화재 진행상황은 초기 → 성장기 → 최성기 → 종기의 순서로 진행된다.
② 목조건축물은 공기의 유통이 좋아 순식간에 플래시오버에 도달하고 온도는 약 1,000℃ 이상에 달한다.
③ 내화구조건축물은 견고하여 공기의 유통조건이 거의 일정하고 최고온도는 목조의 경우보다 낮다.
④ 목조건축물은 최성기를 지나면 급속히 타버리고, 공기의 유통이 좋으므로 장시간 고온을 유지한다.

해설
목조건축물은 급속히 타버리므로 고온이지만 단시간에 화재가 종료된다(상대적인 단시간).

03 화재에 대한 설명으로 옳지 않은 것은? `14년-2회`

① 인간이 제어하여 인류의 문화, 문명의 발달을 가져오게 한 근본적인 존재를 말한다.
② 불을 사용하는 사람의 부주의와 불안정한 상태에서 발생되는 것을 말한다.
③ 불로 인하여 사람의 신체, 생명 및 재산상의 손실을 가져다주는 재앙을 말한다.
④ 실화, 방화로 발생하는 연소현상을 말하며 사람에게 유익하지 못한 해로운 불을 말한다.

해설
불은 인류의 문화, 문명의 발달을 가져왔지만 화재는 그로 인한 부작용과 같다.

04 가연물의 종류에 따른 화재의 분류방법 중 유류화재를 나타내는 것은? `15년-4회`

① A급 화재
② B급 화재
③ C급 화재
④ D급 화재

해설
가연물의 종류에 따른 화재

급	화 재
A급 화재	일반화재
B급 화재	유류화재
C급 화재	전기화재
D급 화재	금속화재

정답 05 ① 06 ① 07 ④ 08 ③

기출유형 완성하기

05 내화건축물과 비교한 목조건조물 화재의 일반적인 특징을 옳게 나타낸 것은? `25년`

① 고온, 단시간형
② 저온, 단시간형
③ 고온, 장시간형
④ 저온, 장시간형

해설
목조건축물과 내화건축물 화재의 특징

목조건축물	내화건축물
고온 단시간	저온 장시간

06 목재건축물의 화재 진행과정을 순서대로 나열한 것은? `20년-4회`

① 무염착화 – 발염착화 – 발화 – 최성기
② 무염착화 – 최성기 – 발염착화 – 발화
③ 발염착화 – 발화 – 최성기 – 무염착화
④ 발염착화 – 최성기 – 무염착화 – 발화

해설
목조건축물과 내화건축물의 화재 진행과정

목조건축물	내화건축물
무염착화 → 발염착화 → 발화 → 최성기	초기 → 성장기 → 최성기 → 감퇴기 → 종기

07 화재에 대한 건축물의 손실정도에 따른 화재형태를 설명한 것으로 옳지 않은 것은? `15년-4회`

① 부분소화재란 전소화재, 반소화재에 해당하지 않는 것을 말한다.
② 반소화재란 건축물에 화재가 발생하여 건축물의 30% 이상 70% 미만 소실된 상태를 말한다.
③ 전소화재란 건축물에 화재가 발생하여 건축물의 70% 이상이 소실된 상태를 말한다.
④ 훈소화재란 건축물에 화재가 발생하여 건축물의 10% 이하가 소실된 상태를 말한다.

해설
훈소화재는 화염을 발생시키지 않는 연소현상으로 작열연소와 거의 유사하다.

08 내화건축물 화재의 진행과정으로 가장 옳은 것은? `13년-1회`

① 화원 → 최성기 → 성장기 → 감퇴기
② 화원 → 감퇴기 → 성장기 → 최성기
③ 초기 → 성장기 → 최성기 → 감퇴기 → 종기
④ 초기 → 감퇴기 → 최성기 → 성장기 → 종기

해설
목조건축물과 내화건축물의 화재 진행과정

목조건축물	내화건축물
무염착화 → 발염착화 → 발화 → 최성기	초기 → 성장기 → 최성기 → 감퇴기 → 종기

기출유형 완성하기

🔒 정답 09 ② 10 ② 11 ② 12 ③

09 목조건축물에서 발생하는 옥내출화 시기를 나타낸 것으로 틀린 것은? `15년-2회`

① 천장 속, 벽 속 등에서 발염착화할 때
② 창, 출입구 등에 발염착화할 때
③ 가옥의 구조에는 천장면에 발염착화할 때
④ 불연 벽체나 불연 천장인 경우 실내의 그 뒷면에 발염착화할 때

[해설]
옥내출화 시기
- 천장 속, 벽 속 등에서 발염착화한 때
- 가옥구조 시에는 천장판에 발염착화한 때
- 불연 벽체나 칸막이의 불연 천장인 경우 실내의 그 뒷판에 발염착화한 때

10 화재의 유형별 특성에 관한 설명으로 옳은 것은? `19년-4회`

① A급 화재는 무색으로 표시하며, 감전의 위험이 있으므로 주수소화를 엄금한다.
② B급 화재는 황색으로 표시하며, 질식소화를 통해 화재를 진압한다.
③ C급 화재는 백색으로 표시하며, 가연성이 강한 금속의 화재이다.
④ D급 화재는 청색으로 표시하며, 연소 후에 재를 남긴다.

[해설]
화재의 유형별 특성

급	표시색상	소화방법
A급 화재	백색	냉각(물)
B급 화재	황색	질식(포, 가스)
C급 화재	청색	질식(가스)
D급 화재	회색	건조사피복(모래)

11 화재의 일반적 특성으로 틀린 것은? `19년-2회`

① 확대성
② 정형성
③ 우발성
④ 불안정성

[해설]
화재의 일반적 특성
- 확대성
- 우발성
- 불안정성

12 화재의 종류에 따른 분류가 틀린 것은? `17년-4회`

① A급 : 일반화재
② B급 : 유류화재
③ C급 : 가스화재
④ D급 : 금속화재

[해설]
가연물의 종류에 따른 화재

급	화재
A급 화재	일반화재
B급 화재	유류화재
C급 화재	전기화재
D급 화재	금속화재

🔒 정답 13 ③ 14 ① 15 ② 16 ②

13 건축물의 화재를 확산시키는 요인이라 볼 수 없는 것은? 〈19년-2회〉

① 비화(飛火)
② 복사열(輻射熱)
③ 자연발화(自然發火)
④ 접염(接炎)

해설
화재의 확산요인
- 비 화
- 복사열
- 접 염

14 가연물질의 종류에 따라 화재를 분류하였을 때 섬유류 화재가 속하는 것은? 〈21년-2회〉

① A급 화재
② B급 화재
③ C급 화재
④ D급 화재

해설
① 섬유류는 일반화재이다.

가연물의 종류에 따른 화재

급	화 재
A급 화재	일반화재
B급 화재	유류화재
C급 화재	전기화재
D급 화재	금속화재

15 B급 화재 시 사용할 수 없는 소화방법은? 〈17년-1회〉

① CO_2 소화약제로 소화한다.
② 봉상주수로 소화한다.
③ 3종 분말약제로 소화한다.
④ 단백포로 소화한다.

해설
B급 화재는 유류화재로서 봉상주수 시 연소 중인 유류가 바깥으로 분출되어 화재확산의 우려가 있다.

16 다음 중 인화성 액체의 화재에 해당되는 것은? 〈09년-4회〉

① A급 화재
② B급 화재
③ C급 화재
④ D급 화재

해설
인화성 액체의 대표적인 품목이 유류이다. → 유류화재는 B급 화재이다.

11 플래시오버, 화재하중, 화재강도

기출유형

후래쉬오버(flash over)에 대한 설명으로 가장 타당한 것은? 06년-1회

① 에너지가 느리게 집적되는 현상
② 가연성 가스가 방출되는 현상
③ 가연성 가스가 분해되는 현상
④ 급격히 화염이 확대되는 현상

해설
플래시오버란 건물화재에서 발생한 가연성 가스가 일시에 인화되어 **급격히 화염이 확대**(착화)되는 현상이다.

|정답| ④

족집게 과외

❶ 플래시오버(Flash Over)

구 분	내 용
개 념	건물화재에서 발생한 가연성 가스가 일시에 인화되어 급격히 화염이 확대(착화)되는 현상
시 기	구획실화재가 성장기에서 최성기로 넘어가는 분기점
영향요소	① 내장재의 종류(재질) ② 화원의 크기 ③ 개구부의 크기

❷ 화재하중

구 분	내 용	
개 념	① 건축물 내에 있는 가연물의 발열량을 목재였을 경우의 발열량으로 환산하여, 단위면적당 목재의 중량으로 나타낸 것 ② 가연물의 양을 등가목재 중량으로 변환한 것	
관계식	$Q[kg/m^2] = \dfrac{\Sigma(G_t \cdot H_t)}{H_w \cdot A} = \dfrac{\Sigma Q_t}{4{,}500 \times A}$	Q : 화재하중$[kg/m^2]$, Q_t : 가연물의 전체발열량$[kcal]$ A : 바닥면적$[m^2]$, G_t : 가연물 질량$[kg]$ H_t : 가연물의 단위질량당 발열량$[kcal/kg]$ H_w : 목재의 단위질량당 발열량$[kcal/kg]$ = $4{,}500[kcal/kg]$

❸ 화재강도

구 분	내 용
개 념	① 단위시간당 열축적률을 의미 ② 화재강도가 크다는 것은 화재실의 최고온도가 높다는 것을 의미
영향요소	① 연소열 ② 가연물의 비표면적 ③ 공기 공급량 ④ 실의 단열성

❹ 표준시간-가열온도곡선

구 분	내 용	
개 념	내화건축물의 내화 or 방화성능을 시험하기 위해 표준이 되는 시간에 따른 온도곡선	
곡선과 관계식	a : 목조건축물 화재곡선 d : 내화건축물 화재곡선	관계식 $T = 20 + 345\log(8t + 1)$ t : 화재지속 시간$[min]$ T : 시간 t에서의 온도$[℃]$

기출유형 완성하기

정답 01 ④ 02 ④ 03 ③ 04 ③

01 플래시오버(flash over) 현상을 바르게 나타낸 것은? `06년-2회`

① 에너지가 느리게 집적되는 현상
② 가연성 가스가 방출되는 현상
③ 가연성 가스가 분해되는 현상
④ 폭발적인 착화현상

해설
플래시오버란 건물화재에서 발생한 가연성 가스가 일시에 인화되어 **급격히 화염이 확대(착화)**되는 현상이다.

02 표준화재시간 온도곡선의 제정 목적은? `03년-1회`

① 건물화재의 연소속도를 측정하기 위하여 표준화한 것이다.
② 후레시오버 시간을 측정하기 위하여 표준화한 것이다.
③ 건물의 화재 계속시간 측정용으로 표준화한 것이다.
④ 건물 방화재료의 가열시험용으로 표준화한 것이다.

해설
표준시간-가열온도곡선
실제 화재에 대한 테스트가 어려움에 따라 내화구조에서 발생한 화재를 표준화하여 내화구조, 방화재료 등의 시험용으로 표준화한 곡선이다.

03 플래시오버(flash over)에 대한 설명으로 옳은 것은? `22년-2회`

① 도시가스의 폭발적 연소를 말한다.
② 휘발유 등 가연성 액체가 넓게 흘러서 발화한 상태를 말한다.
③ 옥내화재가 서서히 진행하여 열 및 가연성 기체가 축적되었다가 일시에 연소하여 화염이 크게 발생하는 상태를 말한다.
④ 화재층의 불이 상부층으로 올라가는 현상을 말한다.

해설
플래시오버란 건물화재에서 발생한 가연성 가스가 일시에 인화되어 **급격히 화염이 확대(착화)**되는 현상이다.

04 화재하중(FIRE LOAD)을 나타내는 단위는? `04년-1회`

① $kcal/kg$
② $℃/m^2$
③ kg/m^2
④ $kg/kcal$

해설
화재하중의 단위는 $[kg/m^2]$이다.

정답 05 ② 06 ② 07 ② 08 ④ 09 ②

기출유형 완성하기

05 건축물에 화재가 발생하여 일정 시간이 경과하게 되면 일정 공간 안에 열과 가연성 가스가 축적되고 한순간에 폭발적으로 화재가 확산되는 현상을 무엇이라 하는가? `13년-1회`

① 보일오버현상
② 플래쉬오버현상
③ 패닉현상
④ 리프팅현상

해설
플래시오버란 건물화재에서 발생한 가연성 가스가 일시에 인화되어 **급격히 화염이 확대(착화)**되는 현상이다.

06 내화구조 건물의 표준화재 온도곡선에서 화재 발생 후 30분 경과 시의 내부온도는 약 몇 ℃ 인가? `05년-1회`

① 500
② 840
③ 950
④ 1,010

해설
표준시간-가열온도곡선
$T = 20 + 345\log(8t+1)$
$\quad = 20 + 345\log(8\times30+1) = 842[℃]$

07 일반적으로 화재의 진행상황 중 플래시오버는 어느 시기에 발생하는가? `25년`

① 화재발생 초기
② 성장기에서 최성기로 넘어가는 분기점
③ 최성기에서 감쇠기로 넘어가는 분기점
④ 감쇠기 이후

해설
플래시오버는 화재 성장기에서 최성기로 넘어가는 분기점에서 발생한다.

08 그림에서 내화조건물의 표준 화재 온도-시간 곡선은? `15년-1회`

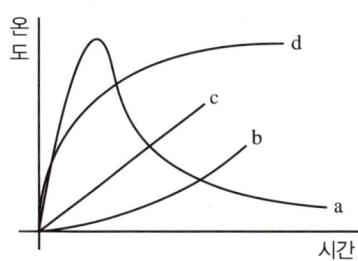

① a
② b
③ c
④ d

해설
a : 목조건축물 화재곡선
d : 내화건축물 화재곡선

09 화재하중 계산 시 목재의 단위발열량은 약 몇 $kcal/kg$인가? `15년-4회`

① 3,000
② 4,500
③ 9,000
④ 12,000

해설
화재하중은 목재의 등가발열량으로 바꾼 것으로 목재의 단위발열량(단위질량당 발열량)은 $4,500[kcal/kg]$이다.

기출유형 완성하기

정답 10 ① 11 ② 12 ① 13 ②

10 화재실 혹은 화재공간의 단위바닥면적에 대한 등가가연물량의 값을 화재하중이라 하며 식으로 표시할 경우에는 $Q = \Sigma(G_t \cdot H_t)/H \cdot A$와 같이 표현할 수 있다. 여기에서 H는 무엇을 나타내는가? `25년`

① 목재의 단위발열량
② 가연물의 단위발열량
③ 화재실 내 가연물의 전체 발열량
④ 목재의 단위발열량과 가연물의 단위발열량을 합한 것

해설
화재하중은 가연물 전체의 발열량을 목재의 단위발열량과 바닥면적으로 나눈 것이다.

11 화재강도(Fire Intensity)와 관계가 없는 것은? `19년-4회`

① 가연물의 비표면적
② 발화원의 온도
③ 화재실의 구조
④ 가연물의 발열량

해설
화재강도의 영향요소
• 연소열(=발열량)
• 가연물의 비표면적
• 공기 공급량
• 실의 단열성(=구조)

12 밀폐된 내화건물의 실내에 화재가 발생했을 때 그 실내의 환경변화에 대한 설명 중 틀린 것은? `20년-1·2회`

① 기압이 급강하한다.
② 산소가 감소된다.
③ 일산화탄소가 증가한다.
④ 이산화탄소가 증가한다.

해설
밀폐된 내화건물에서 화재 시 내부압력은 상승한다.
Tip 연소는 산화반응이므로 화재실의 산소는 감소되고 해당 산소가 연소생성물인 CO, CO_2로 생성된다.

13 바닥면적이 $350 m^2$인 실에 가연물인 나무가 $130 kg$, 고무가 $100 kg$이 있다. 이 실의 화재하중(kg/m^2)은 얼마인가? (단, 나무의 발열량은 $4 Mkal/kg$, 고무의 발열량은 $9 Mkal/kg$이다) `25년`

① $0.8 kg/m^2$
② $0.9 kg/m^2$
③ $1.0 kg/m^2$
④ $1.1 kg/m^2$

해설
화재하중
$$Q[kg/m^2] = \frac{\Sigma(G_t \cdot H_t)}{H_w \cdot A}$$
$$= \frac{(G_{목재} \times H_{목재}) + (G_{고무} \times H_{고무})}{4,500 \times A}$$
$$Q = \frac{(4,000 \times 130) + (9,000 \times 100)}{4,500 \times 350} = 0.9 [kg/m^2]$$

12 건축재료

기출유형

다음의 재료 중 일반적으로 열경화성 플라스틱에 해당하는 것은? 25년

① 폴리에틸렌
② 염화비닐 수지
③ 페놀 수지
④ 폴리스티렌

해설
폴리에틸렌, 염화비닐 수지, 폴리스티렌은 열가소성 플라스틱이다.

| 정답 | ③

족집게 과외

❶ 불연재료

구 분	내 용
개 념	거의 타지 않는 재료(고온으로 가열 시 질량 감소율이 낮은 재료)
종 류	① 콘크리트·석재·벽돌·기와·철강·알루미늄·유리·시멘트모르타르 및 회 ② 한국산업표준에 따라 시험한 결과 질량감소율 등이 국토교통부장관이 정하여 고시하는 불연재료의 성능기준을 충족하는 것

❷ 플라스틱 가연물

구 분		내 용
열가소성	개 념	열을 가했을 때 녹고, 냉각 시 다시 고체상태가 되는 플라스틱
	종 류	폴리에틸렌 수지, 폴리스티렌 수지, 폴리아세틸렌 수지, 폴리염화비닐 수지(=PVC)
열경화성	개 념	열을 가했을 때 녹지 않고 분해되는 플라스틱
	종 류	멜라민 수지, 페놀 수지, 요소 수지

❸ 건축물의 방화계획

구 분		내 용
공간적 대응	대항성	내화성능, 방화구획 성능, 화재방어 대응성, 초기소화 대응성
	회피성	난연화, 불연화, 내장재 제한
	도피성	화재 시 피난 가능한 안전한 공간성 및 시스템 향상
설비적 대응	대항성	제연설비, 방화문, 방화셔터, 스프링클러설비
	도피성	피난을 용이하게 하기 위한 유도설비

기출유형 완성하기

정답 01 ② 02 ① 03 ① 04 ② 05 ③ 06 ②

01 불연재료가 아닌 것은? `03년-1회`

① 기 와
② 석고보드
③ 유 리
④ 콘크리트

해설
불연재료
콘크리트・석재・벽돌・기와・철강・알루미늄・유리・시멘트모르타르 및 회

02 건축방화계획에서 건축구조 및 재료를 불연화함으로써 화재를 미연에 방지하고자 하는 공간적 대응은? `03년-4회`

① 회피성 대응(回避性 對應)
② 도피성 대응(逃避性 對應)
③ 대항성 대응(對抗性 對應)
④ 설비적 대응(設備的 對應)

해설
건축구조 및 재료의 불연화는 공간적 대응 중 회피성 대응이다.

03 고분자 재료와 열적 특성의 연결이 옳은 것은? `18년-1회`

① 폴리염화비닐 수지 – 열가소성
② 페놀 수지 – 열가소성
③ 폴리에틸렌 수지 – 열경화성
④ 멜라민 수지 – 열가소성

해설
플라스틱 가연물

열가소성	폴리에틸렌 수지, 폴리스티렌 수지, 폴리아세틸렌 수지, 폴리염화비닐 수지
열경화성	멜라민 수지, 페놀 수지, 요소 수지

Tip 이름이 폴리○○인 경우 열가소성 수지이다.

04 다음 중 불연재료가 아닌 것은? `07년-1회`

① 기 와
② 아크릴
③ 유 리
④ 콘크리트

해설
불연재료
콘크리트・석재・벽돌・기와・철강・알루미늄・유리・시멘트모르타르 및 회

05 다음 중 열경화성 수지가 아닌 것은? `06년-2회`

① 페놀 수지
② 요소 수지
③ 폴리에틸렌 수지
④ 멜라민 수지

해설
플라스틱 가연물

열가소성	폴리에틸렌 수지, 폴리스티렌 수지, 폴리아세틸렌 수지, 폴리염화비닐 수지
열경화성	멜라민 수지, 페놀 수지, 요소 수지

Tip 이름이 폴리○○인 경우 열가소성 수지이다.

06 다음 중 불연재료가 아닌 것은? `10년-2회`

① 기 와
② 아크릴
③ 유 리
④ 콘크리트

해설
불연재료
콘크리트・석재・벽돌・기와・철강・알루미늄・유리・시멘트모르타르 및 회

정답 07 ① 08 ④

기출유형 완성하기

07 재료와 그 특성의 연결이 옳은 것은?

10년-4회

① PVC 수지 – 열가소성
② 페놀 수지 – 열가소성
③ 폴리에틸렌 수지 – 열경화성
④ 멜라민 수지 – 열가소성

해설
① PVC=폴리염화비닐이다.

플라스틱 가연물

열가소성	폴리에틸렌 수지, 폴리스티렌 수지, 폴리아세틸렌 수지, 폴리염화비닐 수지
열경화성	멜라민 수지, 페놀 수지, 요소 수지

08 건축물의 방재계획 중에서 공간적 대응계획에 해당되지 않는 것은?

15년-2회

① 도피성 대응
② 대항성 대응
③ 회피성 대응
④ 소방시설방재 대응

해설
건축물의 방재계획 중 공간적 대응은 대항성, 회피성, 도피성 3가지로 분류된다.

13 무창층, 지하층, 주요구조부

기출유형

건축법령상 내력벽, 기둥, 바닥, 보, 지붕틀 및 주계단을 무엇이라 하는가? 21년-1회

① 내진구조부
② 건축설비부
③ 보조구조부
④ 주요구조부

해설

주요구조부
내력벽, 기둥, 바닥, 보, 지붕틀 및 주계단

|정답| ④

족집게 과외

❶ 무창층

구 분	내 용
정 의	지상층 중 유효한 개구부의 면적의 합계가 해당 층의 바닥면적의 30분의 1 이하가 되는 층
유효한 개구부 조건	① 크기는 지름 50센티미터 이상의 원이 통과할 수 있을 것 ② 해당 층의 바닥면으로부터 개구부 밑부분까지의 높이가 1.2미터 이내일 것 ③ 도로 또는 차량이 진입할 수 있는 빈터를 향할 것 ④ 창살이나 그 밖의 장애물이 설치되지 않을 것 ⑤ 내부 또는 외부에서 쉽게 부수거나 열 수 있을 것

❷ 지하층

구 분	내 용
정 의	건축물의 바닥이 지표면 아래에 있는 층으로서 바닥에서 지표면까지 평균높이가 해당 층 높이의 2분의 1 이상인 것

❸ 주요구조부

구 분	내 용
개 념	건축물 구조적으로 중요한 부재를 의미함
주요구조부	내력벽, 기둥, 바닥, 보, 지붕틀 및 주계단

Tip 무너지면 사람이 크게 다칠 것 같은 부재라고 생각하면 쉽다.

🔒 **정답** 01 ① 02 ① 03 ③ 04 ④

기출유형 완성하기

01 건축물에서 주요구조부가 아닌 것은?
_{13년-4회}

① 차 양
② 주계단
③ 내력벽
④ 기 둥

해설
주요구조부
내력벽, 기둥, 바닥, 보, 지붕틀 및 주계단

02 지하층이라 함은 건축물의 바닥이 지표면 아래에 있는 층으로서 바닥에서 지표면까지의 평균높이가 해당 층 높이의 얼마 이상인 것을 말하는가?
_{25년}

① 1/2
② 1/3
③ 1/4
④ 1/5

해설
지하층
건축물의 바닥이 지표면 아래에 있는 층으로서 바닥에서 지표면까지 평균높이가 해당 층 높이의 2분의 1 이상인 것을 말한다.

03 무창층이 개구부로서 갖추어야 할 조건으로 옳은 것은?
_{25년}

① 개구부 크기가 지름 $30cm$의 원이 내접할 수 있는 것
② 해당 층의 바닥면으로부터 개구부 밑부분까지의 높이가 $1.5m$인 것
③ 내부 또는 외부에서 쉽게 파괴 또는 개방할 수 있을 것
④ 창에 방범을 위하여 $40cm$ 간격으로 창살을 설치한 것

해설
① $30cm$ → $50cm$ 원이 내접할 것
② $1.5m$ → $1.2m$ 개구부 밑부분까지의 높이
④ 창살이나 장애물은 설치 금지할 것

04 건축물의 주요구조부에 해당되지 않는 것은?
_{25년}

① 내력벽
② 기 둥
③ 주계단
④ 작은 보

해설
주요구조부
내력벽, 기둥, 바닥, 보, 지붕틀 및 주계단

14　방화구조, 내화구조, 방화벽

기출유형

내화구조의 철근콘크리트조 기둥은 그 작은 지름을 최소 몇 cm 이상으로 하는가?　09년-1회

① 10
② 15
③ 20
④ 25

해설
내화구조 중 철근콘크리트조 기둥은 지름 $25cm$ 이상이어야 한다.

| 정답 | ④

족집게 과외

❶ 방화구조

구 분	내 용		
정 의	화재의 확산을 방지할 수 있는 구조		
기 준	구 성		두 께
	철망모르타르 바른 것		2cm 이상
	석고판 위에 시멘트모르타르 또는 회반죽 바른 것		2.5cm 이상
	시멘트모르타르 위에 타일 부착		
	심벽에 흙으로 맞벽치기		기준 없음

❷ 내화구조

구 분	내 용		
정 의	일정 시간 동안 화재에 견디며 기능(구조적 안전성)을 유지할 수 있는 구조		
부재·구조별 두께	부 재	구 조	두 께
	벽	벽돌조	19cm 이상
		철근콘크리트조 또는 철골철근콘크리트조	10cm 이상
	외벽 중 비내력벽		7cm 이상
	바 닥		10cm 이상
	기 둥		지름 25cm 이상

❸ 방화벽

구 분	내 용
개 념	화재의 확산을 방지하기 위해 설치하는 벽
구 조	① 내화구조로서 홀로 설 수 있는 구조일 것 ② 건축물의 외벽면 및 지붕면으로부터 0.5미터 이상 튀어나오게 할 것 ③ 방화벽에 설치하는 출입문의 너비 및 높이는 각각 2.5미터 이하로 하고, 해당 출입문에는 60+방화문 또는 60분방화문을 설치할 것

기출유형 완성하기

정답 01 ② 02 ① 03 ② 04 ③

01 내화구조에 대한 설명으로 옳은 것은?

04년-1회

① 두께 1.2cm 이상의 석고판 위에 석면시멘트판을 붙인 것
② 철근콘크리트조의 벽으로서 두께가 10cm 이상인 것
③ 철망몰탈 바르기로서 두께가 2cm 이상인 것
④ 심벽에 흙으로 맞벽치기 한 것

해설
내화구조 중 철근콘크리트조 벽은 두께가 10cm 이상이어야 한다.

02 방화구조의 기준에 대한 설명으로 옳은 것은?

07년-2회

① 철망모르타르로서 그 바름두께가 2cm 이상인 것
② 석고판 위에 회반죽을 바른 것으로서 그 두께의 합계가 2cm 이상인 것
③ 두께 1cm 이상의 석고판 위에 석면시멘트판을 붙인 것
④ 두께 2cm 이상의 양면보온판 위에 석면시멘트판을 붙인 것

해설
② 석고판+회반죽 → 2.5cm 이상
③ 방화구조 해당 없음
④ 방화구조 해당 없음

03 건축물의 내화구조에서 바닥의 경우에는 철근콘크리트조의 두께가 몇 cm 이상이어야 하는가?

20년-3회

① 7
② 10
③ 12
④ 15

해설
내화구조 중 철근콘크리트조 바닥은 두께가 10cm 이상이어야 한다.

04 방화구조에 대한 기준으로 틀린 것은?

08년-1회

① 철망모르타르로서 그 바름두께가 2cm 이상인 것
② 두께 1.2cm 이상의 석고판 위에 석면시멘트판을 붙인 것
③ 두께 2cm 이상의 암면보온판 위에 석면시멘트판을 붙인 것
④ 심벽에 흙으로 맞벽치기한 것

해설
③ 방화구조는 해당 없다.

정답 05 ② 06 ① 07 ① 08 ④

05 연면적이 $1,000m^2$ 이상인 건축물에 설치하는 방화벽에 갖추어야 할 기준으로 틀린 것은?
〔08년-4회〕

① 내화구조로서 자립할 수 있는 구조일 것
② 방화벽의 양쪽 위쪽 끝을 건축물의 외벽면 및 지붕면으로부터 $0.1m$ 이상 튀어나오게 할 것
③ 방화벽에 설치하는 출입문의 너비는 $2.5m$ 이하로 할 것
④ 방화벽에 설치하는 출입문의 높이는 $2.5m$ 이하로 할 것

해설
방화벽은 양쪽 또는 위쪽 끝을 건축물의 외벽면 및 지붕면으로부터 $0.5m$ 이상 튀어나오게 설치해야 한다.

06 철근 콘크리트조로서 내화구조 벽의 기준은 두께 몇 cm 이상이어야 하는가?
〔07년-2회〕

① 10
② 15
③ 20
④ 25

해설
내화구조 중 철근콘크리트조 벽은 두께가 $10cm$ 이상이어야 한다.

07 방화구조의 기준을 옳게 나타낸 것은?
〔09년-1회〕

① 철망모르타르로서 그 바름두께가 $2cm$ 이상인 것
② 시멘트모르타르 위에 타일을 붙인 것으로서 그 두께의 합계가 $1.5cm$ 이하인 것
③ 두께 $1.5cm$ 이상의 암면보온판 위에 석면시멘트판을 붙인 것
④ 두께 $1.2cm$ 미만의 석고판 위에 석면시멘트판을 붙인 것

해설
② 시멘트모르타르+타일 → $2.5cm$ 이상
③ 방화구조 해당 없음
④ 방화구조 해당 없음

08 내화구조의 기준 중 벽의 경우 벽돌조로서 두께가 최소 몇 cm 이상이어야 하는가?
〔17년-2회〕

① 5
② 10
③ 12
④ 19

해설
내화구조 중 벽돌조 벽은 두께가 $19cm$ 이상이어야 한다.

CHAPTER 14 | 방화구조, 내화구조, 방화벽

15 피 난

기출유형

화재 발생 시 인간의 피난 특성으로 틀린 것은? 　　　　　　　　　　　　　　　　20년-4회

① 본능적으로 평상시 사용하는 출입구를 사용한다.
② 최초로 행동을 개시한 사람을 따라서 움직인다.
③ 공포감으로 인해서 빛을 피하여 어두운 곳으로 몸을 숨긴다.
④ 무의식중에 발화 장소의 반대쪽으로 이동한다.

해설
지광본능 – **빛을 향해** 도피하려는 본능으로 사람은 화재 시 빛을 향해 이동하는 본능을 갖는다.

| 정답 | ③

족집게 과외

❶ 피난 시 인간의 행동본능

구 분	내 용
귀소본능	평소에 사용하는 통로, 문 등을 사용하여 자신이 왔던 길로 되돌아가려는 본능
퇴피본능	위험요소(화염)의 반대방향으로 이동하려는 본능
지광본능	빛을 향해 도피하려는 본능
추종본능	최초로 행동하는 사람을 따라 하려는 본능
좌회본능	사람은 대부분 오른손, 오른발잡이로 좌측으로 회전하려는 본능

❷ 패닉현상

구 분	내 용
개 념	두려움이나 공포로 인해 갑작스럽게 혼란에 빠지는 상태(판단력 저하)
발생 원인	① 연기에 의한 시계 제한 ② 유독가스에 의한 호흡장애 ③ 외부와의 단절, 고립

※ H형 피난통로의 경우 패닉 발생 우려가 크다.

❸ 피난계획

구 분	내 용
Fool Proof	① 저지능인 상태에서도 쉽게 식별이 가능하도록 그림이나 색채를 이용하는 원칙 ② 말 그대로 바보도 이용할 수 있도록 구성하라는 의미
Fail Safe	항상 2가지 이상의 수단을 구성하라는 것으로, 말 그대로 실패해도 안전하도록 구성하라는 의미
원 칙	① 양방향(2개 이상)으로 피난할 수 있어야 할 것 ② 가급적 단순한 형태로 구성하고, 고정식 시설을 원칙으로 할 것 ③ 통로의 말단은 안전한 장소이거나 피난할 수 있는 설비가 있도록 할 것 ④ 피난동선은 수직동선과 수평동선을 모두 고려할 것

❹ 피난설비

구 분	내 용
개 념	주 피난시설인 계단 외에 피난을 보조하는 설비
종 류	완강기, 구조대, 공기안전매트, 피난사다리, 피난교, 미끄럼대 등

❺ 안전구획

구 분	내 용
개 념	피난층까지의 동선 중에 통과해야 하는 부분을 순서대로 안전을 확보한 개념
구획 구분	① 1차 안전구획 - 복도 ② 2차 안전구획 - 계단의 부속실(전실) ③ 3차 안전구획 - 계단실

※ 피난층 : 직접 지상으로 통하는 출입구가 있는 층

기출유형 완성하기

정답 01 ③ 02 ③ 03 ④ 04 ① 05 ④

01 피난계획의 일반적 원칙이 아닌 것은? `10년-4회`

① 피난경로는 간단명료할 것
② 2방향의 피난동선을 항상 확보하여 둘 것
③ 피난수단은 이동식 시설을 원칙으로 할 것
④ 인간의 특성을 고려하여 피난계획을 세울 것

해설
피난수단은 **고정식 시설을 원칙**으로 한다.

02 갑작스러운 화재 발생 시 인간의 피난 특성으로 틀린 것은? `11년-4회`

① 무의식중에 평상시 사용하는 출입구를 사용한다.
② 최초로 행동을 개시한 사람을 따라서 움직인다.
③ 공포감으로 인해서 빛을 피하여 어두운 곳으로 몸을 숨긴다.
④ 무의식중에 발화 장소의 반대쪽으로 이동한다.

해설
지광본능 : **빛을 향해 도피**하려는 본능

03 건물화재 시 패닉(panic)의 발생원인과 직접적인 관계가 없는 것은? `04년-4회`

① 연기에 의한 시계 제한
② 유독가스에 의한 호흡장애
③ 외부와 단절되어 고립
④ 건물의 가연내장재

해설
화재 시 패닉현상 발생원인
• 연기에 의한 시계 제한
• 유독가스에 의한 호흡장애
• 외부와의 단절, 고립

04 소방시설의 구분에서 피난설비에 해당하지 않는 것은? `10년-2회`

① 무선통신보조설비
② 완강기
③ 구조대
④ 공기안전매트

해설
무선통신보조설비는 소화활동설비이다.

05 피난계획의 일반원칙 중 fool proof 원칙이란 무엇인가? `12년-2회`

① 1가지가 고장이 나도 다른 수단을 이용하는 원칙
② 2방향의 피난동선을 항상 확보하는 원칙
③ 피난수단을 이동식 시설로 하는 원칙
④ 피난수단을 조작이 간편한 원시적 방법으로 하는 원칙

해설
"Fool=바보"이며 Fool Proof는 바보도 보호할 수 있는 수단으로 피난계획을 구성하라는 뜻으로, 조작이 간편하고 원시적(색채, 그림 등)으로 하는 원칙을 의미한다.

정답 06 ③ 07 ① 08 ④ 09 ②

06 객실부분에 대한 방재적인 피난계획으로 적절하지 못한 것은? `04년-4회`

① 각 객실마다 방화구획을 설정한다.
② 객실의 문은 방화문으로 하는 것이 바람직하다.
③ 피난복도는 1방향 피난의 원칙을 지켜야 한다.
④ 피난복도는 굴곡을 적게 한다.

해설
피난복도는 양방향 피난을 원칙으로 하여, 한쪽의 피난의 불가능해지더라도 반대방향으로 피난이 가능하도록 구성해야 한다.

08 피난계획에 관한 설명으로 옳지 않은 것은? `05년-2회`

① 계단의 배치는 집중화를 피하고 분산한다.
② 피난동선에는 상용의 통로, 계단을 이용토록 한다.
③ 방화구획은 단순 명확하게 하고 적절히 세분화한다.
④ 계단은 화재 시 연도로 되기 쉽기 때문에 직통계단으로 하지 않는 것이 좋다.

해설
피난로의 동선은 수직동선과 수평동선으로 구분된다. 수직동선은 ELEV, 계단 등이 있으나, ELEV는 화재 시 연기에 의해 인명피해의 우려가 있으므로 계단으로 피난하는 것을 원칙으로 한다.

07 피난시설의 안전구획 설정과 관련이 없는 것은? `04년-4회`

① 중간 피난층
② 복 도
③ 계단부속실(전실)
④ 계 단

해설
피난시설의 안전구획

1차 안전구획	복 도
2차 안전구획	계단의 부속실(전실)
3차 안전구획	계단실

09 피난로의 안전구획 중 2차 안전구획에 속하는 것은? `18년-4회`

① 복 도
② 계단부속실(계단전실)
③ 계 단
④ 피난층에서 외부와 직면한 현관

해설
피난시설의 안전구획

1차 안전구획	복 도
2차 안전구획	계단의 부속실(전실)
3차 안전구획	계단실

기출유형 완성하기

정답 10 ④ 11 ① 12 ④ 13 ④ 14 ④

10 다음 중 피난자의 집중으로 패닉현상이 일어날 우려가 가장 큰 형태는? 〔25년〕

① T형
② X형
③ Z형
④ H형

해설
H형 피난통로의 경우 패닉 발생 우려가 크다.

11 피난계획의 일반원칙 중 fool proof 원칙이란 무엇인가? 〔16년-4회〕

① 저지능인 상태에서도 쉽게 식별이 가능하도록 그림이나 색채를 이용하는 원칙
② 피난설비를 반드시 이동식으로 하는 원칙
③ 한 가지 피난기구가 고장이 나도 다른 수단을 이용할 수 있도록 고려하는 원칙
④ 피난설비를 첨단화된 전자식으로 하는 원칙

해설
"Fool=바보"이며 Fool Proof는 바보도 보호할 수 있는 수단으로 피난계획을 구성하라는 뜻으로, 조작이 간편하고 원시적(색채, 그림 등)으로 하는 원칙을 의미한다.

12 건물 내 피난동선의 조건으로 옳지 않은 것은? 〔20년-4회〕

① 2개 이상의 방향으로 피난할 수 있어야 한다.
② 가급적 단순한 형태로 한다.
③ 통로의 말단은 안전한 장소이어야 한다.
④ 수직동선은 금하고 수평동선만 고려한다.

해설
피난동선의 기본 조건으로 수직동선과 수평동선을 모두 고려하여야만 건축물 바깥으로 피난이 가능하다.

13 건축물의 화재 시 피난자들의 집중으로 패닉(panic)현상이 일어날 수 있는 피난방향은? 〔21년-1회〕

①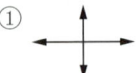
②
③
④

해설
H형 피난통로의 경우 패닉 발생 우려가 크다.

14 피난층에 대한 정의로 옳은 것은? 〔17년-4회〕

① 지상으로 통하는 피난계단이 있는 층
② 비상용 승강기의 승강장이 있는 층
③ 비상용 출입구가 설치되어 있는 층
④ 직접 지상으로 통하는 출입구가 있는 층

해설
피난층 : 직접 지상으로 통하는 출입구가 있는 층

정답 15 ② 16 ④

15 화재발생 시 인명피해 방지를 위한 건물로 적합한 것은? `19년-4회`

① 피난설비가 없는 건물
② 특별피난계단의 구조로 된 건물
③ 피난기구가 관리되고 있지 않은 건물
④ 피난구 폐쇄 및 피난구유도등이 미비되어 있는 건물

해설
계단의 안전성은 직통계단 < 피난계단 < 특별피난계단 순서로 안전한 구조이다.

16 피난 시 하나의 수단이 고장 등으로 사용이 불가능하더라도 다른 수단 및 방법을 통해서 피난할 수 있도록 하는 것으로 2방향 이상의 피난통로를 확보하는 피난대책의 일반원칙은? `20년-4회`

① Risk-down 원칙
② Feed-back 원칙
③ Fool-proof 원칙
④ Fail-safe 원칙

해설
Fail Safe란 항상 2가지 이상의 수단을 구성하라는 것으로, 말 그대로 실패해도 안전하도록 구성하라는 의미이다.

16 증기비중, 분자량

기출유형

액화석유가스(LPG)에 대한 성질로 틀린 것은? 　　　　　　　　　　　　　　　　18년-2회

① 주성분은 프로판, 부탄이다.
② 천연고무를 잘 녹인다.
③ 물에 녹지 않으나 유기용매에 용해된다.
④ 공기보다 1.5배 가볍다.

해설
액화석유가스(LPG)는 증기밀도가 약 1.5로 공기보다 1.5배 무겁다.

| 정답 | ④

족집게 과외

❶ 법칙

구 분	내 용	
보일의 법칙	기체의 온도가 일정할 때 기체의 압력과 부피는 반비례한다는 법칙	$V \propto \dfrac{1}{P} \rightarrow P_1 V_1 = P_2 V_2 = C'$
샤를의 법칙	기체의 압력이 일정할 때 기체의 온도와 부피는 비례한다는 법칙	$V \propto T \rightarrow \dfrac{V_1}{T_1} = \dfrac{V_2}{T_2} = C'$
보일-샤를의 법칙	보일의 법칙과 샤를의 법칙이 합쳐진 것으로, 기체의 부피는 온도에 비례하고, 압력에 반비례한다는 법칙	$\dfrac{P_1 V_1}{T_1} = \dfrac{P_2 V_2}{T_2} = C'$
아보가드로의 법칙	① 모든 기체는 같은 온도, 같은 압력에서 같은 부피 속에 같은 개수의 입자를 갖는다는 법칙 ② 모든 기체는 0℃, 1기압에서 1[mol]의 부피는 22.4[L] ③ 1[mol]의 분자수(=아보가드로수)는 6.023×10^{23}[개]	

※ 열역학 계산은 항상 절대온도, 절대압력을 적용해야 하는 것을 주의할 것!

❷ 분자량, 증기비중, 증기밀도

구 분	내 용	
원자량	원자의 질량으로 탄소(C)의 원자량을 12로 두고 상대적인 질량을 나타낸 것 C : 12, H : 1, O : 16, N : 14, F : 19, Cl : 35.5, Br : 90	
분자량	분자를 구성하는 원자량의 합을 분자량이라고 함	
	공기 : 29, CO_2(이산화탄소)=$12+(16 \times 2)=44$, CH_4(메탄)=$12+4=16$	
증기비중	① 대기 중에서 공기와의 무게비 ② 1보다 크면 대기 중에서 가라앉고 작으면 떠오름	$\dfrac{\text{분자량}}{29}$ ∴ 29=공기의 분자량
	할론소화약제의 증기비중 : Halon 2402(9.0)>1211(5.7)>104(5.3)>1301(5.1)	
증기밀도	0[℃], 1[atm] 상태에서 그 기체의 분자량을 22.4[L]로 나눈 값	$\dfrac{\text{분자량}}{22.4}[g/L]$

❸ LNG, LPG

LNG(액화천연가스)	LPG(액화석유가스)
① 일반적으로 도시가스를 의미 ② 주성분은 메탄으로 공기보다 가벼움 ③ LNG의 증기비중 : 약 0.5	① 주성분은 프로판, 부탄으로 공기보다 무거움 ② LPG의 증기비중 : 약 1.5 ③ 휘발유 등 유기용매에 녹고, 천연고무를 잘 녹임 ④ 액화하면 물보다 가벼움 ⑤ 무색, 무취

기출유형 완성하기

정답 01 ② 02 ④ 03 ① 04 ② 05 ③

01 다음의 법칙 중 "온도가 일정할 때 기체의 부피는 절대압력에 반비례한다"라는 법칙은?
〈06년-2회〉

① 스테판 볼쯔만의 법칙
② 보일의 법칙
③ 보일-샤를의 법칙
④ 패닝의 법칙

해설
보일의 법칙이란 기체의 온도가 일정할 때 기체의 압력과 부피는 반비례한다는 법칙이다.

02 순수한 액화석유가스(LPG)의 일반적 성질에 대한 설명으로 잘못된 것은?
〈06년-4회〉

① 휘발유 등 유기용매에 녹는다.
② 액화하면 물보다 가볍다.
③ 액화석유가스 증기는 공기보다 무겁다.
④ 무색으로 독특한 냄새가 있다.

해설
LPG는 무색·무취이다.

03 위험물탱크에 압력이 $0.3 MPa$이고 온도가 $0°C$인 가스가 들어있을 때 화재로 인하여 $100°C$까지 가열되었다면 압력은 약 몇 MPa인가? (단, 이상기체로 가정한다)
〈14년-2회〉

① 0.41
② 0.52
③ 0.63
④ 0.74

해설
보일-샤를의 법칙 $\dfrac{P_1 V_1}{T_1} = \dfrac{P_2 V_2}{T_2} = C'$

용기이므로 체적은 $V_1 = V_2$

→ $\dfrac{P_1}{T_1} = \dfrac{P_2}{T_2}$

→ $P_2 = P_1 \times \dfrac{T_2}{T_1} = 0.3 \times \dfrac{100+273}{0+273} = 0.41$

04 실내온도 $15°C$에서 화재가 발생하여 $900°C$가 되었다면 기체의 부피는 약 몇 배로 팽창되었는가? (단, 압력은 1기압으로 일정하다)
〈10년-4회〉

① 2.23
② 4.07
③ 6.45
④ 8.05

해설
샤를의 법칙 $\dfrac{V_1}{T_1} = \dfrac{V_2}{T_2} = C'$

→ $\dfrac{V_2}{V_1} = \dfrac{T_2}{T_1} = \dfrac{900+273}{15+273} = 4.07$

05 가장 간단한 형태의 탄화수소로서 도시가스의 주성분은?
〈08년-2회〉

① 부탄
② 에탄
③ 메탄
④ 프로판

해설
도시가스(LNG)의 주성분은 메탄(CH_4)이다.

🔒 정답 06 ③ 07 ② 08 ① 09 ③

기출유형 완성하기

06 다음 중 증기비중이 가장 큰 것은? `16년-4회`

① 이산화탄소
② 할론 1301
③ 할론 2402
④ 할론 1211

해설
증기비중

종 류	증기비중
CO_2	1.52
Halon 1301	5.1
Halon 2402	9.0
Halon 1211	5.7

Tip 할론 소화약제 중 2402가 가장 비중이 크다.

07 물질의 증기비중을 옳게 나타낸 것은?
(단, 수식에서 분자, 단위는 모두 g/mol이다) `09년-4회`

① 분자량/22.4
② 분자량/29
③ 분자량/44.8
④ 분자량/100

해설
증기비중 $= \dfrac{분자량}{29}$

08 연료로 사용하는 가스에 관한 설명 중 틀린 것은? `10년-2회`

① 도시가스, LPG는 모두 공기보다 무겁다.
② $1m^3$의 CH_4를 완전연소시키는 데 필요한 공기량은 약 $9.52 Nm^3$이다.
③ 메탄의 공기 중 폭발범위는 약 5~15% 정도이다.
④ 부탄의 공기 중 폭발범위는 약 1.9~8.5% 정도이다.

해설
도시가스의 증기비중은 약 0.5로 공기보다 가볍고, LPG의 증기비중은 약 1.5로 공기보다 무겁다.

09 표준상태에서 메탄가스의 밀도는 몇 g/L인가? `15년-2회`

① 0.21
② 0.41
③ 0.71
④ 0.91

해설
메탄가스의 분자량 CH_4(메탄) $= 12 + (1 \times 4) = 16$
증기밀도 $= \dfrac{분자량[g]}{22.4[L]} = \dfrac{16}{22.4} = 0.71$

기출유형 완성하기

정답 10 ③ 11 ① 12 ② 13 ③

10 "기체가 차지하는 부피는 압력에 반비례하며 절대온도에 비례한다."와 가장 관련이 있는 법칙은?
〔04년-4회〕

① 보일의 법칙
② 샤를의 법칙
③ 보일-샤를의 법칙
④ 주울의 법칙

해설
보일-샤를의 법칙이란 보일의 법칙과 샤를의 법칙이 합쳐진 것으로, 기체의 부피는 온도에 비례하고, 압력에 반비례한다는 법칙이다.

11 0℃, 1기압에서 $44.8m^3$의 용적을 가진 이산화탄소를 액화하여 얻을 수 있는 액화탄산가스의 무게는 약 몇 kg인가?
〔20년-1·2회〕

① 88
② 44
③ 22
④ 11

해설
이산화탄소의 분자량은 44이므로
이산화탄소의 1몰당 질량은 $\dfrac{44[g]}{22.4[L]} = \dfrac{44[kg]}{22.4[m^3]}$이 된다.
총 용적은 $44.8[m^3]$이므로
$44[kg] \times \dfrac{44.8[m^3]}{22.4[m^3]} = 88[kg]$ 이다.

12 공기의 평균 분자량이 29일 때 이산화탄소의 기체 비중은 얼마인가?
〔25년〕

① 1.44
② 1.52
③ 2.88
④ 3.24

해설
이산화탄소의 분자량 $CO_2 = 12+(16\times 2) = 44$

기체비중(=증기비중) $= \dfrac{\text{기체 분자량}}{\text{공기 분자량}} = \dfrac{44}{29} = 1.52$

13 표준상태에서 $11.2L$의 기체질량이 $22g$이었다면 이 기체의 분자량은 얼마인가?
(단, 이상기체를 가정한다)
〔12년-1회〕

① 22
② 35
③ 44
④ 56

해설
기체의 질량 = 기체의 밀도 × 기체의 부피
→ 기체의 밀도 $= \dfrac{\text{기체의 질량}}{\text{기체의 부피}} = \dfrac{22[g]}{11.2[L]} = 1.964$

기체의 밀도 $= \dfrac{\text{분자량}[g]}{22.4[L]}$

→ 분자량$[g]$ = 기체의 밀도 × 22.4$[L]$
$= 1.964 \times 22.4 ≒ 44$

정답 14 ② 15 ①

14 Halon 1301의 증기비중은 약 얼마인가?
(단, 원자량은 C 12, F 19, Br 80, Cl 35.5이고, 공기의 평균분자량은 29이다) `08년-2회`

① 4.14
② 5.14
③ 6.14
④ 7.14

해설
Halon 1301=$CBrF_3$이므로
분자량 → $12+80+(19\times 3)=149$
증기비중 = $\dfrac{분자량}{29} = \dfrac{149}{29} = 5.14$

15 LNG와 LPG에 대한 설명으로 틀린 것은? `13년-2회`

① LNG의 증기비중은 1보다 크기 때문에 유출되면 바닥에 가라앉는다.
② LNG의 주성분은 메탄이고, LPG의 주성분은 프로판이다.
③ LPG는 원래 냄새가 없으나 누설 시 쉽게 알 수 있도록 부취제를 넣는다.
④ LNG는 Liquefied Natural Gas의 약자이다.

해설
LNG의 증기비중은 약 0.5로 공기보다 가벼워 유출 시 떠오른다.

17 위험물 분류

기출유형

다음 중 제2류 위험물이 아닌 것은? 　　　　　09년-1회

① 철 분
② 유 황
③ 적 린
④ 황 린

해설
황린은 제3류 위험물이다.

| 정답 | ④

족집게 과외

❶ 위험물 분류

구 분	성 질	소화방법
제1류	산화성 고체	일반 산화성 고체 : 주수에 의한 냉각소화
		무기과산화물 : 건조사에 의한 질식소화
제2류	가연성 고체	일반 가연성 고체 : 주수에 의한 냉각소화
		철분, 마그네슘, 금속분 : 건조사에 의한 질식소화
제3류	자연발화성 물질 및 금수성 물질	건조사, 팽창질석, 팽창진주암에 의한 질식소화
제4류	인화성 액체	질식소화(포, 가스계, 물분무)
제5류	자기반응성 물질	냉각소화
제6류	산화성 액체	주수소화

❷ 위험물의 인화점과 발화점(多 출제)

구 분	내 용
인화점	디에틸에테르(-45℃)＜휘발유(-43℃)＜산화프로필렌(-37℃)＜이황화탄소(-30℃)＜아세톤(-18℃)＜메틸알코올(11℃)＜에틸알코올(13℃)＜등유(37℃)＜경유(55℃) **Tip** 외울 것은 4개뿐이다. 항상 시험에는 인화점이 낮은 물질을 고르도록 출제된다.
발화점	황린(30℃)＜황화린(100℃)＜이황화탄소(102℃)＜등유(220℃)＜유황(232℃)＜휘발유(246℃)＜적린(260℃)＜에틸알코올(423℃)＜아세톤(465℃)＜톨루엔(480℃)＜벤젠(498℃) **Tip** 외울 것은 3개뿐이다. 항상 시험에는 발화점이 낮은 물질을 고르도록 출제된다.

❸ 다빈도 출제 위험물 및 Tip

품 명	내 용
황 린	① 제3류 위험물 ② 자연발화성(금수성 X) ③ 물속에 저장 ④ 발화점 가장 낮음
탄화칼슘	① 제3류 위험물 ② 물과 반응 시 아세틸렌 발생
Tip-1 (3류)	① 제3류 위험물은 대부분 금수성+자연발화성 물질이며 대부분 금속임 ② 금속의 품명은 대부분 "늄, 륨, 슘"으로 끝나며 금수성으로 주수 시 수소가스 발생이 흔함 ③ 금속은 대부분 주수 시 가연성 가스가 발생되므로 건조사 소화함 ④ 금속의 명칭에 "산"이 포함되어 있는 경우는 자연발화성이 대부분 아님
Tip-2 (1,5,6류)	① 1류&6류 → 산화성 고체, 액체이므로 대부분 명칭에 "산"이 들어감 ② 5류 → 대부분 명칭이 "니트로○○", "질산○○" 등으로 구성되어 있음

기출유형 완성하기

정답 01 ① 02 ② 03 ④ 04 ①

01 위험물 제4류 제2석유류(경유, 등유)에 대한 특성을 옳게 설명한 것은? 〔03년-1회〕

① 성질은 인화성 액체이다.
② 상온에서 안정하나 약간의 자극으로 폭발하기 쉽다.
③ 물에 용해하지 않고 물보다 무거우므로 수조에 저장하여야 한다.
④ 소화방법은 포소화약제에 의한 것보다 주수 소화가 효과적이다.

해설
위험물 분류

류별 구분	종 류
제1류 위험물	산화성 고체
제2류 위험물	가연성 고체
제3류 위험물	자연발화성 물질 및 금수성 물질
제4류 위험물	**인화성 액체**
제5류 위험물	자기반응성 물질
제6류 위험물	산화성 액체

02 다음 중 휘발유의 인화점은? 〔04년-4회〕

① −18℃
② −43℃
③ 11℃
④ 70℃

해설
휘발유(≒가솔린)의 인화점은 −43℃이다.

03 위험물 유별에 따른 그 성질의 연결이 틀린 것은? 〔07년-2회〕

① 제1류 위험물 − 산화성 고체
② 제2류 위험물 − 가연성 고체
③ 제4류 위험물 − 인화성 액체
④ 제6류 위험물 − 자기반응성 물질

해설
위험물 분류

류별 구분	종 류
제1류 위험물	산화성 고체
제2류 위험물	가연성 고체
제3류 위험물	자연발화성 물질 및 금수성 물질
제4류 위험물	인화성 액체
제5류 위험물	자기반응성 물질
제6류 위험물	**산화성 액체**

04 가열된 금속분말에 물을 뿌릴 때 수소(H_2)가 발생하지 않는 것은? 〔03년-4회〕

① Co
② Na
③ K
④ Li

해설
나트륨(Na), 칼륨(K), 리튬(Li)은 화재 시에 주수 소화를 시도하면 수소가 발생하므로 건조사, 팽창질석, 팽창진주암을 이용하여 피복소화한다.

🔒 **정답** 05 ② 06 ④ 07 ④ 08 ②

기출유형 완성하기

05 인화성 물질이 아닌 것은? `13년-4회`

① 기계유
② 질 소
③ 이황화탄소
④ 에테르

해설
질소는 불활성 기체로 인화성 물질이 아닌 질식소화 시 소화약제로 이용된다.

06 다음 물질 중 인화점이 가장 낮은 것은? `10년-1회`

① 에틸알코올
② 등 유
③ 경 유
④ 디에틸에테르

해설
인화점

품 명	인화점
에틸알코올	13℃
등 유	37℃
경 유	55℃
디에틸에테르	-45℃

Tip 기사시험에 출제되는 문제 중 디에틸에테르가 가장 인화점이 낮으므로 반드시 숙지한다.

07 위험물의 유별에 따른 대표적인 성질의 연결이 틀린 것은? `09년-2회`

① 제1류 – 산화성 고체
② 제2류 – 가연성 고체
③ 제4류 – 인화성 액체
④ 제5류 – 산화성 액체

해설
위험물 분류

류별 구분	종 류
제1류 위험물	산화성 고체
제2류 위험물	가연성 고체
제3류 위험물	자연발화성 물질 및 금수성 물질
제4류 위험물	인화성 액체
제5류 위험물	자기반응성 물질
제6류 위험물	산화성 액체

08 제1류 위험물로 그 성질이 산화성 고체인 것은? `13년-2회`

① 황 린
② 아염소산염류
③ 금속분류
④ 유 황

해설
아염소산염류는 제1류 위험물(산화성 고체)이다.

Tip 제1류 또는 제6류 위험물의 경우 산화성 고체 및 액체이므로 품명에 "산"이 들어간 단어를 찾는다.

기출유형 완성하기

> 정답 09 ② 10 ④ 11 ④ 12 ①

09 제3류 위험물 중 자연발화성만 있고 금수성이 없기 때문에 물속에 보관하는 물질은? 06년-1회

① 알킬리튬
② 황 린
③ 칼 륨
④ 알루미늄 탄화

해설
황린은 제3류 위험물 중 금수성이 아닌 자연발화성 물질로서 공기와의 접촉을 차단하기 위해 물속에 저장한다.

10 다음 물질 중 분자 내부에 산소를 함유하고 있지 않은 액체 탄화수소 중에 보관해야 하는 것은? 06년-1회

① 황화린
② 황 린
③ 적 린
④ 나트륨

해설
나트륨은 제3류 위험물로서 자연발화성 및 금수성 물질이다. 자연발화성 물질이란 공기와 접촉 시 스스로 발화하는 성질을 갖는 것으로서 대표적으로 금속이 있다. 금속 중 1종류인 나트륨(Na)은 공기 및 수분과의 접촉을 차단하기 위해 물이 아닌 보호액(탄화수소액, 석유 등) 속에 보관한다.

11 위험물질의 위험성을 나타내는 성질에 대한 설명으로 옳지 않은 것은? 06년-1회

① 알킬알루미늄, 수소화나트륨 및 탄화칼슘은 금수성 물질이다.
② 유황은 가연성 고체인 제2류 위험물이다.
③ 알코올류라 함은 탄소수가 1개에서 3개까지인 포화 1가 알코올류 의미한다.
④ 황린은 가연성 고체로서 제2류 위험물에 속한다.

해설
황린은 제3류 위험물이다.

12 다음은 제1류 위험물의 물리·화학적 성질에 대한 설명이다. 바르게 설명된 것은? 06년-2회

① 무기과산화물 등을 제외하고 일반적으로 화재 시 다량의 물로 냉각소화한다.
② 가연성 고체이기 때문에 산화성 고체인 제2류 위험물과 혼촉하면 위험하고 그 이외의 위험물과는 혼촉이 가능하다.
③ 산화성 액체로서 가연성이면서 자기반응성 물질이다.
④ 상온에서 액체상태이며, 반응속도가 느리다.

해설
무기과산화물이란 간단하게 금속(무기)이 산소와 결합된 물질이다. 금속화재는 수소발생의 우려가 있으므로 주수소화를 금지하고, 그 외 제1류 위험물은 주수소화로 소화한다.

정답 13 ① 14 ① 15 ③ 16 ②

기출유형 완성하기

13 제1류 위험물로서 그 성질이 산화성 고체인 것은?

05년-4회

① 아염소산염류
② 과염소산
③ 금속분류
④ 셀룰로이드류

해설
① 아염소산염류는 제1류 위험물로서 산화성 고체이다.
② 과염소산은 제6류 위험물이다.

Tip 기출문제 중 유일하게 1류 위험물을 고르는 유형에서 "산"이 들어간 보기가 2개인 문제이다.

14 황린의 보관방법 중 가장 적합한 것은?

07년-2회

① 물속에 보관
② 통풍이 잘되는 공기 중에 보관
③ 수산화칼륨 용액 속에 보관
④ 이황화탄소 속에 보관

해설
황린은 제3류 위험물 중 자연발화성 물질이다. 금수성이 아닌 대표적인 물질로서 공기와의 접촉을 차단하기 위해 물속에 보관한다.

15 다음 중 착화온도가 가장 낮은 것은?

17년-1회

① 에틸알코올
② 톨루엔
③ 등 유
④ 가솔린

해설
착화온도

품 명	착화온도(발화점)
에틸알코올	423℃
톨루엔	480℃
등 유	220℃
가솔린	246℃

16 위험물의 류별 성질이 가연성 고체인 위험물은 제 몇 류 위험물인가?

12년-2회

① 제1류 위험물
② 제2류 위험물
③ 제3류 위험물
④ 제4류 위험물

해설
위험물 분류

류별 구분	종 류
제1류 위험물	산화성 고체
제2류 위험물	가연성 고체
제3류 위험물	자연발화성 물질 및 금수성 물질
제4류 위험물	인화성 액체
제5류 위험물	자기반응성 물질
제6류 위험물	산화성 액체

CHAPTER 17 | 위험물 분류

기출유형 완성하기

🔒 정답 17 ① 18 ④ 19 ③ 20 ③

17 인화점이 20℃인 액체위험물을 보관하는 창고의 인화위험물에 대한 설명 중 옳은 것은?

『20년-3회』

① 여름철에 창고 안이 더워질수록 인화의 위험성이 커진다.
② 겨울철에 창고 안이 추워질수록 인화의 위험성이 커진다.
③ 20℃에서 가장 안전하고 20℃보다 높아지거나 낮아질수록 인화의 위험성이 커진다.
④ 인화의 위험성은 계절의 온도와는 상관이 없다.

해설

인화점이 20℃라는 뜻은 20℃부터 인화성 증기가 형성된다는 뜻이므로 창고 안의 온도가 올라갈수록 화재 또는 폭발이 발생할 확률이 증가한다.

18 다음 물질 중 인화점이 가장 낮은 것은?

『10년-1회』

① 에틸알코올
② 등 유
③ 경 유
④ 디에틸에테르

해설

인화점

품 명	인화점
에틸알코올	13℃
등 유	37℃
경 유	55℃
디에틸에테르	-45℃

19 공기 또는 물과 반응하여 발화할 위험이 높은 물질은?

『10년-1회』

① 벤 젠
② 이황화탄소
③ 트리에틸알루미늄
④ 톨루엔

해설

공기 또는 물과 반응하여 발화하는 물질은 자연발화성 물질(위험물)을 의미한다.
대부분의 자연발화성 물질은 금속이다.

20 다음 중 발화점이 가장 낮은 것은?

『12년-2회』

① 황화린
② 적 린
③ 황 린
④ 유 황

해설

발화점

품 명	착화온도(발화점)
황화린	100℃
적 린	260℃
황 린	30℃
유 황	232℃

Tip 출제되는 문제 중 황린의 발화점이 가장 낮다는 것을 반드시 기억할 것

정답 21 ② 22 ③ 23 ③ 24 ④

기출유형 완성하기

21 다음 중 제1류 위험물로 그 성질이 산화성 고체인 것은? `13년-2회`

① 황 린
② 아염소산염류
③ 금속분류
④ 유 황

해설
아염소산염류는 제1류 위험물로 산화성 고체이다.

22 "자연발화성 물질 및 금수성 물질"은 제 몇 류 위험물에 해당하는가? `08년-4회`

① 제1류 위험물
② 제2류 위험물
③ 제3류 위험물
④ 제4류 위험물

해설
위험물 분류

류별 구분	종 류
제1류 위험물	산화성 고체
제2류 위험물	가연성 고체
제3류 위험물	자연발화성 물질 및 금수성 물질
제4류 위험물	인화성 액체
제5류 위험물	자기반응성 물질
제6류 위험물	산화성 액체

23 다음 중 인화점이 가장 낮은 물질은? `15년-4회`

① 경 유
② 메틸알코올
③ 이황화탄소
④ 등 유

해설
인화점

품 명	인화점
경 유	55℃
메틸알코올	11℃
이황화탄소	-30℃
등 유	37℃

24 인화점이 낮은 것부터 높은 순서로 옳게 나열된 것은? `08년-1회`

① 아세톤 < 이황화탄소 < 에틸알코올
② 이황화탄소 < 에틸알코올 < 아세톤
③ 에틸알코올 < 아세톤 < 이황화탄소
④ 이황화탄소 < 아세톤 < 에틸알코올

해설
인화점

품 명	인화점
이황화탄소	-30℃
아세톤	-18℃
에틸알코올	13℃

기출유형 완성하기

정답 25 ① 26 ① 27 ④ 28 ③

25 알킬알루미늄의 소화에 가장 적합한 소화약제는?
〔09년-1회〕

① 마른 모래
② 물
③ 할로겐화합물
④ 이산화탄소

해설
금속화재의 경우 건조사(마른 모래), 팽창질석 등으로 피복소화한다.

26 다음 중 인화점이 가장 낮은 물질은?
〔19년-4회〕

① 산화프로필렌
② 이황화탄소
③ 메틸알코올
④ 등 유

해설
인화점

품 명	인화점
산화프로필렌	$-37℃$
이황화탄소	$-30℃$
메틸알코올	$11℃$
등 유	$37℃$

27 제4류 위험물의 물리·화학적 특성에 대한 설명으로 틀린 것은?
〔18년-4회〕

① 증기비중은 공기보다 크다.
② 정전기에 의한 화재발생위험이 있다.
③ 인화성 액체이다.
④ 인화점이 높을수록 증기발생이 용이하다.

해설
인화점이란 가연성 증기(=인화성 증기)가 형성되는 최저온도로 인화점이 높을수록 높은 온도에서 증기가 발생되므로 증기발생이 용이하지 않다.

28 탄화칼슘이 물과 반응 시 발생하는 가연성 가스는?
〔18년-1회〕

① 메 탄
② 포스핀
③ 아세틸렌
④ 수 소

해설
탄화칼슘이 물과 반응 시 아세틸렌 가스가 발생된다.

18 위험물 소화

기출유형

유류 저장탱크의 화재 중 열류층(HEAT LAYER)을 형성, 화재의 진행과 더불어 열류층이 점차 탱크바닥으로 도달해 탱크저부에 물 또는 물기름 에멀전이 수증기로 변해 부피팽창에 의하여 유류의 갑작스러운 탱크외부로의 분출을 발생시키면서 화재를 확대시키는 현상은? 04년-4회

① 보일오버(BOIL OVER)
② 스로프오버(SLOP OVER)
③ 프로스오버(FROTH OVER)
④ 프래시오버(FLASH OVER)

해설

보일오버(BOIL OVER)
중질유 저장탱크 화재 시 화재가 진행되면 **열류층이 형성된 후 점점 하강하여 탱크저부에 있는 물과 접촉**하여 물의 급격한 비등으로 유류가 탱크외부로 급격하게 분출되는 현상이다.

|정답| ①

족집게 과외

❶ 시험에 자주 출제되는 위험물 소화방법

구 분	내 용
금속류	① 나트륨(Na), 마그네슘(Ma), 리튬(Li) 등 → "륨, 슘, 튬, 늄" 등으로 끝나는 물질들 ② 모두 반응성이 크므로 대부분 주수 시 수소 발생 → 주수 금지 ③ 건조사, 팽창질석, 팽창진주암 등으로 피복소화함
	과산화0륨, 튬 등(예 산화칼슘)은 과산화되어 있으므로 주수 시 산소가 발생함
	탄화칼슘은 주수 시 아세틸렌(C_2H_2)이 발생함
황 린	제3류 위험물 중 금수성 물질이 아니므로 주수소화함
이황화탄소	① 비중이 물보다 무거워 물속에 보관하여 공기와 접촉을 차단할 수 있음 ② 즉, 용기 안 화재 시 주수소화하면 물이 덮어 질식(피복)소화가 가능함
니트로 화합물	① 니트로〇〇은 산소를 포함하고 있어 자기연소가 가능함 ② 즉, 스스로 산소를 공급하므로 질식소화(이산화탄소설비 등)가 불가능함
제4류 위험물	① 일반적으로 유류이므로 일반적으로 질식소화(포)함 ② 주수 시 유류가 넘쳐 화재면이 확대되므로 금지되나 물분무소화설비는 적응성이 있음

❷ 중질유 화재 현상

구 분	내 용
보일오버 (Boil Over)	중질유 저장탱크 화재 시 화재가 진행되면 열류층이 형성된 후 점점 하강하여 탱크저부에 있는 물과 접촉하여 물의 급격한 비등으로 유류가 탱크외부로 급격하게 분출되는 현상
슬롭오버 (Slop Over)	유류탱크 화재 시 기름 표면에 주수(또는 살수)하면 기름이 탱크 밖으로 비산하여 화재가 확대되는 현상
후로스오버 (Froth Over)	탱크 안에 수분 등이 존재할 때 고온의 고점도 유류 또는 아스팔트 등을 주입하면 물이 급격히 비등하여 기름과 함께 거품과 같은 상태로 탱크 밖으로 흘러넘치는 현상

기출유형 완성하기

정답 01 ① 02 ③ 03 ④ 04 ① 05 ③ 06 ①

01 중질유의 탱크에서 장시간 조용히 연소하다가 탱크 내의 잔존기름이 갑자기 분출하는 현상은? `03년-1회`

① 보일오버(Boil over)
② 플래시오버(Flash over)
③ 스롭오버(Slop over)
④ 후로스오버(Froth over)

해설
보일오버란 중질유 저장탱크 화재 시 화재가 진행되면 열류층이 형성된 후 점점 하강하여 탱크저부에 있는 물과 접촉하여 물의 급격한 비등으로 유류가 탱크외부로 급격하게 분출되는 현상이다.

02 제4류 위험물의 소화에 가장 많이 사용되는 방법은? `04년-1회`

① 물을 뿌린다.
② 연소물을 제거한다.
③ 공기를 차단한다.
④ 인화점 이하로 냉각한다.

해설
제4류 위험물은 유류(액체)이므로 탱크 등에 저장된다. 화재 시 탱크상부를 포소화약제 등으로 덮어 질식소화한다.

03 이산화탄소소화설비의 적용대상으로 적당하지 않은 것은? `08년-1회`

① 가솔린
② 전기설비
③ 인화성 고체위험물
④ 니트로셀룰로오스

해설
니트로셀룰로오스는 제5류 위험물로서 물질 자체에 산소를 포함하고 있으므로 질식소화가 불가능하다. 즉, 이산화탄소로 소화가 불가능하다.

04 물이 연소유의 뜨거운 표면에 들어갈 때 기름 표면에서 화재가 발생하는 현상은? `04년-1회`

① 스롭오버(Slop Over)
② 보일오버(Boil Over)
③ 프러스오버(Froth Over)
④ 블레비(BLEVE)

해설
스롭오버란 유류탱크 화재 시 기름 표면에 주수(또는 살수)하면 기름이 탱크 밖으로 비산하여 화재가 확대되는 현상이다.

05 다음 설명 중 옳은 것은? `04년-2회`

① 과염소산 등의 산화성 액체는 위험물이 아니다.
② 흑색화약은 황과 숯만으로 제조된다.
③ 황린의 소화방법으로는 주수소화가 효과적이다.
④ 알킬알루미늄 소화제로는 젖은 모래가 적합하다.

해설
황린은 제3류 위험물로서 자연발화성이지만 금수성이 아니므로 주수소화한다.

06 유류를 저장한 상부 개방탱크의 화재에서 일어날 수 있는 특수한 현상들에 속하지 않는 것은? `05년-2회`

① 후레쉬오버(Flash over)
② 보일오버(Boil over)
③ 슬롭오버(Slop over)
④ 후로스오버(Froth over)

해설
Flash over는 구획실화재에서 급격한 화재 확대현상으로 유류 저장탱크와는 무관하다.

정답 07 ① 08 ④ 09 ④ 10 ① 11 ②

07 알킬알루미늄의 소화에 적합한 소화제는?
04년-4회

① 마른 모래
② 분무상의 물
③ 포 말
④ 이산화탄소

해설
알킬알루미늄은 자연발화성 및 금수성 물질로 마른 모래를 이용하여 소화한다.
Tip 금속은 건조사, 팽창질석, 팽창진주암 등으로 피복소화한다.

08 다음 화학물질 중 금수성이 가장 큰 물질은?
06년-1회

① 철 분
② 구리분
③ 황 린
④ 나트륨

해설
나트륨(Na)은 금수성 물질이다.
Tip 금수성 물질 → "륨, 슘, 튬, 늄" 기억할 것

09 산소를 함유하고 있어 공기 중의 산소가 없어도 자기연소가 가능한 것은?
08년-1회

① 이황화탄소
② 톨루엔
③ 크실렌
④ 디니트로톨루엔

해설
디니트로톨루엔은 구조상 산소를 포함하고 있다.
Tip 니트로○○은 자기연소가 가능하다.

10 유류탱크의 화재 시 탱크저부의 물이 뜨거운 열류층에 의하여 수증기로 변하면서 급작스러운 부피 팽창을 일으켜 유류가 탱크외부로 분출하는 현상을 무엇이라고 하는가?
25년

① 보일오버
② 슬롭오버
③ 브레이브
④ 파이어볼

해설
보일오버란 중질유 저장탱크 화재 시 화재가 진행되면 열류층이 형성된 후 점점 하강하여 탱크저부에 있는 물과 접촉하여 물의 급격한 비등으로 유류가 탱크외부로 급격하게 분출되는 현상이다.

11 드럼통 속의 이황화탄소가 타고 있는 경우 물로 소화가 가능하다. 이때 주된 소화효과에 해당하는 것은?
08년-4회

① 제거소화
② 질식소화
③ 촉매소화
④ 부촉매소화

해설
이황화탄소는 물보다 비중이 크므로 화재 시 물을 주수하면 유류화재에 포소화설비를 방출하는 것과 같은 소화효과(질식소화)로 소화할 수 있다. 주수로 인해 냉각소화로 오해하기 쉬우니 주의한다.

기출유형 완성하기

정답 12 ② 13 ② 14 ③ 15 ① 16 ③

12 유류탱크 화재 시의 슬롭오버 현상이 아닌 것은? `05년-2회`

① 연소면의 온도가 100℃ 이상일 때 발생
② 폭발로 인한 유류탱크 파괴 후 유출된 연소유에서 발생
③ 연소면의 폭발적 연소로 탱크외부까지 화재가 확산
④ 소화 시 외부에서 뿌려지는 물에 의하여 발생

해설
② 유류탱크가 파괴된 이후에는 이미 슬롭오버 또는 보일오버 현상 등은 무관하다.
슬롭오버란 유류탱크 화재 시 기름 표면에 주수(또는 살수)하면 기름이 탱크 밖으로 비산하여 화재가 확대되는 현상이다.

13 물과 반응하여 위험성이 높아지는 물질이 아닌 것은? `08년-1회`

① 칼륨
② 니트로셀룰로오스
③ 나트륨
④ 수소화리튬

해설
니트로셀룰로오스는 제5류 위험물로서 물과 반응하지 않는다.
Tip 금수성 물질 → "륨, 슘, 튬, 늄" 기억할 것

14 탄화칼슘이 물과 반응 시 발생하는 가연성 가스는? `20년-3회`

① 메탄
② 포스핀
③ 아세틸렌
④ 수소

해설
탄화칼슘은 물과 반응 시 아세틸렌(C_2H_2) 가스가 발생한다.

15 경유화재가 발생했을 때 주수소화가 오히려 위험할 수 있는 이유는? `14년-1회`

① 경유는 물보다 비중이 가벼워 화재면의 확대 우려가 있으므로
② 경유는 물과 반응하여 유독가스를 발생하므로
③ 경유의 연소열로 인하여 산소가 방출되어 연소를 돕기 때문에
④ 경유가 연소할 때 수소가스를 발생하여 연소를 돕기 때문에

해설
대부분 제4류 위험물은 물보다 가벼워 화재면의 확대 우려로 주수소화를 대부분 금지하고 있다.
Tip 예외 - 이황화탄소, 알코올류

16 알칼리금속의 과산화물을 취급할 때 주의사항으로 옳지 않은 것은? `12년-2회`

① 충격·마찰을 피한다.
② 가연물질과의 접촉을 피한다.
③ 분진 발생을 방지하기 위해 분무상의 물을 뿌려준다.
④ 강한 산성류와의 접촉을 피한다.

해설
알칼리금속은 반응성이 매우 뛰어난 금속으로서 물과의 접촉을 금지하여야 한다.

정답 17 ① 18 ① 19 ③ 20 ①

17 칼륨에 화재가 발생할 경우에 주수를 하면 안 되는 이유로 가장 옳은 것은? 〔16년-4회〕

① 수소가 발생하기 때문에
② 산소가 발생하기 때문에
③ 질소가 발생하기 때문에
④ 수증기가 발생하기 때문에

해설
금수성 물질의 대부분은 물과 반응하여 **수소를 발생**시키기 때문이다.

18 화재 발생 시 주수소화를 할 수 없는 물질은? 〔13년-2회〕

① 부틸리튬
② 질산에틸
③ 니트로셀룰로오스
④ 적린

해설
부틸리튬은 금수성 물질이다.

19 제4류 위험물의 화재 시 사용되는 주된 소화방법은? 〔16년-2회〕

① 물을 뿌려 냉각한다.
② 연소물을 제거한다.
③ 포를 사용하여 질식소화한다.
④ 인화점 이하로 냉각한다.

해설
제4류 위험물의 주된 소화방법은 포소화설비이다.

20 탄화칼슘의 화재 시 물을 주수하였을 때 발생하는 가스로 옳은 것은? 〔11년-4회〕

① C_2H_2
② H_2
③ O_2
④ C_2H_6

해설
탄화칼슘은 물과 반응 시 아세틸렌(C_2H_2)가스가 발생한다.

Tip 분자식(C_2H_2)도 반드시 숙지할 것

19 소화약제-1(물)

기출유형

목재화재 시 다량의 물을 뿌려 소화할 경우 기대되는 주된 소화효과는? `22년-2회`

① 제거효과
② 냉각효과
③ 부촉매효과
④ 희석효과

해설
물은 주된 소화효과가 냉각소화이며, 작은 입자로 방출 시 급격한 증발로 질식효과가 동반된다.

| 정답 | ②

족집게 과외

❶ 물의 특징

구 분		내 용
특징과 소화효과		① 물은 비열과 잠열이 매우 커서 소화작용이 우수함(기사에서는 증발잠열 이용이 목적) ② 냉각소화가 주 소화효과이고, 분무상(작은 입자)으로 방출 시 증발하여 질식+냉각효과가 있음 ③ 일반적인 물은 전도성 물질로 전기화재(전기실, 변전실 등)에 사용이 불가능하나 분무상으로 방출하는 경우 전기화재 또는 중질유화재 등에 적용 가능함 ④ 가연물(금수성 물질)에 주수 시 가연성 가스 또는 산소가 발생할 수 있음 ⑤ 물의 화학적 구조결합은 극성 공유결합과 수소결합으로 이루어져 있음
		※ 순수한 물은 비전도성 물질로 전기가 흐르지 않으나 일반적으로 광물 등이 용해되어 있어 전기화재에 주수 시 감전 우려가 있다.
비 열		① $1[g]$의 물체를 $1[℃]$만큼 온도를 상승시키는 데 필요한 열량 ② 물의 비열은 $1[cal/g·℃]$ 또는 $4.18[J/g·K]$
잠 열		① 어떤 물체가 상변화를 할 때(고체↔액체↔기체) 필요로 하는 열량 ② 물의 증발잠열은 $539[cal/g]$ 또는 $2,257[J/g]$
첨가제	침투제	표면장력을 낮춰 침투효과를 높이기 위한 첨가제
	증점제	점도를 높여 물의 유실을 방지하고 건물, 임야 등의 입체 면에 오랫동안 잔류하도록 한 첨가제
	강화액	물의 소화력을 높이기 위해 탄산칼륨(알칼리 금속염) 등을 첨가하는 것

정답 01 ② 02 ④ 03 ② 04 ③ 05 ③

기출유형 완성하기

01 변전실 화재의 소화제로 적당하지 않은 것은?
_{04년-1회}

① 이산화탄소
② 물
③ 분 말
④ 할로겐화물

해설
물은 일반적으로 감전 우려가 있어 전기화재에 사용되지 않는다.
Tip 무상주수 시 적용할 수 있으나 일반적으로 감전 우려가 없는 소화약제가 주로 사용된다.

해설
물을 소화약제로 사용하는 이유는 물의 현열과 증발잠열이 매우 크기 때문이다.
Tip 실제로는 현열과 증발잠열 둘 다 사용되나 기사 시험에서는 총 용량이 큰 증발잠열이 답이다.

02 강화액에 대한 설명으로 옳은 것은?
_{10년-2회}

① 침투제가 첨가된 물을 말한다.
② 물에 첨가하는 계면활성제의 총칭이다.
③ 물이 고온에서 쉽게 증발하게 하기 위해 첨가한다.
④ 알칼리금속염을 사용한 것이다.

해설
강화액은 알칼리금속염을 첨가한 소화약제를 말한다.
Tip 강화액은 일반적으로 주방화재(K급)에 사용된다.

04 물 소화약제를 어떠한 상태로 주수할 경우 전기화재의 진압에서도 소화능력을 발휘할 수 있는가?
_{19년-2회}

① 물에 의한 봉상주수
② 물에 의한 적상주수
③ 물에 의한 무상주수
④ 어떤 상태의 주수에 의해서도 효과가 없다.

해설
물을 소화약제로 사용하는 경우 무상주수를 하는 경우 전기화재에 적응성이 있다(물분무설비, 미분무설비).

05 1g의 물체를 1℃ 만큼 온도 상승시키는 데 필요한 열량을 나타내는 것은?
_{05년-2회}

① 잠 열
② 복사열
③ 비 열
④ 열용량

해설
비열이란 1[g]의 물체를 1[℃]만큼 온도를 상승시키는 데 필요한 열량이다.

03 화재발생 시 소화작업에 주로 물을 이용한다. 물을 이용하는 주된 목적은 무엇 때문인가?
_{25년}

① 가연물질을 제거하기 위해서
② 물의 증발잠열을 이용하기 위해서
③ 공기 중의 산소공급을 차단하기 위해서
④ 물의 현열을 이용하기 위해서

기출유형 완성하기

정답 06 ③ 07 ③ 08 ③ 09 ② 10 ①

06 물의 냉각 특성으로 옳지 않은 것은?
06년-1회

① 물은 온도가 낮을수록 냉각 효과가 크다.
② 건조한 상태에서 증발이 용이하다.
③ 분무 상태일 때에는 냉각효과가 적다.
④ 물방울 크기가 작은 분무 상태일 때 냉각 효과가 크다.

해설
물방울의 입자가 작을수록 열전달 면적이 커져서 냉각 효과가 증대된다.

07 물의 소화력을 보강하기 위해 첨가하는 약제로서 물의 표면장력을 낮추어 침투효과를 높이기 위한 첨가제는?
09년-4회

① 증점제
② 강화액
③ 침투제
④ 유화제

해설
침투제와 유화제
- 침투제 : 표면장력을 낮춰 침투효과를 높이기 위한 첨가제이다.
- 유화제 : 가연물과의 유화층(에멀젼)의 형성을 돕는 첨가제이다.

08 소화약제로서 물 $1g$이 1기압, $100℃$에서 모두 증기로 변할 때 열의 흡수량은 몇 cal인가?
25년

① 429
② 499
③ 539
④ 639

해설
물 $1[g]$이 1기압 $100[℃]$에서의 증발잠열은 $539[cal]$이다.

09 $0℃$의 물 $1g$이 $100℃$의 수증기가 되려면 몇 cal의 열량이 필요한가?
12년-2회

① 539
② 639
③ 719
④ 819

해설
물 $0℃ → 100℃$로 온도 상승 시 필요한 열량
$q_S = mc(T_2 - T_1) = 1 \times 1 \times (100-0) = 100[cal]$
물 $100℃ →$ 수증기 $100℃$로 변환 시 필요한 열량
$q_L = m \times \gamma_o = 1 \times 539 = 539[cal]$
총 필요 열량
$q_T = q_S + q_L = 100 + 539 = 639[cal]$

10 다음 중 비열이 가장 큰 것은?
12년-4회

① 물
② 금
③ 수 은
④ 철

해설
물은 수소결합에 의해 **비열**이 매우 크다.

🔒 정답 11 ④ 12 ① 13 ④ 14 ④

기출유형 완성하기

11 물은 100℃에서 기화될 때 체적이 증가하는데 다음 중 이로 인해 기대할 수 있는 가장 큰 소화 효과는? `09년-4회`

① 타격효과
② 촉매효과
③ 제거효과
④ 질식효과

해설
물이 수증기로 기화될 때 냉각효과도 우수하지만 물보다 수증기의 체적이 훨씬 크므로 산소를 밀어내어 질식소화 효과가 나타난다.

12 물의 소화력을 증대시키기 위하여 첨가하는 첨가제 중 물의 유실을 방지하고 건물, 임야 등의 입체 면에 오랫동안 잔류하게 하기 위한 것은? `19년-4회`

① 증점제
② 강화액
③ 침투제
④ 유화제

해설
증점제란 점도를 높여 물의 유실을 방지하고 건물, 임야 등의 입체 면에 오랫동안 잔류하도록 한 첨가제이다.

13 다음 중 증발잠열(kJ/kg)이 가장 큰 것은? `14년-1회`

① 질소
② 할론 1301
③ 이산화탄소
④ 물

해설
물보다 증발잠열이 큰 물질은 출제되지 않는다.

14 22℃의 물 1톤을 소화약제로 사용하여 모두 증발시켰을 때 얻을 수 있는 냉각효과는 몇 $kcal$ 인가? `25년`

① 539
② 617
③ 539,000
④ 617,000

해설
물 22℃ → 100℃로 온도 상승 시 필요한 열량
$q_S = mc(T_2 - T_1) = 1{,}000 \times 1 \times (100 - 22)$
$\quad = 78{,}000\,[kcal]$
물 100℃ → 수증기 100℃로 변환 시 필요한 열량
$q_L = m \times \gamma_o = 1{,}000 \times 539 = 539{,}000\,[kcal]$
총 필요 열량
$q_T = q_S + q_L = 78{,}000 + 539{,}000 = 617{,}000\,[kcal]$

CHAPTER 19 | 소화약제-1(물)

기출유형 완성하기

정답 15 ④ 16 ①

15 물이 소화약제로서 사용되는 장점이 아닌 것은?
 22년-2회

① 가격이 저렴하다.
② 많은 양을 구할 수 있다.
③ 증발잠열이 크다.
④ 가연물과 화학반응이 일어나지 않는다.

해설
가연물이 금수성 물질인 경우 화학반응이 일어나 가연성 가스 또는 산소 등을 방출하거나 폭발할 수 있다.

16 소화약제로서 물에 관한 설명이 아닌 것은?
 15년-2회

① 수소결합을 하므로 증발잠열이 작다.
② 가스계 소화약제에 비해 사용 후 오염이 크다.
③ 무상으로 주수하면 중질유 화재에도 사용할 수 있다.
④ 타 소화약제에 비해 비열이 크기 때문에 냉각효과가 우수하다.

해설
물의 화학적 결합은 극성 공유결합과 수소결합으로 비열과 증발잠열이 매우 크다.

20 소화약제-2(분말&이산화탄소)

기출유형

제1인산암모늄이 주성분인 분말소화약제는? `15년-4회`

① 1종 분말소화약제
② 2종 분말소화약제
③ 3종 분말소화약제
④ 4종 분말소화약제

해설
제3종 분말소화약제의 주성분은 제1인산암모늄이다.

| 정답 | ③

족집게 과외

❶ 분말소화약제 구성

개 념	작은 분말상의 고체로 연쇄반응 억제에 의한 소화효과를 갖는 소화약제			
구 분	주성분	분자식	색상(분말)	적응화재
제1종 분말	탄산수소나트륨	$NaHCO_3$	백 색	BC(＋식용유화재)
제2종 분말	탄산수소칼륨	$KHCO_3$	담회색	BC
제3종 분말	제1인산암모늄	$NH_4H_2PO_4$	담홍색	ABC
제4종 분말	탄산수소칼륨＋요소	$KHCO_3 + CO(NH_2)_2$	회 색	BC

※ 비누화 현상 : 에스테르(유지)가 알칼리의 작용으로 가수분해되어 알칼리염이 생성되는 반응

❷ 분말소화약제 열분해식

구 분	분해식
제1종 분말	$2NaHCO_3 \rightarrow Na_2CO_3 + CO_2 + H_2O$
제2종 분말	$2KHCO_3 \rightarrow K_2CO_3 + CO_2 + H_2O$
제3종 분말	$NH_4H_2PO_4 \rightarrow HPO_3 + NH_3 + H_2O$ ∴ HPO_3 : 메타인산(산소차단 효과로 A급 적응성)
제4종 분말	$2KHCO_3 + CO(NH_2)_2 \rightarrow K_2CO_3 + 2NH_3 + 2CO_2$

※ 분해식은 외우는 게 아니다. 분자식만 외운 후 "○○○○ → ○○＋○○" 화살표를 기준으로 양옆으로 원자의 개수가 일치하는지 확인하는 것!

❸ 이산화탄소(CO_2) 소화설비

구 분	내 용
특 징	① 이산화탄소는 상온, 상압에서 기체상태이며 불연성 가스(산소화 반응 X)임 ② 임계온도는 약 31.2℃ ③ 무색, 무취, 증기비중이 약 1.5로 공기보다 무거움 ④ 비전도성으로 전기화재에 적합함 ⑤ 평상시에는 가압 또는 가압＋냉각하여 액체상태로 저장함
단 점	① 인체 질식 우려가 있음 ② 이산화탄소 방출 시 인체에 접촉하면 동상 우려가 있음 ③ 약제 방출 시 소음이 발생함

정답 01 ④ 02 ① 03 ③ 04 ①

기출유형 완성하기

01 이산화탄소소화설비의 단점이 아닌 것은?
03년-1회

① 인체의 질식이 우려된다.
② 소화약제의 방출 시 인체에 닿으면 동상이 우려된다.
③ 소화약제의 방사 시 소리가 요란하다.
④ 전기의 부도체로서 전기 절연성이 높다.

해설
이산화탄소는 전기 절연성이 높아 전기화재에 적응성이 있다.

03 화재의 소화방법에 대한 설명으로 적당하지 않은 것은?
04년-4회

① 폭풍에 가까운 기류를 일으켜서 연소가 중단되게 한다.
② 물은 불에 닿을 때 증발하면서 열을 다량으로 흡수하여 소화하는 것이다.
③ 분말소화약제는 화재표면을 냉각해서 소화하는 것이다.
④ 하론가스는 독특한 화재억제작용으로 소화작용을 한다.

해설
분말소화약제는 **연쇄반응 억제**를 통해 소화한다.

02 탄산수소나트륨을 주성분으로 사용하는 분말소화약제는 무엇인가?
25년

① 1종 분말소화약제
② 2종 분말소화약제
③ 3종 분말소화약제
④ 4종 분말소화약제

해설
분말소화약제의 주성분

구 분	주성분
제1종 분말	탄산수소나트륨
제2종 분말	탄산수소칼륨
제3종 분말	제1인산암모늄
제4종 분말	탄산수소칼륨+요소

04 제1종 분말소화약제인 중탄산나트륨은 어떤 색으로 착색되어 있는가?
06년-4회

① 백 색
② 담회색
③ 담홍색
④ 회 색

해설
분말소화약제의 색상

구 분	색 상
제1종 분말	백 색
제2종 분말	담회색
제3종 분말	담홍색
제4종 분말	회 색

CHAPTER 20 | 소화약제-2(분말&이산화탄소)

기출유형 완성하기

정답 05 ① 06 ③ 07 ③ 08 ④

05 제3종 분말소화약제의 주성분은? `25년`

① 인산암모늄
② 탄산수소칼륨
③ 탄산수소나트륨
④ 탄산수소칼륨과 요소

해설
분말소화약제의 주성분

구 분	주성분
제1종 분말	탄산수소나트륨
제2종 분말	탄산수소칼륨
제3종 분말	**제1인산암모늄**
제4종 분말	탄산수소칼륨+요소

06 분말소화약제의 열분해 반응식 중 옳은 것은? `25년`

① $2KHCO_3 \rightarrow KCO_3 + 2CO_2 + H_2O$
② $2NaHCO_3 \rightarrow NaCO_3 + 2CO_2 + H_2O$
③ $NH_4H_2PO_4 \rightarrow HPO_3 + NH_3 + H_2O$
④ $2KHCO_3 + (NH_2)_2CO \rightarrow K_2CO_3 + NH_2 + CO_2$

해설
① $2KHCO_3 \rightarrow K_2CO_3 + CO_2 + H_2O$
② $2NaHCO_3 \rightarrow Na_2CO_3 + CO_2 + H_2O$
④ $2KHCO_3 + CO(NH_2)_2 \rightarrow K_2CO_3 + 2NH_3 + 2CO_2$

Tip 화살표 기준으로 좌항, 우항의 개수를 맞춰볼 것

07 제2종 분말소화약제가 열분해되었을 때 생성되는 물질이 아닌 것은? `16년-1회`

① CO_2
② H_2O
③ H_3PO_4
④ K_2CO_3

해설
제2종 분말소화약제의 열분해식
$2KHCO_3 \rightarrow K_2CO_3 + CO_2 + H_2O$

08 이산화탄소의 질식 및 냉각 효과에 대한 설명 중 틀린 것은? `19년-1회`

① 이산화탄소의 증기비중이 산소보다 크기 때문에 가연물과 산소의 접촉을 방해한다.
② 액체 이산화탄소가 기화되는 과정에서 열을 흡수한다.
③ 이산화탄소는 불연성 가스로서 가연물의 연소반응을 방해한다.
④ 이산화탄소는 산소와 반응하며 이 과정에서 발생한 연소열을 흡수하므로 냉각효과를 나타낸다.

해설
이산화탄소는 산화반응이 완료된 것으로 산소와 반응하지 않는다.

정답 09 ① 10 ③ 11 ② 12 ③ 13 ③

기출유형 완성하기

09 제1종 분말소화약제의 열분해 반응식으로 옳은 것은? `16년-2회`

① $2NaHCO_3 \rightarrow Na_2CO_3 + CO_2 + H_2O$
② $2KHCO_3 \rightarrow K_2CO_3 + CO_2 + H_2O$
③ $2NaHCO_3 \rightarrow Na_2CO_3 + 2CO_2 + H_2O$
④ $2KHCO_3 \rightarrow K_2CO_3 + 2CO_2 + H_2O$

해설
제1종 분말소화약제의 열분해식
$2NaHCO_3 \rightarrow Na_2CO_3 + CO_2 + H_2O$

10 에스테르가 알칼리의 작용으로 가수분해되어 알코올과 산의 알칼리염이 생성되는 반응은? `16년-2회`

① 수소화 분해반응
② 탄화 반응
③ 비누화 반응
④ 할로겐화 반응

해설
비누화 반응이란 에스테르(유지)가 알칼리의 작용으로 가수분해되어 알칼리염(비누)이 생성되는 반응이다.

11 분말소화약제의 열분해 반응식 중 다음 ( ) 안에 알맞은 화학식은? `16년-4회`

$$2NaHCO_3 \rightarrow Na_2CO_3 + H_2O + (\quad)$$

① CO
② CO_2
③ Na
④ Na_2

해설
제1종 분말소화약제의 열분해식
$2NaHCO_3 \rightarrow Na_2CO_3 + CO_2 + H_2O$

12 주성분이 인산염류인 제3종 분말소화약제가 다른 분말소화약제와 다르게 A급 화재에 적용할 수 있는 이유는? `17년-2회`

① 열분해 생성물인 CO_2가 열을 흡수하므로 냉각에 의하여 소화된다.
② 열분해 생성물인 수증기가 산소를 차단하여 탈수작용한다.
③ 열분해 생성물인 메타인산(HPO_3)이 산소의 차단 역할을 하므로 소화가 된다.
④ 열분해 생성물인 암모니아가 부촉매 작용을 하므로 소화가 된다.

해설
제3종 분말소화약제 열분해 시 발생하는 메타인산(HPO_3)은 가연물을 피복하여 산소공급을 차단한다.

13 화재 시 소화에 관한 설명으로 틀린 것은? `17년-4회`

① 내알코올포 소화약제는 수용성 용제의 화재에 적합하다.
② 물은 불에 닿을 때 증발하면서 다량의 열을 흡수하여 소화한다.
③ 제3종 분말소화약제는 식용유화재에 적합하다.
④ 할로겐화합물 소화약제는 연쇄반응을 억제하여 소화한다.

해설
식용유 화재에 적합한 것은 비누화 현상을 발생시키는 제1종 분말소화약제이다.

기출유형 완성하기

정답 14 ③ 15 ② 16 ① 17 ② 18 ②

14 제1인산암모늄이 주성분인 분말소화약제는?
  15년-4회

① 1종 분말소화약제
② 2종 분말소화약제
③ 3종 분말소화약제
④ 4종 분말소화약제

해설
분말소화약제의 주성분

구 분	주성분
제1종 분말	탄산수소나트륨
제2종 분말	탄산수소칼륨
제3종 분말	제1인산암모늄
제4종 분말	탄산수소칼륨＋요소

15 제1종 분말소화약제의 주성분으로 옳은 것은?
  20년-3회

① $KHCO_3$
② $NaHCO_3$
③ $NH_4H_2PO_4$
④ $Al_2(SO_4)_3$

해설
분말소화약제의 주성분

구 분	분자식(주성분)
제1종 분말	$NaHCO_3$
제2종 분말	$KHCO_3$
제3종 분말	$NH_4H_2PO_4$
제4종 분말	$KHCO_3 + CO(NH_2)_2$

16 소방설비에 사용되는 CO_2에 대한 설명으로 틀린 것은?
  10년-2회

① 용기 내에 기상으로 저장되어 있다.
② 상온, 상압에서는 기체상태로 존재한다.
③ 공기보다 무겁다.
④ 무색, 무취이며 전기적으로 비전도성이다.

해설
이산화탄소 소화약제는 액상으로 저장한다.

17 이산화탄소에 대한 설명으로 틀린 것은?
  16년-1회

① 불연성 가스로서 공기보다 무겁다.
② 임계온도는 97.5℃ 이다.
③ 고체의 형태로 존재할 수 있다.
④ 상온, 상압에서 기체상태로 존재한다.

해설
이산화탄소의 임계온도는 약 31.2℃ 이다.

18 분말소화기의 소화약제로 사용하는 탄산수소나트륨이 열분해하여 발생하는 가스는?
  11년-2회

① 일산화탄소
② 이산화탄소
③ 사염화탄소
④ 산 소

해설
제1종 분말소화약제의 열분해식
$2NaHCO_3 \rightarrow Na_2CO_3 + CO_2 + H_2O$
이산화탄소와 물이 발생한다.

🔒 정답 19 ③   20 ③   21 ①   22 ③   23 ②

기출유형 완성하기

19 소화약제로 사용될 수 없는 물질은?   `11년-2회`

① 탄산수소나트륨
② 인산암모늄
③ 중크롬산나트륨
④ 탄산수소칼륨

해설
분말소화약제의 주성분

구 분	주성분
제1종 분말	탄산수소나트륨
제2종 분말	탄산수소칼륨
제3종 분말	제1인산암모늄
제4종 분말	탄산수소칼륨+요소

20 이산화탄소에 대한 설명으로 틀린 것은?   `11년-2회`

① 무색, 무취의 기체이다.
② 비전도성이다.
③ 공기보다 가볍다.
④ 분자식은 CO_2 이다.

해설
이산화탄소는 증기비중이 약 1.5로 공기보다 무겁다.

21 분말소화약제의 주성분이 아닌 것은?   `13년-1회`

① $C_2F_4Br_2$
② $NaHCO_3$
③ $KHCO_3$
④ $NH_4H_2PO_4$

해설
분말소화약제의 주성분

구 분	분자식(주성분)
제1종 분말	$NaHCO_3$
제2종 분말	$KHCO_3$
제3종 분말	$NH_4H_2PO_4$
제4종 분말	$KHCO_3 + CO(NH_2)_2$

22 담홍색으로 착색된 분말소화약제의 주성분은?   `13년-2회`

① 황산알루미늄
② 탄산수소나트륨
③ 제1인산암모늄
④ 과산화나트륨

해설
분말소화약제의 색상 및 주성분

구 분	색 상	주성분
제1종 분말	백 색	탄산수소나트륨
제2종 분말	담회색	탄산수소칼륨
제3종 분말	담홍색	제1인산암모늄
제4종 분말	회 색	탄산수소칼륨+요소

23 이산화탄소의 물성으로 옳은 것은?   `21년-1회`

① 임계온도 : 31.35℃, 증기비중 : 0.529
② 임계온도 : 31.35℃, 증기비중 : 1.529
③ 임계온도 : 0.35℃, 증기비중 : 1.529
④ 임계온도 : 0.35℃, 증기비중 : 0.529

해설
이산화탄소의 임계온도는 약 31.2℃이고 증기비중은 1.5이다.

기출유형 완성하기

정답 24 ④ 25 ④ 26 ① 27 ①

24 제3종 분말소화약제의 열분해 시 생성되는 물질과 관계없는 것은? `25년`

① NH_3
② HPO_3
③ H_2O
④ CO_2

해설
제3종 분말소화약제의 열분해식
$NH_4H_2PO_4 \rightarrow HPO_3 + NH_3 + H_2O$

Tip 제3종 분말소화약제만 탄소를 포함하고 있지 않아 열분해 시 이산화탄소가 형성되지 않는다.

25 분말소화약제 중 탄산수소칼륨($KHCO_3$)과 요소($CO(NH_2)_2$)와의 반응물을 주성분으로 하는 소화약제는? `25년`

① 제1종 분말
② 제2종 분말
③ 제3종 분말
④ 제4종 분말

해설
분말소화약제의 주성분

구 분	주성분
제1종 분말	탄산수소나트륨
제2종 분말	탄산수소칼륨
제3종 분말	제1인산암모늄
제4종 분말	**탄산수소칼륨+요소**

26 분말소화약제에 관한 설명 중 틀린 것은? `17년-4회`

① 제1종 분말은 담홍색 또는 황색으로 착색되어 있다.
② 분말의 고화를 방지하기 위하여 실리콘 수지 등으로 방습 처리한다.
③ 일반화재에도 사용할 수 있는 분말소화약제는 제3종 분말이다.
④ 제2종 분말의 열분해식은
  $2KHCO_3 \rightarrow K_2CO_3 + CO_2 + H_2O$이다.

해설
분말소화약제의 색상

구 분	색 상
제1종 분말	백색
제2종 분말	담회색
제3종 분말	담홍색
제4종 분말	회색

27 분말소화약제로서 ABC급 화재에 적응성이 있는 소화약제의 종류는? `25년`

① $NH_4H_2PO_4$
② $NaHCO_3$
③ Na_2CO_3
④ $KHCO_3$

해설
분말소화약제의 주성분 및 적응화재

구 분	분자식(주성분)	적응화재
제1종 분말	$NaHCO_3$	BC
제2종 분말	$KHCO_3$	BC
제3종 분말	**$NH_4H_2PO_4$**	**ABC**
제4종 분말	$KHCO_3 + CO(NH_2)_2$	BC

🔒 **정답** 28 ④ 29 ④

기출유형 완성하기

28 제2종 분말소화약제의 주성분으로 옳은 것은? `25년`

① NaH_2PO_4
② KH_2PO_4
③ $NaHCO_3$
④ $KHCO_3$

해설
분말소화약제의 주성분

구 분	분자식(주성분)
제1종 분말	$NaHCO_3$
제2종 분말	$\mathbf{KHCO_3}$
제3종 분말	$NH_4H_2PO_4$
제4종 분말	$KHCO_3 + CO(NH_2)_2$

29 소화약제로 사용되는 이산화탄소에 대한 설명으로 옳은 것은? `25년`

① 산소와 반응 시 흡열반응을 일으킨다.
② 산소와 반응하여 불연성 물질을 발생시킨다.
③ 산화하지 않으나 산소와는 반응한다.
④ 산소와 반응하지 않는다.

해설
이산화탄소는 산소와 반응하지 않는다.

21 소화약제-3(할론&불활성 가스)

기출유형

Halon 1301의 분자식에 해당하는 것은? `25년`

① CCl_3H
② CH_3Cl
③ CF_3Br
④ C_2F_2Br

해설
할론 1301의 분자식은 C, F, Cl, Br의 순서에 따라 CF_3Br 이다.

|정답| ③

족집게 과외

❶ 할로겐원소

구 분	내 용
개 념	① 주기율표의 17족 원소로 F(플루오린=불소), Cl(염소), Br(브롬), I(아이오딘=요오드)를 말함 ② 할론 또는 할로겐화합물 소화약제를 구성하는 주원소 ③ 자유활성기 생성을 억제하는 연쇄반응 차단 소화효과를 가짐
결합력	F > Cl > Br > I
원자번호	F < Cl < Br < I
소화효과	F < Cl < Br < I

❷ 할론 소화약제

구 분	분자식	상온·상압에서의 상태
Halon 1211	CF_2ClBr	기 체
Halon 1301	CF_3Br	기 체
Halon 1011	CH_2ClBr	액 체
Halon 2402	$C_2F_4Br_2$	액 체

구 분	내 용
명명법	Halon 뒤의 숫자는 각 원자의 개수를 나타냄 Halon 1 3 0 1 → C의 숫자 → F의 숫자 → Cl의 숫자 → Br의 숫자

❸ 불활성 가스(기체) 소화약제

구 분	내 용
개 념	① 불연성이며 반응성이 없고, 연소를 지속시킬 수 없는 가스 ② 산소농도를 낮추어 질식소화 효과를 가짐 ③ 질소(N_2), 아르곤(Ar), 이산화탄소(CO_2), 헬륨(He)
IG-541	① 불활성 기체로 구성된 소화약제 중 한 가지 ② 질소(N_2 : 52%), 아르곤(Ar : 40%), 이산화탄소(CO_2 : 8%)로 구성

기출유형 완성하기

정답 01 ④ 02 ③ 03 ② 04 ① 05 ③ 06 ②

01 할로겐원소에 해당하지 않는 것은? `12년-2회`

① 불소
② 염소
③ 요오드
④ 비소

해설
할로겐원소
불소, 염소, 브롬, 요오드

02 연쇄반응을 차단하여 소화하는 약제는? `16년-2회`

① 물
② 포
③ 할론 1301
④ 이산화탄소

해설
할론 1301은 연쇄반응을 차단하여 소화하는 약제이다.

03 하론 1301의 증기비중은 약 얼마 정도 되는가? (단, 공기의 평균분자량은 약 28.8이며, CF_3Br ≒ 149이다) `03년-2회`

① 4.17
② 5.17
③ 6.17
④ 7.17

해설
증기비중 = $\dfrac{분자량}{공기의 분자량}$ = $\dfrac{149}{28.8}$ = 5.17

04 다음 중 통신기기실, 박물관의 소화설비로 가장 적합한 것은? `04년-1회`

① 할로겐화합물소화설비
② 옥내소화전설비
③ 분말소화설비
④ 스프링클러설비

해설
① 통신기기실, 박물관 등의 소화설비로는 가스계소화설비(할로겐)가 적합하다.
분말소화설비의 경우 물품의 오염, 청소 등에 문제가 있고 옥내소화전, 스프링클러는 수손피해 발생 우려가 있다.

05 CF_3Br 소화약제의 명칭을 옳게 나타낸 것은? `19년-4회`

① 하론 1011
② 하론 1211
③ 하론 1301
④ 하론 2402

해설
할론 1301의 분자식은 C, F, Cl, Br의 순서에 따라 CF_3Br 이다.

06 분자식이 CF_2BrCl 인 할로겐화합물 소화약제는? `21년-1회`

① Halon 1301
② Halon 1211
③ Halon 2402
④ Halon 2021

해설
소화약제의 성분의 개수가 각 C : 1, F : 2, Cl : 1, Br : 1이므로 Halon 1211이다.

정답 07 ④ 08 ④ 09 ① 10 ④ 11 ④

기출유형 완성하기

07 할론계 소화약제의 주된 소화효과 및 방법에 대한 설명으로 옳은 것은? `18년-4회`

① 소화약제의 증발잠열에 의한 소화방법이다.
② 산소의 농도를 15% 이하로 낮게 하는 소화방법이다.
③ 소화약제의 열분해에 의해 발생하는 이산화탄소에 의한 소화방법이다.
④ 자유활성기(free radical)의 생성을 억제하는 소화방법이다.

해설
할론계 소화약제는 연쇄반응 억제(자유활성기 억제)에 의한 소화효과를 갖는다.

08 상온, 상압상태에서 기체로 존재하는 할로겐화합물 Halon 번호로만 나열된 것은? `12년-1회`

① 2402, 1211
② 1211, 1011
③ 1301, 1011
④ 1301, 1211

해설
할론 소화약제

종 류	상태(상온, 상압)
Halon 1211	기 체
Halon 1301	기 체
Halon 1011	액 체
Halon 2402	액 체

09 다음 할로겐원소 중 원자번호가 가장 작은 것은? `12년-4회`

① F
② Cl
③ Br
④ I

해설
할로겐원소의 원자번호는 F < Cl < Br < I 순으로 크다.

10 Halon 2402의 화학식은? `13년-4회`

① $C_2H_4Cl_2$
② $C_2Br_4F_2$
③ $C_2Cl_4Br_2$
④ $C_2F_4Br_2$

해설
할론 2402의 분자식은 C, F, Cl, Br의 순서에 따라 $C_2F_4Br_2$이다.

11 상온, 상압에서 액체인 물질은? `18년-1회`

① CO_2
② Halon 1301
③ Halon 1211
④ Halon 2402

해설
할론 소화약제

종 류	상태(상온, 상압)
Halon 1211	기 체
Halon 1301	기 체
Halon 1011	액 체
Halon 2402	액 체

기출유형 완성하기

🔒 정답 12 ④ 13 ③ 14 ① 15 ③ 16 ③ 17 ③

12 할로겐화합물 소화약제에 관한 설명으로 틀린 것은? `15년-1회`

① 비열, 기화열이 작기 때문에 냉각효과는 물보다 작다.
② 할로겐원자는 활성기의 생성을 억제하여 연쇄반응을 차단한다.
③ 사용 후에도 화재현장을 오염시키지 않기 때문에 통신기기실 등에 적합하다.
④ 약제의 분자 중에 포함되어 있는 할로겐원자의 소화효과는 F > Cl > Br > I 순이다.

해설
할로겐원자의 소화효과는 F < Cl < Br < I 순으로 크다.

13 불활성 가스 청정소화약제인 IG-541의 성분이 아닌 것은? `15년-1회`

① 질 소
② 아르곤
③ 헬 륨
④ 이산화탄소

해설
IG-541의 구성은 질소(N_2 : 52%), 아르곤(Ar : 40%), 이산화탄소(CO_2 : 8%)로 구성되어 있다.

14 다음 원소 중 수소와의 결합력이 가장 큰 것은? `17년-2회`

① F ② Cl
③ Br ④ I

해설
할로겐원소의 결합력은 F > Cl > Br > I 순으로 작다.

15 불활성 가스에 해당하는 것은? `19년-1회`

① 수증기
② 일산화탄소
③ 아르곤
④ 아세틸렌

해설
대표적인 불활성 가스
헬륨, 아르곤, 질소, 이산화탄소

16 할로겐화합물 청정소화약제는 일반적으로 열을 받으면 할로겐족이 분해되어 가연물질의 연소과정에서 발생하는 활성종과 화합하여 연소의 연쇄반응을 차단한다. 연쇄반응의 차단과 가장 거리가 먼 소화약제는? `19년-4회`

① FC-3-1-10
② HFC-125
③ IG-541
④ FIC-1311

해설
IG-541은 불활성 가스 소화설비로 연쇄반응 차단이 아닌 가스의 농도를 높여 **질식소화**한다.

17 다음 중 할로겐 원소의 소화효과가 큰 순서로 옳게 나열된 것은? `25년`

① F > Cl > Br > I
② Cl > Br > I > F
③ I > Br > Cl > F
④ F > I > Br > Cl

해설
할로겐 원소의 소화효과는 원자번호가 클수록 (F < Cl < Br < I) 커진다.

PART 02
소방유체역학

PART 02 소방유체역학

01 단위와 차원

기출유형

일률(시간당 에너지)의 차원을 기본 차원인 M(질량), L(길이), T(시간)로 올바르게 표시한 것은?

19년-2회

① L^2T^{-2}
② $MT^{-2}L^{-1}$
③ ML^2T^{-2}
④ ML^2T^{-3}

해설

동력(L)=일률=(단위)시간당 에너지로,
단위로 정리하면 → 일률의 단위 와트= $W = J/s = N \cdot m/s = kg \cdot m^2/s^3$
차원단위로 정리하면 → $kg \cdot m^2/s^3 = ML^2T^{-3}$

|정답| ④

족집게 과외

❶ SI단위

SI 기본단위		
물리량	단위기호	명 칭
길 이	m	Meter
질 량	kg	Kilogram
시 간	s	Second
온 도	K	Kelvin
물질양	M	Mol
전 류	A	Ampere
광 도	cd	Candela

유도단위 기초		
물리량	단위기호	명 칭
면 적	m^2	제곱미터
체 적	m^3	세제곱미터
속 도	m/s	미터 퍼 세크
가속도	m/s^2	미터 퍼 제곱세크
힘(=무게)	$N = kg \cdot m/s^2$	뉴 턴
압 력	$Pa = N/m^2$	파스칼
일(=에너지)	J	주 울

❷ 차원단위

계산 가능 여부를 파악하기 위한 것으로, 단위의 분자는 그냥 기재하고, 분모는 -승으로 기재함

기본단위	차원단위	해 설
kg	M	Mass(=질량)의 앞글자
m	L	Length(=길이)의 앞글자
s	T	Time(=시간)의 앞글자

※ 차원단위 중 한 가지인 MLT 단위계만 시험에 출제되고 있다.

❸ 필수 단위

시험에 자주 출제되는 중요단위		
구 분	같은 단위의 다른 표현들	차원단위
동력=일률=시간당 에너지	$W = J/s = N \cdot m/s = kg \cdot m^2/s^3$ $\therefore J = N \cdot m$	$W = ML^2T^{-3}$
점성계수	$\mu = kg/m \cdot s$	$\mu = ML^{-1}T^{-1}$
동점성계수	$\nu = m^2/s$	$\nu = L^2T^{-1}$
힘	$N = kg \cdot m/s^2 = Pa \cdot m^2$	$N = MLT^{-2}$
에너지(=일)	$J = N \cdot m = kg \cdot m^2/s^2 = Pa \cdot m^3$	$J = ML^2T^{-2}$

기출유형 완성하기

정답 01 ③ 02 ④ 03 ④ 04 ① 05 ④ 06 ②

01 다음 중 기본 차원단위가 아닌 것은? `25년`

① 질량
② 길이
③ 속도
④ 시간

[해설]
기본 차원단위는 M(질량), L(길이), T(시간)으로 구성되어 있다.

02 단위가 틀린 것은? `04년-1회`

① $1N = 1kg \cdot m/s^2$
② $1J = 1N \cdot m$
③ $1W = 1J/s$
④ $1dyne = 1kgf \cdot m$

[해설]
$dyne = g \cdot cm/s^2$ ∴ $dyne$는 힘의 단위
$N = kg \cdot m/s^2 = dyne \times 10^5$

03 다음 중 점성계수 μ의 차원은 어느 것인가? `04년-2회`

① $[ML^{-1}T^{-2}]$
② $[ML^{-2}T^{-1}]$
③ $[M^{-1}L^{-1}T]$
④ $[ML^{-1}T^{-1}]$

[해설]
$\mu = kg/m \cdot s = ML^{-1}T^{-1}$

04 다음 중 절대단위계(MLT계)에서 힘의 차원을 바르게 표현한 것은? (단, M: 질량, L: 길이, T: 시간) `09년-4회`

① MLT^{-2}
② $ML^{-1}T^{-1}$
③ MLT^2
④ MLT

[해설]
힘: $N = kg \cdot m/s^2 = MLT^{-2}$

05 일률(시간당 에너지)의 차원을 기본차원인 M(질량), L(길이), T(시간)로 올바르게 표시한 것은? `06년-2회`

① $\dfrac{L^2}{T^2}$
② $\dfrac{M}{T^2 L}$
③ $\dfrac{ML^2}{T^2}$
④ $\dfrac{ML^2}{T^3}$

[해설]
$W = J/s = kg \cdot m^2/s^3 = ML^2 T^{-3} = \dfrac{ML^2}{T^3}$

06 다음 단위 중 3가지는 동일한 단위이고 나머지 하나는 다른 단위이다. 이 중 동일한 단위가 아닌 것은? `19년-4회`

① J
② $N \cdot s$
③ $Pa \cdot m^3$
④ $kg \cdot m^2/s^2$

[해설]
$J = N \cdot m = kg \cdot m^2/s^2 = Pa \cdot m^3$

🔒 **정답** 07 ③ 08 ② 09 ② 10 ④ 11 ①

기출유형 완성하기

07 다음 중 동력의 단위가 아닌 것은? `18년-1회`

① J/s
② W
③ $kg \cdot m^2/s$
④ $N \cdot m/s$

해설
$W = J/s = N \cdot m/s = kg \cdot m^2/s^3$

08 다음 물리량의 차원을 질량[M], 길이[L], 시간 [T]로 표시할 때 잘못 표시된 것은? `09년-1회`

① 힘 : MLT^{-2}
② 압력 : $ML^{-2}T^{-2}$
③ 에너지 : ML^2T^{-2}
④ 밀도 : ML^{-3}

해설
② 압력 : $Pa = kg/m \cdot s^2 = ML^{-1}T^{-2}$
① 힘 : $N = kg \cdot m/s^2 = MLT^{-2}$
③ 에너지 : $J = kg \cdot m^2/s^2 = ML^2T^{-2}$
④ 밀도 : $kg/m^3 = ML^{-3}$

09 다음 중 동점성계수의 차원을 옳게 표현한 것은? (단, 질량 M, 길이 L, 시간 T로 표시한다) `16년-2회`

① $[ML^{-1}T^{-1}]$
② $[L^2T^{-1}]$
③ $[ML^{-2}T^{-2}]$
④ $[ML^{-1}T^{-2}]$

해설
$\nu = m^2/s = L^2T^{-1}$

10 다음 중 같은 단위가 아닌 것은? `11년-2회`

① J
② $kg \cdot m^2/s^2$
③ $Pa \cdot m^3$
④ $N \cdot s$

해설
$J = N \cdot m = kg \cdot m^2/s^2 = Pa \cdot m^3$

11 동력(power)의 차원을 옳게 표시한 것은? (단, M : 질량, L : 길이, T : 시간을 나타낸다) `25년`

① ML^2T^{-3}
② L^2T^{-1}
③ $ML^{-1}T^{-1}$
④ MLT^{-2}

해설
$W = J/s = N \cdot m/s = kg \cdot m^2/s^3 = ML^2T^{-3}$

CHAPTER 01 | 단위와 차원

기출유형 완성하기

정답 12 ③ 13 ③

12 다음 중 차원이 서로 같은 것을 모두 고르면?
(단, P : 압력, ρ : 밀도, V : 속도, h : 높이, F : 힘, m : 질량, g : 중력가속도) `25년`

> ㄱ. ρV^2
> ㄴ. $\rho g h$
> ㄷ. P
> ㄹ. F/m

① ㄱ, ㄴ
② ㄱ, ㄷ
③ ㄱ, ㄴ, ㄷ
④ ㄱ, ㄴ, ㄷ, ㄹ

해설

ㄱ : $\rho V^2 = kg/m^3 \times (m/s)^2 = kg/m \cdot s^2$
$\qquad = ML^{-1}T^{-2}$

ㄴ : $\rho g h = kg/m^3 \times m/s^2 \times m = kg/m \cdot s^2$
$\qquad = ML^{-1}T^{-2}$

ㄷ : $Pa = kg/m \cdot s^2 = ML^{-1}T^{-2}$

ㄹ : $F/m = N/kg = \dfrac{kg \cdot m/s^2}{kg} = m/s^2 = LT^{-2}$

13 유체에서의 압력을 P, 체적유량을 Q라고 했을 때, 압력×체적유량($P \times Q$)과 같은 차원을 갖는 물리량은? `08년-4회`

① 부력(buoyancy force)
② 일(work)
③ 동력(power)
④ 표면장력(surface tension)

해설

$P \times Q \Rightarrow kg/m \cdot s^2 \times m^3/s = kg \cdot m^2/s^3 = ML^2T^{-3}$
$F_B(\text{부력}) = \text{힘} \Rightarrow N = kg \cdot m/s^2 = MLT^{-2}$
일=에너지 $\Rightarrow J = N \cdot m = kg \cdot m^2/s^2 = ML^2T^{-2}$
동력 $\Rightarrow W = J/s = N \cdot m/s = kg \cdot m^2/s^3$
$\qquad = ML^2T^{-3}$
표면장력 $= N/m \Rightarrow kg \cdot m/s^2 \div m = kg/s^2 = MT^{-2}$

02 기초 물리량

기출유형

체적이 $10m^3$인 기름의 무게가 $30,000N$이라면 이 기름의 비중은 얼마인가?
(단, 물의 밀도는 $1,000kg/m^3$이다)   18년-1회

① 0.459
② 0.306
③ 0.612
④ 0.153

해설

무게=중량 $W = \gamma V = S\gamma_w V = S\rho_w g V$

대입하면 → $30,000 = S \times 1,000 \times 9.81 \times 10$

비중(S)으로 정리하면 → $S = \dfrac{30,000}{1,000 \times 9.8 \times 10} = 0.3061 ≒ 0.306$

|정답| ②

족집게 과외

❶ 기본 물리량

명 칭	기 호	환산식	단 위	개 념
질 량	m	$m = \rho V$	kg	물체가 가지고 있는 물질의 양
밀도(=비질량)	ρ (로)	$\rho = \dfrac{m}{V} = \dfrac{1}{v}$	kg/m^3	물체의 단위체적당 물질의 양
중력가속도	g	–	m/s^2	중력에 의해 작용하는 가속도의 크기
중량(=무게, 힘)	W	$W = mg = \rho g V = \gamma V$	$N = kg \cdot m/s^2$	중력가속도에 의해 물체가 가지고 있는 질량에 따라 작용하는 수직방향의 힘
비중량	γ (감마)	$\gamma = \dfrac{mg}{V} = \dfrac{\rho g \cancel{V}}{\cancel{V}} = \rho g$	N/m^3	물체의 단위체적당 중량
비 중	S	$S = \dfrac{\gamma}{\gamma_w} = \dfrac{\rho \cancel{g}}{\rho_w \cancel{g}} = \dfrac{\rho}{\rho_w}$	없음	4℃의 물을 기준으로 해당 물질이 물보다 가벼운지 무거운지 나타내는 지표
체 적	V	$V = v \times m$	m^3	물체가 가지고 있는 부피(덩어리의 크기)
비체적	v	$v = \dfrac{V}{m} = \dfrac{1}{\rho}$	m^3/kg	물체의 단위질량당 가지고 있는 부피의 크기

❷ 반드시 숙지해야 하는 물성치

구 분	기 호	필수암기 값	숙지 사유
지구의 중력가속도	g	$9.8 m/s^2$	모든 무게, 수직방향으로 힘의 계산은 중력가속도 필요
물의 밀도	ρ_w	$1,000 kg/m^3$	지구상 가장 많은 유체는 물로서 시험문제는 물로 출제되거나 물의 물성치를 이용하여 계산하도록 출제됨
물의 비중량	$\gamma_w = \rho_w \times g$	$9,800 N/m^3$	
수은의 비중	S	13.6	

※ 비중과 물의 물성치를 적용하여 문제를 풀이한다 → $\rho = S \times \rho_w$, $\gamma = S \times \gamma_w$
  $S = 1$이라면 물과 무게, 밀도, 비중량이 같고 $S > 1$ = (물보다 무겁다), $S < 1$ = (물보다 가볍다)

❸ Tip

① 명칭에 '비'가 들어갔다는 것은 어떤 기준값이 있다는 뜻이다. '비질량(=밀도)'이란 '단위체적(=일정한 부피)'을 기준으로 한 질량을 나타내며, '비중량'은 어떤 물질의 '단위체적'을 기준으로 중량을 나타낸 값이다.
② 비중의 '비'는 "물의 중량"을 기준으로 상대적인 무게를 나타내기 위한 지표이다.

🔒 **정답** 01 ④ 02 ② 03 ② 04 ③

기출유형 완성하기

01 20℃의 기름을 비중계로 비중을 측정할 때 0.83을 얻었다. 비중량은 N/m^3 단위로 얼마인가?

06년-1회

① 828.5
② 830
③ 8,124.3
④ 8,134.0

해설

$\gamma = S \times \gamma_w$ ∴ $\gamma_w = 9,800N$=물의 비중량(암기)
$\gamma = 0.83 \times 9,800 = 8,134 \, N/m^3$

02 수은의 비중이 13.55일 때 비체적은 몇 m^3/kg인가?

08년-4회

① 13.55
② $\dfrac{1}{13.55} \times 10^{-3}$
③ $\dfrac{1}{13.55}$
④ 13.55×10^{-3}

해설

$v[m^3/kg] = \dfrac{1}{\rho[kg/m^3]}$

∴ 물의 밀도 : $\rho_w = 1,000[kg/m^3]$
$\rho = S \times \rho_w = 13.55 \times 1,000 = 13.55 \times 10^3$
$v = \dfrac{1}{\rho} = \dfrac{1}{13.55 \times 10^3} = \dfrac{1}{13.55} \times 10^{-3}$

※ 조건이 주어진다면 암기값보다 조건값을 따른다.

03 호주에서 무게가 21.6N인 어떤 물체를 한국에서 재어보니 21.4N이었다면 한국에서의 중력가속도는 약 몇 m/s^2인가? (단, 호주에서의 중력가속도는 $9.82m/s^2$이다)

25년

① 9.69
② 9.73
③ 9.77
④ 9.8

해설

$W = mg \Rightarrow 21.6 = m \times 9.82, \, m = \dfrac{21.6}{9.82} = 2.2[kg]$

$21.4 = 2.2 \times g_{한국} \Rightarrow g_{한국} = \dfrac{21.4}{2.2} = 9.73$

04 비중병의 무게가 비었을 때는 2N이고, 액체로 충만되어 있을 때는 8N이다. 액체의 체적이 0.5L이면 이 액체의 비중량은 몇 N/m^3인가?

19년-2회

① 11,000
② 11,500
③ 12,000
④ 12,500

해설

$W_t = W_{비중병} + W_{액체}$ ∴ $W_{액체} = mg = \gamma V$
$8 = 2 + (\gamma \times 0.5 \times 10^{-3})$ ∴ $1,000[L] = 1[m^3]$
$\gamma = \dfrac{8-2}{0.5 \times 10^{-3}} = 12,000 \, N/m^3$

CHAPTER 02 | 기초 물리량

기출유형 완성하기

🔒 **정답** 05 ② 06 ① 07 ①

05 중력가속도가 $2m/s^2$인 곳에서 무게가 $8kN$이고 부피가 $5m^3$인 물체의 비중은 약 얼마인가?

[17년-2회]

① 0.2
② 0.8
③ 1.0
④ 1.6

해설

$W = mg \Rightarrow 8,000 = m \times 2, \quad m = \dfrac{8,000}{2} = 4,000[kg]$

$m = \rho V \Rightarrow 4,000 = \rho \times 5, \quad \rho = 800[kg/m^3]$

$S = \dfrac{\rho}{\rho_w} = \dfrac{800}{1,000} = 0.8$

06 호주에서 무게가 $20N$인 어떤 물체를 한국에서 재어보니 $19.8N$이었다면 한국에서의 중력가속도는 약 몇 m/s^2인가? (단, 호주에서의 중력가속도는 $9.82m/s^2$이다)

[25년]

① 9.72
② 9.75
③ 9.78
④ 9.82

해설

$W = mg \Rightarrow 20 = m \times 9.82, \quad m = \dfrac{20}{9.82} = 2.0367[kg]$

$19.8 = 2.0367 \times g_{한국} \Rightarrow g_{한국} = \dfrac{19.8}{2.0367} = 9.721$

07 비중이 0.8인 액체가 한 변이 $10cm$인 정육면체 모양 그릇의 반을 채울 때 액체의 질량(kg)은?

[20년-1·2회]

① 0.4
② 0.8
③ 400
④ 800

해설

$m = \rho V = S \times \rho_w V = 0.8 \times 1,000 \times 0.1^3 \times 0.5 = 0.4[kg]$

$\therefore 10[cm] = 0.1[m], \quad$ 그릇의 반 $= 0.5(=1/2)$

03 압력

기출유형

기압이 $90kPa$인 곳에서 진공 $76mmHg$는 절대압력(kPa)으로 약 얼마인가? `21년-1회`

① 10.1
② 79.9
③ 99.9
④ 101.1

해설

진공압력 단위를 환산하면 → $\dfrac{76[mmHg]}{760[mmHg]} \times 101.325[kPa] = 10.1325[kPa]$

절대압력=대기압력-진공압력
대입하면 → $90 - 10.1325 = 79.8675 ≒ 79.9$

|정답| ②

족집게 과외

❶ 압력이란?

정의	단위면적당 수직으로 작용하는 힘, 기호 [P]로 표현
단위	$Pa = N/m^2$
관계식	$P = \dfrac{F}{A} = \dfrac{mg}{A} = \dfrac{\rho g V}{A} = \dfrac{\rho g A h}{A} = \rho g h = \gamma h = S \times \gamma_w h$ ∴ A=면적[m^2], h=높이[m]

❷ 대기압력(＝단위환산의 기준값)

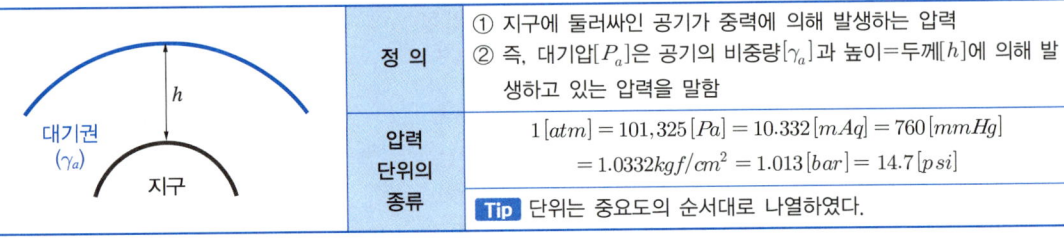

정의	① 지구에 둘러싸인 공기가 중력에 의해 발생하는 압력 ② 즉, 대기압[P_a]은 공기의 비중량[γ_a]과 높이=두께[h]에 의해 발생하고 있는 압력을 말함
압력 단위의 종류	$1[atm] = 101,325[Pa] = 10.332[mAq] = 760[mmHg]$ $= 1.0332 kgf/cm^2 = 1.013[bar] = 14.7[psi]$ **Tip** 단위는 중요도의 순서대로 나열하였다.

❸ 계기압력, 진공압력, 절대압력(**Tip** 온도 개념과 유사)

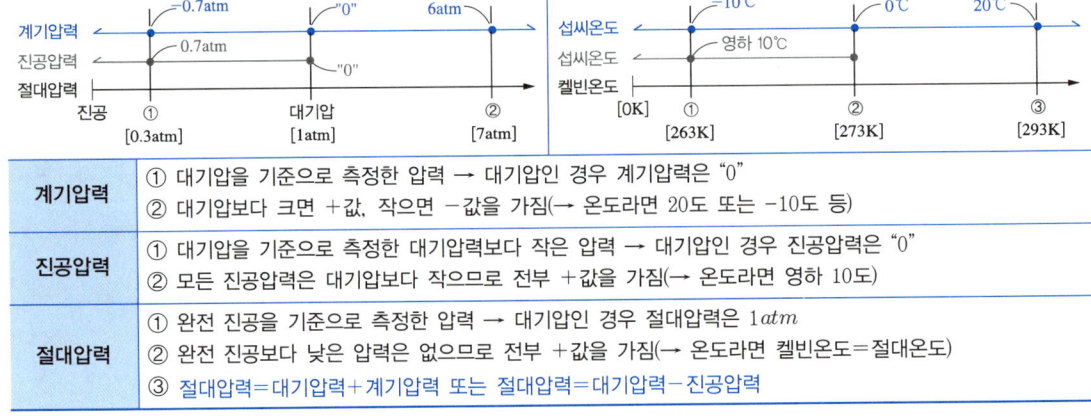

계기압력	① 대기압을 기준으로 측정한 압력 → 대기압인 경우 계기압력은 "0" ② 대기압보다 크면 ＋값, 작으면 －값을 가짐(→ 온도라면 20도 또는 －10도 등)
진공압력	① 대기압을 기준으로 측정한 대기압력보다 작은 압력 → 대기압인 경우 진공압력은 "0" ② 모든 진공압력은 대기압보다 작으므로 전부 ＋값을 가짐(→ 온도라면 영하 10도)
절대압력	① 완전 진공을 기준으로 측정한 압력 → 대기압인 경우 절대압력은 $1 atm$ ② 완전 진공보다 낮은 압력은 없으므로 전부 ＋값을 가짐(→ 온도라면 켈빈온도=절대온도) ③ 절대압력＝대기압력＋계기압력 또는 절대압력＝대기압력－진공압력

❹ 단위환산

① 대기압의 값을 이용하여 같은 단위로 나눈 후에 바꾸려는 단위를 곱함
② 예 $17 mAq$를 $mmHg$의 단위로 바꾸려면

→ $\dfrac{\text{주어진 압력단위}}{\text{같은 단위의 대기압}} \times$ 바꾸려는 단위의 대기압 $= \dfrac{17[mAq]}{10.332[mAq]} \times 760[mmHg] = 1,250.48 mmHg$

🔒 **정답** 01 ③ 02 ① 03 ④ 04 ③ 05 ②

기출유형 완성하기

01 표준대기압인 1기압과 다른 것은? `12년-2회`

① $1.0332 kgf/cm^2$
② $10.33 mAq$
③ $101.325 bar$
④ $760 mmHg$

해설

$1.0332 kgf/cm^2 = 10.332[mAq] = 1.013[bar]$
$\qquad = 760[mmHg]$
$1.013[bar] \fallingdotseq kgf/cm^2$ 와 유사함(다수 출제)

02 절대압력을 가장 적절히 표현한 것은? `14년-2회`

① 절대압력=대기압력+게이지압력
② 절대압력=대기압력−게이지압력
③ 절대압력=표준대기압력+게이지압력
④ 절대압력=표준대기압력−게이지압력

해설

표준대기압력=표준 조건에서의 평균 대기압력
대기압력은 장소마다 변화하므로, 해당 장소에서의 절대압력=해당 장소의 대기압력+게이지압력

03 수두 $100 mmAq$로 표시되는 압력은 몇 Pa인가? `16년-1회`

① 0.098
② 0.98
③ 9.8
④ 980

해설

$100 mmAq = 0.1 mAq$

$\dfrac{0.1[mAq]}{10.332[mAq]} \times 101,325[Pa] = 980.69[Pa]$

04 표준대기압하에서 게이지압력 $190 kPa$을 절대압력으로 환산하면 몇 kPa이 되겠는가? `13년-1회`

① 88.7
② 190
③ 291.3
④ 120

해설

절대압력=대기압력+게이지압력
$101.325 + 190 = 291.325[kPa]$
∴ $101,325[Pa] = 101.325[kPa]$

05 다음 중 표준대기압인 1기압에 가장 가까운 것은? `19년-1회`

① $860 mmHg$
② $10.33 mAq$
③ $101.325 bar$
④ $1.0332 kgf/m^2$

해설

임의의 한 가지 단위로 선택하여 단위를 통일시킨 후에 대기압력과 비교한다(①번으로 통일한다면).

② $\dfrac{10.332[mAq]}{10.33[mAq]} \times 760[mmHg] = 760.147[mmHg]$

③ $\dfrac{101.325[bar]}{1.013[bar]} \times 760[mmHg] = 76,018.76[mmHg]$

④ $\dfrac{1.0332[kgf/m^2]}{10,332[kgf/m^2]} \times 760[mmHg] = 0.076[mmHg]$

→ ②번이 대기압인 $760 mmHg$와 가장 가깝다.
※ kgf/m^2와 kgf/cm^2는 함정으로 자주 출제되므로 주의하여야 한다(10,000배 차이).

기출유형 완성하기

정답 06 ③ 07 ② 08 ② 09 ①

06 대기압의 크기는 $760\,mmHg$이고 수은의 비중은 13.6일 때 $240\,mmHg$의 절대압력은 계기압력으로 약 몇 kPa인가? `11년-1회`

① -32.0
② 32.0
③ -69.3
④ 69.3

해설
절대압력＝대기압력＋계기압력
→ 절대압력－대기압력＝계기압력
$240[mmHg] - 760[mmHg] = -520[mmHg]$
→ 단위를 환산하면
$-\dfrac{520[mmHg]}{760[mmHg]} \times 101.325[kPa] = -69.328[kPa]$
※ 조건 중에서 비중은 함정이다.

07 다음 중 표준대기압을 표시한 것으로 틀린 것은? `13년-4회`

① $10.33\,mAq$
② $1.033\,kgf/m^2$
③ $760\,mmHg$
④ $1.013\,bar$

해설
$1atm = 10,332[kgf/m^2]$
※ kgf/m^2와 kgf/cm^2는 함정으로 자주 출제되므로 주의하여야 한다(10,000배 차이).

08 진공압력이 $40\,mmHg$일 경우 절대압력은 약 몇 kPa인가? (단, 대기압은 $101.3\,kPa$이고 수은의 비중은 13.6이다) `13년-2회`

① 53
② 96
③ 106
④ 196

해설
절대압력＝대기압력－진공압력
→ 단위를 환산하면 진공압력은
$\dfrac{40[mmHg]}{760[mmHg]} \times 101.325[kPa] = 5.333[kPa]$
절대압력＝$101.3[kPa] - 5.333[kPa] = 95.967[kPa]$
※ 조건 중에서 비중은 함정이다.

09 계기압력이 $730\,mmHg$이고 대기압이 $101.3\,kPa$일 때 절대압력은 약 몇 kPa인가? (단, 수은의 비중은 13.6이다) `25년`

① 198.6
② 100.2
③ 214.4
④ 93.2

해설
절대압력＝대기압력＋계기압력
→ 단위를 환산하면 계기압력은
$\dfrac{730[mmHg]}{760[mmHg]} \times 101.325[kPa] = 97.33[kPa]$
절대압력＝$101.3[kPa] + 97.33[kPa] = 198.63[kPa]$
※ 조건 중에서 비중은 함정이다.

🔒 정답 10 ① 11 ③ 12 ①

기출유형 완성하기

10 다음 설명 중 바른 것은? `06년-1회`

① 계기압력은 절대압력에서 대기압을 뺀 값과 같다.
② 계기압력은 절대압력과 대기압을 합한 값과 같다.
③ 정지한 유체에서는 수평방향으로의 압력이 가장 크게 나타난다.
④ 물속에 잠긴 물체의 부력에서 수중에서의 물체의 무게를 빼면 물체의 공기 중에서의 무게를 예측할 수 있다.

해설

※ 계기압력＝절대압력－대기압력
절대압력＝대기압력＋계기압력
절대압력＝대기압력－진공압력

11 국소대기압이 $98.6\,kPa$인 곳에서 펌프에 의하여 흡입되는 물의 압력을 진공계로 측정하였다. 진공계가 $7.3\,kPa$을 가리켰을 때 절대압력은 몇 kPa인가? `15년-4회`

① 0.93
② 9.3
③ 91.3
④ 105.9

해설

절대압력＝대기압력－진공압력
절대압력＝$98.6[kPa] - 7.3[kPa] = 91.3[kPa]$
진공계 측정값＝진공압력
압력계 측정값＝계기압력

12 A 지점의 압력은 계기압으로 몇 kPa인가? `25년`

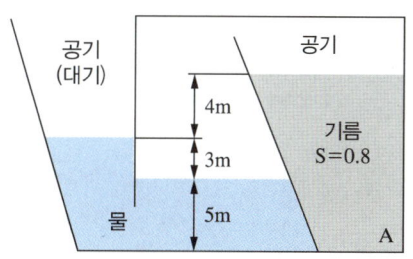

① 123.48
② -27.34
③ 523.64
④ -332.16

해설

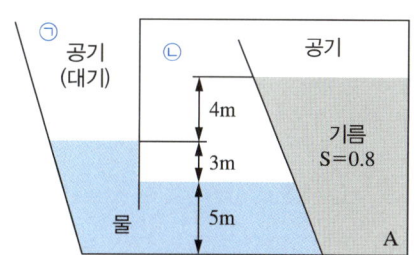

㉠의 압력 $[P_1]$, ㉡의 압력 $[P_2]$, A지점 $[P_A]$
㉠의 수위가 ㉡ 지점의 수위보다 높으므로,
압력은 $P_2 = P_1 + \gamma_w h$
단, 계기압력이므로 P_1＝대기압을 제외하면
$P_2 = 9,800[N/m^3] \times 3[m] = 29,400[Pa]$
$P_A = P_2 + \gamma h = P_2 + S \times \gamma_w h$
$\quad = 29,400 + 0.8 \times 9,800 \times 12$
$P_A = 123,480[Pa] = 123.48[kPa]$

04 점성계수, 동점성계수

기출유형

점성계수가 $0.08 kg/m \cdot s$이고 밀도가 $800 kg/m^3$인 유체의 동점성계수는 몇 cm^2/s인가?

14년-1회

① 0.0001
② 0.08
③ 1.0
④ 8.0

해설

$\nu = \dfrac{\mu}{\rho} = \dfrac{0.08[kg/m \cdot s]}{800[kg/m^3]} = 0.0001[m^2/s]$, 단위를 환산하면 → $0.0001[m^2/s] \times \dfrac{1[cm^2/s]}{0.0001[m^2/s]} = 1[cm^2/s]$

|정답| ③

족집게 과외

❶ 뉴턴의 점성법칙

정 의	유체의 전단응력(τ)은 속도구배(=속도기울기, du/dy)와 비례함	

개념도 & 관계식	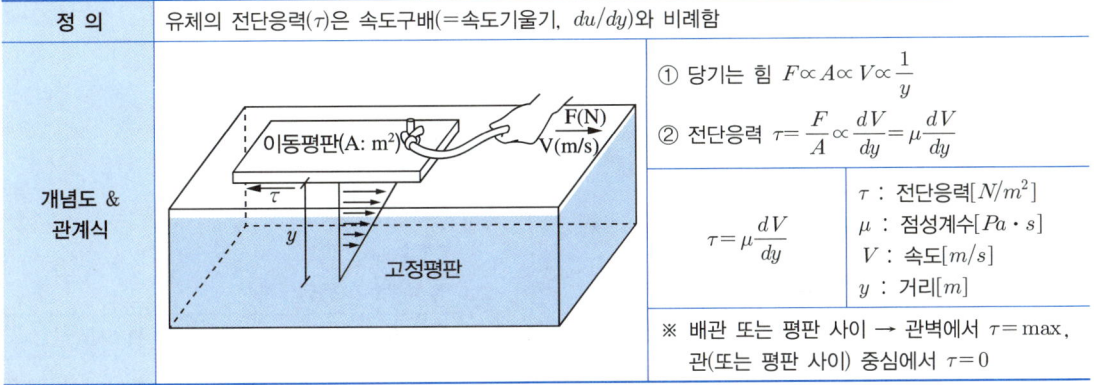	① 당기는 힘 $F \propto A \propto V \propto \dfrac{1}{y}$
		② 전단응력 $\tau = \dfrac{F}{A} \propto \dfrac{dV}{dy} = \mu \dfrac{dV}{dy}$
		
		$\tau = \mu \dfrac{dV}{dy}$ τ : 전단응력[N/m^2]
		             μ : 점성계수[$Pa \cdot s$]
		             V : 속도[m/s]
		             y : 거리[m]
		
		※ 배관 또는 평판 사이 → 관벽에서 $\tau = \max$,
		   관(또는 평판 사이) 중심에서 $\tau = 0$

❷ 점성계수와 동점성계수

전단응력 [τ : 타우]	① 유체의 층 사이에서 발생하는 단위면적당 마찰력 ② 유체의 점성에 따라서 발생하는 저항력 → 유체는 힘을 가하면 전단응력에 의해 형태가 계속 변화함	
	$\tau = \mu \dfrac{dV}{dy}$	$1[Pa] = 1[N/m^2]$
점성계수 [μ : 뮤]	① 점성이란 유체의 끈적거리는 성질 → 점성계수가 크다면 많이 끈적거림 ② 점성계수란 속도구배와 전단응력의 관계를 나타내기 위한 비례정수	
	$\mu = \tau \dfrac{dy}{dV}$	$1[Pa \cdot s] = 1[N \cdot s/m^2] = 10[poise], \quad 1[poise] = 1[dyne \cdot s/cm^2]$
동점성계수 [ν : 뉴]	① 유체의 점성계수(μ)를 그 유체의 밀도(ρ)로 나눈 값 ② 점성에 의한 힘이 전파되는 속도를 나타내는 계수	
	$\nu = \dfrac{\mu}{\rho}$	$1[m^2/s] = 1 \times 10^4 [cm^2/s] = 1 \times 10^4 [st] = 1 \times 10^6 [cst], \quad 1[stokes] = 1[cm^2/\sec]$

❸ 기체와 액체의 점성 특징

종 류	온도와의 관계	기억 Tip
기 체	기체의 점성은 온도와 비례	공기는 여름에 더 끈적함(습도와 점도의 영향)
액 체	액체의 점성은 온도와 반비례	온탕에서 나올 때 더 추움(덜 끈적해서 증발이 쉬움)

❹ 점도계 종류별 원리

점도계 종류	원 리	관련 법칙	암기용 문제(출제 多)
스토머 점도계, 맥미셸 점도계	회전원통법	뉴턴의 점성법칙	유체역학 문제 중 "Couette 유동"이 나온 경우의 답 $\dfrac{2\tau_1 \tau_2}{\tau_1 + \tau_2}$ **Tip** 해당 내용은 이해보다 암기할 것
세이볼트 점도계, 오스왈드 점도계, 레드우드 점도계	세관법	하젠-포아젤 법칙	
낙구식 점도계	낙구법	스토크스 법칙	

기출유형 완성하기

정답 01 ④ 02 ③ 03 ① 04 ④ 05 ①

01 점성계수를 직접 측정하는 데 적합한 것은?　03년-2회

① 피토트관(pitot tube)
② 슈리렌법(schlieren method)
③ 벤튜리미터(venturi meter)
④ 세이볼트법(saybolt method)

해설
세이볼트 점도계 - 세관법 - 하젠포아젤 법칙

02 점성에 관한 설명으로 틀린 것은?　20년-1·2회

① 액체의 점성은 분자 간 결합력에 관계된다.
② 기체의 점성은 분자 간 운동량 교환에 관계된다.
③ 온도가 증가하면 기체의 점성은 감소된다.
④ 온도가 증가하면 액체의 점성은 감소된다.

해설
기체의 점성(≒점성계수)은 온도와 비례하고
액체의 점성(≒점성계수)은 온도와 반비례한다.

03 다음 중 뉴턴의 점성법칙을 기초로 한 점도계는?　08년-2회

① 맥미첼(MacMichael) 점도계
② 오스트왈드(Ostwald) 점도계
③ 낙구식 점도계
④ 세이볼트(saybolt) 점도계

해설
뉴턴의 점성법칙 적용 점도계 → 스토머, 맥미셸

04 점성계수의 단위로는 포아즈(Poise)를 사용하는데 포아즈는 어느 것인가?　05년-2회

① cm^2/s
② $N \cdot s/m^2$
③ $dyne/cm \cdot s$
④ $dyne \cdot s/cm^2$

해설
점성계수와 동점성계수

구 분	단 위
점성계수	$1[Pa \cdot s] = 1[N \cdot s/m^2] = 10[poise]$, $1[poise] = 1[dyne \cdot s/cm^2]$
동점성계수	$1[m^2/s] = 1 \times 10^4[st] = 1 \times 10^6[cst]$, $1[stokes] = 1[cm^2/sec]$

05 낙구식 점도계는 어떤 법칙을 이론적 근거로 하는가?　05년-2회

① Stokes의 법칙
② Newton의 점성법칙
③ Hagen-Poiseuille의 법칙
④ Boyle의 법칙

해설
낙구식 점도계 - 낙구법 - 스토크스 법칙

정답 06 ④ 07 ④ 08 ① 09 ① 10 ③

06 모세관 점도계에서 일정량의 액체(뉴턴 유체)가 수직 모세관을 통하여 흘러내리는 데 걸리는 시간은? `05년-4회`

① 점도에 반비례한다.
② 점도의 제곱근에 반비례한다.
③ 점도의 제곱근에 비례한다.
④ 점도에 비례한다.

해설
점성계수(≒점도)가 높을수록 시간이 오래 걸린다.
Tip 끈적거리는 액체를 빨대(=모세관)로 마시다 입을 떼면 빨대 안의 액체가 아주 천천히 빠져나간다.

07 뉴튼(Newton)의 점성법칙을 이용한 회전원통식 점도계는? `06년-2회`

① 세이볼트(Saybolt) 점도계
② 오스왈트(Ostwald) 점도계
③ 레드우드(Redwood) 점도계
④ 스토머(Stormer) 점도계

해설
뉴턴의 점성법칙 적용 점도계 → 스토머, 맥미셸

08 원형 단면을 가진 관 내에 유체가 완전 발달된 비압축성 층류유동으로 흐를 때 전단응력은? `18년-1회`

① 중심에서 0이고, 중심선으로부터 거리에 비례하여 변한다.
② 관벽에서 0이고, 중심선에서 최대이며 선형 분포한다.
③ 중심에서 0이고, 중심선으로부터 거리의 제곱에 비례하여 변한다.
④ 전 단면에 걸쳐 일정하다.

해설
전단응력은 이동면에 가까울수록 커지게 된다.
양쪽이 고정되어 있는 상태에서 유체가 흐른다면, 유체입장에서 평판이 바깥쪽에서 뒤로 움직이는 것과 같으므로 전단응력은 안쪽(중심)부분이 가장 작아진다.

09 점성계수 $0.2N\cdot s/m^2$, 밀도 $800kg/m^3$인 유체의 동점성계수는 몇 m^2/s인가? `09년-2회`

① 2.5×10^{-4}
② 2.5
③ 2.5×10^2
④ 2.5×10^4

해설
$$\nu=\frac{\mu}{\rho}=\frac{0.2}{800}=0.00025=2.5\times10^{-4}[m^2/s]$$

10 낙구식 점도계에서 측정되는 점성계수(μ)와 낙구의 속도(V)의 관계는? `09년-4회`

① $\mu\propto V$
② $\mu\propto V^2$
③ $\mu\propto 1/V$
④ $\mu\propto 1/\sqrt{V}$

해설
낙구속도는 점성계수에 반비례한다. $\mu=\dfrac{1}{V}$
Tip 액체 표면에 구의 형태 물체를 놓았을 때 끈적거릴수록 물체는 천천히 내려간다.

기출유형 완성하기

정답 11 ① 12 ③ 13 ④ 14 ①

11 다음 중 유체의 점성과 가장 관련이 적은 것은? 〔11년-2회〕

① 중력
② 분자운동
③ 분자의 응집력
④ 분자의 운동량 수송

해설
점성은 유체의 "물성치"이므로 외부의 힘과 무관하다.
※ 물성치=물질 자체의 특성(분자끼리의 특성)

12 점성계수와 동점성계수에 관한 설명으로 올바른 것은? 〔19년-2회〕

① 동점성계수=점성계수×밀도
② 점성계수=동점성계수×중력가속도
③ 동점성계수=점성계수/밀도
④ 점성계수=동점성계수/중력가속도

해설
$\nu = \dfrac{\mu}{\rho} = \dfrac{점성계수}{밀도}$

13 Newton의 점성법칙을 틀리게 설명한 것은? 〔12년-1회〕

① 전단응력은 점성계수와 속도기울기의 곱이다.
② 전단응력은 속도기울기에 비례한다.
③ 속도기울기가 0인 곳에서 전단응력은 0이다.
④ 전단응력은 점성계수에 반비례한다.

해설
④ $\tau \propto \dfrac{1}{\mu}$ (X) → $\tau \propto \mu$ (O)
① $\tau = \mu \dfrac{dV}{dy}$ (O)
② $\tau \propto \dfrac{dV}{dy}$ (O)
③ $\tau = \mu \times 0 = 0$ (O)

14 어떤 액체의 동점성계수가 2Stokes이며, 비중량이 $8 \times 10^3 N/m^3$이다. 이 액체의 점성계수는 약 몇 $N \cdot s/m^2$인가? 〔12년-2회〕

① 0.163
② 0.263
③ 16.3
④ 26.3

해설
$\gamma = \rho g \Rightarrow \rho = \dfrac{\gamma}{g}$

$\rho = \dfrac{\gamma}{g} = \dfrac{8 \times 10^3 [N/m^3]}{9.8[m/s^2]} = 816.33 [N \cdot s^2/m^4]$

$2[stokes] = \dfrac{2[stokes]}{1 \times 10^4 [stokes]} \times 1[m^2/s]$
$= 2 \times 10^{-4} [m^2/s]$

$\nu = \dfrac{\mu}{\rho} \Rightarrow \mu = \nu \times \rho$

$\mu = 816.33 \times (2 \times 10^{-4}) = 0.163 [N \cdot s/m^2]$

정답 15 ③ 16 ④ 17 ④ 18 ③

기출유형 완성하기

15 점성계수가 0.9poise이고 밀도가 $950\,kg/m^3$인 유체의 동점성계수는 몇 stokes인가? `13년-2회`

① 9.47×10^{-2}
② 9.47×10^{-4}
③ 9.47×10^{-1}
④ 9.47×10^{-3}

해설
단위를 m, kg, N 등 SI단위로 변환한 후 풀이한다.
$$0.9[poise] = \frac{0.9[poise]}{10[poise]} \times 1[N \cdot s/m^2]$$
$$= 0.09[N \cdot s/m^2]$$
$$\nu = \frac{\mu}{\rho} = \frac{0.09[kg/m \cdot s]}{950[kg/m^3]} = 9.47 \times 10^{-5}[m^2/s]$$
$$\nu = \frac{9.47 \times 10^{-5}[m^2/s]}{1[m^2/s]} \times 1 \times 10^4[stokes]$$
$$= 9.47 \times 10^{-1}[st]$$

16 점성계수에 대한 설명 중 옳지 않은 것은? (단, M은 질량, L은 길이, T는 시간을 나타낸다) `13년-4회`

① 차원은 $ML^{-1}T^{-1}$이다.
② 전단응력과 전단변형률이 선형적인 관계를 갖는 유체를 Newton유체라고 한다.
③ 온도의 변화에 따라 변화한다.
④ 공기의 점성계수가 물보다 크다.

해설
④ $\mu_{기체} < \mu_{액체}$ (X)
① $\mu = [kg/m \cdot s] = ML^{-1}T^{-1}$ (O)
② $\tau \propto \dfrac{dV}{dy}$ = 비례관계 = 선형관계 (O)
③ $\mu_{기체} \propto T$, $\mu_{액체} \propto T^{-1}$ (O)
Tip 물이 끈적한가요? 공기가 끈적한가요?

17 유체의 점성계수는 온도의 상승에 따라 어떻게 변하는가? `09년-1회`

① 모든 유체에서 증가한다.
② 모든 유체에서 감소한다.
③ 액체에서는 증가하고 기체에서는 감소한다.
④ 액체에서는 감소하고 기체에서는 증가한다.

해설
기체의 점성($≒$점성계수)은 온도와 비례하고
액체의 점성($≒$점성계수)은 온도와 반비례한다.

18 점성계수가 $0.08\,kg/m \cdot s$이고 밀도가 $800\,kg/m^3$인 유체의 동점성계수는 몇 cm^2/s인가? `14년-1회`

① 0.0001
② 0.08
③ 1.0
④ 8.0

해설
$$\nu = \frac{\mu}{\rho} = \frac{0.08[kg/m \cdot s]}{800[kg/m^3]} = 1 \times 10^{-4}[m^2/s]$$
$$\frac{1 \times 10^{-4}[m^2/s]}{1 \times 10^{-4}[m^2/s]} \times 1[cm^2/s] = 1[cm^2/s]$$

기출유형 완성하기

정답 19 ① 20 ①

19 $2cm$ 떨어진 두 수평한 판 사이에 기름이 차있고, 두 판 사이의 정중앙에 두께가 매우 얇은 한 변의 길이가 $10cm$인 정사각형 판이 놓여있다. 이 판을 $10cm/s$의 일정한 속도로 수평하게 움직이는 데 $0.02N$의 힘이 필요하다면, 기름의 점도는 약 몇 $N \cdot s/m^2$인가? (단, 정사각형 판의 두께는 무시한다) `18년-4회`

① 0.1
② 0.2
③ 0.01
④ 0.02

해설

$\tau = \dfrac{F}{A} = \mu \dfrac{dV}{dy}$,

$\tau = \dfrac{F}{2 \times A} = \dfrac{0.02[N]}{2 \times 0.1^2[m^2]} = 1[N/m^2]$

$\mu = \tau \dfrac{dy}{dV} = 1[N/m^2] \times \dfrac{0.01[m]}{0.1[m/s]} = 0.1[N \cdot s/m^2]$

Tip 고정판 2개 사이의 판이므로 윗면, 아랫면으로 $A \rightarrow 2A$로 적용된다.
※ 필수 문제는 아닙니다(선택).

20 Newton의 점성법칙에 대한 옳은 설명으로 모두 짝지은 것은? `21년-1회`

㉮ 전단응력은 점성계수와 속도기울기의 곱이다.
㉯ 전단응력은 점성계수에 비례한다.
㉰ 전단응력은 속도기울기에 반비례한다.

① ㉮, ㉯
② ㉯, ㉰
③ ㉮, ㉰
④ ㉮, ㉯, ㉰

해설

㉰ $\tau \propto \left(\dfrac{dV}{dy}\right)^{-1}$ (X) → $\tau \propto \dfrac{dV}{dy}$ (O)

㉮ $\tau = \mu \dfrac{dV}{dy}$ (O)

㉯ $\tau \propto \mu$ (O)

05 유체의 정의, 분류

기출유형

유체에 대한 설명 중 가장 옳은 것은? 〈25년〉
① $PV=RT$의 관계식을 만족시키는 물질
② 아무리 작은 전단력에도 변형을 일으키는 물질
③ 용기의 모양에 따라 충만하는 물질
④ 높은 곳에서 낮은 곳으로 흐를 수 있는 물질

해설
유체란 전단응력(≒전단력)에 의해 형태가 연속적으로 변형되는 물질을 말한다.

| 정답 | ②

족집게 과외

❶ 유체의 정의

① 유체란 전단응력에 의해 형태가 연속적으로 변형되는 물질
② 일반적으로 기체와 액체를 의미

❷ 유체의 분류

구 분		내 용
압축 유무	압축성 유체	압력에 의해 압축(체적이 변화)되는 유체 → 일반적으로 기체(밀도 변화)
	비압축성 유체	압력에 의해 압축(체적이 변화)되지 않는 유체 → 일반적으로 액체(밀도 일정)
점성 유무	점성 유체	점성(끈적거림)이 존재하는 유체 → 마찰력 존재
	비점성 유체	점성(끈적거림)이 존재하지 않는 유체 → 마찰력이 존재하지 않음
성질 유무	실제유체	실제 존재하는 유체로 점성이 있고 압축성 유체
	이상유체	이상적인 유체로 점성이 없고 압축되지 않는 유체
뉴턴 법칙	뉴턴유체	뉴턴의 점성법칙을 만족하는 유체 → 전단응력과 속도구배가 비례
	비뉴턴유체	뉴턴의 점성법칙을 만족하지 않는 유체 → 전단응력과 속도구배가 비례하지 않음

❸ 유동의 종류

유동 구분	내 용
정상류=정상유동=정상흐름	① 유체의 흐름 중 밀도, 속도, 온도, 압력 등이 시간경과에 따라 변화하지 않는 흐름 (즉, 비압축성도 포함) ② $\dfrac{dV}{dt}=0,\ \dfrac{d\rho}{dt}=0,\ \dfrac{dP}{dt}=0$ → 시간에 따라 변화량은 모두=0
비정상류=비정상유동=비정상흐름	① 유체의 흐름 중 밀도, 속도, 온도, 압력 등이 변화하는 흐름 ② 실제유체의 흐름은 비정상류 ③ $\dfrac{dV}{dt}\neq 0,\ \dfrac{d\rho}{dt}\neq 0,\ \dfrac{dP}{dt}\neq 0$

기출유형 완성하기

🔒 정답 01 ② 02 ④ 03 ② 04 ④

01 다음 설명 중 옳지 않은 것은? 〔03년-2회〕

① 비점성 유체는 유동 시 마찰저항이 유발되지 않는 유체를 말한다.
② 비압축성 유체는 압력에 대해 체적이 일정하게 변한다.
③ 유체는 고체와 달리 전단응력에 견디지 못한다.
④ 유체는 전단응력이 작용하지 않는 경우 결국 정지한다.

해설
비압축성 유체는 체적이 변하지 않는 유체이다(=체적이 일정하다).

02 이상유체에 대한 다음 설명 중 올바른 것은? 〔04년-2회〕

① 압축성 유체로서 점성이 있다.
② 비압축성 유체로서 점성이 있다.
③ 압축성 유체로서 점성이 없다.
④ 비압축성 유체로서 점성이 없다.

해설
이상유체는 비압축성·비점성 유체이다.

03 유체에 대한 설명 중 가장 옳은 것은? 〔05년-1회〕

① $PV=RT$의 관계식을 만족시키는 물질
② 아무리 작은 전단력에도 변형을 일으키는 물질
③ 용기의 모양에 따라 충만하는 물질
④ 높은 곳에서 낮은 곳으로 흐를 수 있는 물질

해설
① 이상기체에 대한 설명이다.
③ 점성이 높은 유체(크림 등)는 충만하지 않는다.
④ 기체의 경우 낮은 곳에서 높은 곳으로도 흐른다.

04 다음 중 비압축성 유체에 대한 설명으로 틀린 것은? 〔06년-4회〕

① 밀도가 압력에 의해 변하지 않는 유체이다.
② 굴뚝 둘레를 흐르는 공기흐름이다.
③ 정지된 자동차 주위의 공기흐름이다.
④ 음속보다 빠른 비행체 주위의 공기흐름이다.

해설
비압축성은 밀도나 체적이 변화하지 않는 유체이다. 유체에 가해지는 압력이 매우 작을 경우 또는 유체의 속도가 매우 느린 경우 비압축성 유체로 간주할 수 있다[($Ma 0.3 > V$), $Ma=1$=음속을 의미한다]. 즉, 유체의 상대속도가 음속을 초과하는 경우 압축성 유체로 간주한다.

정답 05 ③　06 ④　07 ②　08 ②

기출유형 완성하기

05 유체에 관한 설명 중 옳은 것은? `22년-2회`

① 실제유체는 유동할 때 마찰손실이 생기지 않는다.
② 이상유체는 높은 압력에서 밀도가 변화하는 유체이다.
③ 유체에 압력을 가하면 체적이 줄어드는 유체는 압축성 유체이다.
④ 압력을 가해도 밀도변화가 없으며 점성에 의한 마찰손실만 있는 유체가 이상유체이다.

해설
① 실제유체는 마찰손실이 발생한다(점성 존재).
② 이상유체는 비압축성 유체로 밀도 변화가 없다.
④ 이상유체는 밀도변화가 없으며 점성이 없다.

06 유체의 거동을 해석하는 데 있어서 비점성 유체에 대한 설명으로 옳은 것은? `20년-3회`

① 실제유체를 말한다.
② 전단응력이 존재하는 유체를 말한다.
③ 유체 유동 시 마찰저항이 속도 기울기에 비례하는 유체이다.
④ 유체 유동 시 마찰저항을 무시한 유체를 말한다.

해설
① 실제유체는 점성유체이다.
② 전단응력은 점성에 의해 발생한다.
③ 비점성 유체는 마찰저항이 없다.

07 유체에 관한 설명으로 틀린 것은? `20년-4회`

① 실제유체는 유동할 때 마찰로 인한 손실이 생긴다.
② 이상유체는 높은 압력에서 밀도가 변화하는 유체이다.
③ 유체에 압력을 가하면 체적이 줄어드는 유체는 압축성 유체이다.
④ 전단력을 받았을 때 저항하지 못하고 연속적으로 변형하는 물질을 유체라 한다.

해설
이상유체는 비압축성 유체로 밀도 변화가 없다.

08 흐르는 유체에서 정상류의 의미로 옳은 것은? `21년-1회`

① 흐름의 임의의 점에서 흐름특성이 시간에 따라 일정하게 변하는 흐름
② 흐름의 임의의 점에서 흐름특성이 시간에 관계없이 항상 일정한 상태에 있는 흐름
③ 임의의 시각에 유로 내 모든 점의 속도벡터가 일정한 흐름
④ 임의의 시각에 유로 내 각 점의 속도벡터가 다른 흐름

해설
정상류는 시간에 따라 흐름특성이 일정한 흐름이다.

CHAPTER 05 | 유체의 정의, 분류

06 압축률과 체적탄성계수

기출유형

유체의 압축률에 대한 기술로서 맞지 않는 것은? 〈03년-4회〉

① 체적탄성계수의 역수에 해당한다.
② 체적탄성계수가 클수록 압축하기 힘들다.
③ 압축률은 단위압력 변화에 대한 체적의 변형률을 말한다.
④ 체적의 감소는 밀도의 감소와 같은 뜻을 갖는다.

[해설]
$v = \dfrac{1}{\rho}$ 이므로 체적의 감소는 밀도의 증가를 나타낸다.

|정답| ④

족집게 과외

❶ 압축률(β)

구 분	내 용
정 의	① 유체가 압축이 잘되는 정도를 나타냄 ② 유체의 초기상태에서 일정한 압력을 가했을 때 변화하는 단위체적당 부피의 변화를 말함 ③ 체적탄성계수의 역수
개념도	〈압축 전〉 V_1, P_1 → 〈압축 후〉 V_2, P_2 ① 초기상태(V_1, P_1)에서 압력을 가하면 압축되어 (V_2, P_2)로 변화된다. 이때 힘을 가했으므로 압력은 $P_1 < P_2$가 되고 부피는 $V_1 > V_2$이 됨 ② 같은 유체와 압력에서 시작돼도 처음 부피가 달라지면 압축률을 판단할 수 없으므로 단위체적당 부피로 판단하기 위해 처음 부피로 나눠줌
관계식	$\beta = -\dfrac{1}{V_1} \times \dfrac{V_1 - V_2}{P_1 - P_2} = -\dfrac{1}{V_1} \times \dfrac{\Delta V}{\Delta P} = \dfrac{1}{K}$ $\beta = \dfrac{1}{\cancel{m}} \times \dfrac{\cancel{m}}{N/m^2} = \dfrac{m^2}{N} = Pa^{-1}$

❷ 체적탄성계수(K)

구 분	내 용
정 의	① 유체가 압축이 안 되는 정도를 나타냄 ② 압축률의 역수
관계식	$K = -V_1 \times \dfrac{P_1 - P_2}{V_1 - V_2} = -V_1 \times \dfrac{\Delta P}{\Delta V} = -v \times \dfrac{\Delta P}{\Delta v} = \rho \times \dfrac{\Delta P}{\Delta \rho} = \dfrac{1}{\beta}$
단 위	$K = \cancel{m} \times \dfrac{N/m^2}{\cancel{m}} = N/m^2 = Pa$

정답 01 ② 02 ① 03 ② 04 ④

기출유형 완성하기

01 어떤 액체가 $0.01\,m^3$의 체적을 갖는 강체 실린더 속에서 $50\,kPa$의 압력을 받고 있다. 이때 압력이 $100\,kPa$으로 증가되었을 때 액체의 체적이 $0.0099\,m^3$으로 축소되었다면 이 액체의 체적탄성계수 K는 몇 kPa인가? 〔05년-1회〕

① 500
② 5,000
③ 50,000
④ 500,000

해설

$$K = -V_1 \times \frac{P_1 - P_2}{V_1 - V_2}$$

$$K = -0.01 \times \frac{50 - 100}{0.01 - 0.0099} = 5,000\,[kPa]$$

02 용기 속의 물에 압력을 가했더니 물의 체적이 0.5% 감소하였다. 이때 가해진 압력은 몇 Pa인가? (단, 물의 압축률은 $5 \times 10^{-10}\,[1/Pa]$이다) 〔08년-1회〕

① 10^7
② 2×10^7
③ 10^9
④ 2×10^9

해설

$$\beta = -\frac{1}{V_1} \times \frac{V_1 - V_2}{P_1 - P_2}$$

$$5 \times 10^{-10} = -1 \times \frac{1 - 0.995}{P_1 - P_2}$$

$$P_2 - P_1 = \frac{0.005}{5 \times 10^{-10}} = 10,000,000 = 10^7\,[Pa]$$

※ $-(P_1 - P_2) = P_2 - P_1$
체적이 주어지지 않고 체적 차이가 %로 주어지는 경우 $V_1 = 1$로 두고 계산하면 용이하다.

03 기체의 체적탄성계수에 관한 설명으로 옳지 않은 것은? 〔16년-1회〕

① 체적탄성계수는 압력의 차원을 가진다.
② 체적탄성계수가 큰 기체는 압축하기가 쉽다.
③ 체적탄성계수의 역수를 압축률이라 한다.
④ 이상기체를 등온압축시킬 때 체적탄성계수는 절대압력과 같은 값이다.

해설
체적탄성계수는 압축이 안 되는 정도를 나타내는 것이므로 체적탄성계수가 큰 유체는 압축이 어렵다.

04 물의 체적을 5% 감소시키려면 얼마의 압력(kPa)을 가하여야 하는가? (단, 물의 압축률은 $5 \times 10^{-10}\,m^2/N$이다) 〔20년-4회〕

① 1
② 10^2
③ 10^4
④ 10^5

해설

$$\beta = -\frac{1}{V_1} \times \frac{\Delta V}{\Delta P}$$

$$5 \times 10^{-10} = -1 \times \frac{0.05}{\Delta P}$$

$$P_2 - P_1 = \frac{0.05}{5 \times 10^{-10}} = 1 \times 10^8\,[Pa]$$

$$1 \times 10^8\,[Pa] = 10^5\,[kPa]$$

기출유형 완성하기

정답 05 ② 06 ② 07 ② 08 ④

05 물의 체적탄성계수가 $2.5\,GPa$일 때 물의 체적을 1% 감소시키기 위해서 얼마의 압력(MPa)을 가하여야 하는가? `20년-3회`

① 20
② 25
③ 30
④ 35

해설

$$K = -V_1 \times \frac{\triangle P}{\triangle V}$$

$$2.5 \times 10^3 = -1 \times \frac{\triangle P}{0.01}$$

$\therefore 2.5[GPa] = 2.5 \times 10^3 [MPa]$

$-1 \times \triangle P = P_2 - P_1 = 2.5 \times 10^3 \times 0.01 = 25[MPa]$

06 유체의 압축률에 관한 설명으로 올바른 것은? `21년-2회`

① 압축률=밀도×체적탄성계수
② 압축률=1/체적탄성계수
③ 압축률=밀도/체적탄성계수
④ 압축률=체적탄성계수/밀도

해설

$\beta = \frac{1}{K}$ → 압축률과 체적탄성계수는 역수(반비례) 관계

07 압축률에 대한 설명으로 틀린 것은? `22년-2회`

① 압축률은 체적탄성계수의 역수이다.
② 압축률의 단위는 압력의 단위인 Pa이다.
③ 밀도와 압축률의 곱은 압력에 대한 밀도의 변화율과 같다.
④ 압축률이 크다는 것은 같은 압력변화를 가할 때 압축하기 쉽다는 것을 의미한다.

해설

② 압축률의 단위는 $[Pa^{-1} = m^2/N]$이다.

① $\beta = \frac{1}{K}$

③ $\beta = -\frac{1}{V_1} \times \frac{\triangle V}{\triangle P} = \frac{1}{\rho} \times \frac{\triangle \rho}{\triangle P} \rightarrow \beta \times \rho = \frac{\triangle \rho}{\triangle P}$

④ 압축률은 압력을 가했을 때 변화하는 부피의 정도를 의미한다.

08 $0.02[m^3]$의 체적을 갖는 액체가 강체의 실린더 속에서 $730[kPa]$의 압력을 받고 있다. 압력이 $1,030[kPa]$로 증가되었을 때 액체의 체적이 $0.019[m^3]$으로 축소되었다. 이때 이 액체의 체적탄성계수는 약 몇 $[kPa]$인가? `19년-2회`

① 3,000
② 4,000
③ 5,000
④ 6,000

해설

$$K = -V_1 \times \frac{P_1 - P_2}{V_1 - V_2}$$

$= -0.02 \times \frac{730 - 1,030}{0.02 - 0.019}$

$= 6,000[kPa]$

정답 09 ④

09 체적탄성계수가 $2.1475 \times 10^9 Pa$인 물의 체적을 0.25% 압축시키려면 몇 Pa의 압력이 필요한가?

25년

① 4.93×10^5
② 6.75×10^5
③ 4.23×10^6
④ 5.37×10^6

해설

$K = -V_1 \times \dfrac{\triangle P}{\triangle V}$

$2.1475 \times 10^9 = -1 \times \dfrac{\triangle P}{0.0025}$

$-1 \times \triangle P = P_2 - P_1 = 2.1475 \times 10^9 \times 0.0025$
$\quad\quad\quad\quad\quad = 5.37 \times 10^6 [Pa]$

07 표면장력과 모세관현상

기출유형

지름의 비가 1 : 2인 2개의 모세관을 물속에 수직으로 세울 때 모세관현상으로 물이 관속으로 올라가는 높이의 비는?

16년-2회

① 1 : 4
② 1 : 2
③ 2 : 1
④ 4 : 1

해설

모세관 높이는 $h[m] = \dfrac{4\sigma\cos\theta}{\gamma \cdot d}$ 이므로, $h_1 : h_2 = \dfrac{1}{d} : \dfrac{1}{2d} \Rightarrow h_1 \times \dfrac{1}{2d} = h_2 \times \dfrac{1}{d} \Rightarrow h_1 = h_2 \times \dfrac{2\cancel{d}}{\cancel{d}} = 2h_2$

| 정답 | ③

족집게 과외

❶ 힘과 접촉각

구 분	내 용
개념도	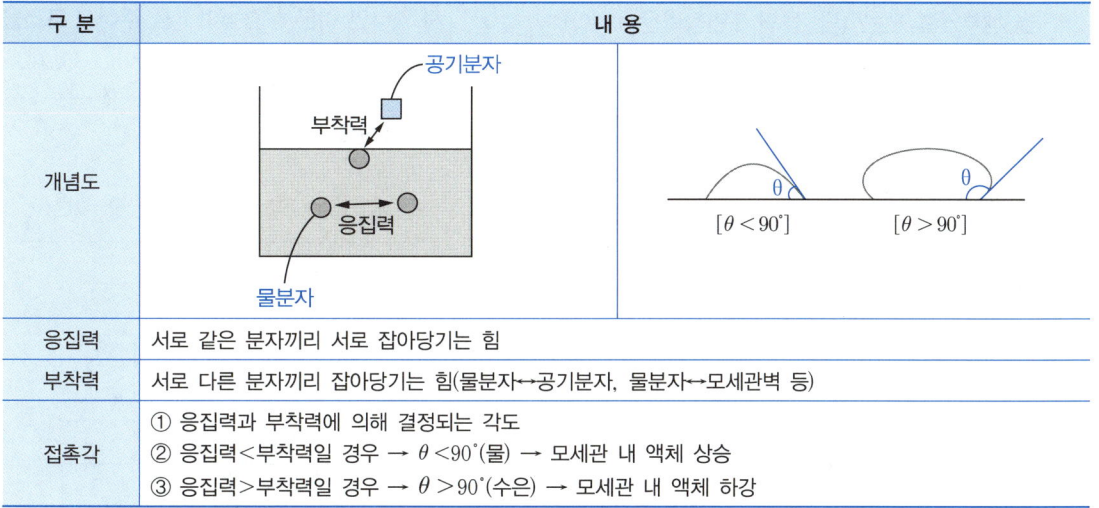
응집력	서로 같은 분자끼리 서로 잡아당기는 힘
부착력	서로 다른 분자끼리 잡아당기는 힘(물분자↔공기분자, 물분자↔모세관벽 등)
접촉각	① 응집력과 부착력에 의해 결정되는 각도 ② 응집력<부착력일 경우 → $\theta < 90°$(물) → 모세관 내 액체 상승 ③ 응집력>부착력일 경우 → $\theta > 90°$(수은) → 모세관 내 액체 하강

❷ 표면장력(σ : 시그마)

구 분	내 용	
정 의	① 액체가 표면의 크기를 줄이려고 하는 단위길이당 힘 ② 응집력과 부착력의 차이에 의해 형성됨. 즉, 응집력이 크면 표면장력이 큼	
관계식	물 : $\sigma = \dfrac{\triangle P \cdot d}{4} = \dfrac{(P_i - P_o)d}{4}$ $[N/m]$	비눗방울 : $\sigma = \dfrac{\triangle P \cdot d}{8}$ $[N/m]$, $\therefore d$: 직경
참 고	액체에 습윤제(Wetting Agent)를 첨가하면 표면장력이 작아짐(침투력 증가)	

❸ 모세관현상

구 분	내 용
정 의	① 액체 속에 좁은 관(=모세관)을 넣었을 때 관 내 액체면이 상승하거나 낮아지는 현상 ② 모세관 내 액체높이는 접촉각 $\theta < 90°$일 경우 상승하고, $\theta > 90°$일 경우 하강
관계식	모세관 상승높이 $h[m] = \dfrac{4\sigma \cos\theta}{\gamma \cdot d}$ → $h \propto \sigma \propto \dfrac{1}{\gamma} \propto \dfrac{1}{d}$
액체 높이	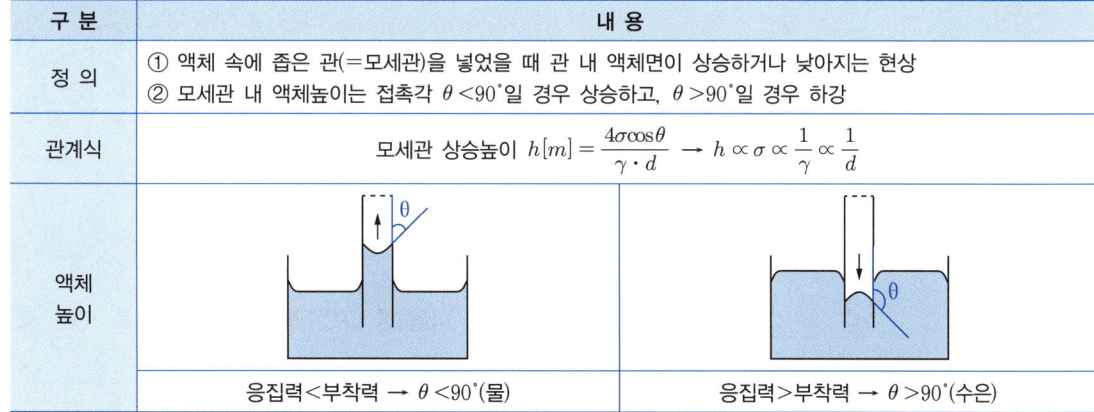

기출유형 완성하기

정답 01 ① 02 ① 03 ④

01 물방울의 반경이 R, 외부압력이 P_o일 때 물방울 내부압력 P는? (단, 물의 표면장력은 σ이다) 〔05년-4회〕

① $P = P_o + \dfrac{2\sigma}{R}$

② $P = P_o + \dfrac{4\sigma}{R}$

③ $P = P_o + \dfrac{\sigma}{2R}$

④ $P = P_o + \dfrac{\sigma}{4R}$

해설

물의 표면장력 $\sigma = \dfrac{(P_i - P_o) \cdot d}{4}$

식을 이항하면 → $P_i = P_o + \dfrac{4\sigma}{d}$

∴ $d = 2R$ → 문제에서 '직경'과 '반경'은 항상 주의할 것!

내부압력 $P_i = P_o + \dfrac{4\sigma}{2R} = P_o + \dfrac{2\sigma}{R}$

02 다음 그림과 같이 매끄러운 유리관에 물이 채워져 있다면 이론 상승높이 h를 주어진 조건을 참조하여 구하면? 〔07년-1회〕

1) 표면장력 $\sigma = 0.037 N/m$
2) $R = 1mm$
3) 매끄러운 유리관의 접촉각 $\Theta = 0°$

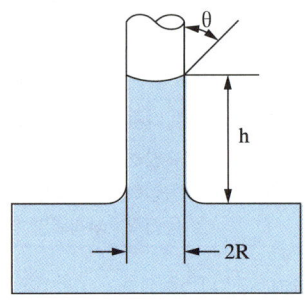

① 0.007m   ② 0.015m
③ 0.07m   ④ 0.15m

해설

$h[m] = \dfrac{4\sigma \cos\theta}{\gamma \cdot d}$

∴ 물의 비중량 : $\gamma_w = 9,800[N/m^3]$

$h[m] = \dfrac{4 \times 0.037 \times \cos(0)}{9,800 \times (0.001 \times 2)} = 0.0075[m]$

03 다음 중 표면장력의 단위로 옳은 것은? 〔25년〕

① N/m^2
② $Pa \cdot s$
③ W/m
④ N/m

해설

표면장력은 단위 길이당 작용하는 힘으로 단위는 $[N/m]$이다.

정답 04 ③ 05 ① 06 ④ 07 ②

04 주수소화 시 물의 표면장력을 약화시켜 연소물에 침투속도를 향상시키는 첨가제를 무엇이라 하는가? `04년-4회`

① Ethylene oxide
② Sodium carboxy methyl cellulose
③ Wetting agent
④ Viscosity agent

해설
Wetting agent는 습윤제로 물의 표면장력을 약화시켜 산불화재 등 다공성 가연물의 화재 시 침투력을 높이기 위해 사용된다.

05 직경이 $40\,mm$인 비눗방울의 내부 초과압력이 $150\,Pa$일 때 표면장력은 몇 N/m인가? `10년-1회`

① 0.75
② 1.5
③ 2.0
④ 2.5

해설
비눗방울의 표면장력 $\sigma = \dfrac{\triangle P \cdot d}{8}$

$\therefore 40[mm] = 0.04[m]$

$\sigma = \dfrac{\triangle P \cdot d}{8} = \dfrac{150 \times 0.04}{8} = 0.75[N/m]$

06 액체 분자들 사이의 응집력과 고체면에 대한 부착력의 차이에 의하여 관 내 액체표면과 자유표면 사이에 높이 차이가 나타나는 것과 가장 관계가 깊은 것은? `15년-2회`

① 관성력
② 점 성
③ 뉴턴의 마찰법칙
④ 모세관현상

해설
모세관현상
액체 속에 좁은 관(=모세관)을 넣었을 때 관 내 액체면이 상승하거나 낮아지는 현상이다.
※ 관 내 액체가 상승하거나 하강하는 것은 주변 자유표면을 기준으로 상승하거나 하강하는 것이다.

07 양 끝이 열린 가는 유리관을 물에 수직으로 세우면 표면장력에 의하여 물이 상승하지만 수은에서는 오히려 하강한다. 이러한 차이가 나타나는 원인은? `13년-4회`

① 밀도의 차이
② 접촉각의 차이
③ 공기와 액체 분자의 부착력 차이
④ 점성계수의 차이

해설
개인적으로 문제 오류라고 생각됩니다.
①·④ 모두 영향이 있다.
단, 모세관현상과 표면장력에 관하여 설명할 때 접촉각이 필수요소로 제시되니 기억할 것!

기출유형 완성하기

정답 08 ③ 09 ①

08 수직유리관 속의 물기둥의 높이를 측정하여 압력을 측정할 때, 모세관현상에 의한 영향이 $0.5mm$ 이하가 되도록 하려면 관의 반경은 최소 몇 mm가 되어야 하는가? (단, 물의 표면장력은 $0.0728N/m$, 물-유리-공기 조합에 대한 접촉각은 $0°$로 한다) `15년-1회`

① 2.97
② 5.94
③ 29.7
④ 59.4

해설

모세관 상승높이 : $h[m] = \dfrac{4\sigma\cos\theta}{\gamma \cdot d}$

$2R[m] = d[m] = \dfrac{4\sigma\cos\theta}{\gamma \cdot h}$

∴ 물의 비중량 : $\gamma_w = 9,800[N/m^3]$

$2R = \dfrac{4 \times 0.0728 \times \cos(0)}{9,800 \times 0.0005} = 0.0594[m]$

$R = \dfrac{0.0594[m]}{2 \times 1[m]} \times 1,000[mm] = 29.7[mm]$

09 모세관 현상에 있어서 물이 모세관을 따라 올라가는 높이에 대한 설명으로 옳은 것은? `18년-4회`

① 표면장력이 클수록 높이 올라간다.
② 관의 지름이 클수록 높이 올라간다.
③ 밀도가 클수록 높이 올라간다.
④ 중력의 크기와는 무관하다.

해설

$h[m] = \dfrac{4\sigma\cos\theta}{\gamma \cdot d} \rightarrow h \propto \sigma \propto \dfrac{1}{\gamma} \propto \dfrac{1}{\rho} \propto \dfrac{1}{g} \propto \dfrac{1}{d}$

지름, 밀도, 중력이 클수록 모세관 상승높이는 낮아진다.

08 부력

기출유형

공기 중에서 무게가 $941N$인 돌의 무게가 물속에서 $500N$이면 이 돌의 체적은 몇 m^3인가?

10년-2회

① 0.045
② 0.034
③ 0.028
④ 0.012

해설

부력 $F_B = 941 - 500 = 441[N]$ → $F_B = \gamma_w V \Rightarrow V = \dfrac{F_B}{\gamma_w} = \dfrac{441}{9,800} = 0.045[m^3]$

|정답| ①

족집게 과외

❶ 부력

구 분	내 용	
부력 (F_B)	① 유체에 잠겨있는 물체가 중력에 반하여 밀어 올려지는 힘 ② 부력(힘)의 크기는 유체에 잠겨있는 물체의 부피만큼의 유체 무게와 같음 ③ 부력의 크기는 물체의 성질과는 영향이 없음 → 오로지 유체의 비중량과 물체의 부피에만 영향이 있음	$F_B[N] = \gamma_f V$ γ_f : 유체의 비중량 $[N/m^3]$ V : 유체에 잠긴 물체의 부피 $[m^3]$
부력의 이해	① 압력은 모든 방향에서 동일하게 작용함 ② 정육면체로 가정하고, 힘 $F = \gamma_f hA$이므로 우측 그림에서 깊이가 같은(= 수평) 힘은 같은 값을 가짐 ③ 힘의 크기는 같지만 방향이 반대인 $F_1 = F_3$과 $F_2 = F_4$은 서로 상쇄되고 F_5, F_6만 남게 됨 ④ 이때 $F_5 = \gamma_f h_1 A$이고, $F_6 = \gamma_f h_2 A$가 되는데 물체의 밑면이 더 깊으므로($h_1 < h_2$) $F_5 < F_6$가 됨 ⑤ 밑면에서의 힘 F_6이 더 크므로 그 차이만큼 위로 상승하는 힘이 발생하는데 이 힘이 부력임 $[F_6 - F_5 = F_B]$	

❷ 부력에 의한 물체의 이동

구 분	내 용	
개념	① 위 부력의 설명에서 부력은 $F_B = F_3 - F_1 \Rightarrow \gamma_f h_2 A - \gamma_f h_1 A = \gamma_f (h_2 - h_1)A = \gamma_f hA = \gamma_f V$ 로, 유체의 비중량과 물체의 부피로 정해짐 ② 물체가 잠긴 깊이가 더 깊어지더라도 비중량, 면적, 높이($h = h_2 - h_1$)는 같으므로 부력은 계속 일정함 ③ 이때 상승하려는 힘인 부력 외에 가라앉으려는 물체의 중량이 작용하는데, 이때 힘은 $F_2 = mg = \rho Vg = \gamma V$가 되며 이는 물체의 비중량과 부피로 결정됨 ④ 이때 물체의 중량이 부력보다 클 경우($\gamma V > \gamma_f V$) 물체는 가라앉고, 작을 경우($\gamma V < \gamma_f V$)에는 떠오르게 됨 ⑤ 부력이 더 큰 경우 물체는 떠오르게 되고, 이때 떠오르는 힘은 $F_U = F_B - F_2 = (\gamma_f - \gamma)V = (\rho_f - \rho)gV$가 됨 ⑥ 부력이 더 큰 경우 물체는 떠오르다 수면 위로 상승되고 $F_B = W$(물체 중량)이 되는 위치에서 정지됨	γ : 물체의 비중량 $[N/m^3]$ γ_f : 유체의 비중량 $[N/m^3]$ V : 물체의 부피 $[m^3]$ 떠오른 물체가 잠기는 데 드는 힘 $F_d[N] = F_B - W$
잠긴 부피	$V_{잠김}[\%] = \dfrac{S}{S_f} \times 100 = \dfrac{\rho}{\rho_f} \times 100 = \dfrac{\gamma}{\gamma_f} \times 100$	S, ρ, γ : 물체 특성 S_f, ρ_f, γ_f : 유체 특성
수면 위 부피	$V_{노출}[\%] = (1 - \dfrac{S}{S_f}) \times 100 = (1 - \dfrac{\rho}{\rho_f}) \times 100 = (1 - \dfrac{\gamma}{\gamma_f}) \times 100$	

정답 01 ② 02 ④ 03 ① 04 ②

기출유형 완성하기

01 비중이 0.95인 물체를 비중이 1.023인 바닷물에 띄우면 전체 체적의 몇 %가 물속에 잠기겠는가?

`11년-4회`

① 95%
② 93%
③ 90%
④ 88%

해설

유체 속에 잠긴 부피 $V_{잠김} = \dfrac{S}{S_f} = \dfrac{\rho}{\rho_f} = \dfrac{\gamma}{\gamma_f}$

$V = \dfrac{0.95}{1.023} = 0.929 ≒ 93[\%]$

02 어떤 액체의 비중을 측정하기 위하여 납으로 만든 추(무게 $4N$, 체적 $1.29 \times 10^{-4} m^3$)를 액체 중에 넣고 무게를 재었더니 $2.97N$이었다. 이 액체의 비중은 얼마인가? (단, 물의 비중량은 $9,800 N/m^3$이다)

`05년-2회`

① 8.15
② 4.08
③ 1.63
④ 0.815

해설

$F_B = W_a - W_l = 4 - 2.97 = 1.03[N]$
$F_B = \gamma V = S \times \gamma_w V$
$S = \dfrac{F_B}{\gamma_w V} = \dfrac{1.03}{9,800 \times 1.29 \times 10^{-4}} = 0.8147 ≒ 0.815$

03 비중이 1.03인 바닷물에 비중 0.9인 빙산이 떠 있다. 전체 부피의 몇 %가 해수면 위로 올라와 있는가?

`18년-2회`

① 12.6
② 10.8
③ 7.2
④ 6.3

해설

$V_{노출}[\%] = \left(1 - \dfrac{S}{S_f}\right) \times 100 = \left(1 - \dfrac{0.9}{1.03}\right) \times 100$
$= 12.62[\%]$

04 공기 중에서 무게가 $150N$인 돌의 무게가 물속에서는 $70N$이었다면 이 돌의 비중은 약 얼마인가?

`09년-2회`

① 1.67
② 1.88
③ 1.95
④ 2.11

해설

$F_B = 150 - 70 = 80[N]$
$F_B = \gamma_w V \Rightarrow V = \dfrac{F_B}{\gamma_w} = \dfrac{80}{9,800} = 8.163 \times 10^{-3}[m^3]$
$W_a = \gamma V \Rightarrow \gamma = \dfrac{W_a}{V} = \dfrac{150}{8.163 \times 10^{-3}} = 18,376[N/m^3]$
$S = \dfrac{\gamma}{\gamma_w} = \dfrac{18,376}{9,800} = 1.875 ≒ 1.88$

기출유형 완성하기

정답 05 ① 06 ② 07 ① 08 ①

05 어떤 물체가 공기 중에서 무게는 $588N$이고, 수중에서 무게는 $98N$이었다. 이 물체의 체적(V)과 비중(S)은? `13년-4회`

① $V=0.05m^3$, $S=1.2$
② $V=50cm^3$, $S=1.0$
③ $V=0.5m^3$, $S=0.85$
④ $V=0.01m^3$, $S=0.98$

해설

부력 → $F_B = W_a - W_w = 588 - 98 = 490[N]$

체적 → $F_B = \gamma_w V \Rightarrow V = \dfrac{F_B}{\gamma_w} = \dfrac{490}{9,800} = 0.05[m^3]$

비중량 → $W_a = \gamma V \Rightarrow \gamma = \dfrac{W_a}{V} = \dfrac{588}{0.05}$
$= 11,760[N/m^3]$

비중 → $S = \dfrac{\gamma}{\gamma_w} = \dfrac{11,760}{9,800} = 1.2$

06 수면에 잠긴 무게가 $490N$인 매끈한 쇠구슬을 줄에 매달아서 일정한 속도로 내리고 있다. 쇠구슬이 물속으로 내려갈수록 들고 있는 데 필요한 힘은 어떻게 되는가? (단, 물은 정지된 상태이며, 쇠구슬은 완전한 구형체이다) `16년-4회`

① 적어진다.
② 동일하다.
③ 수면 위보다 커진다.
④ 수면 바로 아래보다 커진다.

해설
물체의 중량은 항상 일정하고, 부력 또한 일정하므로 들고 있는 데 필요한 힘은 항상 같다(내려가더라도 $h_2 - h_1 = h$로 부력은 항상 일정하다).

07 무게가 $90N$으로 측정된 돌이 물에 잠기면 무게가 $50N$으로 측정된다. 이 돌의 체적과 비중은 각각 얼마인가? `06년-4회`

① $0.004m^3$, 2.25
② $0.01m^3$, 1.0
③ $0.007m^3$, 2.25
④ $0.07m^3$, 3.75

해설

$F_B = W_a - W_w = 90 - 50 = 40[N]$

$F_B = \gamma_w V \Rightarrow V = \dfrac{F_B}{\gamma_w} = \dfrac{40}{9,800} = 0.004[m^3]$

$W_a = \gamma V \Rightarrow \gamma = \dfrac{W_a}{V} = \dfrac{90}{4.08 \times 10^{-3}} = 22,059[N/m^3]$

$S = \dfrac{\gamma}{\gamma_w} = \dfrac{22,059}{9,800} = 2.25$

08 비중이 1.03인 바닷물에 전체 부피의 15%가 수면 위에 떠 있는 빙산이 있다. 이 빙산의 비중은 얼마 정도인가? `11년-1회`

① 0.876
② 0.927
③ 1.927
④ 0.155

해설

$V_{노출}[\%] = (1 - \dfrac{S}{S_f}) \times 100$

$S = (1 - \dfrac{V_{노출}[\%]}{100}) \times S_f = (1 - \dfrac{15}{100}) \times 1.03 = 0.8755$

정답 09 ③ 10 ② 11 ③ 12 ②

기출유형 완성하기

09 체적 $0.2m^3$인 물체를 물속에 잠겨있게 하는 데 $300N$의 힘이 필요하다. 만약 이 물체를 어떤 유체 속에 잠겨있게 하는 데 $200N$의 힘이 필요하다면 이 유체의 비중은?
(단, 물의 밀도는 $1,000kg/m^3$이다) 〔12년-4회〕

① 0.67
② 0.85
③ 0.95
④ 1.05

해설
어떤 유체 속에 잠기는 힘
→ $F_{df} = F_{Bf} - W = 200[N]$
물속에 잠기는 데 필요한 힘
→ $F_{dw} = F_{Bw} - W = 300[N]$
$F_{Bw} - F_{Bf} = 300 - 200 = 100[N] = (\rho_w - \rho_f)gV$
$\rho_f = \rho_w - \dfrac{\Delta F_B}{g \times V} = 1,000 - \dfrac{100}{9.8 \times 0.2}$
$= 948.98[kg/m^3]$
$S = \dfrac{\rho_f}{\rho_w} = \dfrac{948.98}{1,000} = 0.949 ≒ 0.95$

11 공기 중에서 무게가 $5N$인 돌의 무게가 물속에서는 $3N$이었다면 이 돌의 비중은 약 얼마인가? 〔25년〕

① 1.8
② 2.0
③ 2.5
④ 3.0

해설
$F_B = 5 - 3 = 2[N]$
$F_B = \gamma_w V \Rightarrow V = \dfrac{F_B}{\gamma_w} = \dfrac{2}{9,800} = 2.04 \times 10^{-4}[m^3]$
$W_a = \gamma V \Rightarrow \gamma = \dfrac{W}{V} = \dfrac{5}{2.04 \times 10^{-4}} = 24,509[N/m^3]$
$S = \dfrac{\gamma}{\gamma_w} = \dfrac{24,509}{9,800} = 2.5$

10 비중 0.6인 물체가 비중 0.8인 기름 위에 떠 있다. 이 물체가 기름 위에 노출되어 있는 부분은 전체 부피의 몇 %인가? 〔15년-2회〕

① 20
② 25
③ 30
④ 35

해설
$V_{노출}[\%] = (1 - \dfrac{S}{S_f}) \times 100 = (1 - \dfrac{0.6}{0.8}) \times 100 = 25[\%]$

12 비중 0.92인 빙산이 비중 1.025의 바닷물 수면에 떠 있다. 수면 위에 나온 빙산의 체적이 $150m^3$이면 빙산의 전체 체적은 약 몇 m^3인가? 〔18년-1회〕

① 1,314
② 1,464
③ 1,725
④ 1,875

해설
$V_{노출}[\%] = (1 - \dfrac{S}{S_f}) \times 100 = (1 - \dfrac{0.92}{1.025}) \times 100$
$= 10.24[\%]$
$150[m^3] : 10.24[\%] = V[m^3] : 100[\%]$
$V = \dfrac{100}{10.24} \times 150 = 1,464.84[m^3] ≒ 1,464[m^3]$

CHAPTER 08 | 부력

기출유형 완성하기

정답 13 ①

13 한 변이 $8cm$인 정육면체를 물에 담그니 $6cm$가 잠겼다. 이 정육면체를 비중이 1.26인 글리세린에 수직방향으로 눌러 완전히 잠기게 하는 데 필요한 힘은 약 몇 N인가? `12년-1회`

① 2.56　　② 5.12
③ 6.33　　④ 12.6

해설

떠 있는 물체가 잠기는 데 필요한 힘
→ $F_d = F_B - W$

비중 1.26인 글리세린에 완전히 잠겼을 때 부력
→ $F_B = \gamma V = S \times \gamma_w V$
$\quad\quad = 1.26 \times 9,800 \times (0.08 \times 0.08 \times 0.08)$
$\quad\quad = 6.322[N]$

물체의 중량(W)은 잠긴 부피만큼의 유체의 중량과 같다. 물에 잠겼을 때의 부피가 조건에 제시되었으므로
$W = \gamma_w V_{\text{잠김}} = 9,800 \times (0.08 \times 0.08 \times 0.06) = 3.763[N]$

필요한 힘 → $F_d = 6.322 - 3.763 = 2.559[N]$
$\quad\quad\quad\quad\quad\;\, \fallingdotseq 2.56[N]$

09 액주계(=마노미터)

기출유형

다음 그림에서 A, B점의 압력차(kPa)는? (단, A는 비중 1의 물, B는 비중 0.899의 벤젠이다)

20년-1·2회

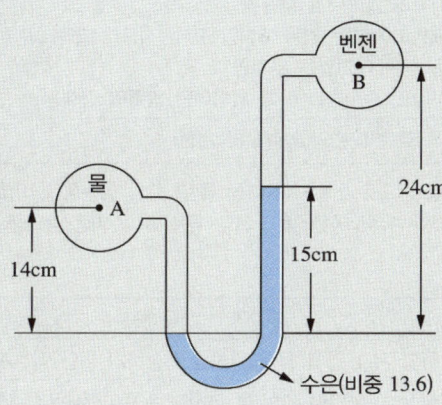

① 278.7　　　　　　　　　② 191.4
③ 23.07　　　　　　　　　④ 19.4

해설

$h_1 = 0.14[m]$, $h_2 = 0.15[m]$, $h_3 = 0.24 - 0.15 = 0.09[m]$, $S_s =$ 수은비중, $S_B =$ 벤젠비중이라고 정리하면
$P_A = P_B + (S_B \times \gamma_w h_3) + (S_s \times \gamma_w h_2) - (\gamma_w h_1)$ 이므로
압력차는 $P_A - P_B = (S_B \times \gamma_w h_3) + (S_s \times \gamma_w h_2) - (\gamma_w h_1)$ 이다.
$\triangle P = (0.899 \times 9,800 \times 0.09) + (13.6 \times 9,800 \times 0.15) - (9,800 \times 0.14) = 19,412.92[Pa] = 19.4[kPa]$

| 정답 | ④

족집게 과외

❶ 액주계(마노미터)

구 분	내 용
개 념	① 배관 또는 용기 내 유체의 압력을 확인하기 위해 얇은 관을 연결하고 압력에 의해 올라간 액체기둥의 높이를 측정하여 압력을 측정함 ② 압력 $P_A = \gamma h = \rho g h = S \times \gamma_w h$로 액체의 비중량, 비중, 밀도 중에 한 가지를 알면 액체의 높이에 따라 압력으로 환산됨 ③ 마노미터의 한쪽이 개방되어 있는 경우 대기압은 기본적으로 고려돼야 하지만 계기압력을 물어보는 경우 대기압은 무시함 ④ 마노미터가 경사지더라도 수직높이(h)에 의하여만 압력이 결정됨
관계식	$P_A = P_{atm} + \gamma_2 h_2 - \gamma_1 h_1$로 반대편의 압력부터 계산

※ 피에조미터 : 대상 유체(A)가 직접 관으로 연결되어 대상 유체(A)가 상승한 높이를 측정하는 계기
※ 마노미터 : 대상 유체(A)보다 무거운 유체(B)를 넣어 해당 유체(B)의 기둥 높이를 측정하는 계기

❷ 시차 액주계(=차동 액주계)

구 분	내 용
개 념	2개의 배관 또는 용기 등의 서로 간에 압력 차이를 측정하기 위한 액주계
계산 방법	① 시차액주계 문제는 항상 △P(압력 차이)를 구하는 문제이므로 압력이 높은 곳을 기준으로 반대편부터 차례차례 식을 세운 후 계산함 ② 압력이 높은 곳(A)은 유체기둥이 올라간 반대편임 ③ 유체의 압력은 $P = \gamma h$이므로 그림상에서 수평인 경우 압력이 같고, 위로 올라가면 (−), 내려가면 (+)로 계산함 ④ 그림에서 수평이 같은 위치인 A와 1번의 압력은 같고 ($P_A = P_1$), 5번과 B의 압력은 같음($P_5 = P_B$) ⑤ 4번은 5번보다 h_3만큼 아래에 있으므로 4번 지점의 압력은 $P_4 = P_5 + \gamma_w h_3$이 됨 ⑥ 3번은 4번보다 h_2만큼 아래에 있으므로 3번 지점의 압력은 $P_3 = P_4 + \gamma h_2 = P_4 + S \times \gamma_w h_2$이 됨(비중량 주의) ⑦ 2번 지점과 3번 지점은 수평이므로 압력은 같음($P_3 = P_2$) ⑧ 1번은 2번보다 h_1만큼 위에 있으므로 1번 지점의 압력은 $P_1 = P_2 - \gamma_w h_1$이 됨
	위 내용을 압력이 높은 곳인 P_A를 기준으로 식을 세우면 $P_A = P_B + \gamma_w h_3 + \gamma h_2 - \gamma_w h_1$이 되고 문제에서는 항상 압력 차이(△$P$)를 요구하므로 P_B만 이항해서 정리하면 △$P = P_A - P_B = \gamma_w h_3 + \gamma h_2 - \gamma_w h_1$로 간단히 계산할 수 있음(개방되었다면 $P_B = P_{atm}$ =대기압)

정답 01 ③ 02 ② 03 ① 04 ①

기출유형 완성하기

01 그림과 같이 밀폐된 용기 내 공기의 계기압력은 몇 Pa인가? `14년-4회`

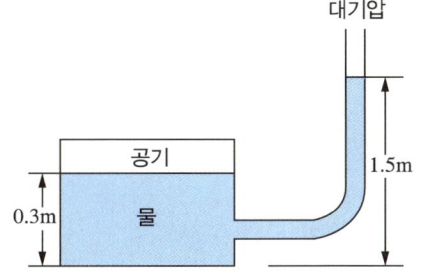

① 1,200
② 1,500
③ 11,760
④ 14,700

해설

$P_{air} = \gamma_w h + P_{atm}$

∴ 물의비중량 : $\gamma_w = 9,800[N/m^3]$

계기압력이므로 대기압은 무시한다.

h = 액주계 액의 높이 − 용기 내 액의 높이
   $= 1.5 - 0.3 = 1.2[m]$

$P_{air} = 9,800 \times 1.2 = 11,760[Pa]$

02 물이 들어있는 U자관 속에 기름을 넣었더니 기름 $25cm$와 물 $15cm$의 액주가 평형을 이루었다면 이 기름의 비중은? `03년-2회`

① 0.3
② 0.6
③ 0.7
④ 1.7

해설

$P_w = \gamma_w h_1 = 9,800 \times 0.15 = 1,470[Pa]$
$P_o = S_o \times \gamma_w h_2$
$P_w = P_o$이므로 $S_o = \dfrac{P_w}{\gamma_w h_2} = \dfrac{1,470}{9,800 \times 0.25} = 0.6$

03 수은이 채워진 U자관에 어떤 액체를 넣었다. 액체 측 자유표면으로부터 깊이가 $24cm$인 곳과 수은 측 자유표면으로부터 깊이가 $10cm$인 곳의 높이가 같다면 이 액체의 비중은 약 얼마인가? (단, 수은의 비중은 13.6이다) `09년-1회`

① 5.67
② 6.81
③ 13.6
④ 32.6

해설

$P_s = S_s \times \gamma_w h_1 = 13.6 \times 9,800 \times 0.1 = 13,328[Pa]$
$P_f = S_f \times \gamma_w h_2$
$P_s = P_f$이므로
$S_f = \dfrac{P_s}{\gamma_w h_2} = \dfrac{13,328}{9,800 \times 0.24} = 5.667 ≒ 5.67$

04 수은이 채워진 U자관에 수은보다 비중이 작은 어떤 액체를 넣었다. 액체기둥의 높이가 $10cm$, 수은과 액체의 자유표면의 높이 차이가 $6cm$일 때 이 액체의 비중은?
(단, 수은의 비중은 13.6이다) `21년-2회`

① 5.44
② 8.16
③ 9.63
④ 10.88

해설

$P_s = S_s \times \gamma_w h_1 = 13.6 \times 9,800 \times (0.1 - 0.06)$
   $= 5,331.2[Pa]$
$P_f = S_f \times \gamma_w h_2$
$P_s = P_f$이므로 $S_f = \dfrac{P_s}{\gamma_w h_2} = \dfrac{5,331.2}{9,800 \times 0.1} = 5.44$

※ 문제에서 주어진 조건은 h_1과 h_2가 아닌 h_2과 $\triangle h$이므로 주의하여야 한다($h_2 - \triangle h = h_1$).

기출유형 완성하기

정답 05 ③ 06 ②

05 그림과 같이 평형상태를 유지하고 있을 때 오른쪽 관에 있는 유체의 비중 S는? `13년-4회`

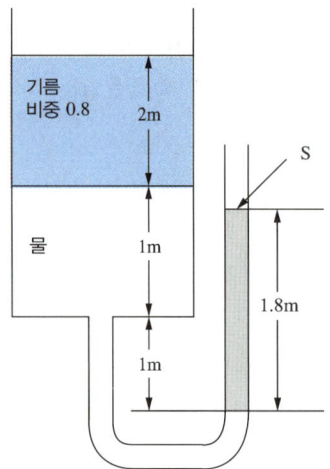

① 0.9
② 1.8
③ 2.0
④ 2.2

해설

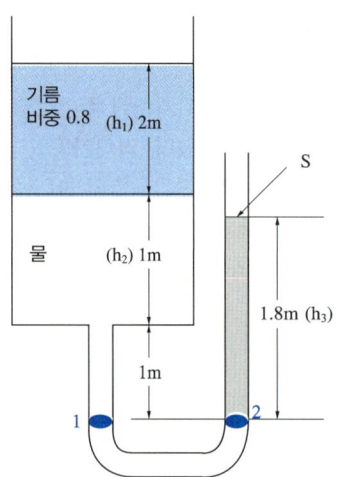

1, 2 지점은 수평이므로 압력은 $P_1 = P_2$이다.
양쪽이 모두 개방되어 있으므로 대기압은 상쇄된다.
$P_1 = S_o \times \gamma_w h_1 + \gamma_w h_2$
$\quad = 0.8 \times 9,800 \times 2 + 9,800 \times (1+1) = 35,280 [Pa]$
$P_2 = S_f \times \gamma_w h_3 \Rightarrow S_f = \dfrac{P_2}{\gamma_w h_3} = \dfrac{35,280}{9,800 \times 1.8} = 2$

06 그림과 같은 액주계에서 원 중심의 압력은 몇 kPa인가? (단, 대기압은 $101 kPa$이 작용한다) `03년-1회`

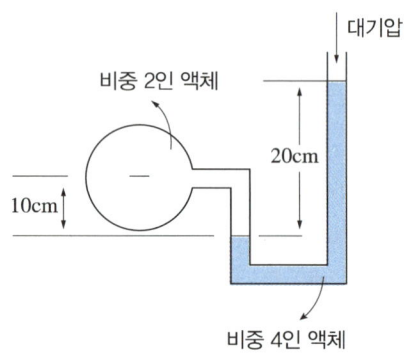

① 97.08
② 106.88
③ 95.12
④ 100

해설

$P_1 [Pa] = P_{atm} + S_2 \times \gamma_w h_2 - S_1 \times \gamma_w h_1$
$\quad = 101 \times 10^3 + 4 \times 9,800 \times 0.2 - 2 \times 9,800 \times 0.1$
$\quad = 106,880 [Pa]$
$106,880 [Pa] = 106.88 [kPa]$

정답 07 ② 08 ②

07
U자관에서 어느 액체의 $25cm$와 수은 $4cm$ 높이가 서로 평행을 이루고 있다면 이 액체의 비중은?

〔05년-2회〕

① 1.176
② 2.176
③ 3.176
④ 4.176

해설

$P_s = S_s \times \gamma_w h_1 = 13.6 \times 9,800 \times 0.04 = 5,331.2 [Pa]$
$P_f = S_f \times \gamma_w h_2$
$P_s = P_f$ 이므로 $S_f = \dfrac{P_s}{\gamma_w h_2} = \dfrac{5,331.2}{9,800 \times 0.25} = 2.176$

08
그림과 같은 액주계에서 $h_1 = 380mm$, $h_3 = 150mm$일 때 압력 $PA = PB$가 되는 h_2는 몇 mm인가? (단, 각각의 비중은 $S_1 = 0.82$, $S_2 = 13.6$, $S_3 = 0.82$이다)

〔07년-1회〕

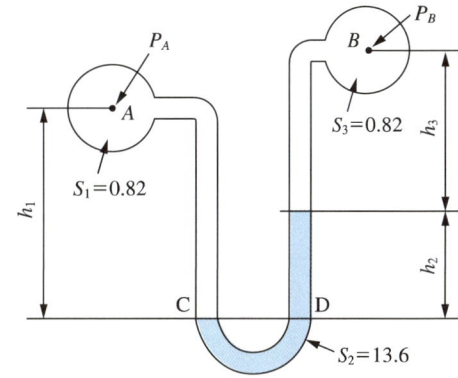

① 11.4
② 13.9
③ 22.7
④ 31.9

해설

C, D 지점은 수평이므로 $P_C = P_D$를 기준으로 보면
$P_A + S_1 \times \gamma_w h_1 = P_B + S_2 \times \gamma_w h_2 + S_3 \times \gamma_w h_3$ 가 되고
조건이 $P_A = P_B$이므로 정리하면
$S_1 \times \gamma_w h_1 = S_2 \times \gamma_w h_2 + S_3 \times \gamma_w h_3$ 가 된다.

$h_2 = \dfrac{S_1 \times \gamma_w h_1 - S_3 \times \gamma_w h_3}{S_2 \times \gamma_w}$

$= \dfrac{0.82 \times 9,800 \times 0.38 - 0.82 \times 9,800 \times 0.15}{13.6 \times 9,800}$

$= 0.0139 [m]$

$h_2 = 0.0139 [m] = 13.9 [mm]$

기출유형 완성하기

정답 09 ① 10 ①

09 그림의 액주계에서 밀도 $\rho_1 = 1,000\,kg/m^3$, $\rho_2 = 13,600\,kg/m^3$, 높이 $h_1 = 500\,mm$, $h_2 = 800\,mm$일 때 관 중심 A의 계기압력은 몇 kPa인가? `21년-4회`

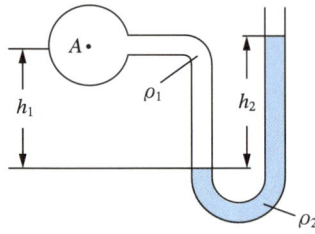

① 101.7
② 109.6
③ 126.4
④ 131.7

해설
계기압력이므로 대기압은 무시한다.
$P_A[Pa] = \gamma_2 h_2 - \gamma_1 h_1 = \rho_2 g h_2 - \rho_1 g h_1$
$\qquad = 13,600 \times 9.8 \times 0.8 - 1,000 \times 9.8 \times 0.5$
$\qquad = 101,724[Pa]$
$101,724[Pa] = 101.7[kPa]$

10 그림의 액주계(manometer)에서 비중 $S_1 = S_3 = 0.90$, $S_2 = 13.6$, $H_1 = 30\,cm$, $H_3 = 15\,cm$일 때 A점의 압력과 B점의 압력이 같게 되는 h_2는 약 몇 cm인가? `10년-1회`

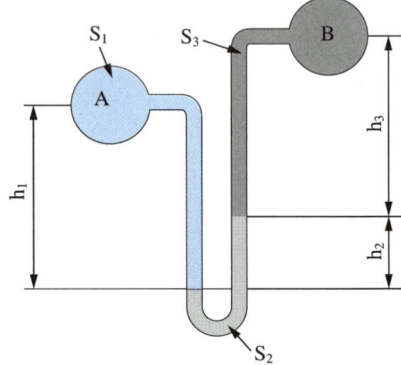

① 1
② 3
③ 5
④ 7

해설
하부의 수평지점을 기준으로 $P_C = P_D$라고 두면
$P_C = P_A + S_1 \times \gamma_w h_1$,
$P_D = P_B + S_2 \times \gamma_w h_2 + S_3 \times \gamma_w h_3$
$P_A + S_1 \times \gamma_w h_1 = P_B + S_2 \times \gamma_w h_2 + S_3 \times \gamma_w h_3$
조건이 $P_A = P_B$이므로 정리하면
$S_1 \times \gamma_w h_1 = S_2 \times \gamma_w h_2 + S_3 \times \gamma_w h_3$ 가 된다.
h_2로 정리하면
$h_2 = \dfrac{S_1 \times \gamma_w h_1 - S_3 \times \gamma_w h_3}{S_2 \times \gamma_w}$
$\qquad = \dfrac{0.9 \times 9,800 \times 0.3 - 0.9 \times 9,800 \times 0.15}{13.6 \times 9,800}$
$\qquad = 9.926 \times 10^{-3}[m]$
$h_2 = 9.926 \times 10^{-3}[m] = 0.993[cm] \fallingdotseq 1[cm]$

정답 11 ③ 12 ③

11 그림의 역 U자관 manometer에서 압력차 $P_x - P_y$는 몇 Pa인가? `25년`

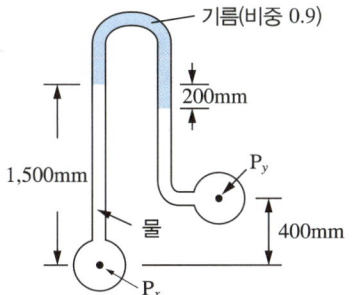

① 2,826 ② 3,215
③ 4,116 ④ 5,045

해설

역U자이므로 마노미터액이 더 높게 올라간 곳이 압력이 높은 쪽(기준)이 된다.
$P_x = P_y - \gamma_w h_3 - S \times \gamma_w h_2 + \gamma_w h_1$ 로
압력차로 정리하면
$P_x - P_y = -\gamma_w h_3 - S \times \gamma_w h_2 + \gamma_w h_1$
$h_1 = 1.5[m],\ h_2 = 0.2[m],$
$h_3 = 1.5 - 0.2 - 0.4 = 0.9[m]$
$-9,800 \times 0.9 - 0.9 \times 9,800 \times 0.2 + 9,800 \times 1.5$
$= 4,116[Pa]$

12 그림과 같이 수평면에 대하여 $60°$ 기울어진 경사관에 비중(S)이 13.6인 수은이 채워져 있으며, A와 B에는 물이 채워져 있다. A의 압력이 $250 kPa$, B의 압력이 $200 kPa$일 때, 길이 L은 약 몇 cm인가? `17년-1회`

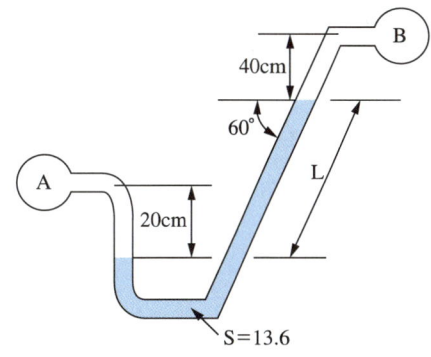

① 33.3 ② 38.2
③ 41.6 ④ 45.1

해설

하부의 수평지점을 기준으로 $P_C = P_D$라고 두면
$P_C = P_A + \gamma_w h_1,\qquad P_D = P_B + S \times \gamma_w h_2 + \gamma_w h_3$
이때 $h_2 = L\sin(60)$
$P_A + \gamma_w h_1 = P_B + S \times \gamma_w h_2 + \gamma_w h_3$
$h_2 = \dfrac{P_A + \gamma_w h_1 - P_B - \gamma_w h_3}{S \times \gamma_w}$
$= \dfrac{250 \times 10^3 + 9,800 \times 0.2 - 200 \times 10^3 - 9,800 \times 0.4}{13.6 \times 9,800}$
$= 0.36[m] = 36[cm]$
$L = \dfrac{h_2}{\sin(60)} = \dfrac{36}{\sin(60)} = 41.57[cm] \fallingdotseq 41.6[cm]$

10 정수력-1(수평력, 수직력)

기출유형

그림과 같이 반지름이 $0.8m$이고 폭이 $2m$인 곡면 AB가 수문으로 이용된다. 물에 의한 힘의 수평성분의 크기는 약 몇 kN인가? (단, 수문의 폭은 $2m$이다) 〈17년-1회〉

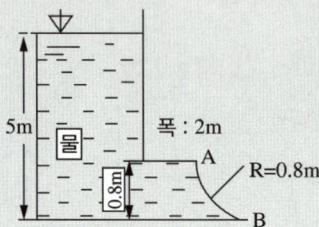

① 72.1
② 84.7
③ 90.2
④ 95.4

해설

수평성분 $F_x = \gamma h A$

수평성분이 가해지는 수평투영면적 $A = 0.8 \times 2 = 1.6[m^2]$

h = 수문 상단까지의 깊이(작용면 상단)+작용면 높이의 $1/2 = h_1 + h_2 = (5-0.8) + (0.8/2) = 4.6[m]$

$F_x = 9,800 \times 4.6 \times 1.6 = 72,128[N] ≒ 72.1[kN]$

|정답| ①

족집게 과외

❶ 수직력(F_y = 중량, 무게)

구 분	내 용
개 념	① 정지된 유체에 의해 발생하는 수직방향으로의 힘 ② 수직력은 중력에 의해 작용하는 것으로서 오로지 유체의 무게에 의해 결정됨
관계식	$F_y[N] = mg = \rho V g = \gamma V = \gamma h A = PA$

❷ 수평력(F_x)

구 분	내 용
개 념	① 압력은 $P=\gamma h$로 수면으로부터 깊이(h)가 깊어질수록 값이 커짐 ② 깊이에 따라 비례적으로 강해지므로 옆면에 가해지는 평균압력은 삼각형의 면적이 됨 ③ 힘은 $F=PA$로 옆면으로 가해지는 수평력(F_x)은 γhA가 되는데 이때 옆면에 가해지는 압력은 유체의 깊이가 깊어질수록 값이 커지므로 힘도 커지게 됨
관계식	① 깊이에 따라 압력이 변화되므로 평균압력을 구함 ② 최대압력은 γh일 때, 작용면의 높이(h_2)의 1/2지점에서 압력을 분리하면 $S=S'$가 되므로 평균압력(P)은 $rh'A$가 됨 (h' = 도심까지의 깊이) ③ 압력의 작용면의 상단이 수면이 아닌 경우 $h_2/2$ 깊이에 수면으로부터 작용면의 상단까지의 깊이를 더해주어야 함 $$F_x[N] = PA = rh'A = r\left(h_1 + \frac{h_2}{2}\right)A$$ ∴ h_1 = 수면으로부터 작용면 상단까지의 깊이[m] ∴ h_2 = 작용면 높이[m] ※ 수면에 면한 경우 $h_1=0$

❸ 합력(F_t)

구 분	내 용
개 념	① 힘이 대각선으로 작용하는 경우에는 수직력(F_y)과 수평력(F_x)으로 분해하여 계산한 다음 합성하여 구함 ② 벡터값이므로 크기는 삼각함수를 적용함 ③ 합력이 가해질 때의 수평력을 수평분력(=성분), 수직력을 수직분력(=성분)이라고 함(분해한 힘)
관계식	$$F_t[N] = \sqrt{F_x^2 + F_y^2}$$

❹ 정수력 Tip

개 념	① 정수력이란 말 그대로 정지된 물(유체)에 의한 힘 ② 유체가 정지되어 있으려면 유체 내부에 임의의 점에는 모든 방향에서 힘이 가해지고 상쇄됨 ③ 유체를 담은 용기 등이 특이한 형태를 갖더라도 정지해 있다면 해당 힘(F_x 또는 F_y)은 그 방향의 수평투영면적에 가해지는 힘과 같음(개념도 참조)
개념도	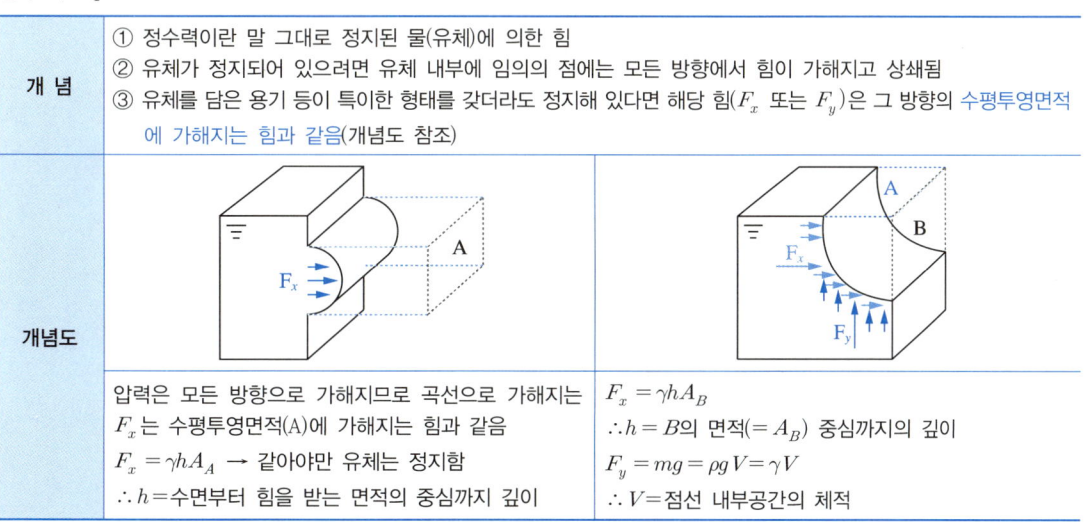

압력은 모든 방향으로 가해지므로 곡선으로 가해지는 F_x는 수평투영면적(A)에 가해지는 힘과 같음
$F_x = \gamma hA_A$ → 같아야만 유체는 정지함
∴ h = 수면부터 힘을 받는 면적의 중심까지 깊이

$F_x = \gamma hA_B$
∴ h = B의 면적($=A_B$) 중심까지의 깊이
$F_y = mg = \rho gV = \gamma V$
∴ V = 점선 내부공간의 체적

기출유형 완성하기

🔒 정답 01 ④ 02 ① 03 ②

01 그림과 같이 수조에 비중이 1.03인 액체가 담겨 있다. 이 수조의 바닥면적이 $4m^2$일 때의 수조 바닥 전체에 작용하는 힘은 약 몇 kN인가? (단, 대기압은 무시한다) `17년-4회`

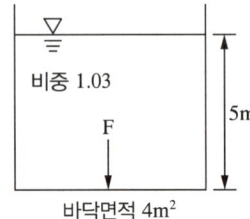

① 98
② 51
③ 156
④ 202

해설

$F_y[N] = \gamma V = S \times \gamma_w V$
$V = 4 \times 5 = 20[m^3]$
$F_y = 1.03 \times 9,800 \times 20 = 201,880[N] \fallingdotseq 202[kN]$

03 아래 그림과 같은 반지름이 $1m$이고, 폭이 $3m$인 곡면의 수문 AB가 받는 수평분력은 약 몇 N인가? `18년-2회`

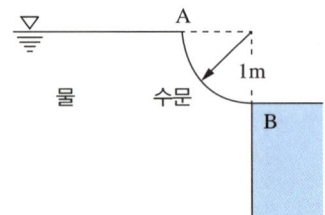

① 7,350
② 14,700
③ 23,900
④ 29,400

해설

수평분력 $F_x = \gamma h A$
수평분력이 가해지는 수평투영면적
$A = 3 \times 1 = 3[m^2]$
$h = \dfrac{1}{2} = 0.5[m]$
$F_x = 9,800 \times 0.5 \times 3 = 14,700[N]$

02 뚜껑이 닫힌 밀폐 탱크 속에 비중이 0.8인 기름이 깊이 $3m$만큼 차있고, 그 위에 가스가 100 kPa의 압력으로 누르고 있다면, 탱크 밑면이 받는 유체압은 몇 kPa인가? `04년-2회`

① 123.5
② 182.6
③ 216.4
④ 274.2

해설

대기 중에 탱크 밑면이 받는 유체압은 $P = \gamma h = S \times \gamma_w h$ 이다. 해당 문제는 수면이 대기압으로 시작하는 것이 아니고 $100[kPa]$부터 시작하므로 해당 값을 더해주어야 한다.

$P = S \times \gamma_w h + P_G = 0.8 \times 9,800 \times 3 + 100 \times 10^3$
$\quad = 123,520[Pa]$
$P = 123,520[Pa] = 123.5[kPa]$

🔒 정답 04 ② 05 ③ 06 ③

기출유형 완성하기

04 아래 그림과 같이 단위 중량이 각각 γ_A, γ_B ($\gamma_A < \gamma_B$)인 두 개의 섞이지 않는 액체가 용기에 담겨져 있다. 액체의 계기압력의 연직 분포를 정확하게 묘사하고 있는 그림은? 〔10년-4회〕

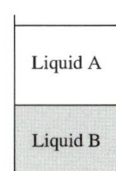

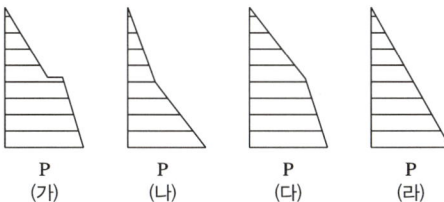

① (가)
② (나)
③ (다)
④ (라)

해설

$P = \gamma h$이므로 비중량이 큰 값일수록 깊이에 따라 압력의 증가도 커진다(압력이 급격히 상승한다).

05 물속 같은 깊이에 수평으로 잠겨있는 원형 평판의 지름과 정사각형 평판의 한 변의 길이가 같을 때 두 평판의 한쪽 면이 받는 정수력학적 힘의 비는? 〔14년-1회〕

① 1 : 1
② 1 : 1.13
③ 1 : 1.27
④ 1 : 1.62

해설

수평분력 $F_x = \gamma h A$

지름이 d인 원형 평판의 면적 $A_c = \dfrac{\pi d^2}{4}$

한 변이 d인 정사각형 평판의 면적 $A_s = d^2$

힘의 비

$F_{xc} : F_{xs} = \gamma h \dfrac{\pi d^2}{4} : \gamma h d^2 \Rightarrow F_{xc} : F_{xs} = \dfrac{\pi}{4} : 1$

$\dfrac{\pi}{4} : 1 = 1 : x \quad \rightarrow \quad x = \dfrac{1}{\pi/4} = 1.27$

06 그림과 같은 수문 AB가 받는 수평성분 F_H와 수직성분 F_V는 각각 약 몇 N인가? 〔11년-1회〕

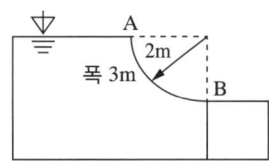

① $F_H = 24{,}400$, $F_V = 46{,}181$
② $F_H = 58{,}800$, $F_V = 46{,}181$
③ $F_H = 58{,}800$, $F_V = 92{,}363$
④ $F_H = 24{,}400$, $F_V = 92{,}363$

해설

수평성분 $F_x = \gamma h A$

수평성분이 가해지는 수평투영면적

$A = 3 \times 2 = 6[m^2]$

$h = \dfrac{2}{2} = 1[m]$

$F_x = 9{,}800 \times 1 \times 6 = 58{,}800[N]$

수직성분 $F_y = \gamma V$

$V = A_{정면} \times w_{폭} = \left(\dfrac{\pi d^2}{4} \div 4\right) \times w_{폭} = \dfrac{\pi \times 4^2}{4 \times 4} \times 3$

$= 9.425[m^3]$

$F_y = 9{,}800 \times 9.425 = 92{,}365[N] \fallingdotseq 92{,}363[N]$

기출유형 완성하기

정답 07 ③ 08 ③

07 그림과 같이 밑면이 $2m \times 3m$인 탱크와 이 탱크에 연결된 단면적이 $1m^2$인 관에 물과 비중이 0.9인 기름이 들어있다. 대기압을 무시할 때 밑면 AB에 작용하는 힘은 약 몇 kN인가?

12년-4회

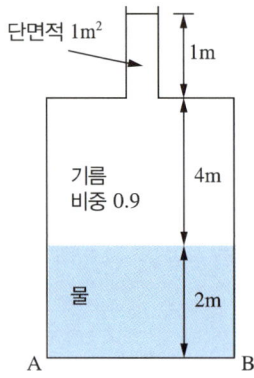

① 64
② 329
③ 382
④ 412

해설

수직압력 합산에 의한 풀이
기름에 의한 수직압력
$P_{yo} = S \times \gamma_w h = 0.9 \times 9,800 \times 5 = 44,100 [Pa]$
물에 의한 수직압력
$P_{yw} = \gamma_w h = 9,800 \times 2 = 19,600 [Pa]$
수직력 $F_y = \gamma V = PA = (P_{yo} + P_{yw})A$
$= (44,100 + 19,600) \times (3 \times 2) = 382,200 [N] ≒ 382 [kN]$

물로 환산한 풀이
기름의 높이 $h_1 = 5[m]$를 물일 경우의 높이로 환산하면
$S \times \gamma_w h_1 = \gamma_w h_1' \Rightarrow h_1' = \dfrac{S \times \gamma_w h_1}{\gamma_w} = 0.9 \times 5 = 4.5[m]$
수직력 $F_y = \gamma V = \gamma h A$
$F_y = \gamma V = \gamma h A = 9,800 \times (4.5 + 2) \times (3 \times 2)$
$\quad = 382,200 [N]$
단위환산 $382,200 [N] ≒ 382 [kN]$

Tip 유체가 2종류 이상일 경우 하나의 유체로 환산하여 풀이하는 것이 실수할 가능성이 가장 작다.

08 물탱크의 수직벽면에 반구형(hemisphere) 곡면을 물에 완전히 잠기도록 설치한다. 곡면이 물 쪽으로 볼록한 경우 (a)와 오목한 경우 (b)에 곡면에 작용하는 정수력의 수평방향 성분의 크기 비는?

11년-4회

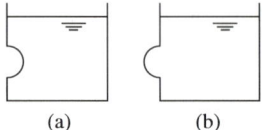

① π : 3
② 4 : 3
③ 1 : 1
④ 3 : 4

해설

수평력 (F_x)은 수평투영면적에 가해지는 힘의 크기와 같으므로 $F_{xa} = F_{xb}$가 된다.

09 그림과 같은 수문 AB가 받는 수평성분 F_X와 수직성분 F_Z는 각각 약 몇 kN인가? `25년`

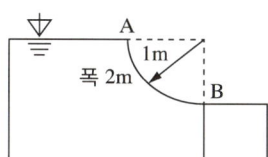

① $F_X = 7.7$, $F_Z = 9.8$
② $F_X = 9.8$, $F_Z = 7.7$
③ $F_X = 9.8$, $F_Z = 15.4$
④ $F_X = 15.4$, $F_Z = 9.8$

해설
수평성분 $F_X = \gamma h A$
수평성분이 가해지는 수평투영면적은
$A = 2 \times 1 = 2[m^2]$
$h = \dfrac{1}{2} = 0.5[m]$
$F_X = 9,800 \times 0.5 \times 2 = 9,800[N] = 9.8[kN]$
$V = A_{정면} \times w_{폭} = \left(\dfrac{\pi d^2}{4} \div 4\right) \times w_{폭}$
$= \dfrac{\pi \times (1 \times 2)^2}{4 \times 4} \times 2 = 1.57[m^3]$
$F_Z = 9,800 \times 1.57 = 15,386[N] \fallingdotseq 15.4[kN]$

10 그림과 같이 밑면이 $2m \times 2m$인 탱크에 비중이 0.8인 기름과 물이 각각 $2m$씩 채워져 있다. 기름과 물이 벽면 AB에 작용하는 힘은 약 몇 kN인가? `10년-1회`

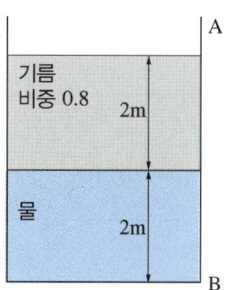

① 39
② 70
③ 102
④ 133

해설
수평력 $F_x = \gamma h A$
기름이 벽면에 가하는 힘
$F_{xo} = S \times \gamma_w h A = 0.8 \times 9,800 \times \dfrac{2}{2} \times (2 \times 2)$
$= 31,360[N]$
물이 벽면에 가하는 힘
기름의 높이 $2[m]$를 물일 경우의 높이로 환산하면
$S \times \gamma_w h_1 = \gamma_w h_1' \Rightarrow h_1' = \dfrac{S \times \gamma_w h_1}{\gamma_w} = 0.8 \times 2 = 1.6[m]$
$F_{xw} = 9,800 \times \left(1.6 + \dfrac{2}{2}\right) \times (2 \times 2) = 101,920[N]$
벽면에 가하는 힘의 합
$F_{xo} + F_{xw} = 31.36[kN] + 101.92[kN] = 133.28[kN]$

기출유형 완성하기

정답 11 ① 12 ④ 13 ①

11 그림과 같이 중심각 $\beta = 30°$ 이고 반경 $R = 12m$ 인 원호형 방파제 AB가 있다. 방파제의 폭 $1m$ 당 유체에 의해 작용하는 힘은 몇 kN인가? (단, 해수의 비중량은 $9.8 kN/m^3$으로 한다)

13년-1회

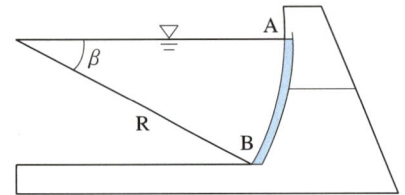

① 187.6
② 198.3
③ 215.7
④ 227.5

해설
수평력 $F_x = \gamma h A$
$h = R\sin(30) = 12 \times 0.5 = 6[m]$
$F_x = 9,800 \times \dfrac{6}{2} \times (6 \times 1) = 176,400[N]$

수직력 $F_y = \gamma V = \gamma A_{정면} w_폭$
$A_{정면}$을 구하려면
부채꼴 면적(A_S) $-$ 삼각형 면적(A_T)
부채꼴 면적(A_S)을 구하면
$R = 12m$ 인 원의 면적
$A_c = \dfrac{\pi d^2}{4} = \dfrac{\pi \times 24^2}{4} = 452.39[m^2]$
원의 360° 중에 30°에 해당하는 면적 = 부채꼴 면적(A_S)
$A_S = A_c \times \dfrac{30}{360} = 452.39 \times \dfrac{30}{360} = 37.7[m^2]$
삼각형 면적 $A_T = \dfrac{L \times h}{2}$
삼각형의 밑변(L)을 구하기 위해 삼각함수를 적용하면
$12 = \sqrt{L^2 + 6^2} \Rightarrow L = 10.392[m]$
$A_T = \dfrac{L \times h}{2} = \dfrac{10.392 \times 6}{2} = 31.17[m^2]$
$A_{정면} = A_S - A_T = 37.7 - 31.17 = 6.53[m^2]$
수직력 $F_y = 9,800 \times 6.53 \times 1 = 63,994[N]$
합력 $F_t = \sqrt{F_x^2 + F_y^2}$
$F_t = \sqrt{176,400^2 + 63,994^2} = 187,649[N] = 187.6[kN]$

12 댐 수위가 $2m$ 올라갈 때 한 변 $1m$ 인 정사각형 연직수문이 받는 정수력이 20% 늘어난다면 댐 수위가 올라가기 전의 수문의 중심과 자유표면 의 거리는? (단, 대기압 효과는 무시한다)

14년-4회

① $2m$
② $4m$
③ $5m$
④ $10m$

해설
수평력 $F_x = \gamma h A$
γ, A가 고정되어 있으므로 수평력은 h만의 함수이다.
$h + 2 = h'$ 이며, $F_x \times 1.2 = F_x'$ 이므로
$2 = 20[\%] \Rightarrow 100[\%] = 10[m]$

13 반지름이 같은 4분원 모양의 두 수문 AB와 CD에 작용하는 단위폭당 수직정수력의 크기의 비는? (단, 대기압은 무시하며 물속에서 A와 C의 압력은 같다)

25년

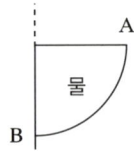 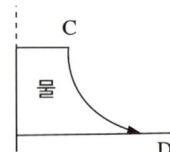

① $1 : 1$
② $1 : (1 - \pi/4)$
③ $1 : 2/3$
④ $(1 - \pi/4) : 1$

해설
수평력(F_x)은 수평투영면적에 가해지는 압력의 크기와 같으므로 $F_{xa} = F_{xb}$가 된다.

정답 14 ②

14 그림과 같이 탱크에 비중이 0.8인 기름과 물이 들어있다. 벽면 AB에 작용하는 유체(기름 및 물)에 의한 힘은 약 몇 kN인가? [단, 벽면 AB의 폭(y방향)은 $1m$이다] `15년-4회`

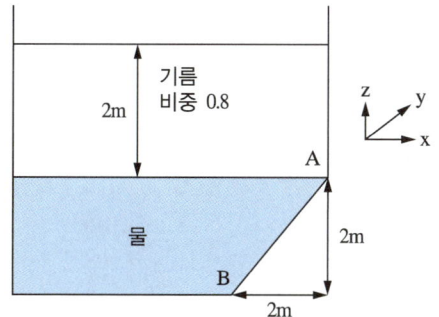

① 50
② 72
③ 82
④ 96

해설

수평력 $F_x = \gamma h A$

기름의 높이 $2[m]$를 물일 경우의 높이로 환산하면

$$S \times \gamma_w h_1 = \gamma_w h_1' \Rightarrow h_1' = \frac{S \times \gamma_w h_1}{\gamma_w} = 0.8 \times 2 = 1.6[m]$$

$h=$수면~힘을 받는 면적의 중심까지의 위치이므로

$h = 1.6 + (\frac{2}{2}) = 2.6[m]$, $A = 2 \times 1 = 2[m^2]$

$F_x = 9{,}800 \times 2.6 \times 2 = 50{,}960[N]$

수직력 $F_y = \gamma_w V = 9{,}800 \times \left(1.6 \times 2 \times 1 + \frac{2 \times 2 \times 1}{2}\right)$
$\quad\quad\quad = 50{,}960[N]$

$F_t = \sqrt{50{,}960^2 + 50{,}960^2} = 72{,}068[N] = 72[kN]$

11 정수력-2(도심, 작용점, 수문을 개방하는 힘)

기출유형

그림에서 $1m \times 3m$의 평판이 수면과 $45°$ 기울어져 물에 잠겨있다. 한쪽 면에 작용하는 유체력의 크기(F)와 작용점의 위치(yf)는 각각 얼마인가? 09년-4회

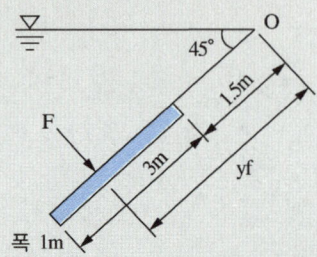

① $F=62.4kN$, $yf=2.38m$
② $F=62.4kN$, $yf=3.25m$
③ $F=88.2kN$, $yf=3.258m$
④ $F=132.3kN$, $yf=4.67m$

해설

$F_g = \gamma h_c A = \gamma_w y_c \sin\theta A \quad \therefore y_c = 1.5 + \dfrac{3}{2} = 3[m]$

$F_g = 9,800 \times 3 \times \sin(45) \times (3 \times 1) = 62,367[N] \fallingdotseq 62.4[kN]$

작용점 $y_F = y_c + \dfrac{I_M}{A \times y_c} = 3 + \dfrac{1 \times 3^3/12}{(3 \times 1) \times 3} = 3.25[m]$

|정답| ②

족집게 과외

❶ 도 심

구 분	내 용
개 념	① 힘의 평형을 이루는 중심점을 말함 ② 압력은 깊이에 따라 달라지므로($P=\gamma h$) 특정한 면적(수문 등)에 가해지는 힘은 $F=PA$로 계산하기 위해 평균 압력이 취해지는 지점의 위치를 도심(h_c)이라고 함 ③ 수직면에 가해지는 수평력은 평균압력×면적과 같아짐($A=A'$)
개념도	힘과 도심의 관계 / 도형별 도심의 위치

❷ 작용점

구 분	내 용
개 념	① 어떤 물체에 힘이 작용할 때 힘이 작용하는 점 ② 도심과는 다르게 작용점은 작용점을 기준으로 위아래의 힘의 합계가 같아지는 지점
개념도	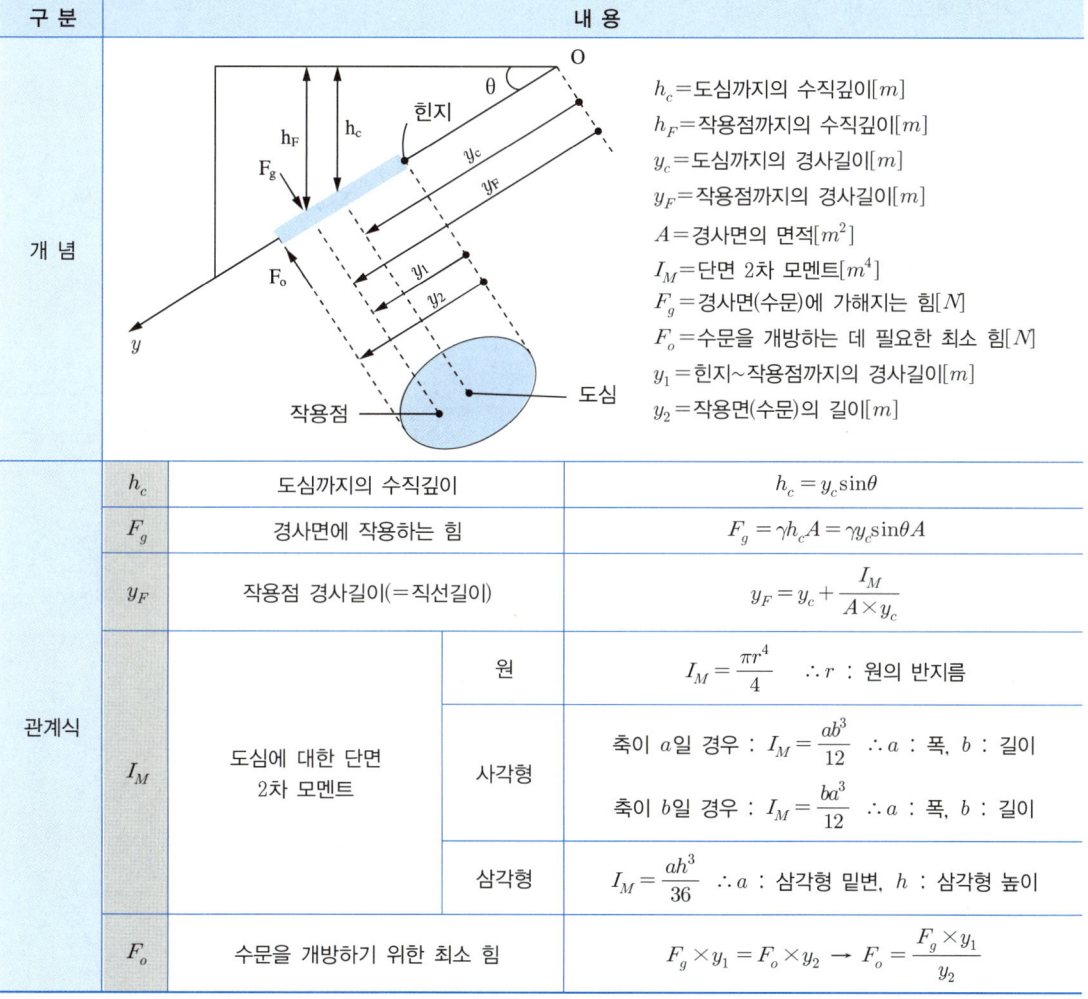 ① 도심을 기준으로 평균압력으로 힘을 구하면 힘의 크기는 같아지나 위아래에 가해지는 힘이 달라지게 됨 ② 깊이에 따라 달라지는 힘(≒압력)에 양분되는 지점이 힘의 작용점이 됨 ③ 즉, 수평력(삼각형 면적)만큼의 힘을 1개의 점에 힘을 가한다고 가정하면 작용점 h_F 지점에 가한 것과 같음

❸ 경사진 평면에 작용하는 힘

구 분	내 용		
개 념	h_c=도심까지의 수직깊이[m] h_F=작용점까지의 수직깊이[m] y_c=도심까지의 경사길이[m] y_F=작용점까지의 경사길이[m] A=경사면의 면적[m^2] I_M=단면 2차 모멘트[m^4] F_g=경사면(수문)에 가해지는 힘[N] F_o=수문을 개방하는 데 필요한 최소 힘[N] y_1=힌지~작용점까지의 경사길이[m] y_2=작용면(수문)의 길이[m]		
관계식	h_c	도심까지의 수직깊이	$h_c = y_c \sin\theta$
	F_g	경사면에 작용하는 힘	$F_g = \gamma h_c A = \gamma y_c \sin\theta A$
	y_F	작용점 경사길이(=직선길이)	$y_F = y_c + \dfrac{I_M}{A \times y_c}$
	I_M (도심에 대한 단면 2차 모멘트)	원	$I_M = \dfrac{\pi r^4}{4}$ ∴ r : 원의 반지름
		사각형	축이 a일 경우 : $I_M = \dfrac{ab^3}{12}$ ∴ a : 폭, b : 길이 축이 b일 경우 : $I_M = \dfrac{ba^3}{12}$ ∴ a : 폭, b : 길이
		삼각형	$I_M = \dfrac{ah^3}{36}$ ∴ a : 삼각형 밑변, h : 삼각형 높이
	F_o	수문을 개방하기 위한 최소 힘	$F_g \times y_1 = F_o \times y_2 \rightarrow F_o = \dfrac{F_g \times y_1}{y_2}$

※ y_2는 정확하게는 수문의 길이가 아닌 최소한의 힘이 드는 작용점까지의 거리이다. 지렛대 원리를 생각하면 힌지에서 가장 먼 곳에서 힘을 줬을 때 가장 최소한의 힘을 적용하여 수문을 개방할 수 있다.

기출유형 완성하기

정답 01 ④ 02 ③

01 길이 $2m$, 폭 $1.6m$인 직사각형 수문이 수면과 수직으로 그 상단이 수면 아래 $2m$의 깊이에 설치되어 있다. 수문에 작용하는 압력의 작용점의 위치는 수면으로부터 몇 m인가? `12년-2회`

① 3.51
② 3.39
③ 3.21
④ 3.11

해설

수문이 수직이므로 $h = y$
직사각형이므로 도심(h_c)을 구하면

h_c = 수문 상단까지 깊이 + $\dfrac{(수문\ 높이)}{2}$

$= 2 + \dfrac{2}{2} = 3[m]$

작용점 $y_F = y_c + \dfrac{I_M}{A \times y_c} = h_F = h_c + \dfrac{I_M}{A \times h_c}$

$h_F = h_c + \dfrac{I_M}{A \times h_c} = 3 + \dfrac{1.6 \times 2^3 / 12}{(2 \times 1.6) \times 3} = 3.11[m]$

02 그림과 같은 수문이 열리지 않도록 하기 위하여 그 하단 A점에서 받쳐 주어야 할 최소힘 F_P는 몇 kN인가? (단, 수문의 폭 : $1m$, 유체의 비중량 : $9,800 N/m^3$) `08년-2회`

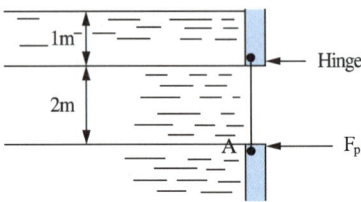

① 43
② 27
③ 23
④ 13

해설

수문이 수직이므로 → $y = h$
작용점

$h_F = h_c + \dfrac{I_M}{A \times h_c} = 2 + \dfrac{1 \times 2^3 / 12}{(2 \times 1) \times 2} = 2.167[m]$

수문에 가해지는 힘(F_g)

$F_g = \gamma h_c A = 9,800 \times \left(1 + \dfrac{2}{2}\right) \times (1 \times 2) = 39,200[N]$

수문이 개방되지 않기 위한 최소힘(F_P)

$F_g \times y_1 = F_P \times y_2 \;\rightarrow\; F_P = \dfrac{F_g \times y_1}{y_2}$

$y_1 = 2.167 - 1 = 1.167[m], \; y_2 = 2[m]$

$F_P = \dfrac{39,200 \times 1.167}{2} = 22,873[N] \fallingdotseq 23[kN]$

정답 03 ② 04 ③

03 그림과 같이 수평과 30° 경사된 폭 $50cm$인 수문 AB가 A점에서 힌지(hinge)로 되어 있다. 이 문을 열기 위한 최소한의 힘 F(수문에 직각방향)는 약 몇 kN인가? (단, 수문의 무게는 무시하고, 유체의 비중은 1이다) `22년-1회`

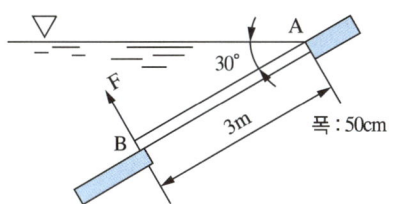

① 11.5 ② 7.35
③ 5.51 ④ 2.71

해설
수문에 가해지는 힘(F_g)
$F_g = \gamma h_c A = \gamma_w y_c \sin\theta A$ ∴ $y_c = \dfrac{3}{2} = 1.5[m]$
$= 9,800 \times 1.5 \times \sin(30) \times (3 \times 0.5) = 11,025[N]$
$= 11.025[kN]$
작용점
$y_F = y_c + \dfrac{I_M}{A \times y_c} = 1.5 + \dfrac{0.5 \times 3^3/12}{(3 \times 0.5) \times 1.5} = 2[m]$
수문을 개방하기 위한 최소힘(F_o)
힌지로부터 작용점까지의 거리 $y_1 = 2[m]$
수문의 길이 $y_2 = 3[m]$
→ $F_o = \dfrac{F_g \times y_1}{y_2} = \dfrac{11.025 \times 2}{3} = 7.35[kN]$

04 그림과 같은 수문이 힌지에 연결되어 있을 때 이 수문을 열기 위한 최소 힘 F_P는 몇 KN인가? (단, 수문의 폭 : $2m$, 유체의 비중량 : $9,800$ N/m^3) `25년`

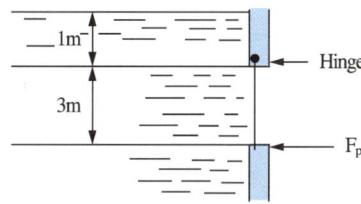

① $73.5kN$
② $82.4kN$
③ $88.2kN$
④ $96.0kN$

해설
수문이 수직이므로 → $y = h$
작용점 $h_F = h_c + \dfrac{I_M}{A \times h_c} = 2.5 + \dfrac{2 \times 3^3/12}{(3 \times 2) \times 2.5}$
$\qquad = 2.8[m]$
수문에 가해지는 힘(F_g)
$F_g = \gamma h_c A = 9,800 \times (1 + \dfrac{3}{2}) \times (2 \times 3) = 147,000[N]$
수문을 개방하기 위한 최소힘(F_P)
$F_g \times y_1 = F_P \times y_2$ → $F_P = \dfrac{F_g \times y_1}{y_2}$
$y_1 = 2.8 - 1 = 1.8[m]$, $y_2 = 3[m]$
$F_P = \dfrac{147,000 \times 1.8}{3} = 88,200[N] ≒ 88.2[kN]$

기출유형 완성하기

> 정답 05 ②

05 그림과 같이 60° 기울어진 $4m \times 8m$의 수문이 A 지점에서 힌지(hinge)로 연결되어 있을 때 이 수문을 열기 위한 최소 힘 F는 몇 kN인가?

`07년-2회`

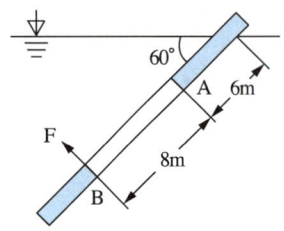

① 1,450
② 1,540
③ 1,590
④ 1,650

해설

$F_g = \gamma h_c A = \gamma_w y_c \sin\theta A$ $\quad \therefore y_c = 6 + \dfrac{8}{2} = 10[m]$

$= 9.8 \times 10 \times \sin(60) \times (4 \times 8) = 2{,}715.86[kN]$

작용점 $y_F = y_c + \dfrac{I_M}{A \times y_c} = 10 + \dfrac{4 \times 8^3/12}{32 \times 10} = 10.53[m]$

$y_1 = 10.53 - 6 = 4.53[m], \quad y_2 = 8[m]$

$F_o = \dfrac{F_g \times y_1}{y_2} = \dfrac{2{,}715.86 \times 4.53}{8} = 1{,}537.9[kN]$

$\quad \fallingdotseq 1{,}540[kN]$

12 파스칼의 원리

기출유형

피스톤의 지름이 각각 $10mm$, $50mm$인 두 개의 유압장치가 있다. 두 피스톤의 안에 작용하는 압력은 동일하고 큰 피스톤이 $1,000N$의 힘을 발생시킨다고 할 때 작은 피스톤에서 발생시키는 힘은 약 몇 N인가?

18년-4회

① 40
② 400
③ 25,000
④ 245,000

해설

$P_+ = \dfrac{F_2}{A_2} = \dfrac{F_1}{A_1}$ 이므로 $F_1 = F_2 \times \dfrac{A_1}{A_2}$ 이다.

$F_2 = 1,000[N]$, $A_2 = \dfrac{\pi \times 0.05^2}{4} = 1.96 \times 10^{-3}[m^2]$

$A_1 = \dfrac{\pi \times 0.01^2}{4} = 7.85 \times 10^{-5}[m^2]$, $F_1 = 1,000 \times \dfrac{7.85 \times 10^{-5}}{1.96 \times 10^{-3}} = 40.05[N]$

| 정답 | ①

족집게 과외

❶ 파스칼 원리

구 분	내 용
개 념	① 밀폐된 용기에 비압축성 유체가 들어있는 경우 임의의 한 곳에서 압력을 가한 경우 모든 방향으로 동일한 압력($\triangle P$)이 전달되는 것 ② 즉, 동일한 압력($\triangle P$)이 추가되는 것이지 모든 위치에서 압력이 같은 것은 아님
관계식	$P_1 = P_2 \Rightarrow \dfrac{F_1}{A_1} = \dfrac{F_2}{A_2}$
개념도	① 정지된 유체에서의 각 부분의 압력(P)은 $P = \gamma h$가 됨 ② $P_1 = \gamma h_1 \neq P_2 = \gamma h_2 \neq P_3 = \gamma h_3$ ① 힘 F_+를 가할 경우 모든 방향으로의 압력(P_+)이 더해지게 됨 ② 이때 힘에 의해 가해지는 압력(P_+)의 크기는 모든 방향으로 적용 ③ $P_1 + P_+ \neq P_2 + P_+ \neq P_3 + P_+$

❷ 파스칼 원리의 적용

구 분	내 용
개 념	① 서로 다른 두 개의 면적을 이용하면 면적이 큰 곳에서 큰 힘을 발휘할 수 있게 됨 ② 유압기기, 수압기기 등으로 적용
개념도	① 정지되어 있는 유체이기 때문에 $P_1 = P_2$ ② 힘(F_1)을 가할 경우 더해지는 압력(P_+)의 크기는 $P_+ = \dfrac{F_1}{A_1} = \dfrac{F_2}{A_2}$ ③ 이때 발생되는 F_2의 크기는 기존 압력(P)에 추가압력만큼 더해지게 됨. $F_2 = P_+ \times A_2 = F_1 \times \dfrac{A_2}{A_1}$ 로 작은 힘으로 큰 힘을 발생시킬 수 있음. $F_1 \ll F_2 \ (A_1 \ll A_2)$ ④ 한쪽 피스톤이 이동하면 반대편 피스톤은 동일한 체적만큼 이동함 $V = A_1 \times L_1 = A_2 \times L_2 \qquad L$: 피스톤 이동거리[m]

🔒 **정답** 01 ④ 02 ③ 03 ④

기출유형 완성하기

01 수압기에서 피스톤의 반지름이 각각 $20\,cm$와 $10\,cm$이다. 작은 피스톤에 $19.6\,N$의 힘을 가하는 경우 평형을 이루기 위해 큰 피스톤에는 몇 N의 하중을 가하여야 하는가? `21년-2회`

① 4.9 ② 9.8
③ 68.4 ④ 78.4

해설

$F_1 = P_1 A_1$, $F_2 = P_2 A_2$
평형을 이루려면 $P_1 = P_2$이 되어야 하므로
$\dfrac{F_1}{A_1} = \dfrac{F_2}{A_2}$ → $F_1 = 19.6[N]$
$A_2 = \pi \times 0.2^2 = 0.1257[m^2]$
$A_1 = \pi \times 0.1^2 = 0.0314[m^2]$
$F_2 = F_1 \times \dfrac{A_2}{A_1} = 19.6 \times \dfrac{0.1257}{0.0314} = 78.4[N]$

02 지름이 다른 두 개의 피스톤이 그림과 같이 연결되어 있다. "1" 부분의 피스톤의 지름이 "2" 부분의 2배일 때, 각 피스톤에 작용하는 힘 F_1과 F_2의 크기의 관계는? `19년-4회`

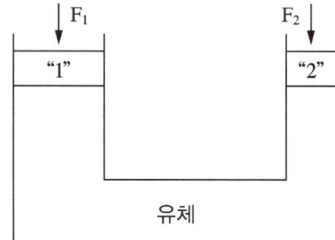

① $F_1 = F_2$ ② $F_1 = 2F_2$
③ $F_1 = 4F_2$ ④ $4F_1 = F_2$

해설

$d_1 = 2d_2$, $A = \dfrac{\pi d^2}{4}$ 이므로, $A_1 = 4A_2$이 된다.
$F_1 = P_1 \times A_1$, $F_2 = P_2 \times A_2$가 되고 $P_1 = P_2$이다.
면적이 4배 크므로 $F_1 = 4F_2$이 된다.

03 그림에서 두 피스톤이 지름이 각각 $30\,cm$와 $5\,cm$이다. 큰 피스톤이 $1\,cm$ 아래로 움직이면 작은 피스톤은 위로 몇 cm 움직이는가? `21년-1회`

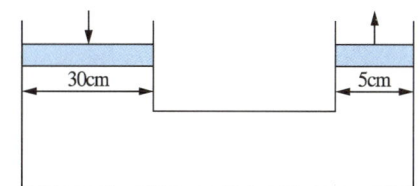

① 1
② 5
③ 30
④ 36

해설

비압축성 유체이므로 어느 한쪽의 피스톤에 힘을 가해 움직이면 피스톤이 움직여서 발생한 체적만큼 다른 피스톤이 상승하게 된다.
즉, $V = A_1 \times L_1 = A_2 \times L_2$ L : 피스톤 이동거리$[m]$
큰 피스톤의 면적 $A_1 = \dfrac{\pi \times 0.3^2}{4} = 0.071[m^2]$
작은 피스톤의 면적
$A_2 = \dfrac{\pi \times 0.05^2}{4} = 1.96 \times 10^{-3}[m^2]$
$L_2 = L_1 \times \dfrac{A_1}{A_2} = 0.01 \times \dfrac{0.071}{1.96 \times 10^{-3}} = 0.36[m]$
$= 36[cm]$

기출유형 완성하기

정답 04 ③ 05 ③ 06 ①

04 피스톤 A_2의 반지름이 A_1의 반지름의 2배이며 A_1과 A_2에 작용하는 압력을 각각 P_1, P_2라 하면 평형상태일 때 P_1과 P_2 사이의 관계는?

04년-1회

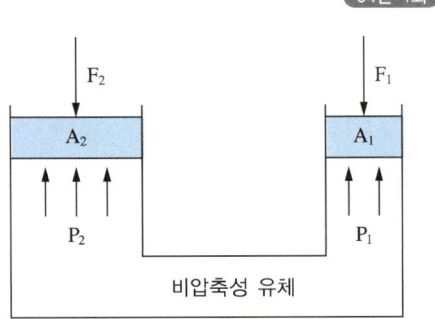

① $P_1 = 2P_2$ ② $P_2 = 4P_1$
③ $P_1 = P_2$ ④ $P_2 = 2P_1$

해설
평형상태=유체 정지상태이므로 $P_1 = P_2$가 된다.
$P = \gamma h$로 h가 같아질 때 평형이 된다.

05 그림과 같이 피스톤의 지름이 각각 $25\,cm$와 $5\,cm$이다. 작은 피스톤을 화살표 방향으로 $20\,cm$만큼 움직일 경우 큰 피스톤이 움직이는 거리는 약 몇 mm인가? (단, 누설은 없고, 비압축성이라고 가정한다)

19년-1회

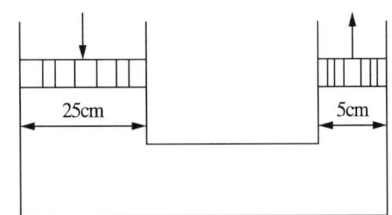

① 2 ② 4
③ 8 ④ 10

해설
$V = A_1 \times L_1 = A_2 \times L_2 \quad L : \text{피스톤 이동거리}[m]$
$L_1 = L_2 \times \dfrac{A_2}{A_1} = 0.2 \times \dfrac{\pi \times 0.05^2/4}{\pi \times 0.25^2/4} = 0.008[m]$
$= 8[mm]$

06 단면적이 A와 $2A$인 U자형 관에 밀도가 d인 기름이 담겨져 있다. 단면적이 $2A$인 관에 관벽과는 마찰이 없는 물체를 놓았더니 그림과 같이 평형을 이루었다. 이때 이 물체의 질량은?

19년-2회

① $2Ah_1 d$
② $Ah_1 d$
③ $A(h_1 + h_2)d$
④ $A(h_1 - h_2)d$

해설
액주계 문제와 개념이 같다.
문제에서 밀도는 d이므로 $m = dV = dAh$
평형이 되려면 $P_1 = P_2 = \dfrac{F_1}{A_1} = \dfrac{F_2}{A_2}$
액체기둥의 무게 $F_1 = mg = dh_1 Ag$이므로
$F_2 = F_1 \times \dfrac{A_2}{A_1} = dh_1 Ag \times \dfrac{2\cancel{A}}{\cancel{A}} = 2Ah_1 dg$
$F_2 = mg \Rightarrow m = \dfrac{F_2}{g} = \dfrac{2Ah_1 d\cancel{g}}{\cancel{g}} = 2Ah_1 d$

13 연속방정식

기출유형

직경 $100mm$인 관 속으로 물이 $3m/s$의 평균속도로 흐르고 있을 때 유량은 몇 $m^3/\min$인가?

_{07년-4회}

① 0.23 ② 1.41
③ 2.35 ④ 14.13

해설

$Q[m^3/s] = A \times V = \dfrac{\pi d^2}{4} \times V$, $Q[m^3/s] = \dfrac{\pi \times 0.1^2}{4} \times 3 = 0.02356[m^3/s]$

단위환산 → $Q[m^3/s] \times 60[\min/s] = Q[m^3/\min] \Rightarrow 0.02356 \times 60 \fallingdotseq 1.41[m^3/\min]$

| 정답 | ②

족집게 과외

❶ 연속방정식이란?

유체가 관로를 통과할 때 유입되는 유체의 양과 유출되는 유체의 양은 같다는 법칙(= 유체의 질량보존법칙)
[예] 물로 가득 찬 호스의 한쪽 구멍으로 물을 넣으면 넣는 만큼 반대편으로 물이 나온다.

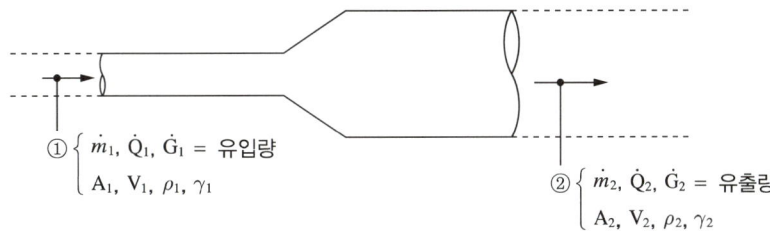

① $\begin{cases} \dot{m}_1, \dot{Q}_1, \dot{G}_1 = \text{유입량} \\ A_1, V_1, \rho_1, \gamma_1 \end{cases}$ ② $\begin{cases} \dot{m}_2, \dot{Q}_2, \dot{G}_2 = \text{유출량} \\ A_2, V_2, \rho_2, \gamma_2 \end{cases}$

❷ 관계식

질량유량	$\dot{m}[kg/s] = \dot{m}_1 = \dot{m}_2 = \rho_1 A_1 V_1 = \rho_2 A_2 V_2 \quad \therefore \rho : \text{밀도}[kg/m^3], \ A : \text{면적}[m^2], \ V : \text{속도}[m/s]$
체적유량	$\dot{Q}[m^3/s] = \dot{Q}_1 = \dot{Q}_2 = A_1 V_1 = A_2 V_2 = \dfrac{\pi d_1^2}{4} V_1 = \dfrac{\pi d_2^2}{4} V_2 \quad \therefore A = \dfrac{\pi \times d^2}{4}, \ d : \text{관의직경}[m]$
중량유량	$\dot{G}[N/s] = \dot{G}_1 = \dot{G}_2 = \gamma_1 A_1 V_1 = \gamma_2 A_2 V_2 \quad \therefore \gamma : \text{비중량}[N/m^3] = \rho \times g$
각 유량의 관계	$\therefore \dot{Q} = \dfrac{\dot{m}}{\rho} = \dfrac{\dot{G}}{\gamma} = \dfrac{\dot{G}}{\rho g}$

❸ 성립조건

① 정상류(=정상유동)
② 비압축성
③ 비점성(=마찰손실 X)

기출유형 완성하기

정답 01 ④ 02 ② 03 ② 04 ③

01 안지름 $100mm$인 파이프를 통해 $2m/s$의 속도로 흐르는 물의 질량유량은 약 몇 $kg/\min$인가? 〔17년-1회〕

① 15.7
② 157
③ 94.2
④ 942

해설

$\dot{m}_w[kg/s] = \rho_w A V$

∴ 물의 밀도 : $\rho_w = 1,000[kg/m^3]$

$\rho_w A V = \rho_w \times \dfrac{\pi d^2}{4} \times V = 1,000 \times \dfrac{\pi \times 0.1^2}{4} \times 2$
$ = 15.707$

$15.707[kg/s] \times 60[\min/s] ≒ 942.48[kg/\min]$

02 지름 $40cm$인 소방용 배관에 물이 $80kg/s$로 흐르고 있다면 물의 유속은 약 몇 m/s인가? 〔17년-2회〕

① 6.4
② 0.64
③ 12.7
④ 1.27

해설

$V[m/s] = \dfrac{\dot{m}_w}{\rho_w A}$

∴ 물의 밀도 : $\rho_w = 1,000[kg/m^3]$

$\dfrac{\dot{m}_w}{\rho_w A} = \dfrac{\dot{m}_w}{\rho_w \times \dfrac{\pi d^2}{4}} = \dfrac{80}{1,000 \times \dfrac{\pi \times 0.4^2}{4}} = 0.637[m/s]$

03 $392 N/s$의 물이 지름 $20cm$의 관 속에 흐르고 있을 때 평균속도는 약 m/s인가? 〔15년-4회〕

① 0.127
② 1.27
③ 2.27
④ 12.7

해설

$\dot{G}_w[N/s] = \gamma_w A V$

∴ 물의 비중량 : $\gamma_w = 9,800[N/m^3]$

$V = \dfrac{\dot{G}_w}{\gamma_w \times A} = \dfrac{\dot{G}_w}{\gamma_w \times \pi d^2/4} = \dfrac{392}{9,800 \times \pi \times 0.2^2/4}$
$ ≒ 1.273[m/s]$

04 평균유속 $2m/s$로 $50L/s$ 유량의 물을 흐르게 하는 데 필요한 관의 안지름은 약 몇 mm인가? 〔19년-1회〕

① 158
② 168
③ 178
④ 188

해설

$\dot{Q}[m^3/s] = AV = \dfrac{\pi d^2}{4} \times V \Rightarrow d[m] = \sqrt{\dfrac{4Q}{\pi V}}$

단위환산을 하면,

$\dot{Q}[m^3/s] = 50[L/s] \times \dfrac{1}{1,000}[m^3/L] = 0.05[m^3/s]$

$d[m] = \sqrt{\dfrac{4 \times 0.05}{\pi \times 2}} = 0.1784[m]$

$\Rightarrow 0.1784[m] \times 1,000[mm/m] ≒ 178[mm]$

정답 05 ② 06 ①

05 그림과 같이 단면 A에서 정압이 $500 kPa$이고 $10 m/s$로 난류의 물이 흐르고 있을 때 단면 B에서의 유속(m/s)은? `20년-1·2회`

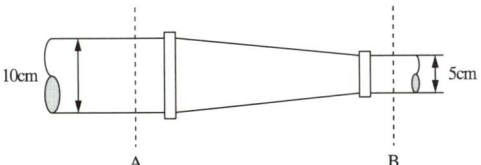

① 20
② 40
③ 60
④ 80

해설

$A_A V_A = A_B V_B \Rightarrow V_B = \dfrac{A_A}{A_B} \times V_A \quad \therefore A = \dfrac{\pi d^2}{4}$

$V_B = \dfrac{\pi d_A^2 / 4}{\pi d_B^2 / 4} \times V_A = \dfrac{0.1^2}{0.05^2} \times 10 = 40 [m/s]$

※ 압력은 함정조건이다.

06 그림과 같은 관에 비압축성 유체가 흐를 때 A 단면의 평균속도가 V_1일 때 B 단면에서의 평균속도 V_2는? `03년-1회`

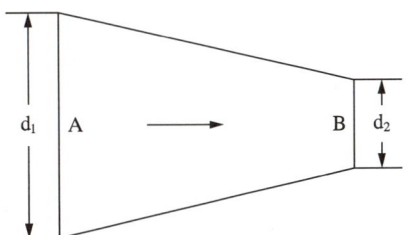

① $V_2 = \left(\dfrac{d_1}{d_2}\right)^2 V_1$

② $V_2 = \left(\dfrac{d_1}{d_2}\right) V_1$

③ $V_2 = \left(\dfrac{d_2}{d_1}\right)^2 V_1$

④ $V_2 = \left(\dfrac{d_2}{d_1}\right) V_1$

해설

$A_1 V_1 = A_2 V_2 \Rightarrow V_2 = \dfrac{A_1}{A_2} \times V_1 \quad \therefore A = \dfrac{\pi d^2}{4}$

$V_2 = \dfrac{\pi d_1^2 / 4}{\pi d_2^2 / 4} \times V_1 = \dfrac{d_1^2}{d_2^2} \times V_1 = \left(\dfrac{d_1}{d_2}\right)^2 V_1$

기출유형 완성하기

🔒 정답 07 ① 08 ③ 09 ② 10 ②

07 액체가 일정한 유량으로 파이프를 흐를 때 유체 속도에 대한 설명으로 틀린 것은? 〈16년-2회〉

① 관 지름에 반비례한다.
② 관 단면적에 반비례한다.
③ 관 지름의 제곱에 반비례한다.
④ 관 반지름의 제곱에 반비례한다.

해설

$\dot{Q}[m^3/s] = AV = \dfrac{\pi d^2}{4} \times V = \pi r^2 \times V$ 이므로

유량이 일정하다면 비례관계는 다음과 같다.

$V \propto \dfrac{1}{A} \propto \dfrac{1}{d^2} \propto \dfrac{1}{r^2}$

∴ 속도에 대해 : 분자=비례, 분모=반비례

08 $500mm \times 500mm$인 4각관과 원형관을 연결하여 유체를 흘려보낼 때, 원형관 내 유속이 4각관 내 유속의 2배가 되려면 관의 지름을 약 몇 cm로 하여야 하는가? 〈15년-1회〉

① 37.14
② 38.12
③ 39.89
④ 41.32

해설

$\dot{Q}[m^3/s] = A_1 V_1 = A_2 V_2 \Rightarrow \dfrac{V_2}{V_1} = \dfrac{A_1}{A_2}$

유속이 2배라면 → $\dfrac{V_2}{V_1} = 2$, $2 = \dfrac{A_1}{A_2} = \dfrac{0.5 \times 0.5}{A_2}$

$\Rightarrow A_2 = \dfrac{0.5 \times 0.5}{2} = 0.125[m^2]$

$A = \dfrac{\pi d^2}{4} \Rightarrow d[m] = \sqrt{\dfrac{4A}{\pi}} = \sqrt{\dfrac{4 \times 0.125}{\pi}} = 0.3989[m]$

$0.3989[m] \times 100[cm/m] = 39.89[cm]$

09 내경 $10cm$인 배관 내에 비중 0.9인 유체가 평균속도 $10m/s$로 흐를 때 질량유량은 몇 kg/s인가? 〈05년-2회〉

① 7.07
② 70.7
③ 3.53
④ 35.3

해설

$\dot{m}[kg/s] = \rho AV = \rho_w SAV$

∴ 물의 밀도 : $\rho_w = 1{,}000[kg/m^3]$

$\dot{m}[kg/s] = 1{,}000 \times 0.9 \times \dfrac{\pi \times 0.1^2}{4} \times 10 \fallingdotseq 70.69$

10 비중량이 $9{,}980 N/m^3$인 유체가 소화설비 배관 내를 분당 $50kN$씩 흐른다. 관경이 $150mm$라면 평균유속은 몇 m/s인가? 〈06년-4회〉

① 3.1
② 4.73
③ 83.3
④ 283.8

해설

$\dot{G}[N/s] = \gamma AV$

$V = \dfrac{\dot{G}}{\gamma \times A} = \dfrac{\dot{G}}{\gamma \times \pi d^2/4}$

기본값인 $[N/s]$, $[m]$로 단위를 환산

∴ $50kN/min = \dfrac{50 \times 10^3}{60}[N/s]$, ∴ $150mm = 0.15[m]$

$V = \dfrac{50 \times 10^3}{60 \times 9{,}980 \times \pi \times 0.15^2/4} \fallingdotseq 4.73[m/s]$

정답 11 ④　12 ④　13 ③

기출유형 완성하기

11 다음 중 연속방정식을 가장 적절하게 설명한 것은?　08년-4회

① 뉴턴의 제2운동 법칙이 유체 중의 모든 점에서 만족하는 것이다.
② 에너지와 일 사이의 관계를 나타낸 것이다.
③ 한 유선 위의 두 점에 대한 단위 체적당의 운동량 관계를 나타낸 것이다.
④ 질량보존의 법칙을 유체유동에 적용한 것이다.

해설
연속방정식은 유체에서의 질량보존법칙을 말한다.

12 다음 설명 중 틀린 것은?　12년-2회

① 정상유동은 유동장에서 유체흐름의 특성이 시간에 따라 변하지 않는 흐름을 말한다.
② 직관로 속의 어느 지점에서 항상 일정한 유속을 가지는 물의 흐름은 정상류로 볼 수 있다.
③ 연속방정식은 질량보존의 법칙을 나타낸 것이다.
④ 체적유량이 일정하다는 것은 압축성 유체에 적용하는 연속방정식이다.

해설
연속방정식의 성립조건
- 정상류(=정상유동)
- 비압축성
- 비점성

13 안지름이 $50mm$인 소화용 호스를 통해 물이 질량유량 $100kg/s$로 흐른다. 이때 호스 내의 평균 유속은 약 몇 m/s인가?　25년

① $20m/s$
② $40m/s$
③ $50m/s$
④ $60m/s$

해설
$\dot{m}[kg/s] = \rho AV$　∴ 물의 밀도 : $\rho_w = 1,000[kg/m^3]$

$V = \dfrac{\dot{m}}{\rho \times \dfrac{\pi d^2}{4}} = \dfrac{100}{1,000 \times \dfrac{\pi \times 0.05^2}{4}} = 50.9[m/s]$

$≒ 50[m/s]$

14 토리첼리의 정리

기출유형

다음과 같은 수조에 $1.0m \times 0.3m$ 크기의 사각 수문을 통하여 유출되는 유량은 몇 m^3/s 인가?

`12년-1회`

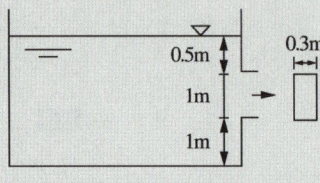

① 1.32　　　　　　　　　　　② 2.33
③ 3.13　　　　　　　　　　　④ 4.43

해설

$\dot{Q} = A \times V = A \times \sqrt{2gh} = (0.3 \times 1) \times \sqrt{2 \times 9.8 \times \left(0.5 + \dfrac{1}{2}\right)} = 1.328 [m^3/s] \fallingdotseq 1.32 [m^3/s]$

|정답| ①

족집게 과외

❶ 토리첼리의 정리

구 분	내 용
개 념	① 수조의 측면 또는 하부의 구멍(≒오리피스 등)에서 유출하는 물의 유속과 수면까지의 높이와의 관계를 나타내는 정리 ② 물이 유출되는 구멍(중심)과 수면(=수위)과의 높이 차이가 클수록 유출되는 유속은 빨라짐
개념도	※ 속도(V) 임의의 숫자로 이해를 돕기 위함이고, 저항이 없을 때의 예시이다. ① 좌측의 네모난 물체가 시작점(정지상태)에서의 속도 $V_1=0$이고, 높이는 h_1임 ② 낙하하기 시작하여 h_2만큼의 높이에 도착했을 때 속도 $V_2=1$로 $V_1<V_2$가 됨 ③ 더욱 낙하하여 h_3만큼의 높이에 도착했을 때 속도 $V_3=2$로 $V_2<V_3$가 됨 ④ 즉, 중력가속도에 의해 낙하함에 따라 높이가 낮아질수록($h_1>h_2>h_3$) 속도는 빨라지게 되는데 ($V_1<V_2<V_3$), 정리하면 이동한 거리(높이)에 따라서 속도가 변화함을 알 수 있음($\triangle h \propto \triangle V$) ※ 정확히는 '높이가 낮아질수록'이 아닌 '낙하한 거리($\triangle h$)가 길어질수록'이다. ⑤ 이것을 비례상수를 넣어 계산하면 속도 $V=\sqrt{2g\triangle h}$ 가 됨 ⑥ 우측 수조의 그림에서의 $\triangle h=h_1-h_3$이지만 실제 문제에서는 h로서 직접 주어질 수도 있음

관계식	손실이 없을 경우: $V=\sqrt{2g\triangle h}=\sqrt{2gh}$ V=속도[m/s]
	손실이 있을 경우: $V=\sqrt{2g(h-h_f)}$ $\triangle h$=높이 또는 위치에너지의 차이[m]
	   h_f=손실수두[mAq]
	계수가 주어지는 경우: $\dot{Q}=C\times A\times V = C_1\times C_2\times C_3\times A\times \sqrt{2g(h-h_f)}$ C=계수
	   $C_{1\sim 3}$=수축, 속도, 보정계수 등

Tip 수축, 속도계수 등은 손실의 개념으로 조건에 속도계수가 주어지면 속도에, 유량계수가 주어지면 유량에 곱하여 결괏값을 산출한다.

기출유형 완성하기

정답 01 ① 02 ② 03 ② 04 ③

01 그림과 같은 물탱크에 수면으로부터 $6m$ 되는 지점에 직경 $15cm$ 가 되는 노즐이 있을 경우 유출하는 유량은 몇인가? (단, 손실은 무시한다)

08년-1회

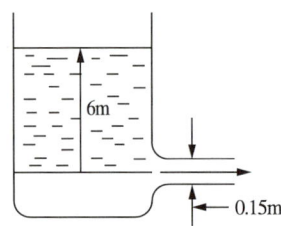

① 0.191　　② 0.591
③ 0.766　　④ 10.8

해설

$$\dot{Q} = A \times V = A \times \sqrt{2gh}$$
$$= \frac{\pi \times 0.15^2}{4} \times \sqrt{2 \times 9.8 \times 6} = 0.1916 \fallingdotseq 0.191 [m^3/s]$$

02 그림과 같은 사이펀에서 마찰손실을 무시할 때, 흐를 수 있는 최대 유속은 몇 m/s 인가?

12년-2회

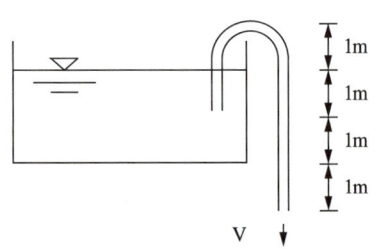

① 6.26　　② 7.67
③ 8.85　　④ 9.90

해설

$V = \sqrt{2gh} = \sqrt{2 \times 9.8 \times 3} = 7.668 \fallingdotseq 7.67 [m/s]$

Tip 액주계를 생각해 보면 올라간 만큼 압력이 떨어지고 내려간 만큼 압력이 올라간다.
해당 그림처럼 사이폰관(역U) 형태인 경우 올라가고 내려가는 곳은 상쇄된다는 것을 이해하고, 항상 h의 값은 '수면~유출구까지'의 높이차이다.

03 물이 들어있는 탱크에 수면으로부터 $20m$ 깊이에 지름 $50mm$ 의 오리피스가 있다. 이 오리피스에서 흘러나오는 유량은 약 몇 $m^3/\min$ 인가? (단, 탱크의 수면 높이는 일정하고 모든 손실은 무시한다)

21년-2회

① 1.3
② 2.3
③ 3.3
④ 4.3

해설

$$\dot{Q} = A \times V = A \times \sqrt{2gh}$$
$$= \frac{\pi \times 0.05^2}{4} \times \sqrt{2 \times 9.8 \times 20} = 0.0389 [m^3/s]$$
$$\dot{Q} = 0.0389 [m^3/s] \times 60 [s/\min] = 2.334 [m^3/\min]$$

04 물탱크의 바닥에 직경 $10cm$ 의 구멍이 생겨서 물이 $12m/s$ 의 속도로 방출되고 있다. 물탱크의 수면의 높이는 바닥으로부터 약 몇 m 인가? (단, 속도 보정계수는 0.98이다)

12년-2회

① 7.20
② 7.35
③ 7.65
④ 73.5

해설

$$V = C_v \sqrt{2gh} \Rightarrow h = \frac{V^2}{2g \times C_v^2}$$
$$h = \frac{12^2}{2 \times 9.8 \times 0.98^2} = 7.65 [m]$$

정답 05 ④ 06 ① 07 ①

05 물탱크에 담긴 물의 수면의 높이가 $10m$인데, 물탱크 바닥에 원형 구멍이 생겨서 $10L/s$ 만큼 유출되고 있다. 원형 구멍의 지름은 약 몇 cm인가? (단, 구멍의 유량 보정계수는 0.6이다)
〔18년-2회〕

① 2.7
② 3.1
③ 3.5
④ 3.9

해설

$$\dot{Q} = C \times A \times V = C \times A \times \sqrt{2gh} = C \times \frac{\pi d^2}{4} \times \sqrt{2gh}$$

$$d[m] = \sqrt{\frac{4Q}{\pi CV}} = \sqrt{\frac{4Q}{\pi C\sqrt{2gh}}}$$

$$\Rightarrow \sqrt{\frac{4 \times 0.01}{\pi \times 0.6 \times \sqrt{2 \times 9.8 \times 10}}} = 0.039[m] = 3.9[cm]$$

06 그림과 같이 수조의 밑부분에 구멍을 뚫고 물을 유량 Q로 방출시키고 있다. 손실을 무시할 때 수위가 처음 높이의 1/2로 되었을 때 방출되는 유량은 어떻게 되는가?
〔20년-4회〕

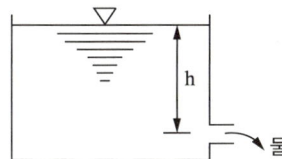

① $\frac{1}{\sqrt{2}}Q$
② $\frac{1}{2}Q$
③ $\frac{1}{\sqrt{3}}Q$
④ $\frac{1}{3}Q$

해설

처음 방출량 $\dot{Q} = A \times \sqrt{2gh}$

나중 방출량 $\dot{Q_2} = A \times \sqrt{2g\frac{h}{2}}$

$\dot{Q} : \dot{Q_2} = A \times \sqrt{2gh} : A \times \sqrt{2g\frac{h}{2}}$

$\dot{Q} \times \sqrt{\frac{h}{2}} = \dot{Q_2} \times \sqrt{h} \Rightarrow \dot{Q_2} = \dot{Q} \times \frac{\sqrt{\frac{h}{2}}}{\sqrt{h}} = \dot{Q} \times \frac{1}{\sqrt{2}}$

07 깊이 $1m$까지 물을 넣은 물탱크의 밑에 오리피스가 있다. 수면에 대기압이 작용할 때의 2배 유속으로 오리피스에서 물을 유출할 때 수면에는 얼마의 압력을 가하면 되는가?
(단, 손실은 무시한다)
〔04년-1회〕

① $29.4 kPa$
② $9.8 kPa$
③ $19.6 kPa$
④ $39.2 kPa$

해설

대기압일 경우의 속도를 V_1이라 하면 $V_2 = 2V_1$

$V_1 = \sqrt{2gh}$, $V_2 = \sqrt{2g(h+h_p)}$

$V_1 : V_2 = \sqrt{2gh} : \sqrt{2g(h+h_p)}$

$V_1 : V_2 = \sqrt{h} : \sqrt{h+h_p}$, $\therefore h = 1[m]$

$V_1 : V_2 = 1 : \sqrt{1+h_p}$

$\sqrt{1+h_p} = \frac{V_2}{V_1} \Rightarrow h_p = \left(\frac{V_2}{V_1}\right)^2 - 1 = \left(\frac{2}{1}\right)^2 - 1 = 3[m]$

h_p를 압력단위로 환산하면

$\frac{3[m]}{10.332[m]} \times 101.325[kPa] = 29.42[kPa]$

기출유형 완성하기

🔒 정답 08 ① 09 ③ 10 ④

08 그림과 같이 수조의 두 노즐에서 물이 분출하여 한 점(A)에서 만나려고 하면 어떤 관계가 성립되어야 하는가? (단, 공기저항과 노즐의 손실은 무시한다) 〈21년-4회〉

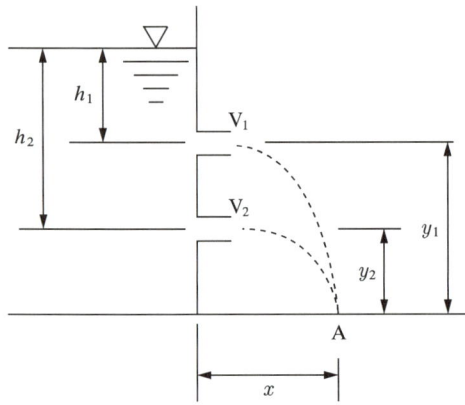

① $h_1 y_1 = h_2 y_2$
② $h_1 y_2 = h_2 y_1$
③ $h_1 h_2 = y_1 y_2$
④ $h_1 y_1 = 2 h_2 y_2$

해설
$V = \sqrt{2gh}$, 방사된 거리 $x = 2\sqrt{yh}$
방사된 거리가 같으려면 $h \times y$가 같아야 한다.
Tip 해당 문제는 이해보다 풀이를 기억할 것!

09 그림과 같이 물이 수조에 연결된 파이프를 통해 분출하고 있다. 수면과 파이프의 출구 사이에 총 손실수두가 $200mm$이다. 이때 파이프에서의 방출유량은 몇 m^3/s인가? 〈05년-2회〉

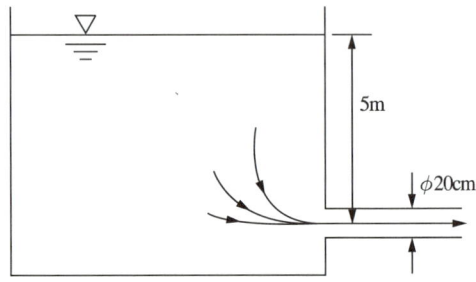

① 0.285
② 0.295
③ 0.305
④ 0.315

해설
$$\dot{Q} = A \times V = A \times \sqrt{2g(h - h_f)}$$
$$= \frac{\pi \times 0.2^2}{4} \times \sqrt{2 \times 9.8 \times (5 - 0.2)} = 0.3047$$
$$\fallingdotseq 0.305 [m^3/s]$$

10 전체 높이가 $2m$인 수조에서 밑면으로부터 높이가 $10cm$인 옆면에 지름 $16mm$의 구멍을 뚫었다. 이 구멍으로부터 물이 $2m/s$의 속도로 분출되고 있다면 이 순간 수조 내의 수면의 높이는 밑면으로부터 몇 m인가? (단, 이 구멍에서의 속도계수는 0.97이다) 〈06년-4회〉

① 0.217
② 0.293
③ 0.305
④ 0.317

해설
h_1 = 수면의 높이, h_2 = 분출구멍의 높이$[0.1m]$,
h_3 = 수조 밑면의 높이$[0m]$
$$V = C_v \sqrt{2g(h_1 - h_2)} \Rightarrow h_1 = \frac{V^2}{2g \times C_v^2} + h_2$$
$$h_1 = \frac{2^2}{2 \times 9.8 \times 0.97^2} + 0.1 = 0.317[m]$$

정답 11 ② 12 ③

11 그림과 같이 직경 $10cm$의 오리피스(orifice)가 큰 저장탱크의 아랫부분에 부착되어 있다. 수면에서 오리피스까지의 물 깊이가 $3m$로 일정하게 유지된다고 가정할 때 오리피스에서 방출되는 유량은 몇 m^3/s인가? (단, 오리피스에서의 속도계수(C_v)는 0.9, 수축계수(C_c)는 0.6이다)

07년-4회

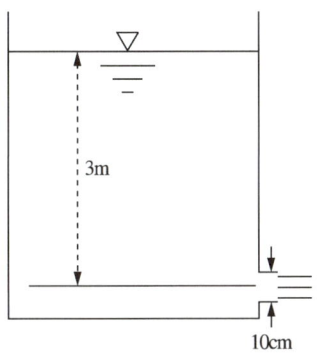

① 0.0283
② 0.0325
③ 0.0437
④ 0.0542

해설

$\dot{Q} = C \times A \times V = C \times A \times \sqrt{2gh}$

$= C_v \times C_c \times \dfrac{\pi d^2}{4} \times \sqrt{2gh}$

$\dot{Q} = 0.9 \times 0.6 \times \dfrac{\pi \times 0.1^2}{4} \times \sqrt{2 \times 9.8 \times 3} = 0.0325 [m^3/s]$

12 대기 중에 개방된 탱크 속의 액면이 점선의 위치에서 현재 액면 위치 D까지 서서히 내려왔다. 파이프 끝 C에서 대기 중으로 방출될 때 유출속도 V_c는 약 몇 m/s인가? (단, 관에서의 마찰은 무시한다)

13년-1회

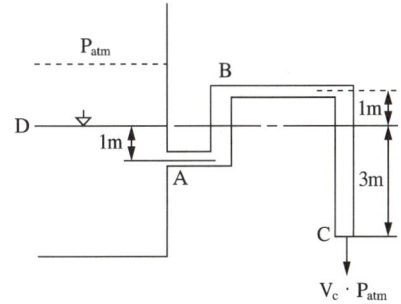

① 3.1
② 6.2
③ 7.7
④ 9.7

해설

$V_c = \sqrt{2gh} = \sqrt{2 \times 9.8 \times 3} = 7.668 \fallingdotseq 7.7 [m/s]$

$h =$ '**수면~유출구까지**'의 높이차이다. 항상 주의할 것!

13 다음 그림과 같이 바닥면적이 $1m^2$인 수조에 물이 깊이 $1m$로 채워져 있고, 수조 옆면에 설치된 오리피스를 통해 유량 Q로 방출되고 있다. 이때, 수조 상단에 압력 P를 가하여 유량을 $2Q$로 증가시키려고 한다. 이때 필요한 압력 P는 얼마인가? 〔25년〕

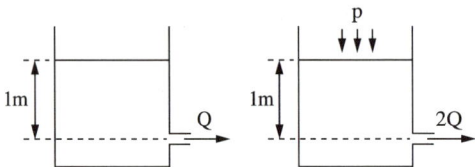

① $9.8kPa$
② $19.6kPa$
③ $29.4kPa$
④ $39.2kPa$

해설

토리첼리에 의해 $Q_1 = A \times \sqrt{2gh}$ 이므로 $Q \propto \sqrt{h}$
$Q_1 : Q_2 = Q_1 : 2Q_1 = \sqrt{h_1} : \sqrt{h_2}$ 에서
$\sqrt{h_2}$ 로 정리하면
$\sqrt{h_2} = \dfrac{2Q_1}{Q_1} \times \sqrt{h_1} = 2 \times \sqrt{1} = 2$ 이므로 $h_2 = 4[m]$
높이차이 $\triangle h = h_2 - h_1 = 4 - 1 = 3[m]$
압력차이로 환산하면
$3[mAq] \times \dfrac{101.325[kPa]}{10.332[mAq]} = 29.4[kPa]$

15 베르누이 방정식

기출유형

물이 아래 그림과 같이 수평 벤츄리관을 통과하고 있다. B단면의 면적이 A, C의 1/4이라고 하면 연속 방정식과 에너지보존법칙을 고려할 때 어느 것이 맞는가? `12년-1회`

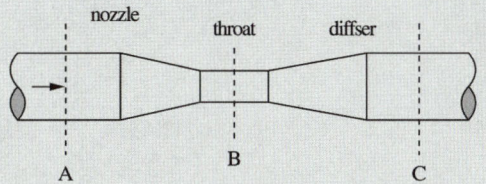

① B에서 압력이 증가한다.
② B에서 유속이 감소한다.
③ B에서 압력에너지가 감소한다.
④ B에서 운동에너지가 감소한다.

해설

$\dot{Q} = A_A \times V_A = A_B \times V_B$ 이므로 $V_A < V_B$이다. 벤츄리관은 수평이므로 위치에너지 $Z_A = Z_B$로 같다.

$\dfrac{V_A^2}{2g} + \dfrac{P_A}{\gamma} + Z_A = \dfrac{V_B^2}{2g} + \dfrac{P_B}{\gamma} + Z_A = C' \rightarrow \dfrac{V_A^2}{2g} + \dfrac{P_A}{\gamma} + \cancel{Z_A} = \dfrac{V_B^2}{2g} + \dfrac{P_B}{\gamma} + \cancel{Z_A} = C'$ 로 일정하려면 $P_A > P_B$가 된다.

| 정답 | ③

족집게 과외

❶ 베르누이 방정식

구 분	내 용		
개 념	① 유체에서의 에너지보존법칙을 말함 ② 마찰손실이 없는 정상유동(이상유체)에서의 보존법칙 ③ 유체가 흐르고 있을 때 각 지점에서의 에너지(≒수두, 압력)의 총합은 일정함(보존됨)		
성립조건	① 비점성 유체(마찰손실 X) ② 비압축성 유체 ③ 유선을 따르는 유동 ④ 정상 유동		
개념도	(그림: P_1, P_2, P_3, ㉠, ㉡, ㉢, Z_1, Z_2, Z_3, 대지)	① 에너지의 총합은 모두 같음(㉠=㉡=㉢) ② ㉠ 지점과 ㉡ 지점은 직경이 같으므로($d_1 = d_2$) 운동에너지는 같음($V_1 = V_2$) ③ ㉠→㉡ 지점으로 넘어갈 때 유체가 하강하므로 위치에너지가 작아짐($Z_1 > Z_2$) ④ ㉡의 유체의 압력에너지가 상승하여($P_2 > P_1$) 각 지점 에너지의 총합은 같음(㉠=㉡)	
		① ㉡ 지점과 ㉢ 지점은 수평이므로 위치에너지는 같음($Z_2 = Z_3$) ② ㉡의 직경보다 ㉢의 직경이 작으므로($d_2 > d_3$) 운동에너지는 상승($V_2 < V_3$) ③ ㉢의 운동에너지가 커진 만큼 압력에너지가 감소하여($P_2 > P_3$) 각 지점에서 에너지의 총합은 같음(㉡=㉢)	
관계식	표 현	베르누이 방정식은 기본적으로 에너지 방정식이지만, 각 항에 일정 함수를 곱하거나 나누어 다른 단위로 변환이 가능함(에너지, 수두, 압력 방정식)	
	에너지[J]	① $\dfrac{mV^2}{2}$ + PV + mgZ = C' [J] 　운동에너지　압력에너지　위치에너지　일정	위치에너지= 포텐셜에너지 합=총에너지(E_t)
	수두[m]	② $\dfrac{V^2}{2g}$ + $\dfrac{P}{\gamma}$ + Z = C' [m] 　속도수두　압력수두　위치수두　일정	① 식을 mg로 나눔. 합=전수두(H)
	압력[P_a]	③ $\dfrac{\rho V^2}{2}$ + P + $Z\gamma$ = C' [Pa] 　동압　정압　정수압　일정	② 식에 γ를 곱함. 합=전압력(P_t)

정답 01 ④ 02 ① 03 ④ 04 ③

기출유형 완성하기

01 유체의 흐름에 적용되는 다음과 같은 베르누이 방정식에 관한 설명으로 옳은 것은? (단, γ : 비중량, P : 압력, V : 속도, Z : 높이)

`22년-2회`

$$\frac{P}{\gamma}+\frac{V^2}{2g}+Z=C(\text{일정})$$

① 비정상상태의 흐름에 대해 적용된다.
② 동일한 유선상이 아니더라도 흐름 유체의 임의점에 대해 항상 적용된다.
③ 흐름 유체의 마찰효과가 충분히 고려된다.
④ 압력수두, 속도수두, 위치수두의 합이 일정함을 표시한다.

해설
베르누이 방정식 성립조건
• 비점성 유체(마찰손실 X)
• 비압축성 유체
• 유선을 따르는 유동
• 정상 유동

02 베르누이 방정식
$H=\dfrac{V_1^2}{2g}+\dfrac{P_1}{\gamma}+Z_1=\dfrac{V_2^2}{2g}+\dfrac{P_2}{\gamma}+Z_2$ 에서 $\dfrac{P}{\gamma}$
은 무엇을 나타내는가?

`03년-4회`

① 압력수두
② 위치수두
③ 전수두
④ 속도수두

해설
P가 포함된 항은 압력○○이다.
V가 포함된 항은 속도○○(동적, 운동)이다.
Z가 포함된 항은 위치(포텐셜)○○이다.
※ $H=head$로서 수두(물의 높이)를 나타낸 것이다.

03 베르누이 방정식을 적용할 수 있는 조건으로 구성된 것은?

`05년-1회`

① 비압축성 흐름, 점성 흐름, 정상 유동
② 압축성 흐름, 비점성 흐름, 정상 유동
③ 비압축성 흐름, 비점성 흐름, 비정상 유동
④ 비압축성 흐름, 비점성 흐름, 정상 유동

해설
베르누이 방정식 성립조건
• 비점성 유체(마찰손실 X)
• 비압축성 유체
• 유선을 따르는 유동
• 정상 유동

04 비중이 2인 유체가 정상 유동하고 있다. 동압이 $400kPa$이라면 이 유체의 유속은 몇 m/s인가?

`08년-4회`

① 10
② 14.1
③ 20
④ 28.3

해설
동압 $P_v=\dfrac{\rho V^2}{2}=\dfrac{S\times\rho_w V^2}{2}[Pa]$
∴ 물의 밀도 : $\rho_w=1,000[kg/m^3]$
$V=\sqrt{\dfrac{2\times P_v}{S\times\rho_w}}=\sqrt{\dfrac{2\times400\times10^3}{2\times1,000}}=20[m/s]$

05 기준면보다 $10m$ 높은 곳에서 물의 속도가 $2m/s$이다. 이곳의 압력이 $900Pa$이라면 전수두는 약 몇 m인가? `11년-4회`

① 18.3
② 15.3
③ 10.3
④ 8.6

해설
전수두=속도수두+압력수두+위치수두
$Z=10[m]$, $V=2[m/s]$, $P=900[Pa]$
$H=\dfrac{V^2}{2g}+\dfrac{P}{\gamma_w}+Z=\dfrac{2^2}{2\times 9.8}+\dfrac{900}{9,800}+10=10.3[m]$

해설
$\dot{Q}=A_1V_2=A_1V_2$로 기류가 자유공간(넓은 면적 : A_1)으로 흐르다 두 가지 물체 사이(A_2)로 경로가 좁아짐에 따라($A_1>A_2$) 속도가 빨라져($V_1<V_2$) 압력이 저하되어 가까워지게 된다.
$\dfrac{V_1^2}{2g}+\dfrac{P_1}{\gamma}+Z_1=\dfrac{V_2^2}{2g}+\dfrac{P_2}{\gamma}+Z_2$
수평이므로 위치에너지는 $Z_1=Z_2$이 되고
$\dfrac{V_1^2}{2g}<\dfrac{V_2^2}{2g}$이므로, $\dfrac{P_1}{\gamma}>\dfrac{P_2}{\gamma}$가 된다.
※ 이러한 효과를 '**벤츄리효과**'라고 한다.

06 아래 그림과 같이 두 개의 가벼운 공의 사이로 빠른 기류를 불어 넣으면 두 개의 공은 어떻게 되겠는가? `19년-4회`

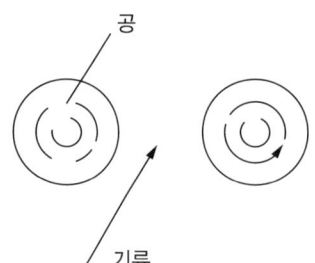

① 뉴턴의 법칙에 따라 벌어진다.
② 뉴턴의 법칙에 따라 가까워진다.
③ 베르누이의 법칙에 따라 벌어진다.
④ 베르누이의 법칙에 따라 가까워진다.

07 유체의 흐름에서 다음의 베르누이 방정식이 성립하기 위한 조건을 설명한 것으로 옳지 않은 것은? `25년`

$$\dfrac{v_1^2}{2g}+\dfrac{P_1}{\gamma}+z_1=\dfrac{v_2^2}{2g}+\dfrac{P_2}{\gamma}+z_2$$

① 유체는 정상 유동을 한다.
② 비압축성 유체의 흐름으로 본다.
③ 적용되는 임의의 두 점은 같은 유선상에 있다.
④ 마찰에 의한 에너지 손실은 유체의 손실수두로 환산한다.

해설
베르누이 방정식은 비점성 유체로 마찰손실이 없다는 것을 전제로 성립한다.

정답 08 ②

08 그림과 같이 크기가 다른 관이 접속된 수평배관 내에 화살표의 방향으로 정상류의 물이 흐르고 있고 두 개의 압력계 A, B가 각각 설치되어 있다. 압력계 A, B에서 지시하는 압력을 각각 P_A, P_B라고 할 때 P_A와 P_B의 관계로 옳은 것은? (단, A와 B지점 간의 배관 내 마찰손실은 없다고 가정한다) `15년-4회`

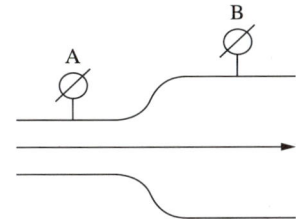

① $P_A > P_B$
② $P_A < P_B$
③ $P_A = P_B$
④ 이 조건만으로는 판단할 수 없다.

해설

$\dot{Q} = A_A V_B = A_A V_B$ 로

면적이 $A_A < A_B$에 따라서 $V_A > V_B$가 된다.

$$\frac{\rho V_A^2}{2} + P_A + Z_A \gamma = \frac{\rho V_B^2}{2} + P_B + Z_B \gamma$$

수평이므로 위치에너지는 $Z_A = Z_B$이 되고

$\frac{\rho V_A^2}{2} > \frac{\rho V_B^2}{2}$ 이므로, $P_A < P_B$가 된다.

16 수정 베르누이 방정식, 에너지선과 수력기울기선

기출유형

경사진 관로의 유체흐름에서 수력기울기선(Hydraulic Grade Line ; HGL)의 위치로 옳은 것은?

[10년-1회]

① 언제나 에너지선보다 위에 있다.
② 에너지선보다 속도수두만큼 아래에 있다.
③ 항상 수평이 된다.
④ 개수로의 수면보다 속도수두만큼 위에 있다.

해설
① 수력기울기선은 에너지선보다 아래에 있다.
③ 수력기울기선은 수평일 수도, 아닐 수도 있다.
④ 개수로의 수면이 아닌 에너지선보다 속도수두만큼 아래에 있다.

| 정답 | ②

족집게 과외

❶ 수정 베르누이 방정식

구 분	내 용	
개 념	① 베르누이 방정식에서 마찰손실의 항이 추가된 개념의 에너지보존법칙 ② 베르누이 방정식은 이상유체(비점성, 비압축성 등)의 경우의 에너지보존법칙이나, 실제유체에는 유체가 이동함에 따라 마찰손실이 발생하므로 그것에 대한 에너지가 포함되어 보존되는 것	
개념도	베르누이 방정식(이상유체) $V_1 = V_2$, $Z_1 = Z_2$일 경우에 마찰손실이 없으므로 $P_1 = P_2$가 됨(에너지보존)	수정 베르누이 방정식(실제유체) $V_1 = V_2$, $Z_1 = Z_2$일 경우에도 유체 흐름에 따라 마찰손실이 발생하여 $P_1 > P_2$가 됨 $P_1 = P_2 + \triangle H$로 마찰손실항 추가 시 에너지보존법칙이 성립
관계식	수두로 표현된 베르누이 정리	전수두 : $H = \dfrac{V_1^2}{2g} + \dfrac{P_1}{\gamma} + Z_1 = \dfrac{V_2^2}{2g} + \dfrac{P_2}{\gamma} + Z_2 = C'$
	수두로 표현된 수정 베르누이 정리	전수두 : $H = \dfrac{V_1^2}{2g} + \dfrac{P_1}{\gamma} + Z_1 = \dfrac{V_2^2}{2g} + \dfrac{P_2}{\gamma} + Z_2 + \triangle H = C'$ ∴ $\triangle H$: 마찰손실[m]

❷ 에너지선, 수력기울기(수력구배)선

구 분	내 용
개 념	① 수정 베르누이 방정식을 선으로 나타낸 개념의 선 ② 에너지선은 수정 베르누이 방정식을 수두로 표현했을 때의 마찰손실을 제외한 전수두를 이은 '선'으로서 계의 모든 에너지의 합을 나타냄 ③ 수력기울기선은 '에너지선'에서 속도수두만큼을 제외하고 이은 '선'으로서 마찰손실에 의해 기울기를 가짐. 즉, 각 위치에서의 압력수두와 위치수두를 이은 선 ※ 이상유체(기존 베르누이 방정식)에서의 에너지선은 마찰손실이 없으므로 항상 수평으로 일정함
개념도	**관로가 넓어지는 경우** / **관로가 좁아지는 경우** 에너지선은 유체유동에 따라 마찰손실이 발생하여 점점 하강 경로 중 관의 면적이 확대되는 경우에는 속도수두는 줄어들고, 압력수두는 상승하여 수력기울기선 상승 / 경로 중 관의 면적이 축소되는 경우에는 속도수두는 증가하고, 압력수두는 감소하여 수력기울기선 하강
관계식	수두로 표현된 에너지선: $E.L$ = 각 지점의 속도수두+압력수두+위치수두를 이은 선 수두로 표현된 수력기울기선: HGL = 각 지점의 압력수두+위치수두를 이은 선

※ 에너지선은 수력구배선보다 속도수두만큼 위에 있다.

기출유형 완성하기

🔒 정답 01 ④ 02 ① 03 ② 04 ①

01 수면의 높이가 h인 탱크의 바닥면에 위치한 오리피스에서 유출하는 물의 속도수두는? (C_V : 속도계수) `04년-4회`

① $C_V^2 h^{1/2}$
② $C_V h^{1/2}$
③ $C_V h^2$
④ $C_V^2 h$

해설

속도수두 $=\dfrac{V^2}{2g}$ 에 토리첼리 정리($V=C_V\sqrt{2gh}$)를 적용하면 $\dfrac{(C_V\sqrt{2gh})^2}{2g} = \dfrac{C_V^2 \times 2gh}{2g} = C_V^2 h$

02 베르누이 방정식을 실제유체에 적용시키려면? `14년-4회`

① 손실수두의 항을 삽입시키면 된다.
② 실제유체에는 적용이 불가능하다.
③ 베르누이 방정식의 위치수두를 수정하여야 한다.
④ 베르누이 방정식은 이상유체와 실제유체에 같이 적용된다.

해설

기존 베르누이 방정식은 이상유체를 기준으로 성립된 방정식으로서 실제유체에 적용하려면 마찰손실의 항을 삽입시키면 된다.
※ 마찰손실=손실수두=압력손실

03 경사진 관로의 유체흐름에서 수력기울기선의 위치로 옳은 것은? `20년-4회`

① 언제나 에너지선보다 위에 있다.
② 에너지선보다 속도수두만큼 아래에 있다.
③ 항상 수평이 된다.
④ 개수로의 수면보다 속도수두만큼 위에 있다.

해설

수력기울기선은 에너지선보다 속도수두만큼 아래에 있다.

04 펌프의 일과 손실을 고려할 때 베르누이 수정방정식을 바르게 나타낸 것은? (단, H_P와 H_L은 펌프의 수두와 손실수두를 나타내며, 하첨자 1, 2는 각각 펌프의 전후 위치를 나타낸다) `09년-4회`

① $\dfrac{V_1^2}{2g}+\dfrac{P_1}{\gamma}+Z_1+H_P = \dfrac{V_2^2}{2g}+\dfrac{P_2}{\gamma}+Z_2+H_L$
② $\dfrac{V_1^2}{2g}+\dfrac{P_1}{\gamma}+Z_1+H_P = \dfrac{V_2^2}{2g}+\dfrac{P_2}{\gamma}+H_L$
③ $\dfrac{V_1^2}{2g}+\dfrac{P_1}{\gamma}+H_P = \dfrac{V_2^2}{2g}+\dfrac{P_2}{\gamma}+Z_2+H_L$
④ $\dfrac{V_1^2}{2g}+\dfrac{P_1}{\gamma}+Z_1 = \dfrac{V_2^2}{2g}+\dfrac{P_2}{\gamma}+H_L$

해설

펌프가 하는 일은 에너지 자체로 유체가 유동 중에 펌프에 의해 일이 가해졌을 경우 1항에는 펌프의 에너지(수두로 표현된 경우에는 수두)가 더해지고, 베르누이 수정 방정식이므로 1항에서 2항으로 유체가 유동함에 따라 손실이 발생하여 2항에는 손실수두항을 추가해 주어야 한다.

🔒 정답 05 ② 06 ③ 07 ④ 08 ① 09 ②

기출유형 완성하기

05 다음 설명 중 틀린 것은? 〔11년-1회〕

① 일반적인 베르누이 방정식은 마찰이 없는 비압축성 정상 유동에서 유선을 따라 성립한다.
② 베르누이 방정식은 질량보존의 법칙만으로 유도될 수 있다.
③ 에너지선은 수력기울기선보다 속도수두만큼 위에 있다.
④ 수력기울기선은 위치수두와 압력수두의 합을 나타낸다.

해설
베르누이 방정식은 질량보존의 법칙이 아닌 유체에서의 에너지보존 법칙이다.

06 수평으로 놓인 관로에서, 입구의 관 지름이 65 mm, 유속이 2.5m/s이며 출구의 관 지름이 40 mm라고 한다. 입구에서의 압력이 350kPa이라면 출구에서의 압력은 약 몇 kPa인가? (단, 마찰손실은 무시하고 유체의 밀도는 1,000 kg/m^3로 한다) 〔14년-2회〕

① 311   ② 321
③ 332   ④ 341

해설
베르누이 방정식을 압력으로 표현하면
$$\frac{\rho V_1^2}{2}+P_1+Z_1\gamma=\frac{\rho V_2^2}{2}+P_2+Z_2\gamma$$
수평으로 놓인 관로이므로 $Z_1=Z_2$
출구에서의 유체속도 $Q=A_1V_1=A_2V_2$
$$V_2=\frac{A_1}{A_2}\times V_1=\frac{\pi\times 0.065^2/4}{\pi\times 0.04^2/4}\times 2.5=6.6[m/s]$$
출구 측 압력 $P_2=\frac{\rho V_1^2}{2}+P_1-\frac{\rho V_2^2}{2}$
$$P_2=\frac{1,000\times 2.5^2}{2}+350\times 10^3-\frac{1,000\times 6.6^2}{2}$$
$=331,345[Pa]$
$P_2=331,345[Pa]≒332[kPa]$

07 에너지선(E.L)에 대한 설명으로 옳은 것은? 〔14년-4회〕

① 수력구배선보다 아래에 있다.
② 압력수두와 속도수두의 합이다.
③ 속도수두와 위치수도의 합이다.
④ 수력구배선보다 속도수두만큼 위에 있다.

해설
① 에너지선은 수력구배선보다 위에 있다.
②·③ 에너지선=압력수두+속도수두+위치수두

08 관 내에서 물이 평균속도 9.8m/s로 흐를 때의 속도수두는 약 몇 m인가? 〔18년-4회〕

① 4.9
② 9.8
③ 48
④ 128

해설
속도수두$=\frac{V^2}{2g}=\frac{9.8^2}{2\times 9.8}=4.9[m]$

09 에너지선과 수력구배선으로 알 수 있는 것은? 〔25년〕

① 위치수두
② 속도수두
③ 압력수두
④ 에너지수두

해설
에너지선=압력수두+속도수두+위치수두
수력구배선=압력수두+위치수두이므로
그 차이로 **속도수두**를 알 수 있다.

17 정압, 동압, 전압, 피토관, 정체압

기출유형

피토관으로 파이프 중심선에서의 유속을 측정할 때 피토관의 액주높이가 $5.2m$, 정압튜브의 액주높이가 $4.2m$를 나타낸다면 유속은 약 몇 m/s인가? (단, 물의 밀도는 $1,000kg/m^3$이다) 15년-2회

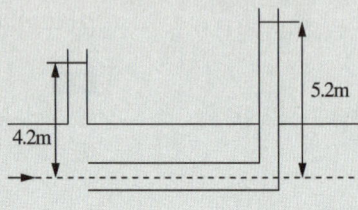

① 2.8
② 3.5
③ 4.4
④ 5.8

해설

정압 $P_s = \gamma h_1 = 9,800 \times 4.2 = 41,160[Pa]$

전압 $P_t = \gamma h_2 = 9,800 \times 5.2 = 50,960[Pa]$

동압 $P_v = \dfrac{\rho_w V^2}{2} = P_t - P_s = 50,960 - 41,160 = 9,800[Pa]$

$V = \sqrt{\dfrac{2P_v}{\rho_w}} = \sqrt{\dfrac{2 \times 9,800}{1,000}} = 4.427[m/s]$

| 정답 | ③

> **족집게 과외**

❶ 정압, 동압, 전압, 피토관, 정체압

구분	내 용
개념도	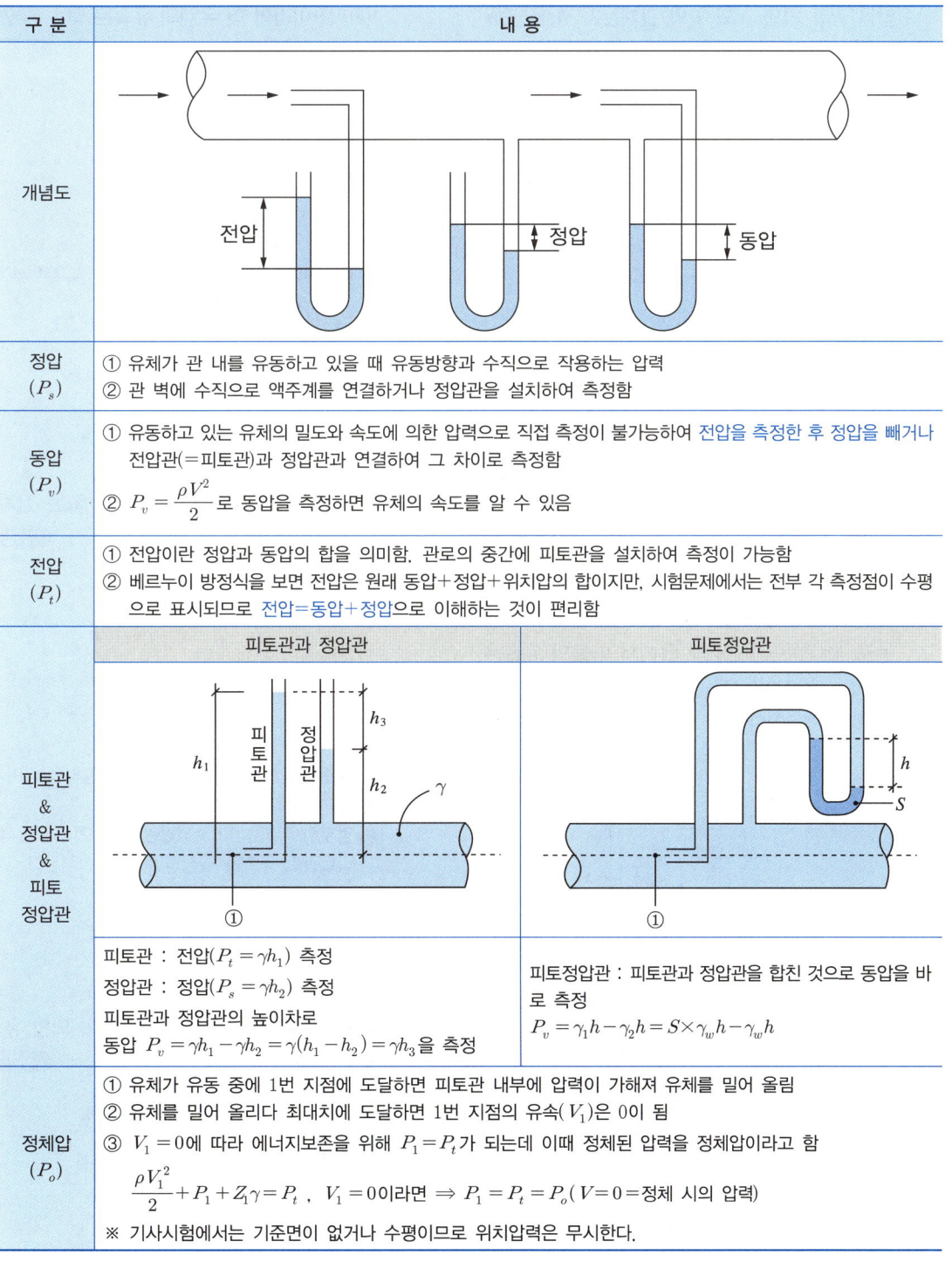
정압 (P_s)	① 유체가 관 내를 유동하고 있을 때 유동방향과 수직으로 작용하는 압력 ② 관 벽에 수직으로 액주계를 연결하거나 정압관을 설치하여 측정함
동압 (P_v)	① 유동하고 있는 유체의 밀도와 속도에 의한 압력으로 직접 측정이 불가능하여 전압을 측정한 후 정압을 빼거나 전압관(=피토관)과 정압관과 연결하여 그 차이로 측정함 ② $P_v = \dfrac{\rho V^2}{2}$ 로 동압을 측정하면 유체의 속도를 알 수 있음
전압 (P_t)	① 전압이란 정압과 동압의 합을 의미함. 관로의 중간에 피토관을 설치하여 측정이 가능함 ② 베르누이 방정식을 보면 전압은 원래 동압+정압+위치압의 합이지만, 시험문제에서는 전부 각 측정점이 수평으로 표시되므로 전압=동압+정압으로 이해하는 것이 편리함
피토관 & 정압관 & 피토정압관	**피토관과 정압관** 피토관 : 전압($P_t = \gamma h_1$) 측정 정압관 : 정압($P_s = \gamma h_2$) 측정 피토관과 정압관의 높이차로 동압 $P_v = \gamma h_1 - \gamma h_2 = \gamma(h_1 - h_2) = \gamma h_3$ 을 측정 **피토정압관** 피토정압관 : 피토관과 정압관을 합친 것으로 동압을 바로 측정 $P_v = \gamma_1 h - \gamma_2 h = S \times \gamma_w h - \gamma_w h$
정체압 (P_o)	① 유체가 유동 중에 1번 지점에 도달하면 피토관 내부에 압력이 가해져 유체를 밀어 올림 ② 유체를 밀어 올리다 최대치에 도달하면 1번 지점의 유속(V_1)은 0이 됨 ③ $V_1 = 0$에 따라 에너지보존을 위해 $P_1 = P_t$ 가 되는데 이때 정체된 압력을 정체압이라고 함 $\dfrac{\rho V_1^2}{2} + P_1 + Z_1\gamma = P_t$, $V_1 = 0$이라면 $\Rightarrow P_1 = P_t = P_o$ ($V = 0$ =정체 시의 압력) ※ 기사시험에서는 기준면이 없거나 수평이므로 위치압력은 무시한다.

기출유형 완성하기

정답 01 ① 02 ④ 03 ③ 04 ③ 05 ②

01 물통에서 유출하는 물의 속도를 V라 하고, 동압을 P라 하면 V와 P의 관계는? `13년-2회`

① $V^2 \propto P$
② $V \propto P^2$
③ $V \propto 1/P$
④ $V \propto 1/P^2$

해설
동압 $P_v = \dfrac{\rho V^2}{2}$ 이므로 $P_v \propto V^2$
동압은 속도의 제곱에 비례한다.

02 다음 그림과 같이 설치한 피토정압관의 액주계 눈금 $R = 100mm$일 때 ❶에서의 물의 유속은 약 몇 m/s인가? (단, 액주계에 사용된 수은의 비중은 13.6이다) `13년-1회`

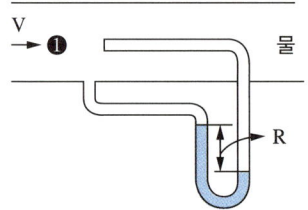

① 15.7
② 5.35
③ 5.16
④ 4.97

해설
$P_v = \dfrac{\rho V^2}{2} = S \times \gamma_w h - \gamma_w h$

∴ 물의 비중량 : $9,800[N/m^3]$
$P_v = 13.6 \times 9,800 \times 0.1 - 9,800 \times 0.1 = 12,348[Pa]$
$V = \sqrt{\dfrac{2P_v}{\rho}} = \sqrt{\dfrac{2 \times 12,348}{1,000}} = 4.969 \fallingdotseq 4.97[m/s]$

03 비중이 2인 유체가 정상 유동하고 있다. 동압이 $400kPa$이라면 이 유체의 유속은 몇 m/s인가? `08년-4회`

① 10
② 14.1
③ 20
④ 28.3

해설
동압 $P_v = \dfrac{\rho V^2}{2}$
유체의 밀도 $\rho = S \times \rho_w = 2 \times 1,000 = 2,000[kg/m^3]$
$V = \sqrt{\dfrac{2P_v}{\rho}} = \sqrt{\dfrac{2 \times 400 \times 10^3}{2,000}} = 20[m/s]$

04 다음 중 국소 유속을 측정할 수 있는 장치는? `03년-1회`

① 오리피스(orifice)
② 벤츄리(venturi)미터
③ 피토(pitot)관
④ 위어(weir)

해설
피토관은 전압이 측정되므로 전압과 정압의 차이가 동압임을 이용하여 유속을 측정한다.
※ 엄밀히 따지면 '피토정압관'이 맞으나 일반적으로 피토관도 유속을 측정하기 위해 설치된다.

05 피토관으로 측정된 동압이 두 배가 되면 유속은 몇 배인가? `09년-2회`

① 2배
② $\sqrt{2}$배
③ 4배
④ $\dfrac{1}{\sqrt{2}}$배

해설
동압 $P_v = \dfrac{\rho V^2}{2}$ 이므로 $P_v \propto V^2$
$V : \sqrt{P_v} = \sqrt{2} \, V : \sqrt{2P_v}$

정답 06 ③ 07 ① 08 ③

06 관 내에 물이 흐르고 있을 때, 그림과 같이 액주계를 설치하였다. 관 내에서 물의 유속은 약 몇 m/s인가? 〔18년-4회〕

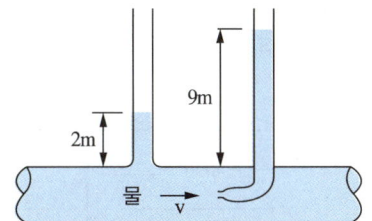

① 2.6 ② 7
③ 11.7 ④ 137.2

해설

정압 $P_s = \gamma h_1 = 9{,}800 \times 2 = 19{,}600 [Pa]$
전압 $P_t = \gamma h_2 = 9{,}800 \times 9 = 88{,}200 [Pa]$
동압
$$P_v = \frac{\rho_w V^2}{2} = P_t - P_s = 88{,}200 - 19{,}600 = 68{,}600 [Pa]$$
$$V = \sqrt{\frac{2P_v}{\rho_w}} = \sqrt{\frac{2 \times 68{,}600}{1{,}000}} = 11.7 [m/s]$$

08 그림과 같이 화살표 방향으로 물이 흐르고 있는 호칭구경 $100mm$의 배관에 압력계와 전압 측정을 위한 피토계가 설치되어 있다. 압력계와 피토계의 지시방향이 $392kPa$, $402kPa$을 가리키고 있다면 유속은 약 몇 m/s인가? 〔11년-4회〕

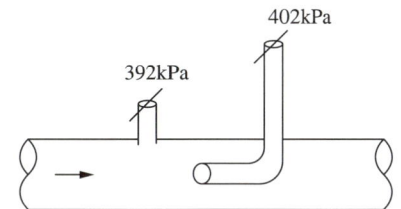

① 2.24 ② 3.16
③ 4.47 ④ 6.32

해설

압력계 측정값 $P_s = 392 [kPa]$
피토관 측정값 $P_t = 402 [kPa]$
동압 $P_v = \dfrac{\rho_w V^2}{2} = P_t - P_s = 402 - 392 = 10 [kPa]$
$$V = \sqrt{\frac{2P_v}{\rho_w}} = \sqrt{\frac{2 \times 10 \times 10^3}{1{,}000}} = 4.47 [m/s]$$

07 물의 유속을 측정하기 위하여 피토정압관(pitot statictube)을 사용하였더니 정압과 정체압의 차이가 $5cmHg$이다. 수은의 비중이 13.6이라면 유속은 몇 m/s인가? 〔11년-2회〕

① 3.65 ② 5.16
③ 7.30 ④ 13.3

해설

$P_v = P_t - P_s = 5 [cmHg]$
$P_v = \dfrac{50 [mmHg]}{760 [mmHg]} \times 101{,}325 [Pa] = 6{,}666 [Pa]$
동압 $P_v = \dfrac{\rho_w V^2}{2}$
$$V = \sqrt{\frac{2P_v}{\rho_w}} = \sqrt{\frac{2 \times 6{,}666}{1{,}000}} = 3.65 [m/s]$$
※ $cmHg$는 높이(길이) 단위가 아닌 압력 단위이다.

기출유형 완성하기

🔒 정답 09 ③ 10 ④

09 유속 $6m/s$로 정상류의 물이 화살표 방향으로 흐르는 배관에 압력계와 피토계가 설치되어 있다. 이때 압력계의 계기압력이 $300\,kPa$이었다면 피토계의 계기압력은 몇 kPa인가? (단, 중력가속도는 $9.8m/s^2$이다) `21년-2회`

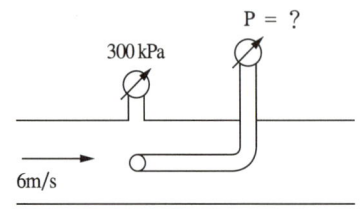

① 180
② 280
③ 318
④ 336

해설

압력계 측정값 $P_s = 300[kPa]$

동압 $P_v = \dfrac{\rho_w V^2}{2} = \dfrac{1,000 \times 6^2}{2} = 18,000[Pa]$

전압 $P_t = P_s + P_v = 300 + 18,000 \times 10^{-3} = 318[kPa]$

10 피토관을 사용하여 일정 속도로 흐르고 있는 물의 유속(V)을 측정하기 위해, 그림과 같이 비중 S인 유체를 갖는 액주계를 설치하였다. $S = 2$일 때 액주의 높이 차이가 $H = h$가 되면, $S = 3$일 때 액주의 높이차(H)는 얼마가 되는가? `19년-2회`

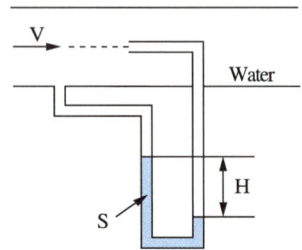

① $h/9$
② $h/\sqrt{3}$
③ $h/3$
④ $h/2$

해설

$P_v = \gamma_1 h - \gamma_2 h = S \times \gamma_w h - \gamma_w h = (S-1)\gamma_w h$

동압은 일정하므로 $S = 2$일 때의 높이차(H_1)

$H_1 = \dfrac{P_v}{\gamma_w(S-1)} = \dfrac{P_v}{\gamma_w(2-1)} = \dfrac{P_v}{\gamma_w}$

$S = 3$일 때의 높이차(H_2)

$H_2 = \dfrac{P_v}{\gamma_w(S-1)} = \dfrac{P_v}{\gamma_w(3-1)} = \dfrac{P_v}{2\gamma_w}$

$H_1 : H_2 = \dfrac{P_v}{\gamma_w} : \dfrac{P_v}{2\gamma_w} \Rightarrow H_1 \times \dfrac{P_v}{2\gamma_w} = H_2 \times \dfrac{P_v}{\gamma_w}$

$H_2 = H_1 \times \dfrac{\cancel{P_v}}{2\cancel{\gamma_w}} \times \dfrac{\cancel{\gamma_w}}{\cancel{P_v}} = \dfrac{H_1}{2}$

🔒정답 11 ④ 12 ③ 13 ①

11 피토(pitot)정압관을 이용하여 흐르는 물의 속도를 측정하려고 한다. 액주계에서 수은의 높이차가 $30cm$일 때 흐르는 물의 속도는 몇 m/s인가? (단, 피토정압관의 보정계수는 0.94이다) 07년-2회

① 2.3
② 4.5
③ 7.2
④ 8.1

해설

$P_v = \dfrac{\rho V^2}{2} = S \times \gamma_w h - \gamma_w h$

∴ 물의 비중량 : $9,800[N/m^3]$
$P_v = 13.6 \times 9,800 \times 0.3 - 9,800 \times 0.3 = 37,044[Pa]$
$V = C_v \times \sqrt{\dfrac{2P_v}{\rho}} = 0.94 \times \sqrt{\dfrac{2 \times 37,044}{1,000}} = 8.09[m/s]$

12 배관을 흐르는 기름의 유속을 피토정압관으로 측정할 때 정압단과 정체압단에 연결된 U자관의 수은 기둥 높이차가 $0.4m$이었다. 이때 기름의 속도는 약 몇 m/s인가? (단, 기름의 비중은 0.88 수은의 비중은 13.6이다) 25년

① $8.5m/s$
② $9.2m/s$
③ $10.7m/s$
④ $12.0m/s$

해설

$P_v = \dfrac{\rho_o V^2}{2} = S_s \times \gamma_w h - S_o \times \gamma_w h$

∴ 물의 비중량 : $9,800[N/m^3]$
$P_v = 13.6 \times 9,800 \times 0.4 - 0.88 \times 9,800 \times 0.4 = 49,862[Pa]$
$V = \sqrt{\dfrac{2P_v}{\rho_o}} = \sqrt{\dfrac{2 \times 49,862}{0.88 \times 1,000}} = 10.65[m/s]$

13 비중이 0.95인 액체가 흐르는 곳에 그림과 같이 피토튜브를 직각으로 설치하였을 때 $h = 150mm$, $H = 30mm$로 나타났다면 점 1위치에서의 유속 V는 약 몇 m/s인가? 08년-4회

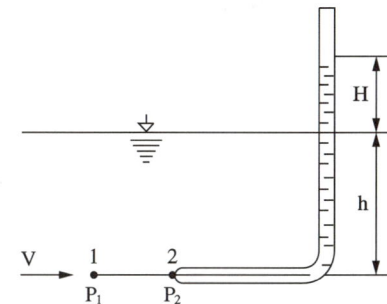

① 0.8
② 1.6
③ 3.2
④ 4.2

해설

관 내가 아닌 수면이므로 그림상 h의 높이만큼 유체의 정압이 가해지고 있다.
즉, $\gamma h = S \times \gamma_w h = P_s$가 된다.
피토관을 삽입하여 추가로 γH만큼 유체의 높이가 더 상승되어 전압 $P_t = \gamma(h+H) = S \times \gamma_w (h+H)$이 된다.
전압 $P_t = 0.95 \times 9,800 \times (0.15 + 0.03) = 1,675.8[Pa]$
정압 $P_s = 0.95 \times 9,800 \times 0.15 = 1,396.5[Pa]$
동압 $P_v = P_t - P_s = 1,675.8 - 1,396.5 = 279[Pa]$
$P_v = \dfrac{\rho V^2}{2} = \dfrac{S \times \rho_w V^2}{2}$
$V = \sqrt{\dfrac{2P_v}{S \times \rho_w}} = \sqrt{\dfrac{2 \times 279}{0.95 \times 1,000}} = 0.766[m/s]$
$\fallingdotseq 0.8[m/s]$

18 방수량, 방사압, 배수(=방수)시간

기출유형

안지름이 25[mm]인 노즐 선단에서의 방수압력은 계기압력으로 $5.8 \times 10^5 [Pa]$이다. 이때 방수량은 약 몇 $[m^3/s]$인가?

19년-2회

① 0.017
② 0.17
③ 0.034
④ 0.34

해설

방수량 $\dot{Q} = 2.086 \times d^2 \times \sqrt{P} = 2.086 \times 25^2 \times \sqrt{0.58} = 992.9 [l/\min]$

$\dot{Q} = 992.9 [l/\min] \times \dfrac{1[m^3/s]}{1,000 \times 60 [l/\min]} = 0.0165 [m^3/s] \fallingdotseq 0.017 [m^3/s]$

| 정답 | ①

족집게 과외

❶ 방수량, 방사압, 배수시간

구 분	내 용
개 념	① 문제에서 방수량을 구하고자 할 때 문제의 조건에 따라 적용되는 식이 변동됨 ② 조건에 A, V 제시 → 관계식 ①, K, P 제시 → 관계식 ②, d, P 제시 → 관계식 ③ 적용함
관계식	① $\dot{Q} = A \times V$ ② $\dot{Q} = K\sqrt{10P}$ $\therefore \dot{Q}$: 방수량$[l/\min]$, K : 방수상수, P : 방수압력$[MPa]$ ③ $\dot{Q} = 2.086 \times d^2 \times \sqrt{P}$ $\therefore \dot{Q}$: 방수량$[l/\min]$, d : 노즐구경$[mm]$, P : 방수압력$[MPa]$
부가 설명	① 옥내소화전 노즐 방수량을 구할 때 자주 적용되는 ③ 식의 경우 노즐계수($C_n = 0.99$)가 포함되어 있는 값 ② 문제에서 조건에 d, P와 함께 노즐계수 C가 제시되는 경우에는 아래의 식을 적용함 ③ $\dot{Q} = C_n \times 2.107 \times d^2 \times \sqrt{P}$ (숙지가 어려울 경우 2.086을 0.99로 나눈 후 주어진 계수를 곱함)
배수 시간	① 수조에 유입되는 유량을 $\dot{Q}_1$, 유출되는 유량을 $\dot{Q}_2$이라 했을 때 $\dot{Q}_1 < \dot{Q}_2$일 경우 시간이 지남에 따라 수조의 물이 고갈됨 ② 수원의 체적을 $V[m^3]$라 했을 때 고갈되는 시간(t_d)은 $t_d[s] = \dfrac{V[m^3]}{(\dot{Q}_2 - \dot{Q}_1)[m^3/s]}$

정답 01 ② 02 ① 03 ④ 04 ③

기출유형 완성하기

01 옥내소화전에서 노즐의 직경이 $2cm$, 방수량이 분당 $0.5m^3$가 방사된다면 피토게이지로 측정한 방사압은 몇 kPa인가? `03년-4회`

① 35.18
② 351.8
③ 566.4
④ 56.64

해설

$$\dot{Q} = A \times V \Rightarrow V = \frac{\dot{Q}}{A} = \frac{\dot{Q}}{\pi d^2/4}$$

$$V = \frac{0.5}{\pi \times 0.02^2/4} \times \frac{1[\sec]}{60[\min]} = 26.53[m/s]$$

$$P_v = \frac{\rho_w V^2}{2} = \frac{1,000 \times 26.53^2}{2} = 351,920[Pa]$$
$$= 351.9[kPa]$$

02 동일한 노즐구경을 갖는 소방차에서 방수압력이 1.5배가 되면 방수량은 몇 배로 되는가? `04년-1회`

① 1.22배
② 1.4배
③ 1.5배
④ 2배

해설

방수량 $\dot{Q} = 2.086 \times d^2 \times \sqrt{P}$

$\dot{Q}_1 : \sqrt{P} = \dot{Q}_2 : \sqrt{1.5P}$

$\dot{Q}_2 = \frac{\sqrt{1.5P}}{\sqrt{P}} \times \dot{Q}_1 = 1.22 \times \dot{Q}_1$

03 직경이 $18mm$인 노즐을 사용하여 노즐압력 $147kPa$로 옥내소화전을 방수하면 방수속도는 약 몇 m/s인가? `14년-1회`

① 10.3
② 14.7
③ 16.3
④ 17.1

해설

$$P_v = \frac{\rho_w V^2}{2}$$

$$V = \sqrt{\frac{2P_v}{\rho_w}} = \sqrt{\frac{2 \times 147 \times 10^3}{1,000}} = 17.15[m/s]$$

04 노즐 선단에서의 방사압력을 측정하였더니 $200 kPa$(계기압력)이었다면 이때 물의 순간 유출속도는 몇 m/s인가? `14년-4회`

① 10
② 14.1
③ 20
④ 28.3

해설

동압 $P_v = \frac{\rho_w V^2}{2}$

$$V = \sqrt{\frac{2P_v}{\rho_w}} = \sqrt{\frac{2 \times 200 \times 10^3}{1,000}} = 20[m/s]$$

기출유형 완성하기

정답 05 ④ 06 ② 07 ② 08 ①

05 대기 중으로 방사되는 물제트에 피토관의 흡입구를 갖다 대었을 때, 피토관의 수직부에 나타나는 수주의 높이가 $0.6m$ 라고 하면, 물제트의 유속은 약 몇 m/s 인가?
(단, 모든 손실은 무시한다) `17년-4회`

① 0.25
② 1.55
③ 2.75
④ 3.43

해설

단위환산 $\dfrac{0.6[mAq]}{10.332[mAq]} \times 101,325[Pa] = 5,884[Pa]$

동압 $P_v = \dfrac{\rho_w V^2}{2}$

$V = \sqrt{\dfrac{2P_v}{\rho_w}} = \sqrt{\dfrac{2 \times 5,884}{1,000}} = 3.43[m/s]$

06 노즐구경이 같은 옥내소화전 설비에서 노즐의 압력을 4배로 하면 방수량은 몇 배로 되는가? `04년-4회`

① 1
② 2
③ 3
④ 4

해설

방수량 $\dot{Q} = 2.086 \times d^2 \times \sqrt{P}$

$\dot{Q_1} : \sqrt{P} = \dot{Q_2} : \sqrt{4P}$

$\dot{Q_2} = \dfrac{\sqrt{4P}}{\sqrt{P}} \times \dot{Q_1} = 2 \times \dot{Q_1}$

07 스프링클러 헤드의 방수압이 현재보다 4배가 되는 경우 방수량은 몇 배가 되는가? `05년-4회`

① $\sqrt{2}$ 배
② 2배
③ 4배
④ 8배

해설

방수량 $\dot{Q} = K \times \sqrt{10P}$

$\dot{Q_1} : \sqrt{P} = \dot{Q_2} : \sqrt{4P}$

$\dot{Q_2} = \dfrac{\sqrt{4P}}{\sqrt{P}} \times \dot{Q_1} = 2 \times \dot{Q_1}$

08 직경이 $13mm$ 인 옥내소화전의 관창에서 방출되는 물의 압력(계기압력)이 $230kPa$ 이라면 10분 동안의 방수량은 몇 m^3 인가? `07년-4회`

① 1.7
② 3.6
③ 5.2
④ 7.4

해설

단위시간당 방수량 $\dot{Q} = 2.086 \times d^2 \times \sqrt{P}$

$\dot{Q} = 2.086 \times 13^2 \times \sqrt{0.23} = 169[l/min]$

총 방수량(Q)

$Q = \dot{Q} \times t = 169[l/min] \times \dfrac{1[m^3]}{1,000[l]} \times 10[min]$

$= 1.69[m^3]$

정답 09 ② 10 ① 11 ② 12 ①

기출유형 완성하기

09 수면의 면적이 $10m^2$인 저수조에 계속적으로 $1m^3/\min$의 유량으로 물을 채우고 있다. 화재 초기에 수심은 $2m$였고 진화를 위해 $2m^3/\min$의 물을 계속 취수한다면, 이 저수조가 고갈될 때까지는 약 몇 분 걸리겠는가? 〔13년-4회〕

① 15
② 20
③ 25
④ 30

해설

수원의 체적 $V = A \times h = 10 \times 2 = 20[m^3]$
수조에서 방출량 $\dot{Q} = \dot{Q_2} - \dot{Q_1} = 2 - 1 = 1[m^3/\min]$
고갈시간 $t_d = \dfrac{20}{1} = 20[\min]$

10 용량 $2,000L$의 탱크에 물을 가득 채운 소방차가 화재현장에 출동하여 노즐압력 $390kPa$(계기압력), 노즐구경 $2.5cm$를 사용하여 방수한다면 소방차 내의 물이 전부 방수되는 데 소요되는 시간은? 〔19년-4회〕

① 약 2분 26초
② 약 3분 35초
③ 약 4분 12초
④ 약 5분 44초

해설

수원의 체적 $V = 2,000[l]$
수원 방출량 $\dot{Q} = 2.086 \times d^2 \times \sqrt{P}$
$\dot{Q} = 2.086 \times 25^2 \times \sqrt{0.39} = 814.19[l/\min]$
소요시간 $t_d = \dfrac{2,000}{814.19} = 2.46[\min]$
단위환산 $t_d = 2.46[\min] \times \dfrac{60[s]}{1[\min]} = 147.6[s]$
$147.6[s] = $2분 28초
※ 2.46분은 2분 46초가 아님을 주의한다.

11 용량 $1,000L$의 탱크차가 만수 상태로 화재현장에 출동하여 노즐압력 $294.5kPa$, 노즐구경 $21mm$를 사용하여 방수한다면 탱크차 내의 물을 전부 방수하는 데 몇 분이나 소요되겠는가? (단, 모든 손실은 무시한다) 〔21년-1회〕

① 1.7분
② 2분
③ 2.3분
④ 2.7분

해설

수원의 체적 $V = 1,000[l]$
수원 방출량 $\dot{Q} = 2.086 \times d^2 \times \sqrt{P}$
$\dot{Q} = 2.086 \times 21^2 \times \sqrt{0.2945} = 499.22[l/\min]$
소요시간 $t_d = \dfrac{1,000}{499.22} = 2[\min]$

12 커다란 탱크의 밑면에서 물이 $0.05m^3/s$로 일정하게 흘러나가고, 위에서는 단면적 $0.025m^2$, 분출속도가 $8m/s$의 노즐을 통하여 탱크로 유입되고 있다. 탱크 내 물은 몇 m^3/s으로 늘어나는가? 〔25년〕

① 0.15
② 0.0145
③ 0.3
④ 0.03

해설

수원 방출량 $\dot{Q_2} = 0.05[m^3/s]$
수원 유입량 $\dot{Q_1} = A_1 V_1 = 0.025 \times 8 = 0.2[m^3/s]$
수원 증가량 $\dot{Q} = \dot{Q_1} - \dot{Q_2} = 0.2 - 0.05 = 0.15[m^3/s]$

19 유량계, 압력계, 오리피스와 벤츄리관

기출유형

그림과 같이 수은 마노미터를 이용하여 물의 유속을 측정하고자 한다. 마노미터에서 측정한 높이차(h)가 $30mm$일 때 오리피스 전후의 압력(kPa) 차이는? (단, 수은의 비중은 13.6이다) `20년-3회`

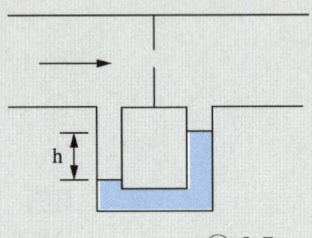

① 3.4
② 3.7
③ 3.9
④ 4.4

해설

압력차 $\triangle P = \gamma_1 h - \gamma_2 h = S \times \gamma_w h - \gamma_w h = 13.6 \times 9,800 \times 0.03 - 9,800 \times 0.03 = 3,704[Pa] ≒ 3.7[kPa]$

| 정답 | ②

족집게 과외

❶ 유량계, 압력계, 오리피스와 벤츄리관

구 분		내 용
유량계	개 념	해당 관로를 통과하는 유체의 양을 측정하는 장치
	오리피스미터, 벤츄리미터, 유동노즐	벤츄리관 또는 관 내에 오리피스, 유동노즐을 설치하여 전후의 압력차이를 측정하여 유량을 측정하는 장치(장치의 앞뒤로 마노미터 연결)
	로터미터	유체가 통과하는 양에 따라 Float가 오르내려 유량을 측정
압력계	부르동관 압력계	압력에 따라 금속이 탄성력과의 평형지점까지 팽창에 의해 압력 측정
	마노미터	유체 외에 별도의 마노미터액을 넣어 그 눈금을 읽어 압력 측정(경사형, U자형 등)
	피에조미터	관을 별도로 연결하여 측정 유체 자체의 눈금의 상승 높이를 읽어 압력 측정

오리피스	벤츄리관
관 내에 도넛형태의 부속(오리피스)을 장착하여 압력차이를 측정함	관로 도중에 관경을 좁혀 속도를 임의로 높이고 압력차이를 측정함
차압 측정의 개념	① 차압을 측정하면 유속을 알 수 있고, 그에 따라 유량을 산출할 수 있음 ② $\dot{Q} = A \times V = A \times \sqrt{\triangle P} ≒ K \times \sqrt{P}$

정답 01 ③ 02 ④ 03 ② 04 ①

기출유형 완성하기

01 그림과 같은 오리피스 전·후의 압력차는 몇 kPa인가? (단, 액주계 액체의 비중은 2.5, 흐르는 유체의 비중은 0.85, 마노미터의 읽음은 400 mm이다) 〈03년-2회〉

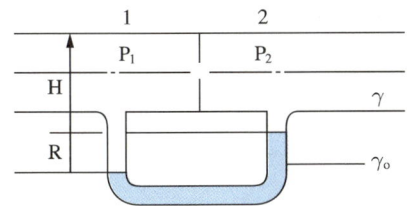

① 9.8
② 63.21
③ 6.468
④ 98.0

해설
압력차 $\triangle P = \gamma_o h - \gamma h = S_o \times \gamma_w h - S \times \gamma_w h$
$\triangle P = (S_o - S)\gamma_w h = (2.5 - 0.85) \times 9,800 \times 0.4$
$= 6,468 [Pa]$
$\triangle P = 6,468 [Pa] = 6.468 [kPa]$

02 배관 내의 유량을 직접 측정하기 위한 장치가 아닌 것은? 〈04년-4회〉

① 벤튜리미터
② 로타미터
③ 오리피스미터
④ 마노미터

해설
마노미터는 압력을 측정하는 장치이다.
※ 마노미터, 피에조미터를 제외한 이름 뒤에 '미터'가 붙는 경우 대부분 유량을 측정하는 장치이다.

03 브르돈관 압력계(Bourdon gauge)에서 압력은 어떻게 되는가? 〈04년-2회〉

① 액주의 중량과 평형을 이룬다.
② 탄성력과 평형을 이룬다.
③ 마찰력과 평형을 이룬다.
④ 절대압력과 평형을 이룬다.

해설
부르동관은 종류가 다양하나 'C' 모양의 금속관에 압력이 가해지면 'C' 형태가 펴지면서 이때 금속관이 탄성력과 평형을 이루게 되면 정지하여 압력 값을 지시한다.

04 그림에서와 같이 단면 1, 2에서의 수은의 높이차가 $h(m)$이다. 압력차 $P_1 - P_2$는 몇 Pa인가? (단, 축소관에서의 부차적 손실은 무시하고 수은의 비중은 13.5, 물의 비중은 1이다) 〈06년-4회〉

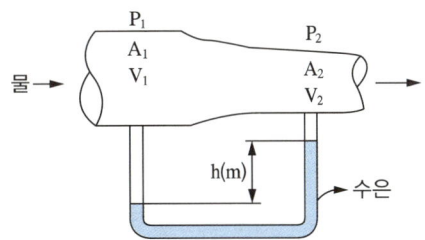

① $122,500h$
② $12.25h$
③ $132,500h$
④ $13.25h$

해설
압력차 $\triangle P = \gamma_1 h - \gamma_2 h = S_1 \times \gamma_w h - S_2 \times \gamma_w h$
$\triangle P = (S_1 - S_2) \times \gamma_w h = (13.5 - 1) \times 9,800 \times h$
$= 122,500h$

기출유형 완성하기

정답 05 ① 06 ③ 07 ②

05 다음 중 유량측정과 관계가 가장 먼 것은?
  04년-1회

① 피에조미터
② 오리피스미터
③ 벤츄리미터
④ 로터미터

해설
피에조미터는 압력을 측정하는 장치이다.
※ 피에조미터는 관로에 직접 관을 연결하여 유동 중인 유체의 높이를 직접 측정하는 장치이다.

06 유동하는 기체의 속도를 측정할 수 있는 것은?
  05년-1회

① 쉴리렌 측정기
② 간섭계
③ 열선유속계
④ 섀도우그래프

해설
열선유속계는 풍속에 따라 열선의 온도변화를 측정하여 기체의 속도를 측정하는 장치이다.

07 그림과 같은 벤츄리관에 유량 $3m^3/\min$으로 물이 흐르고 있다. 단면 1의 직경이 $20cm$, 단면 2의 직경이 $10cm$일 때 벤츄리효과에 의한 물의 높이 차 $\triangle h$는 약 몇 m인가?
(단, 모든 손실은 무시한다) 12년-2회

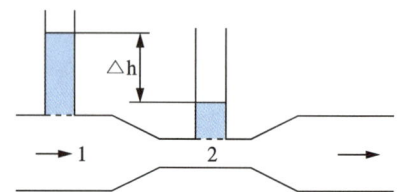

① 6.37
② 1.94
③ 1.61
④ 1.2

해설
$\dot{Q} = A_1 \times V_1 = A_2 \times V_2$

$V_1 = \dfrac{\dot{Q}}{A_1} = \dfrac{3}{\pi \times 0.2^2/4} \times \dfrac{1[\min]}{60[s]} = 1.59[m/s]$

$V_2 = \dfrac{\dot{Q}}{A_2} = \dfrac{3}{\pi \times 0.1^2/4} \times \dfrac{1[\min]}{60[s]} = 6.37[m/s]$

베르누이를 적용하면

$\dfrac{\rho V_1^2}{2} + P_1 + Z_1\gamma = \dfrac{\rho V_2^2}{2} + P_2 + Z_2\gamma$

수평($Z_1 = Z_2$)이므로 압력차이로 식을 변형하면

$P_1 - P_2 = \dfrac{\rho V_2^2}{2} - \dfrac{\rho V_1^2}{2} = \dfrac{\rho_w(V_2^2 - V_1^2)}{2}$

$\triangle P = \dfrac{1,000 \times (6.37^2 - 1.59^2)}{2} = 19,024[Pa]$

$\triangle P = \gamma_w \triangle h \Rightarrow \triangle h = \dfrac{P}{\gamma_w} = \dfrac{19,024}{9,800} = 1.94[m]$

정답 08 ③ 09 ② 10 ③

08 다음 중 배관의 유량을 측정하는 계측장치가 아닌 것은?   20년-1·2회

① 로터미터(rotameter)
② 유동노즐(flow nozzle)
③ 마노미터(manometer)
④ 오리피스(orifice)

해설
마노미터는 압력을 측정하는 장치이다.

09 부자(float)의 오르내림에 의해서 배관 내의 유량을 측정하는 기구의 명칭은?   18년-4회

① 피토관(pitot tube)
② 로터미터(rotameter)
③ 오리피스(orifice)
④ 벤투리미터(venturi meter)

해설
로터미터는 유량에 따라서 Float가 위아래로 움직여 그 눈금을 읽어 유량 값을 측정한다.

10 그림과 같이 기름이 흐르는 관에 오리피스가 설치되어 있고, 그 사이의 압력을 측정하기 위해 U자형 차압 액주계가 설치되어 있다. 이때 두 지점 간의 압력차$(P_x - P_y)$는 약 몇 kPa인가?   17년-4회

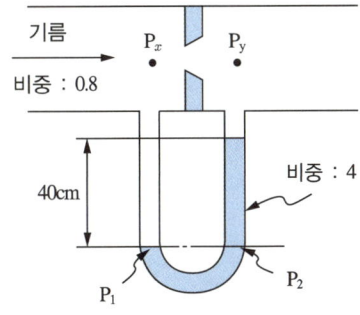

① 28.8
② 15.7
③ 12.5
④ 3.14

해설
압력차 $\triangle P = \gamma_1 h - \gamma_2 h = S_1 \times \gamma_w h - S_2 \times \gamma_w h$
$\triangle P = (S_1 - S_2)\gamma_w h = (4 - 0.8) \times 9,800 \times 0.4$
$\quad\quad = 12,544 [Pa]$
$\triangle P = 12,544 [Pa] = 12.5 [kPa]$

기출유형 완성하기

🔒 **정답** 11 ④ 12 ④

11 다음 계측기 중 측정하고자 하는 것이 다른 것은? `16년-4회`

① Bourdon 압력계
② U자관 마노미터
③ 피에조미터
④ 열선풍속계

해설
열선풍속계는 풍속에 따라 열선의 온도변화를 측정하여 기체의 속도를 측정하는 장치이다.

12 타원형 단면의 금속관이 팽창하는 원리를 이용하는 압력 측정장치는? `15년-1회`

① 경사미압계
② 수은기압계
③ 액주계
④ 부르돈압력계

해설
부르동관은 종류가 다양하나 'C' 모양의 금속관에 압력이 가해지면 'C' 형태가 펴지면서 이때 금속관이 탄성력과 평형을 이루게 되면 정지하여 압력 값을 지시한다.

20 운동량 방정식(평판에 작용하는 힘, 노즐 반발력)

기출유형

입구면적이 $0.1m^2$, 출구 면적이 $0.02m^2$인 수평한 노즐을 이용하여, 공기(밀도 $1.23kg/m^3$) 대기로 $10m/s$의 속도로 분출하려 한다. 마찰을 무시하고 입출구에서 균일한 속도분포를 갖는다면, 이때 필요한 노즐 입구의 계기압은? 〈13년-4회〉

① $59Pa$
② $590Pa$
③ $5.9kPa$
④ $59kPa$

해설

베르누이 방정식을 적용하면 $P_1 - P_2 = \dfrac{\rho V_2^2}{2} - \dfrac{\rho V_1^2}{2}$

대기압이므로 $P_2 = 0$, $V_1 = V_2 \times \dfrac{A_2}{A_1} = 10 \times \dfrac{0.02}{0.1} = 2[m/s]$, $P_1 = \dfrac{1.23 \times 10^2}{2} - \dfrac{1.23 \times 2^2}{2} = 59.04[Pa]$

| 정답 | ①

족집게 과외

❶ 운동량 방정식

구분		내용
운동량 개념	개념	① 뉴턴역학에서의 운동량은 물체의 질량과 속도의 곱으로 나타내는 물리량으로 물체의 운동상태를 의미하고, 운동량 $p = m \times v$로 나타냄 ② 기사시험에서의 운동량 방정식은 어떤 과정을 거쳤을 때 운동량의 변화율에 대하여 많이 출제됨(방정식 개념 적용)
	방정식 $F[N]$	$F = ma = \dfrac{d}{dt}(mV) = m \times \dfrac{V_2 - V_1}{dt} = \dfrac{m}{dt} \times (V_2 - V_1) = \dot{m}(V_2 - V_1)$ $F = \dot{m}(V_2 - V_1) = \rho \dot{Q}(V_2 - V_1) = \rho A V(V_2 - V_1)$
노즐 반발력 (F_R)		① 노즐에 작용하는 힘 − 노즐에서 분출되는 힘 = 노즐 반발력 ② 노즐에 작용하는 힘 $F_i = P_1 A_1$ ③ 노즐에서 분출되는 힘 $F_o = \dot{m}(V_2 - V_1) = \rho A V(V_2 - V_1)$ ④ 노즐 반발력 $F_R = F_i - F_o = P_1 A_1 - \rho \dot{Q}(V_2 - V_1)$ ※ 참고식(조건에 압력이 주어지지 않는 경우) 반발력 또는 작용하는 힘 $F_R = \dfrac{\gamma \dot{Q}^2 A_1}{2g}\left(\dfrac{A_1 - A_2}{A_1 A_2}\right)^2$
추력 (F_T)		① 물체가 움직이거나 가속할 때 그 반대방향으로 작용하는 힘 ② $F_T = \rho \dot{Q} V = \rho A V^2$
평판에 작용하는 힘	고정 평판	$F_R = \dot{m} V = \rho \dot{Q} V = \rho A V^2$
	경사 평판	$F_R = \dot{m} V \sin\theta = \rho \dot{Q} V \sin\theta = \rho A V^2 \sin\theta$
	이동 평판	$F_R = \dot{m}(V_1 - V_2) = \rho \dot{Q}(V_1 - V_2) = \rho A(V_1 - V_2)^2$
고정 베인에 작용하는 힘(수평)		$F_x = \dfrac{\gamma \dot{Q}}{g} V(\cos\alpha + \cos\beta) = \rho \dot{Q} V(\cos\alpha + \cos\beta)$

정답 01 ② 02 ③ 03 ④ 04 ④

기출유형 완성하기

01 다음 설명 중 맞는 것은? 〈12년-1회〉

① 에너지선은 항상 수력 기울기선 아래에 있다.
② 질량과 속도의 곱을 운동량이라 한다.
③ 베르누이 방정식은 질량보존의 법칙을 나타낸다.
④ 레이놀즈 수의 물리적 의미는 점성력과 표면장력의 비를 나타내는 것이다.

해설
② 운동량 $p = m \times V$
① 에너지선은 항상 수력기울기선 위에 있다.
③ 베르누이 방정식은 에너지보존의 법칙을 나타낸다.
④ 레이놀즈 수는 관성력과 점성력의 비를 나타내는 것이다.

02 검사표면에 있는 지름 $2cm$의 구멍을 통하여 물이 $3m/s$로 분출될 때, 구멍을 통한 운동량 유출률은 약 몇 N인가? 〈12년-4회〉

① 0.94
② 1.41
③ 2.83
④ 8.48

해설
충돌하는 물체가 없으므로 그대로 모든 운동량이 유출 운동량이 아닌 운동량 '유출률'이므로 단위시간당 운동량으로 나타낸다.

$p = m \times V \rightarrow \dfrac{p}{t} = \dot{m} \times V$

$\dot{p} = \rho \dot{Q} V = \rho A V^2 = 1,000 \times \dfrac{\pi \times 0.02^2}{4} \times 3^2 = 2.827[N]$

03 그림에서 물 탱크차가 받는 추력은 약 몇 N인가? (단, 노즐의 단면적은 $0.03m^2$이며, 탱크 내의 계기압력은 $40kPa$이다. 또한, 노즐에서 마찰손실은 무시한다) 〈19년-1회〉

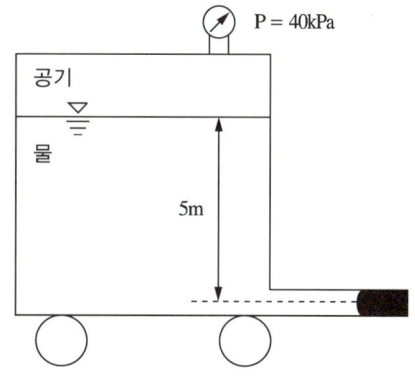

① 812
② 1,489
③ 2,709
④ 5,343

해설

$V = \sqrt{2g\Delta h} = \sqrt{2 \times 9.8 \times \left(5 + \dfrac{40}{101.325} \times 10.332\right)}$
$= 13.34[m/s]$

추력 $F_T = \rho A V^2$
$F_T = 1,000 \times 0.03 \times 13.34^2 = 5,339[N] \fallingdotseq 5,343[N]$

04 검사체적(control volume)에 대한 운동량 방정식의 근원이 되는 법칙 또는 방정식은? 〈15년-4회〉

① 질량보존법칙
② 연속방정식
③ 베르누이방정식
④ 뉴턴의 운동 제2법칙

해설
운동량 방정식의 근원은 뉴턴의 운동 제2법칙이다.

기출유형 완성하기

정답 05 ① 06 ② 07 ③

05 출구 지름이 $50mm$인 노즐이 $100mm$의 수평관과 연결되어 있다. 이 관을 통하여 물(밀도 $1,000kg/m^3$)이 $0.02m^3/s$의 유량으로 흐르는 경우, 이 노즐에 작용하는 힘은 몇 N인가? `16년-2회`

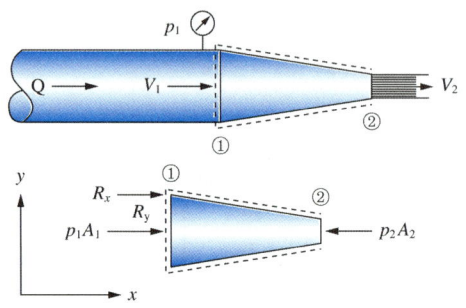

① 230
② 424
③ 508
④ 7,709

해설

반발력 $F_R = \dfrac{\gamma \dot{Q}^2 A_1}{2g}\left(\dfrac{A_1 - A_2}{A_1 A_2}\right)^2$

$F_R = \dfrac{9,800 \times 0.02^2 \times \pi \times 0.1^2}{2 \times 9.8 \times 4}$

$\times \left(\dfrac{\left(\dfrac{\pi \times 0.1^2}{4}\right) - \left(\dfrac{\pi \times 0.05^2}{4}\right)}{\left(\dfrac{\pi \times 0.1^2}{4}\right) \times \left(\dfrac{\pi \times 0.05^2}{4}\right)}\right)^2$

$= 229.1[N] ≒ 230[N]$

06 그림과 같은 고정 베인(vane)에 대하여 제트가 속도 V, 유입각 α, 유출각 β로 작용할 때 베인을 고정시키는 데 필요한 x방향 성분의 힘 F_x는? (단, Q는 유량, γ은 유체의 비중량) `07년-2회`

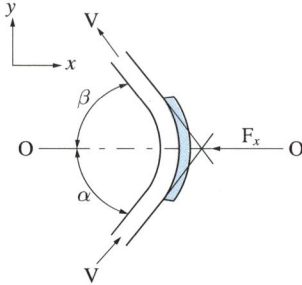

① $\dfrac{\gamma Q}{g}V(\cos\alpha - \cos\beta)$

② $\dfrac{\gamma Q}{g}V(\cos\alpha + \cos\beta)$

③ $\dfrac{\gamma Q}{g}V(\sin\alpha - \sin\beta)$

④ $\dfrac{\gamma Q}{g}V(\sin\alpha + \sin\beta)$

해설

베인을 고정하기 위한 힘
$F_x = \dfrac{\gamma \dot{Q}}{g}V(\cos\alpha + \cos\beta) = \rho \dot{Q}V(\cos\alpha + \cos\beta)$

07 유체의 운동학과 가장 거리가 먼 것은? `25년`

① 질량보존법칙
② 에너지보존법칙
③ 파스칼의 법칙
④ 뉴턴의 점성법칙

해설

파스칼의 법칙은 압력전달의 원리로서 정수압에 관한 법칙이고, 유체의 운동학에 관련된 기본 법칙이 아니다.

정답 08 ② 09 ① 10 ④ 11 ③

08 출구 단면적이 $0.02m^2$인 수평노즐을 통하여 물이 수평방향으로 $8m/s$의 속도로 노즐출구에 놓여있는 수직평판에 분사될 때 평판에 작용하는 힘은 몇 N인가? 〔19년-2회〕

① 800
② 1,280
③ 2,560
④ 12,544

해설
고정평판에 작용하는 힘
$F_R = \dot{m}V = \rho \dot{Q}V = \rho AV^2$
$= 1,000 \times 0.02 \times 8^2 = 1,280[N]$

09 노즐에서 분사되는 물의 속도가 $12m/s$이고, 분류에 수직인 평판은 속도 $u = 4m/s$로 움직일 때, 평판이 받는 힘은 약 몇 N인가? (단, 노즐(분류)의 단면적은 $0.01m^2$이다) 〔17년-2회〕

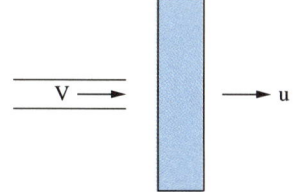

① 640
② 960
③ 1,280
④ 1,440

해설
이동평판에 작용하는 힘
$F_R = \dot{m}(V_1 - V_2) = \rho \dot{Q}(V_1 - V_2) = \rho A(V_1 - V_2)^2$
$= 1,000 \times 0.01 \times (12-4)^2 = 640[N]$

10 지름이 $5cm$인 소방노즐에서 물제트가 $40m/s$의 속도로 건물 벽에 수직으로 충돌하고 있다. 벽이 받는 힘은 약 몇 N인가? 〔17년-4회〕

① 1,204
② 2,253
③ 2,570
④ 3,141

해설
고정평판에 작용하는 힘
$F_R = \dot{m}V = \rho \dot{Q}V = \rho AV^2$
$= 1,000 \times \dfrac{\pi \times 0.05^2}{4} \times 40^2 = 3,141[N]$

11 그림과 같이 60°로 기울어진 고정된 평판에 직경 $50mm$의 물 분류가 속도(V) $20m/s$로 충돌하고 있다. 분류가 충돌할 때 판에 수직으로 작용하는 충격력 $R(N)$은? 〔21년-1회〕

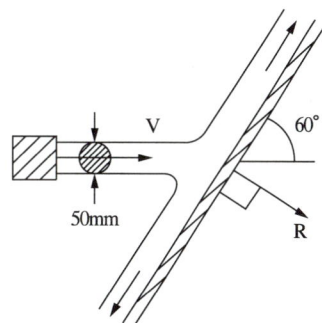

① 296
② 393
③ 680
④ 785

해설
경사평판에 작용하는 수직 충격력
$F_R = \dot{m}V\sin\theta = \rho \dot{Q}V\sin\theta = \rho AV^2\sin\theta$
$= 1,000 \times \dfrac{\pi \times 0.05^2}{4} \times 20^2 \times \sin(60) = 680[N]$

기출유형 완성하기

정답 12 ① 13 ③

12 그림과 같이 대기압 상태에서 V의 균일한 속도로 분출된 직경 D의 원형 물제트가 원판에 충돌할 때 원판이 U의 속도로 오른쪽으로 계속 동일한 속도로 이동하려면 외부에서 원판에 가해야 하는 힘 F는? (단, ρ는 물의 밀도, g는 중력가속도이다)

22년-1회

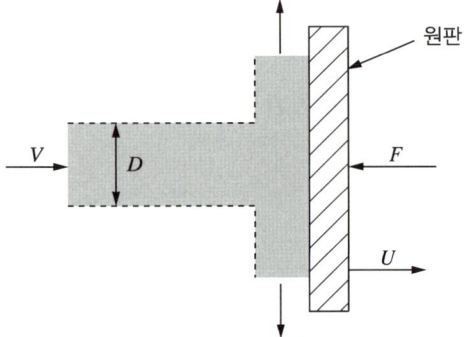

① $\dfrac{\rho\pi D^2}{4}(V-U)^2$

② $\dfrac{\rho\pi D^2}{4}(V+U)^2$

③ $\rho\pi D^2(V-U)(V+U)$

④ $\dfrac{\rho\pi D^2}{4}(V-U)(V+U)$

해설

이동평판에 작용하는 힘

$F_R = \rho A(V_1 - V_2)^2 = \rho \times \dfrac{\pi D^2}{4}(V_1 - V_2)^2$

$= \dfrac{\rho\pi D^2}{4}(V-U)^2$

13 지름 $10cm$의 호스에 출구 지름이 $3cm$인 노즐이 부착되어 있고, $1,500 L/\min$의 물이 대기 중으로 뿜어져 나온다. 이때 4개의 플랜지 볼트를 사용하여 노즐을 호스에 부착하고 있다면 볼트 1개에 작용되는 힘의 크기(N)는? (단, 유동에서 마찰이 존재하지 않는다고 가정한다)

20년-1·2회

① 58.3
② 899.4
③ 1,018.4
④ 4,098.2

해설

반발력 $F_R = \dfrac{\gamma \dot{Q}^2 A_1}{2g}\left(\dfrac{A_1 - A_2}{A_1 A_2}\right)^2$

$F_R = \dfrac{9,800 \times (1.5/60)^2 \times \pi \times 0.1^2}{2 \times 9.8 \times 4}$

$\times \left(\dfrac{\left(\dfrac{\pi \times 0.1^2}{4}\right) - \left(\dfrac{\pi \times 0.03^2}{4}\right)}{\left(\dfrac{\pi \times 0.1^2}{4}\right) \times \left(\dfrac{\pi \times 0.03^2}{4}\right)}\right)^2$

$= 4,067.78 [N]$

볼트는 총 4개이므로 1개당 작용힘은

$F_{R1} = \dfrac{4,067.78}{4} = 1,017[N] \fallingdotseq 1,018.4[N]$

정답 14 ④

14 직경이 A_1인 소방용 호스와 연결된 직경이 A_2인 관창을 통해 절대압력 P_1인 유체가 대기로 방출되고 있다. 이때, 플랜지에 작용하는 힘(F)을 구하는 식은 무엇인가?
(단, 대기압 P_{air}, 유체밀도 ρ, $A_2 = 0.2A_1$)

`25년`

① $F = (P_1 - P_{air})A_1 + 4\rho A_1 V_1^2$
② $F = P_1 A_1 - P_{air} A_2 + 4\rho A_1 V_1^2$
③ $F = (P_1 - P_{air})A_1 - 4\rho A_1 V_1^2$
④ $F = P_1 A_1 - P_{air} A_2 - 4\rho A_1 V_1^2$

해설

$F = P_1 A_1 - \rho \dot{Q}(V_2 - V_1)$에서 조건이 절대압력이므로
$F = P_1 A_1 - P_{air} A_2 - \rho \dot{Q}(V_2 - V_1)$
$\quad = P_1 A_1 - P_{air} A_2 - \rho \dot{Q} V_2 + \rho \dot{Q} V_1$
$\quad = P_1 A_1 - P_{air} A_2 - \rho A_2 V_2^2 + \rho A_1 V_1^2$

$A_1 V_1 = A_2 V_2$이므로 $V_2 = \left(\dfrac{A_1}{A_2}\right)V_1$을

대입해서 정리하면

→ $F = P_1 A_1 - P_{air} A_2 - \rho A_1 \left(\dfrac{A_1}{A_2} - 1\right)V_1^2$

→ 조건에 따라 $\dfrac{A_1}{A_2} = 5$이므로 값을 대입하면

$F = P_1 A_1 - P_{air} A_2 - 4\rho A_1 V_1^2$

21 레이놀즈 수(Re) 및 기타 무차원수

기출유형

직경 $5cm$의 원관에 20℃ 물이 흐르는데 층류로 흐를 수 있는 최대 유량은 몇 $L/\min$인가? (단, 20℃ 물의 동점성계수는 $1.0064 \times 10^{-6} m^2/s$이고 임계 레이놀즈 수는 2,100이다) 〔25년〕

① 1.27
② 2.67
③ 4.97
④ 5.57

해설

$Re = \dfrac{Vd}{\nu}$, $V = \dfrac{Re \times \nu}{d} = \dfrac{2,100 \times 1.0064 \times 10^{-6}}{0.05} = 0.042 [m/s]$

$\dot{Q} = A \times V = \dfrac{\pi d^2}{4} \times V = \dfrac{\pi \times 0.05^2}{4} \times 0.042 = 8.247 \times 10^{-5} [m^3/s]$

$\dot{Q} = 8.247 \times 10^{-5} [m^3/s] \times \dfrac{60[s]}{1[\min]} \times \dfrac{1,000[L]}{1[m^3]} = 4.95 [L/\min] ≒ 4.97 [L/\min]$

|정답| ③

족집게 과외

❶ 레이놀즈 수 및 기타 무차원수

구 분			내 용	
레이놀즈 수 (Re)	개 념		① 유체의 흐름상태를 나타내는 무차원수(=단위가 없는 숫자) ② 즉, 유체의 층류/난류 상태 등을 구분하기 위해 사용 ③ 관성력과 점성력의 비	
	관계식		$Re = \dfrac{\rho Vd}{\mu} = \dfrac{Vd}{\nu} = \dfrac{관성력}{점성력}$	ν : 동점성계수[m^2/s], μ : 점성계수[$Pa \cdot s$]
	흐름 분류	층 류	$Re \leq 2,100$	
		천이영역	$2,100 < Re < 4,000$	
		난 류	$4,000 \leq Re$	
기타 무차원수	프루드 수[Fr] Froude Number		$Fr = \dfrac{V}{\sqrt{gL}} = \dfrac{관성력}{중력}$	
	웨버 수[We] Weber Number		$We = \dfrac{\rho V^2 L}{\sigma} = \dfrac{관성력}{표면장력}$	
	마하 수[Ma] Mach Number		$Ma = \dfrac{V}{c} = \dfrac{유체속도}{음속}$	
수력직경 [D_H]	무차원수에 적용되는 d 또는 L의 경우는 "대표길이"로서 원형의 경우에는 직경이 들어가지만 원형 외의 형태에는 대표길이를 수력직경으로 환산하여 적용함			
	사각관의 수력직경 (유체가 가득 찬 경우)		$D_H = \dfrac{2ab}{a+b}$	$\therefore a$: 단변, b : 장변
	원형 2중관의 수력직경		$D_H = D - d$	$\therefore D$: 바깥 관의 직경, d : 안쪽 관의 직경

기출유형 완성하기

정답 01 ① 02 ② 03 ① 04 ④ 05 ③

01 원관 내에 유체가 흐를 때 유동의 특성을 결정하는 가장 중요한 요소는? 20년-4회

① 관성력과 점성력
② 압력과 관성력
③ 중력과 압력
④ 압력과 점성력

해설
유동 특성은 레이놀즈 수[Re]가 결정한다.
$$Re = \frac{\rho V d}{\mu} = \frac{Vd}{\nu} = \frac{관성력}{점성력}$$

02 프루드(Froude) 수의 물리적인 의미는? 04년-4회

① 관성력/탄성력
② 관성력/중력
③ 관성력/압력
④ 관성력/점성력

해설
프루드 수 $Fr = \dfrac{V}{\sqrt{gL}} = \dfrac{관성력}{중력}$

03 동점성계수가 $0.6 \times 10^{-6} m^2/s$인 유체가 내경 $30 cm$인 파이프 속을 평균유속 $3 m/sec$로 흐른다면 이 유체의 레이놀즈 수는 얼마인가? 05년-4회

① 1.5×10^6
② 2.0×10^6
③ 2.5×10^6
④ 3.0×10^6

해설
$Re = \dfrac{Vd}{\nu} = \dfrac{3 \times 0.3}{0.6 \times 10^{-6}} = 1.5 \times 10^6$

04 유체의 흐름 중 난류흐름에 대한 설명으로 틀린 것은? 06년-2회

① 레이놀즈 수(Re)가 4,000 이상인 원관 내부 유체의 흐름
② 유체의 각 입자가 불규칙한 경로를 따라 움직이면서 흐르는 흐름
③ 유체의 입자가 갖는 관성력이 입자에 작용하는 점성력에 비하여 매우 크게 작용하는 흐름
④ 유체의 입자가 갖는 관성력에 비하여 입자에 작용하는 점성력이 크게 작용하는 흐름

해설
층류의 레이놀즈 수 $Re \leq 2,100$
난류의 레이놀즈 수 $4,000 \leq Re$
레이놀즈 수는 관성력/점성력이므로 난류로 갈수록 (레이놀즈 수가 커질수록) 관성력이 점성력에 비해 크게 작용하는 흐름이다.

05 다음 중 무차원수의 물리적 의미로 틀린 것은? 08년-2회

① 레이놀즈 수(Re)=관성력/점성력
② 프루드 수(Fr)=관성력/중력
③ 웨버 수(We)=관성력/탄성력
④ 오일러 수(Eu)=압력힘/관성력

해설
웨버 수 $We = \dfrac{\rho V^2 L}{\sigma} = \dfrac{관성력}{표면장력}$

정답 06 ① 07 ③ 08 ③ 09 ②

06 비중이 2인 유체가 지름 $10cm$인 곧은 원 관에서 층류로 흐를 수 있는 유체의 최대 평균속도는 몇 m/s인가? (단, 임계 레이놀즈(Reynolds) 수는 2,000이고, 점성계수는 $\mu = 2N \cdot s/m^2$이다)

09년-1회

① 20
② 40
③ 200
④ 400

해설

$$Re = \frac{\rho V d}{\mu}, \quad V = \frac{Re \times \mu}{\rho \times d} = \frac{Re \times \mu}{S \times \rho_w \times d}$$

$$V = \frac{2,000 \times 2}{2 \times 1,000 \times 0.1} = 20[m/s]$$

08 관 내에 흐르는 유체의 흐름을 구분하는 데 사용되는 레이놀즈 수의 물리적인 의미는?

14년-2회

① 관성력/중력
② 관성력/탄성력
③ 관성력/점성력
④ 관성력/압축력

해설

레이놀즈 수 $Re = \frac{\rho V d}{\mu} = \frac{Vd}{\nu} = \frac{관성력}{점성력}$

07 직사각형 덕트의 단면이 가로 $5cm$, 세로 $4cm$일 때 수력지름 D_H은 얼마인가?

25년

① $3.6cm$
② $4.0cm$
③ $4.4cm$
④ $4.8cm$

해설

사각관의 수력직경

$$D_H = \frac{2ab}{a+b} = \frac{2 \times 5 \times 4}{5+4} = 4.44 ≒ 4.4[cm]$$

09 동점성계수가 $0.8 \times 10^{-6} m^2/s$인 유체가 내경 $20cm$인 배관 속을 평균유속 $2m/s$로 흐를 때의 레이놀즈(Reynolds) 수는 얼마인가?

10년-1회

① 3.5×10^5
② 5.0×10^5
③ 6.5×10^5
④ 7.0×10^5

해설

$$Re = \frac{Vd}{\nu} = \frac{2 \times 0.2}{0.8 \times 10^{-6}} = 5 \times 10^5$$

기출유형 완성하기

🔒 **정답** 10 ② 11 ③ 12 ② 13 ③

10 유동 단면이 $30cm \times 40cm$인 사각덕트를 통하여 비중 0.86, 점성계수가 $0.027kg/m \cdot s$인 기름이 $2m/s$의 유속으로 흐른다. 이때 수력직경에 기초한 레이놀즈 수는? `10년-4회`

① 18,670
② 21,850
③ 32,150
④ 33,290

해설

수력직경 $D_H = \dfrac{2ab}{a+b} = \dfrac{2 \times 0.3 \times 0.4}{0.3 + 0.4} = 0.343[m]$

$Re = \dfrac{\rho V d}{\mu} = \dfrac{S\rho_w V D_H}{\mu} = \dfrac{0.86 \times 1,000 \times 2 \times 0.343}{0.027}$
$= 21,850$

11 지름이 $5cm$인 원관 속에 비중이 0.55인 유체가 $0.01m^3/s$의 유량으로 흐르고 있다. 이 유체의 동점성계수가 $1 \times 10^{-5} m^2/s$일 때 유체의 흐름은 어떤 상태인가? `11년-4회`

① 층류
② 임계흐름
③ 난류
④ 천이유동

해설

$V = \dfrac{\dot{Q}}{A} = \dfrac{\dot{Q}}{\pi d^2/4} = \dfrac{0.01}{\pi \times 0.05^2/4} = 5.093[m/s]$

$Re = \dfrac{Vd}{\nu} = \dfrac{5.093 \times 0.05}{1 \times 10^{-5}} = 25,465$

$Re > 4,000$ 이므로 난류흐름이다.

12 지름 $4cm$의 파이프로 기름(점성계수 $0.38 Pa \cdot s$)이 분당 $200 kg$씩 흐를 때 레이놀즈(Reynolds) 수는 다음 중 어느 값의 범위에 속하는가? `14년-4회`

① 100 미만
② 100 이상 500 미만
③ 500 이상 1,500 미만
④ 1,500 이상

해설

$\dot{m}[kg/s] = \rho A V = \rho \dfrac{\pi d^2}{4} V$

$V = \dfrac{4\dot{m}}{\rho \pi d^2} = \dfrac{4 \times 200}{\rho \times \pi \times 0.04^2} \times \dfrac{1[\min]}{60[s]} = \dfrac{2,653}{\rho}$

$Re = \dfrac{\rho V d}{\mu} = \dfrac{\rho d}{\mu} \times \dfrac{2,653}{\rho} = \dfrac{0.04 \times 2,653}{0.38} = 279$

13 펌프로부터 분당 $150L$의 소방용수가 토출되고 있다. 토출 배관의 내경이 $65mm$일 때 레이놀즈 수는 약 얼마인가? (단, 물의 점성계수는 $0.001 kg/m \cdot s$로 한다) `15년-2회`

① 1,300
② 5,400
③ 49,000
④ 82,000

해설

$V = \dfrac{\dot{Q}}{A} = \dfrac{\dot{Q}}{\pi d^2/4} = \dfrac{150}{\pi \times 0.065^2/4} \times \dfrac{1}{1,000 \times 60}$
$= 0.753[m/s]$

$Re = \dfrac{\rho V d}{\mu} = \dfrac{1,000 \times 0.753 \times 0.065}{0.001} = 48,945 ≒ 49,000$

정답 14 ③ 15 ② 16 ② 17 ①

14 온도가 $37.5°C$인 원유가 $0.3\,m^3/s$의 유량으로 원관에 흐르고 있다. 하임계 레이놀즈 수가 2,100일 때 층류로 흐를 수 있는 관의 최소지름은 몇 m인가? (단, 이때 원유의 동점성계수는 $6\times 10^{-5}\,m^2/s$이다) `04년-2회`

① 2.25
② 2.75
③ 3.03
④ 4.05

해설

$$Re = \frac{Vd}{\nu} = \frac{\dot{Q}}{A}\times\frac{d}{\nu} = \frac{4\dot{Q}}{\pi d^2}\times\frac{d}{\nu} = \frac{4\dot{Q}}{\pi d\nu}$$

$$d = \frac{4\dot{Q}}{Re\times\pi\nu} = \frac{4\times 0.3}{2,100\times\pi\times 6\times 10^{-5}} = 3.03\,[m]$$

15 동점성계수가 $1.15\times 10^{-6}\,m^2/s$인 물이 $30\,mm$의 지름 원관 속을 흐르고 있다. 층류가 기대될 수 있는 최대 유량은 약 몇 m^3/s인가? (단, 임계 레이놀즈 수는 2,100이다) `18년-2회`

① 2.85×10^{-5}
② 5.69×10^{-5}
③ 2.85×10^{-7}
④ 5.69×10^{-7}

해설

$$Re = \frac{Vd}{\nu},\ V = \frac{Re\times\nu}{d}$$

$$V = \frac{2,100\times 1.15\times 10^{-6}}{0.03} = 0.0805\,[m/s]$$

$$\dot{Q} = A\times V = \frac{\pi\times 0.03^2}{4}\times 0.0805 = 5.69\times 10^{-5}\,[m^3/s]$$

16 관 내에 흐르는 유체의 흐름을 구분하는 데 사용되는 레이놀즈 수의 물리적인 의미는? `22년-1회`

① 관성력/중력
② 관성력/점성력
③ 관성력/탄성력
④ 관성력/압축력

해설

$$Re = \frac{\rho Vd}{\mu} = \frac{Vd}{\nu} = \frac{관성력}{점성력}$$

17 어느 유체가 배관 내에 층류로 흐르고 있다. 지름은 $100\,mm$이며, 동점성계수가 $1.3\times 10^{-3}\,cm^2/s$인 유체로서 층류로 흐를 수 있는 최대 유량은 약 얼마인가? (단, 임계 레이놀즈 수는 2,100이다) `25년`

① $21.44\,cm^3/s$
② $214.4\,cm^3/s$
③ $21.44\,m^3/s$
④ $2.144\,m^3/s$

해설

$$Re = \frac{Vd}{\nu},\ V = \frac{Re\times\nu}{d}$$

$$V = \frac{2,100\times 1.3\times 10^{-3}}{0.1}\times\frac{1\,[m^2]}{10^4\,[cm^2]} = 2.73\times 10^{-3}\,[m/s]$$

$$\dot{Q} = A\times V = \frac{\pi\times 0.1^2}{4}\times 2.73\times 10^{-3}$$

$$= 2.144\times 10^{-5}\,[m^3/s]$$

$$\dot{Q} = 2.144\times 10^{-5}\,[m^3/s]\times\frac{10^6\,[cm^3/s]}{1\,[m^3/s]} = 21.44\,[cm^3/s]$$

22 마찰손실-1(주손실, 배관손실)

기출유형

거리가 $1,000m$ 되는 곳에 안지름 $20cm$의 직원관을 통하여 물을 수평으로 수송하려 한다. 한 시간에 $800m^3$를 보내려면 몇 kPa의 압력이 필요한가? (단, 마찰계수 $f=0.03$이다) `03년-1회`

① 9,253
② 1,373
③ 2,013
④ 3,753

해설

$$V = \frac{\dot{Q}}{A} = \frac{\dot{Q}}{\pi d^2/4} = \frac{800}{\pi \times 0.2^2/4} \times \frac{1[h]}{3,600[s]} = 7.07[m/s]$$

$$\triangle P[Pa] = f \cdot \frac{l}{d} \cdot \frac{\rho V^2}{2} = 0.03 \times \frac{1,000}{0.2} \times \frac{1,000 \times 7.07^2}{2} = 3,748,867[Pa] = 3,749[kPa] \fallingdotseq 3,753[kPa]$$

※ 해설과 계산값이 다른 이유는 소수점 계산 차이

|정답| ④

족집게 과외

❶ 달시-바이스바흐식 및 하젠포아젤식

구 분			내 용	
달시-바이스바흐식	개 념		① 배관 내에 유체가 흐를 때 발생하는 마찰손실을 계산하는 식 ② 압력손실, 손실수두 등으로 나타낼 수 있음	
	관계식	손실수두 $\Delta H[m]$	$\Delta H[m] = f \cdot \dfrac{l}{d} \cdot \dfrac{V^2}{2g}$	
		압력손실 $\Delta P[Pa]$	$\Delta P[Pa] = f \cdot \dfrac{l}{d} \cdot \dfrac{V^2}{2g} \times \gamma = f \cdot \dfrac{l}{d} \cdot \dfrac{\rho V^2}{2}$	
	마찰손실계수 $[f]$	층 류	$f = \dfrac{64}{Re} = \dfrac{64 \times \mu}{\rho VD} = \dfrac{64 \times \nu}{VD}$	Re만의 함수
		천이영역	$f = \left[1.14 - 2\log\left(\dfrac{\varepsilon}{d} + \dfrac{9.35}{Re\sqrt{f}}\right)\right]^{-2}$	Re와 $\dfrac{\varepsilon}{d}$의 함수 ε : 절대조도(표면조도)
		난 류	$\dfrac{1}{\sqrt{f}} = 1.4 + 2\log\dfrac{d}{\varepsilon}$	$\dfrac{\varepsilon}{d}$만의 함수 $\dfrac{\varepsilon}{d}$: 상대조도(d : 직경)

Tip 마찰손실계수 식은 층류만 외울 것!

하젠포아젤식	개 념	매끈한 수평관 내 층류로 흐를 경우의 마찰손실 계산하는 식	
	관계식	손실수두 $\Delta H = \dfrac{128\mu l Q}{\rho g \pi d^4}$	
수력직경 $[D_H]$		무차원수에 적용되는 d 또는 L의 경우는 "대표길이"로서 원형의 경우에는 직경이 들어가지만 원형 외의 형태에는 대표길이를 수력직경으로 환산하여 적용함	
	사각관의 수력직경 (유체가 가득 찬 경우)	$D_H = \dfrac{2ab}{a+b}$	$\therefore a$: 단변, b : 장변
	원형 2중관의 수력직경	$D_H = D - d$	$\therefore D$: 바깥 관의 직경, d : 안쪽 관의 직경

기출유형 완성하기

> **정답** 01 ② 02 ① 03 ④ 04 ④

01 배관 내를 흐르는 유체의 마찰손실에 대한 설명 중 옳은 것은? (단, 관 마찰계수는 일정하다고 가정한다) `03년-1회`

① 유속과 관길이에 비례하고 지름에 반비례한다.
② 유속의 2승과 관길이에 비례하고 지름에 반비례한다.
③ 유속의 평방근과 관길이에 비례하고 지름에 반비례한다.
④ 유속의 2승과 관길이에 비례하고 지름의 평방근에 반비례한다.

해설

관 내 손실수두 $\triangle H = f \cdot \dfrac{l}{d} \cdot \dfrac{V^2}{2g}$

각 요소와의 관계 $\triangle H \propto l \propto \dfrac{1}{d} \propto V^2$

02 지름 $150mm$인 원관에 비중이 0.85, 동점성계수가 $1.33 \times 10^{-4} m^2/s$인 기름이 $0.01 m^3/s$의 유량으로 흐르고 있다. 이때 관 마찰계수는 약 얼마인가? `03년-4회`

① 0.1
② 0.12
③ 0.14
④ 0.16

해설

$V = \dfrac{\dot{Q}}{A} = \dfrac{\dot{Q}}{\pi d^2/4} = \dfrac{0.01}{\pi \times 0.15^2/4} = 0.56588[m/s]$

$f = \dfrac{64}{Re} = \dfrac{64 \times v}{Vd} = \dfrac{64 \times 1.33 \times 10^{-4}}{0.566 \times 0.15} = 0.1$

03 직경 $5cm$의 관에 $5m/s$의 물이 흐른다. 관 마찰계수가 0.025일 때, 관의 길이가 $100m$라면 관 내의 압력강하는 몇 kPa인가?
(단, 물의 밀도는 $1,000 kg/m^3$이다) `03년-4회`

① 62.5
② 31.2
③ 312
④ 625

해설

관 내 압력손실 $\triangle P[Pa] = f \cdot \dfrac{l}{d} \cdot \dfrac{\rho V^2}{2}$

$\triangle P = 0.025 \times \dfrac{100}{0.05} \times \dfrac{1,000 \times 5^2}{2} = 625,000[Pa]$
$= 625[kPa]$

04 레이놀즈 수가 $1,200$인 유체가 매끈한 원관 속을 흐를 때 관 마찰계수는 얼마인가? `07년-1회`

① 0.0254
② 0.00128
③ 0.0059
④ 0.053

해설

$f = \dfrac{64}{Re} = \dfrac{64}{1,200} = 0.053$

정답 05 ① 06 ① 07 ② 08 ③

기출유형 완성하기

05 원관 속의 흐름에서 관의 직경, 유체의 속도, 유체의 밀도, 유체의 점성계수가 각각 D, V, ρ, μ로 표시될 때 층류 흐름의 마찰계수 f는 어떻게 표현될 수 있는가? `20년-3회`

① $f = \dfrac{64\mu}{DV\rho}$

② $f = \dfrac{64\rho}{DV\mu}$

③ $f = \dfrac{64D}{V\rho\mu}$

④ $f = \dfrac{64}{DV\rho\mu}$

해설

$f = \dfrac{64}{Re} = \dfrac{64\nu}{DV} = \dfrac{64\mu}{DV\rho}$ $\therefore Re = \dfrac{\rho VD}{\mu} = \dfrac{VD}{\nu}$

06 지름 $150mm$인 원관에 비중이 0.85, 동점성계수가 $1.33 \times 10^{-4} m^2/s$인 기름이 $0.01 m^3/s$의 유량으로 흐르고 있다. 이때 관 마찰계수는 약 얼마인가? `06년-1회`

① 0.1
② 0.12
③ 0.14
④ 0.16

해설

$V = \dfrac{\dot{Q}}{A} = \dfrac{\dot{Q}}{\pi d^2/4} = \dfrac{0.01}{\pi \times 0.15^2/4} = 0.566[m/s]$

$Re = \dfrac{\rho VD}{\mu} = \dfrac{VD}{\nu} = \dfrac{0.566 \times 0.15}{1.33 \times 10^{-4}} = 638.35$

$f = \dfrac{64}{Re} = \dfrac{64}{638.35} = 0.1$

07 난류 흐름에서 관 마찰계수에 영향을 미치는 요소가 아닌 것은? `06년-4회`

① 관 내경
② 관 내 압력
③ 관 내 표면조도
④ 유체의 점성

해설

난류흐름에서 관 마찰계수는 레이놀즈 수와 상대조도와의 함수이다.

$\triangle H[m] = f \cdot \dfrac{l}{d} \cdot \dfrac{V^2}{2g}$ 이므로 관 내경과 반비례하고

$\therefore Re = \dfrac{\rho VD}{\mu} = \dfrac{VD}{\nu}$ 이므로 점성계수와 반비례하며

관의 상대조도 $\dfrac{\epsilon}{d}$ 이므로 표면조도와 비례한다.

즉, 관 내의 압력(정압)은 마찰손실과 상관이 없다.
※ 동압은 상관이 있으나 관 내의 압력이라고 하면 관 내 정압을 의미하므로 마찰손실에는 영향이 없다.

08 수평원관으로 일정량의 물이 층류상태로 흐를 때 관직경을 2배로 하면 손실수두는 얼마가 되는가? `06년-2회`

① 1/4
② 1/8
③ 1/16
④ 1/32

해설

층류상태에서 마찰손실 $\triangle H = \dfrac{128\mu l \dot{Q}}{\rho g \pi d^4}$

$\triangle H_1 : \dfrac{1}{d^4} = \triangle H_2 : \dfrac{1}{(2d)^4} \Rightarrow \triangle H_2 = \dfrac{d^4}{16 d^4} \times \triangle H_1$

$\triangle H_2 = \dfrac{\triangle H_1}{16}$

CHAPTER 22 | 마찰손실-1(주손실, 배관손실)

기출유형 완성하기

정답 09 ② 10 ④ 11 ① 12 ③

09 직경 $25cm$의 매끈한 원관을 통해서 물을 초당 $100L$를 수송하고 있다. 관의 길이 $5m$에 대한 손실수두는? (단, 관 마찰계수 f는 0.03이다) `06년-4회`

① 약 0.013m
② 약 0.13m
③ 약 1.3m
④ 약 13m

해설
관 내 손실수두 $\triangle H[m] = f \cdot \dfrac{l}{d} \cdot \dfrac{V^2}{2g}$

$V = \dfrac{\dot{Q}}{A} = \dfrac{\dot{Q}}{\pi d^2/4} = \dfrac{100}{\pi \times 0.25^2/4} \times \dfrac{1[m^3]}{1,000[L]}$
$= 2.037[m/s]$

$\triangle H[m] = 0.03 \times \dfrac{5}{0.25} \times \dfrac{2.037^2}{2 \times 9.8} = 0.127[m]$

$\triangle H[m] = 0.127[m] ≒ 0.13[m]$

10 천이구역에서의 관 마찰계수 f는? `13년-2회`

① 언제나 레이놀즈 수만의 함수가 된다.
② 상대조도와 오일러 수의 함수가 된다.
③ 마하 수와 코우시 수의 함수가 된다.
④ 레이놀즈 수와 상대조도의 함수가 된다.

해설
천이영역의 마찰계수
$f = \left[1.14 - 2\log\left(\dfrac{\varepsilon}{d} + \dfrac{9.35}{Re\sqrt{f}}\right)\right]^{-2}$
층류구역의 관 마찰계수 → 레이놀즈 수의 함수
천이구역 및 난류구역 관 마찰계수 → 레이놀즈 수와 상대조도와의 함수

11 지름 $0.5m$의 관속을 물이 평균속도 $5m/s$로 흐르고 있을 때 관의 길이 $100m$에 대한 마찰손실수두는 약 몇 m인가? (단, 관 마찰계수는 0.02이다) `09년-2회`

① 5.1
② 6.4
③ 7.3
④ 8.9

해설
관 내 손실수두 $\triangle H[m] = f \cdot \dfrac{l}{d} \cdot \dfrac{V^2}{2g}$

$\triangle H[m] = 0.02 \times \dfrac{100}{0.5} \times \dfrac{5^2}{2 \times 9.8} = 5.1[m]$

12 길이가 $400m$이고 유동단면이 $20cm \times 30cm$인 직사각형관에 물이 가득 차서 평균속도 $3m/s$로 흐르고 있다. 이때 손실수두는 몇 m인가? (단, 관 마찰계수는 0.01이다) `17년-1회`

① 2.38
② 4.76
③ 7.65
④ 9.52

해설
사각관 수력직경
$D_H = \dfrac{2ab}{a+b} = \dfrac{2 \times 0.2 \times 0.3}{0.2 + 0.3} = 0.24[m]$

관 내 손실수두 $\triangle H[m] = f \cdot \dfrac{l}{D_H} \cdot \dfrac{V^2}{2g}$

$\triangle H[m] = 0.01 \times \dfrac{400}{0.24} \times \dfrac{3^2}{2 \times 9.8} = 7.65[m]$

정답 13 ①   14 ②   15 ③   16 ①

기출유형 완성하기

13 동점성계수가 $1 \times 10^{-6} m^2/s$인 유체가 지름 $2cm$의 원관 속을 흐르고 있다. 원관 내 유체의 평균속도가 $5cm/s$라면 마찰계수는?

〔11년-1회〕

① 0.064
② 0.64
③ 0.032
④ 0.32

해설

$$f = \frac{64}{Re} = \frac{64v}{Vd} = \frac{64\mu}{\rho Vd} \qquad \therefore Re = \frac{\rho Vd}{\mu} = \frac{Vd}{\nu}$$

$$f = \frac{64 \times 1 \times 10^{-6}}{0.02 \times 0.05} = 0.064$$

14 지름 $400mm$의 원관으로 $100m$ 떨어진 곳에 물을 수송하려고 한다. 2시간에 $300m^3$의 물을 보내기 위하여 극복해야 하는 압력손실을 약 몇 Pa인가? (단, 관 마찰계수는 0.02이다)

〔12년-2회〕

① 27.5
② 275
③ 2,750
④ 27,500

해설

관 내 압력손실 $\triangle P[Pa] = f \cdot \dfrac{l}{d} \cdot \dfrac{\rho V^2}{2}$

$$\dot{Q} = \frac{300[m^3]}{2[h]} \times \frac{1[h]}{3,600[s]} = 0.0417[m^3/s]$$

$$V = \frac{\dot{Q}}{A} = \frac{\dot{Q}}{\pi d^2/4} = \frac{0.0417}{\pi \times 0.4^2/4} = 0.332[m/s]$$

$$\triangle P[Pa] = 0.02 \times \frac{100}{0.4} \times \frac{1,000 \times 0.332^2}{2} = 275.56[Pa]$$

15 길이 $100m$, 직경 $50mm$인 상대조도 0.01인 원형 수도관 내에 물이 흐르고 있다. 관 내 평균 유속이 $2m/s$에서 $4m/s$로 2배 증가하였다면 압력손실은 몇 배로 되겠는가? (단, 유동은 마찰계수가 일정한 완전난류로 가정한다)

〔15년-1회〕

① 1.41배
② 2배
③ 4배
④ 8배

해설

관 내 압력손실 $\triangle P[Pa] = f \cdot \dfrac{l}{d} \cdot \dfrac{\rho V^2}{2}$

$\triangle P_1 : V^2 = \triangle P_2 : (2V)^2$

$\Rightarrow \triangle P_2 = \dfrac{4V^2}{V^2} \times \triangle P_1 = 4\triangle P_1$

16 기름이 $0.02m^3/s$의 유량으로 직경 $50cm$인 주철관 속을 흐르고 있다. 길이 $1,000m$에 대한 손실수두는 약 몇 m인가? (단, 기름의 점성계수는 $0.103N \cdot s/m^2$, 비중은 0.9이다)

〔15년-2회〕

① 0.15
② 0.3
③ 0.45
④ 0.6

해설

$$V = \frac{\dot{Q}}{A} = \frac{\dot{Q}}{\pi d^2/4} = \frac{0.02}{\pi \times 0.5^2/4} = 0.1019[m/s]$$

$$f = \frac{64}{Re} = \frac{64 \times \mu}{\rho Vd} = \frac{64 \times 0.103}{0.9 \times 1,000 \times 0.1019 \times 0.5} = 0.144$$

관 내 손실수두 $\triangle H[m] = f \cdot \dfrac{l}{d} \cdot \dfrac{V^2}{2g}$

$$\triangle H[m] = 0.144 \times \frac{1,000}{0.5} \times \frac{0.1019^2}{2 \times 9.8} = 0.153[m]$$

$\triangle H[m] = 0.153 ≒ 0.15[m]$

기출유형 완성하기

정답 17 ② 18 ①

17 안지름 $300mm$, 길이 $200m$인 수평원관을 통해 유량 $0.2m^3/s$의 물이 흐르고 있다. 관의 양 끝단에서의 압력 차이가 $500mmHg$이면 관의 마찰계수는 약 얼마인가?
(단, 수은의 비중은 13.6이다) `17년-2회`

① 0.017
② 0.025
③ 0.038
④ 0.041

해설

$$V = \frac{\dot{Q}}{A} = \frac{\dot{Q}}{\pi d^2/4} = \frac{0.2}{\pi \times 0.3^2/4} = 2.83[m/s]$$

$$\triangle P = \frac{500[mmHg]}{760[mmHg]} \times 101,325[Pa] = 66,661[Pa]$$

관 내 압력손실 $\triangle P[Pa] = f \cdot \frac{l}{d} \cdot \frac{\rho V^2}{2}$

$$f = \triangle P \cdot \frac{d}{l} \cdot \frac{2}{\rho_w V^2}$$

$$= 66,661 \times \frac{0.3}{200} \times \frac{2}{1,000 \times 2.83^2} = 0.025$$

18 직사각형 단면의 덕트에서 가로와 세로가 각각 a 및 $1.5a$이고, 길이가 L이며, 이 안에서 공기가 V의 평균속도로 흐르고 있다. 이때 손실수두를 구하는 식으로 옳은 것은?
(단, f는 이 수력지름에 기초한 마찰계수이고, g는 중력가속도를 의미한다) `21년-2회`

① $f\dfrac{L}{a}\dfrac{V^2}{2.4g}$

② $f\dfrac{L}{a}\dfrac{V^2}{2g}$

③ $f\dfrac{L}{a}\dfrac{V^2}{1.4g}$

④ $f\dfrac{L}{a}\dfrac{V^2}{g}$

해설

수력직경 $D_H = \dfrac{2 \times a \times 1.5a}{a+1.5a} = \dfrac{3a^2}{2.5a} = \dfrac{3}{2.5}a$

$$\triangle H[m] = f \cdot \frac{l}{D_H} \cdot \frac{V^2}{2g} = f \cdot \frac{l}{a} \cdot \frac{V^2}{2g} \times \frac{2.5}{3}$$

$$= f \cdot \frac{l}{a} \cdot \frac{V^2}{2.4g}$$

🔒 **정답** 19 ①

19 수평배관설비에서 상류 지점인 A지점의 배관을 조사해 보니 지름 $100mm$, 압력 $0.45MPa$, 평균유속 $1m/s$이었다. 또, 하류의 B지점을 조사해 보니 지름 $50mm$, 압력 $0.4MPa$이었다면 두 지점 사이의 손실수두는 약 몇 m인가?

`15년-4회`

① 4.34
② 5.87
③ 8.67
④ 10.87

해설

실제유체이므로 수정 베르누이 방정식에 의해

$$\frac{\rho V_1^2}{2}+P_1+Z_1\gamma=\frac{\rho V_2^2}{2}+P_2+Z_2\gamma+\triangle P$$

수평배관이므로 $Z_1=Z_2$

$$\frac{\rho V_1^2}{2}+P_1=\frac{\rho V_2^2}{2}+P_2+\triangle P$$

$$P_1-P_2-\triangle P=\frac{\rho V_2^2}{2}-\frac{\rho V_1^2}{2}$$

문제 조건에 $P_1-P_2=0.05[MPa]=50,000[Pa]$

$V_1=1[m/s]$

$$V_2=V_1\times\frac{A_1}{A_2}=V_1\times\frac{d_1^2}{d_2^2}=1\times\frac{0.1^2}{0.05^2}=4[m/s]$$

$$50,000-\triangle P=\frac{1,000\times 4^2}{2}-\frac{1,000\times 1^2}{2}=7,500[Pa]$$

$\triangle P=50,000-7,500=42,500[Pa]$

$$\triangle H[m]=\frac{42,500[Pa]}{101,325[Pa]}\times 10.332[m]=4.33[m]$$

※ 원래는 유체의 종류(밀도) 등을 주지 않았기 때문에 풀 수 없습니다. 단, 조건이 주어지지 않는 경우에 유체 종류는 물로서 적용하셔서 풀이하시면 됩니다.

23 마찰손실-2(부차적 손실, 등가길이)

기출유형

파이프 단면적이 2.5배로 급격하게 확대되는 구간을 지난 후의 유속이 $1.2 m/s$ 이다. 부차적 손실계수가 0.36이라면 급격확대로 인한 손실수두는 몇 m 인가?

18년-4회

① 0.0264
② 0.0661
③ 0.165
④ 0.331

해설

$$A_1 V_1 = A_2 V_2 \Rightarrow V_1 = \frac{A_2}{A_1} \times V_2 = \frac{2.5}{1} \times 1.2 = 3 [m/s]$$

$$\triangle H[m] = K \cdot \frac{V_1^2}{2g} = 0.36 \times \frac{3^2}{2 \times 9.8} = 0.165 [m]$$

| 정답 | ③

족집게 과외

❶ 부차적 손실 및 등가길이

구 분			내 용
부차적 손실	개 념		① 배관 외에 관로 중 급격한 확대, 또는 축소, 방향 전환 등에 의해 발생하는 손실 ② 쉽게 생각하면 부속품에 대한 마찰손실
	관계식	손실수두	$\triangle H[m] = K \cdot \frac{V^2}{2g}$ K : 부차적 손실계수
		압력손실	$\triangle P[Pa] = K \cdot \frac{\rho V^2}{2}$ K : 부차적 손실계수
	부차적 손실계수	급격한 확대관	$K = \left(1 - \frac{A_1}{A_2}\right)^2 = \left[1 - \left(\frac{d_1}{d_2}\right)^2\right]^2$ $\triangle H[m] = \frac{(V_1 - V_2)^2}{2g} = K \cdot \frac{V_1^2}{2g}$
		급격한 축소관	$K = \left(\frac{1}{C_c} - 1\right)^2$ ∴ 수축계수 : $C_c = \frac{A_c}{A_2}$ $\triangle H[m] = \frac{(V_1 - V_2)^2}{2g} = K \cdot \frac{V_2^2}{2g}$
상당길이 (등가길이)	개 념		① 부차적 손실을 그에 상당하는 직관의 길이로 환산한 개념 ② 전체 배관 경로의 손실을 계산할 때 부차적 손실의 등가길이를 달시-바이스바흐식에 넣어서 계산을 용이하게 하기 위한 개념
	관계식		$\triangle H[m] = f \cdot \frac{l}{d} \cdot \frac{V^2}{2g} = K \cdot \frac{V^2}{2g}$ $K = f \cdot \frac{l}{d}$ 상당길이 : $l_e = \frac{Kd}{f}$

정답 01 ① 02 ④ 03 ② 04 ③

기출유형 완성하기

01 관 내에서 물이 평균속도 $9.8 m/s$로 흐를 때의 속도수두는 몇 m인가? 〔18년-4회〕

① 4.9
② 9.8
③ 48
④ 128

해설

속도수두 $H_v = \dfrac{V^2}{2g} = \dfrac{9.8^2}{2 \times 9.8} = 4.9[m]$

02 직경이 $30mm$, 관 마찰계수가 0.022인 관에 글로브밸브(부차 손실계수 $k=10$)와 표준티($k=1.8$)를 결합시켜 물을 수송할 경우 관의 상당길이(equivalent length)는 몇 m인가? 〔04년-4회〕

① 9.2
② 11.2
③ 15.3
④ 16.1

해설

상당길이 $l_e = \dfrac{Kd}{f}$

글로브밸브 상당길이 $l_{e-V} = \dfrac{10 \times 0.03}{0.022} = 13.636[m]$

표준티 상당길이 $l_{e-T} = \dfrac{1.8 \times 0.03}{0.022} = 2.455[m]$

$l_e = l_{e-V} + l_{e-T} = 13.636 + 2.455 = 16.09 ≒ 16.1[m]$

03 내경 $28mm$인 어느 배관 내에 $0.12 m^2/\min$ 유량으로 물이 흐르고 있을 때 이 물의 속도수두는 약 몇 m인가? 〔07년-2회〕

① 0.2
② 0.54
③ 1.06
④ 2.16

해설

$V = \dfrac{\dot{Q}}{A} = \dfrac{\dot{Q}}{\pi d^2/4} = \dfrac{0.12}{\pi \times 0.028^2/4} \times \dfrac{1[\min]}{60[s]}$
$= 3.248[m/s]$

속도수두 $H_v = \dfrac{V^2}{2g} = \dfrac{3.248^2}{2 \times 9.8} = 0.538[m] ≒ 0.54[m]$

04 부차 손실계수가 $K=5$인 밸브를 관 마찰계수 $f=0.025$, 지름 $2cm$인 관으로 환산한다면 등가 길이는? 〔05년-2회〕

① $2m$
② $2.5m$
③ $4m$
④ $5m$

해설

상당길이 $l_e = \dfrac{Kd}{f}$

$l_e = \dfrac{Kd}{f} = \dfrac{5 \times 0.02}{0.025} = 4[m]$

기출유형 완성하기

정답 05 ② 06 ③ 07 ④ 08 ④

05 내경 $27mm$의 배관 속을 정상류의 물이 매분 $150L$ 흐를 때 속도수두는 몇 m인가?

〔06년-1회〕

① 1.11
② 0.97
③ 0.87
④ 0.66

해설

$$V = \frac{\dot{Q}}{A} = \frac{\dot{Q}}{\pi d^2/4}$$

$$= \frac{150}{\pi \times 0.027^2/4} \times \frac{1[\min]}{60[s]} \times \frac{1[m^3]}{1,000[L]} = 4.37[m/s]$$

속도수두 $H_v = \frac{V^2}{2g} = \frac{4.37^2}{2 \times 9.8} = 0.974[m] \fallingdotseq 0.97[m]$

06 수면의 수직하부 H에 위치한 오리피스에서 유출하는 물의 속도수두는 어떻게 표시되는가? (단, 속도계수는 C_v이고, 오리피스에서 나온 직후의 유속은 $V = C_V\sqrt{2gH}$로 표시된다)

〔07년-1회〕

① $C_V H$
② $C_V H^2$
③ $C_V^2 H$
④ $2C_V H$

해설

속도수두 $H_v = \frac{V^2}{2g} = \frac{C_V^2 \times 2gH}{2g} = C_V^2 H$

07 관 마찰계수가 0.022인 지름 $50mm$ 관에 물이 흐르고 있다. 이 관에 부차적 손실계수가 각각 10, 1.8인 밸브와 티이(Tee)가 결합되어 있을 경우 관의 상당길이는 몇 m인가?

〔05년-1회〕

① 24.3
② 24.9
③ 25.4
④ 26.8

해설

상당길이 $l_e = \frac{Kd}{f}$

글로브밸브 상당길이 $l_{e-V} = \frac{10 \times 0.05}{0.022} = 22.727[m]$

표준티 상당길이 $l_{e-T} = \frac{1.8 \times 0.05}{0.022} = 4.091[m]$

$l_e = l_{e-V} + l_{e-T} = 22.727 + 4.091 = 26.82[m]$

08 관로의 다음과 같은 변화 중 부차적 손실에 속하지 않는 것은?

〔06년-4회〕

① 관로의 급격한 확대
② 부속품 설치
③ 관로의 급격한 축소
④ 관로의 마찰

해설

관로의 마찰은 '주손실'에 해당한다.

정답 09 ② 10 ③ 11 ① 12 ②

09 물이 흐르는 지름 $40cm$인 관에 게이트밸브($K=10$)와 Tee($K=2$)가 설치되어 있다. 관 마찰계수가 0.04일 때, 게이트밸브와 Tee에 대한 관의 상당길이는 몇 m인가? (단, K는 표에서 얻어진 손실계수이다) `10년-1회`

① 100
② 120
③ 260
④ 370

해설

상당길이 $l_e = \dfrac{Kd}{f}$

글로브밸브 상당길이 $l_{e-V} = \dfrac{10 \times 0.4}{0.04} = 100[m]$

표준티 상당길이 $l_{e-T} = \dfrac{2 \times 0.4}{0.04} = 20[m]$

$l_e = l_{e-V} + l_{e-T} = 100 + 20 = 120[m]$

10 관 내의 흐름에서 부차적으로 손실에 해당하지 않는 것은? `19년-2회`

① 관 단면의 급격한 확대에 의한 손실
② 유동단면의 장애물에 의한 손실
③ 직선 원관 내의 손실
④ 곡선부에 의한 손실

해설

직선 원관 내의 손실=관로의 마찰로 '주손실'에 해당한다.

11 부차적 손실계수 $K=2$인 관 부속품에서의 손실 수두가 $2m$라면 이때의 유속은 약 몇 m/s인가? `22년-1회`

① 4.43
② 3.14
③ 2.21
④ 2.00

해설

$\triangle H[m] = K \cdot \dfrac{V^2}{2g}$

$V = \sqrt{\dfrac{2g \times \triangle H}{K}} = \sqrt{\dfrac{2 \times 9.8 \times 2}{2}} = 4.427 ≒ 4.43[m/s]$

12 밸브가 장치된 지름 $10cm$인 원관에 비중 0.8인 유체가 $2m/s$의 평균속도로 흐르고 있다. 밸브 전후의 압력 차이가 $4kPa$일 때, 이 밸브의 등가길이는 몇 m인가? (단, 관의 마찰계수는 0.02이다) `22년-2회`

① 10.5
② 12.5
③ 14.5
④ 16.5

해설

$\triangle H[m] = K \cdot \dfrac{V^2}{2g}$, $\quad \triangle P[Pa] = K \cdot \dfrac{\rho V^2}{2}$

$\triangle H = \dfrac{\triangle P}{\gamma} = \dfrac{\triangle P}{S \times \gamma_w} = \dfrac{4,000}{0.8 \times 9,800} = 0.51[m]$

$K = \triangle H \times \dfrac{2g}{V^2} = 0.51 \times \dfrac{2 \times 9.8}{2^2} = 2.5$

$l_e = \dfrac{Kd}{f} = \dfrac{2.5 \times 0.1}{0.02} = 12.5[m]$

24 유체기계 동력

기출유형

물분무소화설비의 가압송수장치로 전동기 구동형 펌프를 사용하였다. 펌프의 토출량 $800L/\min$, 전양정 $50m$, 효율 0.65, 전달계수 1.1인 경우 적당한 전동기 용량은 몇 kW인가? `22년-1회`

① 4.2
② 4.7
③ 10.0
④ 11.1

해설

$$L[W] = \frac{\gamma \dot{Q} H}{\eta_t} \times k = \frac{9{,}800 \times 800 \times 50}{0.65} \times 1.1 \times \frac{1[\min]}{60[s]} \times \frac{1[m^3]}{1{,}000[L]} = 11{,}056[W] \fallingdotseq 11.1[kW]$$

|정답| ④

족집게 과외

❶ 펌프 동력 및 송풍기 동력

구 분		내 용	
펌프 동력 [L]	개념	① 펌프의 동력의 기본은 일정량의 유체를 일정시간 동안 얼마나 높은 곳까지 보내는 능력을 의미 ② 단위는 $W(=J/s)$ 또는 $kW(=kJ/s)$ ③ 동력=일률=단위시간당 일	
	전효율	투입된 전기에너지가 일로 작용하는 비율 $\eta_t = \dfrac{출력}{입력(=동력)}$, 동력$=\dfrac{출력}{\eta_t}$	$\eta_t = \eta_w \times \eta_v \times \eta_m$ ∴ η_w : 수력효율, η_v : 체적효율, η_m : 기계효율
	수동력 $[L_w]$	이론적인 동력으로 손실이 없는 경우의 펌프 동력 (효율=1)	$L_w[W] = \gamma \dot{Q} H$ γ : 유체의 비중량$[N/m^3]$ $\dot{Q}$: 체적유량$[m^3/s]$ H : 펌프의 전양정$[m]$ L_w : 수동력$[W]$
	축동력 $[L_s]$	펌프에서 발생되는 손실을 고려한 동력	$L_s[W] = \dfrac{\gamma \dot{Q} H}{\eta_t}$ η_t : 전효율
	전동력 $[L]$	전달계수를 고려한 펌프 동력	$L[W] = \dfrac{\gamma \dot{Q} H}{\eta_t} \times k$ k : 전달계수, L : 전동기 동력$[W]$

※ 전양정 : $H[m] = H_h$(실양정)$+ H_f$(마찰손실) 또는 |흡입 압력수두|+|토출 압력수두|
① 흡입압력은 −값(계기압일 경우)을 가지므로 결국 절댓값의 합이 됨
② 압력계 위치가 펌프 토출 측에 바로 설치되지 않는 경우 압력계 설치 위치까지 실양정+마찰손실까지 포함

송풍기 동력 [L]	개념	펌프의 동력과 개념이 같으나, 양정 대신 압력이 적용됨	
	공기동력 $[L_a]$	이론적인 동력으로 손실이 없는 경우의 송풍기 동력(효율=1)	$L_a[W] = \dot{Q} P$ $\dot{Q}$: 체적유량$[m^3/s]$ P : 송풍기 전압$[Pa]$ L_a : 공기동력$[W]$
	축동력 $[L_s]$	송풍기에서 발생되는 손실을 고려한 동력	$L_s[W] = \dfrac{\dot{Q} P}{\eta_t}$ η_t : 전압효율
	전동력 $[L]$	전달계수를 고려한 송풍기 동력	$L[W] = \dfrac{\dot{Q} P}{\eta_t} \times k$ k : 전달계수, L : 전동기 동력$[W]$

기출유형 완성하기

정답 01 ④ 02 ① 03 ④ 04 ③

01 65%의 효율을 가진 원심펌프를 통하여 물을 $1m^3/s$의 유량으로 송출 시 필요한 펌프수두가 $6m$이다. 이때 펌프에 필요한 축동력은 약 몇 kW인가? 〈17년-2회〉

① $40kW$
② $60kW$
③ $80kW$
④ $90kW$

해설

축동력 $L_s[W] = \dfrac{\gamma \dot{Q} H}{\eta_t}$

$L_s = \dfrac{9,800 \times 1 \times 6}{0.65} = 90,461[W] ≒ 90[kW]$

02 펌프의 양수량 $0.8m^3/\min$, 관로의 전 손실수두 $5m$인 펌프의 중심으로부터 $4m$ 지하에 있는 물을 $25m$의 송출 액면에 양수하고자 할 때 펌프의 축동력은 몇 kW인가?
(단, 펌프의 효율은 80%이다) 〈04년-1회〉

① 5.56
② 4.74
③ 4.09
④ 6.95

해설

축동력 $L_s[W] = \dfrac{\gamma \dot{Q} H}{\eta_t}$

$H = H_h + H_f = (25+4) + 5 = 34[m]$

$L_s = \dfrac{9,800 \times 0.8 \times 34}{0.8} \times \dfrac{1[\min]}{60[s]} = 5,553[W]$
  $≒ 5.55[kW]$

03 송풍기의 풍량 $15m^3/s$, 전압 $540Pa$, 전압효율이 55%일 때 필요한 축동력은 몇 kW인가? 〈16년-4회〉

① 2.23
② 4.46
③ 8.1
④ 14.7

해설

축동력 $L_s[W] = \dfrac{\dot{Q} P}{\eta_t} = \dfrac{15 \times 540}{0.55} = 14,727[W]$

$L_s = 14,727[W] ≒ 14.7[kW]$

04 유량이 $0.5m^3/\min$일 때 손실수두가 $5m$인 관로를 통하여 $20m$ 높이 위에 있는 저수조로 물을 이송하고자 한다. 펌프의 효율이 90%라 할 때 펌프에 공급해야 하는 전력은 약 몇 kW인가? 〈11년-2회〉

① 0.45
② 1.84
③ 2.27
④ 136

해설

축동력 $L_s[W] = \dfrac{\gamma \dot{Q} H}{\eta_t}$

$H = H_h + H_f = 20 + 5 = 25[m]$

$L_s = \dfrac{9,800 \times 0.5 \times 25}{0.9} \times \dfrac{1[\min]}{60[s]} = 2,268[W]$
  $≒ 2.27[kW]$

정답 05 ② 06 ① 07 ② 08 ②

기출유형 완성하기

05 토출량이 $0.65 m^3/\min$인 펌프를 사용하는 경우 펌프의 축동력은 약 몇 kW인가? (단, 전양정은 $40m$이고, 펌프의 효율은 50%이다)

09년-4회

① 4.25
② 8.49
③ 17.0
④ 509

해설

축동력 $L_s[W] = \dfrac{\gamma \dot{Q} H}{\eta_t}$

$L_s = \dfrac{9,800 \times 0.65 \times 40}{0.5} \times \dfrac{1[\min]}{60[s]} = 8,493[W]$

$\fallingdotseq 8.49[kW]$

06 펌프에서 기계효율이 0.8, 수력효율이 0.85, 체적효율이 0.75인 경우 전효율은 얼마인가?

15년-1회

① 0.51
② 0.68
③ 0.8
④ 0.9

해설

$\eta_t = \eta_w \times \eta_v \times \eta_m = 0.8 \times 0.85 \times 0.75 = 0.51$

07 펌프의 압력계가 출구 쪽에서 $440 kPa$, 입구 쪽에서 $-30 kPa$을 나타내고 출구 쪽 압력계는 입구 쪽의 것보다 $60 cm$ 높은 곳에 설치되어 있으며, 흡입관과 송출관의 지름은 같다. 도중에 에너지 손실이 없고 펌프의 유량이 $3 m^3/\min$일 때 펌프의 동력은 약 몇 kW인가?

04년-2회

① 22 ② 24
③ 26 ④ 28

해설

전수두 $H = |$흡입 압력수두$| + |$토출 압력수두$|$

$|$흡입 압력수두$| = \dfrac{30[kPa]}{101.325[kPa]} \times 10.332[mAq]$
$= 3.06[m]$

$|$토출 압력수두$| = \dfrac{440[kPa]}{101.325[kPa]} \times 10.332[mAq] + 0.6$
$= 45.46[m]$

$H = 3.06 + 45.46 = 48.52[m]$

수동력 $L_w[W] = \gamma \dot{Q} H$

$L_w = 9,800 \times 3 \times 48.52 \times \dfrac{1[\min]}{60[s]} = 23,775[W]$

$\fallingdotseq 24[kW]$

08 12층 건물의 지하 1층에 제연설비용 배연기를 설치하였다. 이 배연기의 풍량은 $500 m^3/\min$이고, 풍압은 $30 mmAq$였다. 이때 배연기의 동력은 몇 kW로 해주어야 하는가? (단, 배연기의 효율은 60%이고, 여유율은 10%이다)

05년-2회

① 4.08 ② 4.49
③ 5.55 ④ 6.11

해설

단위를 환산하면

$\dot{Q} = 500[m^3/\min] \times \dfrac{1[\min]}{60[s]} = 8.33[m^3/s]$

$P = \dfrac{30[mmAq]}{10,332[mmAq]} \times 101,325[Pa] = 294[Pa]$

전동력 $L[W] = \dfrac{\dot{Q}P}{\eta_t} \times k$

$L[W] = \dfrac{8.33 \times 294}{0.6} \times 1.1 = 4,489[W]$

$L = 4,489[W] = 4.49[kW]$

기출유형 완성하기

정답 09 ③ 10 ④ 11 ④

09 펌프에 의하여 유체에 실제로 주어지는 동력은? [단, L_w : 동력(kW), γ : 물의 비중량(N/m^3), Q : 토출량($m^3/\min$), H : 전양정(m), g : 중력가속도(m^2/s)]
06년-1회

① $L_w = \dfrac{\gamma QH}{102 \times 60}$

② $L_w = \dfrac{\gamma QHg}{1,000 \times 60}$

③ $L_w = \dfrac{\gamma QH}{1,000 \times 60}$

④ $L_w = \dfrac{\gamma QHg}{102 \times 60}$

해설

수동력 $L_w[W] = \gamma QH = [N/m^3] \times [m^3/s] \times [m]$

단위를 환산하면

$Q = [m^3/\min] \times \dfrac{1[\min]}{60[s]} = \dfrac{1}{60}[m^3/s]$

$[W] = \dfrac{1}{1,000}[kW]$

$L_w[kW] = \dfrac{\gamma QH}{60 \times 1,000}$

10 펌프 중심으로부터 $2m$ 아래에 있는 물을 펌프 중심 위 $15m$ 송출 수면으로 양수하려 한다. 관로의 전 손실수두가 $6m$이고, 송출수량이 $1m^3/\min$이라면 필요한 펌프의 동력은 약 몇 W인가? (단, 물의 비중량은 $9,800 N/m^3$이다)
08년-2회

① 2,777 ② 3,103
③ 3,430 ④ 3,757

해설

축동력 $L_s[W] = \dfrac{\gamma QH}{\eta_t}$

$H = H_h + H_f = (2+15) + 6 = 23[m]$

$L_s = 9,800 \times 1 \times 23 \times \dfrac{1[\min]}{60[s]} = 3,757[W]$

11 물을 $0.025 m^3/s$의 유량으로 퍼 올리고 있는 펌프가 있다. 흡입 측 계기압력은 $-3kPa$이고 이보다 $100m$ 위에 위치한 곳의 계기압력은 $100 kPa$이었다. 배관에서 발생하는 마찰손실이 $14m$라 할 때 펌프가 물에 가해야 할 동력은 약 몇 kW인가? (단, 흡입·송출 측 관지름은 모두 $100m$이고 물의 밀도는 $p = 1,000 kg/m^3$이다)
10년-4회

① 10.3
② 16.7
③ 21.8
④ 30.5

해설

$H = |$흡입 압력수두$| + |$토출 압력수두$| + $마찰손실

$|$흡입 압력수두$| = \dfrac{3[kPa]}{101.325[kPa]} \times 10.332[mAq]$
$= 0.306[m]$

$|$토출 압력수두$| = \dfrac{100[kPa]}{101.325[kPa]} \times 10.332[mAq] + 100$
$= 110.2[m]$

전수두 $H = 0.306 + 110.2 + 14 = 124.51[m]$

수동력 $L_w[W] = \gamma QH$

$L_w = 9,800 \times 0.025 \times 124.51 = 30,505[W] = 30.5[kW]$

정답 12 ④ 13 ① 14 ②

기출유형 완성하기

12 원심펌프가 전양정 $120m$에 대해 $6m^3/s$의 물을 공급할 때 필요한 축동력이 $9,530kW$이었다. 이때 펌프의 체적효율과 기계효율이 각각 88%, 89%라고 하면, 이 펌프의 수력효율은 약 몇 %인가? `21년-4회`

① 74.1
② 84.2
③ 88.5
④ 94.5

해설

축동력 $L_s[W] = \dfrac{\gamma \dot{Q} H}{\eta_t}$

$\eta_t = \dfrac{\gamma \dot{Q} H}{L_s} = \dfrac{9,800 \times 6 \times 120}{9,530 \times 10^3} = 0.74$

$\eta_t = \eta_w \times \eta_v \times \eta_m$

$\Rightarrow \eta_w = \dfrac{\eta_t}{\eta_v \times \eta_m} = \dfrac{0.74}{0.88 \times 0.89}$

$\qquad\quad = 0.945$

$\eta_w[\%] = 0.945 \times 100 = 94.5[\%]$

13 송풍기의 입구와 출구의 압력은 각각 $-36\,mmHg$, $110\,kPa$, 송출유량은 $8m^3/\min$일 때, 공기동력은 몇 kW인가? `11년-4회`

① 15.3
② 7.5
③ 150
④ 204

해설

공기동력 $L_a[W] = \dot{Q} P$
전압=|흡입 압력|+|토출 압력|
단위를 환산하면

흡입 압력 $\dfrac{36[mmHg]}{760[mmHg]} \times 101,325[Pa] = 4,800[Pa]$

토출 압력 $110 \times 10^3[Pa] = 110,000[Pa]$

$P = 4,800 + 110,000 = 114,800[Pa]$

$L_a = 8 \times \dfrac{1[\min]}{60[s]} \times 114,800 = 15,307[W] = 15.3[kW]$

14 안지름 $10cm$인 수평 원관의 층류유동으로 $2,000m$ 떨어진 곳에 원유(점성계수 $\mu = 0.02\,N \cdot s/m^2$, 비중 $S = 0.86$)를 $0.12m^3/\min$의 유량으로 수송하려 할 때 펌프에 필요한 동력은 약 몇 W인가? (단, 펌프의 효율은 100%로 가정한다) `11년-4회`

① 55
② 65
③ 73
④ 82

해설

$V = \dfrac{\dot{Q}}{A} = \dfrac{\dot{Q}}{\pi d^2/4} = \dfrac{0.12}{\pi \times 0.1^2/4} \times \dfrac{1[\min]}{60[s]} = 0.255[m/s]$

$Re = \dfrac{\rho V d}{\mu} = \dfrac{S \rho_w V d}{\mu} = \dfrac{0.86 \times 1,000 \times 0.255 \times 0.1}{0.02}$

$\qquad = 1,097$

$f = \dfrac{64}{Re} = \dfrac{64}{1,097} = 0.058$

$H_f[m] = f \cdot \dfrac{l}{d} \cdot \dfrac{V^2}{2g} = 0.058 \times \dfrac{2,000}{0.1} \times \dfrac{0.255^2}{2 \times 9.8}$

$\qquad\quad = 3.85[m]$

수동력 $L_w[W] = \gamma \dot{Q} H = S \gamma_w \dot{Q} H$

$L_w = 0.86 \times 9,800 \times \dfrac{0.12}{60} \times 3.85 = 65[W]$

15 섭씨 4도, $100kPa$의 물이 펌프를 통해 $3,000kg/h$의 유량으로 흘러 $500kPa$의 압력으로 분출될 때, 펌프의 축동력(kW)은 얼마인가? (펌프 효율= 70%) `25년`

① $0.36kW$
② $0.48kW$
③ $0.52kW$
④ $0.60kW$

[해설]

펌프의 양정 : $500 - 100 = 400[kPa]$

양정 단위 환산 : $400[kPa] \times \dfrac{10.332[m]}{101.325[kPa]}$
$= 40.79[m]$

축동력 $L_s = \dfrac{\gamma \dot{Q} H}{\eta} = \dfrac{\rho g \dot{Q} H}{\eta} = \dfrac{\dot{m} g H}{\eta}$
$= \dfrac{(3,000/3,600) \times 9.8 \times 40.79}{0.7}$
$= 475.88[W] = 0.48[kW]$

16 유량이 $0.6m^3/\min$일 때 손실수두가 $7m$인 관로를 통하여 $10m$ 높이 위에 있는 저수조로 물을 이송하고자 한다. 펌프의 효율이 90%라고 할 때 펌프에 공급해야 하는 전력은 몇 kW인가? `15년-4회`

① 0.45
② 1.85
③ 2.27
④ 136

[해설]

축동력 $L_s[W] = \dfrac{\gamma \dot{Q} H}{\eta_t}$

$H = H_h + H_f = 10 + 7 = 17[m]$

$L_s = \dfrac{9,800 \times 0.6 \times 17}{0.9} \times \dfrac{1[\min]}{60[s]} = 1,851[W]$

$\fallingdotseq 1.85[kW]$

17 그림과 같이 물탱크에서 $2m^2$의 단면적을 가진 파이프를 통해 터빈으로 물이 공급되고 있다. 송출되는 터빈은 탱크 내의 물 높이보다 $30m$ 아래에 위치하고, 유량은 $10m^3/s$이고 터빈효율이 80%일 때 터빈출력은 약 몇 kW인가? (단, 관 전체의 손실계수 K는 2로 가정한다) `08년-4회`

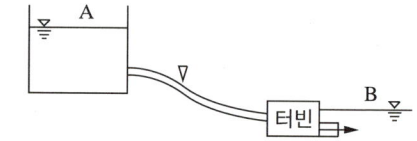

① 220
② 2,690
③ 2,152
④ 3,363

[해설]

$V = \dfrac{\dot{Q}}{A} = \dfrac{10}{2} = 5[m/s]$

관로손실 $\triangle H = K \times \dfrac{V^2}{2g} = 2 \times \dfrac{5^2}{2 \times 9.8} = 2.55[m]$

$H = H_h - H_f = 30 - 2.55 = 27.45[m]$

터빈출력$(L_T) = $ 입력$\times \eta_t = \gamma \dot{Q} H \times \eta_t$

$L_T[W] = 9,800 \times 10 \times 27.45 \times 0.8 = 2,152,080[W]$
$= 2,152[kW]$

25 상사법칙과 비속도

기출유형

회전속도 $1,000 rpm$일 때 송출량 $Q m^3/\min$, 전양정 Hm인 원심펌프가 상사한 조건에서 송출량이 $1.1 Q m^3/\min$가 되도록 회전속도를 증가시킬 때, 전양정은?

① $0.9H$
② H
③ $1.1H$
④ $1.21H$

[해설]

유량 상사법칙 $\dfrac{\dot{Q_2}}{\dot{Q_1}} = \dfrac{N_2}{N_1} \times \left(\dfrac{D_2}{D_1}\right)^3$ → 임펠러는 고정되어 있으므로 $D_2 = D_1$

$\dfrac{\dot{Q_2}}{\dot{Q_1}} = \dfrac{N_2}{N_1}$ → $N_2 = N_1 \times \dfrac{1.1\dot{Q_1}}{\dot{Q_1}}$, $N_2 = 1.1 N_1 = 1.1 \times 1,000 = 1,100 [rpm]$

양정 상사법칙을 적용하면 $\dfrac{H_2}{H_1} = \left(\dfrac{N_2}{N_1}\right)^2 \times \left(\dfrac{D_2}{D_1}\right)^2 \Rightarrow \dfrac{H_2}{H_1} = \left(\dfrac{1,100}{1,000}\right)^2 = 1.21$, $H_2 = 1.21 H_1$

| 정답 | ④

족집게 과외

❶ 상사법칙

구 분	내 용		
개 념	① 펌프의 능력(양정, 유량, 축동력)과 회전수, 임펠러 직경 사이의 관계를 나타내는 법칙 ② 회전수 또는 임펠러 직경이 증가할수록 유량, 양정, 동력도 증가함		
관계식	유량과의 관계	$\dfrac{\dot{Q_2}}{\dot{Q_1}} = \dfrac{N_2}{N_1} \times \left(\dfrac{D_2}{D_1}\right)^3$	N_1 : 변경 전 회전수 N_2 : 변경 후 회전수 D_1 : 변경 전 임펠러 직경 D_2 : 변경 후 임펠러 직경 ※ 첨자가 1인 경우 변경 전, 2인 경우 변경 후
	양정과의 관계	$\dfrac{H_2}{H_1} = \left(\dfrac{N_2}{N_1}\right)^2 \times \left(\dfrac{D_2}{D_1}\right)^2$	
	동력과의 관계	$\dfrac{L_2}{L_1} = \left(\dfrac{N_2}{N_1}\right)^3 \times \left(\dfrac{D_2}{D_1}\right)^5$	

※ 송풍기도 동일하게 적용한다.

❷ 비속도(=비교회전도)

구 분	내 용		
개 념	① 어떤 펌프의 기하학적으로 상사인 펌프가 단위 유량($1[m^3/min]$), 단위 양정($1[m]$)일 때의 회전수 ② 비속도 단위는 실제 비속도를 산출한 단위에 따라서 변경되나 일반적으로 $[rpm]$이 됨 → 엄밀히 따지면 비속도를 구할 때 사용된 단위를 나열하는 것이 원칙 $[rpm, m^3/min, m]$		
관계식	기본 비속도 (편흡입 단단펌프)	비속도 (양흡입 펌프)	비속도 (다단(n단)펌프)
	$N_s = \dfrac{N\sqrt{Q}}{H^{3/4}} = \dfrac{N \cdot \dot{Q}^{1/2}}{H^{3/4}}$	$N_s = \dfrac{N\sqrt{\dot{Q}/2}}{H^{3/4}}$	$N_s = \dfrac{N\sqrt{Q}}{(H/n)^{3/4}}$
송풍기 비속도	$N_s = \dfrac{N\sqrt{Q}}{H^{3/4}} = \dfrac{N\sqrt{Q}}{(P/\gamma)^{3/4}} = \dfrac{N\sqrt{Q}}{(P/\rho g)^{3/4}}$ ∴ P : 전압$[Pa]$		

❸ 유체기계의 직렬 및 병렬연결

직 렬	펌프를 직렬로 연결한 것으로 유량은 그대로, 양정은 N배가 됨	※ N : 펌프의 댓수
병 렬	펌프를 병렬로 연결한 것으로 양정은 그대로, 유량은 N배가 됨	※ N : 펌프의 댓수

정답 01 ③ 02 ② 03 ③ 04 ③

기출유형 완성하기

01 원심식 송풍기에서 회전수를 변화시킬 때 동력 변화를 구하는 식으로 맞는 것은?
(단, 변화 전후의 회전수는 각각 N_1, N_2, 동력은 L_1, L_2이다) 〔19년-1회〕

① $L_2 = L_1 \times \left(\dfrac{N_1}{N_2}\right)^3$

② $L_2 = L_1 \times \left(\dfrac{N_1}{N_2}\right)^2$

③ $L_2 = L_1 \times \left(\dfrac{N_2}{N_1}\right)^3$

④ $L_2 = L_1 \times \left(\dfrac{N_2}{N_1}\right)^2$

해설

동력 상사법칙 $\dfrac{L_2}{L_1} = \left(\dfrac{N_2}{N_1}\right)^3 \times \left(\dfrac{D_2}{D_1}\right)^5$

특정 송풍기를 회전시키므로 $D_2 = D_1$

회전수에 따른 동력의 변화 $L_2 = L_1 \times \left(\dfrac{N_2}{N_1}\right)^3$

02 유량이 $2\,m^3/\min$인 5단의 다단펌프가 2,000 rpm의 회전으로 $50m$의 양정이 필요하다면 비속도($m^3/\min$, rpm, m)는? 〔13년-1회〕

① 403
② 503
③ 425
④ 525

해설

다단펌프의 비속도 $N_s = \dfrac{N\sqrt{Q}}{(H/n)^{3/4}} = \dfrac{N \cdot Q^{1/2}}{(H/n)^{3/4}}$

$N_s = \dfrac{N\sqrt{Q}}{(H/n)^{3/4}} = \dfrac{2{,}000 \times \sqrt{2}}{(50/5)^{3/4}} = 503$

03 동일한 성능의 두 펌프를 직렬 또는 병렬로 연결하는 경우의 주된 목적은? 〔25년〕

① 직렬 : 유량 증가, 병렬 : 양정 증가
② 직렬 : 유량 증가, 병렬 : 유량 증가
③ 직렬 : 양정 증가, 병렬 : 유량 증가
④ 직렬 : 양정 증가, 병렬 : 양정 증가

해설

유체기계의 직렬연결은 양정이 증가하고 병렬연결은 유량이 증가한다.

04 원심 팬이 $1{,}700\,rpm$으로 회전할 때의 전압은 $155\,mmAq$, 풍량은 $240\,m^3/\min$이다. 이 팬의 비교회전도는? (단, 공기의 밀도는 $1.2\,kg/m^3$이다) 〔03년-1회〕

① 502
② 652
③ 687
④ 827

해설

송풍기 비속도

$N_s = \dfrac{N\sqrt{Q}}{H^{3/4}} = \dfrac{N\sqrt{Q}}{(P/\gamma)^{3/4}} \fallingdotseq \dfrac{N\sqrt{Q}}{(P/\rho g)^{3/4}}$

$P = 155[mmAq] \times 9.8[Pa/mmAq] = 1{,}519[Pa]$

$N_s = \dfrac{1{,}700 \times \sqrt{240}}{(1{,}519/1.2 \times 9.8)^{3/4}} = 687.37$

기출유형 완성하기

🔒 정답 05 ④ 06 ② 07 ③ 08 ④

05 원심펌프의 비속도(n_2)를 표현한 식으로 맞는 것은? (단, Q는 유량, N은 펌프의 분당 회전수, H는 전양정) 〔06년-2회〕

① $n_2 = \dfrac{N\sqrt{H}}{Q^{3/4}}$

② $n_2 = \dfrac{N\sqrt{Q}}{H^{4/3}}$

③ $n_2 = \dfrac{Q\sqrt{N}}{H^{3/4}}$

④ $n_2 = \dfrac{N\sqrt{Q}}{H^{3/4}}$

해설

펌프 비속도 $N_s = \dfrac{N\sqrt{Q}}{H^{3/4}} = \dfrac{N \cdot Q^{1/2}}{H^{3/4}}$

06 다음 중 펌프를 직렬 운전해야 할 상황으로 가장 적절한 것은? 〔17년-1회〕

① 유량의 변화가 크고 1대로는 유량이 부족할 때
② 소요되는 양정이 일정하지 않고 크게 변동될 때
③ 펌프에 폐입 현상이 발생할 때
④ 펌프에 무구속속도(run away speed)가 나타날 때

해설

펌프의 직렬연결은 **양정**과 관련이 있다.
※ 폐입현상=캐비테이션
※ 무구속속도=무부하 회전속도

07 펌프의 상사설을 유지하면서 회전수는 변함없이 직경을 두 배로 증가시킬 때의 설명으로 틀린 것은? 〔08년-1회〕

① 유량은 8배로 증가한다.
② 수두는 4배로 증가한다.
③ 동력은 16배로 증가한다.
④ 효율은 변함없다.

해설

회전수는 변함이 없으므로 $N_2 = N_1$ 이다.
임펠러 직경에 따른 유량의 변화
→ $\dot{Q}_2 = \dot{Q}_1 \times \left(\dfrac{D_2}{D_1}\right)^3 = \dot{Q}_1 \times \left(\dfrac{2}{1}\right)^3 = 8 \times \dot{Q}_1$

임펠러 직경에 따른 수두(양정)의 변화
→ $H_2 = H_1 \times \left(\dfrac{D_2}{D_1}\right)^2 = \dot{Q}_1 \times \left(\dfrac{2}{1}\right)^2 = 4 \times H_1$

임펠러 직경에 따른 동력의 변화
→ $L_2 = L_1 \times \left(\dfrac{D_2}{D_1}\right)^5 = L_1 \times \left(\dfrac{2}{1}\right)^5 = 32 \times L_1$

08 회전속도 $800\,rpm$, 송출량 $9\,m^3/\min$, 전양정 $16\,m$인 원심펌프가 있다. 비속도가 동일한 펌프가 송출량 $27\,m^3/\min$, 전양정 $4\,m$일 때 펌프의 회전속도는 약 몇 rpm인가? 〔09년-2회〕

① 137.2
② 142.7
③ 154.2
④ 163.3

해설

펌프(1)의 비속도
$N_s = \dfrac{N\sqrt{Q}}{H^{3/4}} = \dfrac{800 \times \sqrt{9}}{16^{3/4}} = 300[rpm]$

펌프(2)의 회전속도
$N = \dfrac{N_s \times H^{3/4}}{\sqrt{Q}} = \dfrac{300 \times 4^{3/4}}{\sqrt{27}} = 163.3[rpm]$

정답 09 ④ 10 ② 11 ① 12 ①

기출유형 완성하기

09 성능이 같은 3대의 펌프를 병렬로 연결하였을 경우 양정과 유량은 얼마인가? (단, 펌프 1대에서 유량은 Q, 양정은 H라고 한다) `18년-1회`

① 유량은 $9Q$, 양정은 H
② 유량은 $9Q$, 양정은 $3H$
③ 유량은 $3Q$, 양정은 $3H$
④ 유량은 $3Q$, 양정은 H

해설

병렬로 연결할 경우 유량은 $N \times \dot{Q}$, 양정은 변화가 없으므로, 펌프가 3대이면 $3\dot{Q}, H$가 된다.

10 회전속도 $N rpm$일 때 송출량 $Q m^3/\min$, 전양정 $H m$인 원심펌프를 상사한 조건에서 회전속도를 $1.4N rpm$으로 바꾸어 작동할 때 유량 및 전양정은? `11년-1회`

① $1.4Q$, $1.4H$
② $1.4Q$, $1.96H$
③ $1.96Q$, $1.4H$
④ $1.96Q$, $1.96H$

해설

임펠러는 변함이 없으므로 $D_2 = D_1$
회전수에 따른 유량의 변화
→ $\dot{Q}_2 = \dot{Q}_1 \times \dfrac{N_2}{N_1} = \dot{Q}_1 \times 1.4 = 1.4 \times \dot{Q}_1$

회전수에 따른 수두(양정)의 변화
→ $H_2 = H_1 \times \left(\dfrac{N_2}{N_1}\right)^2 = \dot{Q}_1 \times (1.4)^2 = 1.96 \times H_1$

11 원심펌프임펠러의 직경을 1/2로 줄였을 때 동일한 회전수에서 필요한 축동력은 기존 축동력의 몇 배가 되는가? `25년`

① $\dfrac{1}{32}$
② $\dfrac{1}{8}$
③ $\dfrac{1}{4}$
④ $\dfrac{1}{2}$

해설

임펠러 직경에 따른 동력의 변화
$L_2 = L_1 \times \left(\dfrac{D_2}{D_1}\right)^5 = L_1 \times \left(\dfrac{1/2}{1}\right)^5 = \dfrac{1}{32} \times L_1$

12 양정 $220m$, 유량 $0.025 m^3/s$, 회전수 $2,900 rpm$인 4단 원심펌프의 비교회전도(비속도) $[m^3/\min, m, rpm]$는 얼마인가? `25년`

① 176
② 167
③ 45
④ 23

해설

다단펌프의 비속도 $N_s = \dfrac{N\sqrt{Q}}{(H/n)^{3/4}} = \dfrac{N \cdot \dot{Q}^{1/2}}{(H/n)^{3/4}}$

$N_s = \dfrac{N\sqrt{Q}}{(H/n)^{3/4}} = \dfrac{2,900 \times \sqrt{0.025 \times 60}}{(220/4)^{3/4}} = 176$

CHAPTER 25 | 상사법칙과 비속도

기출유형 완성하기　　　　　　　　　🔒 정답　13 ④

13 토출량과 토출압력이 각각 $Q[L/\min]$, $P[kPa]$이고 특성곡선이 서로 같은 두 대의 소화펌프를 병렬연결하여 두 펌프를 동시 운전하였을 경우 총 토출량과 총 토출압력은 각각 어떻게 되는가? (단, 토출 측 배관의 마찰손실은 무시한다)

〔12년-2회〕

① 총 토출량 : $Q[L/\min]$, 총 토출압력 : $P[kPa]$
② 총 토출량 : $2Q[L/\min]$, 총 토출압력 : $2P[kPa]$
③ 총 토출량 : $Q[L/\min]$, 총 토출압력 : $2P[kPa]$
④ 총 토출량 : $2Q[L/\min]$, 총 토출압력 : $P[kPa]$

해설

병렬로 연결할 경우 유량은 $N \times \dot{Q}$, 양정은 변화가 없으므로 펌프가 2대이면 $2\dot{Q}$, H 또는 $2\dot{Q}$, P가 된다.

26 펌프에서의 제현상(공동현상, 맥동현상, 수격현상)

기출유형

물의 온도에 상응하는 증기압보다 낮은 부분이 발생하면 물은 증발되고 물속에 있던 공기와 물이 분리되어 기포가 발생하는 펌프의 현상은?

<small>19년-2회</small>

① 피드백(Feed Back)
② 서징현상(Surging)
③ 공동현상(Cavitation)
④ 수격작용(Water Hammering)

해설

펌프가 동작하면 진공압이 형성되는데, 이때 형성된 증기압에 의해 흡입배관의 압력이 낮아지게 된다. 이때 낮아진 압력이 물의 증기압(=포화증기압)보다 낮아지면 물이 비등되고 물속에 있던 용존기체들이 분리되어 기포가 발생하는 현상을 공동현상이라 한다.

| 정답 | ③

족집게 과외

❶ 공동현상(=캐비테이션, Cavitation)

구 분	내 용		
개 념	① 펌프 흡입 측 배관 내의 압력이 국부적으로 포화증기압 이하로 내려가 물이 비등하는 현상 ② 기포가 발생되어 펌프가 손상될 수 있음(액체에서만 발생) ③ $NPSH_{av} < NPSH_{re}$ 일 때 발생함		
$NPSH$ $[m]$	$NPSH_{av}$ $[m]$	'유효흡입양정'으로 펌프의 흡입 측에 가해질 수 있는 수두 값 ※ 일반적으로 $NPSH$를 물어보면 $NPSH_{av}$를 물어보는 것	
		$NPSH_{av} = \dfrac{P_a}{\gamma} \pm H_h - H_f - \dfrac{P_v}{\gamma}$	∴ Pa : 대기압$[Pa]$, H_f : 마찰손실수두$[m]$ ∴ P_v : 포화증기압$[Pa]$, γ : 유체의 비중량$[N/m^3]$ ∴ H_h : 수면~펌프 임펠러 중심부와의 높이차 → 수면 H>펌프 H="+", 수면 H<펌프 H="−" 적용
		※ 문제 조건에 흡입양정으로 나온다면 수조 흡입구가 해당 양정만큼 펌프보다 낮다는 것	
	$NPSH_{re}$ $[m]$	'필요흡입양정'으로 펌프 내부에서 발생하는 손실수두	$NPSH_{re} = \left(\dfrac{N\sqrt{Q}}{N_s}\right)^{\frac{4}{3}}$
대 책	※ 흡입 측 배관의 압력을 올려야 한다는 점을 기억한다($NPSH_{av}$↑). ① 수원의 높이를 높이기(펌프보다) ② 마찰손실을 적게 하기(유속↓, 유량↓, 관경↑, 양흡입) ③ 포화증기압을 낮게 하기(수온↓)		

❷ 맥동현상(=서징현상, Surging)

구 분	내 용
개 념	① 펌프의 운전 중에 압력과 유량이 주기적으로 변동이 발생하는 현상 ② 펌프 입·출구에 설치된 진공계, 압력계, 연성계 등의 지침이 흔들림

❸ 수격현상(=Water Hammering)

구 분	내 용
개 념	① 유체가 흐르다가 밸브의 폐쇄 또는 펌프의 정지 등으로 인해 급격한 유속변화가 발생하는 경우 유속변화에 해당하는 운동에너지가 압력에너지로 전환되며 충격파가 발생하는 현상 ② 관로, 부속, 장비 등의 파손이 발생할 수 있음
	급격히 정지되어 속도가 $V_1 \to V_2 (=0)$로 변경되는 경우를 살펴보면 베르누이 방정식에 의해 $\dfrac{\rho V_1^2}{2} + P_1 + Z_1\gamma = \dfrac{\rho V_2^2}{2} + P_2 + Z_2\gamma \Rightarrow \dfrac{\rho}{2}(V_1^2 - V_2^2) = P_2 - P_1 = \triangle P$ 속도차이만큼 압력차가 발생함
대 책	① 유속을 느리게(관경을 크게) ② 밸브 등의 개방 또는 폐쇄를 천천히 ③ 플라이휠, 서지탱크, 에어챔버, 수격방지기 설치

정답 01 ④ 02 ③ 03 ④ 04 ④ 05 ③

기출유형 완성하기

01 펌프의 흡입양정이 $4m$이고 흡입관로의 손실수두가 $2m$일 때 $NPSH$는 약 몇 m인가? (단, 수면은 표준대기압($101.3\,kPa$) 상태이고, 이때의 포화수증기압은 $3,300\,Pa$이다) `03년-1회`

① 10
② 2
③ 6
④ 4

해설

$$NPSH_{av} = \frac{P_a}{\gamma} \pm H_h - H_f - \frac{P_v}{\gamma}$$
$$= \frac{101,300}{9,800} - 4 - 2 - \frac{3,300}{9,800} = 4\,[m]$$

02 온도가 T인 유체가 정압이 P인 상태로 관속을 흐를 때 공동현상이 발생하는 조건으로 가장 적절한 것은? (단, 유체의 온도 T에 해당하는 포화압력은 P_s라 한다) `15년-4회`

① $P > P_s$
② $P > 2 \times P_s$
③ $P < P_s$
④ $P < 2 \times P_s$

해설

공동현상은 흡입관 배관 내의 압력(정압)이 유체의 온도 T에 해당하는 포화증기압보다 낮아질 경우에 발생한다.

03 배관 내에 흐르는 물이 수격현상(water hammer)을 일으키는 수가 있는데 이를 적게 하기 위하여 취하는 방법이 아닌 것은? `03년-4회`

① 관 내의 유속을 낮게 한다.
② 펌프에 플라이휠(fly wheel)을 설치한다.
③ surge tank를 설치한다.
④ 흡수양정을 작게 한다.

해설

④ 흡수양정은 수격현상과 무관하다(공동현상 대책).
① 유속을 낮추면 $V_1 \downarrow \propto \triangle V \downarrow \propto \triangle P \downarrow$
② 플라이휠은 관성에 의해 속도변화를 감소시킨다.
③ 서지탱크는 급격한 압력변화를 흡수한다.

04 다음 중 캐비테이션 방지책으로 잘못된 것은? `25년`

① 펌프의 설치높이를 될 수 있는 대로 낮춘다.
② 양흡입 펌프를 사용한다.
③ 회전차를 수중에 완전히 잠기게 한다.
④ 펌프의 회전수를 높게 한다.

해설

펌프의 회전수를 높이게 되면 유체의 속도가 증가하므로 배관 내의 압력이 저하된다.

05 펌프 입구의 연성계 및 출구의 압력계 지침이 흔들리고 송출유량도 주기적으로 변화하는 이상현상은? `05년-1회`

① 공동현상(Cavitation)
② 수격작용(Water Hammering)
③ 맥동현상(Surging)
④ 언밸런스(Unbalance)

해설

맥동현상은 지침이 흔들리고 송출유량, 압력 등이 주기적으로 변화하는 현상이다.

기출유형 완성하기

🔒 정답 06 ② 07 ① 08 ④ 09 ①

06 펌프의 캐비테이션(cavitation) 현상에 대한 설명으로 옳은 것은? `25년`

① 펌프 토출 측 압력이 대기압보다 높을 때 기포가 발생하는 현상이다.
② 펌프 흡입 측 압력이 액체의 증기압 이하로 낮아질 때 기포가 발생하는 현상이다.
③ 펌프의 회전속도가 느릴수록 발생하기 쉽다.
④ 캐비테이션은 펌프 효율을 높이고 임펠러의 수명을 증가시키는 현상이다.

해설
캐비테이션이란 펌프 흡입 측 배관 내의 압력이 국부적으로 **포화증기압 이하**로 내려가 **물이 비등(기포 발생)**하는 현상이다.

07 물이 파이프 속을 꽉 차서 흐를 때, 정전 등의 원인으로 유속이 급격히 변하면서 물에 심한 압력변화가 생기고 큰 소음이 발생하는 현상을 무엇이라 하는가? `06년-1회`

① 수격작용
② 서어징
③ 캐비테이션
④ 실 속

해설
급격한 유속변화(정지) 시 운동에너지가 압력에너지로 변화하면서 발생된 충격파가 소음을 발생시킨다.

08 공동현상(cavitation) 발생원인과 가장 관계가 없는 것은? `06년-2회`

① 펌프의 흡입수두가 클 때
② 관 내의 수온이 높을 때
③ 관 내의 물의 정압이 그때의 증기압보다 낮을 때
④ 펌프의 설치위치가 수원보다 낮을 때

해설
펌프의 설치위치가 수원보다 낮은 경우에는 낙차에 의해 펌프 흡입구에 압력이 상승하므로 공동현상에 대한 대책이 된다(압력 저하 시 발생).

09 물을 펌핑하고 있는 어느 수평 회전축 원심펌프에서 흡입구 측에 설치된 진공계가 $460\,mmHg$를 가리키고 있었다면 이 펌프의 이론 흡입양정은 몇 m인가? (단, 표준대기압 상태이며, 수은의 비중은 13.6이다) `07년-2회`

① 6.25
② 5.24
③ 4.07
④ 3.28

해설
펌프 흡입 측에 가해지는 진공압력 $460[mmHg]$을 수두로 변환하면
$H = \dfrac{460[mmHg]}{760[mmHg]} \times 10.332[mAq] = 6.25[m]$
이론 흡입양정은 진공계에 측정된 진공압력이 이론적으로 흡입할 수 있는 최대 흡입양정이 된다(포화증기압, 손실 무시).

정답 10 ① 11 ④ 12 ②

기출유형 완성하기

10 물의 압력파에 의한 수격작용을 방지하기 위한 방법 중 적합하지 않은 것은? `11년-2회`

① 관로 내의 관경을 축소시킨다.
② 관로 내 유체의 유속을 축소시킨다.
③ 수격방지기를 설치한다.
④ 펌프의 속도가 급격히 변화하는 것을 방지한다.

해설
수격작용의 원인은 급격한 속도변화이다. 즉, 기존 속도에서 정지 후 속도의 차이가 클 경우로 관로의 관경을 축소시키면 $\dot{Q}=A \times V$로 관경이 작아지면 최초의 속도가 커지므로 수격작용이 심해진다.

11 펌프 및 송풍기에서 발생하는 현상을 잘못 설명한 것은? `13년-1회`

① 캐비테이션은 압력이 낮은 부분에서 발생할 수 있다.
② 캐비테이션이나 수격작용은 펌프나 배관을 파괴하는 경우도 있다.
③ 송풍기의 운전 중 송출압력과 유량이 주기적으로 변화하는 현상을 서징이라 한다.
④ 송풍기에서 캐비테이션의 발생으로 회전차의 수명이 단축될 수 있다.

해설
캐비테이션은 액체의 비등에 의해 발생하므로 기체를 다루는 송풍기에서는 발생할 수 없다.

12 다음 (ㄱ), (ㄴ)에 알맞은 것은? `20년-1·2회`

> 파이프 속을 유체가 흐를 때 파이프 끝의 밸브를 갑자기 닫으면 유체의 (ㄱ)에너지가 압력으로 변화되면서 밸브 직전에서 높은 압력이 발생하고 상류로 압축파가 전달되는 (ㄴ) 현상이 발생한다.

① (ㄱ) 운동, (ㄴ) 서징
② (ㄱ) 운동, (ㄴ) 수격작용
③ (ㄱ) 위치, (ㄴ) 서징
④ (ㄱ) 위치, (ㄴ) 수격작용

해설
급격한 유속변화(정지) 시 운동에너지가 압력에너지로 변화하면서 충격파가 발생되는 현상을 수격현상이라고 한다.

기출유형 완성하기

정답 13 ①

13 수조바닥보다 $5m$ 높은 곳에서 작동하는 소방펌프의 흡입 측에 설치된 진공계가 $280 mmHg$를 가리키고 있다. 이때 수조 내 수면의 높이는 약 몇 m인가? (단, 흡입관에서의 마찰손실은 무시한다) `10년-2회`

① 1.2
② 2.8
③ 3.2
④ 4.0

해설

펌프 흡입 측에 가해지고 있는
진공압력 $280[mmHg]$을 절대압력으로 변환하면
대기압−진공압력 $= 760 - 280 = 480[mmHga]$
수두로 변경하면
$H = \dfrac{480[mmHg]}{760[mmHg]} \times 10.332[mAq] = 6.525[m]$
조건에 의해 마찰손실은 무시하므로 수조의 바닥을 기준으로 $NPSH_{av}$를 구하면
$NPSH_{av} = \dfrac{P_a}{\gamma} \pm H_h = 10.332 - 5 = 5.332[m]$
실제 펌프 흡입 측에 가해지는 압력은 $6.525[m]$이므로 수조바닥으로부터 수면의 높이는
$6.525 - 5.332 ≒ 1.2[m]$

27 비열, 비열비, 현열, 잠열

기출유형

열역학 관련 설명 중 틀린 것은?　　　　　　　　　　　　　　　　　　　　21년-4회

① 삼중점에서는 물체의 고상, 액상, 기상이 공존한다.
② 압력이 증가하면 물의 끓는점도 높아진다.
③ 열을 완전히 일로 변환할 수 있는 효율이 100%인 열기관은 만들 수 없다.
④ 기체의 정적비열은 정압비열보다 크다.

해설
기체의 정적비열은 항상 정압비열보다 작다.

|정답| ④

족집게 과외

❶ 비열, 비열비, 현열, 잠열

구분		내용
비열 [C]	개념	어떤 물질 1[g]의 온도를 1[℃] 올리는 데 필요한 열량(J) [J/g·℃] ※ 물의 비열 : 4.18[J/g·℃]=1[cal/g·℃] 단위에 주의할 것 [J, kJ, g, kg]
	기체	① 기체의 경우에는 온도가 변화하면 부피가 팽창함에 따라 비열이 2가지로 구분됨 ② 일반적으로 말하는 기체의 비열은 '정압비열'을 말함 ③ 정압비열은 항상 정적비열보다 기체상수[R]만큼 큼 → $C_P - C_V = R$
	정압비열 $[C_P]$	① 압력이 일정한 상태에서의 비열을 의미함 ② 기체의 부피팽창에 에너지를 소모함에 따라 온도 상승이 상대적으로 적음
	정적비열 $[C_V]$	① 체적이 일정한 상태에서의 비열을 의미함 ② 부피가 일정한 상태의 비열로서 정압비열보다 항상 작은 값을 가짐
비열비 [k]		① 정압비열과 정적비열의 비를 말함 ② $k = \dfrac{C_P}{C_V}$ 로 정압비열은 항상 정적비열보다 크므로 비열비는 항상 1보다 큰 값을 가짐
개념도		T(온도) 그래프: 얼음 → 얼음+물 (0℃) → 물 → 물+수증기 (100℃) → 수증기 q_S : 2.1×△T / 0.5×△T q_L : 335J/g / 80cal/g q_S : 418J/g / 100cal/g q_L : 2,257J/g / 539cal/g q_S : 1.85×△T / 0.441×△T
현열 $[q_S]$		① 어떤 물질이 상변화 없이 온도를 변화시키는 데 필요한 열량 ② 물의 경우 0~100℃ 사이의 온도를 변화시키는 데 필요한 열은 현열 ③ $q_S = m \times C \times (T_2 - T_1)$
잠열 $[\gamma_o]$		① 어떤 물질이 온도변화 없이 상을 변화시키는 데 필요한 열량 ② 얼음(고체)↔물(액체), 또는 물(액체)↔수증기(기체)로 변화하는 데 필요한 열량 ③ 물은 100℃에서 액체(물)로도, 기체(수증기)로도 존재가 가능한데, 이때 같은 온도에서 상변화에 필요한 열량 ※ 물의 잠열(=기화열) : 2,257[J/g]=539[cal/g] 총 잠열량 $q_L = m \times \gamma_o$

정답 01 ① 02 ③ 03 ② 04 ④ 05 ②

기출유형 완성하기

01 물질의 온도변화 형태로 나타나는 열에너지는 무엇인가? `15년-2회`

① 현 열
② 잠 열
③ 비 열
④ 증발열

해설
물체에 열을 가했을 때 상변화 없이 온도변화로 작용하는 열에너지를 현열이라고 한다.

02 다음 비열에 대한 설명 중 틀린 것은? `03년-1회`

① 정적비열은 체적이 일정하게 유지되는 동안 온도에 대한 내부에너지 변화율이다.
② 정압비열을 정적비열로 나눈 것이 비열비이다.
③ 비열비는 일반적으로 1보다 크나 1보다 작은 물질도 있다.
④ 정압비열은 압력이 일정하게 유지될 때 온도에 대한 엔탈피 변화율이다.

해설
정압비열은 항상 정적비열보다 크므로 비열비는 항상 1보다 크다.

03 CO $5kg$을 일정한 압력하에 $25℃$에서 $60℃$로 가열하는 데 필요한 열량은 몇 kJ인가? (단, 정압비열은 $0.837kJ/kg℃$ 이다) `03년-2회`

① 105
② 146
③ 251
④ 356

해설
상변화 없이 온도만 변화하므로,
현열 $q_S = m \times C \times (T_2 - T_1)$
$q_S = 5 \times 0.837 \times (60-25) = 146[kJ]$

04 $10kW$의 전열기를 3시간 사용하였다. 전 방열량은 몇 kJ인가? `11년-1회`

① 12,810
② 16,170
③ 25,800
④ 108,000

해설
$10[kW] = 10[kJ/s]$

방열량 $Q = 10[kJ/s] \times 3[h] \times \dfrac{3,600[s]}{1[h]} = 108,000[kJ]$

05 물의 성질에 대한 설명으로 틀린 것은? `08년-1회`

① $0℃$의 얼음 $1g$이 $0℃$의 액체 물로 변하는 데 필요한 용융열은 약 $80 cal/g$이다.
② $20℃$의 물 $1g$을 $100℃$까지 가열하는 데 $60 cal$의 열이 필요하다.
③ $100℃$의 액체 물 $1g$을 $100℃$의 수증기로 만드는 데 필요한 증발잠열은 약 $539 cal/g$이다.
④ 대기압하에서 $100℃$의 물이 액체에서 수증기로 바뀌면 체적은 1,600배 정도 증가한다.

해설
물을 가열하는 데 필요한 열은 현열이므로
현열 $q_S = m \times C \times (T_2 - T_1)$
$q_S = 1[g] \times 1[cal/g \cdot ℃] \times (100-20)[℃] = 80[cal]$

기출유형 완성하기

정답 06 ② 07 ③ 08 ④ 09 ③

06 이상기체의 정압비열 C_p와 정적비열 C_v의 관계식으로 옳은 것은? (단, R은 기체상수이다)
`08년-4회`

① $C_v - C_p = R$
② $C_p - C_v = R$
③ $C_p = C_v$
④ $C_p < C_v$

해설
정압비열은 항상 정적비열보다 기체상수만큼 크므로, $C_p - C_v = R$이 된다.

07 대기압하에서 10℃의 물 $2kg$이 전부 증발하여 100℃의 수증기로 되는 동안 흡수되는 열량(kJ)은 얼마인가? (단, 물의 비열은 4.2 $kJ/kg \cdot K$, 기화열은 $2,250kJ/kg$이다)
`20년-3회`

① 756
② 2,638
③ 5,256
④ 5,360

해설
$Q_T = q_S + q_L$
$q_S = m \times C \times (T_2 - T_1) = 2 \times 4.2 \times (100 - 10) = 756[kJ]$
$q_L = m \times \gamma_o = 2 \times 2,250 = 4,500[kJ]$
$Q_T = 756 + 4,500 = 5,256[kJ]$

08 다음 중 증발잠열(KJ/kg)이 가장 큰 것은?
`14년-1회`

① 질소
② 할론 1301
③ 이산화탄소
④ 물

해설
소화수로 물을 사용하는 이유는 증발잠열 및 비열(현열)이 크기 때문이다. 대부분 잠열 및 현열의 비교 문제에서 물이 나오는 경우 물이 정답이다.

증발잠열
- 질소 : 약 $200[kJ/kg]$
- 할론 1301 : 약 $119[kJ/kg]$
- 이산화탄소 : 약 $350[kJ/kg]$
- 물 : $2,257[kJ/kg]$

09 물을 개방된 용기에 넣고 대기압하에서 계속 열을 가하여도 액체의 물이 남아 있는 한 물의 온도가 100℃ 이상 온도가 올라가지 않는 것과 가장 관계가 있는 것은?
`10년-1회`

① 공급된 열이 모두 물의 내부에너지로 저장되기 때문이다.
② 공급되는 열, 물의 온도 및 주위 온도와의 사이에서 열이 평형상태에 있기 때문이다.
③ 물이 100℃에서 비등하기 때문이다.
④ 공급되는 열량이 100℃에서 한계에 도달하였기 때문이다.

해설
물은 대기압하에서 100℃에서 상변화(비등)가 발생한다. 즉, 상변화를 위해 잠열이 사용되므로 온도가 상승하지 않는다.

정답 10 ④ 11 ③ 12 ② 13 ①

10. 비열에 대한 다음 설명 중 틀린 것은?
[18년-1회]

① 정적비열은 체적이 일정하게 유지되는 동안 온도변화에 대한 내부에너지 변화율이다.
② 정압비열을 정적비열로 나눈 것이 비열비이다.
③ 정압비열은 압력이 일정하게 유지될 때 온도변화에 대한 엔탈피 변화율이다.
④ 비열비는 일반적으로 1보다 크나 1보다 작은 물질도 있다.

해설
모든 물질의 비열비는 항상 1보다 크다.

11. −15℃ 얼음 $10g$을 100℃의 증기로 만드는 데 필요한 열량은 몇 kJ인가? (단, 얼음의 융해열은 $335kJ/kg$, 물의 증발잠열은 $2,256kJ/kg$, 얼음의 평균비열은 $2.1kJ/kg·K$이고, 물의 평균비열은 $4.18kJ/kg·K$이다)
[22년-1회]

① 7.85
② 27.1
③ 30.4
④ 35.2

해설
얼음의 현열량 $q_{S1} = 10 \times 2.1 \times [0-(-15)] = 315[J]$
얼음의 잠열량(융해열)
$q_{L1} = m \times \gamma_o = 10 \times 335 = 3,350[J]$
물의 현열량 $q_{S2} = 10 \times 4.18 \times (100-0) = 4,180[J]$
물의 잠열량(기화열)
$q_{L2} = m \times \gamma_o = 10 \times 2,256 = 22,560[J]$
총 열량 $Q_T = q_{S1} + q_{L1} + q_{S2} + q_{L2}$
$Q_T = 315 + 3,350 + 4,180 + 22,560 = 30,405[J]$
$= 30.4[kJ]$

※ 단위에 주의하여 문제 풀이할 것!
해당 풀이는 kJ/kg을 전부 J/g로 변환하여 풀이하였다.

12. 용량이 $500W$인 전열기로 $2kg$의 물을 10℃에서 100℃까지 가열하는 경우 전열기의 발생열 중 45%가 유효하게 이용된다면 가열에 필요한 시간은 몇 분인가? (단, 물의 평균비열은 $4.18 kJ/kg·K$이다)
[08년-1회]

① 57.2
② 55.7
③ 53.1
④ 51.2

해설
물을 가열하는 데 필요한 현열량
$q_S = m \times C \times (T_2 - T_1) = 2 \times 4.18 \times (100-10)$
$= 752.4[kJ]$
전열기로 물을 실제로 가열하는 열량
$Q_{실제} = Q_R \times \eta = 500 \times 0.45 = 225[W] = 225[J/s]$
가열하는 데 소요되는 시간$[t]$
$t[s] = \dfrac{q_S}{Q} = \dfrac{752.4 \times 10^3[J]}{225[J/s]} = 3,344[s]$
$t[\min] = 3,344 \times \dfrac{1[\min]}{60[s]} = 55.7[\min]$

13. 이상기체의 정압비열이 $29 J/mol·K$이고 일반기체상수가 $8.314 J/mol·K$일 때 정적비열의 값은 얼마인가?
[25년]

① $20.7 J/mol·K$
② $21.6 J/mol·K$
③ $22.8 J/mol·K$
④ $23.5 J/mol·K$

해설
정압비열과 정적비열의 관계는 $C_P - C_V = R$이므로
정적비열 $C_V = C_P - R = 29 - 8.314$
$= 20.67[J/mol·K]$

28 열역학 법칙

기출유형

다음은 어떤 열역학 법칙을 설명한 것인가?   `11년-1회`

> 열은 그 스스로 저열원체에서 고열원체로 이동할 수 없다.

① 열역학 제0법칙
② 열역학 제1법칙
③ 열역학 제2법칙
④ 열역학 제3법칙

해설

열은 고열원체에서 저열원체로 이동하며 스스로는 저열원체에서 고열원체로 돌아갈 수 없다는 것은 열역학 제2법칙을 의미한다.

※ 비가역과정 : 계가 어떤 과정을 통해 변화했을 때 스스로 원래 상태로 되돌아갈 수 없는 과정

| 정답 | ③

> **족집게 과외**

❶ 열역학 법칙

구 분	내 용
열역학 제0법칙	① 열적 평형 상태(온도가 같은 상태)에 대한 법칙 ② 어떤 계에서 물체 A와 B가 열적평형이고, B와 C가 열적 평형이면 A와 C도 열적평형상태 ③ 즉, 온도계로 온도를 측정하는 원리가 됨(온도계와 해당 물질의 열적평형)
열역학 제1법칙	① 에너지 보존법칙을 의미 ② 계로 전달된 열은 계가 한 일과 계의 에너지 증가의 합과 같음(=엔탈피와 연관) ③ '열↔일'은 서로 변환이 가능한 가역과정
열역학 제2법칙	① 에너지는 높은 곳에서 낮은 곳으로 흐르는 방향을 설명하는 법칙 ② 열에너지는 온도가 높은 곳에서 낮은 곳으로 흐르고, 스스로 반대로는 돌아갈 수 없음(비가역) ③ 엔트로피랑 연관이 있음
열역학 제3법칙	자연계에서는 절대온도 $0[K]$에 도달할 수 없음

❷ 상태량

구 분	내 용	
엔탈피 $[H]$	① 물질이 보유하는 열에너지와 그 물질이 일을 수행할 수 있는 능력인 기계적 에너지를 포함한 에너지를 엔탈피라고 함 ② 내부에너지는 온도만의 함수(온도와 비례관계)	
	$H = U + PV$	∴ H : 엔탈피$[kJ]$, U : 내부에너지$[J]$ P : 압력$[Pa]$, V : 체적$[m^3]$, PV : $W(=일)[J]$
	계가 받은 열(Q)과 계에게 해준 일(W)의 합을 계의 에너지 변화량($\triangle U$)이라 함	$\triangle U = Q + W$ ※ 계가 방열하거나 일을 하는 경우 '−'값을 가짐
엔트로피 $[S]$	어떤 물체가 절대온도 T에서 미소열량을 받았을 때 표현되는 일종의 상태량	
	$\triangle S = \dfrac{\delta Q}{T} = mC \cdot \ln\left(\dfrac{T_2}{T_1}\right)$	∴ $\triangle S$: 엔트로피의 변화량$[J/K]$, T : 절대온도$[K]$

❸ 온도의 종류

구 분	내 용	
섭씨온도$[℃]$	물이 어는점과 끓는점을 100등분한 온도	어는점 : $0℃$, 끓는점 : $100℃$
화씨온도$[℉]$	물의 혼합물(염화암모늄)이 어는점과 끓는점을 180등분한 온도	섭씨와의 환산 : $℃ = \dfrac{℉ - 32}{1.8}$
절대온도$[K]$	절대 0도를 기준으로 물이 어는점과 끓는점을 100등분한 온도	섭씨와의 환산 : $℃ = K - 273$

기출유형 완성하기

정답 01 ④ 02 ① 03 ① 04 ①

---

01 [어떤 방법으로도 어떤 계를 절대 0도에 이르게 할 수 없다.]는 것과 가장 관련이 있는 것은?
〔04년-4회〕

① 열역학 제0법칙
② 열역학 제1법칙
③ 열역학 제2법칙
④ 열역학 제3법칙

해설
'절대 0도에 도달할 수 없다'는 열역학 제3법칙을 의미한다.

Tip 열은 고온에서 저온으로 흐른다.
즉, 어떤 계를 $0[K]$로 만들기 위해서는 더 낮은 온도가 존재하여야 하므로 불가능하다.

---

02 온도계를 이용하여 온도를 측정하는 것과 가장 관련 있는 것은?
〔05년-1회〕

① 열역학 제0법칙
② 열역학 제1법칙
③ 열역학 제2법칙
④ 열역학 제3법칙

해설
온도계는 다양한 원리가 있으나 문제에 제시된 온도계는 제일 기본적인 '수은온도계'를 의미한다.
특정 온도의 공간에 온도계를 두면 해당 온도계는 열 평형상태가 되었을 때 해당 공간의 온도를 측정할 수 있으므로 열역학 제0법칙이 된다.

---

03 두 물체를 접촉시켰더니 잠시 후 두 물체가 열 평형 상태에 도달하였다. 이 열 평형상태는 무엇을 의미하는가?
〔10년-4회〕

① 두 물체의 온도가 서로 같으며 더 이상 변화하지 않는 상태
② 한 물체에서 잃은 열량이 다른 물체에서 얻은 열량과 같은 상태
③ 두 물체의 비열은 다르나 열용량이 서로 같아진 상태
④ 두 물체의 열용량은 다르나 비열이 서로 같아진 상태

해설
열 평형상태
온도가 같은 경우로 더 이상 열이 이동하지 않는 상태를 의미한다.

Tip **역학적 평형상태**
힘이 같은 경우로 더 이상 힘이 변화하지 않는 상태를 의미한다.

---

04 회전날개를 이용하여 용기 속에서 두 종류의 유체를 섞었다. 이 과정 동안 날개를 통해 입력된 일은 $5,090 kJ$이며 탱크의 방열량은 $1,500 kJ$이다. 용기 내 내부에너지 변화량 $[kJ]$은?
〔15년-2회〕

① 3,590
② 5,090
③ 6,590
④ 15,000

해설
내부에너지의 변화량 $\triangle U = -Q + W$
방열량은 계가 외부로 열을 방출한 양으로 $-Q$가 되고 날개를 통한 일은 계가 받은 일이므로 $+W$가 된다.
$\triangle U = -1,500 + 5,090 = 3,590 [kJ]$

정답 05 ③

05 손바닥을 비비면 열이 나지만 반대로 손바닥에 열을 가한다고 해서 손바닥이 비벼지지 않는다. 이 현상을 설명하는 열역학 법칙은? `25년`

① 제0법칙
② 제1법칙
③ 제2법칙
④ 제3법칙

해설
일은 열로 자연적으로 변환이 가능하나, 열이 일로서의 변환은 자연적으로 전환이 불가능한 방향성을 규정하는 내용으로 열역학 제2법칙에 대한 설명이다.

29 과정변화

기출유형

절대온도와 비체적이 각각 T, v인 이상기체 $1kg$이 압력이 P로 일정하게 유지되는 가운데 가열되어 절대온도가 $6T$까지 상승되었다. 이 과정에서 이상기체가 한 일은 얼마인가? `16년-4회`

① Pv
② $3Pv$
③ $5Pv$
④ $6Pv$

해설

정압변화 → $\dfrac{v_1}{T_1} = \dfrac{v_2}{T_2} = C'$ → $\dfrac{V_1}{T_1} = \dfrac{6V_1}{6T_1}$, 정압변화이므로 일의 양은 $P(V_2 - V_1) = P(6V_1 - V_1) = 5PV_1$

|정답| ③

족집게 과외

❶ 과정변화

가역과정($\triangle S = 0$)		비가역과정($\triangle S > 0$)	
정압변화	$\dfrac{v_1}{T_1} = \dfrac{v_2}{T_2} = C'$	비가역 단열변화(마찰)	–
등온변화	$P_1 v_1 = P_2 v_2 = C'$	혼합과정	–
정적변화	$\dfrac{P_1}{T_1} = \dfrac{P_2}{T_2} = C'$	교축과정	$H = C'$
가역 단열변화	$P_1 v_1^k = P_2 v_2^k = C'$	P : 압력[Pa], v : 비체적[m^3], T : 온도[K]	
폴리트로픽 변화	$P_1 v_1^n = P_2 v_2^n = C'$	H : 엔탈피[J], k : 비열비	

※ 여기서 엔트로피의 변화량은 계의 변화량이 아닌 전체(우주)의 엔트로피 변화량이다. 즉, 계의 입장에서는 '가역 단열변화'만이 등엔트로피($\triangle S = 0$) 과정이다.

❷ 용어 및 지수

구 분	내 용
가역과정	계가 어떤 과정을 통해 변화했을 때 스스로 원래 상태로 되돌아갈 수 있는 과정
비가역과정	계가 어떤 과정을 통해 변화했을 때 스스로 원래 상태로 되돌아갈 수 없는 과정
변화 지수 $P \times v^{지수} = C'$	① 정압변화=0 ② 등온변화=1 ③ 폴리트로픽 변화=n ④ 단열변화=k ⑤ 정적변화=∞ ※ 지수의 크기 비교 : $1 < n < k$

※ 열역학 관련 문제는 항상 [절대온도, 절대압력]으로 계산하는 것에 유의한다.

❸ 압축 또는 팽창 후의 온도

단열압축 또는 팽창 후의 온도	$T_2 = T_1 \times \left(\dfrac{P_2}{P_1}\right)^{\frac{k-1}{k}}$	T_1 : 과정 전 절대온도, T_2 : 과정 후 절대온도 P_1 : 과정 전 절대압력, P_2 : 과정 후 절대압력 k : 비열비, n : 폴리트로픽 지수
폴리트로픽 압축 또는 팽창 후의 온도	$T_2 = T_1 \times \left(\dfrac{P_2}{P_1}\right)^{\frac{n-1}{n}}$	$\dfrac{P_2}{P_1}$: 압축비

기출유형 완성하기

정답 01 ② 02 ① 03 ① 04 ① 05 ④ 06 ④

01 이상기체의 폴리트로픽 변화 $PV^n = C$에서 $n = 1$인 경우 어느 변화에 속하는가?

〔04년-1회〕

① 단열변화　② 등온변화
③ 정적변화　④ 정압변화

해설
과정변화별 지수
- 단열변화=k
- 등온변화=1
- 정적변화=∞
- 정압변화=0

02 완전가스의 정적변화에 대한 폴리트로픽 지수 n은?

〔07년-2회〕

① $n = \infty$　② $n = 0$
③ $n = 1$　④ $n = 2$

해설
과정변화별 지수
- 단열변화=k
- 등온변화=1
- 정적변화=∞
- 정압변화=0

03 진공 계기압력이 $19 kPa$, $20℃$인 기체가 계기압력 $800 kPa$으로 등온압축되었다면 처음 체적에 대한 최후의 체적비는? (단, 대기압은 $100 kPa$이다)

〔04년-1회〕

① 1/11.1　② 1/9.8
③ 1/8.4　④ 1/7.8

해설
등온변화 $P_1 v_1 = P_2 v_2 = C'$
$(100-19) \times v_1 = (100+800) \times v_2$
$\dfrac{v_2}{v_1} = \dfrac{100-19}{100+800} = 0.09 ≒ \dfrac{1}{11.1}$

04 초기온도와 압력이 $50℃$, $600 kPa$인 완전가스를 $100 kPa$까지 가역 단열팽창하였다. 이때 온도는 몇 K인가? (단, 비열비 $k = 1.4$이다)

〔04년-4회〕

① 194　② 294
③ 46　④ 539

해설
단열팽창 후 온도 $T_2 = T_1 \times \left(\dfrac{P_2}{P_1}\right)^{\frac{k-1}{k}}$

$T_2 = (50+273) \times \left(\dfrac{100}{600}\right)^{\frac{1.4-1}{1.4}} = 194 [K]$

05 가역 단열과정에서 엔트로피 변화 $\triangle S$는?

〔17년-2회〕

① $\triangle S > 1$
② $0 < \triangle S < 1$
③ $\triangle S = 1$
④ $\triangle S = 0$

해설
가역 단열과정에서의 엔트로피 변화는 0이다.

06 교축과정(throttling process)에 대한 설명 중 맞는 것은?

〔12년-4회〕

① 압력이 변하지 않는다.
② 온도가 변하지 않는다.
③ 엔트로피가 변하지 않는다.
④ 엔탈피가 변하지 않는다.

해설
교축과정은 엔탈피($H = C'$)가 일정한 과정으로 압력 및 온도가 저하되고, 엔트로피가 증가한다.

🔒 정답 07 ② 08 ④ 09 ② 10 ②

기출유형 완성하기

07 압력 $P_1 = 100kPa$, 온도 $T_1 = 300K$, 체적 $V_1 = 1.0m^3$인 밀폐계(closed system)의 이상기체가 $PV^{1.3}$=일정인 폴리트로픽 과정(polytropic process)을 거쳐 압력 $P_2 = 300kPa$까지 압축된다면 최종상태의 온도 T_2는 대략 얼마인가?   〔10년-4회〕

① $350K$
② $390K$
③ $430K$
④ $470K$

해설

폴리트로픽 과정 온도변화 $T_2 = T_1 \times \left(\dfrac{P_2}{P_1}\right)^{\frac{n-1}{n}}$

$T_2 = 300 \times \left(\dfrac{300}{100}\right)^{\frac{1.3-1}{1.3}} = 386.6 ≒ 390[K]$

08 이상기체의 정압과정에 해당하는 것은?
(단, P는 압력, T는 절대온도, v는 비체적, k는 비열비를 나타낸다)   〔15년-4회〕

① P/T=일정
② Pv=일정
③ Pv^k=일정
④ v/T=일정

해설

정압과정 $\dfrac{v_1}{T_1} = \dfrac{v_2}{T_2} = C'$

09 이상기체를 온도변화 없이 압축시키는 경우 열의 출입 및 내부에너지의 변화를 옳게 표현한 것은?   〔11년-2회〕

① 열 방출, 내부에너지 감소
② 열 방출, 내부에너지 불변
③ 열 흡수, 내부에너지 증가
④ 열 흡수, 내부에너지 불변

해설

압축이란 외부에서 일을 가하여 부피를 축소시킨 것으로, 총에너지(엔탈피)가 증가하게 된다.
즉, 온도가 증가하고 내부에너지가 증가하여야 하나, 등온변화 시 내부에너지는 온도만의 함수이므로 내부에너지는 불변이 된다.
즉, 원래 증가하여야 하는 내부에너지만큼의 열량을 방출하게 된다.

10 $-10℃$, 6기압의 이산화탄소 $10kg$이 분사노즐에서 1기압까지 가역 단열팽창하였다면 팽창 후의 온도는 몇 ℃가 되겠는가? (단, 이산화탄소의 비열비는 $k = 1.289$이다)   〔20년-1·2회〕

① -85
② -97
③ -105
④ -115

해설

단열팽창 후 온도 $T_2 = T_1 \times \left(\dfrac{P_2}{P_1}\right)^{\frac{k-1}{k}}$

$T_2 = (-10 + 273) \times \left(\dfrac{1}{6}\right)^{\frac{1.289-1}{1.289}} = 176[K]$

$T_2[℃] = [K] - 273 = 176 - 273 = -97[℃]$

기출유형 완성하기

정답 11 ③ 12 ③ 13 ② 14 ①

11 다음 설명 중 틀린 것은? `09년-4회`

① 열역학 제1법칙은 에너지 보존에 대한 것이다.
② 이상기체는 이상기체 상태방정식을 만족한다.
③ 가역 단열과정은 엔트로피가 증가하는 과정이다.
④ 마찰은 비가역성의 원인이 될 수 있다.

해설
가역 단열과정에서의 엔트로피 변화는 0이다.

12 절대온도, 비체적이 각각 T_1, V_1인 이상기체 $1kg$의 압력을 P로 일정하게 유지한 상태로 가열하여 절대온도를 $4T_1$까지 상승시킨다. 이상기체가 한 일은? `11년-1회`

① Pv_1
② $2Pv_1$
③ $3Pv_1$
④ $4Pv_1$

해설
정압변화 $\dfrac{v_1}{T_1} = \dfrac{v_2}{T_2} = C'$

문제 조건을 대입하면 $\dfrac{v_1}{T_1} = \dfrac{4v_1}{4T_1}$ 이 된다.

일 $W = PV$이므로 변화 후 ❷에서 변화 전 ❶의 차이는 $W = Pv_2 - Pv_1 = P \times 4v_1 - P \times v_1 = 3Pv_1$

13 어떤 기체를 $20℃$에서 등온 압축하여 압력이 $0.2MPa$에서 $1MPa$으로 변할 때 처음과 나중의 체적비는 얼마인가? `11년-2회`

① 8 : 1
② 5 : 1
③ 3 : 1
④ 1 : 1

해설
등온변화 $P_1v_1 = P_2v_2 = C'$
기존 부피(v_1)가 조건에 없으므로 1을 대입하면
$\dfrac{P_1}{P_2} = \dfrac{v_2}{v_1} \Rightarrow \dfrac{0.2}{1} = \dfrac{0.2}{1}$ 이 된다.
처음과 나중의 체적비 $v_1 : v_2 = 1 : 0.2 = 5 : 1$

14 등엔트로피 과정에 해당하는 것은? `12년-4회`

① 가역 단열과정
② 가역 등온과정
③ 비가역 단열과정
④ 비가역 등온과정

해설
가역과정은 등엔트로피 과정이나, 계의 입장에서는 가역 단열과정만이 등엔트로피 과정이다.

🔒 **정답** 15 ① 16 ③

기출유형 완성하기

15 질량 $m[kg]$의 어떤 기체로 구성된 밀폐계가 $Q[kJ]$의 열을 받아 일을 하고, 이 기체의 온도가 $\triangle T[℃]$ 상승하였다면 이 계가 외부에 한 일 $W[kJ]$을 구하는 계산식으로 옳은 것은?
(단, 이 기체의 정적비열은 $C_v[kJ/(kg \cdot K)]$, 정압비열은 $C_p[kJ/(kg \cdot K)]$이다) `21년-1회`

① $W = Q - mC_v \triangle T$
② $W = Q + mC_v \triangle T$
③ $W = Q - mC_p \triangle T$
④ $W = Q + mC_p \triangle T$

해설
투입된 열량 $Q = mC\triangle T$
$H = U + W$로 $W = H - U$, 엔탈피는 총에너지이다.
총 투입된 열량을 $H(=Q)$로 두면,
내부에너지는 온도만의 함수이고, 투입된 열량에 대해 상승된 내부에너지는 정적과정이므로
$U = mC_v \triangle T$가 된다.
즉, 계가 외부에 한 일은 $W = Q - U = Q - mC_v \triangle T$ 이다.

16 초기 상태에서 압력 $100kPa$, 온도 $15℃$인 공기가 있다. 공기의 부피가 초기 부피의 1/20이 될 때까지 단열압축할 때 압축 후의 온도는 약 몇 ℃인가? (단, 공기의 비열비는 1.4이다)
`18년-1회`

① 54
② 348
③ 682
④ 912

해설
$$P_1 V_1^k = P_2 V_2^k \Rightarrow \frac{P_2}{P_1} = \left(\frac{V_1}{V_2}\right)^k = 20^{1.4} = 66.28$$

단열팽창 후 온도 $T_2 = T_1 \times \left(\frac{P_2}{P_1}\right)^{\frac{k-1}{k}}$

$T_2 = (15 + 273) \times (66.28)^{\frac{1.4-1}{1.4}} = 955[K]$
$T_2[℃] = [K] - 273 = 955 - 273 = 682[℃]$

30 카르노사이클

기출유형

다음 보기는 열역학적 사이클에서 일어나는 여러 가지의 과정이다. 이들 중, 카르노(Carnot)사이클에서 일어나는 과정을 모두 고른 것은?

`16년-2회`

> ㉠ 등온압축
> ㉡ 단열팽창
> ㉢ 정적압축
> ㉣ 정압팽창

① ㉠
② ㉠, ㉡
③ ㉡, ㉢, ㉣
④ ㉠, ㉡, ㉢, ㉣

해설
카르노사이클은 2가지의 등온과정(압축, 팽창)과 단열과정(압축, 팽창)으로 이루어진 사이클이다.

| 정답 | ②

족집게 과외

❶ 카르노사이클

개 념	① 두 가지 등온 열원 사이에서 모든 과정이 가역과정으로 이루어진 사이클=카르노사이클 ② 등온과정과 단열과정으로만 이루어져 있는 사이클			
구 분	카르노사이클(난방) - 시계방향		역 카르노사이클(냉방) - 반시계방향	
P-V선도	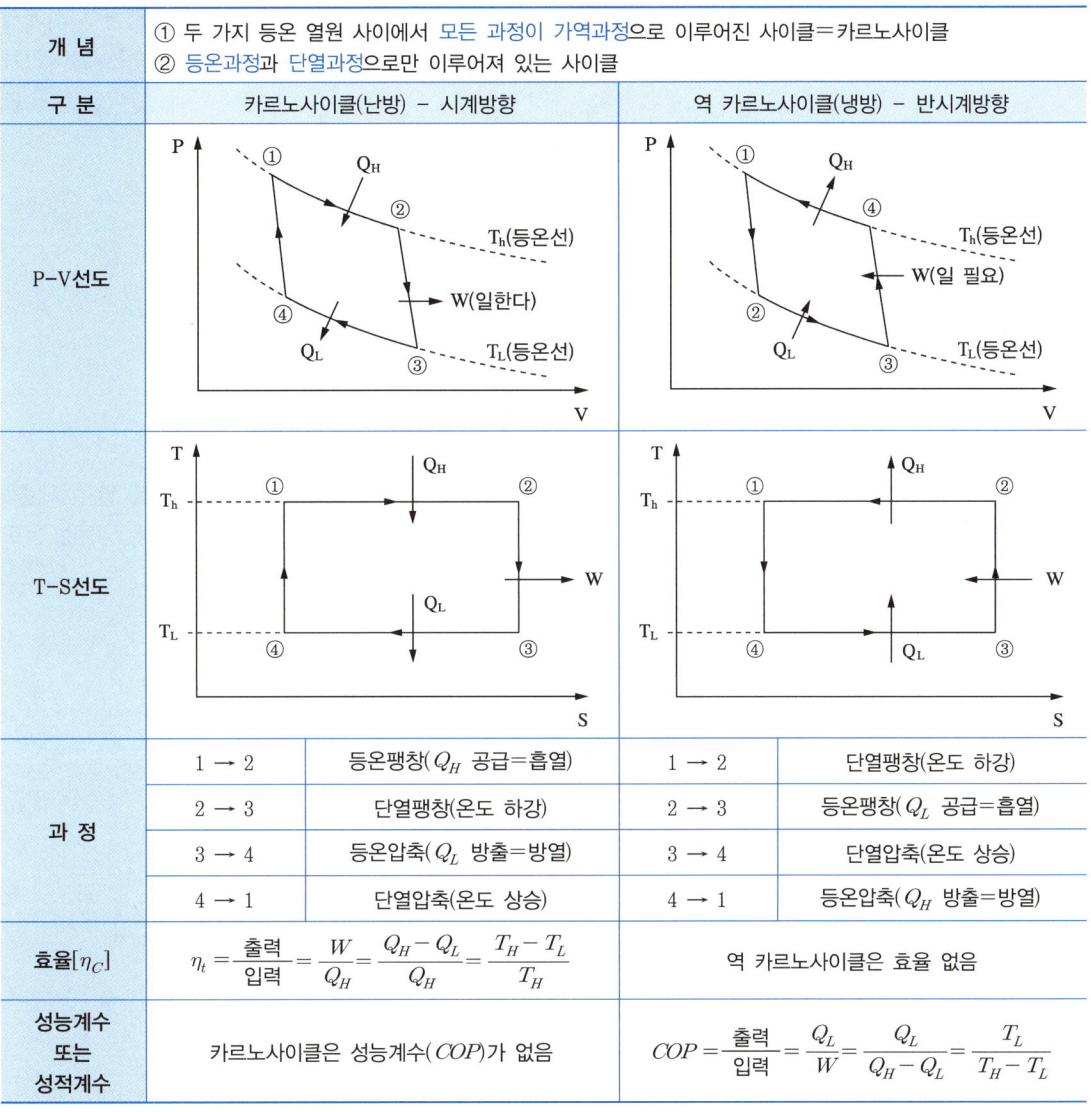			
T-S선도				
과 정	1 → 2	등온팽창(Q_H 공급=흡열)	1 → 2	단열팽창(온도 하강)
	2 → 3	단열팽창(온도 하강)	2 → 3	등온팽창(Q_L 공급=흡열)
	3 → 4	등온압축(Q_L 방출=방열)	3 → 4	단열압축(온도 상승)
	4 → 1	단열압축(온도 상승)	4 → 1	등온압축(Q_H 방출=방열)
효율[η_C]	$\eta_t = \dfrac{출력}{입력} = \dfrac{W}{Q_H} = \dfrac{Q_H - Q_L}{Q_H} = \dfrac{T_H - T_L}{T_H}$		역 카르노사이클은 효율 없음	
성능계수 또는 성적계수	카르노사이클은 성능계수(COP)가 없음		$COP = \dfrac{출력}{입력} = \dfrac{Q_L}{W} = \dfrac{Q_L}{Q_H - Q_L} = \dfrac{T_L}{T_H - T_L}$	

※ 열역학 계산은 항상 절대온도, 절대압력을 적용해야 하는 것을 주의할 것

기출유형 완성하기

> 정답 01 ③ 02 ③ 03 ③ 04 ② 05 ②

01 이상적인 열기관 사이클인 카르노사이클(Carnot cycle)의 특징으로 맞는 것은? `13년-1회`

① 비가역사이클이다.
② 공급열량과 방출열량의 비는 고온부의 절대온도와 저온부의 절대온도 비와 같지 않다.
③ 이론 열효율은 고열원 및 저열원의 온도만으로 표시된다.
④ 두 개의 등압변화와 두 개의 단열변화로 둘러싸인 사이클이다.

해설
① 카르노사이클은 가역사이클이다.
② $\dfrac{Q_H}{Q_L} = \dfrac{T_H(S_3 - S_4)}{T_L(S_3 - S_4)} = \dfrac{T_H}{T_L}$ 로 같다.
④ 등온변화와 단열변화로 이루어져 있다.

02 카르노사이클로 작동하는 열기관이 $800\,K$의 고온열원과 $300\,K$의 저온열원 사이에서 작동할 때 이 열기관의 효율은? `25년`

① 37.5%
② 50%
③ 62.5%
④ 66.7%

해설
$\eta_C = \dfrac{T_H - T_L}{T_H} = \dfrac{800 - 300}{800} = 0.625$
$\eta_C[\%] = \eta_C \times 100[\%] = 0.625 \times 100 = 62.5[\%]$

03 역 Carnot 사이클로 작동하는 냉동기가 $300\,K$의 고온열원과 $250\,K$의 저온열원 사이에서 작동할 때 이 냉동기의 성능계수는 얼마인가? `13년-2회`

① 2
② 3
③ 5
④ 6

해설
$COP = \dfrac{T_L}{T_H - T_L} = \dfrac{250}{300 - 250} = 5$

04 냉동실로부터 $300\,K$의 대기로 열을 배출하는 가역냉동기의 성능계수가 4이다. 냉동실 온도는? `07년-1회`

① $225\,K$
② $240\,K$
③ $250\,K$
④ $270\,K$

해설
$COP = \dfrac{T_L}{T_H - T_L}$
$T_L = \dfrac{COP \times T_H}{COP + 1} = \dfrac{4 \times 300}{4 + 1} = 240[K]$

05 10℃와 300℃ 사이에서 작동하는 카르노사이클의 열효율은 얼마인가? `04년-2회`

① 45.6%
② 50.6%
③ 70.5%
④ 96.7%

해설
$\eta_C = \dfrac{T_H - T_L}{T_H} = \dfrac{(300 + 273) - (10 + 273)}{300 + 273} = 0.506$
$\eta_C[\%] = \eta_C \times 100[\%] = 0.506 \times 100 = 50.6[\%]$

정답 06 ③ 07 ③ 08 ②

06 카르노사이클에서 고온열저장소에서 받은 열량이 Q_H이고 저온열저장소에서 방출된 열량이 Q_L일 때 카르노사이클의 열효율 η는?

06년-2회

① $\eta = \dfrac{Q_L}{Q_H}$

② $\eta = \dfrac{Q_H}{Q_L}$

③ $\eta = 1 - \dfrac{Q_L}{Q_H}$

④ $\eta = 1 - \dfrac{Q_H}{Q_L}$

해설

$\eta_C = \dfrac{Q_H - Q_L}{Q_H} = 1 - \dfrac{Q_L}{Q_H}$

07 300 K의 저온열원을 가지고 카르노사이클로 작동하는 열기관의 효율이 70%가 되기 위해서 필요한 고온열원의 온도(K)는?

21년-2회

① 800
② 900
③ 1,000
④ 1,100

해설

$\eta_C = \dfrac{T_H - T_L}{T_H}$

$T_H = \dfrac{T_L}{1 - \eta_C} = \dfrac{300}{1 - 0.7} = 1{,}000 [K]$

08 Carnot 사이클이 800 K의 고온열원과 500 K의 저온열원 사이에서 작동한다. 이 사이클에 공급하는 열량이 사이클당 800 kJ이라 할 때, 한 사이클당 외부에 하는 일은 약 몇 kJ인가?

17년-4회

① 200
② 300
③ 400
④ 500

해설

일(출력) $W = Q_H - Q_L = T_H - T_L$로 열량차는 온도차와 값이 같으므로
$W = 800 - 500 = 300 [kJ]$

※ 실제 온도차이에는 엔트로피의 곱이 생략되어 있으므로 온도차이의 단위도 [kJ]이 된다.

31 보일의 법칙, 샤를의 법칙, 아보가드로의 법칙

기출유형

30℃에서 부피가 10L인 이상기체를 일정한 압력으로 0℃로 냉각시키면 부피는 약 몇 L로 변하는가?

`21년-1회`

① 3
② 9
③ 12
④ 18

해설

정압과정이므로 샤를의 법칙을 적용하면 → $\dfrac{V_1}{T_1} = \dfrac{V_2}{T_2} = C'$, $V_2 = V_1 \times \dfrac{T_2}{T_1} = 10 \times \dfrac{273}{30+273} = 9[L]$

| 정답 | ②

족집게 과외

❶ 보일의 법칙

개념	① 기체의 온도가 일정할 때 기체의 압력과 부피는 반비례한다는 법칙 ② 즉, 기체에 압력을 가하면 부피는 축소됨
관계식	$V \propto \dfrac{1}{P} \rightarrow P_1 V_1 = P_2 V_2 = C'$

❷ 샤를의 법칙

개념	① 기체의 압력이 일정할 때 기체의 온도와 부피는 비례한다는 법칙 ② 즉, 기체의 온도가 오르면 부피는 증가함
관계식	$V \propto T \rightarrow \dfrac{V_1}{T_1} = \dfrac{V_2}{T_2} = C'$

❸ 아보가드로의 법칙

개념	① 모든 기체는 같은 온도, 같은 압력에서 같은 부피 속에 같은 개수의 분자를 갖는다는 법칙 ② 모든 기체는 0℃, 1기압에서 1[mol]의 부피는 22.4[L] ③ 1[mol]의 분자수(=아보가드로수)는 6.023×10^{23}[개]

❹ 보일-샤를의 법칙

개념	보일의 법칙과 샤를의 법칙이 합쳐진 것으로, 기체의 부피는 온도에 비례하고, 압력에 반비례한다는 법칙
관계식	$\dfrac{P_1 V_1}{T_1} = \dfrac{P_2 V_2}{T_2} = C'$

※ 열역학 계산은 항상 절대온도, 절대압력을 적용해야 하는 것을 주의할 것

정답 01 ④ 02 ④ 03 ③ 04 ②

01 열역학적 완전가스의 상태변화에서 정압변화는?

③ 03년-4회

① P/T=일정
② Pv=일정
③ Pv^k=일정
④ v/T=일정

해설
샤를의 법칙에 의해 압력이 일정할 때 기체의 부피는 온도와 반비례한다.
샤를의 법칙 → $\dfrac{V_1}{T_1}=\dfrac{V_2}{T_2}=C'$

02 어느 가스탱크에 10℃, 5bar의 공기 10kg이 채워져 있다. 온도가 37℃로 상승할 경우, 탱크 체적의 변화가 없다면 압력증가는 몇 bar인가?

03년-4회

① 5.48
② 0.24
③ 0.72
④ 0.48

해설
보일-샤를의 법칙 → $\dfrac{P_1 V_1}{T_1}=\dfrac{P_2 V_2}{T_2}=C'$

$V_1=V_2$이므로 $\dfrac{P_1}{T_1}=\dfrac{P_2}{T_2}$ → $P_2=P_1\times\dfrac{T_2}{T_1}$

$P_2=5\times\dfrac{37+273}{10+273}=5.48[bar]$

압력증가분 $\triangle P=P_2-P_1=5.48-5=0.48[bar]$

03 공기가 $1MPa$, $0.01m^3$, $130℃$의 상태에서 $0.2MPa$, $0.05m^3$로 변하였을 때 공기의 온도는 몇 K인가?

07년-4회

① 399.23
② 401.21
③ 403.15
④ 405.34

해설
보일-샤를의 법칙 → $\dfrac{P_1 V_1}{T_1}=\dfrac{P_2 V_2}{T_2}=C'$

$T_2=\dfrac{P_2 V_2}{P_1 V_1}\times T_1=\dfrac{0.2\times 0.05}{1\times 0.01}\times(130+273)=403[K]$

04 단단한 가스탱크에 10℃, 500kPa의 공기 10kg이 채워져 있다. 온도가 37℃로 상승할 경우, 압력증가량은 약 몇 kPa인가?

09년-1회

① 24
② 48
③ 72
④ 96

해설
보일-샤를의 법칙 → $\dfrac{P_1 V_1}{T_1}=\dfrac{P_2 V_2}{T_2}=C'$

$V_1=V_2$이므로 $\dfrac{P_1}{T_1}=\dfrac{P_2}{T_2}$ → $P_2=P_1\times\dfrac{T_2}{T_1}$

$P_2=500\times\dfrac{37+273}{10+273}=548[kPa]$

압력증가분 $\triangle P=P_2-P_1=548-500=48[kPa]$

기출유형 완성하기

정답 05 ③ 06 ① 07 ① 08 ③

05 표준상태에서 1.5×10^{23}개의 산소분자가 차지하는 체적은 약 몇 L인가? (단, 아보가드로의 수는 6.02×10^{23}이다) `09년-1회`

① 3.82
② 4.69
③ 5.58
④ 6.30

해설
표준상태는 0℃, 1기압(=대기압) 상태를 의미한다.
표준상태에서 기체 $1[mol]$의 부피는 $22.4[L]$이다.
기체 $1[mol]$에는 아보가드로 수만큼의 분자수가 있다.
즉, 산소분자의 체적은

$$V = 22.4 \times \frac{1.5 \times 10^{23}}{6.02 \times 10^{23}} = 5.58[L]$$

06 어떤 이상기체의 압력이 10% 낮아지고 온도가 30℃ 내려갔을 때 밀도변화가 없다면 초기온도는 몇 ℃인가? `10년-2회`

① 27℃
② 57℃
③ 227℃
④ 270℃

해설
보일-샤를의 법칙 → $\dfrac{P_1 V_1}{T_1} = \dfrac{P_2 V_2}{T_2} = C'$

밀도변화가 없으므로 $V_1 = V_2$

$T_1 = \dfrac{P_1}{P_2} \times T_2 = \dfrac{P_1}{P_2} \times (T_1 - 30) \rightarrow \dfrac{T_1}{T_1 - 30} = \dfrac{P_1}{P_2}$

$\dfrac{P_1}{P_2} = \dfrac{1}{(1 - 0.1)} = 1.111$

$\dfrac{T_1}{T_1 - 30} = 1.111$

→ $T_1 = 300[K] - 273 = 27[℃]$

07 물이 상온, 대기압에서 완전히 증발하여 같은 조건의 수증기로 바뀌었다면 부피는 약 몇 배로 증가하는가? (단, 물의 밀도는 $1,000 kg/m^3$, 상온, 대기압에서 수증기 1몰의 부피는 $22.4L$이다) `11년-4회`

① 1,250
② 1,400
③ 1,550
④ 1,650

해설
H_2O의 분자량 $(1 \times 2) + 16 = 18[g]$
물의 밀도 $1,000[kg/m^3] = 1,000[g/L]$이므로
물 $18[g]$의 부피는 $0.018[L]$
수증기 $1[mol]$은 $22.4[L]$이므로 부피비를 계산하면

$\dfrac{수증기[18g]의\ 부피}{물[18g]의\ 부피} = \dfrac{22.4[L]}{0.018[L]} = 1,244 ≒ 1,250$

08 부피 $1m^3$인 용기 내의 기체압력이 $200 kPa$였다면, 이 기체 전부를 내용적 $3m^3$인 용기로 옮겼을 때 기체의 압력은 약 몇 kPa인가? (단, 기체온도는 일정하며, 기체는 이상기체로 간주한다) `12년-2회`

① 33.3
② 50
③ 66.7
④ 600

해설
온도가 일정하므로
보일의 법칙 → $P_1 V_1 = P_2 V_2 = C'$

$P_2 = P_1 \times \dfrac{V_1}{V_2} = 200 \times \dfrac{1}{3} = 66.7[kPa]$

🔒 **정답** 09 ② 10 ③ 11 ②

기출유형 완성하기

09 고속주행 시 타이어의 온도가 $20°C$에서 $80°C$로 상승하였다. 타이어의 체적이 변화하지 않고, 타이어 내의 공기를 이상기체로 하였을 때 압력상승은 약 몇 kPa인가?
(단, 온도 $20°C$에서의 게이지압력은 $0.183MPa$, 대기압은 $101.3kPa$이다) `15년-1회`

① 37
② 58
③ 286
④ 345

해설

보일-샤를의 법칙 → $\dfrac{P_1 V_1}{T_1} = \dfrac{P_2 V_2}{T_2} = C'$

$V_1 = V_2$ 이므로 $\dfrac{P_1}{T_1} = \dfrac{P_2}{T_2}$ → $P_2 = P_1 \times \dfrac{T_2}{T_1}$

$P_1 = 0.183 \times 10^3 + 101.3 = 284.3[kPa]$

$P_2 = 284.3 \times \dfrac{80+273}{20+273} = 342.5[kPa]$

압력증가분
$\triangle P = P_2 - P_1 = 342.5 - 284.3 = 58.2[kPa]$

10 어떤 기체를 $20°C$에서 등온 압축하여 절대압력이 $0.2MPa$에서 $1MPa$으로 변할 때 체적은 초기 체적과 비교하여 어떻게 변화하는가? `25년`

① 5배로 증가한다.
② 10배로 증가한다.
③ 1/5로 감소한다.
④ 1/10로 감소한다.

해설

등온과정이므로 온도는 일정하다.
보일의 법칙 → $P_1 V_1 = P_2 V_2 = C'$

$V_2 = V_1 \times \dfrac{P_1}{P_2} = V_1 \times \dfrac{0.2}{1} = 0.2 \times V_1 = \dfrac{1}{5} \times V_1$

11 호수 수면 아래에서 지름 d인 공기방울이 수면으로 올라오면서 지름이 1.5배로 팽창하였다. 공기방울의 최초 위치는 수면에서부터 몇 m 되는 곳인가? (단, 이 호수의 대기압은 $750 mmHg$, 수은의 비중은 13.6, 공기방울 내부의 공기는 Boyle의 법칙에 따른다) `16년-2회`

① 12.0
② 24.2
③ 34.4
④ 43.3

해설

최초 위치 : ① 지점, 수면 : ② 지점으로 두고, 보일의 법칙 적용을 위해 부피비를 구하면

$\dfrac{V_2}{V_1} = \dfrac{\frac{4}{3}\pi r_2^3}{\frac{4}{3}\pi r_1^3} = \dfrac{r_2^3}{r_1^3} = \dfrac{d_2^3}{d_1^3} = \dfrac{1.5 d_1^3}{d_1^3} = 3.375$

∴ 구의 체적 $[V_S] = \dfrac{4}{3}\pi r^3$

보일의 법칙 → $P_1 V_1 = P_2 V_2 = C'$

→ ① 지점 압력 : $P_1 = P_2 \times \dfrac{V_2}{V_1} = P_2 \times 3.375$

$P_1 = P_2 + P_3 = P_2 + \gamma_w h = P_2 \times 3.375$
∴ P_2 : 수면 대기압, P_3 : 깊이에 따른 정수압

$P_2 = \dfrac{750[mmHg]}{760[mmHg]} \times 101,325[Pa] = 99,992[Pa]$

$h = \dfrac{P_2 \times 3.375 - P_2}{\gamma_w} = \dfrac{P_2(3.375-1)}{\gamma_w}$

$= \dfrac{99,992 \times (3.375-1)}{9,800} = 24.23[m]$

32 이상기체 상태방정식

기출유형

온도 150℃, 95kPa에서 2kg/m^3의 밀도를 가진 기체의 분자량은?
(단, 일반 기체상수는 8.314$J/kmol \cdot K$이다) 13년-4회

① 26 ② 70
③ 74 ④ 90

해설

이상기체 방정식을 적용하면 밀도는 $\rho = \dfrac{PM}{RT} \rightarrow M = \dfrac{\rho \overline{R} T}{P} = \dfrac{2 \times 8.314 \times (150+273)}{95} = 74$

대부분의 단위가 [kg, kPa] 등 킬로단위이므로 기체상수 $J \Rightarrow kJ$로 환산하여 적용한다.

| 정답 | ③

족집게 과외

❶ 기초 물리량

원자량	① 탄소 원자를 '12'를 기준으로 하여 각각의 원자들의 상대적 질량을 표시한 값 ② $C=12$, $H=1$, $O=16$, $N=14$	
분자량 (M)	① 분자량은 분자를 구성하는 원자들의 원자량을 합한 값 ② $O_2=(16\times2)=32$, $CO_2=12+(16\times2)=44$	$M=\dfrac{m}{n}$
몰수 (n)	질량을 분자량으로 나눈 값	$n=\dfrac{m}{M}$
일반기체상수 ($\overline{R}$)	① 모든 기체에서 동일한 상수 값 ② $8.314[kJ/kmol \cdot K]$ 또는 $0.082[atm \cdot l/mol \cdot K]$	$\overline{R}=R\times M$
기체상수 (R)	기체마다 다르게 가지고 있는 상수 값	$R=\dfrac{\overline{R}}{M}$

※ 기체상수 단위는 외우는 것이 아니고 이상기체 상태방정식에서 다른 값들로 조합해서 숙지할 것

❷ 이상기체 방정식

개 념	① 분자운동론을 만족하는 기체 ② 압력, 부피, 기체의 몰수, 온도와의 관계를 나타내는 방정식
이상기체 분자 운동론	① 기체가 차지하는 부피는 무시할 수 있음 ② 분자들은 무질서한 운동을 함 ③ 분자 간에 충돌 시 완전탄성충돌임(에너지의 손실이 없음) ④ 분자 상호 간 인력, 척력(=반발력)은 존재하지 않음
관계식	$PV=mRT=nMRT=n\overline{R}T$ $\qquad$ $PV=\dfrac{m}{M}\overline{R}T \to \dfrac{m}{V}=\rho=\dfrac{PM}{\overline{R}T}$ $\dfrac{PV}{m}=\dfrac{\not{n}RT}{\not{n}}=Pv=RT$, $\qquad P=\rho RT \qquad \therefore$ 비체적 : $v=\dfrac{V}{m}=\dfrac{1}{\rho}$

❸ 압축성 인자

개 념	① 실제기체가 이상기체와 얼마나 차이나는지 나타내는 인자 ② 이상기체의 경우 압축성 인자의 값은 "1"이 됨
관계식	$Z=\dfrac{Pv}{RT}=\dfrac{PV}{mRT} \qquad \therefore Z$: 압축성 인자

기출유형 완성하기

정답 01 ④ 02 ① 03 ④ 04 ②

01 초기에 비어있는 체적이 $0.1 m^3$인 견고한 용기 안에 공기(이상기체)를 서서히 주입한다. 이때 주위 온도는 $300 K$이다. 공기 $1 kg$을 주입하면 압력 $[kPa]$이 얼마인가?(단, 기체상수$=0.287$ $kJ/kg \cdot K$이다) `15년-2회`

① 287
② 300
③ 348
④ 861

해설

$PV = mRT = nMRT = n\bar{R}T$

$P = \dfrac{mRT}{V} = \dfrac{1 \times 0.287 \times 300}{0.1} = 861 [kPa]$

02 온도 $20℃$, 압력 $500 kPa$에서 비체적이 0.2 m^3/kg인 이상기체가 있다. 이 기체의 기체상수 $[kJ/kg \cdot K]$는 얼마인가? `15년-4회`

① 0.341
② 3.41
③ 34.1
④ 341

해설

$Pv = RT$

$\rightarrow R = \dfrac{Pv}{T} = \dfrac{500 \times 0.2}{20+273}$

$= 0.341 [kJ/kg \cdot K]$

03 풍동에서 유속을 측정하기 위하여 피토정압관을 사용하였다. 이때 비중이 0.8인 알코올 높이 차이가 $10 cm$가 되었다. 압력이 $101.3 kPa$이고, 온도가 $20℃$일 때 풍동에서 공기의 속도는 몇 m/s인가? (단, 공기의 기체상수는 287 $N \cdot m/kg \cdot K$이다) `14년-2회`

① 26.5   ② 28.5
③ 29.4   ④ 36.1

해설

이상기체 상태방정식을 적용한 공기의 밀도
$P = \rho RT$

$\rightarrow \rho = \dfrac{P}{RT} = \dfrac{101.3 \times 10^3}{287 \times (20+273)}$

$= 1.204 [kg/m^3]$

피토정압관에 측정된 동압(P_v)
$P_v = (\gamma_{alc} - \gamma_{air})h = (\rho_{alc} - \rho_{air})gh$
$= (S \times \rho_w - \rho_{air})gh$
$= (0.8 \times 1,000 - 1.204) \times 9.8 \times 0.1$
$= 782.82$

$P_v = \dfrac{\rho_{air} V^2}{2} \rightarrow V = \sqrt{\dfrac{2P_v}{\rho_{air}}} = 36.1 [m/s]$

04 압력이 $1.38 MPa$, 온도가 $38℃$인 공기의 밀도는 약 몇인가? (단, 일반기체상수는 8.314 $KJ/kmol.K$, 공기의 분자량은 28.97이다) `08년-1회`

① 14.2
② 15.5
③ 16.8
④ 18.1

해설

이상기체 방정식에 의한 밀도 $\rho = \dfrac{PM}{RT}$

$\rho = \dfrac{1.38 \times 10^3 \times 28.97}{8.314 \times (38+273)} = 15.5 [kg/m^3]$

정답 05 ① 06 ① 07 ① 08 ②

기출유형 완성하기

05 어떤 이상기체 $5\,kg$이 압력 $200\,kPa$, 온도 $25\,℃$ 상태에서 체적 $1.2\,m^3$을 나타낸다면 기체상수는 약 몇 $[kJ/kg \cdot K]$인가? 〔09년-2회〕

① 0.161
② 0.228
③ 0.357
④ 0.421

해설

$PV = mRT = nMRT = n\overline{R}T$

$R = \dfrac{PV}{mT} = \dfrac{200 \times 1.2}{5 \times (25+273)} = 0.161$

06 이상기체의 운동론에 대한 다음의 설명 중 옳은 것은? 〔09년-4회〕

① 분자 자신의 체적은 거의 무시할 수 있다.
② 분자가 충돌할 때 에너지의 손실이 있다.
③ 분자 사이에 척력이 항상 작용한다.
④ 분자 사이에 인력이 항상 작용한다.

해설

이상기체의 분자운동론

- 기체가 차지하는 부피는 무시할 수 있다.
- 분자들은 무질서한 운동을 한다.
- 분자 간에 충돌 시 완전탄성충돌이다(에너지의 손실이 없다).
- 분자 상호 간 인력, 척력(=반발력)은 존재하지 않는다.

Tip 실제에서와 반대로 생각하면 쉽다.
이상기체는 실제에서 존재하지 않으므로 이론적으로만 가능할 것 같은 내용이 분자운동론이 된다.

07 온도 $15\,℃$, 압력 $180\,kPa$에서 수소가 질량유량 $0.02\,Kg/s$, 속도 $60\,m/s$로 움직이려면 관로의 안지름은 몇 mm로 하여야 하는가? (단, 수소의 기체상수는 $4,157\,N \cdot m/kg \cdot K$이다) 〔06년-1회〕

① 53.1
② 55.1
③ 57.1
④ 59.2

해설

이상기체 상태방정식을 적용한 수소의 밀도

$P = \rho RT \rightarrow \rho = \dfrac{P}{RT} = \dfrac{180 \times 10^3}{4,157 \times (15+273)}$

$= 0.15\,[kg/m^3]$

질량유량 $\dot{m} = \rho A V = \rho \dfrac{\pi d^2}{4} V \rightarrow$

$d = \sqrt{\dfrac{4 \times \dot{m}}{\rho \pi V}} = \sqrt{\dfrac{4 \times 0.02}{0.15 \times \pi \times 60}} = 0.0531\,[m]$

$= 53.1\,[mm]$

08 공기가 채워진 어떤 구형(球形) 기구의 반지름이 $5\,m$이고, 내부압력이 $100\,kPa$, 온도는 $20\,℃$일 때 기구 내에 채워진 공기의 몰수는 약 몇 $kmol$인가? (단, 공기의 분자량은 $29\,kg/kmol$이고, 기체상수는 $287\,J/kg \cdot K$이다) 〔10년-1회〕

① 20.1
② 21.5
③ 22.3
④ 23.6

해설

$PV = mRT = nMRT = n\overline{R}T$

구의 체적 $V_s[m^3] = \dfrac{4}{3}\pi r^3$

$n = \dfrac{PV}{MRT} = \dfrac{P}{MRT} \times \dfrac{4}{3}\pi r^3$

$= \dfrac{100}{29 \times 0.287 \times 293} \times \dfrac{4}{3} \times \pi \times 5^3 = 21.5$

Tip 단위를 항상 주의할 것!
일반적으로 적용단위는 $kg, kmol, kPa, kJ, m^3$ 또는 g, mol, Pa, J, L이 세트이나 해당 문제에서는 기체상수만 $[J]$로 적용되어 함정이다.

기출유형 완성하기

🔒 정답 09 ③ 10 ② 11 ③

09 견고한 밀폐용기 안에 어떤 물질 $1kg$이 압력 $2MPa$, 온도는 $250℃$ 상태에 있으며 압축성 인자 $(Z = Pv/RT)$ 값은 0.9232이다. 이 물질의 기체상수가 $0.46151 kJ/kg \cdot K$일 때 용기의 체적은 약 몇 m^3인가? 〔11년-1회〕

① 0.0532
② 0.0577
③ 0.1114
④ 0.1207

해설

압축성 인자 $Z = \dfrac{Pv}{RT} = \dfrac{PV}{mRT}$

$V = \dfrac{ZmRT}{P} = \dfrac{0.9232 \times 1 \times 0.46151 \times (250+273)}{2 \times 10^3}$

$= 0.1114$

10 안지름이 $240mm$인 관 속을 흐르고 있는 공기의 평균풍속이 $25m/\sec$이면 공기는 매초 몇 kg이 흐르겠는가? (단, 관 속의 정압은 $2.45 \times 10^5 Pa\ abs$, 온도는 $15℃$, 공기의 기체상수는 $R = 287 J/kg \cdot K$이다) 〔05년-4회〕

① 2.48
② 3.35
③ 4.48
④ 1.35

해설

$P = \rho RT \rightarrow \rho = \dfrac{P}{RT}$

$= \dfrac{2.45 \times 10^5}{287 \times (15+288)} = 2.964 [kg/m^3]$

$\dot{m} = \rho A V = \rho \dfrac{\pi d^2}{4} V = 2.964 \times \dfrac{\pi \times 0.24^2}{4} \times 25$

$= 3.35 [kg/s]$

11 그림에서 입구 A에서 공기의 압력은 $3 \times 10^5 Pa$(절대압력), 온도 $20℃$, 속도 $5m/s$이다. 그리고 출구 B에서 공기의 압력은 $2 \times 10^5 Pa$(절대압력), 온도 $20℃$이면 출구 B에서의 속도는 몇 m/s인가? (단, 공기의 기체상수 $R = 287 J/kg \cdot K$이며, 여러 가지 손실은 없다고 가정한다) 〔04년-1회〕

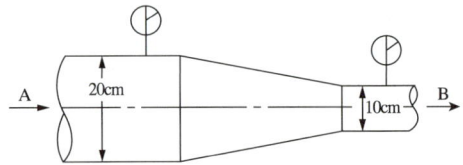

① 13.3
② 25.2
③ 30
④ 36

해설

$P = \rho RT \rightarrow$ 밀도 $\rho = \dfrac{P}{RT}$

A지점 $\rho_A = \dfrac{P_A}{RT_A} = \dfrac{3 \times 10^5}{287 \times (20+273)} = 3.568 [kg/m^3]$

B지점 $\rho_B = \dfrac{P_B}{RT_B} = \dfrac{2 \times 10^5}{287 \times (20+273)} = 2.378 [kg/m^3]$

배관 내를 유동하는 질량유량

$\dot{m} = \rho_A A_A V_A = \rho \dfrac{\pi d^2}{4} V = 3.568 \times \dfrac{\pi \times 0.2^2}{4} \times 5$

$= 0.56 [kg/s]$

질량은 보존되므로,

$\dot{m} = \rho_A A_A V_A = \rho_B A_B V_B \rightarrow$

$V_B = \dfrac{\dot{m}}{\rho_B A_B} = \dfrac{\dot{m}}{\rho_B \times \pi d_B^2/4} = \dfrac{0.56}{2.378 \times \pi \times 0.1^2/4}$

$\fallingdotseq 30 [m/s]$

Tip 압축성 유체이므로 체적유량에 의한 연속방정식 적용이 불가능하다.

12 온도가 20℃인 이산화탄소 3kg이 체적 $0.3m^3$인 용기에 가득 차 있다. 가스의 압력은 몇 kPa인가? (단, 이산화탄소는 기체상수가 $189J/kg \cdot K$인 이상기체로 가정한다) `11년-4회`

① 23.4
② 113.3
③ 519.3
④ 553.8

해설

$PV = mRT = nMRT = n\overline{R}T$

$P = \dfrac{mRT}{V} = \dfrac{3 \times 0.189 \times (20+273)}{0.3} = 553.8[kPa]$

13 20℃, 1기압에서 이산화탄소의 부피가 $11.2L$이다. 이때 이산화탄소는 약 몇 mol인가? `25년`

① $0.42 mol$
② $0.46 mol$
③ $0.50 mol$
④ $0.54 mol$

해설

이상기체 상태방정식 $PV = nRT$에서

몰수 : $n = \dfrac{PV}{RT} = \dfrac{1 \times 11.2}{0.082 \times (273+20)} \fallingdotseq 0.46[mol]$

33 열전달(전도, 대류, 복사)

기출유형

다음은 열의 이동을 막기 위해 쓰이는 방법의 예이다. 위의 설명과 관련이 깊은 열전달 방식을 바르게 나열한 것은?

06년-4회

> 1. 맑은 날에 햇빛을 막기 위해 밝은색의 양산을 사용한다.
> 2. 주전자의 손잡이는 나무 또는 플라스틱으로 만든다.
> 3. 보온병은 진공 이중벽으로 되어있다.

① 1=대류, 2=전도, 3=복사
② 1=복사, 2=전도, 3=대류
③ 1=대류, 2=전도, 3=전도
④ 1=복사, 2=대류, 3=전도

해설
1. 햇빛은 전자기파의 일종으로 복사열을 밝은색으로 반사시켜 차단한다.
2. 주전의 손잡이는 화상을 방지하기 위해 열전도도가 낮은 재료인 나무나 플라스틱으로 적용한다.
3. 보온병의 진공 이중벽은 대류열 전달을 차단하기 위해 매질을 제거한 것이다.

|정답| ②

족집게 과외

❶ 전 도

개 념	① 물체의 이동 없이 열이 물체의 고온부에서 저온부로 흐르는 현상 ② 매질(열전달 물체)이 필요함(진공 중에서는 전도열전달이 없음), Fourier의 법칙	
관계식	$\dot{q}_C = k \cdot A \cdot \dfrac{(T_H - T_L)}{l} = k \cdot A \cdot \dfrac{\triangle T}{l}$	$\dot{q}_C$ = 전도열량 [W] k : 열전도도(=열전도계수) [$W/m \cdot K$] A : 열전도면적 [m^2] $\dfrac{\triangle T}{l}$: 온도구배(기울기) [K/m]
	$\dot{q}_C'' = k \cdot \dfrac{(T_H - T_L)}{l} = k \cdot \dfrac{\triangle T}{l}$	$\dot{q}_C''$ = 열유속, 열전도율 [W/m^2] ※ 단위시간당, 단위면적당 전도열량
예 시	가스레인지 불에 젓가락 한쪽 끝을 가열하면(고온부) 반대편(저온부)도 뜨거워짐	

※ 온도 차이는 [K]이나 [$℃$]나 같은 값을 갖는다.

❷ 대 류

개 념	① 고체 표면과 유동하는 유체 사이에 의해 발생하는 열전달 현상 ② 고온에서 저온으로 이동하며 매질이 필요함(진공 중에서는 대류열전달이 없음) ③ 뉴턴의 냉각법칙	
관계식	$\dot{q}_V = h \cdot A \cdot (T_H - T_L) = h \cdot A \cdot \triangle T$	$\dot{q}_V$ = 전달열량(대류열량) [W] h : 열전달계수 [$W/m^2 \cdot K$] A : 열전달면적 [m^2] $\triangle T$: 온도차이 [K/m]
	$\dot{q}_V'' = h \cdot (T_H - T_L) = h \cdot \triangle T$	$\dot{q}_V''$ = 열유속, 열전달율 [W/m^2] ※ 단위시간당, 단위면적당 전달열량
예 시	겨울에 바람이 불면 더 추움[유체(바람)의 유동에 의해 체온을 뺏김]	

❸ 복 사

개 념	① 절대0도 이상의 온도를 가진 물체가 방사하는 전자기파에 의한 열전달 ② 매질이 필요 없음(진공 중에서도 복사열 전달 가능) ③ 흑체의 복사열량은 절대온도의 4승에 비례함	
관계식	$\dot{q}_R = \sigma A T^4$ $\dot{q}_R'' = \sigma T^4$	$\dot{q}_R''$: 복사열유속 [W/m^2] σ : 스테판볼츠만 상수 = 5.67×10^{-8} [$W/m \cdot K$] T : 물체의 절대온도 [K]

기출유형 완성하기

정답 01 ③ 02 ② 03 ④ 04 ① 05 ①

01 표면적이 같은 $1,000\,K$의 물체와 $2,000\,K$의 물체에서 복사되는 에너지 크기의 비는? `04년-2회`

① 1 : 4
② 1 : 8
③ 1 : 16
④ 1 : 32

해설

복사열에너지의 크기 $\dot{q}_R = \sigma A T^4$ 이므로

복사에너지의 비 $\dfrac{\dot{q}_{R1}}{\dot{q}_{R2}} = \dfrac{\cancel{\sigma}\cancel{A_1} T_1^4}{\cancel{\sigma}\cancel{A_2} T_2^4} = \dfrac{1,000^4}{2,000^4} = \dfrac{1}{16}$

02 다음 중 열전달 매질이 없이도 열이 전달되는 형태는? `25년`

① 전 도
② 복 사
③ 자연대류
④ 강제대류

해설

매질이 없어도 열이 전달되는 것은 "복사" 열전달만 가능하다.

03 온도 $80\,℃$인 고체표면을 $40\,℃$의 공기로 강제대류 열전달에 의해서 냉각한다. 대류 열전달계수를 $20\,W/m^2 \cdot K$라고 할 때 고체표면의 열유속은 W/m^2인가? `12년-1회`

① 785
② 790
③ 795
④ 800

해설

대류 열전달의 열유속

$\dot{q}_V'' = h \cdot (T_H - T_L) = 20 \times (80 - 40) = 800\,[W/m^2]$

04 열전도도가 $0.08\,W/m-K$인 단열재의 내부면의 온도(고온)가 $75\,℃$, 외부면의 온도(저온)가 $20\,℃$이다. 단위면적당 열손실을 $200\,W/m^2$으로 제한하려면 단열재의 두께는? `06년-2회`

① $22.0\,mm$
② $45.5\,mm$
③ $55.0\,mm$
④ $80.0\,mm$

해설

전도열량 $\dot{q}_C'' = k \cdot \dfrac{(T_H - T_L)}{l} = k \cdot \dfrac{\triangle T}{l}$

고체 물질(단열재)의 두께

$l = k \cdot \dfrac{(T_H - T_L)}{\dot{q}_C''} = 0.08 \times \dfrac{(75-20)}{200} = 0.022\,[m]$

$= 22\,[mm]$

05 지름 $10\,cm$인 금속구가 대류에 의해 열을 외부 공기로 방출한다. 이때 발생하는 열전달량이 $40\,W$이고, 구 표면과 공기 사이의 온도차가 $50\,℃$라면 공기와 구 사이의 대류 열전달계수 $(W/(m^2 \cdot K))$는 약 얼마인가? `25년`

① 25
② 50
③ 75
④ 100

해설

구의 표면적 $A = 4\pi r^2 = 4 \times \pi \times 0.05^2 = 0.0314\,[m^2]$

대류 열전달량 $\dot{q}_V = h \cdot A \cdot \triangle T$에서

대류 열전달계수로 정리하면

$\rightarrow h = \dfrac{\dot{q}_V}{A \times \triangle T} = \dfrac{40}{0.0314 \times 50} = 25.48\,[W/m^2 \cdot K]$

정답 06 ① 07 ① 08 ① 09 ④

기출유형 완성하기

06 실내의 난방용 방열기(물-공기 열교환기)에는 대부분 방열핀(fin)이 달려 있다. 그 주된 이유는?
　　　　　　　　　　　　　　　　　07년-4회

① 열전달 면적이 증가된다.
② 복사열전달이 촉진된다.
③ 재료비를 절감할 수 있다.
④ 겨울철 동파를 막는다.

해설
유체끼리의 열전달열량(교환열량)은
$\dot{q}_V = h \cdot A \cdot (T_H - T_L) = h \cdot A \cdot \triangle T$으로
열전달열량은 열전달면적에 비례한다.
면적(A)에 방열핀이란 말 그대로 열을 방출하는 핀으로서 열교환면적을 증가시키기 위해 설치된다.

07 열복사 현상에 대한 이론적인 설명과 거리가 먼 것은?
　　　　　　　　　　　　　　　　　08년-1회

① Fourier의 법칙
② Kirchhoff의 법칙
③ Stefan-Boltzmann의 법칙
④ Planck의 법칙

해설
Fourier의 법칙은 열전도 법칙이다.

08 전도는 서로 접촉하고 있는 물체의 온도차에 의하여 발생하는 열전달 현상이다. 다음 중 단위면적당의 열전달률(W/m^2)을 설명한 것 중 옳은 것은?
　　　　　　　　　　　　　　　　　08년-4회

① 전열면에 직각인 방향의 온도기울기에 비례한다.
② 전열면에 평행한 방향의 온도기울기에 비례한다.
③ 전열면에 직각인 방향의 온도기울기에 반비례한다.
④ 전열면에 평행한 방향의 온도기울기에 반비례한다.

해설
전도열량(문제에서는 전달열량이라고 표현) 전열면에 직각인 방향의 온도기울기에 비례한다.
Tip 벽을 두고 한쪽에서 가열하면 반대편(저온 측)으로 열이 이동하는데 이 이동방향은 가열면(벽면)과 직각이 되고, 전도열량은 온도기울기에 비례한다.

09 열전도도(thermal conductivity)가 가장 낮은 것은?
　　　　　　　　　　　　　　　　　10년-2회

① 은
② 철
③ 물
④ 공기

해설
열전도도는 일반적으로 '고체＞액체＞기체'가 된다.
Tip 공기(또는 기체)가 열전도도가 낮으므로 복층유리를 적용하여 유리 사이에 공기층(또는 가스층)을 설치하여 단열효과를 증대시킨다.

기출유형 완성하기

> 정답 10 ① 11 ③ 12 ④ 13 ③

10 두께 $4\,mm$의 강평판에서 고온 측 면의 온도가 $100\,℃$이고 저온 측 면의 온도가 $80\,℃$이며 단위면적($1\,m^2$)에 대해 매분 $30,000\,kJ$의 전열을 한다고 하면 이 강판의 열전도율은 몇 $W/m\cdot℃$인가? 〔06년-1회〕

① 100 ② 105
③ 110 ④ 115

해설

단위를 살펴보면 $W=J/s$, $kW=kJ/s$가 된다.

$$\dot{q_C}'' = k\cdot\frac{(T_H-T_L)}{l} = k\cdot\frac{\Delta T}{l}$$

열유속은 초당이므로

총 전도열량 $Q_c'' = k\cdot\frac{(T_H-T_L)}{l}\times 60[s]$

$$k = \frac{Q_c''\times l}{(T_H-T_L)}\times\frac{1}{60} = \frac{30,000\times 0.004}{(100-80)}\times\frac{1}{60}$$
$$= 0.1[kW/m\cdot℃]$$
$$k = 0.1[kW/m\cdot℃] = 100[W/m\cdot℃]$$

11 온도차이 ΔT, 열전도율 k, 두께 x, 열전달면적 A인 벽을 통한 열전달률이 Q이다. 다른 조건은 동일한 상태에서 벽의 열전도율이 4배가 되고 벽의 두께가 2배가 되는 경우 열전달률은 Q의 몇 배가 되는가? 〔12년-2회〕

① 1/2 ② 1
③ 2   ④ 4

해설

전도열량 $\dot{q_C} = k\cdot A\cdot\frac{(T_H-T_L)}{l} = k\cdot A\cdot\frac{\Delta T}{l}$

$$\frac{Q_2}{Q_1} = \frac{4\not{k}\not{A}\not{\Delta T}/2\not{x}}{\not{k}\not{A}\not{\Delta T}/\not{x}} = \frac{4}{2} = 2$$

12 온도차이 $20\,℃$, 열전도율 $5\,W(m\cdot k)$, 두께 $20\,cm$인 벽을 통한 열유속(heat flux)과 온도차이 $40\,℃$, 열전도율 $10\,W(m\cdot k)$, 두께 t인 같은 면적을 가진 벽을 통한 열유속이 같다면 두께 t는 몇 cm인가? 〔19년-1회〕

① 10 ② 20
③ 40 ④ 80

해설

전도열량 $\dot{q_C} = k\cdot A\cdot\frac{(T_H-T_L)}{l} = k\cdot A\cdot\frac{\Delta T}{l}$

$$\dot{q_{C1}} = \dot{q_{C2}} = k_1\cdot A_1\cdot\frac{(T_{H1}-T_{L1})}{t_1}$$
$$= k_2\cdot A_2\cdot\frac{(T_{H2}-T_{L2})}{t_2}$$

$A_1 = A_2$이므로 t_2로 정리하면

$$t_2 = \frac{k_2}{k_1}\times\frac{(T_{H2}-T_{L2})}{(T_{H1}-T_{L1})}\times t_1 = \frac{10}{5}\times\frac{40}{20}\times 0.2 = 0.8[m]$$
$$t_2 = 0.8[m] = 80[cm]$$

13 물체의 표면온도가 $100\,℃$에서 $400\,℃$로 상승하였을 때 물체 표면에서 방출하는 복사에너지는 약 몇 배가 되겠는가? (단, 물체의 방사율은 일정하다고 가정한다) 〔13년-2회〕

① 2
② 4
③ 10.6
④ 256

해설

복사열에너지의 크기 $\dot{q_R} = \sigma A T^4$이므로
복사에너지의 비

$$\frac{\dot{q_{R2}}}{\dot{q_{R1}}} = \frac{\not\sigma\not{A_2}T_2^4}{\not\sigma\not{A_1}T_1^4} = \frac{(400+273)^4}{(100+273)^4} = 10.6$$

🔒 **정답** 14 ② 15 ②

기출유형 완성하기

14 두께가 $5mm$인 창유리의 내부 온도는 $15℃$, 외부 온도는 $5℃$이다. 창의 크기는 $1m \times 3m$이며, 창을 통한 열전달률은 $8.4kW$이다. 이때 유리의 열전도율 k는 얼마인가? `25년`

① $0.7\,W/(m \cdot K)$
② $1.4\,W/(m \cdot K)$
③ $2.0\,W/(m \cdot K)$
④ $2.8\,W/(m \cdot K)$

해설
전도열량

→ $\dot{q}_C = k \cdot A \cdot \dfrac{(T_H - T_L)}{l} = k \cdot A \cdot \dfrac{\triangle T}{l}$ 에서

열전도율 k로 정리하면 $k = \dot{q}_C \times \dfrac{l}{A(T_H - T_L)}$

$k = 8.4 \times \dfrac{1,000[W]}{1[kW]} \times \dfrac{0.005}{(1 \times 3) \times (15-5)}$
$= 1.4[W/m \cdot K]$

15 지름 $2cm$인 금속구가 대류에 의해 열을 외부 공기로 방출한다. 이때 발생하는 열전달량이 $50W$이고, 구 표면과 공기 사이의 온도차가 $80℃$라면 공기와 구 사이의 대류 열전달계수 ($W/(m^2 \cdot K)$)는 약 얼마인가? `25년`

① 250
② 500
③ 750
④ 1,000

해설
구의 표면적 $A = 4\pi r^2 = 4 \times \pi \times 0.01^2 = 0.001257[m^2]$
대류 열전달량 $\dot{q}_V = h \cdot A \cdot \triangle T$에서
대류 열전달계수로 정리하면

→ $h = \dfrac{\dot{q}_V}{A \times \triangle T} = \dfrac{50}{0.001257 \times 80}$
$= 497.22[W/m^2 \cdot K]$

아이들이 답이 있는 질문을 하기 시작하면 그들이 성장하고 있음을 알 수 있다.

- 존 J. 플롬프 -

PART 03
소방관계법규

PART 03 소방관계법규

01 소방기본법의 목적, 소방신호, 상호응원

기출유형

다음 중 화재예방·소방활동 또는 소방훈련을 위하여 사용되는 소방신호의 종류로 볼 수 없는 것은?

① 출동신호
② 해제신호
③ 발화신호
④ 훈련신호

해설
소방신호의 종류는 경계신호, 발화신호, 해제신호, 훈련신호이다.

| 정답 | ①

족집게 과외

❶ 소방기본법의 목적

구 분	내 용
소방 기본법 목적	① 화재를 예방·경계하거나 진압 ② 화재, 재난·재해, 그 밖의 위급한 상황에서의 구조·구급 활동 ③ 국민의 생명·신체 및 재산을 보호 ④ 공공의 안녕 및 질서 유지와 복리증진에 이바지함

❷ 소방신호의 종류 및 방법(행정안전부령)

구 분	발령 시기	신호 방법	
		타종 신호	싸이렌 신호
경계신호	화재예방상 필요하거나 화재위험경보 시	1타와 연 2타를 반복	5초 간격을 두고 30초씩 3회
발화신호	화재가 발생할 때	난 타	5초 간격을 두고 5초씩 3회
해제신호	소화활동이 필요 없다고 인정되는 때	상당한 간격을 두고 1타씩 반복	1분간 1회
훈련신호	훈련상 필요하다고 인정되는 때	연 3타 반복	10초 간격을 두고 1분씩 3회

❸ 소방업무의 응원

구 분	내 용
개 념	① 소방본부장이나 소방서장은 소방활동을 할 때에 긴급한 경우에는 이웃한 소방본부장 또는 소방서장에게 소방업무의 응원을 요청할 수 있다. ② 요청을 받은 소방본부장 또는 소방서장은 정당한 사유 없이 그 요청을 거절하여서는 아니 된다. ③ 응원을 위하여 파견된 소방대원은 응원을 요청한 소방본부장 또는 소방서장의 지휘에 따라야 한다. ④ 시·도지사는 소방업무의 응원을 요청하는 경우를 대비하여 출동 대상지역 및 규모와 필요한 경비의 부담 등에 관하여 필요한 사항을 행정안전부령으로 정하는 바에 따라 이웃하는 시·도지사와 협의하여 미리 규약으로 정하여야 한다.

❹ 소방업무의 상호응원협정

내 용	포함사항	세부내용
시·도지사는 이웃하는 다른 시·도지사와 소방업무에 관하여 상호응원협정을 체결하고자 하는 때에는 다음 사항이 포함되도록 해야 한다.	소방활동에 관한 사항	① 화재의 경계·진압활동 ② 구조·구급업무의 지원 ③ 화재조사활동
	응원출동대상지역 및 규모	–
	소요경비의 부담에 관한 사항	① 출동대원의 수당·식사 및 의복의 수선 ② 소방장비 및 기구의 정비와 연료의 보급 ③ 그 밖의 경비
	응원출동의 요청방법	–
	응원출동훈련 및 평가	–

기출유형 완성하기

🔒 **정답** 01 ④ 02 ② 03 ③ 04 ③

01 이상기상(異常氣相)의 예보나 특보가 있을 때 화재위험을 알리는 소방신호로 알맞은 것은?

07년-1회

① 비상신호
② 화재위험신호
③ 발화신호
④ 경계신호

해설
소방신호

구 분	발령 시기
경계신호	화재예방상 필요하거나 화재위험경보 시
발화신호	화재가 발생할 때
해제신호	소화활동이 필요없다고 인정되는 때
훈련신호	훈련상 필요하다고 인정되는 때

02 다음 중 소방기본법의 목적과 거리가 가장 먼 것은?

06년-1회

① 화재를 예방·경계하고 진압하는 것
② 건축물의 안전한 사용을 통하여 안락한 국민 생활을 보장해 주는 것
③ 화재, 재난·재해로부터 구조·구급하는 것
④ 공공의 안녕질서 유지와 복리증진에 기여하는 것

해설
소방기본법의 목적
• 화재를 예방·경계하거나 진압
• 화재, 재난·재해, 그 밖의 위급한 상황에서의 구조·구급 활동
• 국민의 생명·신체 및 재산을 보호
• 공공의 안녕 및 질서 유지와 복리증진에 이바지함

03 소방신호에서 화재예방·소화활동·소방훈련을 위하여 사용되는 신호의 종류와 방법은 무엇으로 정하는가?

04년-2회

① 지방자치령
② 대통령령
③ 행정안전부령
④ 치안본부령

해설
소방신호의 종류와 방법은 **행정안전부령**으로 정한다.

04 다음 중 소방기본법의 목적으로 적절하지 않은 것은?

07년-2회

① 화재의 예방
② 화재의 진압
③ 소방대상물의 안전관리
④ 위급한 상황에서의 구조·구급 활동

해설
소방기본법의 목적
• 화재를 예방·경계하거나 진압
• 화재, 재난·재해, 그 밖의 위급한 상황에서의 구조·구급 활동
• 국민의 생명·신체 및 재산을 보호
• 공공의 안녕 및 질서 유지와 복리증진에 이바지함

정답 05 ① 06 ① 07 ③ 08 ①

기출유형 완성하기

05 소방기본법령상 인접하고 있는 시·도 간 소방업무의 상호응원협정을 체결하고자 할 때, 포함되어야 하는 사항으로 틀린 것은? 〔19년-2회〕

① 소방교육·훈련의 종류에 관한 사항
② 화재의 경계·진압활동에 관한 사항
③ 출동대원의 수당·식사 및 피복의 수선의 소요경비의 부담에 관한 사항
④ 화재조사활동에 관한 사항

해설
소방업무의 **상호응원협정**에서 "**교육**" 관련사항은 포함 사항이 **아니다**.

06 다음 중 소방신호의 종류 및 방법으로 적절하지 않은 것은? 〔09년-1회〕

① 경계신호는 화재발생 지역에 출동할 때 발령
② 발화신호는 화재가 발생한 때 발령
③ 해제신호는 소화활동이 필요 없다고 인정되는 때 발령
④ 훈련신호는 훈련상 필요하다고 인정될 때 발령

해설
소방신호

구 분	발령 시기
경계신호	화재예방상 필요하거나 화재위험경보 시
발화신호	화재가 발생할 때
해제신호	소화활동이 필요 없다고 인정되는 때
훈련신호	훈련상 필요하다고 인정되는 때

07 다음은 소방기본법의 목적을 기술한 것이다. (㉮), (㉯), (㉰)에 들어갈 내용으로 알맞은 것은? 〔15년-2회〕

> "화재를 (㉮)·(㉯)하거나 (㉰)하고 화재, 재난·재해 그 밖의 위급한 상황에서의 구조·구급활동 등을 통하여 국민의 생명·신체 및 재산을 보호함으로써 공공의 안녕질서 유지와 복리 증진에 이바지함을 목적으로 한다."

① ㉮ 예방, ㉯ 경계, ㉰ 복구
② ㉮ 경보, ㉯ 소화, ㉰ 복구
③ ㉮ 예방, ㉯ 경계, ㉰ 진압
④ ㉮ 경계, ㉯ 통제, ㉰ 진압

해설
소방기본법의 목적
화재를 **예방·경계**하거나 **진압**

08 화재예방, 소화활동, 소방훈련을 위하여 사용되는 신호를 무엇이라 하는가? 〔03년-4회〕

① 소방신호
② 대피신호
③ 훈련신호
④ 구급신호

해설
화재예방, 소화활동, 소방훈련을 위해서 사용되는 신호를 **소방신호**라고 한다.

기출유형 완성하기

정답 09 ① 10 ④ 11 ① 12 ③

09 다음 중 소방기본법령에 따라 화재예방상 필요하다고 인정되거나 화재위험경보 시 발령하는 소방신호의 종류로 옳은 것은? `22년-2회`

① 경계신호
② 발화신호
③ 경보신호
④ 훈련신호

해설
소방신호

구 분	발령 시기
경계신호	화재예방상 필요하거나 화재위험경보 시
발화신호	화재가 발생할 때
해제신호	소화활동이 필요 없다고 인정되는 때
훈련신호	훈련상 필요하다고 인정되는 때

10 소방기본법령상 소방업무의 응원에 대한 설명 중 틀린 것은? `22년-1회`

① 소방본부장이나 소방서장은 소방활동을 할 때에 긴급한 경우에는 이웃한 소방본부장 또는 소방서장에게 소방업무의 응원을 요청할 수 있다.
② 소방업무의 응원 요청을 받은 소방본부장 또는 소방서장은 정당한 사유 없이 그 요청을 거절하여서는 아니 된다.
③ 소방업무의 응원을 위하여 파견된 소방대원은 응원을 요청한 소방본부장 또는 소방서장의 지휘에 따라야 한다.
④ 시·도지사는 소방업무의 응원을 요청하는 경우를 대비하여 출동 대상지역 및 규모와 필요한 경비의 부담 등에 관하여 필요한 사항을 대통령령으로 정하는 바에 따라 이웃하는 시·도지사와 협의하여 미리 규약으로 정하여야 한다.

해설
시·도지사는 소방업무의 응원을 요청하는 경우를 대비하여 출동 대상지역 및 규모와 필요한 경비의 부담 등에 관하여 필요한 사항을 **행정안전부령**으로 정하는 바에 따라 이웃하는 시·도지사와 협의하여 미리 규약으로 정하여야 한다.

11 소방신호의 종류가 아닌 것은? `25년`

① 진화신호
② 발화신호
③ 경계신호
④ 해제신호

해설
소방신호의 종류는 **경계신호, 발화신호, 해제신호, 훈련신호**이다.

12 소방기본법령상 이웃하는 다른 시·도지사와 소방업무에 관하여 시·도지사가 체결할 상호응원협정 사항이 아닌 것은? `22년-1회`

① 화재조사활동
② 응원출동의 요청방법
③ 소방교육 및 응원출동훈련
④ 응원출동대상지역 및 규모

해설
소방업무의 **상호응원협정**에서 "**교육**" 관련사항은 포함사항이 **아니다**.

02 소방대상물, 소방박물관 등

기출유형

소방대상물에 대한 조치명령권자는 누구인가? _15년-2회, 개정반영_

① 소방본부장 또는 소방서장
② 한국소방안전협회장
③ 시·도지사
④ 국무총리

해설
소방대상물에 대한 조치명령권자는 **소방관서장(소방청장, 소방본부장, 소방서장)**이다.

| 정답 | ①

족집게 과외

❶ 소방대상물

구 분		내 용
정 의		건축물, 차량, 선박(항구에 매어둔 선박만 해당), 선박건조구조물, 산림, 그 밖의 인공구조물 또는 물건
관계인	정 의	소방대상물의 → ① 소유자　　② 관리자　　③ 점유자
	소방 활동	① 관계인은 소방대상물에 화재, 재난·재해, 그 밖의 위급한 상황이 발생한 경우에는 소방대가 현장에 도착할 때까지 경보를 울리거나 대피를 유도하는 등의 방법으로 사람을 구출하는 조치 또는 불을 끄거나 불이 번지지 아니하도록 필요한 조치를 할 것 ② 관계인은 소방대상물에 화재, 재난·재해, 그 밖의 위급한 상황이 발생한 경우에는 이를 소방본부, 소방서 또는 관계 행정기관에 지체 없이 알릴 것
소방 대상물 조치명령		소방관서장은 화재안전조사 결과에 따른 소방대상물의 위치·구조·설비 또는 관리의 상황이 화재예방을 위하여 보완될 필요가 있거나 화재가 발생하면 인명 또는 재산의 피해가 클 것으로 예상되는 때에는 행정안전부령으로 정하는 바에 따라 관계인에게 그 소방대상물의 개수(改修)·이전·제거, 사용의 금지 또는 제한, 사용폐쇄, 공사의 정지 또는 중지, 그 밖에 필요한 조치를 명할 수 있다. 소방관서장은 화재안전조사 결과 소방대상물이 법령을 위반하여 건축 또는 설비되었거나 소방시설등, 피난시설·방화구획, 방화시설 등이 법령에 적합하게 설치 또는 관리되고 있지 아니한 경우에는 관계인에게 조치를 명하거나 관계 행정기관의 장에게 필요한 조치를 하여 줄 것을 요청할 수 있다.
벌 금		조치명령을 정당한 사유 없이 위반 시 3년 이하의 징역 또는 3천만 원 이하의 벌금
소방 관서장		① 소방청장 ② 소방본부장 ③ 소방서장

❷ 소방박물관 등의 설립과 운영

구 분	소방박물관	소방체험관
설립 및 운영	소방청장	시·도지사
설립 운영 필요사항	행정안전부령	행정안전부령으로 정하는 기준에 따른 시·도의 조례

기출유형 완성하기

정답 01 ① 02 ③ 03 ④ 04 ②

01 소방기본법의 정의상 소방대상물의 관계인이 아닌 자는? `21년-2회`

① 감리자
② 관리자
③ 점유자
④ 소유자

해설
소방대상물의 관계인
- 소유자
- 관리자
- 점유자

02 다음 중 소방기본법에서 사용하는 용어의 정의로 옳지 않은 것은? `07년-1회, 개정반영`

① 소방대장이라 함은 소방본부장 또는 소방서장 등 화재, 재난·재해, 그 밖의 위급한 상황이 발생한 현장에서 소방대를 지휘하는 자를 말한다.
② 관계지역이라 함은 소방대상물이 있는 장소 및 그 이웃지역으로서 화재의 예방·경계·진압·구조·구급 등의 활동에 필요한 지역을 말한다.
③ 소방대상물이라 함은 건축물, 차량, 항해하는 선박, 선박건조구조물, 산림 그 밖의 공작물 또는 물건을 말한다.
④ 소방본부장이라 함은 특별시·광역시·특별자치시·도 또는 특별자치도에서 화재의 예방·경계·진압·조사 및 구조·구급 등의 업무를 담당하는 부서의 장을 말한다.

해설
소방대상물이란 건축물, 차량, 선박(**항구에 매어둔 선박만 해당**), 선박건조구조물, 산림, 그 밖의 인공구조물 또는 물건이다.

03 소방대상물의 위치, 구조, 설비 또는 관리의 상황에 관하여 화재예방상 필요하거나, 화재가 발생하면 인명에 위험이 미칠 것으로 인정될 때에는 관계인에게 당해 소방대상물의 조치명령 등의 필요한 조치를 명할 수 있는 사람은? `03년-4회`

① 시·도지사
② 시장·군수
③ 당해 소방대상물의 방화관리자
④ 소방서장 또는 소방본부장

해설
조치명령은 **소방관서장**(소방청장, 소방본부장, 소방서장)이 할 수 있다.

04 화재가 발생하여 소방대가 화재현장에 도착할 때까지 그 소방대상물의 관계인이 조치하여야 할 사항으로 적당하지 못한 것은? `04년-1회`

① 소화작업
② 교통정리작업
③ 연소방지작업
④ 인명구조작업

해설
- 인명구조작업 → 경보를 울리거나 대피를 유도
- 소화작업 및 연소방지작업 → 불을 끄거나 불이 번지지 아니하도록 필요한 조치
- 신고 → 소방본부, 소방서 또는 관계 행정기관에 지체 없이 알릴 것

정답 05 ② 06 ① 07 ② 08 ③

05 다음 중 소방법상의 소방대상물에 포함되지 않는 것은? `05년-4회`

① 산 림
② 항해 중인 선박
③ 선 박
④ 선박건조구조물

해설
소방대상물이란 건축물, 차량, 선박(**항구에 매어둔 선박만 해당**), 선박건조구조물, 산림, 그 밖의 인공구조물 또는 물건이다.

06 화재안전조사 결과 소방대상물의 위치 상황이 화재예방을 위하여 보완될 필요가 있을 것으로 예상되는 때에 소방대상물의 개수·이전·제거, 그 밖의 필요한 조치를 관계인에게 명령할 수 있는 사람은? `20년-3회, 개정반영`

① 소방서장
② 경찰청장
③ 시·도지사
④ 해당 구청장

해설
조치명령은 **소방관서장**(소방청장, 소방본부장, 소방서장)이 할 수 있다.

07 소방기본법상 소방대상물의 소유자·관리자 또는 점유자로 정의되는 자는? `10년-1회`

① 관리인
② 관계인
③ 사용인
④ 등기자

해설
소방대상물의 **소유자, 관리자, 점유자**는 소방대상물의 **관계인**의 정의이다.

08 소방체험관의 설립·운영권자는? `16년-4회`

① 국무총리
② 행정안전부장관
③ 시·도지사
④ 소방본부장 및 소방서장

해설
소방체험관의 설립 및 운영권자는 시·도지사이다.

03 소방대와 소방활동

기출유형

소방대(消防隊)에 해당되지 않는 사람은? 06년-4회

① 소방공무원
② 의무소방원
③ 자체소방대원
④ 의용소방대원

해설
소방대는 소방공무원, 의무소방원, 의용소방대원으로 구성된다.

| 정답 | ③

족집게 과외

❶ 소방대의 구성

구 분	내 용
구 성	① 소방공무원 ② 의무소방원 ③ 의용소방대원

❷ 소방자동차의 우선 통행

구 분	내 용	벌 칙
출동 방해	모든 차와 사람은 소방자동차가 화재진압 및 구조·구급 활동을 위하여 출동을 할 때에는 이를 방해하여서는 아니 된다.	5년 이하의 징역 or 5천만 원 이하 벌금
	모든 차와 사람은 소방자동차가 화재진압 및 구조·구급 활동을 위하여 사이렌을 사용하여 출동하는 경우에는 다음의 행위를 하여서는 아니 된다. ① 소방자동차에 진로를 양보하지 아니하는 행위 ② 소방자동차 앞에 끼어들거나 소방자동차를 가로막는 행위 ③ 그 밖에 소방자동차의 출동에 지장을 주는 행위	200만 원 이하 과태료

❸ 소방활동

구 분	내 용	벌 칙
구역 설정	소방대장 → 소방활동구역을 정하여 구역에 출입하는 것을 제한할 수 있다.	200만 원 이하 과태료
출입 가능	① 소방활동구역 안에 있는 소방대상물의 소유자·관리자 또는 점유자 ② 전기·가스·수도·통신·교통의 업무에 종사하는 사람 ③ 의사·간호사, 그 밖의 구조·구급업무에 종사하는 사람 ④ 취재인력 등 보도업무에 종사하는 사람 ⑤ 수사업무에 종사하는 사람 ⑥ 그 밖에 소방대장이 소방활동을 위하여 출입을 허가한 사람	
종사 명령	소방본부장, 소방서장 또는 소방대장 → 소방활동을 위해 필요시 → 그 관할구역에 사는 사람, 그 현장에 있는 사람에게 → 구출, 불을 끄거나 불이 번지지 아니하도록 하는 일을 하게 할 수 있다.	5년 이하의 징역 or 5천만 원 이하 벌금
강제 처분	소방본부장, 소방서장 또는 소방대장 → 필요시 화재가 발생하거나 불이 번질 우려가 있는 소방대상물 및 토지를 일시적으로 사용하거나 그 사용의 제한 또는 소방활동에 필요한 처분을 할 수 있다.	3년 이하의 징역 or 3천만 원 이하 벌금
	소방본부장, 소방서장 또는 소방대장 → 긴급하다고 인정할 때 → 소방대상물 또는 토지 외의 소방대상물과 토지에 대하여 강제처분을 할 수 있다.	300만 원 이하 벌금
	소방본부장, 소방서장 또는 소방대장 → 출동할 때 → 소방자동차의 통행과 소방활동에 방해가 되는 주차 또는 정차된 차량 및 물건 등을 제거하거나 이동시킬 수 있다.	
피난 명령	소방본부장, 소방서장 또는 소방대장 → 사람의 생명이 위험할 경우 → 일정한 구역을 지정 → 구역 밖으로 피난할 것을 명할 수 있다.	100만 원 이하 벌금
긴급 조치	소방본부장, 소방서장 또는 소방대장 → 소방용수 외에 댐·저수지 또는 수영장 등의 물을 사용 또는 수도(水道)의 개폐장치 등을 조작할 수 있다.	100만 원 이하 벌금
소방 대장	소방본부장 또는 소방서장 등 화재, 재난·재해, 그 밖의 위급한 상황이 발생한 현장에서 소방대를 지휘하는 사람을 말한다.	

기출유형 완성하기

정답 01 ③ 02 ③ 03 ④ 04 ③

01 화재를 진압하고 화재·재난·재해, 그 밖의 위급한 상황에서의 구조·구급활동을 위하여 소방공무원, 의무소방원, 의용소방대원으로 구성된 조직체를 무엇이라 하는가? `05년-1회`

① 구조구급대
② 의무소방대
③ 소방대
④ 의용소방대

해설
소방대의 구성
- 소방공무원
- 의무소방원
- 의용소방대원

02 소방대장은 화재, 재난·재해, 그 밖의 위험한 상황이 발생한 현장에 소방활동구역을 정하여 지정한 사람 외에는 그 구역에 출입하는 것을 제한할 수 있다. 소방활동구역을 출입할 수 없는 사람은? `15년-1회`

① 의사·간호사, 그 밖의 구조·구급업무에 종사하는 사람
② 수사업무에 종사하는 사람
③ 소방활동구역 밖의 소방대상물을 소유한 사람
④ 전기·가스 등의 업무에 종사하는 사람으로서 원활한 소방활동을 위하여 필요한 사람

해설
소방활동구역 **밖의** 소방대상물을 소유한 사람은 소방활동과 무관하므로 출입할 수 없다.

03 소방기본법령상 출동한 소방대원에게 폭행 또는 협박을 행사하여 화재진압 인명구조 또는 구급활동을 방해한 사람에 대한 벌칙 기준은? `21년-2회`

① 500만 원 이하의 과태료
② 1년 이하의 징역 또는 1,000만 원 이하의 벌금
③ 3년 이하의 징역 또는 3,000만 원 이하의 벌금
④ 5년 이하의 징역 또는 5,000만 원 이하의 벌금

해설
모든 차와 사람은 소방자동차가 **화재진압 및 구조·구급 활동**을 위하여 출동을 할 때에는 이를 **방해**하여서는 아니 된다(5년 이하의 징역 또는 5천만 원 이하 벌금).

04 소방기본법상 소방활동구역의 설정권자로 옳은 것은? `18년-2회`

① 소방본부장
② 소방서장
③ 소방대장
④ 시·도지사

해설
소방대장은 **소방활동구역을** 정하여 구역에 출입하는 것을 제한할 수 있다.

정답 05 ③ 06 ③ 07 ②

기출유형 완성하기

05 소방기본법상 소방대의 구성원에 속하지 않는 자는? `19년-4회`

① 소방공무원법에 따른 소방공무원
② 의용소방대 설치 및 운영에 관한 법률에 따른 의용소방대원
③ 위험물안전관리법에 따른 자체소방대원
④ 의무소방대설치법에 따라 임용된 의무소방원

해설
소방대의 구성
- 소방공무원
- 의무소방원
- 의용소방대원

06 소방기본법령상 소방대장은 화재, 재난·재해 그 밖의 위급한 상황이 발생한 현장에 소방활동 구역을 정하여 소방활동에 필요한 자로서 대통령령으로 정하는 사람 외에는 그 구역에의 출입을 제한할 수 있다. 다음 중 소방활동구역에 출입할 수 없는 사람은? `21년-2회`

① 소방활동구역 안에 있는 소방대상물의 소유자·관리자 또는 점유자
② 전기·가스·수도·통신·교통의 업무에 종사하는 사람으로서 원활한 소방활동을 위하여 필요한 사람
③ 시·도지사가 소방활동을 위하여 출입을 허가한 사람
④ 의사·간호사, 그 밖의 구조·구급업무에 종사하는 사람

해설
시·도지사가 아닌 소방대장이 소방활동을 위하여 출입을 허가한 사람이 소방활동구역에 출입할 수 있다.

07 소방기본법상 명령권자가 소방본부장, 소방서장 또는 소방대장에게 있는 사항은? `19년-1회`

① 소방활동을 할 때에 긴급한 경우에는 이웃한 소방본부장 또는 소방서장에게 소방업무의 응원을 요청할 수 있다.
② 화재, 재난·재해, 그 밖의 위급한 상황이 발생한 현장에서 소방활동을 위하여 필요할 때에는 그 관할구역에 사는 사람 또는 그 현장에 있는 사람으로 하여금 사람을 구출하는 일 또는 불을 끄거나 불이 번지지 아니하도록 하는 일을 하게 할 수 있다.
③ 수사기관이 방화 또는 실화의 혐의가 있어서 이미 피의자를 체포하였거나 증거물을 압수하였을 때에 화재조사를 위하여 필요한 경우에는 수사에 지장을 주지 아니하는 범위에서 그 피의자 또는 압수된 증거물에 대한 조사를 할 수 있다.
④ 화재, 재난·재해, 그밖의 위급한 상황이 발생하였을 때에는 소방대를 현장에 신속하게 출동시켜 화재진압과 인명구조·구급 등 소방에 필요한 활동을 하게 하여야 한다.

해설
소방본부장, 소방서장 또는 소방대장 → 소방활동 위해 필요시 그 관할구역에 사는 사람, 그 현장에 있는 사람에게 → 구출, 불을 끄거나 불이 번지지 아니하도록 하는 일을 하게 할 수 있다.

기출유형 완성하기

정답 08 ② 09 ④ 10 ① 11 ②

08 출동한 소방대의 화재진압 및 인명구조·구급 등 소방활동 방해에 따른 벌칙이 5년 이하의 징역 또는 5,000만 원 이하의 벌금에 처하는 행위가 아닌 것은? `17년-1회`

① 위력을 사용하여 출동한 소방대의 구급활동을 방해하는 행위
② 화재진압을 마치고 소방서로 복귀 중인 소방자동차의 통행을 고의로 방해하는 행위
③ 출동한 소방대원에게 협박을 행사하여 구급활동을 방해하는 행위
④ 출동한 소방대의 소방장비를 파손하거나 그 효용을 해하여 구급활동을 방해하는 행위

해설
모든 차와 사람은 소방자동차가 화재진압 및 구조·구급 활동을 위하여 출동을 할 때에는 이를 방해하여서는 아니 된다(5년 이하의 징역 또는 5천만 원 이하 벌금).

09 소방대장은 화재, 재난·재해 그 밖의 위급한 상황이 발생한 현장에 소방활동구역을 정하여 소방활동에 필요한 자로서 대통령령이 정하는 자 외의 자에 대하여는 그 구역에의 출입을 제한할 수 있다. 다음 소방활동구역에 출입할 수 없는 자는? `25년`

① 소방활동구역 안에 있는 소방대상물의 소유자·관리자 또는 점유자
② 전기·가스·수도·통신·교통의 업무에 종사하는 자로서 원활한 소방활동을 위하여 필요한 자
③ 의사·간호사 그 밖의 구조·구급업무에 종사하는 자와 취재인력 등 보도업무에 종사하는 자
④ 소방대장의 출입허가를 받지 않은 소방대상물 소유자의 친척

해설
소방대상물 소유자의 친척은 소방활동과 무관하므로 소방대장의 출입허가를 받지 않는 경우 소방활동구역 출입이 불가하다.

10 소방본부장 또는 소방서장 등이 화재현장에서 소화활동을 원활히 수행하기 위하여 규정하고 있는 사항으로 틀린 것은? `13년-4회, 개정반영`

① 화재예방강화지구의 지정
② 강제처분
③ 소방활동 종사명령
④ 피난명령

해설
소방활동을 원활히 수행하기 위해서 규정하고 있는 사항은 **소방활동구역의 지정, 종사명령, 강제처분, 피난명령, 긴급조치**가 있다.

11 소방기본법상 소방본부장, 소방서장 또는 소방대장의 권한이 아닌 것은? `18년-2회`

① 화재, 재난·재해, 그 밖의 위급한 상황이 발생한 현장에서 소방활동을 위하여 필요할 때에는 그 관할구역에 사는 사람 또는 그 현장에 있는 사람으로 하여금 사람을 구출하는 일 또는 불을 끄거나 불이 번지지 아니하도록 하는 일을 하게 할 수 있다.
② 소방활동을 할 때에 긴급한 경우에는 이웃한 소방본부장 또는 소방서장에게 소방업무의 응원을 요청할 수 있다.
③ 사람을 구출하거나 불이 번지는 것을 막기 위하여 필요할 때에는 화재가 발생하거나 불이 번질 우려가 있는 소방대상물 및 토지를 일시적으로 사용하거나 그 사용의 제한 또는 소방활동에 필요한 처분을 할 수 있다.
④ 소방활동을 위하여 긴급하게 출동할 때에는 소방자동차의 통행과 소방활동에 방해가 되는 주차 또는 정차된 차량 및 물건 등을 제거하거나 이동시킬 수 있다.

해설
소방본부장이나 소방서장은 소방활동을 할 때에 긴급한 경우에는 이웃한 소방본부장 또는 소방서장에게 소방업무의 응원을 요청할 수 있다.

정답 12 ③ 13 ③

12 다음 소방기본법령상 용어 정의에 대한 설명으로 옳은 것은? `22년-2회`

① 소방대상물이란 건축물, 차량, 선박(항구에 매어둔 선박은 제외) 등을 말한다.
② 관계인이란 소방대상물의 점유예정자를 포함한다.
③ 소방대란 소방공무원, 의무소방원, 의용소방대원으로 구성된 조직체이다.
④ 소방대장이란 화재, 재난·재해, 그 밖의 위급한 상황이 발생한 현장에서 소방대를 지휘하는 사람(소방서장은 제외)이다.

해설
① 선박은 항구에 매어둔 선박만 소방대상물이다.
② 관계인이란 소유자, 관리자, 점유자이다.
④ 소방대장이란 소방본부장 또는 소방서장 등 화재, 재난·재해, 그 밖의 위급한 상황이 발생한 현장에서 **소방대를 지휘하는 사람**이다.

13 소방기본법령상 소방활동구역의 출입자에 해당되지 않는 자는? `19년-2회`

① 소방활동구역 안에 있는 소방대상물의 소유자·관리자 또는 점유자
② 전기·가스·수도·통신·교통의 업무에 종사하는 사람으로서 원활한 소방활동을 위하여 필요한 자
③ 화재건물과 관련 있는 부동산업자
④ 취재인력 등 보도업무에 종사하는 자

해설
부동산업자는 **소방활동과 무관**하므로 출입할 수 없다.

04 종합상황실과 소방활동장비

기출유형

화재발생 시 소방서는 소방본부의 종합상황실에 소방본부는 소방청의 종합상황실에 보고하여야 하는 바 사상자가 얼마 이상일 경우 이에 해당되는가?   05년-4회, 개정반영

① 사상자가 5인 이상 발생한 화재
② 사상자가 7인 이상 발생한 화재
③ 사상자가 10인 이상 발생한 화재
④ 사상자가 20인 이상 발생한 화재

해설
상위 소방기관의 종합상황실에 보고하여야 하는 사상자 기준은 **사상자가** 10인 **이상** 발생한 화재 시이다.

| 정답 | ③

족집게 과외

❶ 종합상황실 실장의 업무

구 분	내 용
업무 내용	① 화재, 재난·재해, 그 밖에 구조·구급이 필요한 상황(재난상황)의 발생의 신고접수 ② 접수된 재난상황을 검토하여 가까운 소방서에 인력 및 장비의 동원을 요청하는 등의 사고수습 ③ 하급소방기관에 대한 출동지령 또는 동급 이상의 소방기관 및 유관기관에 대한 지원요청 ④ 재난상황의 전파 및 보고 ⑤ 재난상황이 발생한 현장에 대한 지휘 및 피해현황의 파악 ⑥ 재난상황의 수습에 필요한 정보수집 및 제공
소방청 종합 상황실 보고대상 상황	① 사망자 5인 이상 발생하거나 사상자 10인 이상 발생한 화재 ② 이재민이 100인 이상 발생한 화재 ③ 재산피해액이 50억 원 이상 발생한 화재 ④ 관공서·학교·정부미도정공장·문화재·지하철 또는 지하구의 화재 ⑤ 관광호텔, 11층 이상인 건축물, 지하상가, 시장, 백화점, 지정수량의 3,000배 이상의 위험물의 제조소·저장소·취급소, 층수가 5층 이상이거나 객실이 30실 이상인 숙박시설, 층수가 5층 이상이거나 병상이 30개 이상인 종합병원·정신병원·한방병원·요양소, 연면적 $15,000m^2$ 이상인 공장 또는 화재경계지구에서 발생한 화재 ⑥ 철도차량, 항구에 매어둔 총 톤수가 1천 톤 이상인 선박, 항공기, 발전소 또는 변전소에서 발생한 화재 ⑦ 가스 및 화약류의 폭발에 의한 화재 ⑧ 다중이용업소의 화재 ⑨ 통제단장의 현장지휘가 필요한 재난상황 ⑩ 언론에 보도된 재난상황

❷ 국고보조 대상

구 분	내 용
소화 활동장비	① 소방자동차 ② 소방헬리콥터 및 소방정 ③ 소방전용통신설비 및 전산설비 ④ 방화복 등 소방활동에 필요한 장비
건 축	소방관서용 청사의 건축

정답 01 ④ 02 ① 03 ③ 04 ④

기출유형 완성하기

01 소방서의 종합상황실 실장이 서면·팩스 또는 컴퓨터통신 등으로 소방본부의 종합상황실에 보고하여야 하는 화재가 아닌 것은?

〔16년-1회〕

① 사상자가 10인 발생한 화재
② 이재민이 100인 발생한 화재
③ 관공서·학교·정부미도정공장의 화재
④ 재산피해액이 10억 원 발생한 일반화재

해설
재산피해액이 50억 원 이상 발생한 화재의 경우 소방서의 종합상황실에서는 소방본부의 종합상황실에 보고하여야 한다.

02 국가가 시·도의 소방업무에 필요한 경비의 일부를 보조하는 국고보조 대상이 아닌 것은?

〔25년〕

① 소방용수시설
② 소방전용통신설비
③ 소방자동차
④ 소방헬리콥터

해설
국고보조 대상 소화활동장비 및 설비의 종류
• 소방자동차
• 소방헬리콥터 및 소방정
• 소방전용통신설비 및 전산설비
• 방화복 등 소방활동에 필요한 장비

03 소방기본법령상 소방서 종합상황실의 실장이 서면·팩스 또는 컴퓨터통신 등으로 소방본부의 종합상황실에 지체 없이 보고하여야 하는 기준으로 틀린 것은?

〔17년-2회〕

① 사망자가 5인 이상 발생하거나 사상자가 10인 이상 발생한 화재
② 층수가 11층 이상인 건축물에서 발생한 화재
③ 이재민이 50인 이상 발생한 화재
④ 재산피해액이 50억 원 발생한 화재

해설
이재민이 100인 이상 발생한 화재의 경우 소방서의 종합상황실에서는 소방본부의 종합상황실에 보고하여야 한다.

04 각 시·도의 소방업무에 필요한 경비의 일부를 국가가 보조하는 대상이 아닌 것은?

〔14년-2회〕

① 전산설비
② 소방헬리콥터
③ 소방관서용 청사 건축
④ 소방용수시설장비

해설
국고보조 대상 소화활동장비 및 설비의 종류
• 소방자동차
• 소방헬리콥터 및 소방정
• 소방전용통신설비 및 전산설비
• 방화복 등 소방활동에 필요한 장비

국고보조 대상 건축
소방관서용 청사의 건축

CHAPTER 04 | 종합상황실과 소방활동장비 **301**

기출유형 완성하기

정답 05 ③ 06 ③ 07 ③ 08 ②

05 종합상황실장의 업무와 직접적으로 관련이 없는 것은? `11년-4회`

① 재난상황의 전파 및 보고
② 재난상황의 발생 신고접수
③ 재난상황이 발생한 현장에 대한 지휘 및 피해조사
④ 재난상황 수습에 필요한 정보수집 및 제공

해설
종합상황실 실장의 업무 중 재난상황 발생 시 피해조사는 포함되지 않는다.
Tip 종합상황실이므로 "**긴급한 대처**"가 필요한 내용 외에는 해당 업무가 아니다.

06 소방기본법령상 국고보조 대상사업의 범위 중 소방활동장비와 설비에 해당하지 않는 것은? `19년-4회`

① 소방자동차
② 소방헬리콥터 및 소방정
③ 소화용수설비 및 피난구조설비
④ 방화복 등 소방활동에 필요한 소방장비

해설
소화용수설비 및 피난구조설비는 국고보조대상 사업의 범위에 포함되지 않는다.

07 소방기본법령상 소방본부 종합상황실 실장이 소방청의 종합상황실에 서면·팩스 또는 컴퓨터통신 등으로 보고하여야 하는 화재의 기준 중 틀린 것은? `18년-2회`

① 항구에 매어둔 총 톤수가 1,000톤 이상인 선박에서 발생한 화재
② 층수가 5층 이상이거나 병상이 30개 이상인 종합병원·정신병원·한방병원·요양소에서 발생한 화재
③ 지정수량의 1,000배 이상의 위험물의 제조소·저장소·취급소에서 발생한 화재
④ 연면적 $15,000m^2$ 이상인 공장 또는 화재경계지구에서 발생한 화재

해설
지정수량의 3,000배 이상의 위험물의 제조소·저장소·취급소에서 발생한 화재의 경우 소방본부의 종합상황실에서는 소방청의 종합상황실에 보고하여야 한다.

08 소방기본법령상 소방활동장비와 설비의 구입 및 설치 시 국고보조의 대상이 아닌 것은? `21년-4회`

① 소방자동차
② 사무용 집기
③ 소방헬리콥터 및 소방정
④ 소방전용통신설비 및 전산설비

해설
국고보조 대상 소화활동장비 및 설비의 종류
- 소방자동차
- 소방헬리콥터 및 소방정
- 소방전용통신설비 및 전산설비
- 방화복 등 소방활동에 필요한 장비

05 소방용수시설

기출유형

소방용수시설의 수원에 대한 기준으로 맞지 않는 것은? 03년-2회

① 지면으로부터 낙차가 6m 이하일 것
② 흡수부분의 수심이 0.5m 이상일 것
③ 소방펌프자동차가 용이하게 접근할 수 있을 것
④ 흡수에 지장이 없도록 토사, 쓰레기 등을 제거할 수 있는 설비를 할 것

해설
소방용수시설의 수원(저수조)는 지면으로부터 **낙차가 4.5m 이하**일 것

| 정답 | ①

족집게 과외

❶ 소방용수시설의 설치기준

구 분	내 용
공 통	① 주거·상업·공업지역 : 소방대상물과 수평거리 100m 이하 ② 기타지역 : 소방대상물과 수평거리 140m 이하
소화전	① 상수도와 연결＋지하식 또는 지상식 구조 ② 호스와 연결하는 연결금속구의 구경 : 65mm
급수탑	① 급수배관 구경 : 100mm 이상 ② 개폐밸브 위치 : 지상 1.5m 이상~1.7m 이하
저수조	① 지면으로부터 낙차 4.5m 이하 ② 흡수부분의 수심 0.5m 이상 ③ 소방펌프자동차가 쉽게 접근 가능할 것 ④ 흡수에 지장이 없도록 토사 및 쓰레기 등을 제거할 수 있는 설비를 갖출 것 ⑤ 흡수관의 투입구 → 사각형 : 한 변 길이 60cm 이상, 원형 : 지름 60cm 이상 ⑥ 저수조는 상수도에 연결하여 자동으로 급수되는 구조일 것

❷ 소방용수시설의 설치 및 관리

시 설	설치·관리자
소화전, 급수탑, 저수조	시·도지사
「수도법」 제45조에 따른 소화전	일반수도업자

❸ 소방용수시설 및 지리조사

구 분	내 용
실시자	소방본부장 또는 소방서장
조사 주기	월 1회 이상 실시
보관 기간	조사결과를 2년간 보관

기출유형 완성하기

정답 01 ② 02 ③ 03 ④ 04 ④ 05 ③ 06 ②

01 소방용수시설은 당해 지역 안의 각 소방대상물로부터 하나의 소방용수시설까지의 거리가 도시계획법에 의한 공업지역은 몇 m 이내가 되도록 설치하여야 하는가? `04년-1회`

① 80
② 100
③ 120
④ 140

해설
소방용수시설의 설치 기준(공통)
- 주거·상업·공업지역 : **수평거리 $100m$ 이하**
- 기타지역 : 수평거리 $140m$ 이하

02 소방용수시설 및 지리조사의 실시 회수는 어느 정도가 적당한가? `05년-4회`

① 주 1회 이상
② 주 2회 이상
③ 월 1회 이상
④ 분기별 1회 이상

해설
소방용수시설 및 지리조사는 월 1회 이상 실시한다.

03 다음 중 소방용수시설인 저수조의 설치기준으로 옳지 않은 것은? `25년`

① 지면으로부터의 낙차가 $4.5m$ 이하일 것
② 흡수부분의 수심이 $0.5m$ 이상일 것
③ 흡수관의 투입구가 사각형의 경우에는 한 변의 길이가 $60cm$ 이상일 것
④ 저수조에 물을 공급하는 방법은 상수도에 연결하여 수동으로 급수되는 구조일 것

해설
소화용수시설 중 저수조는 상수도에 연결하여 **자동**으로 급수되는 구조일 것

04 다음 중 소방활동에 필요한 소화전·급수탑·저수조를 설치하고 유지·관리하여야 하는 자로 알맞은 것은? (단, 수도법에 따라 설치되는 소화전은 제외한다) `08년-1회`

① 소방파출소장
② 소방서장
③ 소방본부장
④ 시·도지사

해설
소화용수시설인 소화전, 급수탑, 저수조는 **시·도지사**가 유지 및 관리하여야 한다.

05 소방용수시설의 설치기준과 관련된 소화전의 설치기준에서 소방용 호스와 연결하는 소화전의 연결금속구의 구경은 몇 $[mm]$로 하여야 하는가? `09년-2회`

① $45mm$
② $50mm$
③ $65mm$
④ $100mm$

해설
소화용수설비의 소화전에서 호스와 연결하는 연결금속구의 구경은 $65mm$로 한다.

06 소방서장 또는 소방본부장은 원활한 소방활동을 위하여 월 1회 이상 소방용수시설에 대한 조사를 하는데 그 조사결과를 몇 년간 보관하여야 하는가? `08년-4회`

① 1년
② 2년
③ 3년
④ 4년

해설
소방용수시설 및 지리조사의 조사결과는 2년간 보관하여야 한다.

정답 07 ④ 08 ④ 09 ④ 10 ①

07 소방용수시설의 급수탑의 설치기준에 관한 사항이다. 다음 중 개폐밸브의 설치위치로 알맞은 것은? `09년-4회`

① 지상에서 0.5m 이상 1m 이하
② 지상에서 0.8m 이상 1.2m 이하
③ 지상에서 1.0m 이상 1.5m 이하
④ 지상에서 1.5m 이상 1.7m 이하

해설
소화용수설비의 급수탑에서 개폐밸브의 설치위치는 지상 1.5~1.7m 이하이다.

08 다음 중 소방기본법상 소방용수시설이 아닌 것은? `09년-2회`

① 저수조
② 급수탑
③ 소화전
④ 고가수조

해설
소방용수시설의 종류
소화전, 급수탑, 저수조

09 소방기본법에서 규정하는 소방용수시설에 대한 설명으로 틀린 것은? `15년-1회`

① 시·도지사는 소방활동에 필요한 소화전·급수탑·저수조를 설치하고 유지·관리하여야 한다.
② 소방본부장 또는 소방서장은 원활한 소방활동을 위하여 소방용수시설에 대한 조사를 월 1회 이상 실시하여야 한다.
③ 소방용수시설 조사의 결과는 2년간 보관하여야 한다.
④ 수도법의 규정에 따라 설치된 소화전도 시·도지사가 유지·관리해야 한다.

해설
「**수도법**」 제45조에 따른 소화전은 **일반수도업자**가 유지 및 관리하여야 한다.

10 주거지역·상업지역 및 공업지역 이외에 있어서 소방용수시설을 설치하고자 하는 경우 소방대상물과의 수평거리는 몇 [m] 이하가 되도록 하여야 하는가? `09년-2회`

① 140m
② 160m
③ 180m
④ 200m

해설
소방용수시설의 설치기준(공통)
• 주거·상업·공업지역 : 수평거리 100m 이하
• **기타지역 : 수평거리 140m 이하**

기출유형 완성하기

정답 11 ② 12 ③

11 소방용수시설 저수조의 설치기준으로 틀린 것은?

〔16년-1회〕

① 지면으로부터의 낙차가 $4.5m$ 이하일 것
② 흡수부분의 수심이 $0.3m$ 이상일 것
③ 흡수관의 투입구가 사각형의 경우에는 한 변의 길이가 $60cm$ 이상일 것
④ 흡수관의 투입구가 원형의 경우에는 지름이 $60cm$ 이상일 것

해설
소방용수시설인 저수조에 설치되는 흡수부분의 **수심**은 $0.5m$ **이상**이어야 한다.

12 다음 중 저수조의 설치기준으로 틀린 것은?

〔05년-1회〕

① 지면으로부터의 낙차가 4.5미터 이하일 것
② 흡수부분의 수심이 0.5미터 이상일 것
③ 흡수관의 투입입구가 사각형인 경우에는 한 변의 길이가 60센티미터 이하일 것
④ 저수조에 물을 공급하는 방법은 상수도에 연결하여 자동으로 급수되는 구조일 것

해설
흡수관의 투입구가 사각형인 경우 한 변의 **길이** $60cm$ **이상**, 원형인 경우 **지름** $60cm$ **이상**일 것

06 한국소방안전원·소방안전관리자의 업무, 관계인 훈련

기출유형

다음 중 한국소방안전원의 업무에 해당하지 않는 것은? 06년-2회

① 소방기술과 안전관리에 관한 교육, 조사, 연구 및 각종 간행물 발간
② 화재예방과 안전관리 의식의 고취를 위한 대국민 홍보
③ 소방업무에 관하여 행정기관이 위탁하는 업무
④ 소방시설에 관한 연구 및 기술지원

해설
소방시설에 관련된 사항은 한국소방안전원의 업무가 아니다.

| 정답 | ④

족집게 과외

❶ 안전원의 업무

구 분	내 용
업 무	① 소방기술과 안전관리에 관한 교육 및 조사·연구 ② 소방기술과 안전관리에 관한 각종 간행물 발간 ③ 화재예방과 안전관리의식 고취를 위한 대국민 홍보 ④ 소방업무에 관하여 행정기관이 위탁하는 업무 ⑤ 소방안전에 관한 국제협력 ⑥ 그 밖에 회원에 대한 기술지원 등 정관으로 정하는 사항

❷ 소방안전관리자의 업무

구 분	내 용
업 무	① 소방계획서의 작성 및 시행 ② 자위소방대 및 초기대응체계의 구성, 운영 및 교육 ③ 피난시설, 방화구획 및 방화시설의 관리 ④ 소방시설이나 그 밖의 소방관련시설의 관리 ⑤ 소방훈련 및 교육 ⑥ 화기 취급의 감독 ⑦ 소방안전관리에 관한 업무수행에 관한 기록·유지 ⑧ 화재발생 시 초기대응 ⑨ 그 밖에 소방안전관리에 필요한 업무
기록, 유지	① 소방안전관리업무 수행 → 월 1회 이상 작성·관리 ② 작성한 날부터 2년간 보관

❸ 소방안전관리대상물의 관계인 소방훈련과 교육

구 분	내 용
기 간	관계인은 소방훈련과 교육을 연 1회 이상 실시
결과 보관	소방훈련 및 교육을 실시한 날부터 2년간 보관

기출유형 완성하기

정답 01 ② 02 ① 03 ② 04 ②

01 다음 중 소방기본법령상 한국소방안전원의 업무가 아닌 것은? `22년-1회`

① 소방기술과 안전관리에 관한 교육 및 조사·연구
② 위험물탱크 성능시험
③ 소방기술과 안전관리에 관한 각종 간행물 발간
④ 화재예방과 안전관리의식 고취를 위한 대국민 홍보

해설
한국소방안전원의 업무는 **위험물과는 관련이 없다.**

02 특정소방대상물의 관계인은 근무자 및 거주자에 대한 소방훈련과 교육은 연 몇 회 이상 실시하여야 하는가? `14년-4회`

① 연 1회 이상
② 연 2회 이상
③ 연 3회 이상
④ 연 4회 이상

해설
특정소방대상물의 관계인은 소방훈련과 **교육을 연 1회 이상** 실시하여야 한다.

03 소방안전관리대상물의 관계인은 소방훈련과 교육을 실시한 때에는 관련 규정에 의하여 그 실시결과를 소방훈련 교육실시결과기록부에 기재하고 이를 몇 년간 보관하여야 하는가? `12년-1회, 개정반영`

① 1년
② 2년
③ 3년
④ 5년

해설
소방안전관리대상물의 관계인은 소방훈련과 교육을 연 1회 이상 실시하고 그 **기록을 2년간 보관**하여야 한다.

04 특정소방대상물의 관계인은 그 특정소방대상물에 대한 소방안전관리 업무를 수행하여야 한다. 그 업무에 속하지 않는 것은? `12년-1회`

① 피난시설, 방화구획 및 방화시설의 유지·관리
② 화재에 관한 위험 경보
③ 화기 취급의 감독
④ 소방시설이나 그 밖의 소방관련시설의 유지·관리

해설
관계인은 기존 시설물들의 유지관리 상태를 점검하고, 화기 취급 시 화재가 발생하지 않도록 예방하는 업무가 주 업무이다.

정답 05 ② 06 ③ 07 ③ 08 ①

05 다음 중 소방법상 한국소방안전원의 임무가 아닌 것은? `03년-1회, 개정반영`

① 화재예방과 안전관리의식의 고취를 위한 대국민 홍보
② 소방관계 종사자의 품위 보존
③ 소방검사 실시
④ 소방기술과 안전관리에 관한 간행물 발간

해설
한국소방안전원의 주 업무 관련 키워드로 **소방기술, 안전관리, 소방업무, 화재예방** 등이 있다.

06 소방안전관리대상물의 소방안전관리자 업무에 해당하지 않는 것은? `14년-4회`

① 소방계획서의 작성 및 시행
② 화기 취급의 감독
③ 소방용 기계·기구의 형식승인
④ 피난시설, 방화구역 및 방화시설의 유지·관리

해설
소방용 기계·기구의 형식승인은 **한국소방산업기술원**의 업무이다.

07 다음 중 특정소방대상물의 소방안전관리자의 업무로서 가장 거리가 먼 것은? `08년-2회, 개정반영`

① 소방시설 그 밖의 소방관련시설의 유지·관리
② 관련규정에 따른 피난시설 및 방화시설의 관리
③ 위험물의 취급에 관한 안전관리와 감독
④ 화기 취급의 감독

해설
위험물의 취급은 소방안전관리자의 업무가 아니다.

08 다음 중 한국소방안전원의 업무에 해당하지 않는 것은? `19년-4회`

① 소방용 기계·기구의 형식승인
② 소방업무에 관하여 행정기관이 위탁하는 업무
③ 화재예방과 안전관리의식 고취를 위한 대국민 홍보
④ 소방기술과 안전관리에 관한 교육, 조사·연구 및 각종 간행물 발간

해설
소방용 기계·기구의 형식승인은 **한국소방산업기술원**의 업무이다.

07 소방계획서, 방화구획 유지관리

기출유형

화재의 예방 및 안전관리에 관한 법령상 소방안전관리대상물의 소방계획서에 포함되어야 하는 사항이 아닌 것은? `21년-1회, 개정반영`

① 소방시설·피난시설 및 방화시설의 점검·정비계획
② 위험물안전관리법에 따라 예방규정을 정하는 제조소등의 위험물 저장·취급에 관한 사항
③ 소방안전관리대상물의 근무자 및 거주자의 자위소방대 조직과 대원의 임무에 관한 사항
④ 방화구획, 제연구획, 건축물의 내부 마감재료(불연재료·준불연재료 또는 난연재료로 사용된 것) 및 방염물품의 사용현황과 그 밖의 방화구조 및 설비의 유지·관리계획

해설
위험물 저장·취급에 관한 사항으로서 제조소등의 경우에는 제외한다.

|정답| ②

족집게 과외

❶ 소방안전관리대상물의 소방계획서 작성

구 분	내 용
항 목	① 소방안전관리대상물의 위치·구조·연면적·용도 및 수용인원 등 일반현황 ② 소방안전관리대상물에 설치한 소방시설, 방화시설, 전기시설, 가스시설 및 위험물시설의 현황 ③ 화재예방을 위한 자체점검계획 및 대응대책 ④ 소방시설·피난시설 및 방화시설의 점검·정비계획 ⑤ 피난층 및 피난시설의 위치와 피난경로의 설정, 화재안전취약자의 피난계획 등을 포함한 피난계획 ⑥ 방화구획, 제연구획, 건축물의 내부 마감재료 및 방염대상물품의 사용현황과 그 밖의 방화구조 및 설비의 유지·관리계획 ⑦ 관리의 권원이 분리된 특정소방대상물의 소방안전관리에 관한 사항 ⑧ 소방훈련·교육에 관한 계획 ⑨ 소방안전관리대상물의 근무자 및 거주자의 자위소방대 조직과 대원의 임무에 관한 사항 ⑩ 화기 취급 작업에 대한 사전 안전조치 및 감독 등 공사 중 소방안전관리에 관한 사항 ⑪ 소화에 관한 사항과 연소 방지에 관한 사항 ⑫ 위험물의 저장·취급에 관한 사항(제조소등은 제외) ⑬ 소방안전관리에 대한 업무수행에 관한 기록 및 유지에 관한 사항 ⑭ 화재발생 시 화재경보, 초기소화 및 피난유도 등 초기대응에 관한 사항 ⑮ 그 밖에 소방본부장 또는 소방서장이 소방안전관리대상물 특성을 고려하여 소방안전관리에 필요하여 요청하는 사항

❷ 소방안전관리자의 의무

구 분	내 용
의 무	소방안전관리자는 소방시설·피난시설·방화시설 및 방화구획 등이 법령에 위반된 것을 발견한 때에는 지체 없이 소방안전관리대상물의 관계인에게 소방대상물의 개수·이전·제거·수리 등 필요한 조치를 할 것을 요구하여야 하며, 관계인이 시정하지 아니하는 경우 소방본부장 또는 소방서장에게 그 사실을 알려야 한다.
벌 금	소방시설·피난시설·방화시설 및 방화구획 등이 법령에 위반된 것을 발견하였음에도 필요한 조치를 할 것을 요구하지 아니한 소방안전관리자는 300만 원 이하의 벌금에 처한다.

정답 01 ③ 02 ① 03 ① 04 ②

기출유형 완성하기

01 소방안전관리대상물의 소방계획서에 포함되어야 할 내용으로 옳지 않은 것은? `13년-4회`

① 소방안전관리대상물의 위치·구조·연면적·용도 및 수용인원 등의 일반현황
② 화재예방을 위한 자체점검계획 및 대응대책
③ 재난방지계획 및 민방위조직에 관한 사항
④ 소방안전관리대상물의 근무자 및 거주자의 자위소방대 조직과 대원의 임무에 관한 사항

해설
재난방지계획 및 민방위조직에 관한 사항은 소방계획서에 포함되어야 할 사항이 아니다.

02 소방안전관리자가 작성하는 소방계획서의 내용에 포함되지 않는 것은? `15년-4회, 개정반영`

① 소방시설공사 하자의 판단기준에 관한 사항
② 소방시설·피난시설 및 방화시설 점검·정비계획
③ 관리의 권원이 분리된 특정소방대상물의 소방안전관리에 관한 사항
④ 소화 및 연소 방지에 관한 사항

해설
소방시설공사 하자를 판단하는 기준은 중앙소방기술심의위원회에 의해 결정된다.

03 화재의 예방 및 안전관리에 관한 법령상 소방안전관리대상물의 소방계획서에 포함되어야 하는 사항이 아닌 것은? `18년-2회, 개정반영`

① 예방규정을 정하는 제조소등의 위험물 저장·취급에 관한 사항
② 소방시설·피난시설 및 방화시설의 점검·정비계획
③ 소방안전관리대상물의 근무자 및 거주자의 자위소방대 조직과 대원의 임무에 관한 사항
④ 방화구획, 제연구획, 건축물의 내부 마감 재료(불연재료·준불연재료 또는 난연재료로 사용된 것) 및 방염물품의 사용현황과 그 밖의 방화구조 및 설비의 유지·관리계획

해설
위험물 저장·취급에 관한 사항으로서 **제조소등의 경우에는 제외**한다.

04 소방안전관리대상물의 소방계획서에 포함되어야 할 내용으로 옳지 않은 것은? `예상문제`

① 소방안전관리대상물의 위치·구조·연면적·용도 및 수용인원 등의 일반현황
② 화재안전조사에 관한 사항
③ 공사 중 소방안전관리에 관한 사항
④ 소방시설·피난시설 및 방화시설의 점검·정비계획

해설
화재안전조사는 소방계획서에 포함되어야 할 사항이 아니다.

CHAPTER 07 | 소방계획서, 방화구획 유지관리

08 소방안전관리자(자격, 선임)

기출유형

다음 중 1급 소방안전관리대상물에 두어야 할 소방안전관리관리자로 선임될 수 없는 자는?

08년-4회, 개정반영

① 소방설비산업기사 자격을 가진 자
② 소방설비기사 자격을 가진 자
③ 소방공무원으로 3년 이상 근무한 경력이 있는 자
④ 1급 소방안전관리대상물의 소방안전관리에 관한 시험에 합격한 사람

해설
소방공무원으로서 1급 소방안전관리대상물 자격은 **소방공무원으로 7년 이상** 근무한 경력이 있는 사람

| 정답 | ③

족집게 과외

❶ 소방안전관리자의 자격

구 분	내 용
특 급	① 소방기술사 또는 소방시설관리사의 자격이 있는 사람 ② 소방설비기사 5년＋1급 소방안전관리대상물의 소방안전관리자로 근무한 실무경력 ③ 소방설비산업기사 7년＋1급 소방안전관리대상물의 소방안전관리자로 근무한 실무경력 ④ 소방공무원으로 20년 이상 근무한 경력이 있는 사람 ⑤ 소방청장이 실시하는 특급 소방안전관리대상물의 소방안전관리에 관한 시험에 합격한 사람
1급	① 소방설비기사 또는 소방설비산업기사의 자격이 있는 사람 ② 소방공무원으로 7년 이상 근무한 경력이 있는 사람 ③ 소방청장이 실시하는 1급 소방안전관리대상물의 소방안전관리에 관한 시험에 합격한 사람
2급	① 위험물기능장・위험물산업기사 또는 위험물기능사 자격이 있는 사람 ② 소방공무원으로 3년 이상 근무한 경력이 있는 사람 ③ 소방청장이 실시하는 2급 소방안전관리대상물의 소방안전관리에 관한 시험에 합격한 사람 ④ 「기업활동 규제완화에 관한 특별조치법」에 따라 소방안전관리자로 선임된 사람
3급	① 소방공무원으로 1년 이상 근무한 경력이 있는 사람 ② 소방청장이 실시하는 3급 소방안전관리대상물의 소방안전관리에 관한 시험에 합격한 사람 ③ 「기업활동 규제완화에 관한 특별조치법」에 따라 소방안전관리자로 선임된 사람

※ 각 내용에 해당되는 사람으로서 해당 급의 소방안전관리자 자격증을 발급받은 사람

❷ 소방안전관리자의 선임신고

구 분	내 용
선임기한	소방안전관리대상물의 관계인은 소방안전관리자를 다음의 구분에 따라 해당 내용에서 정하는 날부터 30일 이내에 선임해야 한다(미이행 시 과태료 200만 원). ① 신축・증축・개축・재축・대수선 또는 용도변경 → 신규 선임의 경우 : 사용승인일 ② 증축 또는 용도변경으로 인하여 소방안전관리대상물로 되거나 등급 변경 시 → 증축공사의 사용승인일 또는 용도변경 사실을 건축물관리대장에 기재한 날 ③ 특정소방대상물을 양수하거나 경매, 환가, 압류재산의 매각, 관계인의 권리를 취득한 경우 → 권리를 취득한 날, 선임 안내를 받은 날 ④ 관리의 권원이 분리된 특정소방대상물 → 관리의 권원이 분리 또는 조정한 날 ⑤ 소방안전관리자의 해임, 퇴직 등으로 업무 종료 시 → 소방안전관리자가 해임 또는 퇴직한 날 ⑥ 소방안전관리업무를 대행하는 자를 감독할 수 있는 사람을 소방안전관리자로 선임한 경우로서 그 업무대행 계약이 해지 또는 종료된 경우 → 소방안전관리업무 대행이 끝난 날 ⑦ 소방안전관리자 자격이 정지 또는 취소된 경우 → 자격이 정지 또는 취소된 날
신고기한	선임한 날부터 14일 이내에 소방본부장 또는 소방서장에게 신고

기출유형 완성하기

정답 01 ① 02 ② 03 ③ 04 ④

01 다음 중 2급 소방안전관리자의 선임대상자로 부적합한 자는? 〔05년-1회, 개정반영〕

① 소방공무원으로 6개월 이상 근무한 경력이 있는 자
② 위험물기능사 자격이 있는 사람
③ 2급 소방안전관리대상물의 소방안전관리에 관한 시험에 합격한 사람
④ 1급 소방안전관리대상물의 소방안전관리에 관한시험에 합격한 사람

[해설]
소방공무원으로 3년 이상 근무한 경력이 있는 사람으로 2급 소방안전관리자 자격증을 발급받은 사람

02 특정소방대상물의 관계인이 소방안전관리자를 해임한 경우 재선임 신고를 해야 하는 기준은? (단, 해임한 날부터를 기준일로 한다) 〔19년-2회, 개정반영〕

① 7일 이내   ② 14일 이내
③ 21일 이내 ④ 28일 이내

[해설]
소방안전관리대상물의 관계인은 소방안전관리자를 재선임하는 경우 14일 이내에 신고하여야 한다.

03 다음 중 1급 소방안전관리대상물의 소방안전관리자의 선임조건으로 옳지 않은 것은? 〔07년-2회, 개정반영〕

① 소방시설관리사 자격을 가진 자
② 소방공무원으로 7년 이상 근무한 경력이 있는 자
③ 산업안전기사 자격을 가진 자로서 1년 이상 소방안전관리에 관한 실무경력이 있는 자
④ 소방설비산업기사 자격을 가진 자

[해설]
1급 소방안전관리대상물의 소방안전관리자의 선임조건
• 소방설비기사 또는 소방설비산업기사의 자격이 있는 사람
• 소방공무원으로 7년 이상 근무한 경력이 있는 사람
• 소방청장이 실시하는 1급 소방안전관리대상물의 소방안전관리에 관한 시험에 합격한 사람
※ 소방시설관리사는 특급 소방안전관리자의 자격이므로 1급의 선임조건도 충족된다.

04 화재의 예방 및 안전관리에 관한 법령상 특정소방대상물의 관계인은 소방안전관리자를 기준일로부터 30일 이내에 선임하여야 한다. 다음 중 기준일로 틀린 것은? 〔21년-4회, 개정반영〕

① 소방안전관리자를 해임한 경우 : 소방안전관리자를 해임한 날
② 특정소방대상물을 양수하여 관계인의 권리를 취득한 경우 : 해당 권리를 취득한 날
③ 신축으로 해당 특정소방대상물의 소방안전관리자를 신규로 선임하여야 하는 경우 : 해당 특정소방대상물의 완공일
④ 증축으로 인하여 특정소방대상물이 소방안전관리대상물로 된 경우 : 증축공사의 개시일

[해설]
건축행위(신축·증축·개축·재축·대수선·용도변경)에 의한 선임 시에는 **사용승인일 또는 건축물관리대장에 기재한 날**을 기준으로 선임하여야 한다.
Tip 그 외에는 해당 상황이 발생한 일이므로 각 조항을 다 외울 필요는 없다.

정답 05 ① 06 ③ 07 ④ 08 ②

05 소방안전관리대상물의 관계인이 소방안전관리자를 선임한 경우 선임한 날부터 며칠 이내에 신고하여야 하는가? 〈06년-2회, 개정반영〉

① 14일 이내
② 204일 이내
③ 284일 이내
④ 304일 이내

해설
소방안전관리대상물의 관계인은 소방안전관리자를 선임하는 경우 14일 이내에 신고하여야 한다.

06 화재의 예방 및 안전관리에 관한 법령에 따라 2급 소방안전관리대상물의 소방안전관리자 선임기준으로 틀린 것은? 〈22년-1회〉

① 위험물기능사 자격을 가진 사람
② 소방공무원으로 3년 이상 근무한 경력이 있는 사람
③ 의용소방대원으로 5년 이상 근무한 경력이 있는 사람
④ 위험물산업기사 자격을 가진 사람

해설
2급 소방안전관리대상물의 소방안전관리자의 선임조건
- 위험물기능장·위험물산업기사 또는 위험물기능사 자격이 있는 사람
- 소방공무원으로 3년 이상 근무한 경력이 있는 사람
- 소방청장이 실시하는 2급 소방안전관리대상물의 소방안전관리에 관한 시험에 합격한 사람
- 「기업활동 규제완화에 관한 특별조치법」에 따라 소방안전관리자로 선임된 사람

07 1급 소방안전관리대상물의 관계인이 소방안전관리자를 선임하고자 한다. 다음 중 1급 소방안전관리대상물의 소방안전관리자로 선임될 수 없는 사람은? 〈12년-4회, 개정반영〉

① 소방설비기사 또는 소방설비산업기사의 자격이 있는 사람
② 소방청장이 실시하는 1급 소방안전관리대상물의 소방안전관리에 관한 시험에 합격한 사람
③ 소방공무원으로 7년 이상 근무한 경력이 있는 사람
④ 위험물기능장 자격이 있는 사람

해설
1급 소방안전관리대상물의 소방안전관리자의 선임조건
- 소방설비기사 또는 소방설비산업기사의 자격이 있는 사람
- 소방공무원으로 7년 이상 근무한 경력이 있는 사람
- 소방청장이 실시하는 1급 소방안전관리대상물의 소방안전관리에 관한 시험에 합격한 사람

08 소방안전관리자 선임에 관한 설명 중 옳은 것은? 〈13년-4회, 개정반영〉

소방안전관리대상물의 관계인이 소방안전관리자를 선임한 경우에는 행정안전부령이 정하는 바에 따라 선임한 날부터 (㉠) 이내에 (㉡)에게 신고하여야 한다.

① ㉠ 14일 ㉡ 시·도지사
② ㉠ 14일 ㉡ 소방본부장이나 소방서장
③ ㉠ 30일 ㉡ 시·도지사
④ ㉠ 30일 ㉡ 소방본부장이나 소방서장

해설
소방안전관리대상물의 관계인은 소방안전관리자를 선임한 날부터 14일 이내에 소방본부장 또는 소방서장에게 신고하여야 한다.

09 소방안전관리대상물, 총괄소방안전관리자

기출유형

다음 중 관리의 권원이 분리되어 있는 것으로서 총괄소방안전관리자를 선임하여야 할 특정소방대상물에 속하지 않는 것은?

07년-1회, 개정반영

① 판매시설 중 도매시장
② 판매시설 중 소매시장
③ 공연장
④ 지하가

해설
총괄소방안전관리자를 선임하여야 하는 특정소방대상물은 관리의 권원이 분리되어 있는 건축물로서 **지하가, 복합건축물, 판매시설 중 도매, 소매, 전통시장**이다.

| 정답 | ③

족집게 과외

❶ 소방안전관리대상물의 범위

구 분	내 용
특급	① 50층 이상(지하층은 제외) or 높이가 200미터 이상인 아파트 ② 30층 이상(지하층은 포함) or 높이가 120미터 이상인 특정소방대상물(아파트는 제외) ③ ①, ②에 해당하지 않는 것으로 연면적이 10만제곱미터 이상인 대상물(아파트는 제외)
1급	① 30층 이상(지하층은 제외) or 높이가 120미터 이상인 아파트 ② 연면적 1만5천제곱미터 이상인 특정소방대상물(아파트 및 연립주택은 제외) ③ ②에 해당하지 않는 특정소방대상물로서 지상층의 층수가 11층 이상인 것(아파트는 제외) ④ 가연성 가스를 1천톤 이상 저장·취급하는 시설
2급	① 옥내소화전설비, 스프링클러설비, 물분무등소화설비(호스릴방식 제외)를 설치해야 하는 대상물 ② 가스 제조설비를 갖추고 도시가스사업의 허가를 받아야 하는 시설 또는 가연성 가스를 100톤 이상 1천톤 미만 저장·취급하는 시설 ③ 지하구 ④ 공동주택(옥내소화전설비 또는 스프링클러설비가 설치된 공동주택으로 한정한다) ⑤ 보물 또는 국보로 지정된 목조건축물
3급	① 간이스프링클러설비(주택전용 간이스프링클러설비는 제외)를 설치해야 하는 특정소방대상물 ② 자동화재탐지설비를 설치해야 하는 특정소방대상물

❷ 총괄소방안전관리자 선임대상

구 분	내 용
개 념	관리의 권원이 분리되어 있는 특정소방대상물의 경우 소방본부장 또는 소방서장은 관리의 권원이 많아 효율적인 소방안전관리가 이루어지지 아니한다고 판단되면 총괄소방안전관리자를 선임하도록 할 수 있다.
대 상	① 복합건축물(지하층을 제외한 층수가 11층 이상 또는 연면적 3만m^2 이상인 건축물) ② 지하가(지하의 인공구조물 안에 설치된 상점 및 사무실, 그 밖에 이와 비슷한 시설이 연속하여 지하도에 접하여 설치된 것과 그 지하도를 합한 것을 말한다) ③ 판매시설 중 도매시장, 소매시장 및 전통시장

정답 01 ③ 02 ④ 03 ② 04 ①

기출유형 완성하기

01 2급 소방안전관리대상물에 대한 설명 중 틀린 것은? 〔05년-4회, 개정반영〕

① 스프링클러설비, 물분무등소화설비를 설치하는 특정소방대상물
② 옥내소화전설비를 설치하는 특정소방대상물
③ 가스 제조설비를 갖추고 도시가스사업허가를 받아야 하는 시설 또는 가연성 가스를 100톤 이상 3천톤 미만 저장 취급하는 시설
④ 지하구

해설
2급 소방안전관리대상물의 대상 중 가스 제조설비를 갖추고 도시가스사업의 허가를 받아야 하는 시설 또는 가연성 가스를 100톤 이상 1천톤 미만 저장·취급하는 시설

02 가연성 가스를 저장·취급하는 시설로서 1급 소방안전관리대상물의 가연성 가스 저장·취급 기준으로 옳은 것은? 〔16년-1회〕

① 100톤 미만
② 100톤 이상~1,000톤 미만
③ 500톤 이상~1,000톤 미만
④ 1,000톤 이상

해설
가연성 가스 저장 취급시설의 분류

소방안전관리 대상물 범위	가연성 가스 용량
1급	1,000톤 이상
2급	100~1,000톤 미만

03 화재의 예방 및 안전관리에 관한 법령에 따른 총괄소방안전관리자를 선임하여야 하는 특정소방대상물 중 복합건축물은 지하층을 제외한 층수가 몇 층 이상인 건축물만 해당되는가? 〔18년-4회, 개정반영〕

① 6층
② 11층
③ 20층
④ 30층

해설
총괄소방안전관리자를 선임하여야 하는 건축물 중 복합건축물(지하층을 제외한 층수가 11층 이상 또는 연면적 3만m^2 이상인 건축물)인 것

04 다음에서 1급 소방안전관리대상물이 아닌 것은? 〔06년-2회, 개정반영〕

① 지하구
② 연면적 1만5천제곱미터 이상인 것
③ 특정소방대상물로서 층수가 11층 이상인 복합건축물
④ 가연성 가스를 1천톤 이상 저장·취급하는 시설

해설
지하구는 2급 소방안전관리대상물이다.

기출유형 완성하기

정답 05 ① 06 ③ 07 ② 08 ④

05 화재의 예방 및 안전관리에 관한 법상 총괄소방안전관리자 선임대상 특정소방대상물의 기준 중 틀린 것은? `18년-1회, 개정반영`

① 판매시설 중 상점
② 복합건축물(지하층을 제외한 층수가 11층 이상인 건축물)
③ 지하가(지하의 인공구조물 안에 설치된 상점 및 사무실, 그 밖에 이와 비슷한 시설이 연속하여 지하도에 접하여 설치된 것과 그 지하도를 합한 것)
④ 복합건축물로서 연면적이 $30,000m^2$ 이상인 것

해설
총괄소방안전관리자를 선임해야 하는 대상물 중 판매시설은 **도매시장, 소매시장 및 전통시장**인 경우에 선임해야 한다.

06 1급 소방안전관리대상물이 아닌 것은? `09년-1회`

① 15층인 특정소방대상물(아파트는 제외)
② 가연성 가스를 2,000톤 저장·취급하는 시설
③ 21층인 아파트로서 300세대인 것
④ 연면적 $20,000m^2$ 인 문화집회 및 운동시설

해설
1급 소방안전관리대상물 중 아파트는 **30층 이상**(지하층은 제외) 또는 지상으로부터 높이가 **120미터 이상**인 경우에 해당된다.

07 총괄소방안전관리자를 선임하여야 할 특정 소방대상물의 기준으로 틀린 것은? `16년-1회, 개정반영`

① 지하가
② 지하층을 포함한 층수가 11층 이상 건축물
③ 복합건축물로서 연면적 $30,000m^2$ 이상 건축물
④ 판매시설 중 도매시장 또는 소매시장

해설
복합건축물(**지하층을 제외한** 층수가 11층 이상 또는 연면적 3만m^2 이상인 건축물)

08 소방안전관리자를 두어야 하는 특정소방대상물로서 1급 소방안전관리대상물에 해당하는 것은? `03년-1회, 개정반영`

① 자동화재탐지설비를 설치하는 연면적 $10,000m^2$ 인 소방대상물
② 전력용 또는 통신용 지하구
③ 스프링클러를 설치하는 연면적 $3,000m^2$ 인 소방대상물
④ 가연성 가스를 1천톤 이상 저장·취급하는 시설

해설
① 자동화재탐지설비 → 3급
② 지하구 → 2급
③ 스프링클러 설치 → 2급

10 화재의 예방조치 등-1

기출유형

화재의 예방 및 안전관리에 관한 법상 화재의 예방조치 명령이 아닌 것은? `15년-4회, 개정반영`

① 모닥불·흡연 및 화기 취급의 금지 또는 제한
② 풍등 등 소형열기구 날리기 행위의 금지 또는 제한
③ 소방차량의 통행이나 소화활동에 지장을 줄 수 있는 물건의 이동
④ 불이 번지는 것을 막기 위하여 불이 번질 우려가 있는 소방대상물의 사용 제한

해설
불이 번지는 것을 막기 위한 행위는 소화활동이다.

|정답| ④

족집게 과외

❶ 화재의 예방을 위한 금지 행위

구 분	내 용	
개 념	화재예방강화지구 및 이에 준하는 대통령령으로 정하는 장소(제조소등)에서는 다음의 어느 하나에 해당하는 행위를 하여서는 아니 된다. 다만, 행정안전부령으로 정하는 바에 따라 안전조치를 한 경우에는 그러하지 아니한다.	
금지 행위	① 모닥불, 흡연 등 화기의 취급 ② 풍등 등 소형열기구 날리기 ③ 용접·용단 등 불꽃을 발생시키는 행위 ④ 위험물을 방치하는 행위	금지 장소에서 해당 행위 시 과태료 300만 원 이하

❷ 용접·용단 작업장에서의 조치사항(산업안전보건법 적용 사업장은 제외)

구 분	내 용
조 치	① 용접 또는 용단 작업장 주변 반경 5미터 이내에 소화기를 갖추어 둘 것 ② 용접 또는 용단 작업장 주변 반경 10미터 이내에는 가연물을 쌓아두거나 놓아두지 말 것. 다만, 가연물의 제거가 곤란하여 방화포 등으로 방호조치를 한 경우는 제외한다.

❸ 화재예방을 위한 조치-1

구 분	내 용	
개 념	소방관서장은 화재 발생 위험이 크거나 소화활동에 지장을 줄 수 있다고 인정되는 행위나 물건에 대하여 행위 당사자나 그 물건의 소유자, 관리자 또는 점유자에게 다음의 명령을 할 수 있다. 물건의 소유자, 관리자 또는 점유자를 알 수 없는 경우 그 물건을 옮기거나 보관하는 등 필요한 조치를 하게 할 수 있다.	
명 령	① 금지 행위 중 어느 하나에 해당하는 행위의 금지 또는 제한 ② 목재, 플라스틱 등 가연성이 큰 물건의 제거, 이격, 적재 금지 등 ③ 소방차량의 통행이나 소화 활동에 지장을 줄 수 있는 물건의 이동	정당한 사유 없이 따르지 않거나 방해 시 벌금 300만원 이하
	① 옮긴 물건 등을 보관하는 경우 그날부터 14일 동안 공고해야 한다. ② 보관기간은 공고기간의 종료일 다음 날부터 7일까지로 한다. ③ 소방관서장은 매각되거나 폐기된 옮긴 물건 등의 소유자가 보상을 요구하는 경우에는 보상금액에 대하여 소유자와의 협의를 거쳐 이를 보상해야 한다.	

기출유형 완성하기

정답 01 ④ 02 ② 03 ③ 04 ④

01 소방본부장은 화재의 예방상 위험하다고 인정되는 행위를 하는 사람에 대하여 명령을 할 수 있는데 그 명령 사항이 될 수 없는 것은?

03년-1회, 개정반영

① 모닥불, 흡연 및 화기취급의 금지 또는 제한
② 용접·용단 등 불꽃을 발생시키는 행위의 제한
③ 방치되어 있는 위험물의 이동 또는 제거
④ 보일러 굴뚝의 매연의 제한

해설
보일러 굴뚝의 매연은 화재의 예방조치 명령과 무관하다.

02 소방본부장 또는 소방서장은 함부로 버려두거나 그냥 둔 위험물 또는 물건을 옮겨 보관하는 경우 소방본부 또는 소방서 게시판에 보관한 날부터 며칠 동안 공고하여야 하는가?

14년-1회

① 7일 동안
② 14일 동안
③ 21일 동안
④ 28일 동안

해설
옮긴 물건 등을 보관하는 경우 그날부터 **14일 동안** 공고해야 한다.

03 화재의 예방 및 안전관리에 관한 법령에 따른 용접 또는 용단 작업장에서 불꽃을 사용하는 용접·용단기구 사용에 있어서 작업자로부터 반경 몇 m 이내에 소화기를 갖추어야 하는가?
(단, 산업안전보건법에 따른 안전조치의 적용을 받는 사업장의 경우는 제외한다)

18년-4회

① 1
② 3
③ 5
④ 7

해설
용접·용단 작업장에서의 조치사항 중 용접 또는 용단 작업장 주변 반경 5미터 이내에 소화기를 갖추어 둘 것

04 화재의 예방 및 안전관리에 관한 법에서 정하고 있는 화재의 예방조치 명령과 관계가 없는 것은?

07년-1회, 개정반영

① 모닥불·흡연 및 화기 취급의 금지 또는 제한
② 목재, 플라스틱 등 가연성이 큰 물건의 제거, 이격, 적재 금지 등
③ 함부로 버려두거나 그냥 둔 위험물 그 밖에 탈 수 있는 물건을 옮기거나 치우게 하는 등의 조치
④ 불이 번지는 것을 막기 위하여 불이 번질 우려가 있는 소방대상물의 사용 제한

해설
불이 번지는 것을 막기 위한 행위는 소화활동이다.

정답 05 ③ 06 ① 07 ③ 08 ③

기출유형 완성하기

05 화재의 예방조치 등을 위한 옮긴 위험물 또는 물건의 보관기간은 규정에 따라 소방본부나 소방서의 게시판에 공고한 후 어느 기간까지 보관하여야 하는가? `11년-2회`

① 공고기간 종료일 다음 날로부터 5일
② 공고기간 종료일로부터 5일
③ 공고기간 종료일 다음 날부터 7일
④ 공고기간 종료일 7일

해설
보관기간은 공고기간의 **종료일 다음 날부터 7일**까지로 한다.

06 화재의 예방 및 안전관리에 관한 법령상 화재의 예방상 위험하다고 인정되는 행위를 하는 사람에게 행위의 금지 또는 제한 명령을 할 수 있는 사람은? `21년-2회`

① 소방본부장
② 시·도지사
③ 의용소방대원
④ 소방대상물의 관리자

해설
소방관서장은 화재 발생 위험이 크거나 소화활동에 지장을 줄 수 있다고 인정되는 행위나 물건에 대하여 행위 당사자나 그 물건의 소유자, 관리자 또는 점유자에게 행위의 금지 또는 제한 명령을 할 수 있다.
`Tip` 소방관서장=소방청장, 소방본부장, 소방서장

07 화재의 예방 및 안전관리에 관한 법령상 불꽃을 사용하는 용접·용단 기구의 용접 또는 용단 작업장에서 지켜야 하는 사항 중 다음 ( ) 안에 알맞은 것은? `17년-2회`

- 용접 또는 용단 작업자로부터 반경 (⊙)m 이내에 소화기를 갖추어 둘 것
- 용접 또는 용단 작업장 주변 반경 (ⓒ)m 이내에는 가연물을 쌓아두거나 놓아두지 말 것. 다만, 가연물의 제거가 곤란하면 방지포 등으로 방호조치를 한 경우는 제외한다.

① ⊙ 3, ⓒ 5
② ⊙ 5, ⓒ 3
③ ⊙ 5, ⓒ 10
④ ⊙ 10, ⓒ 5

해설
- 용접 또는 용단 작업장 주변 반경 **5미터** 이내에 **소화기**를 갖추어 둘 것
- 용접 또는 용단 작업장 주변 반경 **10미터** 이내에는 **가연물**을 쌓아두거나 놓아두지 말 것

08 화재의 예방 및 안전관리에 관한 법령상 정당한 사유 없이 화재의 예방조치에 관한 명령에 따르지 아니한 경우에 대한 벌칙은? `20년-1·2회, 개정반영`

① 100만 원 이하의 벌금
② 200만 원 이하의 벌금
③ 300만 원 이하의 벌금
④ 500만 원 이하의 벌금

해설
화재의 예방조치에 관한 명령을 정당한 사유 없이 따르지 아니하거나·방해한 자는 **300만 원 이하의 벌금**에 처한다.

CHAPTER 10 | 화재의 예방조치 등-1

11 화재의 예방조치 등-2

기출유형

화재예방을 위하여 보일러는 벽·천장과 최소 몇 m 이상의 거리를 두고 설치하여야 하는가?

07년-1회

① 0.5
② 0.6
③ 1
④ 1.5

해설
보일러 본체와 벽·천장 사이의 거리는 $0.6m$ **이상 이격**하여 설치할 것

| 정답 | ②

족집게 과외

❶ 화재예방을 위한 조치-2

구 분	내 용
개 념	보일러, 난로, 건조설비, 가스·전기시설, 그 밖에 화재발생 우려가 있는 대통령령으로 정하는 설비 또는 기구 등의 위치·구조 및 관리와 화재예방을 위하여 불을 사용할 때 지켜야 하는 사항은 대통령령으로 정한다.
화재발생 우려 설비 및 기구	① 보일러 ② 난 로 ③ 건조설비 ④ 가스·전기시설 ⑤ 불꽃을 사용하는 용접·용단 기구 ⑥ 노·화덕설비 ⑦ 음식조리를 위하여 설치하는 설비

❷ 화재예방을 위하여 불을 사용할 때 지켜야 하는 사항

구 분		내 용
보일러	액체연료	① 연료 차단할 수 있는 개폐밸브는 연료탱크 $0.5m$ 이내에 설치 ② 연료탱크 ↔ 보일러 본체는 수평거리 $1m$ 이상
	기체연료	① 연료 차단할 수 있는 개폐밸브는 연료탱크 $0.5m$ 이내에 설치 ② 보일러가 설치된 장소에는 가스누설경보기를 설치할 것
	본 체	① 보일러 본체 ↔ 벽·천장 사이의 거리는 $0.6m$ 이상 ② 보일러를 실내에 설치 시 콘크리트바닥 또는 금속 외의 불연재료로 된 바닥일 것
음식조리 설비		① 배출덕트는 $0.5mm$ 이상의 아연도금강판 또는 이와 동등 이상의 내식성 불연재료로 설치할 것 ② 열을 발생하는 조리기구는 반자 또는 선반으로부터 $0.6m$ 이상 떨어지게 할 것 ③ 열을 발생하는 조리기구로부터 $0.15m$ 이내의 거리에 있는 가연성 주요구조부는 단열성이 있는 불연재료로 덮어씌울 것 ④ 주방시설에는 동물 또는 식물의 기름을 제거할 수 있는 필터 등을 설치할 것

※ 여기서 보일러는 사업장 또는 영업장 등에서 사용하는 것(주택용 제외)

정답 01 ① 02 ③ 03 ③ 04 ①

기출유형 완성하기

01 보일러, 난로, 건조설비, 가스·전기시설 그 밖에 화재발생의 우려가 있는 설비 또는 기구 등의 위치·구조 및 관리와 화재예방을 위하여 불의 사용에 있어서 지켜야 하는 사항을 정하고 있는 것은? 07년-2회

① 대통령령
② 국무총리령
③ 행정자치부령
④ 시·도조례

해설
화재예방을 위하여 불을 사용할 때 지켜야 하는 사항은 **대통령령**으로 정한다.

02 보일러 등의 위치·구조 및 관리와 화재예방을 위하여 불의 사용에 있어서 지켜야 하는 사항 중 보일러에 경유·등유 등 액체연료를 사용하는 경우에 연료탱크는 보일러 본체로부터 수평거리 최소 몇 m 이상의 간격을 두어 설치해야 하는가? 16년-2회

① 0.5
② 0.6
③ 1
④ 2

해설
액체연료를 사용하는 보일러의 경우 **연료탱크와 보일러 본체는 수평거리 $1m$ 이상** 이격하여 설치할 것

03 화재의 예방 및 안전관리에 관한 법령상 일반음식점에서 음식조리를 위해 불을 사용하는 설비를 설치하는 경우 지켜야 하는 사항으로 틀린 것은? 22년-1회

① 주방시설에는 동물 또는 식물의 기름을 제거할 수 있는 필터 등을 설치할 것
② 열을 발생하는 조리기구는 반자 또는 선반으로부터 0.6미터 이상 떨어지게 할 것
③ 주방설비에 부속된 배출덕트는 0.2밀리미터 이상의 아연도금강판으로 설치할 것
④ 열을 발생하는 조리기구로부터 0.15미터 이내의 거리에 있는 가연성 주요구조부는 석면판 또는 단열성이 있는 불연재료로 덮어씌울 것

해설
배출덕트는 $0.5mm$ **이상**의 아연도금강판 또는 이와 동등 이상의 내식성 불연재료로 설치할 것

04 보일러 등의 위치·구조 및 관리와 화재예방을 위하여 불의 사용에 있어서 지켜야 하는 사항 중 보일러에 경유·등유 등 액체연료를 사용하는 경우에 연료탱크에는 화재등 긴급상황이 발생하는 경우 연료를 차단할 수 있는 개폐밸브를 연료탱크로부터 몇 $[m]$ 이내에 설치하여야 하는가? 09년-1회

① $0.5m$
② $0.6m$
③ $1.0m$
④ $1.5m$

해설
액체연료를 사용하는 보일러의 경우 연료 차단할 수 있는 **개폐밸브는 연료탱크 $0.5m$ 이내**에 설치할 것

기출유형 완성하기

정답 05 ① 06 ② 07 ② 08 ①

05 보일러 등의 위치·구조 및 관리와 화재예방을 위하여 불의 사용에 있어서 지켜야 하는 사항으로 잘못된 것은? 〔12년-1회〕

① 보일러와 벽·천장 사이의 거리는 0.5미터 이상 되도록 하여야 한다.
② 가연성 벽·바닥 또는 천장과 접촉하는 증기기관 또는 연통의 부분은 규조토·석면 등 난연성 단열재로 덮어씌워야 한다.
③ 기체연료를 사용하는 경우 보일러가 설치된 장소에는 가스누설경보기를 설치하여야 한다.
④ 경유·등유 등 액체연료를 사용하는 경우 연료탱크는 보일러 본체로부터 수평거리 1미터 이상의 간격을 두어 설치하여야 한다.

해설
보일러 본체와 벽·천장 사이의 거리는 $0.6m$ 이상 이격하여 설치할 것

06 일반음식점에서 조리를 위해 불을 사용하는 설비를 설치할 때 지켜야 할 사항의 기준으로 옳지 않은 것은? 〔15년-4회〕

① 주방시설에는 동물 또는 식물의 기름을 제거할 수 있는 필터 등을 설치할 것
② 열을 발생하는 조리기구는 반자 또는 선반에서 $50cm$ 이상 떨어지게 할 것
③ 주방설비에 부속된 배기덕트는 $0.5mm$ 이상의 아연도금강판 또는 이와 동등 이상의 내식성 불연재료로 설치할 것
④ 열을 발생하는 조리기구로부터 $15cm$ 이내의 거리에 있는 가연성 주요구조부는 석면판 또는 단열성이 있는 불연재료로 덮어씌울 것

해설
조리를 위해 불을 사용하는 설비에서 열을 발생하는 조리기구는 **반자 또는 선반으로부터** $0.6m$ 이상 떨어지게 할 것

07 화재의 예방 및 안전관리에 관한 법상 보일러, 난로, 건조설비, 가스·전기시설, 그 밖에 화재 발생 우려가 있는 설비 또는 기구 등의 위치·구조 및 관리와 화재예방을 위하여 불을 사용할 때 지켜야 하는 사항은 무엇으로 정하는가? 〔19년-1회〕

① 총리령
② 대통령령
③ 시·도 조례
④ 행정안전부령

해설
화재예방을 위하여 불을 사용할 때 지켜야 하는 사항은 **대통령령**으로 정한다.

08 소방기본법령상 일반음식점에서 조리를 위하여 불을 사용하는 설비를 설치하는 경우 지켜야 하는 사항 중 다음 ( ) 안에 알맞은 것은? 〔18년-1회〕

- 주방설비에 부속된 배기닥타는 (㉠)mm 이상의 아연도금 강판 또는 이와 동등 이상의 내식성 불연재료로 설치할 것
- 열을 발생하는 조리기구로부터 (㉡)m 이내의 거리에 있는 가연성 주요구조부는 석면판 또는 단열성이 있는 불연재료로 덮어씌울 것

① ㉠ 0.5, ㉡ 0.15
② ㉠ 0.5, ㉡ 0.6
③ ㉠ 0.6, ㉡ 0.15
④ ㉠ 0.6, ㉡ 0.5

해설
- 배출덕트는 $0.5mm$ 이상의 아연도금강판 또는 이와 동등 이상의 내식성 불연재료로 설치할 것
- 열을 발생하는 조리기구로부터 $0.15m$ 이내의 거리에 있는 가연성 주요구조부는 단열성이 있는 불연재료로 덮어씌울 것

12 특수가연물

기출유형

화재의 예방 및 안전관리에 관한 법령상 특수가연물의 수량 기준으로 옳은 것은? `21년-4회`

① 면화류 : 200㎏ 이상
② 가연성 고체류 : 500㎏ 이상
③ 나무껍질 및 대팻밥 : 300㎏ 이상
④ 넝마 및 종이부스러기 : 400㎏ 이상

해설
가연성 고체류 3,000㎏ 이상, 나무껍질 및 대팻밥 400㎏ 이상, 넝마 및 종이부스러기 1,000㎏ 이상인 경우에 특수가연물에 해당된다.

|정답| ①

족집게 과외

❶ 특수가연물

구 분	내 용			
정 의	고무류·플라스틱류·석탄 및 목탄 등 대통령령으로 정하는 것으로서 품명별 수량 이상의 가연물을 말한다.			
품 명	수 량	품 명		수 량
면화류	200[kg] 이상	석탄·목탄류		10,000[kg] 이상
나무껍질 및 대팻밥	400[kg] 이상	가연성 액체류		2[m^3] 이상
넝마 및 종이부스러기	1,000[kg] 이상	목재가공품 및 나무부스러기		10[m^3] 이상
사 류	1,000[kg] 이상	고무류· 플라스틱류	발포시킨 것	20[m^3] 이상
볏짚류	1,000[kg] 이상		그 밖의 것	3,000[kg] 이상
가연성 고체류	3,000[kg] 이상	–		–

❷ 특수가연물의 저장 및 취급

구 분	내 용		
품명별	품명별로 구분하여 쌓을 것		
적재기준	구 분	살수설비 설치 or 방사능력 범위 내에 대형수동식 소화기를 설치하는 경우	그 밖의 경우
	높 이	15m 이하	10m 이하
	쌓는 부분의 바닥면적	200m^2 이하 (석탄·목탄류 : 300m^2)	50m^2 이하 (석탄·목탄류 : 200m^2)
실외저장	쌓는 부분 ↔ 대지경계선, 도로, 인접건축물과 6m 이상 이격 → 다만, 쌓는 높이보다 0.9m 이상 높은 내화구조 벽체 설치 시 이격 제외 가능		
실내저장	① 실내저장 시 주요구조부 → 내화구조, 불연재료일 것 ② 다른 종류의 특수가연물과 같은 공간에 보관 금지 → 내화구조의 벽으로 분리 시 가능		
이격거리	① 실내일 경우 → 쌓는 부분 바닥면적의 사이는 1.2m 또는 쌓는 높이의 1/2 중 큰 값 이상 ② 실외일 경우 → 쌓는 부분 바닥면적의 사이는 3m 또는 쌓는 높이 중 큰 값 이상		
표 지	품명, 최대저장수량, 단위부피당 질량 또는 단위체적당 질량, 관리책임자 성명·직책, 연락처 및 화기취급의 금지표시를 포함		
과태료	특수가연물의 저장 및 취급 기준을 위반한 자에게는 200만 원 이하의 과태료 부과		

❸ 특수가연물 중 "가연성 고체류"의 정의

구 분	내 용
정 의	① 인화점이 40℃ 이상 100℃ 미만인 것 ② 인화점이 100℃ 이상 200℃ 미만이고, 연소열량이 1g당 8kcal 이상인 것 ③ 인화점이 200℃ 이상이고 연소열량이 1g당 8kcal 이상인 것으로서 녹는점(융점)이 100℃ 미만 ④ 1기압과 20℃ 초과 40℃ 이하에서 액상인 것으로서 인화점이 70℃ 이상 200℃ 미만이거나 ② 또는 ③에 해당하는 것

🔒 **정답** 01 ② 02 ② 03 ③ 04 ② 05 ③ 06 ①

기출유형 완성하기

01 다음 중 특수가연물의 종류에 해당하지 않는 것은?
　　　　　　　　　　　　　　　　　　12년-2회

① 목탄류
② 석유류
③ 면화류
④ 볏짚류

해설
석유류는 제4류 위험물이다.

02 특수가연물을 쌓아 저장하는 기준이 아닌 것은?
　　　　　　　　　　　　　　05년-2회, 개정반영

① 품명별로 구분하여 쌓을 것
② 쌓는 높이는 $20m$ 이하가 되도록 할 것
③ 쌓는 부분의 바닥면적은 $50m^2$ 이하가 되도록 할 것
④ 쌓는 부분의 바닥면적 사이는 실내의 경우 $1.2m$ 또는 쌓는 높이의 1/2 중 큰 값 이상 이상이 되도록 할 것

해설
쌓는 부분의 높이는 $10m$ **이하**로 살수설비를 설치하거나 방사능력 범위에 해당 특수가연물이 포함되도록 대형수동식소화기를 설치하는 경우는 $15m$ 이하로 하여야 한다.

03 다음 중 특수가연물에 해당되지 않는 것은?
　　　　　　　　　　　　　　　　　　05년-4회

① 면화류 200킬로그램 이상
② 나무껍질 및 대팻밥 400킬로그램 이상
③ 넝마 및 종이부스러기 500킬로그램 이상
④ 사류 1,000킬로그램 이상

해설
넝마 및 종이부스러기는 $1,000[kg]$ 이상일 경우에 특수가연물에 해당된다.

04 다음 중 특수가연물에 해당되지 않는 것은?
　　　　　　　　　　　　　　　　　　09년-1회

① 나무껍질 500킬로그램
② 가연성 고체류 2,000킬로그램
③ 목재가공품 15세제곱미터
④ 가연성 액체류 3제곱미터

해설
가연성 고체류의 경우 $3,000[kg]$ 이상을 저장하는 경우 특수가연물에 해당된다.

05 특수가연물의 저장 및 취급의 기준을 위반한 자에게 부과되는 과태료 금액은?
　　　　　　　　　　　　　　11년-1회, 개정반영

① 50만 원
② 100만 원
③ 200만 원
④ 300만 원

해설
특수가연물의 저장 및 취급 기준을 위반한 자에게 200만 **원 이하**의 과태료를 부과한다.

06 특수가연물의 품명과 수량기준이 바르게 짝지어진 것은?
　　　　　　　　　　　　　　　　　　11년-2회

① 면화류 – $200kg$ 이상
② 대팻밥 – $300kg$ 이상
③ 가연성 고체류 – $1,000kg$ 이상
④ 발포시킨 합성수지류 – $10m^3$ 이상

해설
② 대팻밥 – $400kg$ 이상
③ 가연성 고체류 – $3,000kg$ 이상
④ 발포시킨 합성수지류 – $20m^3$ 이상

CHAPTER 12 | 특수가연물

기출유형 완성하기

정답 07 ③ 08 ③ 09 ③ 10 ②

07 화재의 예방 및 안전관리에 관한 법령상 특수가연물로서 가연성 고체류에 대한 설명으로 틀린 것은?
〔12년-1회〕

① 고체로서 인화점이 40℃ 이상 100℃ 미만인 것
② 고체로서 인화점이 100℃ 이상 200℃ 미만이고, 연소열량이 1g당 8kcal 이상인 것
③ 고체로서 인화점이 200℃ 이상이고 연소열량이 1g당 8kcal 이상인 것으로서 융점이 200℃ 미만인 것
④ 1기압과 20℃ 초과 40℃ 이하에서 액상인 것으로서 인화점이 70℃ 이상 200℃ 미만

해설
인화점이 200℃ 이상이고 연소열량이 1그램당 8킬로칼로리 이상인 것으로서 녹는점(융점)이 100℃ **미만**

08 화재가 발생하는 경우 화재의 확대가 빠른 고무류·면화류·석탄 및 목탄 등 특수가연물의 저장 및 취급기준을 설명한 것 중 옳지 않은 것은?
〔12년-4회, 개정반영〕

① 취급 장소에는 품명·최대수량 및 화기취급의 금지표지를 설치할 것
② 품명별로 구분하여 쌓아 저장할 것
③ 쌓는 높이는 10[m] 이하가 되도록 하고 쌓는 부분의 바닥면적은 100[m^2](석탄·목탄류의 경우에는 200[m^2]) 이하가 되도록 할 것
④ 쌓는 부분의 바닥면적 사이는 실외의 경우 3[m] 또는 쌓는 높이의 1/2 중 큰 값 이상이 되도록 할 것

해설
쌓는 높이는 10m **이하**가 되도록 하고 쌓는 부분의 **바닥면적은 50m^2**(석탄·목탄류의 경우에는 200m^2) 이하가 되도록 할 것

09 화재의 예방 및 안전관리에 관한 법령에 따른 특수가연물의 기준 중 다음 ( ) 안에 알맞은 것은?
〔21년-2회〕

품 명	수 량
나무껍질 및 대팻밥	(ⓐ)kg 이상
면화류	(ⓑ)kg 이상

① ⓐ 200, ⓑ 400
② ⓐ 200, ⓑ 1,000
③ ⓐ 400, ⓑ 200
④ ⓐ 400, ⓑ 1,000

해설

품 명	수 량
나무껍질 및 대팻밥	400[kg] 이상
면화류	200[kg] 이상

10 화재의 예방 및 안전관리에 관한 법령상 특수가연물의 품명과 지정수량 기준의 연결이 틀린 것은?
〔20년-4회〕

① 사류 - 1,000kg 이상
② 볏짚류 - 3,000kg 이상
③ 석탄·목탄류 - 10,000kg 이상
④ 합성수지류 중 발포시킨 것 - 20m^3 이상

해설
볏짚류의 경우 1,000kg 이상인 경우 특수가연물에 해당된다.

정답 11 ④ 12 ④

기출유형 완성하기

11 화재의 예방 및 안전관리에 관한 법령상 특수가연물의 저장 및 취급 기준을 위반한 경우 과태료 부과기준은? `20년-4회, 개정반영`

① 50만 원
② 100만 원
③ 150만 원
④ 200만 원

해설
특수가연물의 저장 및 취급 기준을 위반한 자에게 200만 원 이하의 과태료를 부과한다.

12 화재의 예방 및 안전관리에 관한 법령상 특수가연물의 저장 및 취급의 기준 중 다음 ( ) 안에 알맞은 것은? (단, 석탄·목탄류를 발전용으로 저장하는 경우는 제외한다) `18년-2회, 개정반영`

> 살수설비를 설치하거나, 방사능력 범위에 해당 특수가연물이 포함되도록 대형수동식 소화기를 설치하는 경우에는 쌓는 높이를 (㉠)m 이하, 쌓는 부분의 바닥면적을 (㉡)m^2 이하로 할 수 있다.

① ㉠ 10, ㉡ 30
② ㉠ 10, ㉡ 200
③ ㉠ 15, ㉡ 100
④ ㉠ 15, ㉡ 200

해설
살수설비를 설치하거나 방사능력 범위에 해당 특수가연물이 포함되도록 대형수동식 소화기를 설치하는 경우에는 쌓는 높이를 $15m$ 이하, 쌓는 부분의 바닥면적을 $200m^2$ 이하로 할 수 있다.

13 화재예방강화지구

기출유형

화재의 예방 및 안전관리에 관한 법상 화재예방강화지구의 지정대상이 아닌 것은? (단, 소방청장·소방본부장 또는 소방서장이 화재예방강화지구로 지정할 필요가 있다고 인정하는 지역은 제외한다)

20년-4회, 개정반영

① 시장지역
② 농촌지역
③ 목조건물이 밀집한 지역
④ 공장·창고가 밀집한 지역

해설
농촌지역은 위험도가 높은 지역이 아니므로 화재예방강화지구의 지정대상이 아니다.

| 정답 | ②

족집게 과외

❶ 화재예방강화지구의 정의와 지정

구 분	내 용
정 의	시·도지사가 화재발생 우려가 크거나 화재가 발생할 경우 피해가 클 것으로 예상되는 지역에 대하여 화재의 예방 및 안전관리를 강화하기 위해 지정·관리하는 지역을 말한다.
지정 대상지역	① 시장지역 ② 공장·창고가 밀집한 지역 ③ 목조건물이 밀집한 지역 ④ 노후·불량건축물이 밀집한 지역 ⑤ 위험물의 저장 및 처리 시설이 밀집한 지역 ⑥ 석유화학제품을 생산하는 공장이 있는 지역 ⑦ 「산업입지 및 개발에 관한 법률」 제2조 제8호에 따른 산업단지 ⑧ 소방시설·소방용수시설 또는 소방출동로가 없는 지역 ⑨ 「물류시설의 개발 및 운영에 관한 법률」 제2조 제6호에 따른 물류단지 ⑩ 그 밖에 소방관서장이 화재예방강화지구로 지정할 필요가 있다고 인정하는 지역

❷ 화재예방강화지구의 관리

구 분	내 용
화재안전조사	소방관서장은 화재예방강화지구 안의 소방대상물의 위치·구조 및 설비 등에 대한 화재안전조사를 연 1회 이상 실시해야 한다.
벌 금	화재안전조사를 정당한 사유 없이 거부·방해 또는 기피한 자는 300만 원 이하의 벌금에 처한다.
훈련 및 교육	소방관서장은 화재예방강화지구 안의 관계인에 대하여 소방에 필요한 훈련 및 교육을 연 1회 이상 실시할 수 있다.
통 보	소방관서장은 훈련 및 교육을 실시하려는 경우에는 화재예방강화지구 안의 관계인에게 훈련 또는 교육 10일 전까지 그 사실을 통보해야 한다.

Tip 지정은 시·도지사가, 조사·훈련·교육·통보 등은 소방관서장이 한다.

정답 01 ③ 02 ② 03 ① 04 ③ 05 ①

기출유형 완성하기

01 화재의 예방 및 안전관리에 관한 법령상 소방본부장 또는 소방서장은 소방상 필요한 훈련 및 교육을 실시하고자 하는 때에는 화재예방강화지구 안의 관계인에게 훈련 또는 교육 며칠 전까지 그 사실을 통보하여야 하는가?

〔19년-1회, 개정반영〕

① 5
② 7
③ 10
④ 14

해설
소방관서장은 훈련 및 교육을 실시하려는 경우에는 화재예방강화지구 안의 관계인에게 **훈련 또는 교육 10일 전까지** 그 사실을 통보해야 한다.

02 화재예방강화지구로 지정하지 않아도 되는 지역은?

〔03년-2회, 개정반영〕

① 공장, 창고 등이 밀집한 지역
② 아파트가 밀집한 지역
③ 석유화학제품을 생산하는 공장이 있는 지역
④ 목조건물이 밀집한 지역

해설
아파트, 주택 등은 화재위험도가 낮은 소방대상물로서 화재예방강화지구와는 무관하다.

03 화재예방강화지구의 지정은 누가 하는가?

〔04년-4회, 개정반영〕

① 시·도지사
② 소방안전기술위원회
③ 의용소방대장
④ 한국소방안전협회

해설
화재예방강화지구란 **시·도지사**가 화재발생 우려가 크거나 화재가 발생할 경우 피해가 클 것으로 예상되는 지역에 대하여 화재의 예방 및 안전관리를 강화하기 위해 **지정·관리하는 지역**을 말한다.

04 다음 중 화재예방강화지구의 지정대상지역이 아닌 곳은?

〔25년〕

① 시장지역
② 공장·창고가 밀집한 지역
③ 고층건축물이 밀집한 지역
④ 위험물의 저장 및 처리시설이 밀집한 지역

해설
고층건축물은 화재예방강화지구 지정과는 무관하다.
Tip 실제로는 고층건축물에 방재, 소방설비 규정 등이 더 강화되어 있으므로 일반적으로 화재위험도가 더 높지 않다.

05 다음 중 대통령령으로 정하는 화재예방강화지구의 지정대상지역으로 옳지 않은 것은?

〔13년-4회〕

① 소방통로가 있는 지역
② 목조건물이 밀집한 지역
③ 공장·창고가 밀집한 지역
④ 시장지역

해설
화재예방강화지구 지정대상지역 중 소방시설·소방용수시설 또는 **소방출동로가 없는 지역**

기출유형 완성하기

정답 06 ① 07 ④ 08 ① 09 ① 10 ①

06 화재예방강화지구 안의 관계인에 대하여 소방상 필요한 소방훈련은 연 몇 회 이상 실시하여야 하는가? `07년-2회, 개정반영`

① 1
② 2
③ 3
④ 4

해설
소방관서장은 화재예방강화지구 안의 관계인에 대하여 소방에 필요한 **훈련 및 교육**을 연 1회 이상 실시할 수 있다.

07 화재예방강화지구 안의 소방대상물에 대한 화재안전조사를 거부한 자에 대한 벌칙은? `07년-4회, 개정반영`

① 200만 원 이하의 과태료
② 100만 원 이하의 벌금
③ 200만 원 이하의 벌금
④ 300만 원 이하의 벌금

해설
화재안전조사를 정당한 사유 없이 거부·방해 또는 기피한 자는 **300만 원 이하의 벌금**에 처한다.

08 다음 중 화재예방강화지구의 지정권자는? `08년-2회, 개정반영`

① 시·도지사
② 소방본부장
③ 소방서장
④ 경찰서장

해설
화재예방강화지구란 **시·도지사**가 화재발생 우려가 크거나 화재가 발생할 경우 피해가 클 것으로 예상되는 지역에 대하여 화재의 예방 및 안전관리를 강화하기 위해 **지정·관리하는 지역**을 말한다.

09 도시의 건물 밀집지역 등 화재가 발생할 우려가 높거나 화재가 발생하는 경우 그로 인하여 피해가 클 것으로 예상되는 일정한 구역으로서 대통령령이 정하는 지역에 대하여 시·도지사가 지정하는 것은? `10년-2회, 개정반영`

① 화재예방강화지구
② 화재예방강화구역
③ 방화경계구역
④ 재난재해지역

해설
화재예방강화지구란 **시·도지사**가 화재발생 우려가 크거나 화재가 발생할 경우 피해가 클 것으로 예상되는 지역에 대하여 화재의 예방 및 안전관리를 강화하기 위해 **지정·관리하는 지역**을 말한다.

10 화재예방강화지구의 지정 등에 관한 설명으로 잘못된 것은? `10년-4회, 개정반영`

① 화재예방강화지구는 소방본부장 또는 소방서장이 지정한다.
② 화재 발생 우려가 높거나 화재가 발생하는 경우 그로 인하여 피해가 클 것으로 예상되는 지역을 지정할 수 있다.
③ 소방관서장은 화재안전조사를 한 결과 화재의 예방강화를 위하여 필요하다고 인정할 때에는 관계인에게 소화기구 또는 소방용수시설의 설치를 명할 수 있다.
④ 소방서장은 화재예방강화지구 안의 관계인에 대하여 소방상 필요한 훈련 및 교육을 실시할 수 있다.

해설
화재예방강화지구란 **시·도지사**가 **지정·관리하는 지역**이다.

정답 11 ④ 12 ④

기출유형 완성하기

11 화재예방강화지구 안의 소방대상물의 위치·구조 및 설비 등에 대한 화재안전조사 실시 주기는?
〔09년-2회, 개정반영〕

① 월 1회 이상
② 분기별 1회 이상
③ 반기별 1회 이상
④ 연 1회 이상

해설
소방관서장은 화재예방강화지구 안의 **소방대상물의 위치·구조 및 설비 등**에 대한 **화재안전조사를 연 1회 이상 실시**해야 한다.

12 화재의 예방 및 안전관리에 관한 법령에 따른 화재예방강화지구의 관리 기준 중 다음 (   ) 안에 알맞은 것은?
〔18년-4회, 개정반영〕

- 소방관서장은 화재예방강화지구 안의 소방대상물의 위치·구조 및 설비 등에 대한 화재안전조사를 (㉠)회 이상 실시하여야 한다.
- 소방관서장은 소방상 필요한 훈련 및 교육을 실시하고자 하는 때에는 화재예방강화지구 안의 관계인에게 훈련 또는 교육 (㉡)일 전까지 그 사실을 통보하여야 한다.

① ㉠ 월 1, ㉡ 7
② ㉠ 월 1, ㉡ 10
③ ㉠ 연 1, ㉡ 7
④ ㉠ 연 1, ㉡ 10

해설
화재예방강화지구의 관리

구 분	기 준
화재안전조사	연 1회 이상 실시
벌 금	300만 원 이하의 벌금
훈련 및 교육	연 1회 이상 실시
통 보	10일 전까지 통보

14 화재안전조사

기출유형

소방본부장 또는 소방서장은 화재의 예방 또는 진압대책을 위하여 소방대상물의 검사를 할 수 있으나 반드시 관계인의 승낙이 있거나 화재발생의 우려가 현저하여 긴급을 요할 때에만 할 수 있는 곳은?

04년-2회

① 제조공장
② 전시장
③ 교 회
④ 개인의 주거

해설

소방관서장은 화재안전조사를 실시할 수 있다. 다만, **개인의 주거**(실제 **주거용도**로 사용되는 경우에 한정한다)에 대한 화재안전조사는 **관계인의 승낙**이 있거나 화재발생의 우려가 뚜렷하여 긴급한 필요가 있는 때에 한정한다.

| 정답 | ④

족집게 과외

❶ 화재안전조사

구 분	내 용
개 념	소방관서장은 다음 어느 하나에 해당하는 경우 화재안전조사를 실시할 수 있다. 다만, 개인의 주거(실제 주거용도로 사용되는 경우에 한정한다)에 대한 화재안전조사는 관계인의 승낙이 있거나 화재발생의 우려가 뚜렷하여 긴급한 필요가 있는 때에 한정한다.
대 상	① 자체점검이 불성실하거나 불완전하다고 인정되는 경우 ② 화재예방강화지구 등 법령에서 화재안전조사를 하도록 규정되어 있는 경우 ③ 화재예방안전진단이 불성실하거나 불완전하다고 인정되는 경우 ④ 국가적 행사 등 주요 행사가 개최되는 장소 및 그 주변의 관계 지역에 대하여 소방안전관리 실태를 조사할 필요가 있는 경우 ⑤ 화재가 자주 발생하였거나 발생할 우려가 뚜렷한 곳에 대한 조사가 필요한 경우 ⑥ 재난예측정보, 기상예보 등을 분석한 결과 소방대상물에 화재의 발생 위험이 크다고 판단되는 경우 ⑦ ①~⑥에서 규정한 경우 외에 화재, 그 밖의 긴급한 상황이 발생할 경우 인명 또는 재산 피해의 우려가 현저하다고 판단되는 경우
항 목	① 화재의 예방조치 등에 관한 사항 ② 소방안전관리 업무 수행에 관한 사항 ③ 피난계획의 수립 및 시행에 관한 사항 ④ 소방자동차 전용구역의 설치에 관한 사항 ⑤ 소화·통보·피난 등의 훈련 및 소방안전관리에 필요한 교육에 관한 사항 ⑥ 시공, 감리 및 감리원의 배치에 관한 사항 ⑦ 소방시설의 설치 및 관리에 관한 사항 ⑧ 건설현장 임시소방시설의 설치 및 관리에 관한 사항 ⑨ 피난시설, 방화구획 및 방화시설의 관리에 관한 사항 ⑩ 방염에 관한 사항 ⑪ 소방시설등의 자체점검에 관한 사항 ⑫ 위험물 안전관리에 관한 사항 ⑬ 「다중이용업소의 안전관리에 관한 특별법」 규정에 따른 안전관리에 관한 사항 ⑭ 초고층 및 지하연계 복합건축물의 안전관리에 관한 사항 ⑮ 그 밖에 소방대상물에 소방관서장이 화재안전조사가 필요하다고 인정하는 사항
공개 기간	소방관서장은 화재안전조사를 실시하려는 경우 사전에 조사대상, 조사기간 및 조사사유 등 조사계획을 소방서의 인터넷 홈페이지나 전산시스템을 통해 7일 이상 공개해야 한다.
비밀 유지	화재안전조사 업무를 수행하는 관계 공무원 및 관계 전문가는 관계인의 정당한 업무를 방해하여서는 아니 되며, 조사업무를 수행하면서 취득한 자료나 알게 된 비밀을 다른 사람 또는 기관에 제공 또는 누설하거나 목적 외의 용도로 사용하여서는 아니 된다. / 1년 이하의 징역 또는 1천만 원 이하 벌금
연기 신청	① 연기를 신청하려는 관계인은 화재안전조사 시작 3일 전까지 소방관서장에게 제출할 것 ② 소방관서장은 3일 이내에 연기신청의 승인 여부를 결정
위원회	① 과장급 직위 이상의 소방공무원 ② 소방기술사 ③ 소방시설관리사 ④ 소방 관련분야 석사 이상 ⑤ 소방 관련 법인, 단체경력 5년 이상 ⑥ 소방 교육훈련기관, 학교, 연구소에서 5년 이상 종사

기출유형 완성하기

정답 01 ③ 02 ④ 03 ③ 04 ③ 05 ③

---

01 소방관서장은 관할구역에 있는 소방대상물에 대하여 화재안전조사를 실시할 수 있다. 안전조사 대상과 거리가 먼 것은? (단, 개인 주거에 대하여는 관계인의 승낙을 득한 경우이다)
<19년-4회, 개정반영>

① 화재예방강화지구 등 법령에서 화재안전조사를 하도록 규정되어 있는 경우
② 화재예방안전진단이 불성실하거나 불완전하다고 인정되는 경우
③ 화재가 발생할 우려는 없으나 소방대상물의 정기점검이 필요한 경우
④ 국가적 행사 등 주요 행사가 개최되는 장소에 대하여 소방안전관리 실태를 점검할 필요가 있는 경우

해설
화재안전조사는 화재가 자주 발생하였거나 발생할 우려가 뚜렷한 곳에 대한 조사가 필요한 경우에 실시할 수 있다.

---

02 화재의 예방 및 안전관리에 관한 법령상 화재안전조사위원회의 위원에 해당하지 아니하는 사람은?
<21년-2회, 개정반영>

① 소방기술사
② 소방시설관리사
③ 소방 관련 분야의 석사학위 이상을 취득한 사람
④ 소방 관련 법인 또는 단체에서 소방 관련 업무에 3년 이상 종사한 사람

해설
화재안전조사위원회의 위촉 조건 중 소방 관련 법인 또는 단체에서 소방 관련 업무에 종사한 자는 5년 이상인 경우에 해당된다.

---

03 화재 조사를 하는 관계 공무원을 관계인이 정당한 업무를 방해하거나 화재안전조사를 수행하면서 알게 된 비밀을 다른 사람에게 누설한 자의 벌금 규정은?
<05년-1회, 개정반영>

① 200만 원 이하의 벌금
② 500만 원 이하의 벌금
③ 1,000만 원 이하의 벌금
④ 2,000만 원 이하의 벌금

해설
관계인의 정당한 업무를 방해하거나 비밀을 누설한 자의 경우 1년 이하의 징역 또는 1천만 원 이하 벌금에 처한다.

---

04 화재안전조사를 실시할 수 있는 자는?
<05년-2회, 개정반영>

① 시·도지사
② 행정자치부장관
③ 소방관서장
④ 관할 경찰서장

해설
소방관서장은 화재안전조사를 실시할 수 있다.

---

05 다음 중 화재안전조사의 항목에 해당하지 않는 것은?
<20년-3회, 개정반영>

① 소방안전관리 업무 수행에 관한 사항
② 소방시설등의 자체점검에 관한 사항
③ 소방관의 교육 및 훈련상황 조사
④ 소방안전관리에 필요한 교육에 관한 사항

해설
소방관의 교육 및 훈련상황 조사는 화재안전조사 항목에 포함되지 않는다.

🔒 **정답** 06 ② 07 ② 08 ④ 09 ②

기출유형 완성하기

06 소방관서에서 실시하는 화재안전조사 항목에 해당하는 것은? `11년-1회, 개정반영`

① 소방활동 중 발생한 사망자 및 부상자
② 소방시설의 설치 및 관리에 관한 사항
③ 열에 의한 탄화, 용융, 파손 등의 피해
④ 소방활동 중 사용된 물로 인한 피해

해설
화재안전조사의 항목 중 **소방시설의 설치 및 관리에 관한 사항**은 포함되어 있다.

07 화재안전조사에 관한 설명이다. 틀린 것은? `14년-1회, 개정반영`

① 화재안전조사는 관계인의 승낙 없이 소방대상물의 공개시간 또는 근무시간 이외에는 할 수 없다.
② 화재안전조사 시 관계인의 업무에 지장을 주지 아니하여야 하나 조사업무를 위해 필요하다고 인정되는 경우 일정 부분 관계인의 업무를 중지시킬 수 있다.
③ 조사업무를 수행하면서 취득한 자료나 알게 된 비밀을 다른 사람에게 제공 또는 누설하거나 목적 외의 용도로 사용하여서는 아니 된다.
④ 화재안전조사 통지를 받은 관계인은 정당한 사유 또는 천재지변 등의 경우 화재안전조사를 연기하여 줄 것을 신청할 수 있다.

해설
화재안전조사를 위하여 관계인에게 보고, 자료의 제출 등을 요구하거나 관리·상황에 대한 조사·질문을 할 수 있으나, 업무를 중지시킬 권리는 없다.

08 소방본부장 또는 소방서장이 화재안전조사를 하고자 하는 때에는 사전에 소방관서의 홈페이지 또는 전산시스템에 며칠 이상 공개하여야 하는가? `21년-4회, 개정반영`

① 1일
② 3일
③ 5일
④ 7일

해설
소방관서장은 **화재안전조사를 실시**하려는 경우 사전에 조사대상, 조사기간 및 조사사유 등 조사계획을 소방관서의 인터넷 홈페이지나 전산시스템을 통해 **7일 이상** 공개해야 한다.

09 관계인의 승낙이 있어야 화재안전조사를 할 수 있는 장소는? `05년-4회, 개정반영`

① 여인숙
② 연립주택
③ 기숙사
④ 호텔

해설
소방관서장은 **화재안전조사를 실시**할 수 있다. 다만, **개인의 주거**(실제 **주거용도**로 사용되는 경우에 한정한다)에 대한 화재안전조사는 **관계인의 승낙**이 있거나 화재발생의 우려가 뚜렷하여 긴급한 필요가 있는 때에 한정한다.

기출유형 완성하기

🔒 정답 10 ① 11 ② 12 ①

10 화재안전조사의 세부 항목에 대한 사항으로 옳지 않은 것은? `14년-2회, 개정반영`

① 소방대상물 및 관계지역에 대한 강제처분·피난명령에 관한 사항
② 소방안전관리 업무 수행에 관한 사항
③ 방화구획 및 방화시설의 관리에 관한 사항
④ 소방시설등의 자체점검에 관한 사항

해설
소방대상물 및 관계지역에 대한 강제처분 및 피난명령의 경우 화재안전조사가 아닌 화재의 예방조치에 관련된 내용이다.

11 화재의 예방 및 안전관리에 관한 법령상 화재안전조사를 하여야 하는 자는? `20년-3회, 개정반영`

① 시·도지사 또는 소방본부장
② 소방청장·소방본부장 또는 소방서장
③ 행정안전부장관·소방본부장 또는 소방파출소장
④ 시·도지사, 소방서장 또는 소방파출소장

해설
소방관서장은 **화재안전조사를 실시**할 수 있다.
`Tip` 소방관서장 : 소방청장, 소방본부장, 소방서장

12 화재안전조사의 연기를 신청하려는 자는 화재안전조사 시작 며칠 전까지 소방본부장 또는 소방서장에게 화재안전조사 연기신청서에 증명서류를 첨부하여 제출해야 하는가? (단, 천재지변 및 그 밖에 대통령령으로 정하는 사유로 화재안전조사를 받기 곤란한 경우이다) `17년-1회, 개정반영`

① 3
② 5
③ 7
④ 10

해설
화재안전조사의 **연기를 신청**하려는 관계인은 화재안전조사 시작 **3일** 전까지 소방관서장에게 제출해야 한다.

15 화재예방안전진단

기출유형

화재의 예방 및 안전관리에 관한 법상 화재예방안전진단 범위에 포함되지 않는 사항은? [신규법]

① 화재위험요인의 조사에 관한 사항
② 비상대책 수립 적정성에 관한 사항
③ 소방시설등의 유지·관리에 관한 사항
④ 화재 위험성 평가에 관한 사항

해설
비상대책 수립 적정성에 관한 사항은 화재예방안전진단의 범위가 아니다.

| 정답 | ②

족집게 과외

❶ 화재예방안전진단

구 분	내 용
개 념	소방안전 특별관리시설물의 관계인은 화재의 예방 및 안전관리를 체계적·효율적으로 수행하기 위하여 대통령령으로 정하는 바에 따라 「소방기본법」 제40조에 따른 한국소방안전원 또는 소방청장이 지정하는 화재예방안전진단 기관으로부터 정기적으로 화재예방안전진단을 받아야 한다.
진단범위	① 화재위험요인의 조사에 관한 사항 ② 소방계획 및 피난계획 수립에 관한 사항 ③ 소방시설등의 유지·관리에 관한 사항 ④ 비상대응조직 및 교육훈련에 관한 사항 ⑤ 화재 위험성 평가에 관한 사항 ⑥ 그 밖에 화재예방진단을 위하여 대통령령으로 정하는 사항 　• 화재 등의 재난 발생 후 재발방지 대책의 수립 및 그 이행에 관한 사항 　• 지진 등 외부 환경 위험요인 등에 대한 예방·대비·대응에 관한 사항 　• 화재예방안전진단 결과 보수·보강 등 개선요구 사항 등에 대한 이행 여부
벌 금	진단기관으로부터 화재예방안전진단을 받지 아니한 자는 1년 이하의 징역 또는 1천만 원 이하의 벌금에 처한다.

❷ 화재예방안전진단의 대상(소방안전 특별관리시설물)

구 분	내 용
대 상	① 공항시설 중 여객터미널의 연면적이 $1천m^2$ 이상인 공항시설 ② 철도시설 중 역 시설의 연면적이 $5천m^2$ 이상인 철도시설 ③ 도시철도시설 중 역사 및 역 시설의 연면적이 $5천m^2$ 이상인 도시철도시설 ④ 항만시설 중 여객이용시설 및 지원시설의 연면적이 $5천m^2$ 이상인 항만시설 ⑤ 전력용 및 통신용 지하구 중 「국토의 계획 및 이용에 관한 법률」 제2조 제9호에 따른 공동구 ⑥ 천연가스 인수기지 및 공급망 중에 특정소방대상물인 가스시설 ⑦ 발전소 중 연면적이 $5천m^2$ 이상인 발전소 ⑧ 가스공급시설 중 가연성 가스 탱크의 저장용량의 합계가 100톤 이상이거나 저장용량이 30톤 이상인 가연성 가스 탱크가 있는 가스공급시설
최초 진단	소방안전관리대상물이 건축되어 소방안전 특별관리시설물에 해당하게 된 경우 해당 소방안전 특별관리시설물의 관계인은 사용승인 또는 완공검사를 받은 날부터 5년이 경과한 날이 속하는 해에 최초의 화재예방안전진단을 받아야 한다.

정답 01 ② 02 ② 03 ④ 04 ②

기출유형 완성하기

01 화재의 예방 및 안전관리에 관한 법상 화재예방안전진단 대상이 아닌 것은? `신규법`

① 여객터미널의 연면적이 1천m^2 이상인 공항시설
② 발전소 중 연면적이 3천m^2 이상인 발전소
③ 도시철도시설 중 역사 및 역 시설의 연면적이 5천m^2 이상인 도시철도시설
④ 가스공급시설 중 가연성 가스 탱크의 저장용량의 합계가 100톤 이상이거나 저장용량이 30톤 이상인 가연성 가스 탱크가 있는 가스공급시설

해설
화재예방안전진단 대상인 건축물은 소방안전 특별관리시설물로서 발전소 중 연면적이 **5천m^2 이상**인 발전소가 해당된다.

02 화재의 예방 및 안전관리에 관한 법상 소방안전 특별관리시설물로서 화재예방안전진단을 받지 아니한 경우의 벌칙은? `신규법`

① 500만 원 이하의 벌금
② 1년 이하의 징역 또는 1,000만 원 이하의 벌금
③ 3년 이하의 징역 또는 3,000만 원 이하의 벌금
④ 5년 이하의 징역 또는 5,000만 원 이하의 벌금

해설
진단기관으로부터 화재예방안전진단을 받지 아니한 자는 **1년 이하의 징역 또는 1천만 원 이하의 벌금**에 처한다.

03 화재의 예방 및 안전관리에 관한 법상 화재예방안전진단 대상이 아닌 것은? `신규법`

① 발전소 중 연면적이 5천m^2 이상인 발전소
② 천연가스 인수기지 및 공급망 중에 특정소방대상물인 가스시설
③ 여객이용시설 및 지원시설의 연면적이 5천m^2 이상인 항만시설
④ 가스공급시설 중 가연성 가스 탱크의 저장용량의 합계가 30톤 이상인 가스공급시설

해설
화재예방안전진단 대상인 건축물은 소방안전 특별관리시설물로서 가스공급시설 중 가연성 가스 탱크의 **저장용량의 합계가 100톤 이상**이거나 저장용량이 **30톤 이상**인 가연성 가스 탱크가 있는 가스공급시설이 해당된다.

04 소방안전 특별관리시설물로서 관계인이 사용승인 또는 완공검사를 받은 날부터 몇 년이 경과한 날이 속하는 해에 최초의 화재예방안전진단을 받아야 하는가? `신규법`

① 3
② 5
③ 7
④ 10

해설
소방안전 특별관리시설물의 관계인은 사용승인 또는 완공검사를 받은 날부터 **5년**이 경과한 날이 속하는 해에 최초의 화재예방안전진단을 받아야 한다.

16 소방시설

기출유형

다음 중 소방시설의 경보설비에 속하지 않는 것은? 08년-2회

① 자동화재탐지설비 및 시각경보기
② 통합감시시설
③ 무선통신보조설비
④ 자동화재속보설비

해설
무선통신보조설비는 소화활동설비이다.

|정답| ③

족집게 과외

❶ 정 의

용 어	정 의
소방시설	소화설비, 경보설비, 피난구조설비, 소화용수설비, 소화활동설비로서 대통령령으로 정하는 것
소방시설등	소방시설과 비상구, 그 밖에 소방 관련 시설로서 대통령령으로 정하는 것

❷ 소방시설의 분류

구 분		내 용
소화설비		물 또는 그 밖의 소화약제를 사용하여 소화하는 기계·기구 또는 설비
	소화기구	소화기, 간이소화용구(OO소화용구), 자동확산소화기
	자동소화장치	(주거용, 상업용, 캐비닛형, 가스, 분말, 고체에어로졸) 자동소화장치
	옥내소화전설비	호스릴 옥내소화전설비 포함
	스프링클러설비등	스프링클러설비, 간이SP설비(캐비닛형 포함), 화재조기진압용 SP설비
	물분무등소화설비	(물분무, 미분무, 포, 이산화탄소, 할론, 할로겐화합물 및 불활성기체, 분말, 강화액, 고체에어로졸) 소화설비
	옥외소화전설비	-
경보설비		화재발생 사실을 통보하는 기계·기구 또는 설비
		단독경보형 감지기, 비상경보설비(비상벨, 자동식사이렌), 자동화재탐지설비, 시각경보기, 화재알림설비, 비상방송설비, 자동화재속보설비, 통합감시시설, 누전경보기, 가스누설경보기
피난구조설비		화재가 발생할 경우 피난하기 위하여 사용하는 기구 또는 설비
	피난기구	피난사다리, 구조대, 완강기, 간이완강기, 그밖에 화재안전기준으로 정하는 것
	인명구조기구	방열복, 방화복(안전모, 보호장갑, 안전화), 공기호흡기, 인공소생기
	유도등	피난유도선, 피난구유도등, 통로유도등, 객석유도등, 유도표지
	휴대용비상조명등 및 비상조명등	-
소화용수설비		화재를 진압하는 데 필요한 물을 공급하거나 저장하는 설비
		상수도소화용수설비, 소화수조·저수조, 그 밖의 소화용수설비
소화활동설비		화재를 진압하거나 인명구조활동을 위하여 사용하는 설비
		제연설비, 연결송수관설비, 연결살수설비, 비상콘센트설비, 무선통신보조설비, 연소방지설비

기출유형 완성하기

정답 01 ① 02 ③ 03 ① 04 ③ 05 ④ 06 ①

01 소방시설의 종류에 대한 설명으로 옳은 것은?
〔22년-1회〕

① 소화기구, 옥내소화전설비는 소화설비에 해당된다.
② 유도등, 비상조명등설비는 경보설비에 해당된다.
③ 상수도소화용수설비는 소화활동설비에 해당된다.
④ 연결살수설비는 소화용수설비에 해당된다.

해설
② 유도등, 비상조명등설비 → 피난구조설비
③ 상수도소화용수설비 → 소화용수설비
④ 연결살수설비 → 소화활동설비

02 소방시설 중 경보설비에 해당하지 않는 것은?
〔04년-1회〕

① 누전경보기
② 자동화재속보설비
③ 유도등 또는 유도표지
④ 비상방송설비

해설
유도등 또는 유도표지는 피난구조설비이다.

03 소방시설의 종류 중 "소화활동설비"가 아닌 것은?
〔04년-2회〕

① 상수도소화용수설비
② 제연설비
③ 연결송수관설비
④ 연결살수설비

해설
상수도소화용수설비는 소화용수설비이다.

04 다음은 소방시설에 대한 분류이다. 잘못된 것은?
〔06년-2회〕

① 소화설비 : 옥내소화전설비, 옥외소화전설비
② 소화활동설비 : 비상콘센트설비, 제연설비, 연결송수관설비
③ 피난구조설비 : 자동식사이렌, 구조대, 완강기
④ 경보시설 : 자동화재탐지설비, 누전경보기, 자동화재속보설비

해설
자동사이렌은 경보설비이다.

05 다음 소방시설 중 소화설비에 속하지 않는 것은?
〔08년-4회〕

① 옥내소화전설비
② 스프링클러설비
③ 소화약제에 의한 간이소화용구
④ 연결살수설비

해설
연결살수설비는 소화활동설비이다.

06 소방시설의 종류 중 피난구조설비에 속하지 않는 것은?
〔10년-1회〕

① 제연설비
② 공기안전매트
③ 유도등
④ 공기호흡기

해설
제연설비는 소화활동설비이다.

정답 07 ④ 08 ④ 09 ④ 10 ③ 11 ③ 12 ②

기출유형 완성하기

07 다음 중 화재가 발생할 경우 피난하기 위하여 사용하는 기구 또는 설비인 피난구조설비에 속하지 않는 것은? `12년-1회`

① 완강기
② 인공소생기
③ 피난유도선
④ 연소방지설비

해설
연소방지설비는 소화활동설비이다.

08 소방시설 중 연결살수설비는 어떤 설비에 속하는가? `15년-4회`

① 소화설비
② 구조설비
③ 피난설비
④ 소화활동설비

해설
연결살수설비는 소화활동설비이다.

09 화재를 진압하거나 인명구조활동을 위하여 특정소방대상물에는 소화활동설비를 설치하여야 한다. 다음 중 소화활동설비에 해당되지 않은 것은? `13년-1회`

① 제연설비, 비상콘센트설비
② 연결송수관설비, 연결살수설비
③ 무선통신보조설비, 연소방지설비
④ 자동화재속보설비, 통합감시시설

해설
자동화재속보설비 및 통합감시시설은 경보설비이다.

10 다음 소방시설 중 경보설비가 아닌 것은? `20년-1·2회`

① 통합감시시설
② 가스누설경보기
③ 비상콘센트설비
④ 자동화재속보설비

해설
비상콘센트설비는 소화활동설비이다.

11 소방시설 설치 및 관리에 관한 법령상 소방시설이 아닌 것은? `20년-4회`

① 소화설비
② 경보설비
③ 방화설비
④ 소화활동설비

해설
방화설비는 소방시설에 포함되지 않는다.

12 소방시설 중 화재를 진압하거나 인명구조활동을 위하여 사용하는 설비로 나열된 것은? `15년-2회`

① 상수도소화용수설비, 연결송수관설비
② 연결살수설비, 제연설비
③ 연소방지설비, 피난설비
④ 무선통신보조설비, 통합감시시설

해설
화재를 진압하거나 인명구조활동을 위한 설비는 소화활동설비로서 연결살수설비와 제연설비 등이 해당된다.

CHAPTER 16 | 소방시설 **345**

17 특정소방대상물

기출유형

소방시설 설치 및 관리에 관한 법률상의 특정소방대상물 중 오피스텔은 어디에 속하는가?

|14년-4회|

① 병원시설
② 업무시설
③ 공동주택시설
④ 근린생활시설

해설
오피스텔은 **업무시설**에 속하는 특정소방대상물이다.

|정답| ②

족집게 과외

❶ 특정소방대상물의 정의

구 분	정 의
특정소방대상물	건축물 등의 규모·용도 및 수용인원 등을 고려하여 소방시설을 설치하여야 하는 소방대상물로서 대통령령으로 정하는 것을 말한다.

❷ 특정소방대상물의 분류

용 어	내 용	
공동주택	아파트등, 연립주택, 다세대주택, 기숙사	
근린생활시설	소매점, 음식점, 기원, 의원, 치과의원, 한의원, 침술원, 접골원, 조산원, 산후조리원, 안마원	
	공연장(극장, 영화상영관, 연예장, 음악당, 서커스장)으로 바닥면적의 합계가 $300m^2$ 미만인 것(이상인 경우 문화 및 집회시설)	
	탁구장, 테니스장, 체육도장, 체력단련장, 에어로빅장, 볼링장, 당구장, 실내낚시터, 골프연습장, 물놀이형 시설로 바닥면적의 합계가 $500m^2$ 미만인 것(이상인 경우 운동시설)	
판매시설	도매시장, 소매시장, 전통시장, 상점	
운수시설	여객자동차터미널, 철도 및 도시철도 시설, 공항시설, 항만시설 및 종합여객시설	
의료시설	병원(종합병원, 병원, 치과병원, 한방병원, 요양병원), 격리병원(전염병원, 마약진료소), 정신의료기관, 장애인 의료재활시설	
노유자시설	노인 관련 시설	노인주거복지시설, 노인의료복지시설, 노인여가복지시설, 재가노인복지시설, 노인보호전문기관, 노인일자리지원기관, 학대피해노인 전용쉼터
	아동 관련 시설	아동복지시설, 어린이집, 유치원, 학교의 병설유치원
	장애인 관련 시설	장애인 거주시설, 장애인 지역사회 재활시설, 장애인 직업재활시설
	정신질환자 관련 시설	정신재활시설, 정신요양시설
	노숙인 관련 시설	노숙인복지시설, 노숙인자활시설, 노숙인재활시설, 노숙인종합지원센터
업무시설	공공업무시설, 일반업무시설(금융업소, 사무소, 신문사, 오피스텔), 주민자치센터(경찰서, 지구대, 파출소 등), 마을회관, 마을공동작업소, 마을공동구판장, 변전소, 양수장, 정수장, 대피소, 공중화장실	
숙박시설	일반형 숙박시설, 생활형 숙박시설, 고시원(근린생활시설이 아닌 것)	
위락시설	단란주점, 유흥주점, 유원시설업, 무도장 및 무도학원, 카지노영업소	
항공기 및 자동차 관련 시설	항공기격납고, 차고, 주차용 건축물, 철골 조립식 주차시설, 기계장치에 의한 주차시설, 세차장, 폐차장, 자동차 검사장, 자동차 매매장, 자동차 정비공장, 운전학원·정비학원, 건축물의 내부에 설치된 주차장(단독주택 또는 50세대 미만 연립/다세대주택 주차장은 제외)	

기출유형 완성하기

정답 01 ③ 02 ② 03 ① 04 ④ 05 ④

01 특수장소 중 위락시설에 속하는 것은?   03년-1회

① 경마장
② 영화관
③ 무도장
④ 요양병원

해설
① 경마장 → 문화 및 집회시설
② 영화관 → 면적에 따라 근린생활시설 또는 문화 및 집회시설
④ 요양병원 → 의료시설

02 소방시설 설치 및 관리에 관한 법령상 특정소방대상물 중 오피스텔은 어느 시설에 해당하는가?   19년-2회

① 숙박시설
② 일반업무시설
③ 공동주택
④ 근린생활시설

해설
특정소방대상물 중 업무시설의 분류
- 공공업무시설 : 국가, 지방자치단체의 청사 등
- 일반업무시설 : **오피스텔**, 금융업소, 사무소, 신문사 등

03 특정소방대상물 중 노유자시설에 속하지 않는 것은?   05년-2회

① 군휴양시설
② 요양시설
③ 아동복지시설
④ 장애인재활시설

해설
군휴양시설 → 콘도텔, 군콘도 등을 의미하는 시설

04 특정소방대상물로 위락시설에 해당되지 않는 것은?   08년-1회, 개정반영

① 단란주점
② 카지노업소
③ 무도장
④ 공연장

해설
공연장은 바닥면적의 합계가 $300m^2$ 미만인 것은 근린생활시설, 이상인 것은 문화 및 집회시설이다.

05 소방시설 설치 및 관리에 관한 법령상 용어의 정의 중 다음 (   ) 안에 알맞은 것은?   18년-1회

특정소방대상물이란 소방시설을 설치하여야 하는 소방대상물로서 (   )으로 정하는 것을 말한다.

① 행정안전부령
② 국토교통부령
③ 고용노동부령
④ 대통령령

해설
특정소방대상물이란 건축물 등의 규모·용도 및 수용인원 등을 고려하여 소방시설을 설치하여야 하는 소방대상물로서 **대통령령**으로 정하는 것을 말한다.

🔒 **정답** 06 ② 07 ① 08 ②

기출유형 완성하기

06 항공기격납고는 특정소방대상물 중 어느 시설에 해당하는가? 〔19년-4회〕

① 위험물 저장 및 처리시설
② 항공기 및 자동차 관련 시설
③ 창고시설
④ 업무시설

해설
항공기격납고는 항공기 및 자동차 관련 시설이다.

08 다음의 특정소방대상물 중 의료시설에 해당되지 않는 것은? 〔13년-2회〕

① 마약진료소
② 노인의료복지시설
③ 장애인 의료재활시설
④ 한방병원

해설
노인의료복지시설은 노유자시설이다.

07 다음 특정소방대상물에 대한 설명으로 옳은 것은? 〔14년-1회〕

① 의원은 근린생활시설이다.
② 동물원 및 식물원은 동식물관련시설이다.
③ 종교집회장은 면적에 상관없이 문화집회 및 운동시설이다.
④ 철도시설(정비창 포함)은 항공기 및 자동차 관련시설이다.

해설
② 동물원 및 식물원 → 문화 및 집회시설
③ 종교집회장 → 면적에 따라 근린생활시설 또는 종교시설
④ 철도 및 도시철도 시설 → 운수시설

18 소방용품

기출유형

형식승인을 얻어야 할 소방용품이 아닌 것은? 〈16년-2회〉

① 감지기
② 휴대용비상조명등
③ 소화기
④ 방염액

해설
휴대용비상조명등은 소방용품 항목이 아니므로 형식승인 대상이 아니다.

| 정답 | ②

족집게 과외

❶ 소방용품의 정의

구 분	내 용
정 의	소방시설등을 구성하거나 소방용으로 사용되는 제품 또는 기기로서 대통령령으로 정하는 것

※ 소방용품은 형식승인을 받아야 한다.

❷ 소방용품의 종류

구 분	내 용
소화설비를 구성하는 제품 또는 기기	소화기구(간이소화용구 제외), 자동소화장치
	소화전, 관창, 소방호스, 스프링클러헤드, 기동용 수압개폐장치, 유수제어밸브, 가스관선택밸브
경보설비를 구성하는 제품 또는 기기	누전경보기, 가스누설경보기
	경보설비를 구성하는 발신기, 수신기, 중계기, 감지기 및 음향장치(경종만 해당)
피난구조설비를 구성하는 제품 또는 기기	피난사다리, 구조대, 완강기(지지대 포함), 간이완강기(지지대 포함)
	공기호흡기(충전기 포함), 피난구유도등, 통로유도등, 객석유도등, 예비전원 내장 비상조명등
소화용으로 사용하는 제품 또는 기기	소화약제(이산화탄소 제외)
	방염제(방염액·방염도료, 방염성 물질)

❸ 소방용품의 내용연수

구 분	내 용
대 상	분말형태의 소화약제를 사용하는 소화기의 내용연수는 10년이다.

정답 01 ④ 02 ③ 03 ② 04 ② 05 ② 06 ①

기출유형 완성하기

01 다음 중 소방시설 설치 및 관리에 관한 법령상 소방용품에 해당하는 것으로 알맞은 것은?
〈08년-2회, 개정반영〉

① 시각경보기
② 공기안전매트
③ 비상콘센트설비
④ 가스누설경보기

해설
시각경보기, 공기안전매트, 비상콘센트설비는 소방용품이 아니다.

02 다음 중 소방시설 설치 및 관리에 관한 법령상 소방용품에 속하지 않는 것은?
〈09년-2회, 개정반영〉

① 방염도료
② 단독경보형감지기
③ 휴대용비상조명등
④ 가스누설경보기

해설
③ 휴대용비상조명등은 소방용품이 아니다.
비상조명등의 경우 휴대용이 아닌 **예비전원이 내장된 비상조명등**만 소방용품에 해당된다.

03 "소방용품"이란 소방시설 등을 구성하거나 소방용으로 사용되는 기기를 말하는데, 피난설비를 구성하는 제품 또는 기기에 속하지 않는 것은?
〈13년-4회〉

① 피난사다리   ② 소화기구
③ 공기호흡기   ④ 유도등

해설
소화기구는 소화설비를 구성하는 제품 또는 기기에 해당되는 소방용품이다.

04 소방시설 설치 및 관리에 관한 법률에서 정의하는 소방용품 중 소화설비를 구성하는 제품 및 기기가 아닌 것은?
〈14년-4회〉

① 소화전
② 방염제
③ 유수제어밸브
④ 기동용 수압개폐장치

해설
방염제는 소화용으로 사용하는 제품 또는 기기에 속하는 소방용품이다.

05 형식승인대상 소방용품에 해당하지 않는 것은?
〈15년-4회〉

① 관 창
② 안전매트
③ 피난사다리
④ 가스누설경보기

해설
안전매트는 소방용품에 해당되지 않으므로 형식승인대상이 아니다.

06 소방시설 설치 및 관리에 관한 법령상 소방용품이 아닌 것은?
〈18년-2회〉

① 소화약제 외의 것을 이용한 간이소화용구
② 자동소화장치
③ 가스누설경보기
④ 소화용으로 사용하는 방염제

해설
소화기구는 소방용품으로 분류되지만 **간이소화용구는 제외**된다.

CHAPTER 18 | 소방용품

기출유형 완성하기

정답 07 ① 08 ①

07 소방시설 설치 및 관리에 관한 법령상 소화설비를 구성하는 제품 또는 기기에 해당하지 않는 것은? 〔21년-2회〕

① 가스누설경보기
② 소방호스
③ 스프링클러헤드
④ 분말자동소화장치

해설
가스누설경보기는 경보설비를 구성하는 제품 또는 기기에 해당되는 소방용품이다.

08 소방시설 설치 및 관리에 관한 법률에서 규정하는 소방용품 중 경보설비를 구성하는 제품 또는 기기에 해당하지 않는 것은? 〔15년-1회〕

① 비상조명등
② 누전경보기
③ 발신기
④ 감지기

해설
비상조명등은 피난구조설비를 구성하는 제품 또는 기기에 해당되는 소방용품이다.

19 형식승인과 우수품질인증

기출유형

형식승인을 얻지 아니한 소방용품을 판매할 목적으로 진열했을 때의 벌칙으로 옳은 것은?

① 3년 이하의 징역 또는 3,000만 원 이하의 벌금
② 2년 이하의 징역 또는 1,500만 원 이하의 벌금
③ 1년 이하의 징역 또는 1,000만 원 이하의 벌금
④ 3년 이하의 징역 또는 500만 원 이하의 벌금

해설
형식승인을 받지 아니하고 판매, 제조, 수입하거나 부정한 방법으로 형식승인 또는 제품검사 시 3년 이하 징역 또는 3천만 원 이하의 벌금에 처한다.

| 정답 | ①

족집게 과외

❶ 소방용품의 형식승인

구 분	내 용
개 념	① 대통령령으로 정하는 소방용품을 제조하거나 수입하려는 자는 소방청장의 형식승인을 받아야 한다. 다만, 연구개발 목적으로 제조하거나 수입하는 소방용품은 그러하지 아니하다. ② 형식승인을 받은 자는 그 소방용품에 대하여 소방청장이 실시하는 제품검사를 받아야 한다.
판매, 공사	다음의 어느 하나에 해당하는 소방용품을 판매하거나 판매 목적으로 진열하거나 소방시설공사에 사용할 수 없다. ① 형식승인을 받지 아니한 것 ② 형상등을 임의로 변경한 것 ③ 제품검사를 받지 아니하거나 합격표시를 하지 아니한 것
변 경	형식승인을 받은 자가 해당 소방용품에 대하여 형상등의 일부를 변경하려면 소방청장의 변경승인을 받아야 한다.
취소 또는 중지	**취소** ① 거짓이나 그 밖의 부정한 방법으로 형식승인을 받은 경우 ② 거짓이나 그 밖의 부정한 방법으로 제품검사를 받은 경우 ③ 변경승인을 받지 아니하거나 거짓이나 그 밖의 부정한 방법으로 변경승인을 받은 경우 **중지** ① 시험시설의 시설기준에 미달되는 경우 ② 제품검사 시 기술기준에 미달되는 경우
벌 금	① 형식승인을 받지 아니하고 판매, 제조, 수입하거나 부정한 방법으로 형식승인 또는 제품검사 시 3년 이하 징역 또는 3천만 원 이하의 벌금 ② 제품검사 합격표시 위조 시 1년 이하 징역 또는 1천만 원 이하의 벌금 ③ 형식승인의 변경승인을 받지 아니한 자는 1년 이하 징역 또는 1천만 원 이하의 벌금

❷ 우수품질 제품에 대한 인증

구 분	내 용
개 념	소방청장은 제37조에 따른 형식승인의 대상이 되는 소방용품 중 품질이 우수하다고 인정하는 소방용품에 대하여 인증(우수품질인증)을 할 수 있다.
벌 금	우수품질인증을 받지 아니한 제품에 우수품질인증 표시를 하거나 우수품질인증 표시를 위조하거나 변조하여 사용한 자는 1년 이하의 징역 또는 1천만 원 이하의 벌금에 처한다.

정답 01 ③ 02 ② 03 ① 04 ①

기출유형 완성하기

01 소방용품의 형식승인을 얻은 자에게 6월 이내의 기간을 정하여 제품검사의 중지를 명할 수 있는 것은?　04년-1회, 개정반영

① 허가받은 사항을 변경하고자 할 때
② 그 영업의 휴지·재개 또는 폐지신고를 태만히 할 때
③ 시험시설 등의 시설기준에 미달되는 때
④ 허가를 받지 않고 그 영업을 개시할 때

해설
제품검사의 중지를 명할 수 있는 경우
• 시험시설의 시설기준에 미달되는 경우
• 제품검사 시 기술기준에 미달되는 경우

02 다음 중 판매할 수 있는 소방용품은?　04년-4회, 개정반영

① 형식승인을 신청한 소방용품
② 제품검사를 받은 소방용품
③ 형상 등을 임의로 변경하였으나 그 성능에는 이상이 없는 소방용품
④ 제품검사에 불합격하였으나 성능시험결과 그 성능에는 이상이 없는 소방용품

해설
소방용품은 **형식승인을 받은 후 제품검사를 받고 합격표시를 한 경우**에 판매 또는 판매목적으로 진열하거나 소방시설공사에 사용할 수 있다.

03 형식승인을 얻지 아니한 소방용품을 판매의 목적으로 진열했을 때의 벌칙으로 옳은 것은?　14년-4회, 개정반영

① 3년 이하의 징역 또는 3,000만 원 이하의 벌금
② 2년 이하의 징역 또는 2,000만 원 이하의 벌금
③ 1년 이하의 징역 또는 1,000만 원 이하의 벌금
④ 1년 이하의 징역 또는 500만 원 이하의 벌금

해설
형식승인을 받지 아니하고 판매, 제조, 수입하거나 부정한 방법으로 형식승인 또는 제품검사 시 **3년 이하 징역 또는 3천만 원 이하의 벌금**에 처한다.

04 소방용품 중 우수품질에 대하여 우수품질인증을 할 수 있는 사람은?　11년-4회, 개정반영

① 소방청장
② 한국소방안전협회장
③ 소방본부장 또는 소방서장
④ 시·도지사

해설
소방청장은 제37조에 따른 형식승인의 대상이 되는 소방용품 중 품질이 우수하다고 인정하는 소방용품에 대하여 **인증(우수품질인증)**을 할 수 있다.

기출유형 완성하기

정답 05 ③ 06 ② 07 ② 08 ③

05 우수품질인증을 받지 아니한 소방용품에 우수품질 인증표시를 하거나 우수품질 인증표시를 위조 또는 변조하여 사용한 자에 대한 벌칙은?
〔12년-2회, 개정반영〕

① 3년 이하의 징역 또는 3,000만 원 이하의 벌금
② 2년 이하의 징역 또는 2,000만 원 이하의 벌금
③ 1년 이하의 징역 또는 1,000만 원 이하의 벌금
④ 1년 이하의 징역 또는 500만 원 이하의 벌금

해설
우수품질인증을 받지 아니한 제품에 우수품질인증 표시를 하거나 우수품질인증 표시를 위조하거나 변조하여 사용한 자는 **1년 이하의 징역 또는 1천만 원 이하의 벌금**에 처한다.

06 다음 소방용품 중 판매하거나 또는 판매의 목적으로 진열하거나 소방시설공사에 사용할 수 없는 경우에 해당하지 않는 것은?
〔07년-2회, 개정반영〕

① 형식승인을 얻지 아니한 것
② 성능확인시험을 받지 아니한 것
③ 형상등을 임의로 변경한 것
④ 제품검사 합격표시를 하지 아니한 것

해설
판매, 진열, 공사가 불가능한 경우의 소방용품
• 형식승인을 받지 아니한 것
• 형상등을 임의로 변경한 것
• 제품검사를 받지 아니하거나 합격표시를 하지 아니한 것

07 소방용품의 형식승인을 반드시 취소하여야 하는 경우가 아닌 것은?
〔16년-4회〕

① 거짓 또는 부정한 방법으로 형식승인을 받은 경우
② 시험시설의 시설기준에 미달되는 경우
③ 거짓 또는 부정한 방법으로 제품검사를 받은 경우
④ 변경승인을 받지 아니한 경우

해설
소방용품의 형식승인을 반드시 취소하여야 하는 경우
• 거짓, 부정한 방법으로 형식승인을 받은 경우
• 거짓, 부정한 방법으로 제품검사를 받은 경우
• 변경승인을 받지 아니하거나 거짓이나 그 밖의 부정한 방법으로 변경승인을 받은 경우

08 제품검사에 합격하지 않은 제품에 합격표시를 하거나 합격표시를 위조 또는 변조하여 사용한 사람에 대한 벌칙은?
〔14년-2회, 개정반영〕

① 3년 이하의 징역 또는 3,000만 원 이하의 벌금
② 2년 이하의 징역 또는 2,000만 원 이하의 벌금
③ 1년 이하의 징역 또는 1,000만 원 이하의 벌금
④ 1년 이하의 징역 또는 500만 원 이하의 벌금

해설
제품검사 합격표시 위조 시 **1년 이하의 징역 또는 1천만 원 이하의 벌금**에 처한다.

20 특정소방대상물에 설치·관리해야 하는 소방시설(기계)

기출유형

아파트로서 층수가 몇 층 이상인 것은 모든 층에 스프링클러를 설치하여야 하는가?

14년-1회, 개정반영

① 6층
② 11층
③ 15층
④ 20층

해설
용도와 상관없이 **층수가 6층 이상인** 특정소방대상물은 스프링클러설비를 설치하여야 한다.

| 정답 | ①

족집게 과외

❶ 특정소방대상물에 설치·관리해야 하는 소방시설(기계)

소방시설	대 상
소화기구	① 연면적 $33m^2$ 이상인 것 ② 노유자 시설의 경우에는 투척용 소화용구 등을 화재안전기준에 따라 산정된 소화기 수량의 2분의 1 이상으로 설치할 수 있다.
자동 소화장치	① 주거용 주방자동소화장치 : 아파트등 및 오피스텔의 모든 층 ② 상업용 주방자동소화장치 : 일반음식점, 집단급식소
스프링클러	① 층수가 6층 이상인 특정소방대상물 ② 판매시설, 운수시설 및 창고시설(물류터미널로 한정한다)로서 바닥면적의 합계가 5천m^2 이상이거나 수용인원이 500명 이상 ③ 조산원, 산후조리원, 정신의료기관, 병원, 노유자시설, 숙박시설, 수련시설(숙박 가능)의 바닥면적의 합계가 $600m^2$ 이상 ④ 창고시설(물류터미널은 제외한다)로서 바닥면적 합계가 5천m^2 이상 ⑤ 지하가(터널 제외)로서 연면적 1천m^2 이상인 것 ⑥ 복합건축물로서 연면적 5천m^2 이상
물분무등	① 항공기격납고 ② 건축물의 내부에 설치된 차고·주차장으로서 차고 또는 주차의 용도로 사용되는 면적이 $200m^2$ 이상인 경우 해당 부분 ③ 기계장치에 의한 주차시설을 이용하여 20대 이상의 차량을 주차할 수 있는 시설
옥외소화전	지상 1층 및 2층의 바닥면적의 합계가 9천m^2 이상인 것
인명 구조기구	① 지하층을 포함하는 층수가 7층 이상인 것 중 관광호텔 용도로 사용하는 층 ② 지하층을 포함하는 층수가 5층 이상인 것 중 병원 용도로 사용하는 층
제연설비	① 문화 및 집회시설, 종교시설, 운동시설 중 무대부의 바닥면적이 $200m^2$ 이상 ② 문화 및 집회시설 중 영화상영관으로서 수용인원 100명 이상 ③ 지하층이나 무창층에 설치된 근린생활시설, 판매시설, 운수시설, 숙박시설, 위락시설, 의료시설, 노유자시설 또는 창고시설(물류터미널로 한정한다)로서 해당 용도로 사용되는 바닥면적의 합계가 1천m^2 이상 ④ 운수시설 중 시외버스정류장, 철도 및 도시철도 시설, 공항시설 및 항만시설의 대기실 또는 휴게시설로서 지하층 또는 무창층의 바닥면적이 1천m^2 이상인 경우에는 모든 층 ⑤ 지하가(터널 제외)로서 연면적 $1,000m^2$ 인 것
연결살수	① 지하층으로서 바닥면적의 합계가 $150m^2$ 이상 ② 국민주택규모 이하인 아파트등의 지하층(대피시설로 사용하는 것만 해당한다)과 교육연구시설 중 학교의 지하층의 경우에는 $700m^2$ 이상

※ 설비별 출제 빈도 : 스프링클러＞소화기구＞제연설비, 연결살수, 인명구조기구, 물분무등＞그 외

정답 01 ② 02 ① 03 ① 04 ③

기출유형 완성하기

01 다음 중 면적이나 구조에 관계없이 물분무등소화설비를 반드시 설치하여야 하는 특정소방대상물은? `07년-4회`

① 주차장
② 항공기격납고
③ 발전실, 변전실
④ 주차용건축물

해설
항공기격납고는 면적이나 구조와 관계없이 물분무등소화설비를 설치하여야 한다.

02 소방시설 설치 및 관리에 관한 법령상 특정소방대상물의 관계인이 특정소방대상물의 규모·용도 및 수용인원 등을 고려하여 갖추어야 하는 소방시설의 종류에 대한 기준 중 다음 ( ) 안에 알맞은 것은? `21년-4회`

> 화재안전기준에 따라 소화기구를 설치하여야 하는 특정소방대상물은 연면적 (㉠)m^2 이상인 것. 다만, 노유자시설의 경우에는 투척용 소화용구 등을 화재안전기준에 따라 산정된 소화기 수량의 (㉡) 이상으로 설치할 수 있다.

① ㉠ 33, ㉡ 1/2
② ㉠ 33, ㉡ 1/5
③ ㉠ 50, ㉡ 1/2
④ ㉠ 50, ㉡ 1/5

해설
소화기구를 설치해야 하는 특정소방대상물은 연면적 **33m^2 이상**인 것. 다만, 노유자시설의 경우에는 투척용 소화용구 등을 화재안전기준에 따라 산정된 소화기 수량의 **2분의 1 이상**으로 설치할 수 있다.

03 소방시설 설치 및 관리에 관한 법령상 스프링클러설비를 설치하여야 하는 특정소방대상물의 기준으로 틀린 것은? (단, 위험물 저장 및 처리 시설 중 가스시설 또는 지하구는 제외한다) `20년-3회`

① 복합건축물로서 연면적 3,500m^2 이상인 경우에는 모든 층
② 창고시설(물류터미널은 제외)로서 바닥면적 합계가 5,000m^2 이상인 경우에는 모든 층
③ 숙박이 가능한 수련시설 용도로 사용되는 시설의 바닥면적의 합계가 600m^2 이상인 것은 모든 층
④ 판매시설, 운수시설 및 창고시설(물류터미널에 한정)로서 바닥면적의 합계가 5,000m^2 이상이거나 수용인원이 500명 이상인 경우에는 모든 층

해설
복합건축물로서 **연면적 5천m^2 이상**인 특정소방대상물은 스프링클러설비를 설치하여야 한다.

04 소방시설 설치 및 관리에 관한 법령상 지하가는 연면적이 최소 몇 m^2 이상이어야 스프링클러설비를 설치하여야 하는 특정소방대상물에 해당하는가? (단, 터널은 제외한다) `21년-1회`

① 100
② 200
③ 1,000
④ 2,000

해설
지하가(터널 제외)로서 **연면적 1천m^2 이상**인 것은 스프링클러설비를 설치하여야 한다.

기출유형 완성하기

정답 05 ③ 06 ④ 07 ② 08 ④

05 교육연구시설 중 학교 지하층은 바닥면적의 합계가 몇 m^2 이상인 경우 연결살수설비를 설치해야 하는가? `16년-4회`

① 500
② 600
③ 700
④ 1,000

해설
교육연구시설 중 **학교의 지하층**의 경우에는 $700m^2$ **이상**인 경우 연결살수설비를 설치하여야 한다.

06 소화활동설비에서 제연설비를 설치하여야 하는 특정소방대상물의 기준으로 틀린 것은? `12년-4회, 개정반영`

① 문화집회 및 운동시설로서 무대부의 바닥면적이 $200[m^2]$ 이상인 것
② 근린생활시설·위락시설·판매시설, 숙박시설 등으로서 지하층으로 바닥면적의 합계가 $1,000[m^2]$ 이상인 것
③ 지하가(터널을 제외한다)로서 연면적 $1,000[m^2]$ 이상인 것
④ 문화 및 집회시설 중 영화상영관으로서 수용인원 200명 이상인 경우

해설
문화 및 집회시설 중 **영화상영관으로서 수용인원 100명 이상**인 경우 제연설비를 설치하여야 한다.

07 다음 중 인명구조기구를 설치하여야 할 특정소방대상물에 속하는 것은? `08년-4회`

① 지하층을 포함하는 층수가 16층 이상인 아파트 및 7층 이상인 백화점
② 지하층을 포함하는 층수가 7층 이상인 관광호텔 및 5층 이상인 병원
③ 지하층을 포함하는 층수가 5층 이상인 무도학원 및 7층 이상인 영화관
④ 지하층을 포함하는 층수가 5층 이상인 오피스텔 및 관광휴게시설

해설
인명구조기구의 설치대상
- 지하층을 포함하는 층수가 7층 이상인 것 중 관광호텔 용도로 사용하는 층
- 지하층을 포함하는 층수가 5층 이상인 것 중 병원 용도로 사용하는 층

08 옥외소화전설비를 설치하여야 할 소방대상물은 지상 1층 및 2층의 바닥면적의 합계가 몇 m^2 이상인 것인가? `06년-2회`

① 5,000
② 7,000
③ 8,000
④ 9,000

해설
특정소방대상물 중 지상 1층 및 2층의 바닥면적의 합계가 **9천m^2 이상**인 것은 옥외소화전을 설치하여야 한다.

21 특정소방대상물에 설치·관리해야 하는 소방시설(전기)

기출유형

자동화재탐지설비를 설치하여야 하는 특정소방대상물의 기준으로 틀린 것은? 〈25년〉

① 지하구
② 지하가 중 터널로서 길이 500m 이상인 것
③ 교정시설로서 연면적 1,000m^2 이상인 것
④ 복합건축물로서 연면적 600m^2 이상인 것

해설
지하가 중 터널로서 길이가 1천m 이상인 특정소방대상물은 자동화재탐지설비를 설치하여야 한다.

|정답| ②

족집게 과외

❶ 특정소방대상물에 설치·관리해야 하는 소방시설(전기)

소방시설	대 상
단독 경보형 감지기	① 교육연구시설 또는 수련시설 내에 있는 기숙사 또는 합숙소로서 연면적 2천m^2 미만인 것 ② 연면적 400m^2 미만의 유치원 ③ 숙박시설이 있는 수련시설(수용인원 100명 미만일 경우) ④ 공동주택 중 연립주택 및 다세대주택
비상 경보설비	① 연면적 400m^2 이상 ② 지하층 또는 무창층의 바닥면적이 150m^2(공연장의 경우 100m^2) 이상 ③ 지하가 중 터널로서 길이가 500m 이상인 것
자동화재 탐지설비	① 공동주택 중 아파트등·기숙사 및 숙박시설 ② 층수가 6층 이상인 건축물 ③ 근린생활시설(목욕장 제외), 의료시설(정신의료기관 및 요양병원 제외), 위락시설, 장례시설 및 복합건축물로서 연면적 600m^2 이상 ④ 근린생활시설 중 목욕장, 문화 및 집회시설, 종교시설, 판매시설, 운수시설, 운동시설, 업무시설, 공장, 창고시설, 위험물 저장 및 처리 시설, 항공기 및 자동차 관련 시설, 교정 및 군사시설 중 국방·군사시설, 방송통신시설, 발전시설, 관광 휴게시설, 지하가(터널 제외)로서 연면적 1천m^2 이상 ⑤ 교육연구시설(합숙소 포함), 수련시설, 동물 및 식물 관련 시설, 자원순환 관련 시설, 교정 및 군사시설, 묘지 관련 시설로서 연면적 2천m^2 이상 ⑥ 노유자생활시설, 판매시설 중 전통시장, 조산원, 산후조리원 ⑦ 지하가 중 터널로서 길이가 1천m 이상 ⑧ 지하구
자동화재 속보설비	① 노유자 생활시설 ② 노유자시설, 수련시설(숙박시설이 있는 것만 해당)로서 바닥면적이 500m^2 이상인 층이 있는 것 ③ 정신병원 및 의료재활시설로 사용되는 바닥면적의 합계가 500m^2 이상인 층이 있는 것 ④ 의원, 치과의원, 한의원 등으로서 입원실이 있는 시설, 조산원, 산후조리원 ⑤ ○○병원(의료재활시설 제외), 판매시설 중 전통시장
비상 조명등	① 지하층을 포함하는 층수가 5층 이상인 건축물로서 연면적 3천m^2 이상 ② 지하층 또는 무창층의 바닥면적이 450m^2 이상 ③ 지하가 중 터널로서 그 길이가 500m 이상

기출유형 완성하기

정답 01 ① 02 ④ 03 ④ 04 ②

01 비상조명등을 설치하여야 할 소방대상물의 기준은? `04년-1회`

① 층수 : 5층 이상, 연면적 : $3,000m^2$ 이상
② 층수 : 5층 이상, 연면적 : $4,000m^2$ 이상
③ 층수 : 7층 이상, 연면적 : $3,000m^2$ 이상
④ 층수 : 7층 이상, 연면적 : $4,000m^2$ 이상

해설
지하층을 포함하는 층수가 **5층 이상**인 건축물로서 **연면적 3천m^2 이상**인 특정소방대상물은 비상조명등을 설치하여야 한다.

02 자동화재속보설비를 설치하여야 하는 특정소방대상물은? `14년-2회`

① 연면적 $800m^2$인 아파트
② 연면적 $800m^2$인 기숙사
③ 바닥면적이 $1,000m^2$인 층이 있는 발전시설
④ 바닥면적이 $500m^2$인 층이 있는 노유자시설

해설
노유자시설, 수련시설(숙박시설이 있는 것만 해당)로서 **바닥면적 500m^2 이상인 층**이 있는 특정소방대상물은 자동화재속보설비를 설치하여야 한다.

03 단독경보형 감지기를 설치하여야 하는 특정소방대상물에 속하지 않는 것은? `10년-1회, 개정반영`

① 연립주택
② 연면적 $400m^2$ 미만의 유치원
③ 다세대주택
④ 교육연구시설 내에 있는 연면적 3천제곱미터 미만의 합숙소

해설
교육연구시설 또는 수련시설 내에 있는 기숙사 또는 합숙소로서 **연면적 2천m^2 미만**인 특정소방대상물은 단독경보형 감지기를 설치하여야 한다.

04 근린생활시설 중 일반목욕장인 경우 연면적 몇 m^2 이상이면 자동화재탐지설비를 설치해야 하는가? `12년-2회`

① 500
② 1,000
③ 1,500
④ 2,000

해설
근린생활시설 중 일반목욕장으로서 **연면적 1천m^2 이상**인 특정소방대상물은 자동화재탐지설비를 설치하여야 한다.

정답 05 ④ 06 ④ 07 ④ 08 ②

기출유형 완성하기

05 비상경보설비를 설치하여야 할 특정소방대상물이 아닌 것은? `15년-2회, 개정반영`

① 지하가 중 터널로서 길이가 $500m$ 이상인 것
② 사람이 거주하고 있는 연면적 $400m^2$ 이상인 건축물
③ 지하층의 바닥면적이 $100m^2$ 이상으로 공연장인 건축물
④ 35명의 근로자가 작업하는 옥내작업장

해설
35명의 근로자가 작업하는 옥내작업장은 비상경보설비의 설치대상이 아니다.
Tip 소방법에는 소방법에 있는 용어로 법규가 표현된다(예 사람의 수는 수용인원).

06 자동화재탐지설비 설치대상으로 틀린 것은? `05년-2회`

① 근린생활시설로서 연면적 $600m^2$ 이상인 것
② 교육연구시설로서 연면적 $2,000m^2$ 이상인 것
③ 지하구
④ 길이 $500m$ 이상의 터널

해설
지하가 중 터널로서 길이가 **1천m 이상**인 특정소방대상물은 자동화재탐지설비를 설치하여야 한다.

07 경보설비 중 단독경보형 감지기를 설치해야 하는 특정소방대상물의 기준으로 틀린 것은? `17년-4회, 개정반영`

① 공동주택 중 연립주택 및 다세대주택
② 연면적 $400m^2$ 미만의 유치원
③ 수련시설 내에 있는 연면적 $2,000m^2$ 미만의 합숙소
④ 교육연구시설 내에 있는 연면적 $3,000m^2$ 미만의 합숙소

해설
교육연구시설 내에 있는 기숙사 또는 합숙소로서 **연면적 2천m^2 미만**인 특정소방대상물은 단독경보형 감지기를 설치하여야 한다.

08 소방시설 설치 및 관리에 관한 법령상 자동화재탐지설비를 설치하여야 하는 특정소방대상물에 대한 기준 중 ( )에 알맞은 것은? `21년-1회, 개정반영`

> 근린생활시설(목욕장 제외), 의료시설(정신의료기관 또는 요양병원 제외), 위락시설, 장례시설 및 복합건축물로서 연면적 ( )m^2 이상인 것

① 400
② 600
③ 1,000
④ 3,500

해설
근린생활시설(목욕장은 제외한다), **의료시설**(정신의료기관 및 요양병원은 제외한다), **위락시설**, 장례시설 및 **복합건축물**로서 **연면적 $600m^2$ 이상**인 특정소방대상물은 자동화재탐지설비를 설치하여야 한다.

22 소방시설 설치의 면제기준 및 범위

기출유형

특정소방대상물의 소방시설 설치의 면제기준 중 다음 ( ) 안에 알맞은 것은? | 17년-4회

> 비상경보설비 또는 단독경보형 감지기를 설치하여야 하는 특정소방대상물에 ( )를 화재안전기준에 적합하게 설치한 경우에는 그 설비의 유효범위에서 설치가 면제된다.

① 자동화재탐지설비
② 스프링클러설비
③ 비상조명등
④ 무선통신보조설비

해설
비상경보설비 또는 단독경보형 감지기는 자동화재탐지설비 또는 화재알림설비를 설치하는 경우 면제된다.

| 정답 | ①

족집게 과외

❶ 소방시설 설치의 면제기준

면제설비	설치가 면제되는 기준
스프링클러	① 적응성 있는 자동소화장치 또는 물분무등소화설비를 화재안전기준에 적합하게 설치한 경우 ② 전기저장시설에 소화설비를 소방청장이 정하여 고시하는 방법에 따라 설치한 경우
간이스프링	스프링클러설비, 물분무소화설비 또는 미분무소화설비를 화재안전기준에 적합하게 설치한 경우
물분무등	차고·주차장에 스프링클러설비를 화재안전기준에 적합하게 설치한 경우
비상경보	단독경보형 감지기를 2개 이상의 단독경보형 감지기와 연동하여 설치한 경우
비상경보& 단독경보형	자동화재탐지설비 또는 화재알림설비를 화재안전기준에 적합하게 설치한 경우
자동화재 탐지	자동화재탐지설비의 기능(감지·수신·경보기능을 말한다)과 성능을 가진 화재알림설비, 스프링클러설비 또는 물분무등소화설비를 화재안전기준에 적합하게 설치한 경우
상수도 소화용수	특정소방대상물의 각 부분으로부터 수평거리 $140m$ 이내에 공공의 소방을 위한 소화전이 화재안전기준에 적합하게 설치되어 있는 경우
연결살수	송수구를 부설한 스프링클러설비, 간이스프링클러설비, 물분무소화설비 또는 미분무소화설비를 화재안전기준에 적합하게 설치한 경우

※ 상위설비 설치 시 면제 : ① 물분무등＞스프링클러＞간이스프링클러＞연결살수
　　　　　　　　　　　② 자동화재탐지＞비상경보

❷ 소방시설을 설치하지 않을 수 있는 특정소방대상물 및 소방시설의 범위

특정소방대상물	설치하지 않을 수 있는 소방시설
석재, 불연성 금속, 불연성 건축재료 등의 가공공장·기계조립 공장 또는 불연성 물품을 저장하는 창고	옥외소화전, 연결살수설비
펄프 공장의 작업장, 음료수 공장의 세정 또는 충전을 하는 작업장, 그 밖에 이와 비슷한 용도로 사용하는 것	스프링클러설비, 상수도소화용수설비, 연결살수설비
정수장, 수영장, 목욕장, 농예·축산·어류양식용 시설, 그 밖에 이와 비슷한 용도로 사용되는 것	자동화재탐지설비, 상수도소화용수설비, 연결살수설비
원자력발전소, 중·저준위방사성폐기물의 저장시설	연결송수관설비, 연결살수설비
자체소방대가 설치된 제조소등에 부속된 사무실	옥내소화전설비, 소화용수설비, 연결살수설비, 연결송수관설비

기출유형 완성하기

🔒 **정답** 01 ④ 02 ③ 03 ④ 04 ②

01 다음의 소방시설이 설치기준에 적합하게 설치되어 있더라도 당해 설비의 유효범위 안의 부분에 자동화재탐지설비를 면제받을 수 없는 것은?

〔03년-4회〕

① 스프링클러설비
② 물분무소화설비
③ 포소화설비
④ 연결살수설비

해설
자동화재탐지설비는 자동화재탐지설비의 기능(감지·수신·경보기능을 말한다)과 성능을 가진 화재알림설비, **스프링클러설비** 또는 **물분무등소화설비**를 화재안전기준에 적합하게 설치한 경우 설치가 면제된다.
Tip 연결살수설비는 감지, 수신, 경보기능이 없다.

02 소방시설 설치 및 관리에 관한 법령상 펄프 공장의 작업장, 음료수 공장의 충전을 하는 작업장 등과 같이 화재안전기준을 적용하기 어려운 특정소방대상물에 설치하지 아니할 수 있는 소방시설의 종류가 아닌 것은?

〔21년-2회〕

① 상수도소화용수설비
② 스프링클러설비
③ 연결송수관설비
④ 연결살수설비

해설

특정소방대상물	설치하지 않을 수 있는 소방시설
펄프 공장의 작업장, 음료수 공장의 세정 또는 충전을 하는 작업장, 그 밖에 이와 비슷한 용도로 사용하는 것	스프링클러설비, 상수도소화용수설비, 연결살수설비

03 특정소방대상물의 각 부분으로부터 수평거리 $140m$ 이내에 공공의 소방을 위한 소화전이 화재안전기준이 정하는 바에 따라 적합하게 설치되어 있는 경우에 설치가 면제되는 것은?

〔13년-4회〕

① 옥외소화전
② 연결송수관
③ 연소방지설비
④ 상수도소화용수설비

해설
상수도소화용수설비는 특정소방대상물의 각 부분으로부터 수평거리 $140m$ 이내에 공공의 소방을 위한 소화전이 화재안전기준에 적합하게 설치되어 있는 경우 설치가 면제된다.

04 소방시설 설치 및 관리에 관한 법령상 특정소방대상물의 소방시설 설치의 면제기준 중 다음 ( ) 안에 알맞은 것은?

〔21년-1회, 개정반영〕

> 물분무등소화설비를 설치하여야 하는 차고·주차장에 ( )를 화재안전기준에 적합하게 설치한 경우에는 그 설비의 유효범위에서 설치가 면제된다.

① 옥내소화전설비
② 스프링클러설비
③ 간이스프링클러설비
④ 옥외소화전설비

해설
물분무등소화설비는 차고·주차장에 **스프링클러설비**를 화재안전기준에 적합하게 설치한 경우 설치가 면제된다.

23 수용인원과 임시소방시설

기출유형

다음 조건을 참고하여 숙박시설이 있는 특정소방대상물의 수용인원 산정 수로 옳은 것은?

|19년-4회|

> 침대가 있는 숙박시설로서 1인용 침대의 수는 20개이고, 2인용 침대의 수는 10개이며, 종업원의 수는 3명 이다.

① 33명
② 40명
③ 43명
④ 46명

해설
종사자 수+침대 수(2인용 침대는 2개)를 합한 수이므로 수용인원은 $3+(1\times20)+(2\times10)=43$[명]이다.

|정답| ③

족집게 과외

❶ 수용인원의 산정방법(소수점 이하의 수는 반올림)

구 분		산정방법
숙박시설이 있는 특정소방대상물	침대가 있는 숙박시설	종사자 수+침대 수(2인용 침대는 2개)를 합한 수
	침대가 없는 숙박시설	종사자 수+숙박시설 바닥면적 합계를 $3m^2$로 나눈 수
강의실·교무실·상담실·실습실·휴게실 용도로 쓰는 특정소방대상물		해당 용도로 사용하는 바닥면적의 합계를 $1.9m^2$로 나눈 수
강당, 문화 및 집회시설, 운동시설, 종교시설		해당 용도로 사용하는 바닥면적의 합계를 $4.6m^2$로 나눈 수 (관람석이 있는 경우 고정식 의자를 설치한 부분은 의자 수, 긴 의자의 경우 의자의 정면너비를 $0.45m$로 나누어 얻은 수)
그 밖의 특정소방대상물		해당 용도로 사용하는 바닥면적의 합계를 $3m^2$로 나눈 수

※ 소수점 이하의 수는 반올림한다.

❷ 임시소방시설

구 분	공사의 종류와 규모
공 통	소방본부장 또는 소방서장의 동의를 받아야 하는 특정소방대상물의 신축·증축·개축·재축·이전·용도변경 또는 대수선 등을 위한 공사 중 화재위험작업의 현장에 설치한다.
소화기	모든 화재위험작업의 현장
간이소화장치	① 연면적 3천m^2 이상 ② 지하층, 무창층 또는 4층 이상의 층 → 이 경우 해당 층의 바닥면적이 $600m^2$ 이상인 경우만 해당한다.
비상경보장치	① 연면적 $400m^2$ 이상 ② 지하층 또는 무창층. 이 경우 해당 층의 바닥면적이 $150m^2$ 이상인 경우만 해당한다.
가스누설경보기	바닥면적이 $150m^2$ 이상인 지하층 또는 무창층의 화재위험작업현장에 설치한다.
간이피난유도선	
비상조명등	
방화포	용접·용단 작업이 진행되는 화재위험작업현장에 설치한다.

❸ 화재위험작업(인화성 물품을 취급하는 작업 등 대통령령으로 정하는 작업)

구 분	내 용
화재위험 작업	① 인화성·가연성·폭발성 물질을 취급하거나 가연성 가스를 발생시키는 작업 ② 용접·용단 등 불꽃을 발생시키거나 화기를 취급하는 작업 ③ 전열기구, 가열전선 등 열을 발생시키는 기구를 취급하는 작업 ④ 알루미늄, 마그네슘 등을 취급하여 폭발성 부유분진을 발생시킬 수 있는 작업

정답 01 ④ 02 ④ 03 ④ 04 ④

기출유형 완성하기

01 소방시설 설치 및 관리에 관한 법령에 따른 특정소방대상물의 수용인원의 산정방법 기준 중 틀린 것은? 〔18년-4회〕

① 침대가 있는 숙박시설의 경우는 해당 특정소방대상물의 종사자 수에 침대 수(2인용 침대는 2인으로 산정)를 합한 수
② 침대가 없는 숙박시설의 경우는 해당 특정소방대상물의 종사자 수에 숙박시설 바닥면적의 합계를 $3m^2$로 나누어 얻은 수를 합한 수
③ 강의실 용도로 쓰이는 특정소방대상물의 경우는 해당 용도로 사용하는 바닥면적의 합계를 $1.9m^2$로 나누어 얻은 수
④ 문화 및 집회시설의 경우는 해당 용도로 사용하는 바닥면적의 합계를 $2.6m^2$로 나누어 얻은 수

해설
강당, **문화 및 집회시설**, 운동시설, 종교시설의 경우 해당 용도로 사용하는 바닥면적의 합계를 $4.6m^2$로 나눈 수

02 소방시설 설치 및 관리에 관한 법령상 종사자 수가 5명이고, 숙박시설이 모두 2인용 침대이며 침대수량은 50개인 청소년 시설에서 수용인원은 몇 명인가? 〔19년-2회〕

① 55
② 75
③ 85
④ 105

해설
종사자 수+침대 수(2인용 침대는 2개)를 합한 수이므로 수용인원은 $5+(2\times50)=105$[명]이다.

03 소방시설 설치 및 관리에 관한 법령에 따른 임시소방시설 중 간이소화장치를 설치하여야 하는 공사의 작업현장의 규모의 기준 중 다음 ( ) 안에 알맞은 것은? 〔18년-4회〕

- 연면적 ( )m^2 이상
- 지하층, 무창층 또는 ( )층 이상의 층인 경우 해당 층의 바닥면적이 ( )m^2 이상인 경우만 해당

① ㉠ 1,000, ㉡ 6, ㉢ 150
② ㉠ 1,000, ㉡ 6, ㉢ 600
③ ㉠ 3,000, ㉡ 4, ㉢ 150
④ ㉠ 3,000, ㉡ 4, ㉢ 600

해설
임시소방시설 중 간이소화장치의 설치대상
- 연면적 **3천**m^2 이상
- 지하층, 무창층 또는 **4층** 이상의 층인 경우 해당 층의 바닥면적이 $600m^2$ **이상**인 경우만 해당

04 소방시설 설치 및 관리에 관한 법령상, 인화성 물품을 취급하는 작업 등 대통령령으로 정하는 작업이 아닌 것은? 〔기출변형〕

① 인화성·가연성·폭발성 물질을 취급하거나 가연성 가스를 발생시키는 작업
② 용접·용단 등 불꽃을 발생시키거나 화기를 취급하는 작업
③ 전열기구, 가열전선 등 열을 발생시키는 기구를 취급하는 작업
④ 불연성 부유분진을 발생시킬 수 있는 작업

해설
알루미늄, 마그네슘 등을 취급하여 **폭발성 부유분진을** 발생시킬 수 있는 작업

24 건축허가등의 동의대상물의 범위

기출유형

건축허가 등을 함에 있어서 소방본부장 또는 소방서장의 동의를 받아야 하는 건축물 등의 범위가 아닌 것은? 12년-4회

① 차고·주차장으로 사용되는 층 중 바닥면적이 150[m^2] 이상인 층이 있는 시설
② 항공기격납고, 관망탑, 항공관제탑, 방송용 송·수신탑
③ 지하층 또는 무창층이 있는 건축물로서 바닥면적이 150[m^2] 이상인 층이 있는 것
④ 승강기 등 기계장치에 의한 주차시설로서 자동차 20대 이상을 주차할 수 있는 시설

해설
차고·주차장으로 사용되는 **바닥면적이** $200m^2$ **이상인 층**이 있는 건축물이나 주차시설

| 정답 | ①

족집게 과외

❶ 건축허가등

구 분	내 용
개 념	건축물 등의 신축·증축·개축·재축·이전·용도변경 또는 대수선의 허가·협의 및 사용승인을 할 때 미리 소방본부장 또는 소방서장의 동의를 받아야 하는 건축물 등의 범위는 다음과 같다.
건축 허가 등 대상	① 연면적이 $400m^2$ 이상인 건축물이나 시설 ② 학교시설 : $100m^2$ 이상 ③ 노유자시설 및 수련시설 : $200m^2$ 이상 ④ 정신의료기관, 장애인 의료재활시설 : $300m^2$ 이상 ⑤ 지하층 또는 무창층이 있는 건축물로서 바닥면적이 $150m^2$(공연장은 $100m^2$) 이상인 층이 있는 것 ⑥ 차고·주차장으로 사용되는 바닥면적이 $200m^2$ 이상인 층이 있는 건축물이나 주차시설 ⑦ 승강기 등 기계장치에 의한 주차시설로서 자동차 20대 이상을 주차할 수 있는 시설 ⑧ 층수가 6층 이상인 건축물 ⑨ 항공기격납고, 관망탑, 항공관제탑, 방송용 송수신탑 ⑩ 의원(입원실이 있는 것으로 한정)·조산원·산후조리원, 위험물 저장 및 처리시설, 발전시설 중 풍력발전소·전기저장시설, 지하구 ⑪ 노인주거복지시설, 노인의료복지시설, 재가노인복지시설, 학대피해노인 전용쉼터, 아동복지시설, 장애인 거주시설, 정신질환자 관련 시설 ⑫ 노숙인자활시설, 노숙인재활시설, 노숙인요양시설 ⑬ 결핵환자나 한센인이 24시간 생활하는 노유자시설 ⑭ 요양병원(의료재활시설 제외) ⑮ 공장 또는 창고시설로서 기준수량의 750배 이상의 특수가연물을 저장·취급하는 것 ⑯ 가스시설로서 지상에 노출된 탱크의 저장용량의 합계가 100톤 이상인 것
회신 기한	동의 요구를 받은 소방본부장 또는 소방서장은 건축허가등의 동의 요구서류를 접수한 날부터 5일 이내에 건축허가 등의 동의 여부를 회신해야 한다. **해당 특정소방대상물은 10일 이내 회신** : ① 50층 이상(지하층 제외) or 지상으로부터 높이 $200m$ 이상인 아파트 ② 30층 이상(지하층 포함) or 지상으로부터 높이 $120m$ 이상인 특정소방대상물(아파트 제외) ③ 연면적 10만m^2 이상인 특정소방대상물(아파트 제외) 건축허가등의 동의를 요구한 기관이 그 건축허가등을 취소했을 때에는 취소한 날부터 7일 이내에 건축물 등의 소재지를 관할하는 소방본부장 또는 소방서장에게 그 사실을 통보해야 한다.

기출유형 완성하기

🔒 **정답** 01 ③ 02 ② 03 ① 04 ④

01 건축물 등의 신축·증축 동의요구를 소재시 관할 소방본부장 또는 소방서장에게 한 경우 소방본부장 또는 소방서장은 건축허가 등의 동의요구서류를 접수한 날부터 며칠 이내에 건축허가 등의 동의 여부를 회신하여야 하는가?
(단, 허가 신청한 건축물이 연면적이 20만m^2 이상의 특정소방대상물인 경우이다) `14년-1회`

① 5일
② 7일
③ 10일
④ 30일

해설
연면적 10만m^2 이상인 특정소방대상물(아파트 제외)은 건축허가등의 동의 요구서류를 접수한 날부터 10일 이내에 건축허가등의 동의 여부를 회신해야 한다.

02 승강기 등 기계장치에 의한 주차시설로서 자동차 몇 대 이상 주차할 수 있는 시설을 할 경우, 소방본부장 또는 소방서장의 건축허가 등의 동의를 받아야 하는가? `14년-2회`

① 10대
② 20대
③ 30대
④ 50대

해설
승강기 등 기계장치에 의한 주차시설로서 자동차 20대 이상을 주차할 수 있는 시설

03 건축허가 등을 함에 있어서 미리 소방본부장 또는 소방서장의 동의를 받아야 하는 건축물 등의 범위기준이 아닌 것은? `22년-2회`

① 노유자시설 및 수련시설로서 연면적 100m^2 이상인 건축물
② 지하층 또는 무창층이 있는 건축물로서 바닥면적이 150m^2 이상인 층이 있는 것
③ 차고·주차장으로 사용되는 바닥면적이 200m^2 이상인 층이 있는 건축물이나 주차시설
④ 장애인 의료재활시설로서 연면적 300m^2 이상인 건축물

해설
노유자시설 및 수련시설로서 200m^2 이상인 경우 건축허가등의 동의 대상이다.

04 소방시설 설치 및 관리에 관한 법령상 건축허가 등의 동의 대상물의 범위로 틀린 것은? `21년-2회`

① 항공기격납고
② 방송용 송·수신탑
③ 연면적이 400제곱미터 이상인 건축물
④ 지하층 또는 무창층이 있는 건축물로서 바닥면적이 50제곱미터 이상인 층이 있는 것

해설
지하층 또는 무창층이 있는 건축물로서 바닥면적이 150m^2(공연장은 100m^2) 이상인 층이 있는 것

정답 05 ③ 06 ③ 07 ② 08 ③

기출유형 완성하기

05 소방시설 설치 및 관리에 관한 법령상 건축허가 등을 할 때 미리 소방본부장 또는 소방서장의 동의를 받아야 하는 건축물 등의 범위가 아닌 것은?
〔22년-1회〕

① 연면적 $200m^2$ 이상인 노유자시설 및 수련시설
② 항공기격납고, 관망탑
③ 차고·주차장으로 사용되는 바닥면적이 $100m^2$ 이상인 층이 있는 건축물
④ 지하층 또는 무창층이 있는 건축물로서 바닥면적이 $150m^2$ 이상인 층이 있는 것

해설
차고·주차장으로 사용되는 바닥면적이 $200m^2$ 이상인 층이 있는 건축물이나 주차시설

06 소방본부장 또는 소방서장은 건축허가등의 동의 요구서류를 접수한 날부터 최대 며칠 이내에 건축허가등의 동의 여부를 회신하여야 하는가? (단, 허가 신청한 건축물은 지상으로부터 높이가 $200m$인 아파트이다)
〔17년-1회〕

① 5일
② 7일
③ 10일
④ 15일

해설
50층 이상(지하층 제외) or 지상으로부터 높이 $200m$ 이상인 아파트는 건축허가등의 동의 요구서류를 접수한 날부터 10일 이내에 건축허가등의 **동의 여부를 회신**해야 한다.

07 다음 중 연면적 3만m^2 미만의 건축물의 건축허가 및 사용승인 동의 여부 회신기간으로 올바른 것은? (단, 보완기간은 필요하지 않는 경우이다)
〔07년-1회, 개정반영〕

① 3일 이내
② 5일 이내
③ 7일 이내
④ 10일 이내

해설
동의 요구를 받은 소방본부장 또는 소방서장은 건축허가등의 동의 요구서류를 접수한 날부터 **5일 이내**에 건축허가등의 **동의 여부를 회신**해야 한다.

08 다음의 건축물 중에서 건축허가 등을 함에 있어 미리 소방본부장 또는 소방서장의 동의를 받아야 하는 범위에 속하는 것은?
〔25년〕

① 바닥면적 $100m^2$으로 주차장 층이 있는 시설
② 연면적 $100m^2$으로 수련시설이 있는 건축물
③ 바닥면적 $100m^2$으로 무창층 공연장이 있는 건축물
④ 연면적 $100m^2$의 노유자시설이 있는 건축물

해설
① 주차장 → 바닥면적이 $200m^2$ 이상인 층
② 수련시설 → $200m^2$ 이상
④ 노유자시설 → $200m^2$ 이상

CHAPTER 24 | 건축허가등의 동의대상물의 범위

25. 소방시설기준 적용의 특례

기출유형

대통령령 또는 화재안전기준의 변경으로 그 기준이 강화되는 경우 기존의 특정소방대상물의 소방시설 등에 강화된 기준을 적용해야 하는 소방시설로서 옳은 것은? 〔14년-4회, 개정반영〕

① 비상경보설비
② 옥내소화전설비
③ 스프링클러설비
④ 비상콘센트설비

해설
강화된 기준을 적용해야 하는 소방시설은 소화기구, 비상경보설비, 자동화재탐지설비, 자동화재속보설비, 피난구조설비 등이 있다.

| 정답 | ①

족집게 과외

❶ 강화된 화재안전기준의 적용대상

법 규	적용대상
① 기존 특정소방대상물은 기존 화재안전기준을 적용한다. ② 단, 해당 소방시설 또는 특정소방대상물은 화재안전기준이 강화된 경우 강화된 기준을 적용할 수 있다.	① 소화기구 ② 비상경보설비 ③ 자동화재탐지설비 ④ 자동화재속보설비 ⑤ 피난구조설비
	① 공동구 ② 전력 및 통신사업용 지하구 ③ 노유자시설 ④ 의료시설

❷ 증축 및 용도변경 시 소방시설기준 적용의 특례

구 분	내 용
기 준	소방본부장이나 소방서장은 기존의 특정소방대상물이 증축되거나 용도변경되는 경우에는 대통령령으로 정하는 바에 따라 증축 또는 용도변경 당시의 소방시설의 설치에 관한 대통령령 또는 화재안전기준을 적용한다.
증 축	소방본부장 또는 소방서장은 특정소방대상물이 증축되는 경우에는 기존 부분을 포함한 특정소방대상물의 전체에 대하여 증축 당시의 소방시설의 설치에 관한 대통령령 또는 화재안전기준을 적용해야 한다. 다만, 다음 어느 하나에 해당하는 경우에는 기존 부분에 대해서는 증축 당시의 소방시설의 설치에 관한 대통령령 또는 화재안전기준을 적용하지 않는다. ① 기존 부분과 증축 부분이 내화구조로 된 바닥과 벽으로 구획된 경우 ② 기존 부분과 증축 부분이 자동방화셔터 또는 60분+ 방화문으로 구획되어 있는 경우 ③ 자동차 생산공장 등 화재 위험이 낮은 특정소방대상물 내부에 연면적 $33m^2$ 이하의 직원 휴게실을 증축하는 경우 ④ 자동차 생산공장 등 화재 위험이 낮은 특정소방대상물에 캐노피를 설치하는 경우
용도 변경	소방본부장 또는 소방서장은 특정소방대상물이 용도변경되는 경우에는 용도변경되는 부분에 대해서만 용도변경 당시의 소방시설의 설치에 관한 대통령령 또는 화재안전기준을 적용한다. 다만, 다음의 어느 하나에 해당하는 경우에는 특정소방대상물 전체에 대하여 용도변경 전에 해당 특정소방대상물에 적용되던 소방시설의 설치에 관한 대통령령 또는 화재안전기준을 적용한다. ① 특정소방대상물의 구조·설비가 화재연소 확대 요인이 적어지거나 피난 또는 화재진압활동이 쉬워지도록 변경되는 경우 ② 용도변경으로 인하여 천장·바닥·벽 등에 고정되어 있는 가연성 물질의 양이 줄어드는 경우

Tip 증축 → 증축 부분과 기존 부분 모두 증축 당시 법 적용 → 단, 조건 만족 시 증축 부분만 현재 법 적용
용도변경 → 용도변경 부분만 용도변경 당시 법 적용

기출유형 완성하기

🔒 **정답** 01 ③　02 ①　03 ①

01 특정소방대상물의 증축 또는 용도변경 시의 소방시설기준 적용의 특례에 관한 설명 중 옳지 않은 것은? `11년-1회`

① 증축되는 경우에는 기존 부분을 포함한 전체에 대하여 증축 당시의 소방시설 등의 설치에 관한 대통령령 또는 화재안전기준을 적용한다.

② 증축 시 기존 부분과 증축되는 부분이 내화구조로 된 바닥과 벽으로 구획되어 있는 경우에는 기존 부분에 대하여는 증축 당시의 소방시설 등의 설치에 관한 대통령령 또는 화재안전기준을 적용하지 아니한다.

③ 용도변경되는 경우에는 기존 부분을 포함할 전체에 대하여 용도변경 당시의 소방시설 등의 설치에 관한 대통령령 또는 화재안전기준을 적용한다.

④ 용도변경 시 특정소방대상물의 구조·설비가 화재연소 확대 요인이 적어지거나 피난 또는 화재진압활동이 쉬워지도록 용도변경되는 경우에는 전체에 용도변경되기 전의 소방시설 등의 설치에 관한 대통령령 또는 화재안전기준을 적용한다.

해설
용도변경되는 경우에는 용도변경되는 부분에 대해서만 용도변경 당시의 소방시설의 설치에 관한 대통령령 또는 화재안전기준을 적용한다.

02 특정소방대상물에 설치하는 소방시설 등의 유지·관리 등에 있어 대통령령 또는 화재안전기준의 변경으로 그 기준이 강화되는 경우 변경 전의 대통령령 또는 화재안전기준이 적용되지 않고 강화된 기준이 적용되는 것은? `12년-1회`

① 자동화재속보설비
② 옥내소화전설비
③ 간이스프링클러설비
④ 옥외소화전설비

해설
강화된 기준을 적용해야 하는 소방시설은 **소화기구, 비상경보설비, 자동화재탐지설비, 자동화재속보설비, 피난구조설비** 등이 있다.

03 특정소방대상물이 증축되는 경우 소방시설기준 적용에 관한 설명 중 옳은 것은? `11년-4회`

① 기존 부분을 포함한 특정소방대상물의 전체에 대하여 증축 당시의 화재안전기준을 적용한다.

② 기존 부분을 포함한 특정소방대상물의 전체에 대하여 증축 전에 화재안전기준을 적용한다.

③ 특정소방대상물의 기존 부분은 증축 전에 적용되던 화재안전기준을 적용하고, 증축 부분은 증축 당시의 화재안전기준을 적용한다.

④ 특정소방대상물의 증축 부분은 증축 전에 적용되던 화재안전기준을 적용하고, 기존 부분은 증축 당시의 화재안전기준을 적용한다.

해설
특정소방대상물이 증축되는 경우에는 **기존 부분을 포함한 특정소방대상물의 전체**에 대하여 **증축 당시의 소방시설의 설치에 관한 대통령령 또는 화재안전기준을 적용해야** 한다.

정답 04 ①

04 소방시설 설치 및 관리에 관한 법령상 대통령령 또는 화재안전기준이 변경되어 그 기준이 강화되는 경우 기존 특정소방대상물 소방시설 중 강화된 기준을 적용하여야 하는 소방시설은?

21년-1회

① 비상경보설비
② 비상방송설비
③ 비상콘센트설비
④ 옥내소화전설비

해설
강화된 기준을 적용해야 하는 소방시설은 **소화기구, 비상경보설비, 자동화재탐지설비, 자동화재속보설비, 피난구조설비** 등이 있다.

26 성능위주설계 범위, 기술심의위원회

기출유형

소방시설 설치 및 관리에 관한 법상 중앙소방기술심의위원회의 심의사항이 아닌 것은? `18년-1회`

① 화재안전기준에 관한 사항
② 소방시설의 설계 및 공사감리의 방법에 관한 사항
③ 소방시설에 하자가 있는지의 판단에 관한 사항
④ 소방시설공사의 하자를 판단하는 기준에 관한 사항

해설
소방시설에 하자가 있는지의 판단에 관한 사항은 **지방소방기술심의위원회**의 심의사항이다.

| 정답 | ③

족집게 과외

❶ 성능위주설계 범위

구 분	내 용
대 상	① 연면적 20만m^2 이상인 특정소방대상물(아파트등은 제외) ② 50층 이상(지하층은 제외한다)이거나 지상으로부터 높이가 200m 이상인 아파트등 ③ 30층 이상(지하층을 포함한다)이거나 지상으로부터 높이가 120m 이상인 특정소방대상물(아파트등은 제외한다) ④ 연면적 3만m^2 이상인 철도 및 도시철도 시설 또는 공항시설 ⑤ 창고시설 중 연면적 10만m^2 이상인 것 또는 지하층의 층수가 2개 층 이상이고 지하층의 바닥면적의 합계가 3만m^2 이상인 것 ⑥ 영화상영관이 10개 이상인 특정소방대상물 ⑦ 지하연계 복합건축물에 해당하는 특정소방대상물 ⑧ 터널 중 수저(水底)터널 또는 길이가 5천미터 이상인 것

❷ 소방기술심의위원회

구 분	내 용
중앙소방 기술심의 위원회	① 화재안전기준에 관한 사항 ② 소방시설의 구조 및 원리 등에서 공법이 특수한 설계 및 시공에 관한 사항 ③ 소방시설의 설계 및 공사감리의 방법에 관한 사항 ④ 소방시설공사의 하자를 판단하는 기준에 관한 사항 ⑤ 신기술·신공법 등 검토·평가에 고도의 기술이 필요한 경우로서 중앙위원회에 심의를 요청한 사항 ⑥ 그 밖에 소방기술 등에 관하여 대통령령으로 정하는 사항
지방소방 기술심의 위원회	① 소방시설에 하자가 있는지의 판단에 관한 사항 ② 그 밖에 소방기술 등에 관하여 대통령령으로 정하는 사항

🔒 **정답** 01 ④ 02 ③ 03 ④ 04 ④

기출유형 완성하기

01 지방소방기술심의위원회의 심의사항은?
〔06년-1회〕

① 화재안전기준에 관한 사항
② 소방시설의 구조와 원리 등에 있어서 공법이 특수한 설계 및 시공에 관한 사항
③ 소방시설 공사 하자의 판단기준에 관한 사항
④ 소방시설에 대한 하자 여부의 판단에 관한 사항

해설
①·②·③ 중앙소방기술심의위원회의 심의사항이다.

03 중앙소방기술심의위원회의 심의사항이 아닌 것은?
〔10년-1회〕

① 화재안전기준에 관한 사항
② 소방시설의 구조와 원리 등에 있어서 공법이 특수한 설계 및 시공에 관한 사항
③ 소방시설의 설계 및 공사감리의 방법에 관한 사항
④ 소방시설에 대한 하자 여부의 판단에 관한 사항

해설
소방시설에 하자가 있는지의 판단에 관한 사항은 **지방**소방기술심의위원회의 심의사항이다.

02 성능위주설계를 하여야 하는 특정소방대상물의 범위의 기준으로 옳지 않은 것은?
〔14년-4회〕

① 연면적 3만m^2 이상인 철도 및 도시철도 시설
② 연면적 20만m^2 이상인 특정소방대상물
③ 아파트를 포함한 건축물의 높이가 $100m$ 이상인 특정소방대상물
④ 하나의 건축물에 영화 및 비디오물의 진흥에 관한 법률에 따른 영화상영관이 10개 이상인 특정소방대상물

해설
지상으로부터 높이가 $120m$ **이상**인 특정소방대상물 (아파트등은 **제외**한다)

04 성능위주설계를 실시하여야 하는 특정소방대상물의 범위 기준으로 틀린 것은?
〔17년-1회〕

① 연면적 $200,000m^2$ 이상인 특정소방대상물 (아파트등은 제외)
② 지하층을 포함한 층수가 30층 이상인 특정소방대상물(아파트등은 제외)
③ 건축물의 높이가 $120m$ 이상인 특정소방대상물(아파트등은 제외)
④ 하나의 건축물에 영화상영관이 5개 이상인 특정소방대상물

해설
영화상영관이 10개 **이상**인 특정소방대상물

27 작동점검과 종합점검

기출유형

소방시설 설치 및 관리에 관한 법률상 소방시설 등에 대한 자체점검 중 종합점검 대상인 것은?

20년-1·2회, 개정반영

① 제연설비가 설치되지 않은 터널
② 스프링클러설비가 설치된 아파트
③ 물분무등소화설비가 설치된 연면적이 $5,000m^2$인 위험물제조소
④ 호스릴 방식의 물분무등소화설비만을 설치한 연면적 $3,000m^2$인 특정소방대상물

해설
스프링클러가 설치된 특정소방대상물은 자체점검 중 **종합점검** 대상이다.

| 정답 | ②

> 족집게 과외

❶ 작동점검과 종합점검

구 분	작동점검		종합점검
개 념	소방시설등을 인위적으로 조작하여 소방시설이 정상적으로 작동하는지를 소방청장이 정하여 고시하는 소방시설등 작동점검표에 따라 점검하는 것		작동점검을 포함하여 소방시설등의 설비별 주요 구성 부품의 구조기준이 화재안전기준과 「건축법」 등 관련 법령에서 정하는 기준에 적합한지 여부를 소방청장이 정하여 고시하는 소방시설등 종합점검표에 따라 점검하는 것. 최초점검과 그 밖의 종합점검으로 구분
대 상	특정소방대상물 전체		① 3급 이상 소방안전관리대상물 신설 ② 스프링클러설비가 설치된 특정소방대상물 ③ 물분무등소화설비(호스릴 제외)가 설치된 연면적 5,000m^2 이상인 특정소방대상물(제조소등 제외) ④ 다중이용업의 영업장이 설치된 특정소방대상물로서 연면적이 2,000m^2 이상인 것 ⑤ 제연설비가 설치된 터널 ⑥ 공공기관 중 연면적 1,000m^2 이상으로 옥내소화전설비 또는 자동화재탐지설비가 설치된 것(소방대가 근무하는 경우 제외)
	예 외	① 소방안전관리자를 선임하지 않는 특정 소방대상물 ② 위험물법에 따른 제조소등 ③ 특급 소방안전관리대상물	
기술인력 (점검) 자격자	1) 간이SP, 자동화재탐지설비가 설치된 특정소화대상물 ① 관계인 ② 관리업에 등록된 소방시설관리사 ③ 특급점검자 ④ 소방안전관리자로 선임된 소방시설관리사 및 소방기술사		① 관리업에 등록된 소방시설관리사 ② 소방안전관리자로 선임된 소방시설관리사 및 소방기술사
	1)에 해당하지 않는 특정소방대상물 ① 관리업에 등록된 소방시설관리사 ② 소방안전관리자로 선임된 소방시설관리사 및 소방기술사		
점검주기	연 1회 이상 실시		① 연 1회 이상 실시 ② 특급 소방안전관리대상물은 반기 1회 이상
점검시기	종합점검 대상은 종합점검을 받은 달부터 6개월이 되는 달에 실시		① 최초점검 : 건축물 사용승인부터 60일 이내 ② 그 외 종합점검 : 사용승인일이 속하는 달
점검한도 면적	10,000m^2/인력1단위·day+ 보조인력 1명당 2,500m^2/day		8,000m^2/인력1단위·day+ 보조인력 1명당 2,000m^2/day
	아파트등 점검 시 : 점검인력 1단위당 하루 250세대+보조 기술인력 1명당 60세대씩 추가		

기출유형 완성하기

정답 01 ④ 02 ② 03 ④ 04 ②

01 소방시설 설치 및 관리에 관한 법령상 종합점검 실시 대상이 되는 특정소방대상물의 기준 중 다음 ( ) 안에 알맞은 것은? 〔22년-2회, 개정반영〕

> 물분무등소화설비[호스릴(Hose Reel) 방식의 물분무등소화설비만을 설치한 경우는 제외한다]가 설치된 연면적 ( )m^2 이상인 특정소방대상물(위험물제조소등은 제외한다)

① 2,000
② 3,000
③ 4,000
④ 5,000

해설
물분무등소화설비(호스릴 제외)가 설치된 연면적 5,000m^2 **이상인** 특정소방대상물(제조소등 제외)

02 소방시설 설치 및 관리에 관한 법령상 소방시설 등의 자체점검 시 점검인력 배치기준 중 종합점검에 대한 점검인력 1단위가 하루 동안 점검할 수 있는 특정소방대상물의 연면적 기준으로 옳은 것은? (단, 보조인력을 추가하는 경우는 제외한다) 〔19년-4회, 개정반영〕

① 3,500m^2
② 8,000m^2
③ 10,000m^2
④ 12,000m^2

해설
점검인력 1단위가 하루 동안 점검할 수 있는 특정소방대상물의 연면적(점검한도 면적)은 다음과 같다.
• 종합점검 : 8,000m^2(≒ 8,000m^2/**인력1단위** · day)
• 작동점검 : 10,000m^2

03 소방시설 설치 및 관리에 관한 법령상 소방시설 등의 자체점검 중 종합점검을 받아야 하는 특정소방대상물 대상 기준으로 틀린 것은? 〔20년-4회, 개정반영〕

① 제연설비가 설치된 터널
② 스프링클러설비가 설치된 특정소방대상물
③ 공공기관 중 연면적이 1,000m^2 이상인 것으로서 옥내소화전설비 또는 자동화재탐지설비가 설치된 것(단, 소방대가 근무하는 공공기관은 제외한다)
④ 호스릴 방식의 물분무등소화설비만이 설치된 연면적 5,000m^2 이상인 특정소방대상물(단, 위험물제조소등은 제외한다)

해설
물분무등소화설비(**호스릴 제외**)가 설치된 연면적 5,000m^2 이상인 특정소방대상물(제조소등 제외)

04 간이스프링클러 또는 자동화재탐지설비가 설치된 특정소방대상물에서 자체점검을 실시할 수 기술인력의 범위로 옳지 않은 것은? 〔25년〕

① 관계인
② 소방안전관리자로 선임된 소방설비기사
③ 특급점검자
④ 관리업에 등록된 소방시설관리사

해설
간이스프링클러 또는 자동화재탐지설비가 설치된 특정소방대상물에서 자체점검을 실시할 수 기술인력
• 관계인
• 관리업에 등록된 소방시설관리사
• 특급점검자
• 소방안전관리자로 선임된 소방시설관리사 및 소방기술사

정답 05 ④ 06 ③ 07 ④

기출유형 완성하기

05 소방시설 설치 및 관리에 관한 법령상 종합점검 실시 대상이 되는 특정소방대상물의 기준 중 다음 ( ) 안에 알맞은 것은?   〔18년-1회, 개정반영〕

- 물분무등소화설비[호스릴(Hose Reel) 방식의 물분무등소화설비만을 설치한 경우는 제외]가 설치된 연면적 (㉠)m^2 이상인 특정소방대상물(제조소등은 제외)
- 다중이용업의 영업장이 설치된 특정소방대상물로서 연면적이 (㉡)m^2 이상인 것

① ㉠ 2,000, ㉡ 1,000
② ㉠ 2,000, ㉡ 1,000
③ ㉠ 5,000, ㉡ 2,000
④ ㉠ 5,000, ㉡ 2,000

해설
종합점검 대상 특정소방대상물
- 물분무등소화설비(호스릴 제외)가 설치된 연면적 5,000m^2 이상인 특정소방대상물(제조소등 제외)
- 다중이용업의 영업장이 설치된 특정소방대상물로서 연면적이 2,000m^2 이상인 것

06 소방시설 설치 및 관리에 관한 법률상 소방시설 등에 대한 자체점검 중 종합점검 대상기준으로 옳지 않은 것은?   〔16년-2회, 개정반영〕

① 제연설비가 설치된 터널
② 노래연습장으로서 연면적이 2,000m^2 이상인 것
③ 물분무등소화설비가 설치된 연면적 5,000m^2 이상인 제조소등
④ 소방대가 근무하지 않는 국공립학교 중 연면적이 1,000m^2 이상인 것으로서 자동화재탐지설비가 설치된 것

해설
물분무등소화설비(호스릴 제외)가 설치된 연면적 5,000m^2 이상인 특정소방대상물(제조소등 제외)
Tip 노래연습장은 다중이용업소이다.

07 다음 중 소방시설 등의 자체점검업무에 관한 종합점검 시 점검자의 자격이 될 수 없는 사람은?   〔13년-4회, 개정반영〕

① 소방시설관리업자(소방시설관리사가 참여한 경우)
② 소방안전관리자로 선임된 소방시설관리사
③ 소방안전관리자로 선임된 소방기술사
④ 소방설비기사

해설
종합점검 시 점검자의 자격
- 관리업에 등록된 **소방시설관리사**
- 소방안전관리자로 선임된 **소방시설관리사 및 소방기술사**

CHAPTER 27 | 작동점검과 종합점검

기출유형 완성하기

정답 08 ③ 09 ④

08 소방시설의 자체점검 시 작동점검 횟수는?

07년-2회

① 분기에 1회 이상
② 6개월에 2회 이상
③ 연 1회 이상
④ 연 2회 이상

해설
소방시설의 자체점검 중 작동점검의 횟수는 **연 1회 이상** 실시한다.

09 소방시설 설치 및 관리에 관한 법률상 소방시설 등에 대한 자체점검 시 종합점검 중에 최초점검의 경우 건축물을 사용할 수 있게 된 날부터 며칠 이내에 점검하여야 하는가?

신규법

① 7일 이내
② 15일 이내
③ 30일 이내
④ 60일 이내

해설
자체점검에서 최초점검이란 소방시설이 새로 설치되는 경우 「건축법」 제22조에 따라 건축물을 사용할 수 있게 된 날부터 60일 **이내 점검**하는 것을 말한다.

28 자체점검 결과, 면제, 연기

기출유형

소방시설 설치 및 관리에 관한 법상 소방시설등에 대한 자체점검을 하지 아니하거나 관리업자 등으로 하여금 정기적으로 점검하게 하지 아니한 자에 대한 벌칙 기준으로 옳은 것은? 〔18년-2회〕

① 6개월 이하의 징역 또는 1,000만 원 이하의 벌금
② 1년 이하의 징역 또는 1,000만 원 이하의 벌금
③ 3년 이하의 징역 또는 1,500만 원 이하의 벌금
④ 3년 이하의 징역 또는 3,000만 원 이하의 벌금

해설
소방시설등에 대하여 스스로 점검을 하지 아니하거나 관리업자등으로 하여금 정기적으로 점검하게 하지 아니한 자는 1년 이하의 징역 또는 1천만 원 이하의 벌금에 처한다.

|정답| ②

족집게 과외

❶ 자체점검

구 분	내 용	
점검결과 보관기간	소방본부장 또는 소방서장에게 자체점검 실시결과 보고를 마친 관계인은 소방시설등 자체점검 실시결과 보고서를 점검이 끝난 날부터 2년간 자체 보관해야 한다.	
결과제출	① 관계인이 직접 점검 시 : 점검이 끝난 날부터 15일 이내 → 소방본부장, 소방서장에게 보고 ② 관리업자가 점검 시 : 점검이 끝난 날부터 10일 이내 → 관계인에게 제출 　　　　　　　　관계인은 점검종료 15일 이내 → 소방본부장, 소방서장에게 보고	
점검결과 게시	① 관계인이 점검결과를 보고를 마친 날로부터 10일 이내 자체점검기록표를 작성한다. ② 출입자가 쉽게 볼 수 있는 장소에 30일 이상 게시해야 한다.	
자체점검 면제, 연기	관계인은 자체점검을 실시하기 곤란한 경우에는 소방본부장 또는 소방서장에게 면제 또는 연기 신청을 할 수 있다. → 자체점검 실시 만료일 3일 전 신청서 제출 ① 재난이 발생한 경우 ② 경매 등의 사유로 소유권이 변동 중이거나 변동된 경우 ③ 관계인의 질병, 사고, 장기출장의 경우 ④ 관계인이 운영하는 사업에 부도 또는 도산 등 중대한 위기가 발생하여 자체점검을 실시하기 곤란한 경우	
중대 위반 사항	관계인은 자체점검 결과 소화펌프 고장 등 대통령령으로 정하는 중대위반사항이 발견된 경우에는 지체 없이 수리 등 필요한 조치를 하여야 한다. ① 소화펌프(가압송수장치를 포함한다), 동력·감시 제어반 또는 소방시설용 전원(비상전원을 포함한다)의 고장으로 소방시설이 작동되지 않는 경우 ② 화재 수신기의 고장으로 화재경보음이 자동으로 울리지 않거나 화재수신기와 연동된 소방시설의 작동이 불가능한 경우 ③ 소화배관 등이 폐쇄·차단되어 소화수 또는 소화약제가 자동 방출되지 않는 경우 ④ 방화문 또는 자동방화셔터가 훼손되거나 철거되어 본래의 기능을 못하는 경우	
벌 칙	소방시설등에 대하여 스스로 점검을 하지 아니하거나 관리업자등으로 하여금 정기적으로 점검하게 하지 아니한 자	1년 이하의 징역 또는 1천만 원 이하 벌금
	중대위반사항 발견 시 필요한 조치를 하지 아니한 관계인 또는 관계인에게 중대위반사항을 알리지 아니한 관리업자등	300만 원 이하 벌금
	① 점검능력 평가를 받지 아니하고 점검을 한 관리업자 ② 관계인에게 점검 결과를 제출하지 아니한 관리업자등 ③ 점검인력의 배치기준 등 자체점검 시 준수사항을 위반한 자 ④ 점검 결과를 보고하지 아니하거나 거짓으로 보고한 자 ⑤ 이행계획을 기간 내에 완료하지 아니한 자 또는 이행계획 완료 결과를 보고하지 아니하거나 거짓으로 보고한 자 ⑥ 점검기록표를 기록하지 아니하거나 특정소방대상물의 출입자가 쉽게 볼 수 있는 장소에 게시하지 아니한 관계인	300만 원 이하 과태료

정답 01 ② 02 ③ 03 ① 04 ②

기출유형 완성하기

01 소방시설등의 자체점검 중 작동점검을 실시한 경우 점검결과는 몇 년간 자체 보관하여야 하는가?
　　　　　　　　　　　　　　　　　　25년

① 1년
② 2년
③ 3년
④ 5년

해설
소방시설등 자체점검 **실시결과 보고서를** 점검이 끝난 날부터 2년간 자체 보관해야 한다.

03 자체점검의 면제 또는 연기를 신청하려는 특정소방대상물의 관계인은 자체점검의 실시 만료일 며칠 전 면제 또는 연기신청서를 소방본부장 또는 소방서장에게 제출하여야 하는가?
　　　　　　　　　　　　　　　　신규법

① 3일
② 7일
③ 10일
④ 14일

해설
자체점검의 면제 또는 연기를 신청하려는 특정소방대상물의 관계인은 자체점검의 **실시 만료일 3일 전**까지 소방시설등의 자체점검 면제 또는 연기신청서에 자체점검을 실시하기 곤란함을 증명할 수 있는 서류를 첨부하여 소방본부장 또는 소방서장에게 제출해야 한다.

02 소방시설 설치 및 관리에 관한 법령상 관리업자가 소방시설등의 점검을 마친 후 점검기록표에 기록하고 이를 해당 특정소방대상물에 부착하여야 하나 이를 위반하고 점검기록표를 기록하지 아니하거나 게시하지 아니하지 아니한 경우의 벌칙 기준은?
　　　　　　　　　　　　21년-4회, 개정반영

① 100만 원 이하의 과태료
② 200만 원 이하의 과태료
③ 300만 원 이하의 과태료
④ 500만 원 이하의 과태료

해설
점검기록표를 기록하지 아니하거나 특정소방대상물의 출입자가 쉽게 볼 수 있는 장소에 게시하지 아니한 관계인에게 300만 원 이하의 과태료를 부과한다.

04 소방시설 등의 자체점검과 관련하여 작동점검 결과의 자체보관 기간과 관계인이 직접 점검한 경우 그결과의 제출기간이 올바른 것은?
　　　　　　　　　　　　08년-1회, 개정반영

① 자체보관 1년, 제출기간 30일 이내
② 자체보관 2년, 제출기간 15일 이내
③ 자체보관 2년, 제출기간 30일 이내
④ 자체보관 3년, 제출기간 30일 이내

해설
- 관계인은 소방시설등 자체점검 **실시결과 보고서를** 점검이 끝난 날부터 **2년간 자체** 보관해야 한다.
- 관계인이 **직접 점검** 시 점검이 끝난 날부터 **15일** 이내 소방시설등 자체점검 실시결과 보고서를 소방본부장, 소방서장에게 보고하여야 한다.

CHAPTER 28 | 자체점검 결과, 면제, 연기

29 소방시설관리업

기출유형

소방시설 설치 및 관리에 관한 법령상 시·도지사는 영업정지를 명하는 경우로서 그 영업정지가 이용자에게 불편을 주거나 그 밖에 공익을 해칠 우려가 있을 때에는 영업정지처분을 갈음하여 과징금 처분을 한다. 과징금의 기준은?

17년-2회, 개정반영

① 1,000만 원 이하
② 2,000만 원 이하
③ 3,000만 원 이하
④ 5,000만 원 이하

해설
영업정지처분을 갈음하여 3천만 원 이하의 과징금을 부과할 수 있다.

|정답| ③

족집게 과외

❶ 소방시설관리업

구 분			내 용	
관리업 등록을 위한 필요 기술인력	전문 소방시설 관리업	주 인력	① 소방시설관리사 자격을 취득한 후+실무경력이 5년 이상인 사람 1명 이상 ② 소방시설관리사 자격을 취득한 후+실무경력이 3년 이상인 사람 1명 이상	모든 특정소방대상물
		보조 인력	고급점검자, 중급점검자, 초급점검자 이상의 기술인력 각 2명 이상	
	일반 소방시설 관리업	주 인력	소방시설관리사 자격을 취득한 후+실무경력이 1년 이상인 사람 1명 이상	1급, 2급, 3급 소방안전관리 대상물
		보조 인력	중급점검자, 초급점검자 이상의 기술인력 각 1명 이상	
관리업 등록의 결격사유	① 피성년후견인 ② 소방관련 법규를 위반하여 금고 이상의 실형을 선고받고 그 집행이 끝나거나 집행이 면제된 날부터 2년이 지나지 아니한 사람 ③ 소방관련 법규를 위반하여 금고 이상의 형의 집행유예를 선고받고 그 유예기간 중에 있는 자 ④ 관리업의 등록이 취소된 날부터 2년이 지나지 아니한 자 ⑤ 임원 중에 ①~④까지의 어느 하나에 해당하는 사람이 있는 법인			
관리업 등록의 취소와 영업정지	시·도지사는 관리업자가 다음의 어느 하나에 해당하는 경우에는 행정안전부령으로 정하는 바에 따라 그 등록을 취소하거나 6개월 이내의 기간을 정하여 이의 시정이나 그 영업의 정지를 명할 수 있다.			
	취소		① 거짓이나 그 밖의 부정한 방법으로 등록을 한 경우 ② 관리업 등록의 결격사유 중 어느 하나에 해당하게 된 경우 ③ 등록증 또는 등록수첩을 빌려준 경우	
	취소 또는 정지		① 점검을 하지 아니하거나 거짓으로 한 경우 ② 등록기준에 미달하게 된 경우 ③ 점검능력 평가를 받지 아니하고 자체점검을 한 경우	
과징금	시·도지사는 영업정지를 명하는 경우로서 그 영업정지가 이용자에게 불편을 주거나 그 밖에 공익을 해칠 우려가 있을 때에는 영업정지처분을 갈음하여 3천만 원 이하의 과징금을 부과할 수 있다.			

정답 01 ① 02 ① 03 ② 04 ②

기출유형 완성하기

01 전문소방시설관리업의 등록기준에서는 인력기준을 주된 기술인력과 보조 기술인력으로 구분하고 있다. 다음 중 필요로 하는 최소 보조 기술인력 기준에 속하지 않는 것은?　09년-1회, 개정반영

① 특급점검자 2명 이상
② 고급점검자 2명 이상
③ 중급점검자 2명 이상
④ 초급점검자 2명 이상

해설
전문소방시설관리업의 등록을 위한 보조 기술인력의 최소 기준은 **고급점검자, 중급점검자, 초급점검자** 이상의 기술인력 각 2명 이상 필요하다.

02 다음 중 소방시설관리업의 등록이 불가능한 자는?　12년-4회, 개정반영

① 관리업 등록이 취소된 날부터 1년이 지난 사람
② 소방기본법의 위반으로 실형을 선고받고 그 집행이 끝난 후 3년이 지난 사람
③ 소방시설공사업법 위반으로 금고형의 실형을 선고받고 그 집행이 면제된 날부터 2년이 지난 사람
④ 위험물안전관리법 위반으로 집행유예를 선고받고 집행유예기간이 끝난 날부터 2년이 지난 사람

해설
관리업의 **등록이 취소된 날부터 2년이 지나지 아니한 자**는 관리업의 등록 **결격사유**에 해당된다.

03 소방시설관리업의 등록을 반드시 취소해야 하는 사유에 해당하지 않는 것은?　16년-1회

① 거짓으로 등록을 한 경우
② 등록기준에 미달하게 된 경우
③ 다른 사람에게 등록증을 빌려준 경우
④ 등록의 결격사유에 해당하게 된 경우

해설
관리업의 **등록기준에 미달하게 된 경우**는 그 등록을 **취소하거나 영업의 정지**를 명할 수 있다.

04 다음 중 소방시설 설치 및 관리에 관한 법령상 소방시설관리업을 등록할 수 있는 자는?　25년

① 피성년후견인
② 소방시설관리업의 등록이 취소된 날부터 2년이 경과된 자
③ 금고 이상의 형의 집행유예를 선고받고 그 유예기간 중에 있는 자
④ 금고 이상의 실형을 선고받고 그 집행이 면제된 날부터 2년이 지나지 아니한 자

해설
관리업의 **등록이 취소된 날부터 2년이 경과한 자**는 결격사유에 해당되지 않으므로 소방시설관리업의 **등록이 가능**하다.

CHAPTER 29 | 소방시설관리업

30 소방시설법 중 기타 법규

기출유형

"무창층"이란 지상층 중 개구부의 면적의 합계가 당해 층의 바닥면적의 30분의 1 이하가 되는 층을 말한다. 다음 중 개구부의 요건으로 알맞은 것은?

07년-4회

① 해당 층의 바닥면으로부터 개구부 밑부분까지의 높이가 1.5m 이내일 것
② 개구부의 크기가 지름 50cm 이상의 원이 내접할 수 있을 것
③ 개구부는 도로 또는 차량이 진입할 수 없는 빈터를 향할 것
④ 내부 또는 외부에서 쉽게 파괴 또는 개방할 수 없을 것

해설
유효한 개구부는 높이 1.2m 이내, 도로 또는 빈터를 향하고 내·외부에서 쉽게 파괴 또는 개방할 수 있을 것

| 정답 | ②

족집게 과외

❶ 무창층

구 분	내 용
정 의	지상층 중 유효한 개구부의 면적의 합계가 해당 층의 바닥면적의 30분의 1 이하가 되는 층을 말한다.
유효한 개구부 조건	① 크기는 지름 50센티미터 이상의 원이 통과할 수 있을 것 ② 해당 층의 바닥면으로부터 개구부 밑부분까지의 높이가 1.2미터 이내일 것 ③ 도로 또는 차량이 진입할 수 있는 빈터를 향할 것 ④ 창살이나 그 밖의 장애물이 설치되지 않을 것 ⑤ 내부 또는 외부에서 쉽게 부수거나 열 수 있을 것

❷ 피난층

구 분	내 용
정 의	곧바로 지상으로 갈 수 있는 출입구가 있는 층을 말한다.

❸ 연소 우려가 있는 건축물의 구조

구 분	내 용
정 의	다음 각 기준에 모두 해당하는 구조를 말한다.
구조 기준	① 건축물대장의 건축물 현황도에 표시된 대지경계선 안에 둘 이상의 건축물이 있는 경우 ② 각각의 건축물이 다른 건축물의 외벽으로부터 수평거리가 1층의 경우에는 6미터 이하, 2층 이상의 층의 경우에는 10미터 이하인 경우 ③ 개구부(유효한 개구부)가 다른 건축물을 향하여 설치되어 있는 경우

❹ 피난시설, 방화구획 및 방화시설의 관리

구 분	내 용		
기 준	관계인은 피난시설, 방화구획 및 방화시설에 대하여 정당한 사유가 없는 한 다음 각 행위를 하여서는 아니 된다.		
행 위	① 피난시설, 방화구획 및 방화시설을 폐쇄하거나 훼손하는 등의 행위 ② 피난시설, 방화구획 및 방화시설의 주위에 물건을 쌓아두거나 장애물을 설치하는 행위 ③ 피난시설, 방화구획 및 방화시설의 용도에 장애를 주거나 소방활동에 지장을 주는 행위 ④ 그 밖에 피난시설, 방화구획 및 방화시설을 변경하는 행위		
과태료	피난시설, 방화구획 또는 방화시설을 폐쇄·훼손·변경하는 등의 행위를 한 경우의 과태료	1차 위반	100만 원
		2차 위반	200만 원
		3차 이상 위반	300만 원

기출유형 완성하기

정답 01 ② 02 ④ 03 ② 04 ②

01 피난시설, 방화구획 또는 방화시설을 폐쇄·훼손·변경 등의 행위를 3차 이상 위반한 경우에 대한 과태료 부과기준으로 옳은 것은?

`18년-4회`

① 200만 원
② 300만 원
③ 500만 원
④ 1,000만 원

해설
피난시설, 방화구획, 방화시설의 폐쇄·훼손·변경 시 과태료

위반 횟수	과태료
1차 위반	100만 원
2차 위반	200만 원
3차 이상 위반	300만 원

02 소방관계법에서 피난층의 정의를 가장 올바르게 설명한 것은?

`12년-2회`

① 지상 1층을 말한다.
② 2층 이하로 쉽게 피난할 수 있는 층을 말한다.
③ 지상으로 통하는 계단이 있는 층을 말한다.
④ 곧바로 지상으로 갈 수 있는 출입구가 있는 층을 말한다.

해설
"피난층"이란 곧바로 **지상으로 갈 수 있는 출입구가 있는 층**을 말한다.

03 연소 우려가 있는 건축물의 구조에 대한 기준 중 다음 보기 (㉮), (㉯)에 들어갈 수치로 알맞은 것은?

`16년-2회`

> "건축물대장의 건축물 현황도에 표시된 대지 경계선 안에 2 이상의 건축물이 있는 경우로서 각각의 건축물이 다른 건축물의 외벽으로부터 수평거리가 1층 있어서는 (㉮)m 이하, 2층 이상의 층에 있어서 (㉯)m 이하이고 개구부가 다른 건축물을 향하여 설치된 구조를 말한다."

① ㉮ 5, ㉯ 10
② ㉮ 6, ㉯ 10
③ ㉮ 10, ㉯ 5
④ ㉮ 10, ㉯ 6

해설
각각의 건축물이 다른 건축물의 외벽으로부터 수평 거리가 1층의 경우에는 6미터 이하, 2층 이상의 층의 경우에는 10미터 이하인 경우

04 "무창층"이라 함은 지상층 중 피난 또는 소화활동상 유효한 개구부의 면적의 합계가 그 층의 바닥면적의 얼마 이하가 되는 층을 말하는가?

`04년-2회`

① 1/20
② 1/30
③ 1/40
④ 1/50

해설
"무창층"이란 지상층 중 유효한 개구부의 면적의 합계가 해당 층의 바닥면적의 **30분의 1 이하**가 되는 층을 말한다.

정답 05 ③ 06 ② 07 ③ 08 ②

기출유형 완성하기

05 대지경계선 안에 2 이상의 건축물이 있는 경우 연소 우려가 있는 구조로 볼 수 있는 것은?
06년-1회

① 1층 외벽으로부터 수평거리 $6m$ 이상이고 개구부가 설치되지 않은 구조
② 2층 외벽으로부터 수평거리 $10m$ 이상이고 개구부가 설치되지 않은 구조
③ 2층 외벽으로부터 수평거리 $6m$ 이고 개구부가 다른 건축물을 향하여 설치된 구조
④ 1층 외벽으로부터 수평거리 $10m$ 이고 개구부가 다른 건축물을 향하여 설치된 구조

해설
- 각각의 건축물이 다른 건축물의 외벽으로부터 수평거리가 1층의 경우에는 6미터 이하, 2층 이상의 층의 경우에는 10미터 이하인 경우
- 개구부(유효한 개구부)가 **다른 건축물을 향하여 설치되어 있는 경우**

06 다음 중 개구부의 요건으로 옳은 것은?
05년-1회

① 개구부의 크기가 지름 $60cm$ 이상의 원이 내접할 수 있을 것
② 해당 층의 바닥면으로부터 개구부 밑부분까지의 높이가 $1.2m$ 이내일 것
③ 개구부는 도로 또는 차량이 진입할 수 있는 빈터를 향하지 않을 것
④ 내부 또는 외부에서 쉽게 파괴 또는 개방할 수 없을 것

해설
① 개구부의 크기 → $50cm$ 이상
③ 빈터를 향할 것
④ 쉽게 파괴, 개방이 가능할 것

07 다음 중 "피난층"에 대한 설명으로 옳은 것은?
07년-1회

① 건축물의 1층을 말한다.
② 하나의 건축물은 반드시 피난층이 하나이다.
③ 곧바로 지상으로 갈 수 있는 출입구가 있는 층을 말한다.
④ 직통계단을 통해 직접 피난이 가능한 층을 말한다.

해설
"피난층"이란 곧바로 **지상으로 갈 수 있는 출입구가 있는 층**을 말한다.

08 피난시설, 방화구획 및 방화시설을 폐쇄·훼손·변경 등의 행위를 3차 이상 위반한 자에 대한 과태료는?
15년-1회

① 2백만 원
② 3백만 원
③ 5백만 원
④ 1천만 원

해설
피난시설, 방화구획, 방화시설의 폐쇄·훼손·변경 시 과태료

위반 횟수	과태료
1차 위반	100만 원
2차 위반	200만 원
3차 이상 위반	300만 원

31 방염 대상

기출유형

소방시설 설치 및 관리에 관한 법령상 제조 또는 가공공정에서 방염처리를 한 물품 중 방염대상물품이 아닌 것은? 22년-2회

① 카 펫
② 전시용 합판
③ 창문에 설치하는 커튼류
④ 두께가 $2mm$ 미만인 종이벽지

해설
벽지류는 방염대상물품이나 두께가 $2mm$ 미만인 종이벽지는 제외된다.

|정답| ④

족집게 과외

❶ 특정소방대상물과 방염

구 분	내 용
개 념	① 대통령령으로 정하는 특정소방대상물에 실내장식 등의 목적으로 설치 또는 부착하는 물품으로서 대통령령으로 정하는 물품(방염대상물품)은 방염성능기준 이상의 것으로 설치하여야 한다. ② 소방본부장 또는 소방서장은 방염대상물품이 방염성능기준에 미치지 못하거나 방염성능검사를 받지 아니한 것이면 특정소방대상물의 관계인에게 방염대상물품을 제거하도록 하거나 방염성능검사를 받도록 하는 등 필요한 조치를 명할 수 있다. ③ 방염성능기준은 대통령령으로 정한다.
방염 대상 건축물	① 근린생활시설 중 의원, 조산원, 산후조리원, 체력단련장, 공연장 및 종교집회장 ② 건축물 옥내에 있는 시설로 문화 및 집회시설, 종교시설, 운동시설(수영장은 제외) ③ 의료시설, 교육연구시설 중 합숙소, 노유자시설, 숙박이 가능한 수련시설, 숙박시설 ④ 방송통신시설 중 방송국 및 촬영소, 다중이용업의 영업소 ⑤ 층수가 11층 이상인 것(아파트등은 제외)
방염 대상 물품	① 제조 또는 가공 공정에서 방염처리를 한 다음의 물품 　가. 창문에 설치하는 커튼류(블라인드를 포함) 　나. 카 펫 　다. 벽지류(두께가 $2mm$ 미만인 종이벽지는 제외) 　라. 전시용 합판·목재 또는 섬유판, 무대용 합판·목재 또는 섬유판(합판·목재류의 경우 불가피하게 설치 현장에서 방염처리한 것을 포함) 　마. 암막·무대막(스크린 포함) 　바. 섬유류 또는 합성수지류 등을 원료로 하여 제작된 소파·의자(다중이용업에 설치되는 것) ② 건축물 내부의 천장이나 벽에 부착하거나 설치하는 다음의 것. 다만, 가구류와 너비 $10cm$ 이하인 반자돌림대 등과 내부 마감재료는 제외한다. 　가. 종이류(두께 $2mm$ 이상인 것)·합성수지류 또는 섬유류를 주원료로 한 물품 　나. 합판이나 목재 　다. 공간을 구획하기 위하여 설치하는 간이 칸막이 　라. 흡음을 위하여 설치하는 흡음재(흡음용 커튼을 포함) 　마. 방음을 위하여 설치하는 방음재(방음용 커튼을 포함)

Tip 방염대상물품 중 ①은 제품 자체가 방염 성능의 것(선처리)으로 나오는 것이며, ②는 이미 생산되어 있는 제품에 방염처리(후처리)를 하는 내용이다. → ② 중 합판, 목재류는 방염성능검사 대상

정답 01 ① 02 ② 03 ② 04 ② 05 ①

기출유형 완성하기

01 소방대상물의 방염 등과 관련하여 방염성능기준은 무엇으로 정하는가? `19년-4회`

① 대통령령
② 행정안전부령
③ 소방청훈령
④ 소방청예규

해설
방염성능기준은 **대통령령**으로 정한다.

02 소방시설 설치 및 관리에 관한 법령에 따른 방염성능기준 이상의 실내장식물 등을 설치하여야 하는 특정소방대상물의 기준 중 틀린 것은? `18년-4회`

① 건축물의 옥내에 있는 시설로서 종교시설
② 층수가 11층 이상인 아파트
③ 의료시설 중 종합병원
④ 노유자시설

해설
층수가 11층 이상인 특정소방대상물 중 **아파트등은** 방염대상에서 제외된다.

Tip 아파트는 실질적으로 적용 여부 확인이 불가능하다.

03 다음 방염처리 대상 물품에 대한 설명 중 틀린 것은? `05년-4회`

① 창문에 설치하는 커튼류(블라인드를 포함한다)
② 카펫 두께가 3밀리미터 미만인 벽지류로서 종이벽지를 제외한 것
③ 전시용 합판 또는 섬유판 무대용 합판 또는 섬유판
④ 암막·무대막

해설
벽지류는 두께 $2mm$ 미만인 종이벽지만 방염대상물품에서 **제외**된다.

04 방염성능기준 이상의 실내장식물 등을 설치하여야 할 특정소방대상물로 옳지 않은 것은? `09년-1회, 개정반영`

① 의료시설 중 정신보건시설
② 건축물의 옥내에 있는 운동시설로서 수영장
③ 노유자시설
④ 방송통신시설 중 방송국 및 촬영소

해설
건축물 옥내에 있는 운동시설로서 수영장은 방염성능물품 대상에서 제외된다.

05 특정소방대상물에 사용하는 물품으로 방염대상물품에 해당하지 않는 것은? `25년`

① 가구류
② 창문에 설치하는 커튼류
③ 무대용 합판
④ 종이벽지를 제외한 두께가 2밀리미터 미만인 벽지류

해설
방염물품은 건축물 내부의 천장이나 벽에 부착하거나 설치하는 것이다. 다만, **가구류**와 너비 $10cm$ 이하인 반자돌림대 등과 내부 마감재료는 **제외**한다.

Tip **가구류**는 실질적으로 적용 여부 확인이 불가능하다.

CHAPTER 31 | 방염 대상

기출유형 완성하기

정답 06 ① 07 ① 08 ②

06 소방시설 설치 및 관리에 관한 법령상 시·도지사가 실시하는 방염성능검사 대상으로 옳은 것은? 〔17년-2회〕

① 설치 현장에서 방염처리를 하는 합판·목재
② 제조 또는 가공공정에서 방염처리를 한 카펫
③ 제조 또는 가공공정에서 방염처리를 한 창문에 설치하는 블라인드
④ 설치 현장에서 방염처리를 하는 암막·무대막

해설
방염성능검사 대상은 기본적으로 현장에서 처리를 하는 **후처리방식의 방염물품**을 말한다.
암막 및 무대막은 반드시 선처리하여야 하는 방염물품 대상이므로 현장에서 방염처리를 하는 합판 및 목재가 검사대상이 된다.

07 소방대상물의 방염 등에 있어 방염대상물품에 해당되지 않는 것은? 〔12년-1회〕

① 목재 책상
② 카 펫
③ 창문에 설치하는 커튼류
④ 전시용 합판

해설
방염물품은 건축물 내부의 천장이나 벽에 부착하거나 설치하는 것이다. 다만, **가구류**와 너비 $10cm$ 이하인 반자돌림대 등과 내부 마감재료는 **제외**한다.
Tip 가구류는 실질적으로 적용 여부 확인이 불가능하다.

08 방염대상물품 중 제조 또는 가공공정에서 방염처리를 하여야 하는 물품이 아닌 것은? 〔13년-4회〕

① 암 막
② 두께가 $2mm$ 미만인 종이벽지
③ 무대용 합판
④ 창문에 설치하는 블라인드

해설
벽지류는 방염대상물품이나 **두께가 $2mm$ 미만인 종이벽지**는 제외된다.

32 소방시설업, 소방시설설계업

기출유형

소방시설공사업법령상 소방시설업자가 소방시설공사등을 맡긴 특정소방대상물의 관계인에게 지체 없이 그 사실을 알려야 하는 경우가 아닌 것은? `22년-1회`

① 소방시설업자의 지위를 승계한 경우
② 소방시설업의 등록취소처분 또는 영업정지처분을 받은 경우
③ 휴업하거나 폐업한 경우
④ 소방시설업의 주소지가 변경된 경우

해설
소방시설업의 주소지가 변경된 경우에는 관계인에게 알리지 않아도 된다.

| 정답 | ④

족집게 과외

❶ 소방시설업

구 분	내 용
분 류	① 소방시설설계업 ② 소방시설공사업 ③ 소방공사감리업 ④ 방염처리업
등 록	특정소방대상물의 소방시설공사등을 하려는 자는 대통령령으로 정하는 요건을 갖추어 시·도지사에게 소방시설업을 등록하여야 한다.
등록의 결격사유	① 피성년후견인 ② 소방관련 법규를 위반하여 금고 이상의 실형을 선고받고 그 집행이 끝나거나 집행이 면제된 날부터 2년이 지나지 아니한 사람 ③ 소방관련 법규를 위반하여 금고 이상의 형의 집행유예를 선고받고 그 유예기간 중에 있는 자 ④ 등록하려는 소방시설업 등록이 취소된 날부터 2년이 지나지 아니한 자 ⑤ 법인의 대표자가 ①~④까지의 어느 하나에 해당하는 사람이 있는 법인 ⑥ 법인의 임원 중에 ②~④까지의 어느 하나에 해당하는 사람이 있는 법인
변경신고	소방시설업자는 행정안전부령으로 정하는 중요사항을 변경할 때에는 행정안전부령으로 정하는 바에 따라 시·도지사에게 신고하여야 한다. ① 상호(명칭) 또는 영업소 소재지 ② 대표자 ③ 기술인력
관계인 통보	소방시설업자는 다음의 어느 하나에 해당하는 경우에는 소방시설공사등을 맡긴 특정소방대상물의 관계인에게 지체 없이 그 사실을 알려야 한다. ① 소방시설업자의 지위를 승계한 경우 ② 소방시설업의 등록취소처분 또는 영업정지처분을 받은 경우 ③ 휴업하거나 폐업한 경우
벌 금	소방시설업 등록을 하지 아니하고 영업을 한 자	3년 이하의 징역 또는 3천만 원 이하의 벌금
	다른 자에게 자기의 성명이나 상호를 사용하여 소방시설공사등을 수급 또는 시공하게 하거나 소방시설업의 등록증이나 등록수첩을 빌려준 자	300만 원 이하의 벌금
	동시에 둘 이상의 업체에 취업한 사람	
	관계인에게 지위승계, 행정처분 또는 휴업·폐업의 사실을 거짓으로 알린 자	200만 원 이하의 과태료

❷ 소방시설설계업의 영업범위

업종별	영업범위
전문소방시설설계업	모든 특정소방대상물에 설치되는 소방시설의 설계
일반소방시설설계업	① 아파트에 설치되는 기계분야 소방시설(제연설비는 제외)의 설계 ② 연면적 3만m^2(공장의 경우에는 1만m^2) 미만의 특정소방대상물(제연설비가 설치되는 특정소방대상물은 제외)에 설치되는 기계분야 소방시설의 설계 ③ 위험물제조소등에 설치되는 기계분야 소방시설의 설계

🔒 정답 01 ③ 02 ③ 03 ③ 04 ③ 05 ③

기출유형 완성하기

01 소방시설공사업법령에 따른 소방시설업 등록이 가능한 사람은? `20년-1·2회`

① 피성년후견인
② 위험물안전관리법에 따른 금고 이상의 형의 집행 유예를 선고받고 그 유예기간 중에 있는 사람
③ 등록하려는 소방시설업 등록이 취소된 날부터 3년이 지난 사람
④ 소방기본법에 따른 금고 이상의 실형을 선고받고 그 집행이 면제된 날부터 1년이 지난 사람

해설
소방시설업의 등록 결격사유는 등록하려는 소방시설업 등록이 취소된 날부터 2년이 지나지 아니한 자로 3년이 지난 사람은 등록이 가능하다.

02 소방시설공사업법령에 따른 소방시설업의 등록권자는? `20년-1·2회, 개정반영`

① 국무총리
② 소방서장
③ 시·도지사
④ 한국소방안전원장

해설
특정소방대상물의 소방시설공사등을 하려는 자는 대통령령으로 정하는 요건을 갖추어 **시·도지사**에게 **소방시설업을 등록**하여야 한다.

03 소방시설공사업법령상 정의된 업종 중 소방시설업의 종류에 해당되지 않는 것은? `20년-4회`

① 소방시설설계업 ② 소방시설공사업
③ 소방시설정비업 ④ 소방공사감리업

해설
소방시설업의 종류
- 소방시설설계업
- 소방시설공사업
- 소방공사감리업
- 방염처리업

04 소방시설업 등록사항의 변경신고 사항이 아닌 것은? `16년-2회`

① 상 호 ② 대표자
③ 보유설비 ④ 기술인력

해설
소방시설업 등록사항의 변경신고 사항
- 상호(명칭) 또는 영업소 소재지
- 대표자
- 기술인력

05 일반소방시설설계업의 기계분야의 영업범위는 연면적 몇 m^2 미만의 특정소방대상물에 대한 소방시설의 설계인가? `22년-2회`

① 10,000 ② 20,000
③ 30,000 ④ 50,000

해설
일반소방시설설계업(기계분야)의 영업범위
연면적 3만 m^2(공장의 경우에는 1만 m^2) 미만의 특정소방대상물(제연설비가 설치되는 특정소방대상물은 제외)에 설치되는 기계분야 소방시설의 설계

CHAPTER 32 | 소방시설업, 소방시설설계업

기출유형 완성하기

정답 06 ④ 07 ③ 08 ③ 09 ②

06 소방시설을 등록할 수 있는 사람은?
〔15년-1회, 개정반영〕

① 피성년후견인
② 소방기본법에 따른 금고 이상의 실형을 선고받고 그 집행이 종료된 후 1년이 경과한 사람
③ 위험물안전관리법에 따른 금고 이상의 형의 집행 유예를 선고받고 그 유예기간 중에 있는 사람
④ 등록하려는 소방시설업 등록이 취소된 날부터 2년이 경과한 사람

해설
소방시설업의 등록 결격사유는 등록하려는 소방시설업 등록이 취소된 날부터 2년이 지나지 아니한 자로 경과한 사람은 소방시설업 등록이 가능하다.

07 다음 중 소방시설업에 대한 설명으로 옳지 않은 것은?
〔08년-2회, 개정반영〕

① 소방시설업에는 소방시설설계업, 소방시설공사업, 소방시설감리업, 방염처리업이 있다.
② 소방시설업을 하고자 하는 자는 시·도지사에게 소방시설업의 등록을 하여야 한다.
③ 감리원이라 함은 소방시설공사업에 소속된 기술자로서 감리능력이 있는 자를 말한다.
④ 소방시설업자는 등록증 또는 등록수첩을 다른 자에게 빌려주어서는 아니 된다.

해설
"감리원"이란 **소방공사감리업자**에 소속된 소방기술자로서 해당 소방시설공사를 감리하는 사람을 말한다.

08 소방시설공사업법령상 소방시설업의 등록을 하지 아니하고 영업을 한 자에 대한 벌칙 기준으로 옳은 것은?
〔22년-2회〕

① 1년 이하의 징역 또는 1천만 원 이하의 벌금
② 2년 이하의 징역 또는 2천만 원 이하의 벌금
③ 3년 이하의 징역 또는 3천만 원 이하의 벌금
④ 5년 이하의 징역 또는 5천만 원 이하의 벌금

해설
소방시설업 등록을 하지 아니하고 영업을 한 자는 3년 이하의 징역 또는 3천만 원 이하의 벌금에 처한다.

09 소방시설업 등록사항의 기술인력을 변경하는 경우 제출해야 하는 사항이 아닌 것은? 〔25년〕

① 영업소 소재지
② 사업자등록증 사본
③ 기술인력
④ 대표자

해설
소방시설업 등록사항의 변경신고 사항
• 상호(명칭) 또는 영업소 소재지
• 대표자
• 기술인력

33 소방공사감리업

기출유형

다음 중 상주 공사감리를 하여야 할 대상의 기준으로 옳은 것은? *19년-4회*

① 지하층을 포함한 층수가 16층 이상으로서 300세대 이상인 아파트에 대한 소방시설의 공사
② 지하층을 포함한 층수가 16층 이상으로서 500세대 이상인 아파트에 대한 소방시설의 공사
③ 지하층을 포함하지 않은 층수가 16층 이상으로서 300세대 이상인 아파트에 대한 소방시설의 공사
④ 지하층을 포함하지 않은 층수가 16층 이상으로서 500세대 이상인 아파트에 대한 소방시설의 공사

[해설]
지하층을 포함한 층수가 16층 이상으로 500세대 이상인 아파트에 대한 소방시설의 공사는 **상주공사감리** 대상이다.

| 정답 | ②

족집게 과외

❶ 감리대상

구 분		내 용
감리대상	신설·개설·증설	옥내소화전설비, 스프링클러설비등(캐비닛형 간이SP 제외), 물분무등소화설비(호스릴 제외), 옥외소화전설비, 제연설비, 연결살수설비, 비상콘센트설비, 연소방지설비
	신설·개설	자동화재탐지설비, 비상방송설비, 소화용수설비, 연결송수관설비, 무선통신보조설비, 통합감시시설

❷ 소방공사감리의 종류

종 류	대 상
상주 공사감리	① 연면적 3만m^2 이상 특정소방대상물(아파트 제외) ② 지하층을 포함한 층수가 16층 이상으로 500세대 이상인 아파트
일반 공사감리	상주 공사감리에 해당하지 않는 소방시설의 공사

❸ 소방공사감리원의 배치기준

배치기준		소방시설공사 현장기준
책임감리원	보 조	
소방기술사	초급감리원 이상	① 연면적 20만m^2 이상인 특정소방대상물 ② 지하층을 포함한 층수가 40층 이상인 특정소방대상물
특급감리원		① 연면적 3만m^2 이상 20만m^2 미만인 특정소방대상물(아파트 제외) ② 지하층을 포함한 층수가 16층 이상 40층 미만인 특정소방대상물
고급감리원		① 물분무등소화설비(호스릴 방식의 소화설비 제외) 또는 제연설비가 설치되는 특정소방대상물 ② 연면적 3만m^2 이상 20만m^2 미만인 아파트
중급감리원		연면적 5천m^2 이상 3만m^2 미만인 특정소방대상물
초급감리원		① 연면적 5천m^2 미만인 특정소방대상물 ② 지하구

※ 연면적 20만m^2 이상인 경우 20만m^2 초과하는 연면적 10만m^2당 보조감리원 1명 추가 배치할 것

기출유형 완성하기

정답 01 ④ 02 ④ 03 ④ 04 ②

01 소방시설공사업법상 소방시설공사에 관한 발주자의 권한을 대행하여 소방시설공사가 설계도서 및 관계법령에 따라 적법하게 시공되는지 여부의 확인과 품질·시공 관리에 대한 기술지도를 수행하는 영업은 무엇인가? `15년-4회`

① 소방시설유지업
② 소방시설설계업
③ 소방시설공사업
④ 소방공사감리업

해설
적법하게 시공되는지 여부와 기술지도 등은 **소방공사감리업**의 수행 업무이다.

02 소방시설공사업법령상 공사감리자 지정대상 특정소방대상물의 범위가 아닌 것은? `25년`

① 물분무등소화설비(호스릴 방식의 소화설비는 제외)를 신설·개설하거나 방호·방수 구역을 증설할 때
② 제연설비를 신설·개설하거나 제연구역을 증설할 때
③ 연소방지설비를 신설·개설하거나 살수구역을 증설할 때
④ 캐비닛형 간이스프링클러설비를 신설·개설하거나 방호·방수 구역을 증설할 때

해설
캐비닛형 간이스프링클러설비의 경우 공사감리자 지정 대상의 범위가 아니다.

Tip 가장 많이 출제되는 유형으로 캐비닛형이 제외됨은 반드시 기억할 것

03 소방시설공사업법령상 상주 공사감리 대상기준 중 다음 ㉠, ㉡, ㉢에 알맞은 것은? `19년-1회`

- 연면적 (㉠)m^2 이상의 특정소방대상물(아파트는 제외)에 대한 소방시설의 공사
- 지하층을 포함한 층수가 (㉡)층 이상으로서 (㉢)세대 이상인 아파트에 대한 소방시설의 공사

① ㉠ 10,000, ㉡ 11, ㉢ 600
② ㉠ 10,000, ㉡ 16, ㉢ 500
③ ㉠ 30,000, ㉡ 11, ㉢ 600
④ ㉠ 30,000, ㉡ 16, ㉢ 500

해설
상주 공사감리 대상
- 연면적 3만m^2 이상 특정소방대상물(아파트 제외)
- 지하층을 포함한 층수가 **16층** 이상으로 **500세대** 이상인 아파트

04 지하층을 포함한 층수가 16층 이상 40층 미만인 특정소방대상물의 소방시설 공사현장에 배치하여야 할 소방공사 책임감리원의 배치기준으로 옳은 것은? `17년-2회, 개정반영`

① 행정안전부령으로 정하는 특급감리원 중 소방기술사
② 행정안전부령으로 정하는 특급감리원 이상의 소방공사 감리원(기계분야 및 전기분야)
③ 행정안전부령으로 정하는 고급감리원 이상의 소방공사 감리원(기계분야 및 전기분야)
④ 행정안전부령으로 정하는 중급감리원 이상의 소방공사 감리원(기계분야 및 전기분야)

해설
특급감리원이 배치되어야 하는 소방공사 대상
- 연면적 3만m^2 이상 20만m^2 미만인 특정소방대상물(아파트 제외)
- 지하층을 포함한 층수가 **16층 이상 40층 미만**인 특정소방대상물

34 착공신고, 완공검사, 하자보수

기출유형

소방시설공사업법령상 소방시설공사의 하자보수 보증기간이 3년이 아닌 것은? 　20년-3회

① 자동소화장치
② 무선통신보조설비
③ 자동화재탐지설비
④ 간이스프링클러설비

해설
무선통신보조설비의 하자보수 보증기간은 2년이다.

| 정답 | ②

족집게 과외

❶ 착공신고 대상

구분	내용
개념	공사업자는 소방시설공사를 하려면 소방본부장이나 소방서장에게 신고하여야 한다(착공 전).
신설 공사	옥내소화전설비(호스릴 포함), 옥외소화전설비, 스프링클러설비·간이스프링클러설비(캐비닛형 간이SP 포함) 및 화재조기진압용 스프링클러설비, 물분무소화설비·포소화설비·이산화탄소소화설비·할론소화설비·할로겐화합물 및 불활성기체 소화설비·미분무소화설비·강화액소화설비 및 분말소화설비, 연결송수관설비, 연결살수설비, 제연설비, 소화용수설비, 연소방지설비, 자동화재탐지설비, 비상경보설비, 비상방송설비, 비상콘센트설비, 무선통신보조설비
증설 공사	옥내·옥외소화전설비, 스프링클러설비·간이스프링클러설비 또는 물분무등소화설비의 방호구역, 자동화재탐지설비의 경계구역, 제연설비의 제연구역, 연결살수설비의 살수구역, 연결송수관설비의 송수구역, 비상콘센트설비의 전용회로, 연소방지설비의 살수구역
개설, 이전, 정비 공사	① 수신반 ② 소화펌프 ③ 동력(감시)제어반

❷ 완공검사를 위한 현장확인 대상 특정소방대상물의 범위

구분	내용
개념	① 공사업자는 소방시설공사를 완공하면 소방본부장 또는 소방서장의 완공검사를 받아야 한다. ② 공사업자가 소방대상물 일부분의 소방시설공사를 마친 경우로서 전체 시설이 준공되기 전에 부분적으로 사용할 필요가 있는 경우에는 그 일부분에 대하여 소방본부장이나 소방서장에게 완공검사(이하 "부분완공검사"라 한다)를 신청할 수 있다.
완공검사 현장확인 대상	① 문화 및 집회시설, 종교시설, 판매시설, 노유자시설, 수련시설, 운동시설, 숙박시설, 창고시설, 지하상가 및 다중이용업소 ② 스프링클러설비등 또는 물분무등소화설비(호스릴 제외) 설비가 설치되는 특정소방대상물 ③ 연면적 $1만m^2$ 이상이거나 11층 이상인 특정소방대상물(아파트는 제외) ④ 가연성 가스를 제조·저장 또는 취급하는 시설 중 지상에 노출된 가연성 가스 탱크의 저장용량 합계가 1천톤 이상인 시설

❸ 하자보수

구분	내용	
통보 기한	소방시설의 하자가 발생하였을 때에는 공사업자에게 그 사실을 알려야 하며, 통보를 받은 공사업자는 3일 이내에 하자를 보수하거나 보수 일정을 기록한 하자보수계획을 관계인에게 서면으로 알려야 한다.	
설비별 보증기간	2년	피난기구, 유도등, 유도표지, 비상경보설비, 비상조명등, 비상방송설비 및 무선통신보조설비
	3년	자동소화장치, 옥내소화전설비, 스프링클러설비, 간이스프링클러설비, 물분무등소화설비, 옥외소화전설비, 자동화재탐지설비, 상수도소화용수설비 및 소화활동설비(무선통신보조설비는 제외)

정답 01 ① 02 ④ 03 ② 04 ③

기출유형 완성하기

01 소방시설공사업법령상 소방시설공사 완공검사를 위한 현장확인 대상 특정소방대상물의 범위가 아닌 것은? `18년-1회`

① 위락시설
② 판매시설
③ 운동시설
④ 창고시설

해설
위락시설은 소방시설공사 완공검사를 위한 현장확인 대상이 아니다.

02 소방시설공사업법령에 따른 소방시설공사 중 특정소방대상물에 설치된 소방시설등을 구성하는 것의 전부 또는 일부를 개설, 이전 또는 정비하는 공사의 착공신고 대상이 아닌 것은? `18년-4회`

① 수신반
② 소화펌프
③ 동력(감시)제어반
④ 제연설비의 제연구역

해설
개설, 이전, 정비하는 공사로서 착공신고 대상
• 수신반
• 소화펌프
• 동력(감시)제어반

03 소방시설공사업법령상 하자를 보수하여야 하는 소방시설과 소방시설별 하자보수 보증기간으로 옳은 것은? `25년`

① 유도등 : 1년
② 자동소화장치 : 3년
③ 자동화재탐지설비 : 2년
④ 상수도소화용수설비 : 2년

해설
유도등의 하자보수 보증기간은 2년, 자동화재탐지설비와 상수도소화용수설비의 하자보수 보증기간은 3년이다.

04 소방시설공사업법령에 따른 완공검사를 위한 현장확인 대상 특정소방대상물의 범위기준으로 틀린 것은? `21년-2회`

① 연면적 1만제곱미터 이상이거나 11층 이상인 특정소방대상물(아파트는 제외)
② 가연성 가스를 제조·저장 또는 취급하는 시설 중 지상에 노출된 가연성 가스 탱크의 저장용량 합계가 1천톤 이상인 시설
③ 호스릴 방식의 소화설비가 설치되는 특정소방대상물
④ 문화 및 집회시설, 종교시설, 판매시설, 노유자시설, 수련시설, 운동시설, 숙박시설, 창고시설, 지하상가

해설
호스릴 방식은 간단한 수동식 소화설비로서 완공검사 현장확인 대상에서 제외된다.

CHAPTER 34 | 착공신고, 완공검사, 하자보수

기출유형 완성하기

정답 05 ④ 06 ② 07 ④ 08 ①

05 소방시설공사업자가 소방시설공사를 하고자 하는 경우 소방시설공사 착공신고서를 누구에게 제출해야 하는가? `16년-2회, 개정반영`

① 시·도지사
② 행정안전부장관
③ 한국소방시설협회장
④ 소방본부장 또는 소방서장

해설
공사업자는 소방시설공사를 하려면 **소방본부장이나 소방서장에게 신고(착공신고)**하여야 한다.

06 대통령령으로 정하는 특정소방대상물 소방시설공사의 완공검사를 위하여 소방본부장이나 소방서장의 현장확인 대상 범위가 아닌 것은? `17년-1회`

① 문화 및 집회시설
② 수계소화설비가 설치되는 것
③ 연면적 $10,000m^2$ 이상이거나 11층 이상인 특정소방대상물(아파트는 제외)
④ 가연성 가스를 제조·저장 또는 취급하는 시설 중 지상에 노출된 가연성 가스 탱크의 저장용량 합계가 1,000톤 이상인 시설

해설
수계소화설비는 옥내소화전설비 등도 포함되므로 모든 수계소화설비가 완공검사 현장확인 대상은 아니다.

07 하자보수 대상 소방시설 중 하자보수 보증기간이 2년이 아닌 것은? `16년-4회`

① 유도표지
② 비상경보설비
③ 무선통신보조설비
④ 자동화재탐지설비

해설
자동화재탐지설비의 하자보수 보증기간은 3년이다.

08 소방시설공사의 착공신고 대상이 아닌 것은? `11년-4회`

① 무선통신보조설비의 증설공사
② 자동화재탐지설비의 경계구역이 증설되는 공사
③ 1개 이상의 옥외소화전을 증설하는 공사
④ 연결살수설비의 살수구역을 증설하는 공사

해설
무선통신보조설비는 신설일 경우에만 착공신고 대상에 포함된다.

Tip 다빈도 출제 문제이다.

🔒 정답 09 ② 10 ① 11 ① 12 ②

기출유형 완성하기

09 소방시설공사업자가 소방대상물의 일부분에 대한 공사를 마친 경우로서 전체 시설의 준공 전에 부분사용이 필요한 때에 그 일부분에 대하여 소방본부장 또는 소방서장에게 신청하는 검사를 무엇이라 하는가? `09년-2회`

① 부분용도검사
② 부분완공검사
③ 부분사용검사
④ 부분준공검사

해설
공사업자가 소방대상물 **일부분의 소방시설공사를 마친 경우**로서 전체 시설이 준공되기 전에 부분적으로 사용할 필요가 있는 경우에는 그 **일부분에 대하여** 소방본부장이나 소방서장에게 "**부분완공검사**"를 신청할 수 있다.

10 소방시설의 하자가 발생한 경우 소방시설공사업자는 관계인으로부터 그 사실을 통보받은 날로부터 며칠 이내에 이를 보수하거나 보수 일정을 기록한 하자보수계획을 관계인에게 알려야 하는가? `14년-2회`

① 3일 이내
② 5일 이내
③ 7일 이내
④ 14일 이내

해설
소방시설의 하자가 발생하였을 때에는 공사업자에게 그 사실을 알려야 하며, 통보를 받은 공사업자는 **3일 이내**에 하자를 보수하거나 보수 일정을 기록한 **하자보수계획을 관계인에게 서면으로** 알려야 한다.

11 공사업자가 소방시설공사를 마친 때에는 누구에게 완공검사를 받는가? `06년-4회, 개정반영`

① 소방본부장 또는 소방서장
② 군 수
③ 시·도지사
④ 소방청장

해설
공사업자는 소방시설공사를 완공하면 **소방본부장 또는 소방서장의 완공검사를** 받아야 한다.

12 소방시설공사업법령상 하자보수를 하여야 하는 소방시설 중 하자보수 보증기간이 3년이 아닌 것은? `21년-2회`

① 자동소화장치
② 비상방송설비
③ 스프링클러설비
④ 상수도소화용수설비

해설
비상방송설비의 하자보수 보증기간은 2년이다.

35 소방기술자 및 소방안전관리자의 교육

기출유형

소방시설관리업의 기술인력으로 등록된 소방기술자가 받아야 하는 실무교육의 주기 및 횟수는?

13년-2회

① 매년 1회 이상
② 매년 2회 이상
③ 2년마다 1회 이상
④ 3년마다 1회 이상

해설
소방기술자는 실무교육을 2년마다 1회 이상 받아야 한다.

| 정답 | ③

족집게 과외

❶ 소방기술자의 실무교육

구 분	내 용
개 념	소방시설업, 소방시설관리업의 기술인력으로 등록된 소방기술자는 행정안전부령으로 정하는 바에 따라 실무교육을 받아야 한다.
교육주기 및 통보	① 소방기술자는 실무교육을 2년마다 1회 이상 받아야 한다. ② 소방기술자 실무교육에 관한 업무를 위탁받은 실무교육기관 또는 한국소방안전원의 장은 소방기술자에 대한 실무교육을 실시하려면 교육일정 등 교육에 필요한 계획을 수립하여 소방청장에게 보고한 후 교육 10일 전까지 교육대상자에게 알려야 한다. ③ 실무교육의 시간, 교육과목, 수수료, 그 밖에 실무교육에 관하여 필요한 사항은 소방청장이 정하여 고시한다.

※ 소방기술자 : 소방시설업 및 소방시설 관리업의 기술인력

❷ 소방안전관리자의 강습 및 실무교육

구 분		내 용
강습 교육	대 상	① 소방안전관리자의 자격을 인정받으려는 사람으로서 대통령령으로 정하는 사람 ② 소방안전관리자로 선임되고자 하는 사람
	교육 실시	소방청장은 강습교육을 실시하려는 경우에는 강습교육 실시 20일 전까지 일시·장소, 그 밖에 강습교육 실시에 필요한 사항을 인터넷 홈페이지에 공고해야 한다.
실무 교육	대 상	① 소방안전관리자 및 소방안전관리보조자 ② 관리업자를 감독하는 소방안전관리자
	교육 실시	① 소방청장은 실무교육을 실시하려는 경우에는 실무교육 실시 30일 전까지 일시·장소, 그 밖에 실무교육 실시에 필요한 사항을 인터넷 홈페이지에 공고하고 교육대상자에게 통보해야 한다. ② 소방안전관리자는 소방안전관리자로 선임된 날부터 6개월 이내에 실무교육을 받아야 하며, 그 이후에는 2년마다 1회 이상 실무교육을 받아야 한다. 다만, 소방안전관리 강습교육 또는 실무교육을 받은 후 1년 이내에 소방안전관리자로 선임된 사람은 해당 강습교육을 수료하거나 실무교육을 이수한 날에 실무교육을 이수한 것으로 본다. ③ 소방안전관리보조자는 그 선임된 날부터 6개월 이내에 실무교육을 받아야 하며, 그 이후에는 2년마다 1회 이상 실무교육을 받아야 한다. 다만, 소방안전관리자 강습교육 또는 실무교육이나 소방안전관리보조자 실무교육을 받은 후 1년 이내에 소방안전관리보조자로 선임된 사람은 해당 강습교육을 수료하거나 실무교육을 이수한 날 실무교육을 이수한 것으로 본다.

정답 01 ② 02 ③ 03 ③ 04 ③

기출유형 완성하기

01 소방안전관리자에 대한 강습교육을 실시하고자 할 때 소방청장은 강습교육 며칠 전까지 교육실시에 관하여 필요한 사항을 공고하여야 하는가? `12년-4회, 개정반영`

① 14일
② 20일
③ 30일
④ 45일

해설
소방청장은 강습교육을 실시하려는 경우에는 **강습교육 실시 20일 전까지** 일시·장소, 그 밖에 강습교육 실시에 필요한 사항을 인터넷 홈페이지에 공고해야 한다.

02 소방안전관리자 및 소방안전관리보조자에 대한 실무교육의 교육대상, 교육일정 등 실무교육에 필요한 계획을 수립하여 매년 누구의 승인을 얻어 교육을 실시하는가? `19년-4회`

① 한국소방안전원장
② 소방본부장
③ 소방청장
④ 시·도지사

해설
소방안전관리자가 되려고 하는 사람 또는 소방안전관리자(소방안전관리보조자를 포함한다)로 선임된 사람은 행정안전부령으로 정하는 바에 따라 **소방청장이 실시하는 강습교육 또는 실무교육**을 받아야 한다.

03 소방시설관리업의 기술인력으로 등록된 소방기술자는 실무교육을 몇 년마다 1회 이상 받아야 하며, 실무교육기관의 장은 교육일정 며칠 전까지 교육대상자에게 알려야 하는가? `14년-2회`

① 2년, 7일 전
② 3년, 7일 전
③ 2년, 10일 전
④ 3년, 10일 전

해설
- 소방기술자는 실무교육을 2년마다 1회 이상 받아야 한다.
- 실무교육기관의 장은 실무교육을 실시하려면 계획을 수립하여 소방청장에게 보고한 후 교육 **10일 전**까지 교육대상자에게 알려야 한다.

04 소방안전관리자에 대한 실무교육을 실시하고자 할 때 소방안전관리자는 실무교육을 몇 년마다 1회 이상 받아야 하며, 소방청장은 며칠 전까지 교육실시에 관하여 필요한 사항을 교육대상자에게 통보하여야 하는가? `12년-4회, 개정반영`

① 2년, 20일 전
② 3년, 20일 전
③ 2년, 30일 전
④ 3년, 30일 전

해설
- 소방안전관리자는 2년마다 1회 이상 실무교육을 받아야 한다.
- 소방청장은 실무교육을 실시하려는 경우에는 **실무교육 실시 30일 전까지 교육대상자에게 통보**해야 한다.

36. 위험물 분류 및 지정수량

기출유형

다음 중 위험물 유별 성질로서 옳지 않은 것은? 07년-1회

① 제1류 위험물 : 산화성 고체
② 제2류 위험물 : 가연성 고체
③ 제4류 위험물 : 인화성 액체
④ 제6류 위험물 : 인화성 고체

해설
제6류 위험물의 성질은 **산화성 액체**이다.

|정답| ④

족집게 과외

❶ 위험물 및 지정수량

유 별	성 질	품명 및 지정수량			
제1류	산화성 고체	무기과산화물, 아염소산염류, 염소산염류, 질산염류 등, ○○염류			
제2류	가연성 고체	–			
제3류	자연발화성 물질 및 금수성 물질	황린(20kg), 칼륨, 나트륨, 금속의 수소화물			
제4류	인화성 액체	특수인화물		$50l$	–
		제1석유류	비수용성 액체	$200l$	휘발유
			수용성 액체	$400l$	아세톤
		알코올류		$400l$	–
		제2석유류	비수용성 액체	$1,000l$	등유, 경유
			수용성 액체	$2,000l$	–
		제3석유류	비수용성 액체	$2,000l$	–
			수용성 액체	$4,000l$	–
		제4석유류		$6,000l$	–
		동식물유류		$10,000l$	–
제5류	자기반응성 물질	유기과산화물, 아조화합물, 니트로화합물, 질산에스테르류			
제6류	산화성 액체	–			

※ 출제되는 항목만 표기한 것, 비수용성 지정수량만 숙지 후×2=수용성 지정수량

❷ 지정수량 미만인 위험물의 저장·취급

구 분	내 용
지정수량 미만	지정수량 미만인 위험물의 저장 또는 취급에 관한 기술상의 기준은 시·도의 조례로 정한다.

정답 01 ① 02 ④ 03 ④ 04 ④ 05 ③ 06 ②

기출유형 완성하기

01 제1류 위험물로서 산화성 고체에 해당되는 것은? `03년-1회`

① 아염소산염류
② 적 린
③ 알칼리토금속류
④ 철 분

해설
아염소산염류는 제1류 위험물(**산화성 고체**)이다.
Tip ○○염류는 대부분 산화성 고체이다.

02 제5류 위험물로 자기반응성 물질은? `03년-2회`

① 염소산염류
② 과염소산염류
③ 질산염류
④ 유기과산화물류

해설
유기과산화물류는 제5류 위험물(**자기반응성 물질**)이다.
Tip 무기과산화물은 1류이므로 주의한다.

03 위험물 중 인화성 액체에 해당되는 것은? `04년-1회`

① 유기과산화물류
② 알킬알루미늄
③ 과산화수소
④ 동식물유류

해설
동식물유류는 제4류 위험물(**인화성 액체**)이다.

04 제4류 위험물로서 제1석유류인 수용성 액체의 지정수량은 몇 리터인가? `15년-2회`

① 100
② 200
③ 300
④ 400

해설
제4류위험물 중 제1석유류(수용성 액체)의 지정수량은 400l이다.

05 인화성 액체인 제4류 위험물의 품명별 지정수량이다. 다음 중 옳지 않은 것은? `09년-4회`

① 특수인화물 50리터
② 제1석유류 중 비수용성 액체는 200리터, 수용성 액체는 400리터
③ 알코올류 300리터
④ 제4유류 6,000리터

해설
제4류 위험물 중 알코올류의 지정수량은 400l이다.

06 위험물로서 제1석유류에 속하는 것은? `05년-1회`

① 이황화탄소
② 휘발유
③ 디에틸에테르
④ 파라크실렌

해설
휘발유는 제4류 위험물 중 **제1석유류**(비수용성 액체)이다.

기출유형 완성하기

🔒 **정답** 07 ② 08 ① 09 ② 10 ① 11 ① 12 ④

07 위험물안전관리법령상 제4류 위험물 중 경유의 지정수량은 몇 리터인가? `21년-4회`

① 500
② 1,000
③ 1,500
④ 2,000

해설
경유는 제4류 위험물 중 제2석유류(비수용성 액체)로서 지정수량은 1,000l이다.

08 다음 중 위험물과 그 지정수량의 조합으로 옳은 것은? `07년-1회`

① 황린 : 20kg
② 염소산염류 : 30kg
③ 과염소산 : 200kg
④ 알킬리튬 : 100kg

해설
② 염소산염류 – 50kg
③ 과염소산 – 300kg
④ 알킬리튬 – 10kg

09 제3류 위험물에 해당하는 것은? `22년-2회`

① 염소산염류
② 나트륨
③ 무기과산화물
④ 유기과산화물

해설
나트륨은 제3류 위험물이다.
Tip 제3류 위험물은 자연발화성 또는 금수성 물질로 대부분 "륨, 늄" 등으로 끝나는 금속물질이다.

10 다음 중 제3류 자연발화성 및 금수성 위험물이 아닌 것은? `05년-4회`

① 적 린
② 황 린
③ 금속의 수소화물
④ 칼 륨

해설
적린은 **제2류 위험물(가연성 고체)**이다.

11 제4류 위험물의 성질로 알맞은 것은? `09년-2회`

① 인화성 액체
② 산화성 고체
③ 가연성 고체
④ 산화성 액체

해설
제4류 위험물의 성질은 **인화성 액체**이다.

12 제4류 인화성 액체 위험물 중 품명 및 지정수량이 맞게 짝지어진 것은? `10년-1회`

① 제1석유류(수용성 액체) – 100리터
② 제2석유류(수용성 액체) – 500리터
③ 제3석유류(수용성 액체) – 1,000리터
④ 제4석유류 – 6,000리터

해설
① 제1석유류(수용성 액체) – 400l
② 제2석유류(수용성 액체) – 2,000l
③ 제3석유류(수용성 액체) – 4,000l

37 위험물 표지, 정전기 제거 및 피뢰설비

기출유형

위험물제조소에는 보기 쉬운 곳에 기준에 따라 "위험물제조소"라는 표시를 한 표지를 설치하여야 하는데 다음 중 표지의 기준으로 적합한 것은?

14년-2회

① 표지의 한 변의 길이는 $0.3m$ 이상, 다른 한 변의 길이는 $0.6m$ 이상인 직사각형으로 하되 표지의 바탕은 백색으로 문자는 흑색으로 한다.
② 표지의 한 변의 길이는 $0.2m$ 이상, 다른 한 변의 길이는 $0.4m$ 이상인 직사각형으로 하되 표지의 바탕은 백색으로 문자는 흑색으로 한다.
③ 표지의 한 변의 길이는 $0.2m$ 이상, 다른 한 변의 길이는 $0.4m$ 이상인 직사각형으로 하되 표지의 바탕은 흑색으로 문자는 백색으로 한다.
④ 표지의 한 변의 길이는 $0.3m$ 이상, 다른 한 변의 길이는 $0.6m$ 이상인 직사각형으로 하되 표지의 바탕은 흑색으로 문자는 백색으로 한다.

해설

표지는 한 변의 길이가 $0.3m$ 이상, 다른 한 변의 길이가 $0.6m$ 이상인 직사각형으로 하고, 표지의 바탕은 백색으로, 문자는 흑색으로 할 것

|정답| ①

족집게 과외

❶ 표지 및 게시판

구 분		내 용
표 지		제조소에는 보기 쉬운 곳에 다음 기준에 따라 "위험물제조소"라는 표시를 한 표지를 설치하여야 한다. ① 표지는 한 변의 길이가 $0.3m$ 이상, 다른 한 변의 길이가 $0.6m$ 이상인 직사각형으로 할 것 ② 표지의 바탕은 백색으로, 문자는 흑색으로 할 것
게 시 판	게시판 1	제조소에는 보기 쉬운 곳에 다음 기준에 따라 방화에 관하여 필요한 사항을 게시한 게시판을 설치하여야 한다. ① 게시판은 한 변의 길이가 $0.3m$ 이상, 다른 한 변의 길이가 $0.6m$ 이상인 직사각형으로 할 것 ② 게시판에는 저장 또는 취급하는 위험물의 유별·품명 및 저장최대수량 또는 취급최대수량, 지정수량의 배수 및 안전관리자의 성명 또는 직명을 기재할 것 ③ 게시판의 바탕은 백색으로, 문자는 흑색으로 할 것
	게시판 2	위 게시판 외에 저장 또는 취급하는 위험물에 따라 다음의 규정에 의한 주의사항을 표시한 게시판을 설치할 것

위험물 분류	표시 문자	게시판 색상
제1류 위험물 중 알칼리금속의 과산화물과 이를 함유한 것 또는 제3류 위험물 중 금수성 물질	물기엄금	청색바탕에 백색문자
제2류 위험물(인화성 고체 제외)	화기주의	적색바탕에 백색문자
제2류 위험물 중 인화성 고체, 제3류 위험물 중 자연발화성 물질, 제4류 위험물 또는 제5류 위험물	화기엄금	

❷ 정전기 제거설비, 피뢰설비

구 분	내 용
정전기 제거설비	① 접지에 의한 방법 ② 공기 중의 상대습도를 70% 이상으로 하는 방법 ③ 공기를 이온화하는 방법
피뢰설비	지정수량의 10배 이상의 위험물을 취급하는 제조소(제6류 위험물을 취급하는 위험물제조소를 제외한다)에는 피뢰침을 설치하여야 한다.

정답 01 ② 02 ④ 03 ④ 04 ② 05 ④ 06 ③

기출유형 완성하기

01 위험물제조소의 표지의 바탕 및 문자의 색으로 옳은 것은? `03년-1회`

① 황색바탕, 흑색문자
② 백색바탕, 흑색문자
③ 흑색바탕, 백색문자
④ 적색바탕, 백색문자

해설
표지의 바탕은 백색으로, 문자는 흑색으로 할 것

02 위험물제조소에서 위험물을 취급할 때에는 정전기를 제거하는 설비를 하여야 한다. 정전기를 유효하게 제거할 수 있는 방법이 될 수 없는 것은? `25년`

① 접지를 한다.
② 공기 중의 상대습도를 70% 이상으로 한다.
③ 공기를 이온화한다.
④ 종단저항을 설치한다.

해설
위험물제조소등에서 정전기 제거설비
• 접지에 의한 방법
• 공기 중의 상대습도를 70% 이상으로 하는 방법
• 공기를 이온화하는 방법

03 제4류 위험물을 저장하는 위험물제조소의 주의사항을 표시한 게시판의 내용으로 적합한 것은? `15년-1회`

① 물기주의 ② 물기엄금
③ 화기주의 ④ 화기엄금

해설
제4류 위험물을 저장·취급하는 장소에는 적색바탕에 백색문자로 "화기엄금" 표시된 게시판을 설치하여야 한다.

04 지정수량의 몇 배 이상의 위험물을 취급하는 제조소에는 피뢰침을 설치하여야 하는가? (단, 제6류 위험물을 취급하는 위험물제조소는 제외) `25년`

① 5배
② 10배
③ 50배
④ 100배

해설
지정수량의 10배 이상의 위험물을 취급하는 제조소(제6류 위험물을 취급하는 위험물제조소를 제외한다)에는 피뢰침을 설치하여야 한다.

05 위험물제조소 게시판의 바탕 및 문자의 색으로 올바르게 연결된 것은? `16년-4회`

① 바탕 – 백색, 문자 – 청색
② 바탕 – 청색, 문자 – 흑색
③ 바탕 – 흑색, 문자 – 백색
④ 바탕 – 백색, 문자 – 흑색

해설
게시판의 바탕은 백색으로, 문자는 흑색으로 할 것

06 위험물안전관리법령에서 정한 게시판의 주의사항으로 잘못된 것은? `10년-4회`

① 제2류 위험물(인화성 고체 제외) : 화기주의
② 제3류 위험물 중 자연발화성 물질 : 화기엄금
③ 제4류 위험물 : 화기주의
④ 제5류 위험물 : 화기엄금

해설
제4류 위험물을 저장·취급하는 장소에는 적색바탕에 백색문자로 "화기엄금" 표시된 게시판을 설치하여야 한다.

정답 07 ③ 08 ②

07 위험물을 취급함에 있어서 정전기가 발생할 우려가 있는 설비는 공기 중의 상대습도를 몇 [%] 이상으로 하는 방법으로 정전기를 유효하게 제거할 수 있는 설비를 설치하여야 하는가? 〈10년-2회〉

① 30[%]
② 55[%]
③ 70[%]
④ 90[%]

해설
위험물제조소등에서 정전기 제거설비
- 접지에 의한 방법
- 공기 중의 상대습도를 70% **이상**으로 하는 방법
- 공기를 이온화하는 방법

08 제4류 위험물을 저장·취급하는 제조소에 "화기엄금"이란 주의사항을 표시하는 게시판을 설치할 경우 게시판의 색상은? 〈19년-2회〉

① 청색바탕에 백색문자
② 적색바탕에 백색문자
③ 백색바탕에 적색문자
④ 백색바탕에 흑색문자

해설
제4류 위험물을 저장·취급하는 장소에는 **적색바탕**에 **백색문자**로 "화기엄금" 표시된 게시판을 설치하여야 한다.

38 채광·조명 및 환기설비, 배출설비

기출유형

제조소등의 위치·구조 및 설비의 기준 중 위험물을 취급하는 건축물의 환기설비 설치기준으로 다음 (   ) 안에 알맞은 것은? 17년-2회

> 급기구는 당해 급기구가 설치된 실의 바닥면적 (㉠)마다 1개 이상으로 하되, 급기구의 크기는 (㉡) 이상으로 할 것

① ㉠ $100m^2$, ㉡ $800cm^2$
② ㉠ $150m^2$, ㉡ $800cm^2$
③ ㉠ $100m^2$, ㉡ $1,000cm^2$
④ ㉠ $150m^2$, ㉡ $1,000cm^2$

해설
급기구는 당해 급기구가 설치된 실의 바닥면적 $150m^2$ **마다 1개 이상**으로 하되, 급기구의 크기는 $800cm^2$ **이상**으로 할 것

|정답| ②

족집게 과외

❶ 채광·조명 및 환기설비, 배출설비의 기준

구 분	내 용
채광설비	채광설비는 불연재료로 하고, 연소의 우려가 없는 장소에 설치하되 채광면적을 최소로 할 것
조명설비	① 가연성 가스 등이 체류할 우려가 있는 장소의 조명등은 방폭등으로 할 것 ② 전선은 내화·내열전선으로 할 것 ③ 점멸스위치는 출입구 바깥부분에 설치할 것. 다만, 스위치의 스파크로 인한 화재·폭발의 우려가 없을 경우에는 그러하지 아니하다.
환기설비	① 환기는 자연배기방식으로 할 것 ② 급기구는 당해 급기구가 설치된 실의 바닥면적 $150m^2$ 마다 1개 이상으로 하되, 급기구의 크기는 $800cm^2$ 이상으로 할 것. 다만, 바닥면적이 $150m^2$ 미만인 경우에는 다음의 크기로 하여야 한다. | 바닥면적	급기구의 면적
$60m^2$ 미만	$150cm^2$ 이상
$60m^2$ 이상 $90m^2$ 미만	$300cm^2$ 이상
$90m^2$ 이상 $120m^2$ 미만	$450cm^2$ 이상
$120m^2$ 이상 $150m^2$ 미만	$600cm^2$ 이상 | ③ 급기구는 낮은 곳에 설치하고 가는 눈의 구리망 등으로 인화방지망을 설치할 것 ④ 환기구는 지붕 위 또는 지상 $2m$ 이상의 높이에 회전식 고정벤티레이터 또는 루프팬 방식으로 설치할 것

배출설비	가연성의 증기 또는 미분이 체류할 우려가 있는 건축물에는 그 증기 또는 미분을 옥외의 높은 곳으로 배출할 수 있도록 다음의 기준에 의하여 배출설비를 설치하여야 한다.
	
	① 배출설비는 국소방식으로 하여야 한다. 다만, 다음의 1에 해당하는 경우에는 전역방식으로 할 수 있다.
	  가. 위험물취급설비가 배관이음 등으로만 된 경우
	  나. 건축물의 구조·작업장소의 분포 등의 조건에 의하여 전역방식이 유효한 경우
	② 배출설비는 배풍기(오염된 공기를 뽑아내는 통풍기)·배출 덕트(공기 배출통로)·후드 등을 이용하여 강제적으로 배출하는 것으로 해야 한다.
	③ 배출능력은 1시간당 배출장소 용적의 20배 이상인 것으로 하여야 한다. 다만, 전역방식의 경우에는 바닥면적 $1m^2$당 $18m^3$ 이상으로 할 수 있다.
	④ 배출설비의 급기구 및 배출구는 다음의 기준에 의하여야 한다.
	  가. 급기구는 높은 곳에 설치하고, 가는 눈의 구리망 등으로 인화방지망을 설치할 것
	  나. 배출구는 지상 $2m$ 이상으로서 연소의 우려가 없는 장소에 설치하고, 배출 덕트가 관통하는 벽부분의 바로 가까이에 화재 시 자동으로 폐쇄되는 방화댐퍼(화재 시 연기 등을 차단하는 장치)를 설치할 것
	⑤ 배풍기는 강제배기방식으로 하고, 옥내 덕트의 내압이 대기압 이상이 되지 아니하는 위치에 설치하여야 한다.

정답 01 ② 02 ③ 03 ④ 04 ④

기출유형 완성하기

01 다음 중 위험물 취급 건축물에 채광·조명 및 환기설비의 설치기준으로 틀린 것은?

03년-2회

① 채광면적은 최소로 한다.
② 환기는 강제배기방식으로 한다.
③ 급기구는 낮은 곳에 설치한다.
④ 점멸스위치는 출입구 바깥부분에 설치한다.

해설
환기는 **자연배기방식**으로 한다.

02 위험물제조소에 환기설비를 시설할 때 바닥면적이 $100m^2$라면 급기구의 면적은 몇 cm^2 이상이어야 하는가?

03년-4회

① 150
② 300
③ 450
④ 600

해설
바닥면적에 따른 급기구의 면적

바닥면적	급기구의 면적
$60m^2$ 미만	$150cm^2$ 이상
$60m^2$ 이상 $90m^2$ 미만	$300cm^2$ 이상
$90m^2$ **이상** $120m^2$ 미만	$450cm^2$ **이상**
$120m^2$ 이상 $150m^2$ 미만	$600cm^2$ 이상

03 다음 중 위험물제조소의 배출설비의 배출능력은 1시간당 배출장소 용적의 몇 배 이상인가?

04년-2회

① 5배
② 10배
③ 15배
④ 20배

해설
배출능력은 1시간당 배출장소 **용적**의 20배 **이상**인 것으로 하여야 한다.

04 위험물제조소의 환기설비 중 급기구의 크기는? (단, 제조소의 바닥면적은 $150m^2$이다)

06년-2회, 개정반영

① $150cm^2$ 이상으로 한다.
② $300cm^2$ 이상으로 한다.
③ $450cm^2$ 이상으로 한다.
④ $800cm^2$ 이상으로 한다.

해설
급기구는 당해 급기구가 설치된 실의 바닥면적 $150m^2$마다 1개 이상으로 하되, 급기구의 크기는 $800cm^2$ **이상**으로 한다.

39 제조소등의 허가 및 변경신고 등

기출유형

위험물안전관리법상 위험물시설의 설치 및 변경 등에 관한 기준 중 다음 (   ) 안에 알맞은 것은?

18년-2회

> 제조소등의 위치·구조 또는 설비의 변경 없이 당해 제조소등에서 저장하거나 취급하는 위험물의 품명·수량 또는 지정수량의 배수를 변경하고자 하는 자는 변경하고자 하는 날의 (㉠)일 전까지 (㉡)이 정하는 바에 따라 (㉢)에게 신고하여야 한다.

① ㉠ 1, ㉡ 행정안전부령, ㉢ 시·도지사
② ㉠ 1, ㉡ 대통령령, ㉢ 소방본부장·소방서장
③ ㉠ 14, ㉡ 행정안전부령, ㉢ 시·도지사
④ ㉠ 14, ㉡ 대통령령, ㉢ 소방본부장·소방서장

해설

제조소등의 위치·구조 또는 설비의 변경 없이 당해 제조소등에서 저장하거나 취급하는 위험물의 품명·수량 또는 지정수량의 배수를 변경하고자 하는 자는 **변경하고자 하는 날의 1일 전까지 행정안전부령**이 정하는 바에 따라 **시·도지사**에게 신고하여야 한다.

| 정답 | ①

족집게 과외

❶ 취급소

구 분	내 용
취급소	지정수량 이상의 위험물을 제조 외의 목적으로 취급하기 위한 대통령령이 정하는 장소로서 규정에 따른 허가를 받은 장소
판매취급소	점포에서 위험물을 용기에 담아 판매하기 위하여 지정수량의 40배 이하의 위험물을 취급하는 장소
주유취급소	고정된 주유설비에 의하여 자동차·항공기 또는 선박 등의 연료탱크에 직접 주유하기 위하여 위험물을 취급하는 장소
이송취급소	배관 및 이에 부속된 설비에 의하여 위험물을 이송하는 장소
일반취급소	주유취급소 및 이송취급소 외의 장소

❷ 위험물시설의 설치 및 변경

구 분		내 용
설치 허가		제조소등을 설치하고자 하는 자는 대통령령이 정하는 바에 따라 그 설치장소를 관할하는 시·도지사의 허가를 받아야 한다.
변경신고 기간		제조소등의 위치·구조 또는 설비의 변경 없이 당해 제조소등에서 저장하거나 취급하는 위험물의 품명·수량 또는 지정수량의 배수를 변경하고자 하는 자는 변경하고자 하는 날의 1일 전까지 행정안전부령이 정하는 바에 따라 시·도지사에게 신고하여야 한다.
변경 신고 대상	이 전	① 제조소 또는 취급소의 위치를 이전하는 경우 ② 저장탱크(옥내·옥외·간이)의 위치, 저장탱크 주입구 위치를 이전하는 경우 → (간이저장탱크는 같은 사업장 내 이전은 제외)
	설 비	① 배출설비, 불활성기체 봉입장치, 냉각장치, 보냉장치를 신설하는 경우 ② 위험물취급탱크의 노즐 또는 맨홀을 신설하는 경우(지름 250mm 초과 시) ③ 300m를 초과하는 위험물배관을 신설·교체·철거·보수하는 경우
예 외		① 주택의 난방시설(공동주택의 중앙난방시설을 제외)을 위한 저장소 또는 취급소 ② 농예용·축산용 또는 수산용으로 필요한 난방시설 또는 건조시설을 위한 지정수량 20배 이하의 저장소

❸ 신고기한

구 분	신고기한 기준
지위승계	행정안전부령이 정하는 바에 따라 승계한 날부터 30일 이내에 시·도지사에게 그 사실을 신고하여야 한다.
폐 지	행정안전부령이 정하는 바에 따라 제조소등의 용도를 폐지한 날부터 14일 이내에 시·도지사에게 신고하여야 한다.
안전관리자 선임 및 해임	① 선임한 날부터 14일 이내에 행정안전부령으로 정하는 바에 따라 소방본부장 또는 소방서장에게 신고하여야 한다. ② 안전관리자를 해임하거나 안전관리자가 퇴직한 때에는 해임하거나 퇴직한 날부터 30일 이내에 다시 안전관리자를 선임하여야 한다.

Tip 허가는 대통령령, 그 외의 신고사항은 전부 행정안전부령이다.

기출유형 완성하기

정답 01 ③ 02 ② 03 ③ 04 ④ 05 ①

01 위험물의 제조소등을 설치하고자 할 때 설치장소를 관할하는 누구의 허가를 받아야 하는가?
〔06년-2회, 개정반영〕

① 행정자치부장관
② 소방청장
③ 특별시장·광역시장 또는 도지사
④ 기초지방자치단체장

해설
제조소등을 설치하고자 하는 자는 대통령령이 정하는 바에 따라 그 설치장소를 관할하는 **시·도지사의 허가**를 받아야 한다.
Tip 시·도지사 = 특별시장·광역시장 또는 도지사

02 제조소등의 위치·구조 또는 설비의 변경 없이 당해 제조소등에서 저장하거나 취급하는 위험물의 지정수량의 배수를 변경하고자 할 때는 누구에게 신고하여야 하는가?
〔07년-2회〕

① 행정자치부장관
② 시·도지사
③ 소방본부장
④ 소방서장

해설
변경하고자 하는 날의 1일 전까지 행정안전부령이 정하는 바에 따라 **시·도지사에게 신고**하여야 한다.

03 점포에서 위험물을 용기에 담아 판매하기 위하여 지정수량의 40배 이하의 위험물을 취급하는 장소는?
〔08년-4회〕

① 일반취급소 ② 주유취급소
③ 판매취급소 ④ 이송취급소

해설
판매취급소란 점포에서 위험물을 용기에 담아 판매하기 위하여 **지정수량의 40배 이하**의 위험물을 취급하는 장소

04 다음 ( ) 안의 알맞은 내용을 바르게 나타낸 것은?
〔12년-4회〕

> 위험물제조소등의 설치자의 지위를 승계한 자는 (❶)이 정하는 바에 따라 승계한 날로부터 (❷) 이내에 (❸)에게 신고하여야 한다.

① ❶ 대통령령 ❷ 14일 ❸ 시·도지사
② ❶ 대통령령 ❷ 30일 ❸ 소방본부장·소방서장
③ ❶ 행정안전부령 ❷ 14일 ❸ 소방본부장·소방서장
④ ❶ 행정안전부령 ❷ 30일 ❸ 시·도지사

해설
행정안전부령이 정하는 바에 따라 **승계한 날부터 30일** 이내에 **시·도지사**에게 그 사실을 신고하여야 한다.

05 위험물제조소등에서 변경허가를 받아야 하는 경우로 옳지 않은 것은?
〔25년〕

① 위험물취급탱크에 $250mm$ 이하의 맨홀을 신설하는 경우
② $300m$를 초과하는 위험물배관을 신설하는 경우
③ 불활성기체의 봉입장치를 신설하는 경우
④ 제조소 또는 일반취급소의 위치를 이전하는 경우

해설
변경허가 대상
• 위험물취급탱크에 노즐 또는 맨홀을 신설하는 경우 (단, 노즐 또는 맨홀의 **직경이 $250mm$를 초과**하는 경우)
• $300m$를 초과하는 위험물배관을 신설하는 경우
• 불활성기체의 봉입장치를 신설하는 경우
• 제조소 또는 일반취급소의 위치를 이전하는 경우

정답 06 ① 07 ② 08 ② 09 ②

06 위험물안전관리법상 시·도지사의 허가를 받지 아니하고 당해 제조소등을 설치할 수 있는 기준 중 다음 ( ) 안에 알맞은 것은? 〈18년-1회〉

> 농예용·축산용 또는 수산용으로 필요한 난방시설 또는 건조시설을 위한 지정수량 ( )배 이하의 저장소

① 20
② 30
③ 40
④ 50

해설
농예용·축산용 또는 수산용으로 필요한 난방시설 또는 건조시설을 위한 **지정수량 20배 이하의 저장소**

07 위험물안전관리법령상 위험물취급소의 구분에 해당하지 않는 것은? 〈20년-3회〉

① 이송취급소
② 관리취급소
③ 판매취급소
④ 일반취급소

해설
취급소의 구분(종류)
- 판매취급소
- 주유취급소
- 이송취급소
- 일반취급소

08 제조소등의 위치·구조 또는 설비의 변경 없이 당해 제조소등에서 저장하거나 취급하는 위험물의 품명·수량 또는 지정수량의 배수를 변경하고자 할 때는 누구에게 신고해야 하는가? 〈19년-4회〉

① 국무총리
② 시·도지사
③ 관할소방서장
④ 행정안전부장관

해설
변경하고자 하는 날의 1일 전까지 행정안전부령이 정하는 바에 따라 **시·도지사에게 신고**하여야 한다.

09 위험물시설의 설치 및 변경, 안전관리에 대한 설명으로 옳지 않은 것은? 〈12년-2회〉

① 제조소등의 설치자의 지위를 승계한 자는 승계한 날부터 30일 이내에 시·도지사에게 신고하여야 한다.
② 제조소등의 용도를 폐지한 때에는 폐지한 날부터 30일 이내에 시·도지사에게 신고하여야 한다.
③ 위험물안전관리자가 퇴직한 때에는 퇴직한 날부터 30일 이내에 다시 위험물안전관리자를 선임하여야 한다.
④ 위험물안전관리자를 선임한 때에는 선임한 날부터 14일 이내에 소방본부장 또는 소방서장에게 신고하여야 한다.

해설
행정안전부령이 정하는 바에 따라 제조소등의 용도를 **폐지한 날부터 14일 이내에 시·도지사에게 신고**하여야 한다.

40 정기검사, 예방규정

기출유형

지정수량의 몇 배 이상의 위험물을 저장하는 옥외저장소에는 화재예방을 위한 예방규정을 정하여야 하는가?

12년-4회

① 10배
② 100배
③ 150배
④ 200배

해설
지정수량의 100배 이상의 위험물을 저장하는 **옥외저장소**는 예방규정을 정하여 제출하여야 한다.

| 정답 | ②

족집게 과외

❶ 정기점검 대상 제조소등

구 분	제조소등
정기점검 대상	① 예방규정 대상인 제조소등 ② 지하탱크저장소 ③ 이동탱크저장소 ④ 위험물을 취급하는 탱크로서 지하에 매설된 탱크가 있는 제조소·주유취급소 또는 일반취급소

❷ 예방규정

구 분	제조소등
개 념	대통령령으로 정하는 제조소등의 관계인은 행정안전부령으로 정하는 바에 따라 예방규정을 정하여 해당 제조소등의 사용을 시작하기 전에 시·도지사에게 제출하여야 한다. 예방규정을 변경한 때에도 또한 같다.
예방규정 대상	① 지정수량의 10배 이상의 위험물을 취급하는 제조소 ② 지정수량의 100배 이상의 위험물을 저장하는 옥외저장소 ③ 지정수량의 150배 이상의 위험물을 저장하는 옥내저장소 ④ 지정수량의 200배 이상의 위험물을 저장하는 옥외탱크저장소 ⑤ 암반탱크저장소 ⑥ 이송취급소 ⑦ 지정수량의 10배 이상의 위험물을 취급하는 일반취급소
예 외	제4류 위험물(특수인화물을 제외한다)만을 지정수량의 50배 이하로 취급하는 일반취급소(제1석유류·알코올류의 취급량이 지정수량의 10배 이하인 경우에 한한다)로서 다음의 어느 하나에 해당하는 것을 제외한다. ① 보일러·버너 또는 이와 비슷한 것으로서 위험물을 소비하는 장치로 이루어진 일반취급소 ② 위험물을 용기에 옮겨 담거나 차량에 고정된 탱크에 주입하는 일반취급소

정답 01 ③ 02 ② 03 ④ 04 ①

기출유형 완성하기

01 예방규정을 정하여야 하는 제조소등의 관계인은 예방규정을 정하여 언제까지 시·도지사에게 제출하여야 하는가? 〔05년-2회〕

① 제조소등의 착공 신고 전
② 제조소등의 완공 신고 전
③ 제조소등의 사용 시작 전
④ 제조소등의 탱크안전성능시험 전

해설
제조소등의 관계인은 예방규정을 정하여 해당 **제조소등의 사용을 시작하기 전**에 시·도지사에게 제출하여야 한다.

02 지정수량의 몇 배 이상의 위험물을 취급하는 제조소는 관계인이 예방규정을 정하여야 하는가? 〔10년-2회〕

① 5배
② 10배
③ 100배
④ 200배

해설
지정수량의 10**배** 이상의 위험물을 취급하는 **제조소**는 예방규정을 정하여 제출하여야 한다.

03 위험물안전관리법령에 따른 정기점검의 대상인 제조소등의 기준 중 틀린 것은? 〔18년-4회〕

① 암반탱크저장소
② 지하탱크저장소
③ 이동탱크저장소
④ 지정수량의 150배 이상의 위험물을 저장하는 옥외탱크저장소

해설
예방규정 대상인 제조소등은 정기점검 대상으로 **옥외탱크저장소**는 지정수량의 200**배 이상**의 위험물을 저장하는 경우에 정기점검 대상이 된다.

04 정기점검의 대상이 되는 제조소등이 아닌 것은? 〔17년-4회〕

① 옥내탱크저장소
② 지하탱크저장소
③ 이동탱크저장소
④ 이송취급소

해설
옥내탱크저장소는 정기점검 대상이 아니다.

41 제조소의 위치·구조 기준

기출유형

위험물제조소 중 위험물을 취급하는 건축물은 특별한 경우를 제외하고 어떤 구조로 하여야 하는가?

04년-4회

① 지하층이 없도록 하여야 한다.
② 지하층을 주로 사용하는 구조이어야 한다.
③ 지하층이 있는 2층 이내의 건축물이어야 한다.
④ 지하층이 있는 3층 이내의 건축물이어야 한다.

해설
위험물을 취급하는 건축물은 **지하층이 없도록** 하여야 한다.

| 정답 | ①

족집게 과외

❶ 제조소의 안전거리

구 분	안전거리	제조소 인근 건축물 또는 공작물의 용도
용도별 안전거리	3m 이상	사용전압이 7[kV] 초과~35[kV] 이하의 특고압가공전선
	5m 이상	사용전압이 35[kV]를 초과하는 특고압가공전선
	10m 이상	주거용 건축물
	20m 이상	고압가스・액화석유가스・도시가스를 저장 및 취급하는 시설
	30m 이상	학교, 병원, 극장, 아동복지시설, 노인복지시설 등
	50m 이상	지정문화재

❷ 제조소의 보유공지

취급하는 위험물의 최대수량	(보유)공지의 너비
지정수량의 10배 이하	3m 이상
지정수량의 10배 초과	5m 이상

❸ 제조소 건축물의 구조

구 분	내 용
지하층	지하층이 없도록 할 것
주요구조부	① 벽・기둥・바닥・보・서까래・계단은 불연재료로 할 것 ② 연소의 우려가 있는 외벽은 개구부가 없는 내화구조로 할 것(출입구 제외)
지 붕	지붕은 가벼운 불연재료로 덮을 것
출입구	① 출입구와 비상구에는 60분+방화문・60분방화문・30분방화문을 설치할 것 ② 연소의 우려가 있는 외벽에 설치하는 출입구는 자동폐쇄식의 60+방화문・60분방화문 설치
창	위험물을 취급하는 건축물의 창 및 출입구에 유리 이용 시 망입유리로 적용할 것
액체 취급	액체 위험물을 취급하는 건축물의 바닥은 위험물이 스며들지 못하는 재료로 사용하고, 적당한 경사를 두어 그 최저부에 집유설비를 설치할 것

기출유형 완성하기

정답 01 ① 02 ① 03 ④ 04 ②

01 위험물제조소의 건축물의 구조로 잘못된 것은?

04년-1회

① 벽, 기둥, 석가래, 및 계단은 난연재료로 할 것
② 지하층이 없도록 할 것
③ 지붕은 가벼운 금속판 또는 불연재료로 덮을 것
④ 연소의 우려가 있는 외벽은 내화구조로 할 것

해설
해당 위험물제조소의 건축물에서 벽·기둥·바닥·보·서까래·계단은 **불연재료**로 할 것

02 위험물안전관리법령상 제조소의 위치·구조 및 설비의 기준 중 위험물을 취급하는 건축물 그 밖의 시설의 주위에는 그 취급하는 위험물을 최대수량이 지정수량의 10배 이하인 경우 보유하여야 할 공지의 너비는 몇 m 이상이어야 하는가?

18년-1회

① 3
② 5
③ 8
④ 10

해설
제조소의 보유공지

취급하는 위험물의 최대수량	(보유)공지의 너비
지정수량의 10배 이하	3m 이상
지정수량의 10배 초과	5m 이상

03 위험물안전관리법령상 제조소의 기준에 따라 건축물의 외벽 또는 이에 상당하는 공작물의 외측으로부터 제조소의 외벽 또는 이에 상당하는 공작물의 외측까지의 안전거리 기준으로 틀린 것은? (단, 제6류 위험물을 취급하는 제조소를 제외하고, 건축물에 불연재료로 된 방화상 유효한 담 또는 벽을 설치하지 않은 경우이다)

20년-3회

① 의료법에 의한 종합병원에 있어서는 30m 이상
② 도시가스사업법에 의한 가스공급시설에 있어서는 20m 이상
③ 사용전압 35,000 V를 초과하는 특고압가공전선에 있어서는 5m 이상
④ 문화재보호법에 의한 유형문화재와 기념물 중 지정문화재에 있어서는 30m 이상

해설
제조소의 건축물은 「문화재보호법」의 규정에 의한 유형문화재와 기념물 중 **지정문화재**에 있어서는 50m 이상 안전거리를 확보하여야 한다.

04 제4류 위험물제조소의 경우 사용전압이 22kV인 특고압가공전선이 지나갈 때 제조소의 외벽과 가공전선 사이의 수평거리(안전거리)는 몇 $[m]$ 이상이어야 하는가?

15년-4회

① 2
② 3
③ 5
④ 10

해설
사용전압이 7$[kV]$ 초과~35$[kV]$ 이하의 특고압가공전선과 제조소의 **건축물**은 3m 이상 안전거리를 확보하여야 한다.

42 옥외탱크저장소의 방유제

기출유형

위험물안전관리법령상 인화성 액체위험물(이황화탄소를 제외)의 옥외탱크저장소의 탱크 주위에 설치하여야 하는 방유제의 설치기준 중 틀린 것은? [18년-1회]

① 방유제 내의 면적은 60,000m^2 이하로 하여야 한다.
② 방유제는 높이 0.5m 이상 3m 이하, 두께 0.2m 이상, 지하매설깊이 1m 이상으로 할 것. 다만, 방유제와 옥외저장탱크 사이의 지반면 아래에 불침윤성 구조물을 설치하는 경우에는 지하매설깊이를 해당 불침윤성 구조물까지로 할 수 있다.
③ 방유제의 용량은 방유제 안에 설치된 탱크가 하나인 때에는 그 탱크 용량의 110% 이상, 2기 이상인 때에는 그 탱크 중 용량이 최대인 것의 용량의 110% 이상으로 하여야 한다.
④ 방유제는 철근콘크리트로 하고, 방유제와 옥외저장탱크 사이의 지표면은 불연성과 불침윤성이 있는 구조(철근콘크리트 등)로 할 것. 다만, 누출된 위험물을 수용할 수 있는 전용유조 및 펌프 등의 설비를 갖춘 경우에는 방유제와 옥외저장탱크 사이의 지표면을 흙으로 할 수 있다.

해설
방유제 내의 면적은 8만m^2 이하로 하여야 한다.

| 정답 | ①

족집게 과외

❶ 방유제의 설치기준

구 분	설치기준
대 상	제3류, 제4류 및 제5류 위험물 중 인화성이 있는 액체(이황화탄소를 제외한다)의 옥외탱크저장소의 탱크 주위에는 방유제를 설치하여야 한다.
용 량	① 방유제 내 탱크 1개 : 탱크 용량의 110% 이상 ② 방유제 내 탱크 2개 이상 : 가장 큰 탱크 용량의 110% 이상
높이, 두께	높이 $0.5m$ 이상~$3m$ 이하, 두께 $0.2m$ 이상, 지하매설깊이 $1m$ 이상으로 설치할 것
면 적	방유제 내의 면적은 8만m^2 이하로 할 것
탱크의 수	방유제 내의 설치하는 옥외저장탱크의 수는 10개 이하로 할 것
도로 배치	방유제 외면의 2분의 1 이상은 자동차 등이 통행할 수 있는 $3m$ 이상의 노면폭을 확보한 구내도로에 직접 접하도록 할 것
구조의 재질	방유제는 철근콘크리트로 하고, 방유제와 옥외저장탱크 사이의 지표면은 불연성과 불침윤성이 있는 구조(철근콘크리트 등)로 할 것. 다만, 누출된 위험물을 수용할 수 있는 전용유조 및 펌프 등의 설비를 갖춘 경우에는 방유제와 옥외저장탱크 사이의 지표면을 흙으로 할 수 있다.
간막이 둑	용량이 1,000만L 이상인 옥외저장탱크의 주위에 설치하는 방유제에는 탱크마다 간막이 둑을 설치할 것
부속설비	방유제 내에는 당해 방유제 내에 설치하는 옥외저장탱크를 위한 배관, 조명설비 및 계기시스템과 이들에 부속하는 설비 그 밖의 안전확보에 지장이 없는 부속설비 외에는 다른 설비를 설치하지 아니할 것
설비 관통	방유제 또는 간막이 둑에는 해당 방유제를 관통하는 배관을 설치하지 아니할 것
계 단	높이가 $1m$를 넘는 방유제 및 간막이 둑의 안팎에는 방유제 내에 출입하기 위한 계단 또는 경사로를 약 $50m$마다 설치할 것

🔒 **정답** 01 ① 02 ④ 03 ① 04 ③

기출유형 완성하기

01 인화성 액체위험물(이황화탄소는 제외)의 옥외저장탱크 주위에는 기준에 따라 방유제를 설치해야 하는데 다음 중 잘못 설명된 것은?
〔08년-4회〕

① 방유제의 높이는 $1m$ 이상 $4m$ 이하로 할 것
② 방유제 내의 면적은 8만제곱미터 이하로 할 것
③ 방유제의 용량은 방유제 안에 설치된 탱크가 하나인 경우에는 그 탱크 용량의 110% 이상을 할 것
④ 방유제의 용량은 방유제 안에 설치된 탱크가 2기 이상인 경우 그 탱크 중 용량이 최대인 것의 용량의 110% 이상으로 할 것

해설
방유제는 **높이** $0.5m$ **이상**~$3m$ **이하**, 두께 $0.2m$ 이상, 지하매설깊이 $1m$ 이상으로 설치할 것

02 위험물안전관리법령에 따른 인화성 액체위험물(이황화탄소를 제외)의 옥외탱크저장소의 탱크 주위에 설치하는 방유제의 설치기준 중 옳은 것은?
〔18년-4회〕

① 방유제의 높이는 $0.5m$ 이상 $2.0m$ 이하로 할 것
② 방유제 내의 면적은 $100,000m^2$ 이하로 할 것
③ 방유제의 용량은 방유제 안에 설치된 탱크가 2기 이상인 때에는 그 탱크 중 용량이 최대인 것의 용량의 120% 이상으로 할 것
④ 높이가 $1m$를 넘는 방유제 및 간막이 둑의 안팎에는 방유제 내에 출입하기 위한 계단 또는 경사로를 약 $50m$마다 설치할 것

해설
① 방유제의 **높이**는 $0.5m$ **이상**~$3m$ **이하**로 할 것
② 방유제 내의 면적은 8만m^2 **이하**로 할 것
③ 방유제의 용량은 방유제 내 탱크 2개 이상인 경우 가장 큰 탱크 용량의 110% **이상일 것**

03 옥외탱크저장소에 설치하는 방유제의 설치기준으로 옳지 않은 것은?
〔14년-2회〕

① 방유제 내의 면적은 $60,000m^2$ 이하로 할 것
② 방유제의 높이는 $0.5m$ 이상 $3m$ 이하로 할 것
③ 방유제의 내의 옥외저장탱크의 수는 10 이하로 할 것
④ 방유제는 철근콘크리트 또는 흙으로 만들 것

해설
방유제 내의 면적은 8만m^2 이하로 할 것

04 위험물안전관리법령상 인화성 액체위험물(이황화탄소를 제외)의 옥외탱크저장소의 탱크 주위에 설치하여야 하는 방유제의 기준 중 틀린 것은?
〔21년-1회〕

① 방유제의 용량은 방유제 안에 설치된 탱크가 하나인 때에는 그 탱크 용량의 110% 이상으로 할 것
② 방유제의 용량은 방유제 안에 설치된 탱크가 2기 이상인 때에는 그 탱크 중 용량이 최대인 것의 용량의 110% 이상으로 할 것
③ 방유제는 높이 $1m$ 이상 $2m$ 이하, 두께 $0.2m$ 이상, 지하매설깊이 $0.5m$ 이상으로 할 것
④ 방유제 내의 면적은 $80,000m^2$ 이하로 할 것

해설
방유제는 **높이** $0.5m$ **이상**~$3m$ **이하**, 두께 $0.2m$ 이상, 지하매설깊이 $1m$ 이상으로 설치할 것

43 위험물의 임시저장

기출유형

위험물안전관리법령상 제조소등이 아닌 장소에서 지정수량 이상의 위험물을 취급할 수 있는 경우에 대한 기준으로 맞는 것은? (단, 시·도의 조례가 정하는 바에 따른다) 〈20년-4회〉

① 관할소방서장의 승인을 받아 지정수량 이상의 위험물을 60일 이내의 기간 동안 임시로 저장 또는 취급하는 경우
② 관할소방대장의 승인을 받아 지정수량 이상의 위험물을 60일 이내의 기간 동안 임시로 저장 또는 취급하는 경우
③ 관할소방서장의 승인을 받아 지정수량 이상의 위험물을 90일 이내의 기간 동안 임시로 저장 또는 취급하는 경우
④ 관할소방대장의 승인을 받아 지정수량 이상의 위험물을 90일 이내의 기간 동안 임시로 저장 또는 취급하는 경우

[해설]
시·도의 조례가 정하는 바에 따라 **관할소방서장의 승인**을 받아 지정수량 이상의 위험물을 **90일 이내**의 기간 동안 임시로 저장 또는 취급하는 경우 지정수량 이상의 위험물을 제조소등 외의 장소에서 취급할 수 있다.

|정답| ③

족집게 과외

❶ 위험물의 임시저장

구 분	설치기준
개 념	다음 어느 하나에 해당하는 경우에는 제조소등이 아닌 장소에서 지정수량 이상의 위험물을 취급할 수 있다. 이 경우 임시로 저장 또는 취급하는 장소에서의 저장 또는 취급의 기준과 임시로 저장 또는 취급하는 장소의 위치·구조 및 설비의 기준은 시·도의 조례로 정한다.
예외대상	① 시·도의 조례가 정하는 바에 따라 관할소방서장의 승인을 받아 지정수량 이상의 위험물을 90일 이내의 기간 동안 임시로 저장 또는 취급하는 경우 ② 군부대가 지정수량 이상의 위험물을 군사목적으로 임시로 저장 또는 취급하는 경우

정답 01 ① 02 ④ 03 ③ 04 ②

기출유형 완성하기

01 다음 중 위험물 임시저장 기간으로 맞는 것은?
_{06년-1회}

① 90일 이내
② 80일 이내
③ 70일 이내
④ 60일 이내

해설
시·도의 조례가 정하는 바에 따라 **관할소방서장의 승인**을 받아 지정수량 이상의 위험물을 **90일 이내**의 기간 동안 임시로 저장 또는 취급하는 경우 지정수량 이상의 위험물을 제조소등 외의 장소에서 취급할 수 있다.

02 위험물의 임시저장 취급기준을 정하고 있는 것은?
_{07년-2회}

① 대통령령
② 국무총리령
③ 행정자치부령
④ 시·도조례

해설
임시로 저장 또는 취급하는 장소에서의 저장 또는 취급의 기준과 임시로 저장 또는 취급하는 장소의 위치·구조 및 설비의 기준은 **시·도의 조례**로 정한다.

03 시·도의 조례가 정하는 바에 따라 지정수량 이상의 위험물을 임시로 저장·취급할 수 있는 기간 (ㄱ)과 임시저장 승인권자 (ㄴ)는?
_{16년-1회, 개정반영}

① ㄱ. 30일 이내, ㄴ. 시·도지사
② ㄱ. 60일 이내, ㄴ. 소방본부장
③ ㄱ. 90일 이내, ㄴ. 관할소방서장
④ ㄱ. 120일 이내, ㄴ. 행정안전부장관

해설
시·도의 조례가 정하는 바에 따라 **관할소방서장의 승인**을 받아 지정수량 이상의 위험물을 **90일 이내**의 기간 동안 임시로 저장 또는 취급할 수 있다.

04 위험물안전관리법령상 제조소등이 아닌 장소에서 지정수량 이상의 위험물 취급에 대한 설명으로 틀린 것은?
_{22년-1회}

① 임시로 저장 또는 취급하는 장소에서의 저장 또는 취급의 기준은 시·도의 조례로 정한다.
② 필요한 승인을 받아 지정수량 이상의 위험물을 120일 이내의 기간 동안 임시로 저장 또는 취급하는 경우 제조소등이 아닌 장소에서 지정수량 이상의 위험물을 취급할 수 있다.
③ 제조소등이 아닌 장소에서 지정수량 이상의 위험물을 취급할 경우 관할소방서장의 승인을 받아야 한다.
④ 군부대가 지정수량 이상의 위험물을 군사목적으로 임시로 저장 또는 취급하는 경우 제조소등이 아닌 장소에서 지정수량 이상의 위험물을 취급할 수 있다

해설
시·도의 조례가 정하는 바에 따라 **관할소방서장의 승인**을 받아 지정수량 이상의 위험물을 **90일 이내**의 기간 동안 임시로 저장 또는 취급할 수 있다.

교육은 우리 자신의 무지를 점차 발견해 가는 과정이다.

— 윌 듀란트 —

PART 04
소방기계시설의 구조 및 원리

PART 04 소방기계시설의 구조 및 원리

01 소화기구 및 소화장치

기출유형

$280 m^2$의 발전실에 부속용도별로 추가하여야 할 적응성이 있는 수동식 소화기 수량은 몇 개 이상이어야 하는가?

25년

① 2
② 4
③ 6
④ 12

해설

발전실은 바닥면적 $50[m^2]$마다 1개 이상 수동식 소화기를 비치하여야 하므로, $280 \div 50 = 5.6 \Rightarrow 6$[단위]이다.

| 정답 | ③

족집게 과외

❶ 간이소화용구

구분	내용			
	종류	용량	능력단위	적용화재
간이소화용구	마른 모래	삽+50L 이상 1포	0.5단위	A, B, D급
	팽창질석&팽창진주암	삽+80L 이상 1포		

❷ 수동식 소화기

구분	내용			
소형 소화기	설치기준	① 층마다 ② 보행거리 20m 이내 ③ 용도별 면적마다 능력단위 이상		
	용도별 능력단위	용도		요구 능력단위
		위락시설		30m^2마다 1단위 이상
		공연장, 집회장, 관람장, 의료시설		50m^2마다 1단위 이상
		근린생활시설(사무실), 판매시설, 노유자시설, 공동주택, 전시장, 창고시설		100m^2마다 1단위 이상
	※ 내화구조+난연재료 이상(준불연, 불연)으로 마감 시 위 표의 기준면적의 2배를 기준면적으로 적용			
	※ 능력단위란 소화기 등의 소화능력을 수치화한 것			
대형 소화기	개념	사람이 운반 가능하도록 바퀴 설치+A급 10단위 이상, B급 20단위 이상인 소화기		
	설치기준	보행거리 30m 이내		

※ 이산화탄소, 할로겐화합물을 방출하는 소화기구는 지하층, 무창층, 밀폐된 거실로서 바닥면적이 20m^2 미만 장소에는 설치할 수 없다(단 유효한 개구부가 있는 경우 예외).

❸ 자동소화장치

구분	내용	
자동소화장치	탐지부 설치기준	① 공기보다 가벼운 가스(LNG) 사용 시 → 천장면 30cm 이하 위치 ② 공기보다 무거운 가스(LPG) 사용 시 → 바닥면 30cm 이하 위치

❹ 용도별로 추가해야 할 소화기구 및 자동소화장치

용도별 추가 소화기구	추가 설치기준
보일러실 → 자동확산소화기 추가 설치	10m^2 이하 : 1개, 10m^2 초과 : 2개
발전실, 전기실, 통신실 등 유사시설(전기설비) → 적응성(CO_2) 소화기 추가 설치	바닥면적 50m^2마다 소화기 1개 이상

기출유형 완성하기

정답 01 ③ 02 ① 03 ③ 04 ② 05 ④

01 배기를 위한 유효한 개구부가 없는 지하층이나 무창층 또는 밀폐된 거실 및 사무실로서 그 바닥면적이 $20m^2$ 미만인 장소에서 사용(취급)하여도 되는 소화기용 소화약제는 어느 것인가?

09년-2회, 개정반영

① 할론 1211
② 할론 1301
③ 인산염류
④ 탄산가스(CO_2)

해설
CO_2, 할로겐화합물을 방출하는 소화기구는 바닥면적 $20m^2$ 미만인 무창층, 밀폐거실, 지하층에서는 사용이 불가능하다.

Tip 인산염류 소화약제(=ABC분말소화기)

02 대형소화기에서 A급 소화기의 능력단위는 어느 것인가?

06년-4회

① 10단위 이상
② 15단위 이상
③ 20단위 이상
④ 30단위 이상

해설
대형소화기는 A급은 10단위 이상, B급은 20단위 이상인 소화기를 말한다.

03 간이소화용구인 마른 모래 $50L$, 5포와 삽을 비치한 상태일 때 능력단위는 얼마인가?

03년-2회

① 1.5단위
② 2단위
③ 2.5단위
④ 4단위

해설
마른 모래는 삽을 비치할 경우 $50L$당 0.5단위이므로, 5포×0.5단위=2.5단위이다.

04 통신기기실에 비치하는 소화기로 가장 적합한 것은?

09년-1회

① 포 소화기
② 이산화탄소 소화기
③ 강화액 소화기
④ 산·알칼리 소화기

해설
통신기기실, 전기실 등 C급화재가 발생하는 장소에는 이산화탄소 또는 할로겐화합물 소화기가 주로 설치된다.

Tip ABC도 설치 가능하나, 후처리 문제로 사용하지 않는다.

05 바닥면적이 700평방미터인 병원에 ABC급 분말소화기를 비치하고자 한다. 최소 A급 몇 단위가 필요한가? (단, 이 건물은 내화구조로서 내장재는 불연재이며, 배치상의 보행거리는 고려하지 않는다)

04년-1회, 개정반영

① 4단위
② 5단위
③ 6단위
④ 7단위

해설
병원은 의료시설이므로 바닥면적 $50[m^2]$당 1단위가 기준이나 내화구조 및 불연재이므로 2배를 적용한다.
→ 700÷(50×2)=7[단위]

정답 06 ① 07 ② 08 ① 09 ②

기출유형 완성하기

06 소화기 설치 시 전기설비가 있는 곳은 추가하여 소화기를 비치한다. 산출방법 중 옳은 것은?
　　04년-2회

① 당해 바닥면적÷$50m^2$＝소화기 개수
② 당해 바닥면적÷$50m^2$＝소화기 능력단위
③ 당해 바닥면적÷$25m^2$＝소화기 개수
④ 당해 바닥면적÷$25m^2$＝소화기 능력단위

해설
전기시설이 있는 곳은 바닥면적 $50[m^2]$당 소화기 1개 이상 확보하므로 "당해 바닥면적$[m^2]$ ÷ $50[m^2]$"으로 소화기 개수를 산출한다.

Tip 능력단위가 아니고 개수임을 유의할 것

07 간이소화용구 중 삽을 상비한 160리터 이상의 팽창질석 1포의 능력단위는?
　　09년-2회

① 0.5단위
② 1단위
③ 1.5단위
④ 2단위

해설
팽창질석은 $80L$당 0.5단위이므로 160리터의 팽창질석은 1단위가 된다.

08 대형 수동식 소화기의 능력단위 기준 및 보행거리 배치기준이 적절하게 표시된 항목은?
　　10년-1회

① A급화재 : 10단위 이상, B급화재 : 20단위 이상, 보행거리 : $30m$ 이내
② A급화재 : 20단위 이상, B급화재 : 20단위 이상, 보행거리 : $30m$ 이내
③ A급화재 : 10단위 이상, B급화재 : 20단위 이상, 보행거리 : $40m$ 이내
④ A급화재 : 20단위 이상, B급화재 : 20단위 이상, 보행거리 : $40m$ 이내

해설
대형 소화기는 A급 10단위 이상, B급 20단위 이상의 능력단위를 갖는 수동식 소화기로, 보행거리 $30m$ 이내로 배치한다.

09 바닥면적 $500m^2$인 사무실에 능력단위 2인 소형 수동식 소화기를 설치하는 경우에 설치하여야 하는 소화기의 개수는? (단, 추가 및 면제는 없으며 소방대상물의 각 부분이 보행거리 $20m$ 이내에 있다고 가정함)
　　05년-1회

① 2개
② 3개
③ 4개
④ 5개

해설
사무실은 기준면적이 $100[m^2]$이므로 필요한 능력단위는 500÷100＝5[단위]가 된다.
조건에서 소화기 하나당 2단위이므로 5단위 이상이 되는 최소 개수인 3개를 설치한다.

CHAPTER 01 | 소화기구 및 소화장치　**439**

기출유형 완성하기

정답 10 ① 11 ③ 12 ② 13 ③

10 액화천연가스(LNG)를 사용하는 아파트에 자동식 소화기를 설치하려 한다. 자동식 소화기의 탐지부 설치위치가 적합한 것은? `06년-1회`

① 천장면으로부터 30cm 이하의 위치에 설치한다.
② 천장면으로부터 45cm 이하의 위치에 설치한다.
③ 바닥면으로부터 30cm 이하의 위치에 설치한다.
④ 바닥면으로부터 45cm 이하의 위치에 설치한다.

[해설]
LNG는 공기보다 가벼우므로 가스가 누설 시 상부로 떠오른다. → 천장면으로부터 30cm 이하의 위치에 설치한다.

11 대형 수동식 소화기를 설치할 때에 소방대상물의 각 부분으로부터 1개의 대형 수동식 소화기까지의 보행거리가 얼마 이내가 되도록 배치하여야 하는가? `06년-1회`

① 20m 이내
② 25m 이내
③ 30m 이내
④ 40m 이내

[해설]
대형 소화기의 **보행거리 기준**은 30m 이내이다.

12 소형 수동식 소화기 설치기준으로 가장 적절한 것은? `06년-2회`

① 각 층마다 설치하되, 소방대상물의 각 부분으로부터 1개의 수동식 소화기까지의 보행거리가 소형 수동식 소화기의 경우 20m 이상이 되도록 배치한다.
② 각 층마다 설치하되, 소방대상물의 각 부분으로부터 1개의 수동식 소화기까지의 보행거리가 소형 수동식 소화기의 경우 20m 이내가 되도록 배치한다.
③ 각 층마다 설치하되, 소방대상물의 각 부분으로부터 1개의 수동식 소화기까지의 보행거리가 소형 수동식 소화기의 경우 30m 이상이 되도록 배치한다.
④ 각 층마다 설치하되, 소방대상물의 각 부분으로부터 1개의 수동식 소화기까지의 보행거리가 소형 수동식 소화기의 경우 30m 이내가 되도록 배치한다.

[해설]
소형 소화기는 각 층마다 설치하고, 보행거리가 20m 이내가 되도록 배치한다.

13 아파트의 각 세대별 주방에 설치되는 자동식 소화기의 설치기준에 적합하지 않은 항목은? `15년-2회, 개정반영`

① 감지부의 설치위치는 형식 승인받은 유효높이에 설치
② 탐지부는 수신부와 분리하여 설치
③ 가스누설 경보차단장치는 주방배관의 개폐밸브로부터 5m 이하의 위치에 설치
④ 수신부는 열기류 또는 습기 등과 주위온도에 영향을 받지 아니하는 장소에 설치

[해설]
전기 또는 가스의 차단장치는 상시확인 및 점검이 가능하도록 설치한다.

정답 14 ② 15 ② 16 ① 17 ④ 18 ② 19 ③

기출유형 완성하기

14 공기보다 가벼운 가스를 사용하는 경우 자동소화장치탐지부의 설치위치로 알맞은 것은?
〔25년〕

① 천장 면으로부터 $20cm$ 이하에 설치
② 천장 면으로부터 $30cm$ 이하에 설치
③ 바닥 면으로부터 $20cm$ 이하에 설치
④ 바닥 면으로부터 $30cm$ 이하에 설치

해설
가스용 주방자동소화장치를 사용하는 경우 탐지부는 수신부와 분리하여 설치하되, 공기보다 가벼운 가스를 사용하는 경우에는 **천장 면으로부터 $30cm$ 이하**의 위치에 설치한다.

15 소화기구의 화재안전기준상 소화설비가 설치되지 아니한 소방대상물의 보일러실에 자동확산 소화용구를 설치하려 한다. 보일러실 바닥면적이 $23m^2$이면 자동확산 소화용구는 몇 개를 설치하여야 하나?
〔07년-4회〕

① 1개   ② 2개
③ 3개   ④ 4개

해설
자동확산 소화용구는 보일러실의 바닥면적이 $10[m^2]$ 이하는 1개, 초과는 2개를 설치한다.

16 바닥면적이 $1,300m^2$인 판매시설에 소화기구를 설치하려 한다. 소화기구의 최소 능력단위는? (단, 주요구조부는 내화구조이고, 벽 및 반자의 실내와 면하는 부분이 불연재료이다)
〔14년-1회〕

① 7단위   ② 9단위
③ 10단위   ④ 13단위

해설
판매시설이므로 바닥면적 $100[m^2]$당 1단위가 기준이나 내화구조 및 불연재이므로 2배를 적용한다.
→ $1,300÷(100×2)=6.5⇒7[단위]$

17 다음 소화기구 중 금속나트륨이나 칼륨 화재에 가장 적합한 것은?
〔08년-2회〕

① 산, 알칼리 소화기
② 물 소화기
③ 포 소화기
④ 팽창질석

해설
금속화재에는 팽창질석, 팽창진주암, 건조사 등으로 소화한다.

18 건축물의 주요구조부가 내화구조이고, 벽, 반자 등 실내에 면하는 부분이 불연재료로 시공된 바닥면적이 $600m^2$인 노유자시설에 필요한 소화기구의 소화능력 단위는 얼마 이상으로 하여야 하는가?
〔09년-4회〕

① 2단위   ② 3단위
③ 4단위   ④ 6단위

해설
노유자시설이므로 바닥면적 $100[m^2]$당 1단위가 기준이나 내화구조 및 불연재이므로 2배를 적용한다.
→ $600÷(100×2)=3[단위]$

19 부속용도로 사용하고 있는 통신기기실의 경우 몇 m^2마다 수동식 소화기 1개 이상을 추가로 비치해야 하는가?
〔15년-2회〕

① 30   ② 40
③ 50   ④ 60

해설
통신기기실의 경우 $50[m^2]$마다 적응식 소화기 1개 이상을 추가로 비치하여야 한다.

CHAPTER 01 | 소화기구 및 소화장치

기출유형 완성하기

정답 20 ② 21 ②

20 다음과 같이 간이소화용구를 비치하였을 경우 능력단위의 합은? `10년-3회, 개정반영`

> 삽을 상비한 마른 모래 $50L$ 2포
> 삽을 상비한 팽창질석 $80L$ 1포

① 1단위
② 1.5단위
③ 2.5단위
④ 3단위

해설
마른 모래는 $50L$, 팽창질석은 $80L$당 0.5단위이므로 1.5단위가 된다.

21 다음 중 소화기구의 설치에서 이산화탄소소화기를 설치할 수 없는 곳의 설치기준으로 옳은 것은? `13년-1회`

① 밀폐된 거실로서 바닥면적이 $35m^2$ 미만인 곳
② 무창층 또는 밀폐된 거실로서 바닥면적이 $20m^2$ 미만인 곳
③ 밀폐된 거실로서 바닥면적이 $25m^2$ 미만인 곳
④ 무창층 또는 밀폐된 거실로서 바닥면적이 $30m^2$ 미만인 곳

해설
이산화탄소, 할로겐화합물을 방출하는 소화기구는 지하층, 무창층, 밀폐된 거실로서 바닥면적이 $20m^2$ 미만인 장소에는 설치할 수 없다.

02 방수량과 방수압력

기출유형

국내 규정상 단위 옥내소화전설비 가압송수장치의 최소시설기준으로 다음과 같은 항목을 맞게 열거한 것은? (단, 순서는 법정 최소방사량($l/\min$) - 법정 최소방출압력(MPa) - 법정 최소방출시간(분)이다)

13년-4회

① 130$l/\min$ - 1.0MPa - 30분
② 350$l/\min$ - 2.5MPa - 30분
③ 130$l/\min$ - 0.17MPa - 20분
④ 350$l/\min$ - 3.5MPa - 20분

해설
옥내소화전의 방수량은 130[Lpm] 이상, 방수압력은 0.17[MPa] 이상, 최소방수시간은 20분 이상이다.

|정답| ③

족집게 과외

❶ 방수량과 방수압력

설 비	방수량 [Lpm/개]	방수압력 [MPa]	방수시간 및 비상전원(분)		
			일 반	준초고층	초고층
옥내소화전	130	0.17~0.7	20분	40분	60분
옥외소화전	350	0.25~0.7			
연결송수관	800	0.35~			
스프링클러	80(창고 : 160)	0.1~1.2			
드렌처설비	80	0.1~1.2			
기 타	① 연결송수관의 방수량은 아파트의 경우 1/2 적용 ② 옥내&옥외소화전 방수압력이 0.7MPa을 초과할 경우에는 호스접결구의 인입 측에 감압장치를 설치 → 사람이 조작하는 데 한계가 있으므로 최대방수압력을 규정 ③ 최소방수압력은 기준개수만큼 전부 개방할 때 확보되어야 하는 압력 ④ 창고시설의 비상전원은 옥내소화전의 경우 40분, 스프링클러는 일반창고 20분, 랙식창고는 60분 ⑤ 옥외소화전의 방수시간 및 비상전원은 규모와 무관하게 20분					

❷ 압력에 따른 방수량(소화전)

구 분	내 용	
소화전	$\dot{Q} = 2.086 \times d^2 \times \sqrt{P}$ $\dot{Q}$: 방수량[l/min], d : 노즐구경[mm], P : 방수압력[MPa]	옥내소화전 d : 13[mm] 옥외소화전 d : 19[mm]
압력 변화 시	$\dot{Q_2} = \dot{Q_1} \times \dfrac{\sqrt{P_2}}{\sqrt{P_1}}$ P_1 : 기존 압력, P_2 : 변화 후 압력, $\dot{Q_1}$: 기존 유량, $\dot{Q_2}$: 변화 후 유량	

❸ 고층건축물

구 분		기 준	위험도
일반건축물		고층건축물에 해당되지 않는 건축물	1
고 층	고 층	층수가 30층 이상이거나 높이가 120m 이상인 건축물	-
	준초고층	초고층 건축물에 해당하지 않는 고층건축물	2
	초고층	층수가 50층 이상이거나 높이가 200m 이상인 건축물	3

※ 위험도는 법적인 정의가 아닌 방수시간과 비상전원 계산을 쉽게 하기 위한 개념

Tip 1개 층에 높이를 4m로 생각하고 층수만 숙지할 것

정답 01 ③ 02 ② 03 ④ 04 ① 05 ②

기출유형 완성하기

01 옥내소화전설비를 설계할 때에 가압송수장치의 압력이 얼마를 초과하는 경우에 호스접결구의 인입 측에 감압장치를 설치해야 하는가?   06년-4회

① $5 kgf/cm^2$
② $6 kgf/cm^2$
③ $7 kgf/cm^2$
④ $8 kgf/cm^2$

해설
옥내소화전 또는 옥외소화전은 방수압력이 $0.7[MPa]$ $=7[kgf/cm^2]$을 초과하는 경우에 감압장치를 설치한다.
※ 정확히는 가압송수장치의 압력은 문제오류입니다.

02 옥외소화전이 3개 설치된 소방대상물에서 동시에 2개를 개방하였을 때 노즐선단의 압력은 얼마 이상이어야 하나?   04년-4회

① $1.7 kgf/cm^2$
② $2.5 kgf/cm^2$
③ $3.5 kgf/cm^2$
④ $4 kgf/cm^2$

해설
옥외소화전의 최소방수압력은 $0.25[MPa]=2.5[kgf/cm^2]$ 이상이 나와야 한다. 옥외소화전의 기준개수는 2개로 기준개수가 개방될 때 모든 방수구에서 법적 최소방수압력 이상이어야 한다.

03 근린생활시설에 간이스프링클러를 설치하고자 한다. 이때 비상전원은 몇 분 이상 스프링클러설비를 유효하게 작동할 수 있는 것으로 설치하여야 하는가?   12년-2회

① 5분
② 10분
③ 15분
④ 20분

해설
별도의 조건이 주어지지 않은 경우(층수, 규모)에는 비상전원은 20분 이상이 기준이 된다.

04 소화전 노즐의 방수압력이 $7 kgf/cm^2$ 이상이 되면 호스접결구 인입 측에 감압장치를 설치한다. 가장 적합한 것은?   03년-3회

① 호스조작의 인간체력 한계 때문에
② 호스의 재질상 고압에서 파열 가능성을 배제할 수 없기 때문에
③ 펌프가 무리한 양정력을 가지기 때문에
④ 고압살수로부터 건축구조물의 보호를 위하여

해설
소화전 노즐에서 방수압력을 제한하는 이유는 사람이 조작하는 수동식 소화설비이므로 사람의 조작한계 때문에 최대방수압력 초과 시 감압장치를 설치한다.

05 스프링클러설비의 가압송수장치의 정격토출압력은 하나의 헤드선단에 얼마의 방수압력이 될 수 있는 크기이어야 하는가?   19년-4회

① $0.01 MPa$ 이상 $0.05 MPa$ 이하
② $0.1 MPa$ 이상 $1.2 MPa$ 이하
③ $1.5 MPa$ 이상 $2.0 MPa$ 이하
④ $2.5 MPa$ 이상 $3.3 MPa$ 이하

해설
스프링클러의 방수압력은 $0.1 \sim 1.2[MPa]$ 범위이다.

기출유형 완성하기

정답 06 ④ 07 ④ 08 ③ 09 ④

06 옥내소화전 비상전원의 용량은 몇 분 이상이어야 하는가? (06년-4회)

① 1시간
② 50분
③ 30분
④ 20분

해설
별도의 조건이 주어지지 않은 경우(층수, 규모)에는 비상전원은 20분 이상이 기준이 된다.

07 옥외소화전설비 및 급수관로가 노후하여 성능시험(유량/압력)을 한 결과, $2.5 kgf/cm^2$ 압력에서 300리터/분 용량이 방출되는 것으로 확인되었다. 법정 최소방사량인 350리터/분 용량을 방사하고자 할 경우에 요구되는 소화전 방수압력(kgf/cm^2)은? (05년-2회)

① $2.8 kgf/cm^2$
② $3.0 kgf/cm^2$
③ $3.2 kgf/cm^2$
④ $3.4 kgf/cm^2$

해설
$\dot{Q}_2 = \dot{Q}_1 \times \dfrac{\sqrt{P_2}}{\sqrt{P_1}}$ 압력식으로 정리하면

$\rightarrow P_2 = \left(\dfrac{\dot{Q}_2}{\dot{Q}_1}\right)^2 \times P_1 = \left(\dfrac{350}{300}\right)^2 \times 2.5 = 3.4[kgf/cm^2]$

Tip P_1, P_2 에 입력되는 압력의 단위는 문제에서 요구하는 단위로 계산하면 같은 단위로 값이 산출된다.

08 지표면에서 최상층 방수구의 높이가 $70m$ 이상의 소방대상물에 습식 연결송수관설비 펌프를 설치할 때 최상층에 설치된 노즐선단의 최소압력으로 적합한 것은? (11년-1회)

① $0.15 MPa$
② $0.25 MPa$
③ $0.35 MPa$
④ $0.45 MPa$

해설
연결송수관설비의 최소방수압력은 $0.35[MPa]$ 이다.

09 옥내소화전설비에서 소화전 말단 노즐의 구경이 $13mm$ 이고, 방수압이 $2.6 kgf/cm^2$ 이었다면, 이 노즐을 통하여 방사되는 방수량은 얼마인가? (05년-2회)

① $192[Lpm]$
② $130[Lpm]$
③ $156[Lpm]$
④ $178[Lpm]$

해설
소화전의 방수량은 $\dot{Q} = 2.086 \times d^2 \times \sqrt{P}$ 이므로 압력단위를 환산하면

$2.6[kgf/cm^2] \times \dfrac{0.101325[MPa]}{1.0332[kgf/cm^2]} = 0.255[MPa]$

$\dot{Q} = 2.086 \times 13^2 \times \sqrt{0.255} = 178[Lpm]$

정답 10 ② 11 ① 12 ② 13 ④

기출유형 완성하기

10 옥외소화전설비의 노즐에서 규정된 방수압과 방수량은 얼마인가? `06년-1회`

① $1.7 kgf/cm^2$ 이상, $130 l/min$ 이상
② $2.5 kgf/cm^2$ 이상, $350 l/min$ 이상
③ $1.0 kgf/cm^2$ 이상, $80 l/min$ 이상
④ $3.5 kgf/cm^2$ 이상, $350 l/min$ 이상

해설
옥외소화전의 최소방수압력은 $2.5[kgf/cm^2]$ 이상, 최소방수량은 $350[Lpm]$ 이상이다.

11 30층 이상 소방대상물의 옥내소화전설비에는 다음의 기준에 의하여 자가발전설비 또는 축전지설비에 의한 비상전원을 설치하여야 한다. 틀린 것은? `08년-2회, 개정반영`

① 비상전원은 당해 옥내소화전설비를 유효하게 20분 이상 작동할 수 있어야 한다.
② 비상전원 설치장소는 다른 장소와 방화구획한다.
③ 상용전원으로부터 전력공급이 중단된 때에는 자동적으로 비상전원으로 전환되는 것으로 한다.
④ 비상전원의 실내 설치장소에는 점검 및 조작에 필요한 비상조명등을 설치하여야 한다.

해설
고층건축물의 비상전원은 40분 이상 작동할 수 있어야 한다.

12 옥외소화전을 방수시험하니 노즐선단(노즐무경 $[20mm]$)에서 방수압력이 $3[kgf/cm^2]$이었다. 분당 방수량은 약 얼마인가? `06년-2회`

① $261[L/min]$
② $452[L/min]$
③ $630[L/min]$
④ $692[L/min]$

해설
소화전의 방수량은 $\dot{Q} = 2.086 \times d^2 \times \sqrt{P}$ 이므로 압력단위를 환산하면
$3[kgf/cm^2] \times \dfrac{0.101325[MPa]}{1.0332[kgf/cm^2]} = 0.294[MPa]$
$\dot{Q} = 2.086 \times 20^2 \times \sqrt{0.294} = 452[Lpm]$

13 다음 건축물에 설치된 소화설비 중 최소방사압력이 가장 큰 것은 무엇인가? `25년`

① 옥외소화전설비
② 옥내소화전설비
③ 스프링클러설비
④ 포소화전

해설
최소방사압력

설 비	방사압력$[MPa]$
옥외소화전설비	0.25~0.7
옥내소화전설비	0.17~0.7
스프링클러설비	0.1~1.2
포소화전	0.35

03 수원과 가압송수장치 유량

기출유형

폐쇄형 스프링클러 헤드를 사용하는 경우 설치장소별 헤드의 기준개수로 옳지 않은 것은?

[10년-1회]

① 지하층을 제외한 층수가 10층 이하인 소방대상물로서 소매시장의 경우는 20개
② 지하층을 제외한 층수가 11층 이상인 소방대상물(아파트를 제외한다)의 경우는 30개
③ 지하층을 제외한 층수가 10층 이하인 소방대상물로서 공장(특수가연물을 저장·취급하는 것)의 경우는 30개
④ 지하층을 제외한 층수가 10층 이하인 소방대상물로서 창고(래크식 창고 포함, 특수가연물을 저장·취급하는 것)의 경우는 30개

해설
소매시장은 판매시설로 층수와 무관하게 스프링클러설비의 기준개수는 30개이다.

| 정답 | ①

족집게 과외

❶ 가압송수장치의 방수량

설 비		기준개수(N)		가압송수장치 방수량	최대제한개수 (N_{max})
		일반(30층 미만)	고층(30층 이상)		
옥내소화전		1개 층 최대설치개수	1개 층 최대설치개수	$N \times 130[Lpm]$	일반 2개, 고층 5개
옥외소화전		설치개수		$N \times 350[Lpm]$	2개
연결송수관		3~5개		$N \times 800[Lpm]$	최소 3개, 최대 5개
스프링클러	폐쇄형	10~30개		$N \times 80(160)[Lpm]$	기준 개수 그대로 적용
	개방형	1개 방수구역(밸브) 최대설치개수		$N \times 80[Lpm]$	
드렌처설비		1개 방수구역(밸브) 최대설치개수		$N \times 80[Lpm]$	

※ 연결송수관의 방수량은 아파트의 경우 1/2로 적용(높이 $70m$ 이상인 대상물에 가압송수장치 설치)

❷ 스프링클러 기준개수

스프링클러설비 설치장소			기준개수
10층 이하 (지하층 제외 층수)	공 장	특수가연물 저장·취급	30
		그 밖의 것	20
	근린생활시설, 판매시설, 운수시설, 복합건축물	판매시설·복합건축물(판매시설 포함)	30
		그 밖의 것	20
	그 밖의 것	헤드 부착높이 $8m$ 이상	20
		헤드 부착높이 $8m$ 미만	10
아파트	① 단, 여러 개의 동이 주차장으로 연결된 경우 30개 적용 ② 설치개수가 가장 많은 세대의 개수가 10개 이하인 경우 해당 개수 적용		10
창고시설	설치개수가 가장 많은 방호구역의 설치개수(최대 30개)		30
11층 이상(지하층 제외 층수, 아파트 제외), 지하가, 지하역사			30

❸ 수 원

구 분		수원 기준(일반)	수원 기준(창고시설)	고층의 경우
옥내소화전		$N \times 2.6[m^3]$	$N \times 5.2[m^3]$	$\times$ 위험도
옥외소화전		$N \times 7.0[m^3]$		일반건축물과 동일
연결송수관		가압송수장치 유량 $\times 7.5$		
스프링클러	폐쇄형	$N \times 1.6[m^3]$	$N \times 3.2[m^3]$ (랙창고 : $9.6[m^3]$)	$\times$ 위험도
	개방형	$N \times 1.6[m^3]$	해당 없음	$\times$ 위험도
드렌처설비		$N \times 1.6[m^3]$		$\times$ 위험도

※ 수원은 '기준개수 × 방수량 × 방수시간'으로도 산출 가능하다.

기출유형 완성하기

정답 01 ② 02 ③ 03 ② 04 ④ 05 ②

01 옥내소화전설비가 각 층 5개씩 설치되어 있을 때 당해 건물의 옥내소화전 전용수원은 얼마 이상 확보하여야 하는가? `10년-1회, 개정반영`

① $13m^3$ 이상
② $5.2m^3$ 이상
③ $2.6m^3$ 이상
④ $1.3m^3$ 이상

해설
옥내소화전의 수원은 기준개수가 소화전이 가장 많이 설치된 층의 개수를 기준으로 하지만 최대 2개이므로, $2 \times 2.6[m^3] = 5.2[m^3]$ 이상 확보하여야 한다.

02 2개의 방수구역으로서 하나의 제어밸브에 8개씩 드렌처헤드가 설치되어 있는 드렌처설비의 경우 법적인 수원의 수량은? `08년-1회`

① $3.2m^3$ 이상
② $6.4m^3$ 이상
③ $12.8m^3$ 이상
④ $25.6m^3$ 이상

해설
드렌처설비의 수원은 기준개수가 가장 많은 개수의 헤드가 설치된 방수구역(제어밸브)을 기준으로 한다. 제어밸브 1개가 담당하는 헤드의 최대개수는 8개로, 수원은 $8 \times 1.6[m^3] = 12.8[m^3]$ 이다.

03 어느 소방대상물에 옥외소화전이 6개가 설치되어 있다. 옥외소화전설비를 위해 필요한 최소 수원의 수량은? `11년-2회`

① $10m^3$
② $14m^3$
③ $21m^3$
④ $35m^3$

해설
옥외소화전의 수원은 기준개수가 소화전의 설치개수를 기준으로 하지만 최대 2개이므로 $2 \times 7.0[m^3] = 14.0[m^3]$ 이다.

04 일반가연물을 취급하는 창고시설에 라지드롭 스프링클러설비를 설치할 때 가압송수장치의 분당 토출량(m^3)으로 맞는 것은? `03년-1회, 개정반영`

① 1.6
② 2.4
③ 3.2
④ 4.8

해설
창고시설에 설치되는 헤드의 기준개수는 30개로, 가압송수장치의 분당 토출량은 $30 \times 160[Lpm] = 4,800[Lpm] = 4.8[m^3/\min]$ 이다.

05 5층 건물에 옥내소화전이 1층에 3개, 2층 이상에 각각 2개씩 총 11개가 설치되었을 경우, 수원의 수량 산출방법으로 옳은 것은? `07년-1회, 개정반영`

① 3개 $\times 2.6m^3 = 7.8m^3$
② 2개 $\times 2.6m^3 = 5.2m^3$
③ 11개 $\times 2.6m^3 = 28.6m^3$
④ 5개 $\times 2.6m^3 = 13.0m^3$

해설
옥내소화전의 수원은 기준개수가 소화전이 가장 많이 설치된 층의 개수를 기준으로 하지만 최대 2개이므로 $2 \times 2.6[m^3] = 5.2[m^3]$ 이상이다.

정답 06 ④ 07 ② 08 ④ 09 ②

기출유형 완성하기

06 층수가 10층인 일반창고에 습식의 폐쇄형 스프링클러 헤드가 설치되어 있다면 이 설비에 필요한 수원의 양은 얼마 이상이어야 하는가? (단, 이 창고는 특수가연물을 저장·취급하지 않는 일반물품을 적용한다) `19년-1회, 개정반영`

① $16m^3$
② $24m^3$
③ $48m^3$
④ $96m^3$

해설
창고시설에 설치되는 헤드의 기준개수는 30개로, 수원의 양은 $30 \times 3.2[m^3] = 96[m^3]$이다.

07 옥외소화전이 3개 설치된 소방대상물에서 동시에 2개를 개방하였을 때 노즐선단의 압력은 얼마 이상이어야 하나? `04년-4회`

① $1.7kgf/cm^2$
② $2.5kgf/cm^2$
③ $3.5kgf/cm^2$
④ $4kgf/cm^2$

해설
옥외소화전의 최소방수압력은 $0.25[MPa] = 2.5[kgf/cm^2]$로 기준개수만큼 모두 개방되었을 때 각각의 소화전에서 최소방수압력 이상을 확보하여야 한다.

08 층별 바닥면적이 $2,000m^2$인 5층 백화점 건물에 폐쇄형 스프링클러설비가 설치되어 있을 때 스프링클러설비에 필요한 수원의 양은 얼마인가? `05년-1회`

① $16m^3$
② $24m^3$
③ $32m^3$
④ $48m^3$

해설
백화점은 판매시설로서 기준개수는 30개이므로, 수원의 양은 $30 \times 1.6[m^3] = 48[m^3]$이다.

09 옥내소화전이 1층에 4개, 2층에 4개, 3층에 2개가 설치된 소방대상물이 있다. 옥내소화전설비를 위해 필요한 최소 수원의 수량은? `14년-2회, 개정반영`

① $2.6m^3$
② $5.2m^3$
③ $13m^3$
④ $26m^3$

해설
옥내소화전의 수원은 기준개수가 소화전이 가장 많이 설치된 층의 개수를 기준으로 하지만 최대 2개이므로 $2 \times 2.6[m^3] = 5.2[m^3]$ 이상이다.

CHAPTER 03 | 수원과 가압송수장치 유량

기출유형 완성하기

정답 10 ① 11 ① 12 ③ 13 ①

10 옥외소화전설비의 화재안전기준에서 어느 대상물에 옥외소화전이 4개 설치되어 있는 경우 수원의 저수량은 얼마 이상이 되도록 하여야 하는가?

〔07년-2회〕

① $2 \times 7 m^3$
② $3 \times 7 m^3$
③ $4 \times 7 m^3$
④ $5 \times 7 m^3$

해설
옥외소화전의 수원은 기준개수가 소화전의 설치개수를 기준으로 하지만 최대 2개이므로 $2 \times 7.0[m^3] = 14[m^3]$이다.

11 층고가 12미터인 6층 무대부에 3개 회로로 분기하여 개방형 스프링클러 헤드를 각 회로당 20개씩 설치하였을 경우에 소요되는 펌프의 분당 토출량 및 수원의 양은 얼마 이상이어야 하는가?

〔06년-1회〕

① 1,600리터, $32.0m^3$
② 3,200리터, $32.0m^3$
③ 3,200리터, $48.0m^3$
④ 1,600리터, $48.0m^3$

해설
개방형 스프링클러의 기준개수는 하나의 방수구역(제어밸브)에 설치된 최대헤드개수로서 조건에 따라 20개 가압송수장치의 분당 토출량은 $20 \times 80[Lpm] = 1,600[Lpm]$이고 수원의 양은 $20 \times 1.6[m^3] = 32[m^3]$이다.

12 연소할 우려가 있는 부분에 드렌처설비를 설치하였다. 한 개 회로에 드렌처 헤드 5개씩 2개 회로를 설치하였을 경우에 드렌처설비에 필요한 수원의 양은 얼마인가?

〔08년-4회〕

① $2m^3$
② $4m^3$
③ $8m^3$
④ $16m^3$

해설
드렌처설비의 수원은 기준개수가 가장 많은 개수의 헤드가 설치된 방수구역(제어밸브)을 기준으로 한다. 제어밸브 1개가 담당하는 헤드의 최대개수는 5개로 수원은 $5 \times 1.6[m^3] = 8[m^3]$이다.

13 옥외소화전설비의 설명 중 틀린 것은?

〔08년-1회〕

① 옥외소화전설비의 수원은 옥외소화전의 설치개수(2개 이상인 경우에는 2개)에 $3.5m^3$를 곱한 양 이상이 되도록 한다.
② 노즐선단의 방수압은 $0.25MPa$ 이상
③ 호스접결구는 각 소방대상물로부터 하나의 호스접결구까지 수평거리 $40m$ 이하
④ 호스는 구경 $65mm$의 것으로 하여야 함

해설
옥외소화전의 수원은 설치개수에 $7[m^3]$를 곱한 양 이상이 되어야 한다.

🔒 **정답** 14 ① 15 ③ 16 ② 17 ④

기출유형 완성하기

14 16층의 아파트에 각 세대마다 12개의 폐쇄형 스프링클러 헤드를 설치하였다. 이때 소화펌프의 토출량은 몇 $L/\min$ 이상인가? `11년-2회`

① 800
② 960
③ 1,600
④ 2,400

해설
아파트에 설치되는 스프링클러의 기준개수는 헤드가 가장 많이 설치된 세대 내 헤드 개수가 10개 이하인 경우 세대 내 설치개수, 10개 이상인 경우 10개로 적용하여 가압송수장치의 토출량은 $10 \times 80[Lpm] = 800$ $[L/\min]$이다.

15 스프링클러설비에 있어서 지하층을 제외한 건축물의 층수가 11층 이상의 업무용 건물에 설치하는 펌프의 양수량은 얼마 이상이어야 하는가? `06년-4회`

① $1,000 l/분$
② $1,200 l/분$
③ $2,400 l/분$
④ $3,000 l/분$

해설
11층 이상에 설치되는 스프링클러의 기준개수는 30개로서 가압송수장치의 토출량은 $30 \times 80[Lpm] = 2,400$ $[l/분]$이다.

16 5층 건물에 옥내소화전이 1층에 3개, 2층 이상에 각각 2개씩 총 11개가 설치되었을 경우, 수원의 수량 선출방법으로 옳은 것은? `07년-1회`

① $3개 \times 2.6 m^3 = 7.8 m^3$
② $2개 \times 2.6 m^3 = 5.2 m^3$
③ $11개 \times 2.6 m^3 = 28.6 m^3$
④ $5개 \times 2.6 m^3 = 13.0 m^3$

해설
옥내소화전의 수원은 기준개수가 소화전이 가장 많이 설치된 층의 개수를 기준으로 하지만 최대 2개이므로 $2 \times 2.6[m^3] = 5.2[m^3]$ 이상이다.

17 폐쇄형 스프링클러설비가 설치되어 있는 10층 이하의 시장 건물에 설치하여야 할 스프링클러 전용 수원의 용량은 얼마 이상이어야 하는가? `07년-1회`

① $16 m^3$
② $24 m^3$
③ $32 m^3$
④ $48 m^3$

해설
시장은 판매시설로서 층수와 무관하게 기준개수는 30개이므로 수원의 양은 $30 \times 1.6[m^3] = 48[m^3]$이다.

CHAPTER 03 | 수원과 가압송수장치 유량

기출유형 완성하기

🔒 정답 18 ④ 19 ④ 20 ④

18 연결송수관설비의 가압송수장치의 설치기준으로 틀린 것은? (단, 지표면에서 최상층 방수구의 높이가 70m 이상의 특정소방대상물이다)

〈17년-2회〉

① 펌프의 양정은 최상층에 설치된 노즐선단의 압력이 0.35MPa 이상의 압력이 되도록 할 것
② 계단식 아파트의 경우 펌프의 토출량은 1,200L/min 이상이 되는 것으로 할 것
③ 계단식 아파트의 경우 해당 층에 설치된 방수구가 3개를 초과하는 것은 1개마다 400L/min을 가산한 양이 펌프의 토출량이 되는 것으로 할 것
④ 내연기관을 사용하는 경우(층수가 30층 이상 49층 이하) 내연기관의 연료량은 20분 이상 운전할 수 있는 용량일 것

해설
층수가 30~49층인 준초고층의 경우 비상전원 및 방수시간은 40분으로서 내연기관의 연료량 기준도 40분이다.

19 지하가 또는 지하역사에 설치된 폐쇄형 스프링클러설비의 수원은 얼마 이상이어야 하는가? (단, 폐쇄형 스프링클러 헤드의 기준개수를 적용한다)

〈13년-1회〉

① $18m^3$
② $32m^3$
③ $24m^3$
④ $48m^3$

해설
지하가 및 지하역사의 기준개수는 30개이므로, 수원의 양은 $30 \times 1.6[m^3] = 48[m^3]$이다.

20 방수구가 각 층에 2개씩 설치된 소방대상물에 연결송수관 가압송수장치를 설치하려 한다. 가압송수장치의 설치대상과 최상층 말단의 노즐에서 요구되는 최소방사압력, 토출량이 적합한 것은?

〈10년-2회〉

① 설치대상 : 높이 60m 이상인 소방대상물, 방사압력 0.25MPa 이상, 토출량 2,200l/min 이상
② 설치대상 : 높이 70m 이상인 소방대상물, 방사압력 0.25MPa 이상, 토출량 2,200l/min 이상
③ 설치대상 : 높이 60m 이상인 소방대상물, 방사압력 0.35MPa 이상, 토출량 2,400l/min 이상
④ 설치대상 : 높이 70m 이상인 소방대상물, 방사압력 0.35MPa 이상, 토출량 2,400l/min 이상

해설
연결송수관설비는 방수구의 높이가 70m 이상인 대상에 가압송수장치를 설치하고, 최상층 말단의 노즐에서 최소방사압력 0.35[MPa] 이상, 기준개수는 최소 3개이므로 토출량은 2,400[Lpm] 이상이 된다.

04 살수밀도와 수원(물분무설비)

기출유형

자동차 차고에 설치하는 물분무소화설비의 펌프 토출량은 얼마가 되어야 하는가? `03년-4회`

① 바닥면적(m^2)×10L
② 바닥면적(m^2)×15L
③ 바닥면적(m^2)×20L
④ 바닥면적(m^2)×30L

해설
차고에 설치되는 물분무소화설비의 토출량은 '바닥면적[m^2]×20[$L/\min \cdot m^2$]' 이상이어야 한다.

| 정답 | ③

족집게 과외

❶ 물분무소화설비의 방수량과 수원

소방대상물	기준면적	살수밀도 [$L/\min \cdot m^2$]	가압송수장치 방수량 [Lpm]	수 원
특수가연물 저장, 취급	방수구역 최대바닥면적 (최소면적 50[m^2])	10	기준면적 ×살수밀도	기준면적 ×살수밀도 ×방수시간(20분)
절연유봉입변압기	바닥면적을 제외한 변압기 표면적	10		
콘베이어벨트	벨트부분의 바닥면적	10		
케이블트레이, 케이블덕트	투영 바닥면적	12		
차고 또는 주차장	방수구역 최대바닥면적 (최소면적 50[m^2])	20		

기출유형 완성하기

정답 01 ③ 02 ② 03 ③ 04 ③

01
바닥면적이 $400m^2$인 차고에 모터펌프를 이용하여 물분무소화설비를 설치하고자 한다. 수원의 최저수량은 몇 m^3인가? 〔03년-2회, 개정반영〕

① 40
② 80
③ 160
④ 320

해설
차고에 설치하는 물분무소화설비의 살수밀도
→ $20[L/min \cdot m^2]$
$400[m^2]$에 필요한 전체 살수량
→ $400 \times 20 = 8,000[Lpm]$
20분간 방수할 수 있어야 하므로
→ $8,000 \times 20 = 160,000[L] = 160[m^3]$

02
특수가연물을 저장하는 창고에 설치된 물분무소화설비의 수원은 그 바닥면적($50m^2$를 초과할 경우에는 $50m^2$) $1m^2$에 대하여 분당 몇 $[L]$로 20분간 방사할 수 있는 양 이상이어야 하는가? 〔06년-4회〕

① $5[L]$
② $10[L]$
③ $15[L]$
④ $20[L]$

해설
특수가연물을 저장하는 창고에 설치되는 물분무 소화설비의 토출량은
'방수구역 최대바닥면적$[m^2] \times 10[L/min \cdot m^2]$' 이상이어야 한다.

03
절연유봉입변압기에 있어서 물분무소화설비를 적용할 경우에 바닥면적을 제외한 표면적을 합한 면적 $1m^2$당 20분간 방수할 수 있는 양 이상으로 하려면 물분무 살수 기준량은 몇 L/min인가? 〔11년-4회〕

① 4.0
② 8.5
③ 10.0
④ 12.0

해설
절연유봉입변압기에 설치되는 물분무소화설비의 살수 기준량은 $10[L/min]$ 이상이다.

04
바닥면적이 $500m^2$인 지하주차장에 $50m^2$씩 10개 구역으로 나누어 물분무소화설비를 설치하려고 한다. 물분무헤드의 표준방사량이 분당 $80L$일 때 1개 구역당 설치해야 할 헤드수는 몇 개 이상이어야 하는가? 〔06년-1회〕

① 7개
② 10개
③ 13개
④ 20개

해설
주차장에 설치하는 물분무소화설비의 살수밀도
→ $20[L/min \cdot m^2]$
$50[m^2]$에 필요한 전체 살수량
→ $50 \times 20 = 1,000[Lpm]$
헤드의 개당 살수량은 $80[L]$이므로 필요한 헤드수
→ $1,000 \div 80 = 12.5 \Rightarrow 13[개]$

정답 05 ④ 06 ④ 07 ① 08 ④

05 케이블트레이에 물분무소화설비를 설치할 때 저장하여야 할 수원의 양은 몇 m^3인가? (단, 케이블트레이의 투영된 바닥면적은 $70m^2$이다)

13년-2회

① 28
② 12.4
③ 14
④ 16.8

해설

케이블트레이에 설치하는 물분무소화설비의 살수밀도
→ $12[L/\min \cdot m^2]$
$70[m^2]$에 필요한 전체 살수량
→ $70 \times 12 = 840[Lpm]$
수원은 20분간 방수할 수 있어야 하므로
→ $840 \times 20 = 16,800[L] = 16.8[m^3]$ 이상

06 물분무소화설비의 수원 설치기준으로 틀린 것은?

06년-2회

① 특수가연물을 저장, 취급하는 소방대상물의 바닥면적 $1m^2$에 대하여 $10l/\min$으로 20분간 방사할 수 있는 양 이상일 것
② 차고 주차장의 바닥면적 $1m^2$에 대하여 $20l/\min$으로 20분간 방사할 수 있는 양 이상일 것
③ 케이블트레이, 덕트 등의 투영된 바닥면적 1에 대하여 $12l/\min$으로 20분간 방사할 수 있는 양 이상일 것
④ 컨베이어벨트 부분의 바닥면적 $1m^2$에 대하여 $20l/\min$으로 20분간 방사할 수 있는 양 이상일 것

해설

컨베이어벨트 부분의 바닥면적 $1[m^2]$에 대하여 $10l/\min$으로 20분간 방사할 수 있는 양 이상일 것

07 다음 중 물분무소화설비의 설치장소별 $1m^2$에 대한 수원의 최소 수량이 바르게 연결된 것은?

25년

① 케이블트레이 : $12l/\min \times 20분 \times$ 투영된 바닥면
② 절연유봉입변압기 : $15l/\min \times 20분 \times$ 표면적
③ 차고 : $30l/\min \times 20분 \times$ 바닥면적
④ 콘베이어벨트 : $37l/\min \times 20분 \times$ 바닥면적

해설

절연유봉입변압기와 콘베이어벨트의 살수밀도는 $10[L/\min \cdot m^2]$, 차고의 살수밀도는 $20[L/\min \cdot m^2]$이다.

08 물분무소화설비의 화재안전기준상 수원의 저수량 설치기준으로 틀린 것은?

21년-1회

① 특수가연물을 저장 또는 취급하는 특정소방대상물 또는 그 부분에 있어서 그 바닥면적(최대방수구역의 바닥면적을 기준으로 하며, $50m^2$ 이하인 경우에는 $50m^2$) $1m^2$에 대하여 $10l/\min$로 20분간 방수할 수 있는 양 이상으로 할 것
② 차고 또는 주차장은 그 바닥면적(최대방수구역의 바닥면적을 기준으로 하며, $50m^2$ 이하인 경우에는 $50m^2$) $1m^2$에 대하여 $20l/\min$로 20분간 방수할 수 있는 양 이상으로 할 것
③ 케이블트레이, 케이블덕트 등은 투영된 바닥면적 $1m^2$에 대하여 $12l/\min$로 20분간 방수할 수 있는 양 이상으로 할 것
④ 콘베이어벨트 등은 벨트부분의 바닥면적 $1m^2$에 대하여 $20l/\min$로 20분간 방수할 수 있는 양 이상으로 할 것

해설

콘베이어벨트의 살수밀도는 $10[L/\min \cdot m^2]$이다.

05 방사량과 수원(포소화설비)

기출유형

항공기격납고 포헤드의 1분당 방사량은 바닥면적 $1m^2$당 최소 몇 L 이상이어야 하는가? (단, 수성막포 소화약제를 사용한다)

16년-4회

① 3.7
② 6.5
③ 8.0
④ 10

해설
항공기격납고에 수성막포를 사용하는 포헤드의 단위면적당 방수량은 3.7[L] 이상이다.

| 정답 | ①

족집게 과외

❶ 포소화설비의 수원

구 분	적용설비	기준 개수	수 원	
특수가연물 저장, 취급	포워터스프링클러, 포헤드	가장 많이 설치된 층의 포헤드 (최대면적 $200[m^2]$)	포워터	표준방사량($75[l/min \cdot 개]$)으로 10분
			포헤드	설계값(출제 X)
차고 또는 주차장	호스릴포소화설비, 포소화전	1개층 최대설치개수 (최대 5개)	기준개수$\times 6[m^3]$	
항공기격납고	포워터스프링클러, 포헤드, 고정포방출구	헤드 또는 방출구가 가장 많이 설치된 항공기격납고 수량 합	포워터	표준방사량($75[l/min \cdot 개]$)으로 10분
			포헤드, 고정포	설계값(출제 X)
	호스릴포소화전	1개층 최대설치개수 (최대 5개)	기준개수$\times 6[m^3]$	

❷ 포소화약제 저장량(포소화약제량 ≒ 포원액량)

구 분	약제량(Q) 관계식	비 고
고정포방출구	$Q = A \times Q_1 \times T \times S$	A : 탱크 액표면적$[m^2]$, Q_1 : 단위 포수용액 양$[L/m^2 \cdot min]$ S : 약제농도(%), T : 방출시간(min)
보조 소화전	$Q = N \times S \times 8,000[L]$	N : 호스접결구 개수(max : 3)
송액관 충전량	$Q = V \times S \times 1,000[L/m^3]$	V : 송액관 내부 체적$[m^3]$ ※ 내경 $75mm$ 이하 송액관은 제외한다.
옥내포소화전, 호스릴방식	$Q = N \times S \times 6,000[L]$	N : 호스접결구 개수(max : 5) ※ 바닥면적이 $200m^2$ 미만인 건축물은 75%로 할 수 있다.

※ 설비가 여러 개인 경우 각각 설비의 양을 합한 양으로 계산할 것
※ 포헤드방식 및 압축공기포소화설비의 경우 하나의 방사구역 안에 포헤드를 동시에 개방하여 표준방사량으로 10분 이상 방사할 수 있는 양 이상일 것

❸ 포헤드의 방사량

소방대상물	포소화약제의 종류	바닥면적 $1m^2$당 방사량
차고, 주차장, 항공기격납고	단백포	$6.5[L]$ 이상
	합성계면활성제포	$8.0[L]$ 이상
	수성막포	$3.7[L]$ 이상
특수가연물 저장, 취급하는 장소	단백포	$6.5[L]$ 이상
	합성계면활성제포	$6.5[L]$ 이상
	수성막포	$6.5[L]$ 이상

기출유형 완성하기

🔒 정답 01 ③ 02 ② 03 ① 04 ④

01 포소화약제의 저장량은 고정포방출구에서 방출하기 위하여 필요한 양 이상으로 하여야 한다. 공식에 대한 설명이 틀린 것은? `03년-1회`

$$Q = A \times Q_1 \times T \times S$$

① Q_1 : 단위 포소화수용액의 양($L/m^2 \cdot \min$)
② T : 방출시간(분)
③ A : 탱크의 체적(m^3)
④ S : 포소화약제의 사용농도(%)

해설
고정포방출구설비의 포소화약제 저장량을 구하는 공식 중 "A"는 저장탱크의 액표면적[m^2]을 의미한다.

02 차고 및 주차장에 단백포 소화약제를 사용하는 포소화설비를 하려고 한다. 바닥면적 $1m^2$에 대한 포소화약제의 1분당 방사량은? `11년-1회`

① 5.0l 이상
② 6.5l 이상
③ 8.0l 이상
④ 3.7l 이상

해설
차고 및 주차장에 설치되는 포소화설비(포헤드)의 경우 단백포 소화약제를 적용 시에 바닥면적 1[m^2]에 대한 1분당 방사량은 6.5[L]이다.

03 고정포방출구를 설치한 위험물 탱크 주위에 보조포소화전이 6개 설치되어 있을 때, 혼합비 3%의 원액을 사용한다면 보조포소화전에 필요한 소요원액량은 최저 얼마 이상이어야 하는가? `09년-2회`

① 720l
② 4,060l
③ 1,200l
④ 1,440l

해설
보조포소화전의 약제량은 $Q = N \times S \times 8,000[L]$로서 호스접결구의 개수는 최대 3개, 혼합비(농도) 3%로 $3 \times 0.03 \times 8,000 = 720[L]$ 이상이어야 한다.

04 경유 10,000리터를 저장하는 옥외탱크저장소에 고정포방출구를 설치할 때 다음 조건에 의해 포소화약제의 최소 저장량은 몇 리터인가? `09년-4회`

탱크 액표면적 $20m^2$ 고정포방출구 1개, 보조포소화전수 2개(호스접결구 수 4개), 소화약제 농도 3%형, 단위 포소화수용약의 양 4(리터/m^2·분), 방출시간 0.5시간

① 432
② 552
③ 612
④ 792

해설
고정포방출구의 약제 저장량은
$Q = A \times Q_1 \times T \times S$으로,
$20 \times 4 \times 30 \times 0.03 = 72[L]$이다.
보조포소화전의 호스접결구 수는 최대 3개이므로 약제 저장량은 $Q = N \times S \times 8,000[L]$으로,
$3 \times 0.03 \times 8,000 = 720[L]$이다.
총 필요한 약제량은 $720 + 72 = 792[L]$ 이상이다.

정답 05 ③ 06 ② 07 ① 08 ①

기출유형 완성하기

05 바닥면적이 180제곱미터인 호스릴방식의 포소화설비를 설치한 건축물 내부에 호스접결구가 2개이고, 약제농도 3%형을 사용할 때 포약제의 최소 필요량은 몇 l 인가? 〔12년-1회〕

① 720
② 350
③ 270
④ 180

해설
호스릴포소화설비의 필요 약제량은
$Q = N \times S \times 6,000 [L]$ 이므로,
$2 \times 0.03 \times 6,000 = 360 [L]$ 이다.
단, 최소 필요량을 요구하였으므로
바닥면적 $200[m^2]$ 이하로 75%로 **적용 가능**하므로
$360 \times 0.75 = 270 [L]$ 이상 필요하다.

06 비행기격납고에 수성막포를 사용하여 포헤드방식의 포소화설비를 하고자 한다. 이때, 포소화약제는 바닥면적 $1m^2$ 당 몇 l 이상으로 방사하여야 하는가? 〔12년-4회〕

① 수성막포 원액 $3.7l$
② 수성막포 소화약제 $3.7l$
③ 수성막포 원액 $6.5l$
④ 수성막포 소화약제 $6.5l$

해설
비행기격납고에 설치되는 포소화설비(포헤드)의 경우 수성막포 소화약제를 적용 시에 바닥면적 $1[m^2]$에 대한 1분당 방사량은 $3.7[L]$이다.

Tip 포원액과 포소화약제는 같은 용어이나, 법적인 정의에서 원액은 없는 용어이므로 포소화약제가 정답이다.

07 포소화약제의 저장량 계산 시 가장 먼 탱크까지의 송액관에 충전하기 위한 필요량을 계산에 반영하지 않는 경우는? 〔16년-1회〕

① 송액관의 내경이 $75mm$ 이하인 경우
② 송액관의 내경이 $80mm$ 이하인 경우
③ 송액관의 내경이 $85mm$ 이하인 경우
④ 송액관의 내경이 $100mm$ 이하인 경우

해설
송액관의 길이가 긴 경우에는 송액관에 체류되는 소화약제량을 고려하여야 하나 **송액관 내경이 $75mm$ 이하**인 소규모 배관체적의 경우에는 반영하지 않는다.

08 포소화약제의 저장량 설치기준 중 포헤드방식 및 압축공기포소화설비에 있어서 하나의 방사구역 안에 설치된 포헤드를 동시에 개방하여 표준방사량으로 몇 분간 방사할 수 있는 양 이상으로 하여야 하는가? 〔17년-4회〕

① 10
② 20
③ 30
④ 60

해설
포헤드방식 및 압축공기포소화설비에 있어서는 하나의 방사구역 안에 설치된 포헤드를 동시에 개방하여 표준방사량으로 **10분간** 방사할 수 있는 양 이상으로 하여야 한다.

06 옥상수조와 가압송수장치의 양정(압력)

기출유형

물분무소화설비의 가압송수장치 압력수조의 압력을 산출할 때 필요한 압력이 아닌 것은?

① 낙차의 환산 수두압
② 배관의 마찰손실 수두압
③ 소방용 호스의 마찰손실 수두압
④ 분무헤드의 설계압력

해설
물분무소화설비는 구성품에 호스가 포함되지 않으므로 호스의 마찰손실은 고려되지 않는다.

| 정답 | ③

족집게 과외

❶ 옥상수조

구 분	내 용
개 념	옥내소화전, 스프링클러설비의 경우에는 계산된 유효수량의 3분의 1 이상을 옥상에 설치하여야 함
제외조건	① 지하층만 있는 건축물 ② 고가수조를 가압송수장치로 설치한 경우 ③ 수원이 건축물의 최상층에 설치된 방수구(또는 헤드)보다 높은 위치에 설치된 경우 ④ 건축물의 높이가 지표면으로부터 $10m$ 이하인 경우 ⑤ 주펌프와 동등 이상의 성능이 있는 별도의 펌프로서 내연기관의 기동과 연동하여 작동되거나 비상전원을 연결하여 설치한 경우 ⑥ 가압수조를 가압송수장치로 설치한 경우

❷ 가압송수장치의 종류와 양정

종 류	개 념	양정(압력) 관계식
고가수조	구조물 또는 지형지물 등에 설치하여 자연낙차의 압력으로 급수하는 방식	$H = h_1 + h_2 + h_3 +$ 최소방수양정 $P = p_1 + p_2 + p_3 +$ 최소방수압력 $H, P =$ 설비 요구 최소양정, 압력 h_1, p_1 : 낙차의 환산수두(압력) h_2, p_2 : 배관의 마찰손실수두(압력) h_3, p_3 : 호스의 마찰손실수두(압력) ① 고가수조의 경우 낙차 제외 ② 소화전 외에는 호스손실수두 제외
	수위계 · 배수관 · 급수관 · 오버플로우관 · 맨홀 설치	
가압수조	압축공기 또는 불연성 기체의 압력으로 소화용수를 가압하여 그 압력으로 급수하는 방식	
압력수조	소화용수와 공기를 채우고 일정압력 이상으로 가압하여 그 압력으로 급수하는 방식	
	수위계 · 급수관 · 배수관 · 급기관 · 맨홀 · 압력계 · 자동식 공기압축기 설치	
펌프방식	구동장치의 회전 또는 왕복운동으로 소화수를 가압하여 그 압력으로 급수하는 방식	

🔒 **정답** 01 ④ 02 ② 03 ② 04 ③

기출유형 완성하기

01 옥내소화전설비에서 옥상수조를 설치하지 아니하는 경우에 해당되지 않는 것은? `11년-1회`

① 옥상이 없는 건축물 또는 공작물이거나 지하층만 있는 건축물
② 고가수조를 가압송수장치로 설치한 옥내소화전설비
③ 수원이 건축물의 지붕보다 높은 위치에 설치된 경우
④ 건물의 높이가 지표면으로부터 최상층 바닥까지 $10m$ 이하인 경우

해설
건축물의 높이가 지표면으로부터 $10m$ 이하인 경우이며 '최상층 바닥'까지인 경우에는 설치하여야 한다.

02 옥외소화전설비에서 가압송수장치로 압력수조를 이용한 최소압력은? `06년-4회`

① $P = P_1 + P_2 + P_3 + \cdots + 1.7(kgf/cm^2)$
② $P = P_1 + P_2 + P_3 + \cdots + 2.5(kgf/cm^2)$
③ $P = P_1 + P_2 + P_3 + \cdots + 1.0(kgf/cm^2)$
④ $P = P_1 + P_2 + P_3 + \cdots + 1.3(kgf/cm^2)$

해설
옥외소화전설비의 최소방수압력은 $2.5[kgf/cm^2]$이므로 ②에 해당된다.
압력수조압력=낙차환산압력+배관마찰손실압력+호스마찰손실압력+최소방수압력으로 결정된다.

03 다음 중 옥내소화전 유효수량의 1/3을 옥상에 설치하여야 하는 것은? `12년-4회`

① 지하층만 있는 소방대상물
② 지표면으로부터 당해 건축물 옥상 바닥까지 $15m$인 소방대상물
③ 수원이 건축물의 지붕보다 높은 위치에 설치된 소방대상물
④ 주펌프와 동등 이상의 성능이 있는 별도의 펌프로서 내연기관의 기동과 연동하여 작동되거나 비상전원을 연결하여 설치한 경우

해설
지표면으로부터 당해 건축물 옥상 바닥까지 $15m$인 소방대상물에는 유효수량의 1/3을 옥상에 설치하여야 한다.

04 물분무소화설비에서 압력수조를 이용한 가압송수장치의 압력수조에 설치하여야 되는 것이 아닌 것은? `12년-1회`

① 수위계
② 급기관
③ 수동식 에어콤프레샤
④ 맨 홀

해설
압력수조의 압력을 유지하기 위해서는 수동이 아닌 자동식 공기압축기(=에어콤프레셔)가 설치되어야 한다.

기출유형 완성하기

🔒 정답 05 ④ 06 ① 07 ③ 08 ④

05 옥내소화전설비 수원의 산출된 유효수량 외에 유효수량의 1/3 이상을 옥상에 설치하지 아니할 수 있는 경우의 기준 중 다음 (   )에 알맞은 것은?   `18년-4회`

- 수원이 건축물의 최상층에 설치된 (㉠)보다 높은 위치에 설치된 경우
- 건축물의 높이가 지표면으로부터 (㉡)m 이하인 경우

① ㉠ 송수구, ㉡ 7
② ㉠ 방수구, ㉡ 7
③ ㉠ 송수구, ㉡ 10
④ ㉠ 방수구, ㉡ 10

해설
옥상수조를 설치하지 아니할 수 있는 경우
- 수원이 건축물의 최상층에 설치된 방수구보다 높은 위치에 설치된 경우
- 건축물의 높이가 지표면으로부터 $10m$ 이하인 경우

06 옥외소화전설비 설치 시 고가수조의 자연낙차를 이용한 가압송수장치의 설치기준 중 고가수조의 최소 자연낙차수두 산출공식으로 옳은 것은? (단, H : 필요한 낙차(m), h_1 : 소방용 호스 마찰손실 수두(m), h_2 : 배관의 마찰손실 수두(m)이다)   `18년-1회`

① $H = h_1 + h_2 + 25$
② $H = h_1 + h_2 + 17$
③ $H = h_1 + h_2 + 12$
④ $H = h_1 + h_2 + 10$

해설
옥외소화전설비의 최소방수압력은 $2.5[kgf/cm^2]$이고, 양정으로 환산하면 약 $25[m]$이므로 ①에 해당된다.
고가수조가 필요한 낙차높이=배관마찰손실양정+호스마찰손실양정+최소방수압력(양정)으로 결정된다.
Tip 고가수조의 경우 처음부터 방수구보다 높은 위치에 설치되어 있으므로 낙차환산수두 적용이 필요 없다.

07 스프링클러설비의 화재안전기준상 고가수조를 이용한 가압송수장치의 설치기준 중 고가수조에 설치하지 않아도 되는 것은?   `22년-1회`

① 수위계
② 배수관
③ 압력계
④ 오버플로우관

해설
고가수조에 설치되는 구성품은 수위계·배수관·급수관·오버플로우관·맨홀로서 **압력계는 압력수조의 구성품**이다.

08 포소화설비에 사용되는 펌프의 양정(H)은 다음 식에 따라 산출한 수치 이상이 되도록 해야 한다. $H = h_1 + h_2 + h_3 + h_4$ 각 용도에 해당하는 설명으로 가장 거리가 먼 것은?   `08년-4회`

① h_1은 방출수의 설계압력 환산수두 또는 노즐선단의 방사압력 환산수두
② h_2는 배관의 마찰손실 수두
③ h_3은 펌프흡입구의 하단에서 최상부에 있는 포방출구까지의 수직거리 즉 낙차
④ h_4는 헤드의 마찰손실 수두

해설
어떠한 포소화설비를 적용하더라도 '헤드'의 경우 마찰손실은 고려되지 않는다.

07 소화펌프 성능 및 주위 구성품

기출유형

옥외소화전설비에서 성능시험배관의 직관부에 설치된 유량측정장치는 펌프 정격토출량의 몇 % 이상 측정할 수 있는 성능이 있어야 하는가? `22년-1회`

① 175
② 150
③ 75
④ 50

해설
펌프의 성능시험은 유량이 150%의 경우도 측정해야 하므로 **유량측정장치의 측정 범위는 175% 이상**으로 한다.

| 정답 | ①

족집게 과외

❶ 펌프의 성능조건

구 분	내 용	
소요동력	$L = \dfrac{\gamma Q H}{\eta} \times k$	L : 동력[W], γ : 비중량[N/m^3], $\dot{Q}$: 유량[m^3/s] H : 양정[m], η : 효율, k : 전달계수
운전범위	① 체절운전 시 정격토출압력의 140%를 초과하지 않을 것 ② 정격토출량의 150%로 운전 시 정격토출압력의 65% 이상일 것 → 유량 측정을 위해 성능시험배관을 설치하며 유량계의 측정범위는 175% 이상으로 함 ※ 체절운전 : 펌프의 성능시험을 목적으로 펌프 토출 측의 개폐밸브를 닫은 상태에서 펌프를 운전하는 것	

❷ 기동용 수압개폐장치와 물올림장치

구 분	내 용
압력챔버	① 소화설비의 배관 내 압력변동을 검지하여 자동적으로 펌프를 기동 및 정지시키는 것 ② 기동용 수압개폐장치 중 압력챔버를 사용할 경우 그 용적은 $100L$ 이상의 것으로 할 것 ③ 기동용 수압개폐장치 연결배관은 체크밸브 이후에 연결할 것
물올림장치	① 수원의 수위가 펌프보다 낮은 위치에 있는 가압송수장치에 설치할 것 ② 수조의 유효수량은 $100[L]$ 이상으로 하고, 구경 $15[mm]$ 이상의 급수배관에 따라 해당 수조에 물이 계속 보급되도록 할 것 ③ 기동용 수압개폐장치 연결배관 외에는 펌프와 체크밸브 사이에 설치할 것

❸ 소화펌프 주위배관

구 분	내 용
스트레이너	① 배관 내의 여과장치(이물질 제거)로 장비 등을 보호하기 위해 설치함 ② 장비(펌프)의 흡입 측에 설치하며 주로 Y형 사용함
개폐밸브	① 배관경로를 개폐하기 위해 설치하며, 펌프의 흡입 측에는 버터플라이밸브 사용금지 ② 토출 측에는 버터플라이밸브 또는 게이트밸브(개폐 표시형) 모두 사용 가능

기출유형 완성하기

정답 01 ② 02 ③ 03 ③ 04 ④

01 옥내소화설비의 화재안전기준상 가압송수장치를 기동용 수압개폐장치로 사용할 경우 압력챔버의 용적 기준은? `21년-1회`

① 50L 이상
② 100L 이상
③ 150L 이상
④ 200L 이상

해설
압력챔버의 용적 기준은 100[L] 이상이다.

02 다음 장치 중 소화설비의 소화수 배관 내에 요구되는 적정압력을 상시 유지시켜 주고 적정압력 이하로 될 경우 소화수 펌프를 자동 기동시켜 주는 장치는? `06년-2회`

① 물올림장치
② 유수검지장치
③ 기동용 수압개폐장치
④ 가압송수장치

해설
배관 내의 압력을 검지하여 적정압력을 유지하기 위해 펌프를 자동으로 기동시키는 장치를 기동용 수압개폐장치라고 한다.

03 소화설비의 가압송수장치로 설치하는 펌프성능시험 배관의 설치기준으로서 옳은 것은? `08년-2회`

① 성능시험배관은 펌프의 토출 측에 설치된 개폐밸브 이후에 분기하여 설치할 것
② 성능시험배관은 유량측정장치를 기준으로 전단 직관부에 유량조절밸브를 설치할 것
③ 유량측정장치는 펌프의 정격토출량의 175% 이상 측정할 수 있는 성능이 있을 것
④ 성능시험배관은 유량측정장치를 기준으로 후단 직관부에는 개폐밸브를 설치할 것

해설
펌프의 성능시험은 유량이 150%의 경우도 측정해야 하므로 **유량측정장치의 측정 범위는 175% 이상**으로 한다.

04 옥내소화전설비 중 펌프의 성능은 체절운전(Shut off) 시 정격토출압력의 몇 %를 초과하지 않아야 하는가? `08년-4회`

① 65
② 75
③ 100
④ 140

해설
체절운전이란 개폐밸브를 닫은 상태에서 운전하는 것으로 펌프 운전 시 발생하는 최고 압력을 측정한다. **정격토출압력의 140%를 초과하지 않아야** 한다.

🔒 **정답** 05 ③ 06 ① 07 ② 08 ③

기출유형 완성하기

05 옥내소화전설비에 사용되는 전동기의 용량을 구하는 식 $P(kW) = \dfrac{0.163 \times Q \times H}{E} K$의 설명으로 틀린 것은? `09년-1회`

① Q : 정격토출량(m^3/분)
② H : 전양정(m)
③ E : 토출관의 지름(mm)
④ K : 동력 전달계수

해설
'E'는 효율로서 토출관의 지름은 상관이 없다.
Tip 기존에 알고 있는 식의 비중량에 물의 값을 넣고 유량의 단위를 바꾸어 환산한 식으로 같은 식이다.

06 스프링클러설비의 펌프실을 점검하였다. 펌프의 토출 측 배관에 설치되는 부속장치 중에서 펌프와 체크밸브(또는 개폐밸브) 사이에 설치하여서는 안 되는 배관은? `16년-2회`

① 기동용 압력챔버 배관
② 성능시험 배관
③ 물올림장치 배관
④ 릴리프밸브 배관

해설
압력챔버의 배관은 배관 내의 압력을 검지하여야 하기에 펌프와 체크밸브 사이에 설치하여서는 안 된다.
Tip 체크밸브 이전 설치 시 압력 검지가 불가능하고, 개폐밸브 전단에 설치 시 실수로 차단하는 경우 전체 시스템이 동작불가 상태가 된다.

07 전동기에 의한 펌프를 이용하는 스프링클러설비의 가압송수장치에 대한 설치기준으로 옳은 것은? `09년-4회`

① 기동용 수압개폐장치(압력챔버)를 사용할 경우 그 용적은 $80l$ 이상의 것으로 한다.
② 물올림장치 설치는 유효수량 $100l$ 이상으로 한다.
③ 정격토출 압력은 하나의 헤드선단에 $0.1\,kgf/cm^2$ 이상, $1.2kgf/cm^2$ 이하의 방수압력이 될 수 있는 크기로 한다.
④ 총압펌프의 정격토출압력은 그 설비의 최고위 살수장치의 자연압보다 적어도 $0.1MPa$과 같게 하거나 가압송수 정치의 정격토출압력보다 크게 한다.

해설
① 압력챔버의 용적은 $100[L]$ 이상일 것
③ 헤드 선단에 $0.1 \sim 1.2[kgf/cm^2]$가 아닌 $0.1 \sim 1.2[MPa]$
④ 자연압보다 적어도 $0.2[MPa]$보다 더 크도록 할 것

08 수원의 수위가 펌프의 흡입구보다 높은 경우에 소화펌프를 설치하려고 한다. 고려하지 않아도 되는 사항은? `15년-2회`

① 펌프의 토출 측에 압력계 설치
② 펌프의 성능시험 배관 설치
③ 물올림 장치를 설치
④ 동결의 우려가 없는 장소에 설치

해설
물올림장치는 수원의 수위가 펌프보다 낮은 곳에 위치할 경우에 설치한다.

기출유형 완성하기

정답 09 ② 10 ④ 11 ④ 12 ②

09 양정이 $60m$, 토출량이 분당 $1,200\ell$, 효율이 58%인 스프링클러설비용 펌프에 전동기를 직결방식으로 설치할 경우의 전동기의 용량은 얼마인가? (단, 전달계수는 1.1) 03년-4회

① $21.3kW$
② $22.3kW$
③ $24.3kW$
④ $20.3kW$

해설
전동기 용량

$$L = \frac{\gamma \dot{Q} H}{\eta} \times k = \frac{9,800 \times \frac{1,200}{60 \times 1000} \times 60}{0.58} \times 1.1$$
$$= 22,303[W]$$
$$L = 22,303[W] = 22.303[kW]$$

10 포소화설비용 설비에 대한 설명 중 틀린 것은? 09년-1회

① 포소화펌프의 성능은 정격토출량의 150%로 운전 시 정격토출압력의 65% 이상이 되어야 한다.
② 포소화펌프의 성능시험배관은 펌프의 토출측 개폐밸브 이전에서 분기한다.
③ 포소화펌프의 성능은 체절운전 시 정격토출압력의 140%를 초과하지 않아야 한다.
④ 유량측정장치는 펌프의 정격토출량의 157%까지 측정할 수 있는 성능이 있어야 한다.

해설
펌프의 성능시험은 유량이 150%의 경우도 측정해야 하므로 **유량측정장치의 측정 범위는 175% 이상으로** 한다.

11 12층 건물에 설치하는 스프링클러설비에 있어서 필요한 소화펌프에 직결시킬 전동기 용량(kW)으로 적절한 것은?
(단, Q는 $2.4m^3/min$, 펌프의 전양정은 $70m$, E는 0.6, 전달계수는 1.1이다) 06년-2회

① $20[kW]$
② $30[kW]$
③ $40[kW]$
④ $50[kW]$

해설
전동기 용량

$$L = \frac{\gamma \dot{Q} H}{\eta} \times k = \frac{9,800 \times \frac{2.4}{60} \times 70}{0.6} \times 1.1 = 50,307[W]$$
$$L = 50,307[W] ≒ 50[kW]$$

12 다음은 펌프의 성능에 관련된 내용이다. 빈칸의 값을 순서대로 맞게 나타낸 것은? 25년

> 펌프의 성능은 체절운전 시 정격토출압력의 ( )를 초과하지 않고, 정격토출량의 ( )로 운전 시 정격토출압력의 ( ) 이상이 되어야 하며, 펌프의 성능을 시험할 수 있는 성능시험배관을 설치할 것

① 140%, 140%, 55%
② 140%, 150%, 65%
③ 150%, 140%, 65%
④ 160%, 150%, 75%

해설
펌프의 성능은 체절운전 시 정격토출압력의 140%를 초과하지 않고, 정격토출량의 150%로 운전 시 정격토출압력의 65% 이상이 되어야 하며, 펌프의 성능을 시험할 수 있는 성능시험배관을 설치할 것

정답 13 ③ 14 ② 15 ③ 16 ①

기출유형 완성하기

13 소화펌프 토출 측 배관과 부대장치에 관한 설명 중 옳지 않은 것은? `05년-4회`

① 토출구 측으로부터 신축이음관 첵크밸브 개폐표시구조의 개폐밸브가 순차적으로 설치된다.
② 토출구와 첵크밸브 사이에서 분기하여 펌프 내의 수온 상승 방지를 위한 순환밸브를 설치한다.
③ 유량계의 최대측정용량은 펌프의 정격토출량과 같아야 한다.
④ 토출배관은 당해 설비의 최대사용압력에 적절한 것이어야 한다.

해설
유량계의 최대측정용량은 펌프의 **정격토출량의 175% 이상**으로 선정한다.

14 전동 소화펌프의 토출량이 $500\,L/\min$, 전양정 $50\,m$, 펌프효율이 0.6인 경우 전동기 용량은 얼마가 적당한가? (단, 전동기 전달계수는 1.1임) `07년-2회`

① $5\,kW$
② $7.5\,kW$
③ $10\,kW$
④ $15\,kW$

해설
전동기 용량

$$L = \frac{\gamma QH}{\eta} \times k = \frac{9{,}800 \times \frac{500}{60 \times 1{,}000} \times 50}{0.6} \times 1.1$$
$$= 7{,}486\,[W]$$
$$L = 7{,}486\,[W] ≒ 7.5\,[kW]$$

15 옥외소화설비에 설치하는 압력챔버의 설명으로 가장 적합한 것은? `07년-1회`

① 배관 내의 낙차압력을 알기 위하여
② 헤드의 일정한 압력을 유지하기 위하여
③ 배관 내 압력변동을 검지하여 자동적으로 펌프를 기동 및 정지시키기 위하여
④ 밸브의 개폐로 배관 내 압력을 조절하기 위하여

해설
배관 내의 압력을 검지하여 적정압력을 유지하기 위해 펌프를 자동으로 기동 또는 정지시키는 장치를 기동용 수압개폐장치(압력챔버)라고 한다.
Tip 단, 주펌프는 자동정지가 금지되어 있다.

16 스프링클러 소화설비에 설치하는 스트레이너에 대한 설명이다. 옳지 않은 것은? `14년-1회`

① 스트레이너는 펌프의 흡입 측과 토출 측에 설치한다.
② 스트레이너는 배관 내에 여과장치의 역할을 한다.
③ 흡입 배관에 사용하는 스트레이너는 보통 Y형을 사용한다.
④ 헤드가 막히지 않게 이물질을 제거하기 위한 것이다.

해설
스트레이너는 장비(펌프)의 흡입 측에 설치하여 이물질 등이 장비에 유입되는 것을 방지한다.

기출유형 완성하기

정답 17 ④

17 스프링클러설비의 화재안전기준상 펌프의 성능시험배관에 관한 설명으로 틀린 것은?

07년-4회

① 성능시험배관은 펌프의 토출 측에 설치된 개폐밸브 이전에서 분기하여 설치한다.
② 유량측정장치를 기준으로 전단 직관부에 개폐밸브를 설치한다.
③ 유량측정장치는 성능시험배관의 직관부에 설치한다.
④ 펌프의 정격토출량의 250%까지 측정할 수 있는 성능이 있어야 한다.

해설
유량계의 최대측정용량은 펌프의 **정격토출량의** 175% **이상**으로 선정한다.

08 소화배관

기출유형

스프링클러설비의 급수배관 설계를 수리계산으로 할 경우 가지배관의 유속은 (　)m/s, 그 밖의 배관의 유속은 (　)m/s를 초과할 수 없다. 빈칸의 값을 순서대로 맞게 나타낸 것은? 〔10년-2회〕

① 3, 6
② 3, 10
③ 6, 10
④ 10, 12

해설
스프링클러설비의 급수배관은 가지배관 유속의 경우 $6[m/s]$ 이하, 그 밖의 배관 유속의 경우 $10[m/s]$ 이하로 한다.

| 정답 | ③

족집게 과외

❶ 배관 내 유속 및 최소관경

설비 구분	배관 구분		유속 제한	최소 관경
옥내소화전	주배관(수직배관)		4[m/s] 이하	① 50mm(연결송수관 겸용 시 100mm) 이상 ② 호스릴의 경우 32mm
	가지배관 (방수구 연결배관)		-	① 40mm(연결송수관 겸용 시 65mm) 이상 ② 호스릴의 경우 25mm
스프링클러	가지배관		6[m/s] 이하	-
	기타 배관	교차배관	10[m/s] 이하	40mm 이상(청소구 동일)
		주배관		-
	수직배수관		-	50mm 이상

※ 스프링클러, 포워터스프링클러, 포헤드설비는 교차배관에서 분기하는 지점을 기점으로 한쪽 가지배관에 설치할 수 있는 헤드의 수는 8개 이하로 하고, 가지배관의 배열은 토너먼트 방식을 금지한다.

❷ 사용 압력에 따른 배관의 종류

구 분	내 용
저압용 1.2[MPa] 미만	① 배관용 탄소 강관(KS D 3507) ② 이음매 없는 구리 및 구리합금관(KS D 5301) ③ 배관용 스테인리스 강관(KS D 3576) ④ 일반배관용 스테인리스 강관(KS D 3595) ⑤ 덕타일 주철관(KS D 4311)
고압용 1.2[MPa] 이상	① 압력배관용 탄소 강관(KS D 3562) ② 배관용 아크용접 탄소강 강관(KS D3583)
소방용 합성수지배관 설치 가능 조건	① 지하에 매설하는 경우 ② 내화구조로 구획된 피트 내부 ③ 천장과 반자를 불연재료 또는 준불연재료 이상으로 하고 배관이 습식인 경우

❸ 배관 기울기

구 분			내 용
스프링클러	습식, 부압식		수평주행배관, 가지배관 모두 수평으로 설치
	기타 방식	수평주행배관	헤드를 향하여 상향으로 500분의 1 이상
		가지배관	헤드를 향하여 상향으로 250분의 1 이상
포소화설비 (송액관)			송액관은 포의 방출 종료 후 배관 안의 액을 배출하기 위하여 적당한 기울기를 유지하도록 하고 그 낮은 부분에 배액밸브를 설치해야 함

정답 01 ① 02 ④ 03 ④ 04 ③

기출유형 완성하기

01 스프링클러설비 배관에 대한 내용 중 잘못된 것은?
〔13년-4회〕

① 습식설비의 교차배관에 설치하는 청소구 설치는 최소구경이 $25mm$ 이상의 것으로 한다.
② 가지배관의 배열은 토너먼트 방식이 아니어야 한다.
③ 습식설비에서 하향식 헤드는 가지배관으로부터 헤드에 이르는 헤드접속배관은 가지관상부에서 분기한다.
④ 수직배수배관의 구경은 $50mm$ 이상으로 하여야 한다.

해설
스프링클러설비에서 교차배관에 설치하는 청소구의 최소구경은 $40mm$ **이상**의 것으로 한다.

02 스프링클러 소화설비의 배관 내 압력이 얼마 이상일 때 압력배관용 탄소 강관을 사용해야 하는가?
〔19년-1회〕

① $0.1MPa$
② $0.5MPa$
③ $0.8MPa$
④ $1.2MPa$

해설
압력배관용 탄소 강관은 배관 내 압력이 $1.2[MPa]$ 이상일 때 사용한다.

03 스프링클러설비 배관의 설치기준으로 틀린 것은?
〔16년-1회〕

① 급수배관의 구경은 $25mm$ 이상으로 한다.
② 수직배수관의 구경은 $50mm$ 이상으로 한다.
③ 지하매설배관은 소방용 합성수지 배관으로 설치할 수 있다.
④ 교차배관의 최소구경은 $65mm$ 이상으로 한다.

해설
스프링클러설비에서 교차배관의 구경은 $40mm$ **이상**으로 한다.

04 옥내소화전설비의 화재안전기준에서 옥내소화전설비에 관한 설명 중 틀린 것은?
〔07년-2회〕

① 물올림탱크의 급수배관의 구경은 $15mm$ 이상으로 설치한다.
② 릴리프밸브는 $20mm$ 이상의 배관에 연결하여 설치한다.
③ 펌프의 토출 측 주배관의 구경은 유속이 $5m/s$ 이하가 될 수 있는 크기 이상으로 한다.
④ 유량측정장치는 펌프 정격토출량의 175%까지 측정할 수 있는 성능으로 한다.

해설
옥내소화전 펌프의 토출 측 주배관의 구경은 유속이 $4[m/s]$ 이하가 되도록 선정한다.

기출유형 완성하기

정답 05 ④ 06 ③ 07 ① 08 ③

---

05 옥내소화전설비 배관의 설치기준 중 틀린 것은?
16년-4회

① 옥내소화전 방수구와 연결되는 가지배관의 구경은 $40mm$ 이상으로 한다.
② 연결송수관설비의 배관과 겸용할 경우 주배관의 구경은 $100mm$ 이상으로 한다.
③ 펌프의 토출 측 주배관의 구경은 유속이 $4m/s$ 이하가 될 수 있는 크기 이상으로 한다.
④ 주배관 중 수직배관의 구경은 $15mm$ 이상으로 한다.

[해설]
옥내소화전 주배관 중 수직배관의 구경은 $50mm$ 이상으로 한다.

---

06 포소화설비의 배관 등의 설치기준으로 옳은 것은?
15년-4회

① 교차배관에서 분기하는 지점을 기점으로 한쪽 가지배관에 설치하는 헤드의 수는 6개 이하로 한다.
② 포워터스프링클러설비 또는 포헤드설비의 가지배관의 배열은 토너먼트 방식으로 한다.
③ 송액관은 포의 방출 종료 후 배관 안의 액을 배출하기 위하여 적당한 기울기를 유지하도록 하고 그 낮은 부분에 배액밸브를 설치하여야 한다.
④ 포소화전의 기동장치의 조작과 동시에 다른 설비의 용도에 사용하는 배관의 송수를 차단할 수 있거나, 포소화설비의 성능에 지장이 있는 경우에는 다른 설비와 겸용할 수 있다.

[해설]
① 한쪽 가지배관에 설치하는 헤드 수는 8개 이하로 한다.
② 토너먼트 방식은 **금지**한다.
④ **성능에 지장이 없는 경우**에만 겸용 가능하다.

---

07 스프링클러설비의 배관에 대한 내용 중 잘못된 것은?
16년-2회

① 수직배수배관의 구경은 $65mm$ 이상으로 하여야 한다.
② 급수배관 중 가지배관의 배열은 토너먼트 방식이 아니어야 한다.
③ 교차배관의 청소구는 교차배관 끝에 개폐밸브를 설치한다.
④ 습식스프링클러설비 외의 설비에는 헤드를 향하여 상향으로 가지배관의 기울기를 250분의 1 이상으로 한다.

[해설]
스프링클러설비에서 수직배수배관의 구경은 $50mm$ 이상으로 하여야 한다.

---

08 포소화설비의 화재안전기준에 따라 포소화설비에 소방용 합성수지배관을 설치할 수 있는 경우로 틀린 것은?
21년-4회

① 배관을 지하에 매설하는 경우
② 다른 부분과 내화구조로 구획된 덕트 또는 피트의 내부에 설치하는 경우
③ 동결방지 조치로 하거나 동결의 우려가 없는 경우
④ 천장과 반자를 불연재료 또는 준불연재료로 설치하고 그 내부에 습식으로 배관을 설치하는 경우

[해설]
합성수지관을 사용할 수 있는 조건
- 지하에 매설하는 경우
- 내화구조로 구획된 피트 내부
- 천장과 반자를 불연재료 또는 준불연재료 이상으로 하고 배관이 습식인 경우

정답 09 ② 10 ① 11 ④ 12 ④

기출유형 완성하기

09 스프링클러설비 급수배관의 구경을 수리계산에 따르는 경우 가지배관의 최대한계 유속은 몇 m/s 인가? 〈25년〉

① 4
② 6
③ 8
④ 10

해설
스프링클러설비 급수배관의 한계유속

종류	한계유속
가지배관	$6[m/s]$
기타배관	$10[m/s]$

10 스프링클러설비의 교차배관에서 분기되는 가정으로 한쪽 가지배관에 설치하는 헤드 수는 몇 개 이하가 적당한가? 〈06년-2회〉

① 8
② 10
③ 12
④ 15

해설
스프링클러설비의 교차배관에서 분기하는 지점을 기점으로 한쪽 가지배관에 설치할 수 있는 헤드의 수는 **8개 이하**로 한다.

11 옥내소화전설비 배관과 배관이음쇠의 설치기준 중 배관 내 사용압력이 $1.2 MPa$ 미만일 경우에 사용하는 것이 아닌 것은? 〈14년-4회〉

① 배관용 탄소 강관(KS D 3507)
② 배관용 스테인리스 강관(KS D 3576)
③ 덕타일 주철관(KS D 4311)
④ 배관용 아크용접 탄소강 강관(KS D 3583)

해설

저압용 $1.2[MPa]$ 미만	• 배관용 탄소 강관(KS D 3507) • 이음매 없는 구리 및 구리합금관 (KS D 5301) • 배관용 스테인리스 강관(KS D 3576) • 일반배관용 스테인리스 강관(KS D 3595) • 덕타일 주철관(KS D 4311)

12 스프링클러설비의 배관에 관한 설명 중 틀린 것은? 〈09년-1회〉

① 급수배관의 구경은 $25mm$ 이상으로 한다.
② 수직배수관의 구경은 $50mm$ 이상으로 한다.
③ 지하매설배관은 소방용 합성수지 배관으로 설치할 수 있다.
④ 교차배관의 최소구경은 $65mm$ 이상으로 한다.

해설
스프링클러설비에서 교차배관의 구경은 $40mm$ **이상**으로 한다.

기출유형 완성하기

정답 13 ③ 14 ① 15 ④ 16 ②

13 옥내소화전설비의 화재안전기준상 배관의 설치기준 중 다음 괄호 안에 알맞은 것은? `20년-3회`

> 연결송수관설비의 배관과 겸용할 경우의 주배관은 구경 (㉠)mm 이상, 방수구로 연결되는 배관의 구경은 (㉡)mm 이상의 것으로 하여야 한다.

① ㉠ 80, ㉡ 65
② ㉠ 80, ㉡ 50
③ ㉠ 100, ㉡ 65
④ ㉠ 125, ㉡ 80

해설
연결송수관설비의 배관과 겸용할 경우의 옥내소화전 주배관은 $100mm$ 이상, 방수구로 연결되는 배관(가지배관)의 구경은 $65mm$ 이상의 것으로 하여야 한다.

14 사무실 용도의 장소에 스프링클러를 설치할 경우 교차배관에서 분기되는 지점을 기준으로 한쪽의 가지배관에 설치되는 하향식 스프링클러헤드는 몇 개 이하로 설치하는가? (단, 수리역학적 배관방식의 경우는 제외한다) `15년-4회`

① 8
② 10
③ 12
④ 16

해설
스프링클러설비의 교차배관에서 분기하는 지점을 기점으로 한쪽 가지배관에 설치할 수 있는 헤드의 수는 8개 이하로 한다.

15 물분무소화설비의 배관재료로 사용해서는 안 되는 것은? `14년-2회`

① 배관용 탄소강 강관(백관)
② 배관용 탄소강 강관(흑관)
③ 압력배관용 탄소강 강관
④ 연 관

해설
연관은 소화배관 용도로 사용되지 않는다.

16 스프링클러설비 배관 내 사용압력이 $1.2MPa$ 이상의 고압일 때 사용할 수 있는 배관은? `25년`

① 배관용 탄소 강관
② 배관용 아크용접 탄소강 강관
③ 덕타일 주철관
④ 배관용 스테인리스 강관

해설

고압용 $1.2[MPa]$ 이상	• 압력 배관용 탄소 강관(KS D 3562) • 배관용 아크용접 탄소강 강관 (KS D 3583)

09 방수구와 소화전함

기출유형

옥외소화전설비의 화재안전기준에 따라 옥외소화전 배관은 특정소방대상물의 각 부분으로부터 하나의 호스접결구까지의 수평거리가 최대 몇 m 이하가 되도록 설치하여야 하는가? `20년-1·2회`

① 25
② 35
③ 40
④ 50

해설

옥외소화전은 소방대상물의 각 부분으로부터 호스접결구까지 **수평거리** $40m$ **이하**가 되도록 설치하여야 한다.

|정답| ③

족집게 과외

❶ 방수구

설비구분	규 격	설치 높이	배치기준
옥내 소화전	40mm 이상 (호스릴 25mm)	바닥으로부터 1.5m 이하	특정소방대상물의 각 부분~방수구 수평거리 25m 이하
옥외 소화전	65mm 이상	지면으로부터 0.5~1m	특정소방대상물의 각 부분~호스접결구 수평거리 40m 이하
연결 송수관	65mm 이상	바닥으로부터 0.5~1m	① 바닥면적 $1,000m^2$ 미만 or 아파트 : 계단 5m 이내 ② 바닥면적 $1,000m^2$ 이상 : 2개의 계단에 설치 　→ 계단 우선 배치 후 수평거리 확인 ③ 지하가(터널 제외), 지하층 바닥면적 합계 $3,000m^2$ 이상 : 25m ④ 위(③)에 해당 없는 것은 수평거리 50m ⑤ 11층 이상에는 쌍구형 설치

❷ 방수구 제외 가능 장소

구 분	제외 가능 기준
옥내 소화전	① 냉장창고 중 온도가 영하인 냉장실 또는 냉동창고의 냉동실 ② 고온의 노가 설치된 장소 또는 물과 격렬하게 반응하는 물품의 저장 또는 취급 장소 ③ 발전소·변전소 등으로서 전기시설이 설치된 장소 ④ 식물원·수족관·목욕실·수영장(관람석 부분 제외) 또는 그 밖의 이와 비슷한 장소 ⑤ 야외음악당·야외극장 또는 그 밖의 이와 비슷한 장소
연결 송수관	① 아파트의 1층 및 2층 ② 소방차 접근이 가능하고 소방대원이 각 부분에 쉽게 도달할 수 있는 피난층 ③ 송수구가 부설된 옥내소화전을 설치한 특정소방대상물(집회장·관람장·백화점·도매시장·소매시장·판매시설·공장·창고시설 또는 지하가 제외)로서 다음의 어느 하나에 해당하는 층 　• 지하층을 제외한 층수가 4층 이하이고 연면적이 $6,000m^2$ 미만인 지상층 　• 지하층의 층수가 2 이하인 특정소방대상물의 지하층
쌍구형을 단구형으로 설치 가능 장소	① 아파트 용도로 사용되는 층 ② 스프링클러설비가 설치되어 있고 방수구가 2개소 이상 설치된 층

❸ 소화전함, 방수기구함

구 분	내용(공통적으로 함에는 표지를 설치한다)	
옥내 소화전함	① 함의 두께는 1.5mm 이상. 단, 합성수지재료 사용 시 4mm 이상일 것 ② 함에는 위치표시등(상시 점등)과 가압송수장치의 기동표시등(기동 시 점등)을 설치할 것	
옥외 소화전함	옥외소화전마다 5m 이내에 소화전함을 설치	① 소화전 10개 이하 : 소화전마다 소화전함 설치 ② 소화전 11~30개 : 11개 이상 소화전함 분산 설치 ③ 소화전 31개 이상 : 소화전 3개마다 1개 이상 소화전함 설치
방수기구함	① 피난층을 기준으로 3개층마다 설치, 방수구마다 보행거리 5m 이내에 설치 ② 15m의 호스와 방사형 관창을 비치할 것. 단, 쌍구형의 경우 2배 이상의 개수를 설치하고 관창은 2개 이상으로 함	

정답 01 ④ 02 ① 03 ② 04 ②

기출유형 완성하기

01 옥내소화전설비의 설치방법 중 맞는 것은? `03년-2회`

① 함의 재질은 강판 $1.6mm$ 이상이어야 한다.
② 하나의 소화전함에서 다음 소화전함까지는 $25m$ 거리 이내이어야 한다.
③ 개폐밸브의 위치는 항상 왼쪽에 있어야 한다.
④ 개폐밸브의 위치는 바닥으로부터 $1.5m$ 이하여야 한다.

해설
방수구는 개방/폐쇄를 할 수 있도록 개폐밸브가 설치되어 있다. 즉, 방수구의 높이로서 옥내소화전은 $1.5m$ 이하에 설치하도록 규정하고 있다.

Tip 일반적으로 방수구는 앵글밸브로 설치되어 있는데 이것은 개폐밸브의 일종이다.

02 아파트에 연결송수관설비를 설치할 때 방수구는 몇 층부터 설치할 수 있는가? `05년-4회`

① 3층
② 4층
③ 5층
④ 7층

해설
연결송수관설비의 방수구는 **아파트의 1층 및 2층**은 제외가 가능하므로 3층부터 설치할 수 있다.

03 연결송수관설비의 방수구 및 방수기구함 설치기준에 대한 설명 중 틀린 것은? `06년-4회`

① 아파트의 1층 및 2층, 소방대원 및 소방차 접근이 용이한 피난층은 방수구를 설치하지 아니할 수 있다.
② 송수구가 부설된 옥내소화전이 설치된 관람장, 집회장, 공장, 창고 등은 방수구를 설치하지 아니할 수 있다.
③ 방수구의 호스접결구는 바닥으로부터 높이 $0.5m$ 이상 $1m$ 이하의 위치에 설치한다.
④ 방수기구함은 방수구가 가장 많이 설치된 층을 기준하여 3개 층마다 설치하되, 그 층의 방수구마다 보행거리 $5m$ 이내가 되도록 한다.

해설
송수구가 부설된 옥내소화전이 설치되어도 관람장, 집회장, 공장, 창고 등은 방수구를 설치하여야 한다.

04 다음은 옥외소화전설비의 소화전함에 대하여 설명한 것이다. 옳지 않은 것은? `25년`

① 소화전함은 옥외소화전 주위 $5m$ 이내에 설치하여야 한다.
② 옥외소화전이 12개 설치된 경우 10개의 소화전함을 설치할 수 있다(자체 소방대를 둔 제조소 등임).
③ 옥외소화전이 32개 설치된 경우 11개의 소화전함을 설치할 수 있다(자체 소방대를 둔 제조소 등임).
④ 소화전함 표면에는 "옥외소화전" 표지를 하여야 한다.

해설
옥외소화전이 11~30개 이하로 설치된 경우에는 **11개 이상의 소화전함**을 분산 설치하여야 한다.

기출유형 완성하기

정답 05 ④ 06 ④ 07 ④ 08 ② 09 ②

05 옥내소화전함의 재질을 합성수지 재료로 할 경우 두께는 최소 몇 mm 이상이어야 하는가? `21년-2회`

① 1.5
② 2.0
③ 3.0
④ 4.0

해설
옥내소화전함의 재질을 **합성수지재료**로 설치하는 경우의 두께는 $4mm$ **이상**이다.

06 연결송수관설비에 대하여 틀린 것은? `12년-1회`

① 연결송수관설비는 소방대원들이 각 층에서 소화작업을 하게 되는 소화활동설비이다.
② 하나의 건축물에 설치된 각 수직배관이 중간에 개폐밸브가 설치되지 아니한 배관으로 상호 연결되어 있을 때, 건축물마다 1개의 송수구를 설치할 수 있다.
③ 주배관에서 구경은 $100mm$ 이상으로 하고 지면으로부터 높이가 $31m$ 이상인 소방대상물에서는 습식으로 한다.
④ 아파트가 아닌 11층 이상의 건축물에 방수구가 1개소가 설치된 층에는 방수구를 단구형으로 할 수 있다.

해설
아파트가 아닌 건축물의 **11층 이상**에는 **쌍구형 방수구**를 설치하여야 한다.
Tip 단구형으로 설치하려면 방수구가 2개소 이상 설치된 층에만 가능하다.

07 옥외소화전설비의 호스접결구는 소방대상물의 각 부분으로부터 하나의 호스접결구까지 몇 m 이하가 되도록 설치하여야 하는가? `04년-2회`

① 보행거리 $25m$
② 보행거리 $30m$
③ 수평거리 $25m$
④ 수평거리 $40m$

해설
옥외소화전은 소방대상물의 각 부분으로부터 호스접결구까지 **수평거리** $40m$ **이하**가 되도록 설치하여야 한다.

08 옥내소화전 방수구는 소방대상물의 층마다 설치하되, 당해 소방대상물의 각 부분으로부터 하나의 옥내소화전 방수구까지의 수평거리가 몇 m 이하가 되도록 하는가? `10년-2회`

① $20m$
② $25m$
③ $30m$
④ $40m$

해설
옥내소화전은 소방대상물의 각 부분으로부터 방수구까지 **수평거리** $25m$ 이하가 되도록 설치하여야 한다.

09 옥내·옥외소화전 노즐에 사용되는 적합한 호스 결합금구의 호칭구경은 각각 몇 mm 이상으로 하여야 하는가? `11년-4회`

① 40, 50
② 40, 65
③ 50, 55
④ 50, 60

해설
옥내소화전의 노즐, 방수구, 결합금구의 호칭구경은 $40mm$ **이상**(호스릴의 경우 $25mm$ 이상), **옥외소화전**의 노즐, 방수구, 결합금구의 호칭구경은 $65mm$ **이상**으로 하여야 한다.

정답 10 ① 11 ③ 12 ① 13 ④

기출유형 완성하기

10 11층 이상의 소방대상물에 설치하는 연결송수관설비의 방수구를 단구형으로 설치하여도 되는 것은? `11년-2회`

① 스프링클러설비가 유효하게 설치되어 있고 방수구가 2개소 이상 설치된 층
② 오피스텔의 용도로 사용되는 층
③ 스프링클러설비가 설치되어 있지 않은 층
④ 아파트의 용도 이외로 사용되는 층

해설
11층 이상의 층에 방수구를 단구형으로 설치할 수 있는 경우
- 아파트 용도로 사용되는 층
- 스프링클러설비가 설치되어 있고 방수구가 2개소 이상 설치된 층

11 다음 중 옥내소화전 방수구를 설치하여야 하는 곳은? `13년-4회`

① 냉장창고의 냉장실
② 식물원
③ 수영장의 관람석
④ 수족관

해설
수영장은 옥내소화전 방수구를 설치하지 아니할 수 있지만 관람석은 제외이므로 설치하여야 한다.

12 연결송수관설비의 방수구 설치기준에 관련된 사항이다. 적절하지 않은 항목은? `12년-1회`

① 10층 이상의 층에는 쌍구형으로 설치하여야 한다.
② 호스접결구는 바닥으로부터 높이 $0.5m$ 이상 $1m$ 이하의 위치에 설치하여야 한다.
③ 구경이 $65mm$의 것을 하여야 한다.
④ 방수구는 개폐기능을 가진 것이어야 한다.

해설
연결송수관설비의 방수구는 **11층** 이상의 층에는 **쌍구형**으로 설치하여야 한다.

13 옥외소화전설비의 소화전함에 대한 설명 중 틀린 것은? `07년-1회`

① 옥외소화전설비에는 옥외소화전마다 그로부터 $5m$ 이내의 장소에 소화전함을 설치하여야 한다.
② 옥외소화전이 10개 이하 설치된 때에는 옥외소화전마다 $5m$ 이내의 장소에 1개 이상의 소화전함을 설치하여야 한다.
③ 옥외소화전이 11개 이상 30개 이하 설치된 때에는 11개 이상의 소화전함을 각각 분산하여 설치하여야 한다.
④ 옥외소화전이 31개 이상 설치된 때에는 옥외소화전 5개마다 1개 이상의 소화전함을 설치하여야 한다.

해설
옥외소화전이 31개 이상 설치되는 경우 소화전함은 옥외소화전 3개마다 1개 이상 설치하여야 한다.

기출유형 완성하기

정답 14 ① 15 ③ 16 ① 17 ②

14 지하가의 바닥면적이 $3,500m^2$이다. 연결송수관설비의 방수구는 소방대상물 각 부분으로부터 수평거리 몇 m 이하가 되도록 설치하여야 하는가? 〔08년-4회〕

① $25m$ ② $30m$
③ $40m$ ④ $50m$

해설
지하가 또는 지하층의 바닥면적의 합계가 $3,000m^2$ 이상인 경우에는 연결송수관설비의 방수구를 수평거리 $25m$ 이하가 되도록 설치하여야 한다.

15 연결송수관설비의 방수구 설치에서 연결송수관설비의 전용방수구 또는 옥내소화전 방수구로서 구경은 몇 mm의 것으로 설치하는가? 〔09년-4회〕

① 40 ② 50
③ 65 ④ 100

해설
연결송수관설비의 전용방수구 또는 옥내소화전설비의 방수구로서 대체하는 경우 구경은 $65mm$ 이상으로 설치한다.

16 옥외소화전설비의 소화전함 표면에 일반적으로 부착되는 것이 아닌 것은? 〔08년-2회〕

① 비상전원 확인등
② 펌프 기동표시등
③ 위치표시등
④ 옥외소화전 표지

해설
소화전함에는 펌프 기동표시등, 소화전함의 위치표시등, 소화전 표지를 부착(설치)한다.

17 송수구가 부설된 옥내소화전을 설치한 특정·소방대상물로서 연결송수관설비의 방수구를 설치하지 아니할 수 있는 층의 기준 중 다음 ( ) 안에 알맞은 것은? (단, 집회장·관람장·백화점·도매시장·소매시장·판매시설·공장·창고시설 또는 지하가를 제외한다) 〔21년-4회〕

- 지하층을 제외한 층수가 (㉠)층 이하이고 연면적이 (㉡)m^2 미만인 특정 소방대상물의 지상층의 용도로 사용되는 층
- 지하층의 층수가 (㉢) 이하인 특정 소방대상물의 지하층

① ㉠ 3, ㉡ 5,000, ㉢ 3
② ㉠ 4, ㉡ 6,000, ㉢ 2
③ ㉠ 5, ㉡ 3,000, ㉢ 3
④ ㉠ 6, ㉡ 4,000, ㉢ 2

해설
송수구 부설 옥내소화전 설치로 연결송수관설비의 방수구를 설치하지 아니할 수 있는 조건은 다음의 어느 하나에 해당하는 층이다.
- 지하층을 제외한 층수가 **4층 이하**이고 연면적이 $6,000m^2$ **미만**인 지상층
- 지하층의 **층수가 2 이하**인 특정소방대상물의 지하층

🔒 **정답** 18 ③ 19 ① 20 ① 21 ③

기출유형 완성하기

18 연결송수관설비의 화재안전기준에서 연결송수관설비의 방수구에 관한 다음 사항 중 옳지 않은 것은? `07년-2회`

① 방수수의 호스접결구는 바닥으로부터 높이 0.5m 이상 1m 이하의 위치에 설치할 것
② 연결송수관 전용 방수구 또는 옥내소화전 방수구로서 구경 65mm의 것으로 설치할 것
③ 아파트의 용도로 사용되는 11층 이상의 부분에 설치하는 방수구는 반드시 쌍구형으로 할 것
④ 방수구는 개폐기능을 가진 것으로 할 것

해설
11층 이상의 층 중 아파트의 용도로 사용되는 층은 단구형 방수구로 설치할 수 있다.

19 옥내소화전설비 화재안전기준에 따라 옥내소화전설비의 표시등 설치기준으로 옳은 것은? `21년-4회`

① 가압송수장치의 기동을 표시하는 표시등은 옥내소화전함의 상부 또는 그 직근에 설치한다.
② 가압송수장치의 기동을 표시하는 표시등은 녹색등으로 한다.
③ 자체소방대를 구성하여 운영하는 경우 가압송수장치의 기동표시등을 반드시 설치해야 한다.
④ 옥내소화전설비의 위치를 표시하는 표시등은 함의 하부에 설치하되, 「표시등의 성능인증 및 제품검사의 기술기준」에 적합한 것으로 한다.

해설
② 기동을 표시하는 표시등은 **적색등**으로 한다.
③ **자체소방대를 구성**하여 운영하는 경우 기동표시등을 **설치하지 아니할 수 있다.**
④ 옥내소화전의 위치표시등은 **함의 상부**에 설치한다.

20 연결송수관설비의 설치기준 중 적합하지 않은 것은? `13년-1회`

① 방수기구함은 5개층마다 설치
② 방수구는 전용방수구로서 구경 65mm의 것으로 설치
③ 송수구는 구경 65mm의 쌍구형으로 설치
④ 주배관의 구경은 100mm 이상의 것으로 설치

해설
방수기구함은 피난층과 가장 가까운 층을 기준으로 3개층마다 설치한다.

21 17층의 사무소 건축물로 11층 이상에 쌍구형 방수구가 설치된 경우, 14층에 설치된 방수기구함에 요구되는 길이 15m의 호수 및 방사형 관창의 설치 개수는? `16년-1회`

① 호스는 5개 이상, 방사형 관창은 2개 이상
② 호스는 3개 이상, 방사형 관창은 1개 이상
③ 호스는 단구형 방수구의 2배 이상의 개수, 방사형 관창은 2개 이상
④ 호스는 단구형 방수구의 2배 이상의 개수, 방사형 관창은 1개 이상

해설
쌍구형 방수구로 설치된 경우 방수기구함에 포함되는 구성품의 개수는 **호스는 단구형 방수구의 2배 이상**, **방사형 관창은 2개 이상** 설치한다.

기출유형 완성하기

🔒 정답 22 ② 23 ② 24 ①

22 다음은 옥내소화전함의 표시등에 대한 설명이다. 가장 적합한 것은? `14년-4회`

① 위치표시등은 평상시 불이 켜지지 않은 상태로 있어야 한다.
② 기동표시등은 평상시 불이 켜지지 않은 상태로 있어야 한다.
③ 위치표시등 및 기동표시등은 평상시 불이 켜진 상태로 있어야 한다.
④ 위치표시등 및 기동표시등은 평상시 불이 안 켜진 상태로 있어야 한다.

해설
기동표시등은 평상시 소등되어 있다가 **가압송수장치가 기동**하면 점등된다.

Tip 위치표시등은 옥내소화전설비의 **위치를 표시**하므로 **평상시 점등**되어야 한다.

23 소방법 시행령 제23조의 규정에 의한 자체 소방대를 둔 위험물 제조소에 옥외소화전이 18개 설치되어 있다. 옥외소화전함은 최소 몇 개를 분산하여 설치하여야 하는가? `03년-2회`

① 10개 이상
② 11개 이상
③ 15개 이상
④ 18개 이상

해설
옥외소화전이 11~30개 이하로 설치된 경우에는 **11개 이상의 소화전함**을 분산 설치하여야 한다.

24 옥외소화전설비에는 옥외소화전마다 그로부터 얼마의 거리에 소화전함을 설치하여야 하는가? `10년-1회`

① $5m$ 이내
② $6m$ 이내
③ $7m$ 이내
④ $8m$ 이내

해설
옥외소화전함은 **옥외소화전으로부터** $5m$ **이내**에 소화전함을 설치하여야 한다.

10 연결송수관설비

기출유형

연결송수관설비의 송수구 부근 설비의 설치순서로 건식의 경우 적당한 것은?

03년-4회

① 송수구 – 자동배수밸브 – 체크밸브 – 자동배수밸브
② 체크밸브 – 자동배수밸브 – 송수구 – 자동배수밸브
③ 송수구 – 자동배수밸브 – 체크밸브
④ 체크밸브 – 자동배수밸브 – 송수구

해설
건식 연결송수관설비의 송수구 설치순서는 '송수구 → 자동배수밸브 → 체크밸브 → 자동배수밸브'이다.

| 정답 | ①

족집게 과외

❶ 송수구

구 분	습식설비	건식설비
공통기준	① 송수구의 높이는 지면으로부터 $0.5~1m$ 이하의 위치에 설치할 것 ② 소방차가 쉽게 접근할 수 있고 잘 보이는 장소에 설치할 것 ③ 낙하물 피해 없는 장소, $65mm$ 쌍구형, 송수압력범위 표지 및 이물질 마개를 설치할 것 ④ 수직배관마다 1개 이상 설치할 것. 단, 하나의 건축물에 설치된 각 수직배관이 중간에 개폐밸브가 설치되지 아니한 배관으로 상호 연결되어 있는 경우에는 건축물마다 1개씩 설치할 수 있음	
설치순서	송수구 → 자동배수밸브 → 체크밸브	송수구 → 자동배수밸브 → 체크밸브 → 자동배수밸브
개념도	(φ65, 0.5~1m, G.L, 체크밸브, 자동배수밸브)	(φ65, 0.5~1m, G.L, 체크밸브, 자동배수밸브)

※ 연결송수관설비는 지면으로부터의 높이가 $31m$ 이상 또는 지상 11층 이상인 경우 습식설비로 하여야 한다.

기출유형 완성하기

정답 01 ② 02 ④ 03 ④ 04 ③

01 다음은 연결송수관설비의 배관에 관하여 설명한 것이다. 옳은 것은? 〔05년-4회〕
① 물분무소화설비의 배관과 겸용하여서는 안 된다.
② 지상 11층 이상의 건물에는 반드시 습식으로 설치하여야 한다.
③ 지면으로부터의 건물 높이가 30m 이상인 경우에는 반드시 습식으로 설치하여야 한다.
④ 지상 10m 이하의 건물에는 주배관을 65mm로 할 수 있다.

해설
연결송수관설비는 지면으로부터의 **높이가 31m 이상** 또는 **지상 11층 이상**인 경우 **습식설비**로 하여야 한다.

02 연결송수관설비의 송수구 설치기준 중 옳은 것은? 〔06년-1회〕
① 송수구의 부근에 설치하는 자동배수밸브 및 체크밸브는 습식의 경우 송수구, 자동배수밸브, 체크밸브, 자동배수밸브 순으로 설치한다.
② 지면으로부터 0.5m 이상 0.8m 이하의 위치에 설치한다.
③ 동파되지 않도록 전용함 내에 설치한다.
④ 소방펌프자동차가 쉽게 접근할 수 있고, 노출된 장소에 설치한다.

해설
연결송수관설비뿐 아니라 모든 설비의 송수구는 소방차가 쉽게 접근할 수 있고 잘 보이는 장소에 설치하여야 한다.

03 연결송수관설비의 송수구에 대한 설치기준으로 틀린 것은? 〔10년-1회〕
① 하나의 건축물에 설치된 각 수직배관이 중간에 개폐밸브가 설치되지 아니한 배관으로 상호 연결되어 있는 경우에는 건축마다 1개씩 설치할 수 있다.
② 연결배관에 개폐밸브를 설치 시 그 개폐상태를 쉽게 확인 및 조작할 수 있는 옥외 또는 기계실 등에 설치한다.
③ 건식의 경우에 송수구, 자동배수밸브, 체크밸브, 자동배수밸브의 순으로 자동배수밸브 및 체크밸브를 설치한다.
④ 송수구는 가까운 곳의 보기 쉬운 곳에 "연결송수관설비송수구"라고 표시한 표지와 송수구역 일람표를 설치한다.

해설
연결송수관설비의 송수구는 "연결송수관설비송수구"라고 표시한 표지를 설치한다.
Tip 연결송수관설비는 별도의 송수구역일람표를 설치하지 않는다.

04 연결송수관설비에 대한 설명 중 옳지 않은 것은? 〔07년-1회〕
① 송수구는 연결송수관의 수직배관마다 1개 이상을 설치할 것
② 주 배관의 구경은 100mm 이상의 것으로 할 것
③ 지면으로부터의 높이가 31m 이상인 소방 대상물에 있어서는 건식설비로 할 것
④ 습식의 경우에는 송수구, 자동배수밸브, 체크밸브의 순으로 설치할 것

해설
연결송수관설비는 지면으로부터의 **높이가 31m 이상** 또는 **지상 11층 이상**인 경우 **습식설비**로 하여야 한다.

정답 05 ① 06 ② 07 ④ 08 ①

05 건식 연결송수관설비의 송수구 부근에 설치하는 기기 순서로 맞는 것은? `08년-1회`

① 송수구 → 자동배수밸브 → 체크밸브 → 자동배수밸브
② 송수구 → 체크밸브 → 자동배수밸브 → 체크밸브
③ 송수구 → 자동배수밸브 → 체크밸브
④ 송수구 → 체크밸브 → 자동배수밸브

해설
건식 연결송수관설비의 송수구 설치순서는 '송수구 → 자동배수밸브 → 체크밸브 → 자동배수밸브'이다.

07 다음 중 연결송수관설비의 구조와 관계가 없는 것은? `12년-4회`

① 송수구
② 방수기구함
③ 방수구
④ 유수검지장치

해설
연결송수관설비의 구성요소에 유수검지장치는 없다.
Tip 수동식 소화설비에는 유수검지장치가 설치되지 않는다.

06 다음 중에서 연결송수관설비의 배관을 습식설비로 설치하여야 하는 소방대상물은? `09년-4회`

① 지상 5층으로 연면적이 $6,000m^2$인 소방대상물
② 지상 11층 이상인 소방대상물
③ 지면으로부터 높이가 $30m$ 이상 또는 지상 10층인 소방대상물
④ 지면으로부터 높이가 $70m$ 이상인 소방대상물

해설
연결송수관설비는 지면으로부터 **높이가 $31m$ 이상** 또는 **지상 11층 이상**인 경우 **습식설비**로 하여야 한다.
Tip 높이 $70m$ 이상인 건축물에는 연결송수관설비의 가압송수장치를 설치하여야 한다.

08 연결송수관설비에서 습식설비로 하여야 하는 건축물 기준은? `14년-2회`

① 건축물의 높이가 $31m$ 이상인 것
② 지상 10층 이상의 건축물인 것
③ 건축물의 높이가 $25m$ 이상인 것
④ 지상 7층의 이상의 건축물인 것

해설
연결송수관설비는 지면으로부터 **높이가 $31m$ 이상** 또는 **지상 11층 이상**인 경우 **습식설비**로 하여야 한다.
Tip 높이 $70m$ 이상인 건축물에는 연결송수관 설비의 가압송수장치를 설치하여야 한다.

11 스프링클러 헤드-1

기출유형

하향식 폐쇄형 스프링클러 헤드는 살수에 방해가 되지 않도록 헤드 주위 반경 몇 센티미터 이상의 살수공간을 확보하여야 하는가?

11년-4회

① 40cm
② 45cm
③ 50cm
④ 60cm

해설
스프링클러 헤드는 살수가 방해되지 않도록 스프링클러 헤드로부터 **반경 60cm 이상의 공간**을 보유할 것

| 정답 | ④

족집게 과외

❶ 헤드 설치기준

종 류	설치장소	설치기준
수평거리 기준	무대부, 특수가연물 저장·취급 장소(창고) 등	수평거리 1.7m 이하 (무대부는 개방형 스프링클러 설치)
	기타 소방대상물(일반창고 포함)	수평거리 2.1m 이하 (내화구조인 경우 2.3m 이하)
	아파트 등	수평거리 2.6m 이하, 외벽에 설치된 창문에서 0.6m 이내 추가 배치
	랙식 창고	랙 높이 3m 이하마다 설치할 것 (단, 수평거리 15cm 이상의 송기공간이 있는 경우 송기공간에 설치 가능)
	폭이 9m 이하인 실내	측벽형 헤드 적용 가능
	연소할 우려가 있는 개구부	개구부 상하좌우에 2.5m 간격으로 설치하되 개구부의 내측면으로부터 직선거리는 15cm 이하 (개방형 스프링클러 설치)
기타 기준	① 스프링클러 헤드는 살수가 방해되지 않도록 스프링클러 헤드로부터 반경 60cm 이상의 공간을 보유할 것 　(단, 벽과 스프링클러 헤드 간의 공간은 10cm 이상으로 함) ② 배관, 행거, 조명기구 등 살수를 방해하는 것이 있는 경우에는 그 아래에 설치할 것 　(단, 헤드와 장애물 사이의 이격거리를 장애물 폭의 3배 이상 확보한 경우 제외)	
헤드 상호 간 거리	$S = 2R\cos\theta = 2R\cos 45°$	∴ 정방형(정사각형) 배치이므로 45° 적용 ∴ R : 헤드의 수평거리[m]

❷ 스프링클러 헤드 수별 급수관의 구경

급수관 구경(mm)	25	32	40	50	65	80	90	100	125	150
폐쇄형 헤드 수	2	3	5	10	30	60	80	100	160	161 이상
개방형 헤드 수	1	2	5	8	15	27	40	55	90	91 이상

❸ 폐쇄형 헤드 구조

구 분	내 용
퓨지블링크	감열체 중 이융성 금속으로 융착되거나 이융성 물질에 의하여 조립된 것
유리벌브	감열체 중 유리구 안에 액체 등을 넣어 봉한 것

기출유형 완성하기

정답 01 ③ 02 ① 03 ④ 04 ③ 05 ③

01 랙크식 창고에 특수가연물을 취급하는 경우 스프링클러 헤드(화재조기 진압용은 제외)의 설치 높이는? `04년-1회, 개정반영`

① 2.1m 이하
② 2.5m 이하
③ 3m 이하
④ 6m 이하

해설
랙식 창고에 설치되는 스프링클러 헤드는 **랙 높이 3m 이하마다** 설치하여야 한다.

02 폐쇄형 스프링클러 헤드에 대하여 급격한 수압을 고려해야 하는 시험은? `10년-4회, 개정반영`

① 수격시험
② 강도시험
③ 진동시험
④ 방수량시험

해설
급격한 수압에 의한 헤드의 성능시험 고려사항은 **수격시험**이다.

Tip 수격현상을 기억하면 편하다.

03 스프링클러 헤드 설치 시 유지하여야 할 수평거리 중 맞지 않는 것은? `08년-2회, 개정반영`

① 무대부에 있어서는 1.7m 이하
② 랙크식 창고에 있어서는 2.1m 이하
③ 아파트에 있어서는 2.6m 이하
④ 연소 우려 있는 부분의 개구부에는 3.0m 이하

해설
연소할 우려가 있는 개구부에는 스프링클러 헤드를 **2.5m 간격**으로 설치한다.

04 폐쇄형 스프링클러 헤드를 사용하는 스프링클러설비의 급수배관 중 구경이 50mm인 배관에는 스프링클러 헤드를 몇 개까지 설치할 수 있는가? (단, 헤드는 반자 아래에만 설치한다) `05년-2회`

① 3개
② 5개
③ 10개
④ 12개

해설
폐쇄형 스프링클러 헤드를 설치하는 경우 **구경 50mm**의 급수배관은 **10개까지** 설치가 가능하다.

05 스프링클러설비의 화재안전기준에서 스프링클러를 설치할 경우 살수에 방해가 되지 아니하도록 스프링클러 헤드로부터 반경 몇 cm 이상의 공간을 확보하여야 하는가? `10년-4회, 개정반영`

① 20
② 40
③ 60
④ 90

해설
스프링클러 헤드는 살수가 방해되지 않도록 스프링클러 헤드로부터 **반경 60cm 이상의 공간**을 보유하여야 한다.

🔒 **정답** 06 ④ 07 ④ 08 ① 09 ③ 10 ②

기출유형 완성하기

06 스프링클러설비의 헤드 설치기준에 대한 설명으로 틀린 것은? `09년-1회`

① 공동주택의 거실에는 조기반응형 스프링클러 헤드를 설치한다.
② 무대부 또는 연소할 우려가 있는 개구부에는 개방형 스프링클러 헤드를 설치한다.
③ 습식 스프링클러 외의 설비에서 동파의 우려가 없는 경우에는 하향식 스프링클러 헤드 설치가 가능하다.
④ 아파트 거실의 천장, 반자 등 각 부분으로부터 하나의 스프링클러 헤드까지 수평거리는 1.7m 이하로 설치한다.

해설
아파트 거실에 설치되는 스프링클러 헤드의 수평거리는 2.6m 이하로 설치한다.

07 배관, 행거 및 조명기구가 있어 살수의 장애가 있는 경우 스프링클러 헤드의 설치방법으로서 옳은 것은? (단, 스프링클러 헤드와 장애물과의 이격거리를 장애물 폭의 3배 이상 확보한 경우에는 그러하지 아니한다) `09년-2회`

① 부착면에서 30cm 이내로 설치한다.
② 부착면에서 30~45cm 사이로 설치한다.
③ 장애물과 부착면 사이에 설치한다.
④ 장애물 아래에 설치한다.

해설
배관, 행거, 조명기구 등 살수를 방해하는 것이 있는 경우에는 그 아래에 설치한다.

08 스프링클러 헤드의 설치에 있어 층고가 낮은 사무실의 양측 벽면 상단에 측벽형 스프링클러 헤드를 설치하여 방호하려고 한다. 사무실의 폭이 몇 m 이하일 때 헤드의 포용이 가능한가? `11년-1회`

① 9m 이하
② 10.8m 이하
③ 12.6m 이하
④ 15.5m 이하

해설
측벽형 스프링클러 헤드는 폭이 9m 이하인 실내에 적용이 가능하다.

09 스프링클러 헤드의 배치에서 랙크식 창고(내화구조)에서는 방호대상물의 각 부분으로부터 수평거리(헤드의 살수반경)는 몇 m 이하인가? `11년-2회, 개정반영`

① 1.7 ② 2.1
③ 2.3 ④ 3.2

해설
내화구조인 랙식 창고의 경우에 스프링클러 헤드의 수평거리는 2.3m 이하가 되도록 설치하여야 한다.

10 스프링클러설비에 있어서 정방형으로 배치하는 경우 헤드에서 헤드까지의 설치거리를 산출하는 식으로 옳은 것은? (단, r : 수평거리이다) `25년`

① $s = r\cos 45°$
② $s = 2r\cos 45°$
③ $s = r\sqrt{45}$
④ $s = 2r\sqrt{2}$

해설
헤드를 정방형으로 배치하는 경우 빈 공간이 발생하지 않도록 $2R\cos\theta \Rightarrow 2R\cos 45°$로 설치거리를 산출한다.

기출유형 완성하기

🔒 정답 11 ③ 12 ① 13 ③ 14 ③

11 스프링클러 헤드에 있어서의 용어를 설명한 것이다. 내용이 적합하지 않은 것은? `12년-1회`

① "방수압력"이라 함은 정류통에 의하여 측정한 방수시의 정압을 말한다.
② "퓨지블링크"라 함은 감열체 중 이융성 금속으로 융착되거나 이융성 물질에 의해 조립된 것을 말한다.
③ "유리벌브"라 함은 유리구 안에 액체나 기체 등을 넣어 밀봉한 것을 말한다.
④ "스프링클러 헤드"라 함은 화재 시의 가압된 물이 내뿜어져 분산됨으로써 소화기능을 하는 헤드를 말한다.

해설
폐쇄형 스프링클러 헤드 타입 중 유리벌브란 감열체 중 유리구 안에 **액체** 등을 넣어 봉한 것을 말한다.

12 스프링클러 헤드를 설치하는 천장, 반자, 천장과 반자 사이, 덕트, 선반 등의 각 부분으로부터 하나의 스프링클러 헤드까지의 수평거리 적용 기준으로 잘못된 항목은? `12년-2회, 개정반영`

① 특수가연물 저장 랙크식 창고 : $2.5m$ 이하
② 공동주택(아파트) 세대 내의 거실 : $2.6m$ 이하
③ 내화구조의 사무실 : $2.3m$ 이하
④ 비내화구조의 판매시설 : $2.1m$ 이하

해설
특수가연물을 저장하는 랙식 창고의 경우에 스프링클러 헤드의 수평거리는 $1.7m$ **이하**가 되도록 설치하여야 한다.

13 폐쇄형 스프링클러 70개를 담당할 수 있는 급수관의 구경은 몇 mm 인가? `12년-4회`

① 65
② 80
③ 90
④ 100

해설
폐쇄형 스프링클러 헤드를 설치하는 경우 구경 $80mm$의 급수배관은 60개, $90mm$**의 배관**은 80개까지 설치 가능하므로 $90mm$로 설치하여야 한다.

14 스프링클러설비 헤드의 설치기준 중 다음 (   ) 안에 알맞은 것은? `18년-2회`

> 살수가 방해되지 아니하도록 스프링클러 헤드부터 반경 (㉠)cm 이상의 공간을 보유할 것. 다만, 벽과 스프링클러 헤드 간의 공간은 (㉡)cm 이상으로 한다.

① ㉠ 10, ㉡ 60
② ㉠ 30, ㉡ 10
③ ㉠ 60, ㉡ 10
④ ㉠ 90, ㉡ 60

해설
스프링클러 헤드는 살수가 방해되지 아니하도록 반경 $60cm$ 이상의 공간을 보유하고, 벽과의 공간은 $10cm$ 이상으로 확보한다.

정답 15 ② 16 ③ 17 ④

15 평면도와 같이 반자가 있는 어느 실내에 전등이나 공조용 디퓨져 등의 시설물에 구애됨이 없이 수평거리를 $2.1m$로 하여 스프링클러 헤드를 정방형으로 설치하고자 할 때 최소한 몇 개의 헤드를 설치하면 될 것인가? (단, 반자 속에는 헤드를 설치하지 아니한 것으로 한다)

〔14년-1회〕

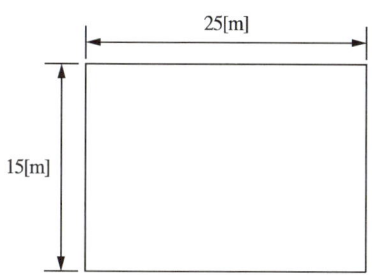

① 24개
② 54개
③ 72개
④ 96개

해설
수평거리 $2.1m$로 정방형 배치 시 스프링클러 헤드 간 간격은 $2R\cos45°=2\times2.1\times\cos45°=2.97[m]$이다.
가로 배치 $25\div2.97=8.41≒9$개,
세로 배치 $15\div2.97=5.05≒6$개로서,
전체 헤드의 개수는 $9\times6=54[개]$가 된다.

16 스프링클러설비의 화재안전기준상 스프링클러헤드를 설치하는 천장·반자·천장과 반자 사이·덕트·선반 등의 각 부분으로부터 하나의 스프링클러헤드까지의 수평거리 기준으로 틀린 것은? (단, 성능이 별도로 인정된 스프링클러 헤드를 수리계산에 따라 설치하는 경우는 제외한다)

〔20년-3회, 개정반영〕

① 무대부에 있어서는 $1.7m$ 이하
② 공동주택(아파트) 세대 내의 거실에 있어서는 $2.6m$ 이하
③ 특수가연물을 저장 또는 취급하는 장소에 있어서는 $2.1m$ 이하
④ 특수가연물을 저장 또는 취급하는 랙크식 창고의 경우에는 $1.7m$ 이하

해설
특수가연물을 저장·취급하는 장소에 설치되는 스프링클러 헤드의 수평거리는 $1.7m$ 이하가 되도록 설치하여야 한다.

17 스프링클러 헤드에서 이융성 금속으로 융착되거나 이융성 물질에 의하여 조립된 것은?

〔22년-2회〕

① 프레임(frame)
② 디플렉터(deflector)
③ 유리벌브(glass bulb)
④ 퓨지블링크(fusible link)

해설
폐쇄형 스프링클러 헤드 타입 중 **퓨지블링크**란 감열체 중 **이융성 금속으로 융착되거나 이융성 물질에 의하여 조립된** 것이다.

기출유형 완성하기

🔒 정답 18 ④ 19 ② 20 ③ 21 ④

18 스프링클러설비의 화재안전기준상 스프링클러 헤드 설치 시 살수가 방해되지 아니하도록 벽과 스프링클러 헤드 간의 공간은 최소 몇 cm 이상으로 하여야 하는가?   `22년-1회`

① 60
② 30
③ 20
④ 10

해설
스프링클러 헤드는 살수장애가 발생하지 않도록 **벽과 스프링클러 헤드 간의 공간은** $10cm$ **이상으로 한다.**

19 스프링클러 헤드의 설치기준 중 다음 ( ) 안에 알맞은 것은?   `17년-4회`

> 연소할 우려가 있는 개구부에는 그 상하좌우에 (㉠)m 간격으로 스프링클러 헤드를 설치하되, 스프링클러 헤드와 개구부의 내측 면으로부터 직선거리는 (㉡)cm 이하가 되도록 할 것

① ㉠ 1.7, ㉡ 15
② ㉠ 2.5, ㉡ 15
③ ㉠ 1.7, ㉡ 25
④ ㉠ 2.5, ㉡ 25

해설
연소할 우려가 있는 개구부에 설치되는 스프링클러 헤드는 개구부 상하좌우에 $2.5m$ 간격으로 설치하되, 개구부의 내측 면으로부터 직선거리는 $15cm$ 이하가 되도록 할 것

20 개방형 스프링클러 헤드 30개를 설치하는 경우 급수관의 구경은 몇 mm로 하여야 하는가?   `18년-4회`

① 65
② 80
③ 90
④ 100

해설
개방형 스프링클러 헤드를 설치하는 경우 구경 $80mm$의 급수배관은 27개, $90mm$**의 배관은 40개까지 설치 가능하므로** $90mm$로 설치하여야 한다.

21 다음 화재안전기술기준에 따른 스프링클러 헤드의 수평거리 기준으로 틀린 것은? (내화구조가 아닌 경우)   `25년`

① 무대부 – $1.7m$ 이하
② 아파트 – $2.6m$ 이하
③ 특수가연물을 저장·취급하는 장소 – $1.7m$ 이하
④ 오피스텔 – $2.5m$ 이하

해설
오피스텔의 헤드 수평거리는 $2.1m$ 이하(내화구조인 경우 $2.3m$ 이하)로 설치하여야 한다.

12 스프링클러 헤드-2

기출유형

스프링클러설비의 화재안전기준에 따라 폐쇄형 스프링클러 헤드를 최고 주위온도 40℃인 장소(공장 및 창고 제외)에 설치할 경우 표시온도는 몇 ℃의 것을 설치하여야 하는가? `21년-4회`

① 79℃ 미만
② 79℃ 이상 121℃ 미만
③ 121℃ 이상 162℃ 미만
④ 162℃ 이상

해설
최고 주위온도가 40℃인 장소에서는 **표시온도가** 79℃ **이상** 121℃ **미만인** 헤드를 설치하여야 한다.

|정답| ②

족집게 과외

❶ RTI(반응시간지수)

RTI	헤드 분류	조기반응형 헤드 설치 대상
50 이하	조기반응형(Fast Response Type)	① 공동주택·노유자시설의 거실
50 초과~80 이하	특수형(Special Response Type)	② 오피스텔·숙박시설의 침실
80 초과~350 이하	표준형(Standard Response Type)	③ 병원·의원의 입원실

Tip 사람이 수면을 취할 수 있는 장소에는 조기반응형 헤드를 설치한다(RTI가 작을수록 빠르게 동작).

❷ 폐쇄형 스프링클러 헤드의 온도

설치장소의 최고 주위온도	표시온도	창고시설
39℃ 미만	79℃ 미만	높이가 4m 이상인 창고(랙식 창고를 포함)에 설치하는 폐쇄형 스프링클러 헤드는 그 설치장소의 평상시 최고 주위온도에 관계 없이 표시온도 121℃ 이상의 것으로 할 수 있음
39℃ 이상 64℃ 미만	79℃ 이상 121℃ 미만	
64℃ 이상 106℃ 미만	121℃ 이상 162℃ 미만	
106℃ 이상	162℃ 이상	

※ 설치장소의 최고 주위온도보다 높은 온도(표시)의 헤드를 설치한다.

❸ 헤드 설치 제외 가능 장소

① 계단실·경사로·승강기의 승강로·비상용승강기의 승강장·파이프덕트 및 덕트피트·목욕실·수영장(관람석 부분을 제외)·화장실·직접 외기에 개방되어 있는 복도·기타 이와 유사한 장소
② 통신기기실·전자기기실·발전실·변전실·변압기·기타 이와 유사한 전기설비가 설치되어 있는 장소
③ 병원의 수술실·응급처치실·기타 이와 유사한 장소
④ 천장과 반자 사이 벽이 불연재료로 되어 있는 경우로서 천장과 반자 사이의 거리가 2m 이상으로서 그 사이에 가연물이 존재하지 않는 부분
⑤ 천장과 반자 양쪽이 불연재료로 되어 있는 경우로서 천장과 반자 사이의 거리가 2m 미만인 부분
⑥ 천장·반자 중 한쪽이 불연재료로 되어 있고 천장과 반자 사이의 거리가 1m 미만인 부분
⑦ 천장 및 반자가 불연재료 외의 것으로 되어 있고 천장과 반자 사이의 거리가 0.5m 미만인 부분
⑧ 펌프실·물탱크실 엘리베이터 권상기실 그 밖의 이와 비슷한 장소
⑨ 현관 또는 로비 등으로서 바닥으로부터 높이가 20m 이상인 장소
⑩ 영하의 냉장창고의 냉장실 또는 냉동창고의 냉동실
⑪ 고온의 노가 설치된 장소 또는 물과 격렬하게 반응하는 물품의 저장 또는 취급장소
⑫ 가연성 물질이 존재하지 않는 「건축물의 에너지절약설계기준」에 따른 방풍실
⑬ 실내에 설치된 테니스장·게이트볼장·정구장 또는 이와 비슷한 장소로서 실내 바닥·벽·천장이 불연재료 또는 준불연재료로 구성되어 있고 가연물이 존재하지 않는 장소로서 관람석이 없는 운동시설

정답 01 ③ 02 ② 03 ① 04 ②

기출유형 완성하기

01 다음 중 스프링클러 헤드를 설치하지 않아도 되는 곳은? `04년-1회`

① 천장과 반자 사이의 거리가 $1m$ 이하인 부분
② 냉동, 냉장창고의 사무실
③ 병원의 수술실, 응급처치실
④ 수영장의 탈의실

해설
헤드 설치 제외 가능 장소 중
→ 병원의 **수술실·응급처치실**·기타 이와 유사한 장소
Tip 냉장창고는 영하인 경우에만 헤드 설치 제외가 가능하다.

02 스프링클러 헤드 설치장소의 최고 주위온도가 105℃인 경우에 폐쇄형 스프링클러 헤드는 표시온도가 섭씨 몇 도인 것을 사용하여야 하는가? `25년`

① 79도 이상, 121도 미만
② 121도 이상, 162도 미만
③ 162도 이상, 200도 미만
④ 200도 이상

해설
폐쇄형 스프링클러 헤드의 온도

최고 주위온도	표시온도
39℃ 미만	79℃ 미만
39℃ 이상 64℃ 미만	79℃ 이상 121℃ 미만
64℃ **이상** 106℃ 미만	121℃ **이상** 162℃ **미만**
106℃ 이상	162℃ 이상

03 폐쇄형 스프링클러 헤드의 표시온도와 설치장소의 최고 온도 사이의 관계에서 옳은 것은? `06년-4회`

① 최고 온도보다 높은 것을 선택
② 최고 온도보다 낮은 것을 선택
③ 최고 온도와 같은 것을 선택
④ 최고 온도와는 관계없다.

해설
화재가 아닌 경우에 스프링클러가 동작하면 안 되므로 "설치장소의 **최고 주위온도보다 높은 온도의 헤드**"를 적용하여야 한다.

04 스프링클러설비를 설치해야 할 소방대상물에 있어서 스프링클러 헤드를 설치하지 아니할 수 있는 장소 중 맞는 것은? `08년-1회`

① 계단, 병실, 목욕실, 통신기기실, 아파트
② 발전실, 수술실, 응급처치실, 통신기기실
③ 발전실, 변전실, 병실, 목욕실, 아파트
④ 수술실, 병실, 변전실, 발전실, 아파트

해설
• 발전기실, 통신기기실 : 수손피해 우려로 제외 가능
• 수술실, 응급처치실 : 수술 또는 처치 중 스프링클러 동작 시 긴급상황 발생 우려로 제외 가능

기출유형 완성하기

정답 05 ③ 06 ③ 07 ② 08 ② 09 ②

05 다음 중 조기반응형 스프링클러 헤드를 설치하여야 하는 장소는? `12년-2회`

① 보일러실
② 노래방
③ 노유자시설의 거실
④ 위험물 취급장소

해설
조기반응형 스프링클러 헤드의 설치장소
- 공동주택 · 노유자시설의 거실
- 오피스텔 · 숙박시설의 침실
- 병원 · 의원의 입원실

06 다음 중 스프링클러 헤드를 설치하지 않아도 되는 곳은? `12년-4회`

① 천장 및 반자가 가연재료로 되어 있고 거리가 $2m$ 미만인 부분
② 냉동, 냉장실 외의 사무실
③ 병원의 수술실, 응급처치실
④ 바닥으로부터 높이가 $10m$인 로비, 현관

해설
수술실, 응급처치실은 수술 또는 처치 중 스프링클러 동작 시 긴급상황 발생 우려로 제외 가능하다.

07 다음 중 스프링클러 헤드를 설치해야 되는 곳은? `13년-1회`

① 발전실
② 보일러실
③ 병원의 수술실
④ 직접외기에 개방된 복도

해설
보일러실은 스프링클러 헤드 설치 제외장소가 아니다.

08 스프링클러 헤드의 강도를 반응시간지수(RTI) 값에 따라 구분할 때 RTI 값이 51 초과 80 이하일 때의 헤드 감도는? `13년-4회`

① Fast response
② Special response
③ Standard response
④ Quick response

해설
RTI(반응시간지수)

RTI	헤드 분류
50 이하	조기반응형(Fast Response Type)
50~80 이하	특수형(Special Response Type)
80~350 이하	표준형(Standard Response Type)

09 폐쇄형 스프링클러 헤드를 최고 주위온도 40[℃]인 장소(공장 및 창고 제외)에 설치할 경우 표시온도는 몇 [℃]의 것을 설치하여야 하는가? `21년-4회`

① 79[℃] 미만
② 79[℃] 이상 121[℃] 미만
③ 121[℃] 이상 162[℃] 미만
④ 162[℃] 이상

해설
폐쇄형 스프링클러 헤드의 온도

최고 주위온도	표시온도
39℃ 미만	79℃ 미만
39℃ 이상 64℃ 미만	79℃ 이상 121℃ 미만
64℃ 이상 106℃ 미만	121℃ 이상 162℃ 미만
106℃ 이상	162℃ 이상

🔒 **정답** 10 ① 11 ① 12 ② 13 ②

기출유형 완성하기

10 스프링클러설비의 화재안전기준상 조기반응형 스프링클러 헤드를 설치해야 하는 장소가 아닌 것은? `21년-1회`

① 수련시설의 침실
② 공동주택의 거실
③ 오피스텔의 침실
④ 병원의 입원실

해설
조기반응형 스프링클러 헤드의 설치장소
- 공동주택 · 노유자시설의 거실
- 오피스텔 · 숙박시설의 침실
- 병원 · 의원의 입원실

11 스프링클러설비의 화재안전기준상 스프링클러 설비를 설치하여야 할 특정소방대상물에 있어서 스프링클러 헤드를 설치하지 아니할 수 있는 장소 기준으로 틀린 것은? `21년-1회`

① 천장과 반자 양쪽이 불연재료로 되어 있고 천장과 반자 사이의 거리가 $2.5m$ 미만인 부분
② 천장 및 반자가 불연재료 외의 것으로 되어 있고 천장과 반자 사이의 거리가 $0.5m$ 미만인 부분
③ 천장 · 반자 중 한쪽이 불연재료로 되어 있고 천장과 반자 사이의 거리가 $1m$ 미만인 부분
④ 현관 또는 로비 등으로서 바닥으로부터 높이가 $20m$ 이상인 장소

해설
천장과 반자 양쪽이 불연재료로 되어 있는 경우로서 천장과 반자 사이의 거리가 $2m$ **미만**인 부분

12 스프링클러설비의 화재안전기준에 따라 스프링클러 헤드를 설치하지 않을 수 있는 장소로만 나열된 것은? `21년-4회`

① 계단실, 병실, 목욕실, 냉동창고의 냉동실, 아파트(대피공간 제외)
② 발전실, 병원의 수술실·응급처치실, 통신기기실, 관람석이 없는 실내테니스장(실내 바닥·벽 등이 불연재료)
③ 냉동창고의 냉동실, 변전실, 병실, 목욕실, 수영장 관람석
④ 병원의 수술실, 관람석이 없는 실내테니스장(실내 바닥·벽 등이 불연재료), 변전실, 발전실, 아파트(대피공간 제외)

해설
발전실, 병원의 수술실 및 응급처치실, 통신기기실, 관람석이 없는 실내테니스장은 스프링클러 헤드 설치를 제외할 수 있다.

13 높이가 $4m$ 이상인 창고(랙식 창고를 포함한다)에 설치하는 폐쇄형 스프링클러 헤드는 그 설치장소의 평상시 최고 주위온도에 관계없이 표시온도 몇 도 이상의 것으로 설치할 수 있는가? `25년`

① 79℃ 이상
② 121℃ 이상
③ 162℃ 이상
④ 180℃ 이상

해설
높이가 $4m$ 이상인 창고시설에 설치되는 스프링클러 헤드는 최고 주위온도와 상관없이 표시온도 121℃ 이상의 것으로 할 수 있다.

13 스프링클러설비(구성품, 방호구역)

기출유형

스프링클러설비의 누수로 인한 유수검지장치의 오작동을 방지하기 위한 목적으로 설치하는 것은?

25년

① 솔레노이드밸브
② 리타딩챔버
③ 물올림장치
④ 성능시험배관

해설
자동경보밸브(유수검지장치)에서 누수로 인한 **오작동을 방지**하기 위해 **리타딩챔버**를 설치한다.

| 정답 | ②

족집게 과외

❶ 유수제어밸브

구 분	내 용
유수검지장치	본체 내의 유수현상을 자동적으로 검지하여 신호 또는 경보
일제개방밸브	화재 시 기계적 또는 전기적 원리에 따라 클래퍼를 개방하는 장치

분류-1	분류-2	적용 헤드	적용 제한	설비 구분
유수 제어밸브	유수검지장치	폐쇄형 헤드	하나의 방호구역 $3,000m^2$ 이하	습식, 건식, 준비작동식, 부압식
	일제개방밸브	개방형 헤드	하나의 방수구역 헤드 개수 50개 이하	일제살수식

※ 유수제어밸브는 바닥면으로부터 $0.8m$ 이상 $1.5m$ 이하의 위치에 설치할 것

Tip 소방관이 사용하는 것은 $0.5~1m$, 관계인이 사용하는 것은 $0.8~1.5m$ 높이에 설치한다.

❷ 스프링클러설비 구분

설 비	1차 측	2차 측	적용헤드	감지기 설치 유무	유수제어밸브 명칭
습 식	가압수	가압수	폐쇄형	X	알람체크밸브
건 식		압축공기	폐쇄형	X	드라이파이프밸브
준비작동식		대기압	폐쇄형	O	프리액션밸브
일제살수식		대기압	개방형	O	델류지밸브
부압식		부압수	폐쇄형	O	프리액션밸브

❸ 리타딩챔버, 시험배관

구 분	내 용
리타딩챔버	누수로 인한 유수검지장치의 오작동을 방지하기 위해 설치
엑셀레이터	건식 스프링클러설비의 압축공기 배출속도를 증가시키기 위해 설치
시험장치 (배관)	① 유수검지장치 2차 측 배관에 연결하여 설치 ② 유수검지장치의 정상작동 여부를 점검하기 위해 설치 ③ 시험장치 배관의 구경은 $25mm$ 이상으로 하고, 그 끝에 개폐밸브 및 개방형 헤드 또는 스프링클러 헤드와 동등한 방수성능을 가진 오리피스를 설치할 것. 이 경우 개방형 헤드는 반사판 및 프레임을 제거한 오리피스만으로 설치할 수 있음 ④ 습식, 건식, 부압식 스프링클러에만 설치

기출유형 완성하기

정답 01 ② 02 ④ 03 ② 04 ④ 05 ② 06 ④

01 폐쇄형 스프링클러설비 하나의 방호구역은 어느 것인가? `03년-2회`

① 바닥면적 $4,000m^2$
② 바닥면적 $3,000m^2$
③ 바닥면적 $2,000m^2$
④ 바닥면적 $1,000m^2$

해설
스프링클러설비에서 1개의 방호구역의 바닥면적은 $3,000[m^2]$ 이하로 한다.

02 건식 스프링클러설비의 공기를 빼내는 속도를 증가시키기 위하여 드라이밸브에 설치하는 것은? `03년-4회`

① 트림잉 셀
② 리타딩챔버
③ 템퍼스위치
④ 액셀레이터

해설
건식 스프링클러의 유수검지장치(드라이밸브) 2차 측에 압축공기를 신속하게 배출하는 설비는 **액셀레이터** 이다.

03 개방형 스프링클러설비에서 하나의 방수구역의 경우 담당하는 헤드 개수는 몇 개 이하로 하여야 하는가? `25년`

① 60
② 50
③ 40
④ 30

해설
스프링클러설비에서 1개의 방수구역에서 담당하는 개방형 헤드의 개수는 50개 이하로 한다.

04 다음 중 자동경보밸브의 오보를 방지하기 위하여 설치하는 것은? `25년`

① 배수밸브
② 압력스위치
③ 작동시험밸브
④ 리타딩챔버

해설
자동경보밸브(유수검지장치)에서 누수로 인한 **오작동을 방지**하기 위해 **리타딩챔버**를 설치한다.

05 스프링클러설비 유수검지장치의 정상기능 상태 여부를 점검하기 위한 시험배관은 어디에 설치해야 하는가? `05년-1회, 개정반영`

① 교차배관 말단
② 유수검지장치의 2차 측 배관
③ 유수검지장치로부터 가장 가까운 가지배관 말단
④ 유수검지장치와 가지배관 사이

해설
유수검지장치의 정상작동 여부를 점검하기 위해 설치하는 시험배관은 유수검지장치의 2차 측 배관에 연결하여 설치한다.

06 폐쇄형 스프링클러 헤드가 설치된 건물에 하나의 유수검지 장치가 담당해야 할 방호구역의 기준 바닥면적은 얼마이어야 하는가? `03년-4회`

① $1,500[m^2]$ 이하
② $2,000[m^2]$ 이하
③ $2,500[m^2]$ 이하
④ $3,000[m^2]$ 이하

해설
스프링클러설비에서 1개의 방호구역의 바닥면적은 $3,000[m^2]$ 이하로 한다.

정답 07 ③ 08 ② 09 ② 10 ② 11 ④

07 습식 또는 건식 스프링클러설비에서 시험배관을 설치하는 목적으로 가장 적합한 것은? `06년-4회`

① 배관 내의 부식 및 이물질의 축적 여부를 진단하기 위해서다.
② 펌프의 성능시험을 하기 위해서다.
③ 유수경보장치의 기능을 수시 확인하기 위해서다.
④ 평상시 배관 내의 물이 배수가 잘되는지 확인하기 위해서다.

해설
유수검지장치의 정상작동 여부를 점검하기 위해 설치한다.

08 다음 중 스프링클러설비의 경보와 직접 관계있는 장치는 어느 것인가? `07년-1회`

① 수압개폐장치
② 유수검지장치
③ 물올림장치
④ 일제개방밸브장치

해설
본체 내의 유수현상을 자동적으로 검지하여 **신호** 또는 **경보**하는 설비를 **유수검지장치**라고 한다.

09 스프링클러설비의 화재안전기준에 따른 특정소방대상물의 방호구역 층마다 설치하는 폐쇄형 스프링클러설비 유수검지장치의 설치 높이 기준은? `20년-4회`

① 바닥으로부터 $0.8m$ 이상 $1.2m$ 이하
② 바닥으로부터 $0.8m$ 이상 $1.5m$ 이하
③ 바닥으로부터 $1.0m$ 이상 $1.2m$ 이하
④ 바닥으로부터 $1.0m$ 이상 $1.5m$ 이하

해설
유수검지장치의 설치높이는 **바닥으로부터 $0.8 \sim 1.5m$ 이하**이다.

10 개방형 스프링클러설비에서 하나의 방수구역을 담당하는 헤드 개수는 최대 몇 개 이하로 설치하여야 하는가? `20년-1·2회`

① 60
② 50
③ 40
④ 30

해설
스프링클러설비에서 1개의 방수구역에서 담당하는 개방형 헤드의 개수는 **50개 이하**로 한다.

11 스프링클러설비의 시험배관에 관한 설명으로 틀린 것은? `03년-2회, 개정반영`

① 시험배관은 알람밸브 2차 측 배관으로부터 연결하여 설치한다.
② 시험배관은 준비작동식 설비에는 설치할 필요가 없다.
③ 시험배관의 말단에는 실제 그 구역에 설치된 헤드와 동일한 오리피스를 가진 개방형의 헤드를 설치하면 된다.
④ 시험배관을 이용한 알람밸브의 기능시험은 매일 실시하는 것이 원칙이다.

해설
시험배관을 이용한 기능시험은 주기적으로 하되, 매일 실시하는 것이 원칙은 아니다.

기출유형 완성하기

정답 12 ① 13 ① 14 ① 15 ③ 16 ③

12 배관 내의 헤드까지 물이 항상 차 있어 가압된 상태에 있는 스프링클러설비는? `11년-2회`

① 폐쇄형 습식
② 폐쇄형 건식
③ 개방형 습식
④ 개방형 건식

해설
배관 내의 헤드까지 가압수로 차 있는 설비는 **폐쇄형 헤드**를 사용하는 **습식 스프링클러설비**이다.

Tip 헤드까지 가압수라는 것은 유수검지장치의 2차 측이 가압수인 상태를 말한다.

13 스프링클러설비에 있어서 자동경보밸브에 리타딩챔버를 설치하는 목적으로 옳은 것은? `12년-4회`

① 자동경보밸브의 오보를 방지한다.
② 자동배수를 한다.
③ 경보를 발하기까지 시간만을 조절한다.
④ 압력수의 압력 조절을 행한다.

해설
자동경보밸브(유수검지장치)에서 누수로 인한 **오작동**을 **방지**하기 위해 **리타딩챔버**를 설치한다.

14 스프링클러설비의 화재안전기준상 소방대상물의 층마다 설치하는 스프링클러설비의 제어밸브는 그 층 바닥면으로부터 몇 m 높이에 설치하여야 하는가? `07년-4회`

① 0.8 이상 1.5 이하
② 0.5 이상 1.0 이하
③ 0.3 이상 1.3 이하
④ 1.0 이상 2.0 이하

해설
스프링클러설비의 제어밸브(유수검지장치)는 바닥으로부터 $0.8 \sim 1.5m$ 이하의 높이에 설치한다.

15 건식 스프링클러설비에 대한 설명 중 옳지 않은 것은? `14년-4회`

① 폐쇄형 스프링클러 헤드를 사용한다.
② 건식밸브가 작동하면 경보가 발생된다.
③ 건식밸브의 1차 측과 2차 측은 헤드의 말단까지 일반적으로 공기가 압축, 충진되어 있다.
④ 헤드가 화재에 의하여 작동하면 2차 측 배관 내 공기압이 감소하여 건식밸브가 열린다.

해설
건식 스프링클러설비는 건식유수검지장치를 기준으로 1차 측은 가압수, 2차 측은 압축공기가 충진되어 있다.

Tip 스프링클러설비의 1차 측은 모든 설비가 가압수로 충진되어 있다.

16 습식 스프링클러소화설비의 특징에 대한 설명 중 틀린 것은? `14년-4회`

① 초기화재에 효과적이다.
② 소화약제가 물이므로 값이 싸서 경제적이다.
③ 헤드 감지부의 구조가 기계적이므로 오동작의 염려가 있다.
④ 소모품을 제외한 시설의 수명이 반영구적이다.

해설
습식 스프링클러설비의 경우 헤드만 개방되면 동작되는 설비로 신뢰성이 가장 높다(오동작 우려가 가장 작다).

🔒 정답 17 ③ 18 ③ 19 ① 20 ④

기출유형 완성하기

17 폐쇄형 스프링클러설비의 방호구역 및 유수검지장치에 관한 설명으로 틀린 것은?
  _{15년-2회}

① 하나의 방호구역에는 1개 이상의 유수검지장치를 설치한다.
② 유수검지장치란 본체 내의 유수현상을 자동적으로 검지하여 신호 또는 경보를 발하는 장치를 말한다.
③ 하나의 방호구역의 바닥면적은 $3,500m^2$를 초과하여서는 안 된다.
④ 스프링클러 헤드에 공급되는 물은 유수검지장치를 지나도록 한다.

해설
스프링클러설비에서 1개의 방호구역의 바닥면적은 $3,000[m^2]$ 이하로 한다.

18 다음 중 스프링클러설비에서 자동경보밸브에 리타딩챔버(retarding chamber)를 설치하는 목적으로 가장 적절한 것은?
  _{20년-3회}

① 자동으로 배수하기 위하여
② 압력수의 압력을 조절하기 위하여
③ 자동경보밸브의 오보를 방지하기 위하여
④ 경보를 발하기까지 시간을 단축하기 위하여

해설
자동경보밸브(유수검지장치)에서 누수로 인한 **오작동을 방지**하기 위해 **리타딩챔버**를 설치한다.

19 스프링클러설비의 화재안전기준상 개방형 스프링클러설비에서 하나의 방수구역을 담당하는 헤드의 개수는 최대 몇 개 이하로 해야 하는가? (단, 방수구역은 나누어져 있지 않고 하나의 구역으로 되어 있다)
  _{21년-2회}

① 50
② 40
③ 30
④ 20

해설
스프링클러설비에서 1개의 방수구역에서 담당하는 개방형 헤드의 개수는 50개 이하로 한다.

20 스프링클러설비 본체 내의 유수현상을 자동적으로 검지하여 신호 또는 경보를 발하는 장치는?
  _{21년-4회}

① 수압계폐장치
② 물올림장치
③ 일제개방밸브장치
④ 유수검지장치

해설
본체 내의 유수현상을 자동적으로 검지하여 **신호** 또는 **경보**하는 설비를 **유수검지장치**라고 한다.

CHAPTER 13 | 스프링클러설비(구성품, 방호구역)

14 연결살수설비

기출유형

가연성 가스의 저장, 취급시설에 설치하는 연결살수설비 헤드에 관한 설명이다. 틀린 것은?

09년-1회

① 폐쇄형 스프링클러 헤드를 설치할 수 있다.
② 가스저장탱크, 가스홀더 및 가스발생기 주위에 설치한다.
③ 헤드 상호 간의 거리는 3.7m 이하로 하여야 한다.
④ 헤드의 살수범위는 가스저장탱크, 가스홀더 및 가스발생기의 몸체의 중간 윗부분이 모두 포함되어야 한다.

해설
가연성 가스의 저장·취급시설에 설치되는 살수설비는 **연결살수설비 전용 개방형 헤드를 설치할 것(폐쇄형 금지)**

|정답| ①

족집게 과외

❶ 설치대상

설치대상
① 판매시설, 운수시설, 창고시설 중 물류터미널로서 바닥면적의 합계가 $1,000m^2$ 이상
② 지하층으로서 바닥면적의 합계가 $150m^2$ 이상인 경우 지하층의 모든 층(아파트, 학교 지하층은 $700m^2$)
③ 가스시설 중 지상 노출된 탱크 용량이 30톤 이상인 탱크시설

❷ 헤 드

구 분	설치기준	헤드 간 거리	제외장소
연결살수설비 전용헤드	각 부분과 수평거리 $3.7m$ 이하	$2R\cos\theta$ ∴ 정방향 배치 : $45°$	스프링클러 헤드 제외장소와 동일
스프링클러 헤드	각 부분과 수평거리 $2.3m$ 이하		

※ 살수헤드의 부착면과 바닥과의 높이가 $2.1m$ 이하인 부분은 살수헤드의 살수분포에 따른 거리로 할 수 있다.

❸ 연결살수설비 전용헤드 수별 급수관의 구경

하나의 배관에 부착하는 살수 전용헤드의 개수	1개	2개	3개	4~5개	6~10개
배관의 구경(급수배관)	$32mm$	$40mm$	$50mm$	$65mm$	$80mm$

❹ 설치기준(개방형 헤드 적용 시)

구 분	내 용
기울기	① 수평주행배관은 헤드를 향하여 상향으로 100분의 1 이상 ② 주배관 중 낮은 부분에는 자동배수밸브 설치
가지배관	① 토너먼트 방식 금지 ② 분기되는 지점을 기점으로 한쪽 가지배관에 설치되는 헤드의 개수는 8개 이하
송수구역	개방형 헤드를 사용하는 경우 하나의 송수구역에 설치하는 살수헤드의 수는 10개 이하
송수구	① 송수구는 구경 $65mm$의 쌍구형으로 설치할 것. 다만, 하나의 송수구역에 부착하는 살수헤드의 수가 10개 이하인 것은 단구형인 것으로 할 수 있음 ② 그 외 기준은 연결송수관설비의 송수구 기준과 동일

❺ 가연성 가스의 저장·취급시설에 설치되는 살수설비

구 분	내 용
헤 드	연결살수설비 전용 개방형 헤드 설치할 것(폐쇄형 금지)
배치기준	가스저장탱크·가스홀더 및 가스발생기의 주위에 설치하되, 헤드 상호 간의 거리는 $3.7m$ 이하로 할 것 헤드의 살수범위는 가스저장탱크·가스홀더 및 가스발생기의 몸체의 중간 윗부분의 모든 부분이 포함되도록 해야 하고 살수된 물이 흘러내리면서 살수범위에 포함되지 않은 부분에도 모두 적셔질 수 있도록 할 것
송수구	그 방호대상물로부터 $20m$ 이상의 거리를 두거나 방호대상물에 면하는 부분이 높이 $1.5m$ 이상 폭 $2.5m$ 이상의 철근콘크리트 벽으로 가려진 장소에 설치

기출유형 완성하기

정답 01 ④ 02 ① 03 ④ 04 ②

01 다음 중 연결살수설비 헤드 설치 시 천장 또는 반자의 각 부분으로부터 수평거리로 맞는 것은?
〈03년-1회〉

① 스프링클러 헤드는 $2.1m$ 이하
② 폐쇄형 헤드는 $2.7m$ 이하
③ 개방형 헤드는 $3.2m$ 이하
④ 살수전용헤드는 $3.7m$ 이하

해설
연결살수설비 전용헤드의 수평거리는 $3.7m$ **이하이다.**

02 연결살수설비의 설치대상이 아닌 것은?
〈10년-2회〉

① 판매시설 용도 건물 바닥면적의 합계가 $700m^2$ 인 것
② 백화점 용도 건물의 지하층으로서 바닥면적의 합계가 $700m^2$ 인 것
③ 학교 용도 건물의 지하층으로서 $700m^2$ 인 것
④ 탱크의 용량이 40톤인 지상 노출 가스탱크 시설

해설
판매시설로서 연결살수설비의 설치대상은 **바닥면적 합계가 $1,000m^2$ 이상**이다.

03 연결살수설비의 헤드에서 전용헤드와 스프링클러 헤드와의 차이점이 맞는 것은?
〈04년-1회〉

① 천장 또는 반자의 각 부분으로부터 하나의 살수헤드까지의 수평거리가 전용헤드는 $3.5m$ 이하, 스프링클러 헤드는 $2.3m$ 이하이어야 한다.
② 천장 또는 반자의 각 부분으로부터 하나의 살수헤드까지의 수평거리가 전용헤드는 $2.3m$ 이하, 스프링클러 헤드는 $3.5m$ 이하이어야 한다.
③ 가연성 가스의 저장·취급시설에 설치하는 헤드는 폐쇄형 전용헤드이어야 한다.
④ 가연성 가스의 저장·취급시설에 설치하는 헤드는 개방형 전용헤드이어야 한다.

해설
가연성 가스의 저장·취급시설에 설치되는 살수설비는 **전용의 개방형 헤드를 설치**하여야 한다(폐쇄형 금지).

04 연결살수설비 전용헤드를 사용하는 경우 배관의 구경이 $50mm$ 이면 부착하는 개방형 헤드수는?
〈04년-2회〉

① 2개
② 3개
③ 4개 또는 5개
④ 6개 이상 10개 이하

해설
연결살수설비 전용헤드 수별 급수관의 구경

1개	2개	3개	4~5개	6~10개
$32mm$	$40mm$	$50mm$	$65mm$	$80mm$

정답 05 ③ 06 ② 07 ④ 08 ④

05 연결살수설비의 살수헤드 설치면제 장소가 아닌 곳은? 〈04년-4회〉

① 고온의 용광로가 설치된 장소
② 물과 격렬하게 반응하는 물품의 저장 또는 취급하는 장소
③ 가연성 가스를 저장, 취급하는 장소
④ 냉장창고 또는 냉동창고의 냉장실 또는 냉동고

[해설]
가연성 가스를 저장 및 취급하는 장소는 연결살수설비의 **설치대상**이다.

06 연결살수설비의 배관시공에 관한 설명 중 옳지 않는 것은? 〈05년-1회〉

① 개방형 헤드를 사용하는 연결살수에 있어서의 수평주행 배관은 헤드를 향하여 상향으로 100분의 1 이상의 기울기로 설치한다.
② 가지배관 또는 교차배관을 설치하는 경우에는 가지배관의 배열은 토너먼트 방식이어야 한다.
③ 가지배관은 교차배관 또는 주배관에서 분기되는 지점을 기점으로 한쪽 가지배관에 설치되는 헤드의 개수는 8개 이하로 하여야 한다.
④ 연결살수설비의 배관은 전용으로 한다.

[해설]
가지배관의 배열은 **토너먼트 방식을 금지**한다.
[Tip] 물을 사용하는 설비에서는 전부 토너먼트 방식을 금지하고 있다.

07 건축물의 연결살수설비 헤드로서 스프링클러 헤드를 설치할 경우, 천장 또는 반자의 각 부분으로부터 하나의 헤드까지의 수평거리는 얼마이어야 하는가? 〈05년-1회〉

① $3.7m$ 이하
② $3.3m$ 이하
③ $2.7m$ 이하
④ $2.3m$ 이하

[해설]
연결살수설비에서 헤드를 **스프링클러 헤드**로 설치하는 경우 **수평거리**는 $2.3m$ 이하로 설치하여야 한다.

08 가연성 가스의 저장취급시설에 설치하는 연결살수설비의 헤드 설치기준이 아닌 것은? 〈05년-2회〉

① 연결살수설비의 전용헤드인 개방형 헤드를 설치
② 헤드 상호 간의 거리는 $3.7m$ 이하
③ 가스저장탱크, 가스홀더 및 가스발생기 주위에 설치
④ 헤드의 살수범위는 가스저장탱크 가스홀더 및 가스발생기의 몸체 아랫부분이 포함되도록 한다.

[해설]
헤드의 살수범위는 가스저장탱크·가스홀더 및 가스발생기의 **몸체의 중간 윗부분의 모든 부분이 포함**되도록 해야 한다.

기출유형 완성하기

🔒 **정답** 09 ④ 10 ① 11 ④ 12 ① 13 ④

09 연결살수설비 전용헤드를 사용하는 연결살수설비에서 천장 또는 반자의 각 부분으로부터 하나의 살수 헤드까지의 수평거리를 얼마나 이하로 하여야 하는가? (단, 살수헤드의 부착면과 바닥과의 높이가 $2.1m$ 이상임) 〔06년-1회〕

① $2.1m$ 이하
② $2.3m$ 이하
③ $2.7m$ 이하
④ $3.7m$ 이하

해설
연결살수설비 전용헤드의 수평거리는 $3.7m$ 이하이다.

10 연결살수설비에 관한 설명 중 맞지 않는 것은? 〔08년-4회〕

① 송수구는 반드시 $65mm$의 쌍구형으로만 하여야 한다.
② 선택밸브는 화재 시 연소의 우려가 없는 장소에 설치한다.
③ 헤드는 천장 또는 반자의 실내에 면하는 부분에 설치한다.
④ 개방형 헤드 사용 시 주배관 중 물이 잘 빠질 수 있는 위치에 자동배수 밸브를 설치한다.

해설
송수구는 구경 $65mm$의 쌍구형으로 설치할 것. 다만, 하나의 송수구역에 부착하는 살수헤드의 수가 10개 이하인 것은 단구형인 것을 할 수 있다.

11 연결살수설비를 전용헤드로 건축물의 실내에 설치할 경우 헤드 간의 거리는 얼마인가? (단, 헤드의 설치는 정방향 간격이다) 〔11년-2회〕

① $2.3m$
② $3.5m$
③ $3.7m$
④ $5.2m$

해설
살수설비 전용헤드의 수평거리는 $3.7m$ 이하이므로 $2R\cos\theta = 2 \times 3.7 \times \cos 45° ≒ 5.2[m]$ 이다.

12 연결살수설비전용헤드를 사용하는 연결살수설비에서 배관의 구경이 $32mm$인 경우 하나의 배관에 부착할 수 있는 살수헤드의 개수는? 〔08년-2회〕

① 1
② 2
③ 3
④ 4

해설
연결살수설비 전용헤드 수별 급수관의 구경

1개	2개	3개	4~5개	6~10개
$32mm$	$40mm$	$50mm$	$65mm$	$80mm$

13 다음 연결살수설비에 대한 시설기준에서 ( ) 안에 적합한 것은? 〔09년-4회〕

> 송수구는 구경 $65mm$의 쌍구형으로 설치할 것. 다만, 하나의 송수구역에 부착하는 살수헤드의 수가 ( )개 이하일 경우에 있어서는 단구형의 것으로 할 수 있다.

① 4
② 5
③ 9
④ 10

해설
송수구는 구경 $65mm$의 쌍구형으로 설치할 것. 다만, 하나의 송수구역에 부착하는 살수헤드의 수가 10개 이하인 것은 단구형인 것을 할 수 있다.

정답 14 ③ 15 ① 16 ② 17 ①

기출유형 완성하기

14 가연성 가스의 저장·취급시설에 설치하는 연결살수설비의 송수구는 그 방호대상물로부터 얼마 이상의 거리를 두어야 하는가? [10년-1회]

① 10m 이상
② 15m 이상
③ 20m 이상
④ 25m 이상

해설
그 방호대상물로부터 20m **이상**의 거리를 두거나 방호대상물에 면하는 부분이 높이 1.5m 이상 폭 2.5m 이상의 철근콘크리트 벽으로 가려진 장소에 설치해야 한다.

15 연결살수설비의 송수구 설치기준에 대한 내용으로 맞는 것은? [10년-2회]

① 폐쇄형 헤드를 사용하는 설비의 경우에는 송수구·자동배수밸브·체크밸브의 순으로 설치할 것
② 폐쇄형 헤드를 사용하는 송수구의 호스접결구는 각 송수구역마다 설치할 것
③ 개방형 헤드를 사용하는 연결살수설비에 있어서 하나의 송수구역에 설치하는 살수 헤드의 수는 20개 이하가 되도록 할 것
④ 송수구는 높이가 0.5m 이하의 위치에 설치할 것

해설
폐쇄형 헤드를 설치하는 경우는 습식, 개방형 헤드를 설치하는 경우는 건식설비로서 연결송수관설비의 송수구 기준(밸브 순서 등)과 같다.
즉, 습식의 경우 송수구 → 자동배수밸브 → 체크밸브 순서로 설치한다.

16 연결살수설비의 배관 중 하나의 배관에 부착하는 살수헤드의 수가 8개인 경우 배관의 구경은 몇 mm 이상의 것을 사용하여야 하는가? [10년-4회]

① 65mm
② 80mm
③ 100mm
④ 125mm

해설
연결살수설비 전용헤드 수별 급수관의 구경

1개	2개	3개	4~5개	6~10개
32mm	40mm	50mm	65mm	80mm

17 개방형 헤드를 사용하는 연결살수설비에서 하나의 송수구역에 설치하는 살수헤드의 수는 몇 개인가? [11년-4회]

① 10개 이하
② 15개 이하
③ 20개 이하
④ 30개 이하

해설
개방형 헤드를 사용하는 경우 **하나의 송수구역**에 설치하는 살수헤드의 수는 10개 **이하**로 한다.

기출유형 완성하기

🔒 정답 18 ③ 19 ④ 20 ①

18 연결살수설비의 살수헤드 설치면제 장소가 아닌 곳은?   `14년-4회`

① 고온의 용광로가 설치된 장소
② 물과 격렬하게 반응하는 물품의 저장 또는 취급하는 장소
③ 지상노출 가스저장 59톤 탱크시설
④ 냉장창고 또는 냉동창고의 냉장실 또는 냉동고

해설
가스시설 중 **지상 노출된 탱크용량이** 30**톤 이상인** 탱크시설은 연결살수설비의 설치대상이다.

19 연결살수설비의 배관 설치기준으로 적합하지 않은 것은?   `13년-4회`

① 연결살수설비 전용헤드를 사용하는 경우 배관의 구경 80mm일 때 하나의 배관에 부착되는 살수헤드의 개수는 6개 이상 10개 이하이다.
② 폐쇄형 헤드를 사용하는 경우의 시험배관은 송수구의 가장 먼 가지배관의 끝으로부터 연결하여 설치하여야 한다.
③ 개방형 헤드를 사용하는 수평주행배관은 헤드를 향하여 상향으로 1/100 이상의 기울기로 설치한다.
④ 가지배관 또는 교차배관을 설치하는 경우에는 가지배관은 교차배관 또는 주배관에서 분기되는 지점을 기점으로 한쪽 가지배관에 설치되는 헤드의 개수는 10개 이하로 한다.

해설
한쪽 가지배관에 설치되는 헤드의 수는 8**개 이하로** 한다.

20 건축물에 설치하는 연결살수설비 헤드의 설치기준 중 다음 ( ) 안에 알맞은 것은?   `18년-2회`

> 천장 또는 반자의 각 부분으로부터 하나의 살수헤드까지의 수평거리가 연결살수설비 전용헤드의 경우는 (㉠)m 이하, 스프링클러 헤드의 경우는 (㉡)m 이하로 할 것. 다만, 살수헤드의 부착면과 바닥과의 높이가 (㉢)m 이하인 부분은 살수헤드의 살수분포에 따른 거리로 할 수 있다.

① ㉠ 3.7, ㉡ 2.3, ㉢ 2.1
② ㉠ 3.7, ㉡ 2.1, ㉢ 2.3
③ ㉠ 2.3, ㉡ 3.7, ㉢ 2.3
④ ㉠ 2.3, ㉡ 3.7, ㉢ 2.1

해설
전용헤드의 수평거리 3.7m 이하, 스프링클러 헤드 적용 시 2.3m 이하, 살수헤드의 부착면과 바닥의 높이가 2.1m 이하인 부분은 살수분포에 따른 거리로 적용할 수 있다.

15 연소방지설비

기출유형

지하구의 화재안전기준에 따라 연소방지설비 헤드의 설치기준으로 옳은 것은? `21년-4회`

① 헤드 간의 수평거리는 연소방지설비 전용헤드의 경우에는 1.5m 이하로 할 것
② 헤드 간의 수평거리는 스프링클러 헤드의 경우에는 2m 이하로 할 것
③ 천장 또는 벽면에 설치할 것
④ 한쪽 방향의 살수구역의 길이는 2m 이상으로 할 것

해설
연소방지설비 헤드는 헤드 간 수평거리가 **전용헤드의 경우** 2m 이하, 개방형 스프링클러 헤드의 경우 1.5m 이하로 하고 한쪽 방향의 살수구역의 길이는 3m 이상으로 설치하여야 한다.

| 정답 | ③

족집게 과외

❶ 연소방지설비

구 분	내 용
헤 드	① 천장 또는 벽면에 설치할 것 ② 헤드 간의 수평거리는 연소방지설비 전용헤드의 경우에는 2m 이하, 개방형 스프링클러 헤드의 경우에는 1.5m 이하로 할 것 ③ 소방대원의 출입이 가능한 환기구·작업구마다 지하구의 양쪽 방향으로 살수헤드를 설정하되, 한쪽 방향의 살수구역의 길이는 3m 이상. 다만, 환기구 사이의 간격이 700m를 초과할 경우에는 700m 이내마다 살수구역을 설정하되, 지하구의 구조를 고려하여 방화벽을 설치한 경우에는 그렇지 않음
연소 방지재	① 지하구 내에 설치하는 케이블·전선 등에는 연소방지재를 설치해야 함 ② 다만, 케이블·전선 등이 난연성능 이상을 충족하는 것으로 설치한 경우에는 연소방지재를 설치하지 않을 수 있음
방화벽	① 방화벽의 출입문은 항상 닫힌 상태를 유지하거나 자동폐쇄장치에 의하여 화재 신호를 받으면 자동으로 닫히는 구조 ② 내화구조로서 홀로 설 수 있는 구조일 것 ③ 방화벽의 출입문은 60분+ 방화문 또는 60분 방화문으로 설치할 것 ④ 방화벽을 관통하는 케이블·전선 등에는 내화채움구조로 마감할 것 ⑤ 분기구 및 국사·변전소 등의 건축물과 지하구가 연결되는 부위(건축물로부터 20m 이내)에 설치할 것

❷ 연소방지설비 전용헤드 수별 급수관의 구경

하나의 배관에 부착하는 살수 전용헤드의 개수	1개	2개	3개	4~5개	6개 이상
배관의 구경(급수배관)	32mm	40mm	50mm	65mm	80mm

기출유형 완성하기

정답 01 ③ 02 ③ 03 ③ 04 ①

01 연소방지설비의 배관에 관한 기준 중 틀리는 것은?
<small>05년-4회, 개정반영</small>

① 교차배관의 구경은 $40mm$ 이상으로 한다.
② 교차배관은 가지배관과 수평으로 설치하거나 또는 가지배관 밑에 설치해야 한다.
③ 연소방지설비 전용의 헤드만을 사용해야 한다.
④ 연소방지 전용헤드의 수평거리는 $2.0m$ 이하로 한다.

해설
연소방지설비는 연소방지설비 전용의 헤드 또는 스프링클러 헤드를 적용할 수 있다.

02 연소방지설비의 설치기준, 구조 등에 관한 설명으로 틀린 것은?
<small>10년-2회</small>

① 송수구로부터 $1m$ 이내에 살수구역 안에 표지를 설치할 것
② 송수구는 구경 $65mm$ 의 쌍구형으로 설치할 것
③ 지하구 안에 설치된 내화배선, 케이블 등에는 연소방지재를 설치할 것
④ 방수헤드는 천장, 또는 벽면에 설치할 것

해설
케이블·전선 등이 **난연성능 이상을 충족**하는 것으로 설치한 경우에는 **연소방지재를 설치하지 않을 수 있**다. 내화배선은 연소방지재를 설치하지 않는다.

03 연소방지설비 방수헤드의 설치기준 중 살수구역은 환기구 등을 기준으로 지하구의 길이방향으로 몇 m 이내마다 1개 이상 설치하여야 하는가?
<small>17년-1회, 개정반영</small>

① 150
② 350
③ 700
④ 1,000

해설
환기구 사이의 간격이 $700m$ 를 초과할 경우에는 $700m$ **이내마다 살수구역**을 설치한다.

04 연소방지설비 방수헤드의 설치기준 중 다음 ( ) 안에 알맞은 것은?
<small>17년-4회</small>

> 방수헤드 간의 수평거리는 연소방지설비 전용헤드의 경우에는 ( )m 이하, 스프링클러 헤드의 경우에는 ( )m 이하로 할 것

① ㉠ 2, ㉡ 1.5
② ㉠ 1.5, ㉡ 2
③ ㉠ 1.7, ㉡ 2.5
④ ㉠ 2.5, ㉡ 1.7

해설
헤드 간의 수평거리는 연소방지설비 **전용헤드의 경우에는 $2m$ 이하, 개방형 스프링클러 헤드의 경우에는 $1.5m$ 이하**로 할 것

16 포소화설비 헤드

기출유형

포소화설비의 자동식 기동장치에서 폐쇄형 스프링클러 헤드를 사용하는 경우의 설치기준에 대한 설명이다. ㉠~㉢의 내용으로 옳은 것은? 19년-4회

- 표시온도가 (㉠)℃ 미만인 것을 사용하고, 1개의 스프링클러 헤드의 경계면적은 (㉡)m^2 이하로 할 것
- 부착면의 높이는 바닥으로부터 (㉢)m 이하로 하고, 화재를 유효하게 감지할 수 있도록 할 것

① ㉠ 68, ㉡ 20, ㉢ 5
② ㉠ 68, ㉡ 30, ㉢ 7
③ ㉠ 79, ㉡ 20, ㉢ 5
④ ㉠ 79, ㉡ 30, ㉢ 7

해설

포소화설비에서 자동 기동장치를 폐쇄형 스프링클러 헤드를 사용하는 경우에는 **표시온도** 79℃ **미만**, 1개의 스프링클러 헤드의 **경계면적은** $20m^2$ **이하**, 부착면의 높이는 **바닥으로부터** $5m$ **이하**가 되도록 설치할 것

| 정답 | ③

족집게 과외

❶ 종류 및 적응성

구 분	적응설비
특수가연물 취급·저장	포워터스프링클러설비, 포헤드설비, 고정포방출설비, 압축공기포소화설비
차고 또는 주차장	
항공기격납고	
발전기·엔진펌프·변압기실	바닥면적 합계 $300m^2$ 미만인 장소에는 고정식 압축공기포소화설비

※ 완전 개방된 옥상주차장 또는 고가 밑의 주차장으로서 주된 벽이 없고 기둥뿐이거나 주위가 위해방지용 철주 등으로 둘러싸인 부분 또는 지상 1층으로서 지붕이 없는 차고 및 주차장은 호스릴포소화설비를 설치할 수 있다.

❷ 포소화설비 자동 기동장치

구 분	설치기준
감지기	자동화재탐지설비 및 시각경보장치의 화재안전기술기준 감지기 기준에 따라 설치할 것
폐쇄형 스프링클러 헤드	① 표시온도 $79℃$ 미만, 1개의 스프링클러 헤드의 경계면적은 $20m^2$ 이하로 할 것 ② 부착면의 높이는 바닥으로부터 $5m$ 이하로 하고, 화재를 유효하게 감지할 수 있도록 할 것 ③ 하나의 감지장치 경계구역은 하나의 층이 되도록 할 것

❸ 헤드 설치기준

구 분	내 용		
포워터 스프링클러 헤드	특정소방대상물의 천장 또는 반자에 설치하되, 바닥면적 $8m^2$ 마다 1개 이상으로 하여 해당 방호대상물의 화재를 유효하게 소화할 수 있도록 할 것		
포헤드	특정소방대상물의 천장 또는 반자에 설치하되, 바닥면적 $9m^2$ 마다 1개 이상으로 하여 해당 방호대상물의 화재를 유효하게 소화할 수 있도록 할 것		
	정방향 배치 시		장방향 배치 시
	$S=2R\cos 45°$ (벽과의 거리는 $S/2$) ∴ S : 헤드 상호 간 거리, R : 유효반경($2.1m$)		$pt=2\times R$ ∴ pt : 대각선 길이, R : 유효반경($2.1m$)
압축공기포 분사헤드	천장 또는 반자에 설치하되 방호대상물에 따라 측벽에 설치할 수 있으며 유류탱크 주위에는 바닥면적 $13.9m^2$ 마다 1개 이상, 특수가연물저장소에는 바닥면적 $9.3m^2$ 마다 1개 이상 설치할 것		

정답 01 ② 02 ④ 03 ④ 04 ④

기출유형 완성하기

01 비행기 또는 회전익 항공기의 격납고에 사용하는 헤드는 다음 중 어느 것인가? `04년-1회`

① 이동식 포노즐
② 홈 워터 스프링클러 헤드
③ 홈 워터 스프레이 헤드
④ 라이트 워터 헤드

해설
항공기격납고에 적응성이 있는 포소화설비
포워터스프링클러설비, 포헤드설비, 고정포방출설비, 압축공기포소화설비

02 포소화설비의 자동 기동장치에 사용하는 감지기와 폐쇄형 스프링클러 헤드에 대한 내용 중 잘못된 것은? `04년-2회, 개정반영`

① 자동화재탐지설비 및 시각경보장치의 화재안전기술기준 감지기 기준에 따라 설치할 것
② 스프링클러 헤드는 표시온도가 79℃ 미만인 것을 사용한다.
③ 1개의 스프링클러 헤드 경계면적은 $20m^2$ 이하로 할 것
④ 스프링클러 헤드의 부착면 높이는 바닥으로부터 $3m$ 이하이어야 한다.

해설
포소화설비의 자동 기동장치로 폐쇄형 스프링클러 헤드를 사용하는 경우 부착면의 높이는 **바닥으로부터 $5m$ 이하**로 한다.

03 자동화재 감지장치로서 스프링클러 헤드를 사용할 사용장소의 높이(미터) 및 헤드 1개의 감지면적(평방미터)은 얼마가 적당한가? `05년-4회`

① 높이 4 이하 감지면적 18 이하
② 높이 4 이하 감지면적 20 이하
③ 높이 5 이하 감지면적 18 이하
④ 높이 5 이하 감지면적 20 이하

해설
포소화설비의 자동 기동장치로 폐쇄형 스프링클러 헤드를 사용하는 경우 부착면의 높이는 바닥으로부터 $5m$ 이하, 감지(경계)면적은 $20m^2$ 이하로 한다.

04 포헤드를 소방대상물의 천장 또는 반자에 설치하여야 할 경우 헤드 1개가 방호되어야 할 최대한의 바닥면적은 몇 m^2인가? `15년-1회`

① $3m^2$
② $5m^2$
③ $7m^2$
④ $9m^2$

해설
포헤드는 특정소방대상물의 천장 또는 반자에 설치하되, **바닥면적 $9m^2$마다 1개 이상** 설치한다.

기출유형 완성하기

정답 05 ④ 06 ② 07 ① 08 ②

05 특정소방대상물에 따라 적응하는 포소화설비의 설치기준 중 발전기실, 엔진펌프실, 변압기, 전기케이블실, 유압설비 바닥면적의 합계가 $300m^2$ 미만의 장소에 설치할 수 있는 것은?

17년-4회

① 포헤드설비
② 호스릴포소화설비
③ 포워터스프링클러설비
④ 고정식 압축공기포소화설비

해설
발전기실, 엔진펌프실, 변압기, 전기케이블실, 유압설비의 경우 **바닥면적 합계 300제곱미터 미만인 장소**에는 **고정식 압축공기포소화설비**를 설치할 수 있다.

06 포소화설비의 포헤드를 설치하고자 한다. 방호대상 바닥면적이 $40m^2$일 때 필요한 최소 포헤드 수는?

11년-2회

① 4개
② 5개
③ 6개
④ 8개

해설
포헤드는 특정소방대상물의 천장 또는 반자에 설치하되, **바닥면적 $9m^2$ 마다 1개 이상** 설치하므로 $40[m^2] \div 9[m^2] = 4.44 \Rightarrow 5[개]$ 이상 설치해야 한다.

07 소방대상물에 따라 적용하는 포소화설비의 종류 및 적응성에 관한 설명으로 틀린 것은?

16년-2회, 개정반영

① 소방기본법 시행령 별표2의 특수가연물을 저장·취급하는 공장에는 호스릴포소화설비를 설치한다.
② 완전 개방된 옥상주차장으로 주된 벽이 없고 기둥뿐이거나 주위가 위해방지용 철주 등으로 둘러싸인 부분에는 호스릴포소화설비를 설치할 수 있다.
③ 자동차 차고에는 포워터스프링클러설비·포헤드비 또는 고정포방출설비를 설치한다.
④ 항공기격납고에는 포워터스프링클러설비·포헤드설비 또는 고정포방출설비를 설치한다.

해설
특수가연물 취급·저장하는 장소에는 포소화설비 중 포워터스프링클러설비, 포헤드설비, 고정포방출설비, 압축공기포소화설비를 설치하여야 한다.

08 포워터스프링클러 헤드는 바닥면적 몇 m^2마다 1개 이상으로 설치하는가?

13년-4회

① $7m^2$
② $8m^2$
③ $9m^2$
④ $10m^2$

해설
포워터스프링클러 헤드는 특정소방대상물의 천장 또는 반자에 설치하되, **바닥면적 $8m^2$ 마다 1개 이상** 설치한다.

정답 09 ④ 10 ② 11 ④ 12 ③

기출유형 완성하기

09 포헤드의 설치기준 중 다음 ( ) 안에 알맞은 것은? *18년-1회*

> 압축공기포소화설비의 분사헤드는 천장 또는 반자에 설치하되 방호대상물에 따라 측벽에 설치할 수 있으며 유류탱크 주위에는 바닥면적 (㉠)m^2마다 1개 이상, 특수가연물저장소에는 바닥면적 (㉡)m^2마다 1개 이상으로 당해 방호대상물의 화재를 유효하게 소화할 수 있도록 할 것

① ㉠ 8, ㉡ 9
② ㉠ 9, ㉡ 8
③ ㉠ 9.3, ㉡ 13.9
④ ㉠ 13.9, ㉡ 9.3

해설
압축공기포소화설비의 분사헤드는 **유류탱크** 주위에는 **바닥면적 13.9m^2마다 1개 이상**, 특수가연물저장소에는 **바닥면적 9.3m^2마다 1개 이상** 설치할 것

10 포소화설비의 자동식 기동장치로 폐쇄형 스프링클러 헤드를 사용하고자 하는 경우 ㉠ 부착면의 높이(m)와 ㉡ 1개의 스프링클러 헤드의 경계면적(m^2) 기준은? *14년-2회*

① ㉠ 바닥으로부터 높이 5m 이하, ㉡ 18m^2 이하
② ㉠ 바닥으로부터 높이 5m 이하, ㉡ 20m^2 이하
③ ㉠ 바닥으로부터 높이 4m 이하, ㉡ 18m^2 이하
④ ㉠ 바닥으로부터 높이 4m 이하, ㉡ 20m^2 이하

해설
포소화설비의 자동 기동장치로 폐쇄형 스프링클러 헤드를 사용하는 경우 부착면의 높이는 **바닥으로부터 5m 이하**, 감지(경계)면적은 **20m^2 이하**로 한다.

11 포헤드를 소방대상물의 천장 또는 반자에 설치하여야 할 경우 헤드 1개가 방호되어야 할 최대한의 바닥면적은 몇 m^2인가? *21년-1회*

① 3
② 5
③ 7
④ 9

해설
포헤드는 특정소방대상물의 천장 또는 반자에 설치하되, **바닥면적 9m^2마다** 1개 이상 설치한다.

12 포소화설비의 자동식 기동장치를 폐쇄형 스프링클러 헤드의 개방과 연동하여 가압송수장치·일제 개방밸브 및 포소화약제 혼합장치를 기동하는 경우의 설치기준 중 다음 ( ) 안에 알맞은 것은? (단, 자동화재탐지설비의 수신기가 설치된 장소에 상시 사람이 근무하고 있고, 화재 시 즉시 해당 조작부를 작동시킬 수 있는 경우는 제외한다) *18년-2회*

> 표시온도가 (㉠)℃ 미만의 것을 사용하고, 1개의 스프링클러 헤드의 경계면적은 (㉡)m^2 이하로 할 것

① ㉠ 79, ㉡ 8
② ㉠ 121, ㉡ 8
③ ㉠ 79, ㉡ 20
④ ㉠ 121, ㉡ 20

해설
포소화설비에서 자동식 기동장치를 폐쇄형 스프링클러 헤드로 설치하는 경우 **표시온도 79℃ 미만**, 1개의 스프링클러 헤드의 **경계면적은 20m^2 이하**로 할 것

기출유형 완성하기

정답 13 ① 14 ② 15 ④ 16 ③

13 포헤드를 정방형으로 설치 시 헤드와 벽과의 최대 이격거리는 약 몇 m 인가? `19년-1회`

① 1.48
② 1.62
③ 1.76
④ 1.91

[해설]
헤드 상호 간 거리는 $S = 2R\cos 45°$
여기서 유효반경 R은 $2.1m$이므로
$S = 2 \times 2.1 \times \cos 45° = 2.96[m]$이다.
헤드와 벽과의 최대이격거리는 헤드 상호 간 거리의 1/2이므로 $S/2 = 2.96 \div 2 = 1.48[m]$이다.

14 포워터스프링클러 헤드는 바닥면적 몇 m^2마다 1개 이상으로 설치하는가? `13년-4회`

① $7m^2$
② $8m^2$
③ $9m^2$
④ $10m^2$

[해설]
포워터스프링클러 헤드는 특정소방대상물의 천장 또는 반자에 설치하되, **바닥면적** $8m^2$**마다 1개 이상** 설치한다.

15 포소화설비의 화재안전기준상 압축공기포소화설비의 분사헤드를 유류탱크 주위에 설치하는 경우 바닥면적 몇 m^2마다 1개 이상 설치하여야 하는가? `21년-1회`

① 9.3
② 10.8
③ 12.3
④ 13.9

[해설]
압축공기포소화설비의 분사헤드는 **유류탱크** 주위에는 **바닥면적** $13.9m^2$ 마다 1개 이상, 특수가연물저장소에는 바닥면적 $9.3m^2$ 마다 1개 이상 설치할 것

16 포소화설비의 자동식 기동장치에 사용되는 1개의 폐쇄형 스프링클러 헤드의 기준 경계면적은 얼마 이하인가? `13년-4회`

① $9m^2$
② $15m^2$
③ $20m^2$
④ $25m^2$

[해설]
포소화설비에서 자동식 기동장치를 폐쇄형 스프링클러 헤드로 설치하는 1개의 스프링클러 헤드의 **경계면적은** $20m^2$ **이하로 할 것**

17 포소화설비(방출구)

기출유형

전역방출방식 고발포용 고정포방출구의 설치기준으로 옳은 것은? (단, 해당 방호구역에서 외부로 새는 양 이상의 포수용액을 유효하게 추가하여 방출하는 설비가 있는 경우는 제외한다) `16년-4회`

① 고정포방출구는 바닥면적 $600m^2$마다 1개 이상으로 할 것
② 고정포방출구는 방호대상물의 최고부분보다 낮은 위치에 설치할 것
③ 개구부에 자동폐쇄장치를 설치할 것
④ 특정소방대상물 및 포의 팽창비에 따른 종별에 관계없이 해당 방호구역의 관포체적 $1m^3$에 대한 1분당 포수용액 방출량은 $1L$ 이상으로 할 것

해설
고발포용 고정포방출구를 설치하는 경우 **개구부에 자동폐쇄장치를 설치**할 것

|정답| ③

족집게 과외

❶ 고발포용 고정포방출구(전역방출방식)

구 분	내 용
자동폐쇄장치	개구부에 자동폐쇄장치를 설치할 것. 다만, 해당 방호구역에서 외부로 새는 양 이상의 포수용액을 유효하게 추가하여 방출하는 설비가 있는 경우에는 그렇지 않음
관포체적	고정포방출구는 특정소방대상물 및 포의 팽창비에 따른 종별에 따라 해당 방호구역의 관포체적(해당 바닥면으로부터 방호대상물의 높이보다 $0.5m$ 높은 위치까지의 체적을 말한다) $1m^3$에 대하여 1분당 방출량이 표에 따른 양 이상이 되도록 할 것
방출구 수량	고정포방출구는 바닥면적 $500m^2$마다 1개 이상
방출구 위치	고정포방출구는 방호대상물의 최고부분보다 높은 위치에 설치할 것. 다만, 밀어올리는 능력을 가진 것은 방호대상물과 같은 높이로 할 수 있음

❷ 위험물에 설치되는 고정포방출구

구 분	내 용	적용 탱크
I형	탱크 상단에 미끄럼판 등의 설비를 이용하여 방출된 포를 유면에 안착시키는 상부 포주입법을 이용한 방출구	고정지붕구조 (Cone Roof Tank : 원추형)
II형	방출된 포가 디플렉터에 의해 탱크의 유면을 덮는 상부포주입법을 이용한 방출구	
III형	저부포주입법(표면하 주입)을 이용한 고정포로 송포관을 탱크 하부에 설치하여 포를 주입하는 방식	
IV형	저부포주입법(표면하 주입)을 이용하는 것으로서 평상시에는 탱크의 액면하의 저부에 설치된 격납통에 수납되어 있는 특수호스 등이 송포관의 말단에 접속되어 있다가 포를 보내는 것에 의하여 특수호스 등이 전개되어 그 선단이 액면까지 도달한 후 포를 방출하는 포방출구	
특 형	부상지붕구조의 탱크에 상부포주입법을 이용하는 것으로서 부상지붕의 부상부분상에 높이 $0.9m$ 이상의 금속제의 칸막이를 탱크옆판의 내측로부터 $1.2m$ 이상 이격하여 설치하고 탱크옆판과 칸막이에 의하여 형성된 환상부분에 포를 주입하는 것이 가능한 구조의 반사판을 갖는 포방출구	부상지붕구조 (Floating Roof Tack : 부상식)

❸ 발포기

구 분	내 용
구성요소	① 챔 버 ② 디플렉터 ③ 폼메이커

정답 01 ④ 02 ③ 03 ② 04 ①

기출유형 완성하기

01 전역방출방식 고발포용 고정포방출구의 설비기준으로 옳은 것은? `12년-2회`

① 당해 방호구역의 관포체적 $1m^3$에 대한 1분당 포수용액 방출량은 $1L$ 이상으로 할 것
② 고정포방출구는 바닥면적 $600m^2$마다 1개 이상으로 할 것
③ 포방출구는 방호대상물의 최고부분보다 낮은 위치에 설치할 것
④ 개구부에 자동폐쇄장치를 설치할 것

해설
고발포용 고정포방출구를 설치하는 경우 **개구부에 자동폐쇄장치를 설치할 것**

02 포소화설비를 표면하 주입방식(SIS)으로 설치하는 경우에 대한 설명으로 적당하지 않은 것은? `11년-4회`

① 상부주입식의 경우에 탱크 화재 시 고정포 방출구가 파손되는 단점을 보완할 수 있다.
② 탱크의 직경이 크고 점도가 낮은 위험물 저장탱크의 방호에 적합하다.
③ 콘루프(원추지붕) 탱크의 형태 및 수용성 위험물탱크에는 적용할 수 없다.
④ 발포기의 허용배압이 위험물에 가해지는 압력보다 클수록 발포기의 크기를 적게 할 수 있다.

해설
표면하 주입방식(Ⅲ형, Ⅳ형)의 경우 콘루프(원추지붕) 탱크에만 적용이 가능하다.

03 다음 중 발포기(foam chamber)의 구성요소가 아닌 것은? `03년-1회`

① 챔버(chamber)
② 노즐(nozzle)
③ 디프렉터(deflector)
④ 포옴메이커(foam maker)

해설
노즐의 경우 발포기의 구성요소가 아니다.

04 제1석유류의 옥외탱크 저장소의 저장탱크 및 포방출구로 가장 적합한 것은? `13년-2회`

① 부상식 루프탱크(floating roof tank), 특형 방출구
② 부상식 루프탱크, Ⅱ형 방출구
③ 원추형 루프탱크(cone roof tank), 특형 방출구
④ 원추형 루프탱크, Ⅰ형 방출구

해설
제1석유류의 경우 휘발성이 크므로 부상식 루프탱크에 저장한다. 부상식 루프탱크에 적용할 수 있는 방출구는 특형 방출구이다.

18 포소화설비(포혼합장치, 팽창비)

기출유형

포소화설비에서 소화약제 압입용 펌프를 따로 가지고 있는 방식은? `13년-1회`

① 라인 푸로포셔너 방식
② 펌프 푸로포셔너 방식
③ 프레져 푸로포셔너 방식
④ 프레져사이드 푸로포셔너 방식

해설
포소화설비에서 포소화약제 압입용 펌프를 따로 가지고 있는 혼합방식은 프레져사이드 프로포셔너 방식이다.

| 정답 | ④

족집게 과외

❶ 포혼합장치

종류	내용
라인 프로포셔너	펌프와 발포기의 중간에 설치된 벤추리관의 벤추리작용에 따라 포소화약제를 흡입·혼합하는 방식
프레셔 프로포셔너	펌프와 발포기의 중간에 설치된 벤추리관의 벤추리작용과 펌프 가압수의 포소화약제 저장탱크에 대한 압력에 따라 포소화약제를 흡입·혼합하는 방식
프레셔사이드 프로포셔너	펌프의 토출관에 압입기를 설치하여 포소화약제 압입용 펌프로 포소화약제를 압입시켜 혼합하는 방식
펌프 프로포셔너	펌프의 토출관과 흡입관 사이의 배관 도중에 설치한 흡입기에 펌프에서 토출된 물의 일부를 보내고, 농도 조정밸브에서 조정된 포소화약제의 필요량을 포소화약제 저장탱크에서 펌프 흡입 측으로 보내어 이를 혼합하는 방식

❷ 팽창비

구분	내용	
개념	최종 발생한 포 체적을 원래 포 수용액 체적으로 나눈 값	
저발포(저팽창포)	팽창비 20 이하	포헤드, 포워터스프링클러 헤드, 압축공기포헤드
고발포(고팽창포)	팽창비 80 이상~1,000 미만	고발포용 고정포방출구

정답 01 ③ 02 ① 03 ④ 04 ④

기출유형 완성하기

01 다음은 포의 팽창비를 설명한 것이다. (A) 및 (B)에 들어갈 용어로 옳은 것은? `15년-1회`

> 팽창비라 함은 최종 발생한 포 (A)을 원래 포 수용액 (B)으로 나눈 값을 말한다.

① (A) 체적, (B) 중량
② (A) 체적, (B) 질량
③ (A) 체적, (B) 체적
④ (A) 중량, (B) 중량

해설
팽창비란 최종 발생한 **포 체적**을 원래 **포 수용액 체적**으로 나눈 값을 말한다.

02 포소화설비에서 펌프의 토출관에 압입기를 설치하여 포소화약제 압입용 펌프로 포소화약제를 압입시켜 혼합하는 방식은? `25년`

① 프레져사이드 푸로포셔너 방식
② 펌프 푸로포셔너 방식
③ 프레져 푸로포셔너 방식
④ 라인 푸로포셔너 방식

해설
포소화약제(압입)용 펌프가 설치되는 포 혼합방식은 **프레져 사이드 푸로포셔너** 방식이다.

03 펌프와 발포기의 배관 도중에 벤추리관을 설치하여 벤추리작용에 의해 포소화약제를 혼합하는 방식은? `25년`

① 석션 프로포셔너 방식(suction proportioner)
② 프레셔 프로포셔너 방식(pressure proportioner)
③ 워터 모타 프로포셔너 방식(water proportioner)
④ 라인 프로포셔너 방식(line proportioner)

해설
벤추리작용에 의해서만 포를 혼합하는 방식은 라인 프로포셔너 방식이다.

04 고발포의 포 팽창비율은 얼마인가? `15년-4회`

① 20 이하
② 20 이상 80 미만
③ 80 이하
④ 80 이상 1,000 미만

해설
고발포의 포 팽창비율은 **팽창비 80 이상 1,000 미만**의 포를 말한다.

기출유형 완성하기

정답 05 ④ 06 ③ 07 ④ 08 ②

05 펌프의 토출관과 흡입관 사이의 배관 도중 설치한 흡입기에 펌프토출량의 일부를 보내어 농도조정밸브에서 조정된 포소화약제의 필요량을 포소화약제 탱크에서 펌프 흡입 측으로 보내어 조합하는 방식은? `11년-1회`

① 프레져사이드 푸로포셔너 방식
② 라인 푸로포셔너 방식
③ 프레져 푸로포셔너 방식
④ 펌프 푸로포셔너 방식

해설
펌프의 **토출관과 흡입 측 사이**에 설치, 또는 **농도조정밸브** 키워드가 들어간 방식은 **펌프 프로포셔너** 방식이다.

06 포소화설비의 화재안전기준에 따른 용어 정의 중 다음 ( ) 안에 알맞은 내용은? `20년-4회`

( ) 푸로포셔너 방식이란 펌프와 발포기의 중간에 설치된 벤추리관의 벤추리작용과 펌프 가압수의 포소화약제 저장탱크에 대한 압력에 따라 포소화약제를 흡입·혼합하는 방식을 말한다.

① 라 인
② 펌 프
③ 프레져
④ 프레져사이드

해설
프레져 프로포셔너 방식의 키워드는 **"펌프 가압수의 포소화약제 저장탱크에 대한 압력"**이다.

07 팽창비에 의한 고발포와 저발포의 설명으로서 맞는 것은 어느 것인가? `06년-2회`

① 팽창비가 120 이상 1,200 미만의 것을 고발포라고 한다.
② 팽창비가 1,000 이상의 것을 고발포라 한다.
③ 팽창비가 20 이상 80 미만의 것은 저발포라고 한다.
④ 팽창비가 20 이하인 것은 저발포라고 한다.

해설
저발포의 포 팽창비율은 **팽창비 20 이하의 포**를 말한다.

08 포소화약제의 혼합장치에 대한 설명 중 옳은 것은? `25년`

① 라인 푸로포셔너 방식이란 펌프의 토출관과 흡입관 사이의 배관 도중에 설치한 흡입기에 펌프에서 토출된 물의 일부를 보내고, 농도조절밸브에서 조정된 포소화약제의 필요량을 포소화약제 탱크에서 펌프 흡입 측으로 보내어 이를 혼합하는 방식을 말한다.
② 프레져사이드 푸로포셔너 방식이란 펌프의 토출관에 압입기를 설치하여 포소화약제 압입용 펌프로 포소화약제를 압입시켜 혼합하는 방식을 말한다.
③ 프레져 푸로포셔너 방식이란 펌프와 발포기 중간에 설치된 벤추리관의 벤추리작용에 따라 포소화약제를 흡입·혼합하는 방식을 말한다.
④ 펌프 푸로포셔너 방식이란 펌프와 발포기의 중간에 설치된 벤추리관의 벤추리작용과 펌프 가압수의 포소화약제 저장탱크에 대한 압력에 따라 포소화약제를 흡입·혼합하는 방식을 말한다.

해설
포소화약제(압입)용 펌프가 설치되는 포 혼합방식은 **프레져사이드 프로포셔너** 방식이다.

19 물분무, 미분무소화설비

기출유형

물분무소화설비의 화재안전기준상 차고 또는 주차장에 설치하는 물분무소화설비의 배수설비 기준으로 틀린 것은?

<small>22년-1회</small>

① 차량이 주차하는 바닥은 배수구를 향하여 100분의 2 이상의 기울기를 유지할 것
② 차량이 주차하는 장소의 적당한 곳에 높이 5cm 이상의 경계턱으로 배수구를 설치할 것
③ 배수설비는 가압송수장치의 최대송수능력의 수량을 유효하게 배수할 수 있는 크기 및 기울기로 할 것
④ 배수구에는 새어 나온 기름을 모아 소화할 수 있도록 길이 40m 이하마다 집수관·소화핏트 등 기름분리장치를 설치할 것

해설
차고 또는 주차장에 설치하는 배수설비는 주차하는 장소의 적당한 곳에 높이 10cm **이상**의 경계턱으로 배수구를 설치할 것

|정답| ②

족집게 과외

❶ 물분무소화설비

종 류		내 용
물 미립화 방법	디프렉타형	수류를 살수판에 충돌시켜 미립화
	충돌형	유수와 유수를 충돌시켜 미립화
	슬리트형	유수를 슬리트(틈새)를 통해 방출하여 미립화
	선회류형	선회류(회전)에 의해 확산하여 미립화
	분사형	오리피스를 통해 고압으로 분사하여 미립화
소화효과		① 냉각작용 ② 질식작용 ③ 희석작용 ④ 유화작용
배수설비		물분무소화설비를 설치하는 차고 또는 주차장에 배수설비를 설치해야 함 ① 주차하는 장소의 적당한 곳에 높이 10cm 이상의 경계턱으로 배수구를 설치할 것 ② 배수구에는 새어 나온 기름을 모아 소화할 수 있도록 길이 40m 이하마다 집수관·소화피트등 기름분리장치를 설치할 것 ③ 차량이 주차하는 바닥은 배수구를 향하여 100분의 2 이상의 기울기를 유지할 것 ④ 배수설비는 가압송수장치의 최대송수능력의 수량을 유효하게 배수할 수 있는 크기 및 기울기로 할 것

❷ 전기기기와 물분무헤드 사이의 거리

전압[kV]	거리[cm]	전압[kV]	거리[cm]
66 이하	70 이상	154 초과~181 이하	180 이상
66 초과~77 이하	80 이상	181 초과~220 이하	210 이상
77 초과~110 이하	110 이상	220 초과~275 이하	260 이상
110 초과~154 이하	150 이상	–	–

❸ 물분무헤드의 설치 제외

제외 가능 장소
① 물에 심하게 반응하는 물질 또는 물과 반응하여 위험한 물질을 생성하는 물질을 저장 또는 취급하는 장소 ② 고온의 물질 및 증류범위가 넓어 끓어 넘치는 위험이 있는 물질을 저장 또는 취급하는 장소 ③ 운전 시에 표면의 온도가 260℃ 이상으로 되는 등 직접 분무를 하는 경우 그 부분에 손상을 입힐 우려가 있는 기계장치 등이 있는 장소

❹ 미분무

구 분	내 용
정 의	물만을 사용하여 소화하는 방식으로 최소설계압력에서 헤드로부터 방출되는 물입자 중 99%의 누적체적분포가 400μm 이하로 분무되고 A, B, C급 화재에 적응성을 갖는 것

🔒 **정답** 01 ① 02 ① 03 ① 04 ④

기출유형 완성하기

01 수류를 살수판에 충돌하여 미세한 물방울을 만드는 스프링클러 헤드를 무슨 형이라 하는가?

〔03년-2회〕

① 디프렉타형
② 충돌형
③ 슬리트형
④ 분사형

해설
물 미립화 방법 중 수류를 **살수판에 충돌**시켜 미립화시키는 방식의 헤드는 **디프렉타형**이다.

02 물분무소화설비의 소화작용이 아닌 것은?

〔03년-2회〕

① 차단효과
② 냉각효과
③ 질식효과
④ 유화효과

해설
물분무소화설비의 소화작용(효과)
• 냉각작용
• 질식작용
• 희석작용
• 유화작용

03 차고 또는 주차장에 설치하는 물분무소화설비의 배수설비에 대한 설명이다. 옳지 않은 것은?

〔25년〕

① 높이 $5cm$ 이상의 경계턱으로 배수설비를 설치하여야 한다.
② 길이 $40m$ 이하마다 기름분리장치를 설치하여야 한다.
③ 배수구 쪽으로 2/100의 기울기를 유지하여야 한다.
④ 배수설비는 가압송수장치의 송수능력을 고려하여 설치하여야 한다.

해설
차고 또는 주차장에 설치하는 배수설비는 주차하는 장소의 적당한 곳에 높이 $10cm$ **이상**의 경계턱으로 배수구를 설치하여야 한다.

04 물분무소화설비 대상 공장에서 물 분무 헤드의 설치 제외장소로서 맞지 않은 것은?

〔15년-1회〕

① 고온의 물질 및 증류범위가 넓어 끓어 넘치는 위험이 있는 물질을 저장하는 장소
② 물에 심하게 반응하여 위험한 물질을 생성하는 물질을 취급하는 장소
③ 운전 시에 표면의 온도가 260℃ 이상으로 되는 등 직접 분무를 하는 경우 그 부분에 손상을 입힐 우려가 있는 기계장치 등이 있는 장소
④ 표준방사량으로 당해 방호대상물의 화재를 유효하게 소화하는 데 필요한 적정한 장소

해설
물분무헤드는 표준방사량으로 해당 방호대상물의 화재를 유효하게 소화하는 데 필요한 수를 적정한 위치에 설치해야 한다.

기출유형 완성하기

정답 05 ② 06 ① 07 ① 08 ①

05 물분무소화설비에서 차량이 주차하는 장소의 바닥면은 배수구를 향하여 얼마 이상의 기울기를 유지하여야 하는가? `25년`

① 1/100
② 2/100
③ 3/100
④ 5/100

해설
차고 또는 주차장에 설치하는 배수설비에서 차량이 주차하는 바닥은 배수구를 향하여 100분의 2 이상의 기울기를 유지해야 한다.

06 물분무헤드의 설치 제외 대상이 아닌 것은? `14년-4회`

① 운전 시에 표면의 온도가 200℃ 이상으로 되는 등 직접 분무 시 손상 우려가 있는 기계장치 장소
② 고온의 물질 및 증류범위가 넓어 끓어 넘치는 위험이 있는 물질을 저장 또는 취급하는 장소
③ 물에 심하게 반응하는 물질을 저장 또는 취급하는 장소
④ 물과 반응하여 위험한 물질을 생성하는 물질을 저장 또는 취급하는 장소

해설
운전 시에 표면의 온도가 260℃ **이상**으로 되는 등 직접 분무를 하는 경우 그 부분에 손상을 입힐 우려가 있는 기계장치 등이 있는 장소는 물분무헤드의 설치 제외 대상이다.

07 22,900V의 유입식변압기에 물분무설비를 설치할 때 이격거리는 얼마로 해야 하는가? `12년-4회`

① 70cm 이상
② 80cm 이상
③ 110cm 이상
④ 150cm 이상

해설
전기기기와 물분무헤드 사이의 거리

전압[kV]	거리[cm]	전압[kV]	거리[cm]
66↓	70↑	154~181↓	180↑
66~77↓	80↑	181~220↓	210↑
77~110↓	110↑	220~275↓	260↑
110~154↓	150↑	–	–

08 물분무소화설비에서 소화효과는 무엇인가? `14년-1회`

① 냉각작용, 질식작용, 희석작용, 유화작용
② 냉각작용, 응축작용, 희석작용, 유화작용
③ 냉각작용, 질식작용, 희석작용, 기름작용
④ 냉각작용, 질식작용, 분말작용, 응축작용

해설
물분무소화설비의 소화작용(효과)
- 냉각작용
- 질식작용
- 희석작용
- 유화작용

정답 09 ③ 10 ③ 11 ② 12 ③

기출유형 완성하기

09 물분무헤드의 설치에서 전압이 $110kV$ 초과 $154kV$ 이하일 때 전기기기와 물분무헤드 사이에 몇 cm 이상의 거리를 확보하여 설치하여야 하는가?   〔14년-4회〕

① $80cm$
② $110cm$
③ $150cm$
④ $180cm$

해설
전기기기와 물분무헤드 사이의 거리

전압[kV]	거리[cm]	전압[kV]	거리[cm]
66↓	70↑	154~181↓	180↑
66~77↓	80↑	181~220↓	210↑
77~110↓	110↑	220~275↓	260↑
110~154↓	150↑	–	–

10 물분무소화설비의 배수설비를 차고 및 주차장에 설치하고자 할 때 설치기준에 맞지 않는 것은?   〔13년-4회〕

① 차량이 주차하는 장소의 적당한 곳에 높이 $10cm$ 이상의 경계턱으로 배수구를 설치할 것
② 길이 $40m$ 이하마다 집수관, 소화피트 등 기름분리장치를 설치할 것
③ 차량이 주차하는 바닥은 배수구를 향하여 100분의 1 이상의 기울기를 유지할 것
④ 배수설비는 가압송수장치의 최대송수능력의 수량을 유효하게 배수할 수 있는 크기 및 기울기로 할 것

해설
차고 또는 주차장에 설치하는 배수설비에서 차량이 주차하는 바닥은 배수구를 향하여 100분의 2 이상의 기울기를 유지해야 한다.

11 물분무소화설비의 배수설비에 대한 설명 중 틀린 것은?   〔15년-2회〕

① 주차장에는 $10cm$ 이상 경계턱으로 배수구를 설치한다.
② 배수구에는 새어 나온 기름을 모아 소화할 수 있도록 길이 $30m$ 이하마다 집수관, 소화핏트 등 기름분리장치를 설치한다.
③ 주차장 바닥은 배수구를 향하여 100분의 2 이상의 기울기를 가진다.
④ 배수설비는 가압송수장치의 최대송수능력의 수량을 유효하게 배수할 수 있는 크기 및 기울기로 한다.

해설
차고 또는 주차장에 설치하는 배수설비에서 배수구에는 새어 나온 기름을 모아 소화할 수 있도록 길이 $40m$ 이하마다 집수관·소화피트 등 기름분리장치를 설치한다.

12 물분무헤드를 설치하지 아니할 수 있는 장소의 기준 중 다음 ( ) 안에 알맞은 것은?   〔21년-3회〕

> 운전 시에 표면의 온도가 ( )℃ 이상으로 되는 등 직접 분무를 하는 경우 그 부분에 손상을 입힐 우려가 있는 기계장치 등이 있는 장소

① 160 ② 200
③ 260 ④ 300

해설
물분무헤드의 설치 제외대상
운전 시에 표면의 온도가 260℃ 이상으로 되는 등 직접 분무를 하는 경우 그 부분에 손상을 입힐 우려가 있는 기계장치 등이 있는 장소

기출유형 완성하기

정답 13 ② 14 ① 15 ① 16 ②

13 154kV 초과 181kV 이하의 고압 전기기기와 물분무헤드 사이의 이격거리는? `15년-4회`

① 150cm 이상
② 180cm 이상
③ 210cm 이상
④ 260cm 이상

해설
전기기기와 물분무헤드 사이의 거리

전압[kV]	거리[cm]	전압[kV]	거리[cm]
66↓	70↑	154~181↓	180↑
66~77↓	80↑	181~220↓	210↑
77~110↓	110↑	220~275↓	260↑
110~154↓	150↑	−	−

14 물분무소화설비의 소화작용이 아닌 것은? `19년-4회`

① 부촉매작용
② 냉각작용
③ 질식작용
④ 희석작용

해설
물분무 소화설비의 소화작용(효과)
• 냉각작용
• 질식작용
• 희석작용
• 유화작용

15 미분무소화설비의 화재안전기준상 용어의 정의 중 다음 (　) 안에 알맞은 것은? `25년`

> "미분무"란 물만을 사용하여 소화하는 방식으로 최소설계압력에서 헤드로부터 방출되는 물입자 중 99%의 누적체적분포가 (㉠)μm 이하로 분무되고 (㉡)급 화재에 적응성을 갖는 것을 말한다.

① ㉠ 400, ㉡ A, B, C
② ㉠ 400, ㉡ B, C
③ ㉠ 200, ㉡ A, B, C
④ ㉠ 200, ㉡ B, C

해설
미분무란 물만을 사용하여 소화하는 방식으로 최소설계압력에서 헤드로부터 방출되는 물입자 중 99%의 누적체적분포가 400μm 이하로 분무되고 A, B, C급 화재에 적응성을 갖는 것을 말한다.

16 고압의 전기기기가 있는 장소에 있어서 전기의 절연을 위한 전기기기와 물분무헤드 사이의 최소 이격거리 기준 중 옳은 것은? `18년-4회`

① 66kV 이하 − 60cm 이상
② 66kV 초과 77kV 이하 − 80cm 이상
③ 77kV 초과 110kV 이하 − 100cm 이상
④ 110kV 초과 154kV 이하 − 140cm 이상

해설
전기기기와 물분무헤드 사이의 거리

전압[kV]	거리[cm]	전압[kV]	거리[cm]
66↓	70↑	154~181↓	180↑
66~77↓	80↑	181~220↓	210↑
77~110↓	110↑	220~275↓	260↑
110~154↓	150↑	−	−

20 상수도 소화전

기출유형

다음은 상수도 소화전의 설비의 설치기준에 대한 설명이다. 괄호 안에 알맞은 것은? `25년`

> 1. 호칭지름 (㉠)의 수도배관에는 호칭지름 (㉡)의 소화전을 접속하여야 한다.
> 2. 소화전은 소방대상물의 수평투영면의 각 부분으로부터 (㉢)가(이) 되도록 한다.

① ㉠ 75mm 이상, ㉡ 100mm 이하, ㉢ 140m 이상
② ㉠ 75mm 이상, ㉡ 100mm 이상, ㉢ 140m 이하
③ ㉠ 75mm 이하, ㉡ 100mm 이하, ㉢ 140m 이하
④ ㉠ 75mm 이하, ㉡ 100mm 이상, ㉢ 180m 이상

해설
상수도 소화전은 호칭지름 75밀리미터 이상의 수도배관에 호칭지름 100밀리미터 이상의 소화전을 접속하고, 소화전은 특정소방대상물의 수평투영면의 각 부분으로부터 140미터 이하가 되도록 설치해야 한다.

| 정답 | ②

족집게 과외

❶ 설치대상

종류	내용
대상	① 연면적 5천m^2 이상인 것(가스시설, 터널, 지하구의 경우 제외) ② 가스시설로서 지상에 노출된 탱크의 저장용량의 합계가 100톤 이상인 것 ③ 자원순환 관련시설 중 폐기물재활용시설 및 폐기물처분시설
예외	상수도 소화용수설비를 설치해야 하는 특정소방대상물의 대지 경계선으로부터 180m 이내에 지름 75mm 이상인 상수도용 배수관이 설치되지 않은 지역의 경우에는 화재안전기준에 따른 소화수조 또는 저수조를 설치해야 함

❷ 설치기준

종류	내용
규격	호칭지름 75mm 이상의 수도배관에 호칭지름 100mm 이상의 소화전을 접속할 것
위치	소화전은 소방자동차 등의 진입이 쉬운 도로변 또는 공지에 설치할 것
배치	소화전은 특정소방대상물의 수평투영면의 각 부분으로부터 140m 이하가 되도록 설치할 것
접결구	지상식 소화전의 호스접결구는 지면으로부터 높이가 0.5m 이상 1m 이하가 되도록 설치할 것

기출유형 완성하기

🔒 **정답** 01 ② 02 ④ 03 ④ 04 ②

01 상수도 소화용수설비의 소화전을 접속하는 최소 수도배관의 호칭지름은 몇 밀리미터 이상인가?
`03년-1회`

① 65
② 75
③ 80
④ 100

해설
상수도 소화전 호칭지름 75**밀리미터 이상**의 수도배관에 호칭지름 100밀리미터 이상의 소화전을 접속하여야 한다.

02 다음은 상수도 소화용수설비를 설치하여야 하는 소방대상물 및 설치기준이다. 적합하게 표현되지 않은 항목은?
`04년-1회`

① 연면적이 $5,000m^2$ 이상인 건물에 설치
② 상수도가 설치되지 아니한 지역에 있어서는 채수구를 부착한 소화수조로 대체 가능
③ 가스시설, 지하구 또는 지하가 중 터널의 경우에는 설치 제외가 가능함
④ 가스시설로서 지상에 노출된 탱크의 저장용량 합계가 30톤 이상인 것

해설
가스시설로서 지상에 노출된 탱크의 저장용량 합계가 100**톤 이상**인 것

03 상수도 소화용수설비의 유효반경은?
`04년-4회`

① 보행거리 $120m$ 이하
② 보행거리 $140m$ 이하
③ 수평투영면의 각 부분으로부터 $120m$ 이하
④ 수평투영면의 각 부분으로부터 $140m$ 이하

해설
소화전은 특정소방대상물의 **수평투영면의 각 부분으로부터 140미터 이하**가 되도록 설치하여야 한다.

04 상수도 소화용수설비의 설치기준 설명으로 맞지 않는 것은?
`14년-1회`

① 호칭지름 $75mm$ 이상의 수도배관에 호칭지름 $100mm$ 이상의 소화전을 접속하여야 한다.
② 소화전함은 소화전으로부터 $5m$ 이내의 거리에 설치한다.
③ 소화전은 소화자동차등의 진입이 쉬운 도로변 또는 공지에 설치한다.
④ 소화전은 소방대상물의 수평투영면의 각 부분으로부터 $140m$ 이하가 되도록 설치한다.

해설
상수도 소화용수설비에서는 소화전함이 별도로 설치되지 않는다.

Tip 소방차에 소화수 공급용이므로 필요 없다.

정답 05 ② 06 ① 07 ④ 08 ③

05 상수도 소화용수설비의 소화전은 소방대상물의 수평투영면의 각 부분에서 몇 m 가 되도록 설치하는가? `05년-2회`

① 200m 이하
② 140m 이하
③ 100m 이하
④ 70m 이하

해설
소화전은 특정소방대상물의 **수평투영면의 각 부분**으로부터 **140미터 이하**가 되도록 설치하여야 한다.

06 상수도 소화용수설비 설치 소방대상물로서 적합한 것은? `11년-2회`

① 연면적 5,000m^2 이상인 사무소 건물
② 가스시설로서 연면적 5,000m^2 이상인 것
③ 가스시설로서 지상에 노출된 탱크의 저장용량 합계가 50ton인 것
④ 지하층을 제외한 11층 이상인 건축물로 연면적 3,000m^2인 판매시설

해설
상수도 소화용수설비 설치대상
- **연면적 5천m^2 이상인 것**(가스시설, 터널, 지하구의 경우 제외)
- 가스시설로서 지상에 **노출된 탱크의 저장용량의 합계가 100톤 이상인 것**
- 자원순환 관련시설 중 폐기물재활용시설 및 폐기물처분시설

07 상수도 소화용수설비의 소화전과 수도배관의 호칭지름이 옳게 연결된 것은? `10년-1회`

① 40mm 이상 - 75mm 이상
② 65mm 이상 - 75mm 이상
③ 80mm 이상 - 75mm 이상
④ 100mm 이상 - 75mm 이상

해설
호칭지름 75밀리미터 이상의 수도배관에 호칭지름 100밀리미터 이상의 소화전을 접속하여야 한다.

08 소화용수설비와 관련하여 다음 설명 중 괄호 안에 들어갈 항목으로 옳게 짝지어진 것은? `19년-1회`

> 상수도 소화용수설비를 설치하여야 하는 특정소방대상물은 다음 각 목의 어느 하나와 같다. 다만, 상수도 소화용수설비를 설치하여야 하는 특정소방대상물의 대지 경계선으로부터 (ⓐ)m 이내에 지름 (ⓑ)mm 이상인 상수도용 배수관이 설치되지 않은 지역의 경우에는 화재안전기준에 따른 소화수조 또는 저수조를 설치하여야 한다.

① ⓐ : 150, ⓑ 75
② ⓐ : 150, ⓑ 100
③ ⓐ : 180, ⓑ 75
④ ⓐ : 180, ⓑ 100

해설
상수도 소화용수설비를 설치하여야 하는 특정소방대상물의 대지 경계선으로부터 180m **이내에 지름** 75mm **이상인** 상수도용 배수관이 설치되지 않은 지역의 경우에는 화재안전기준에 따른 소화수조 또는 저수조를 설치하여야 한다.

21 소화수조 및 저수조

기출유형

소화수조 및 저수조의 화재안전기준에 따라 소화용수설비에 설치하는 채수구의 수는 소요수량이 $40m^3$ 이상 $100m^3$ 미만인 경우 몇 개를 설치해야 하는가?

20년-1·2회

① 1
② 2
③ 3
④ 4

해설
소요수량이 $40[m^3]$ 이상 $100[m^3]$ 미만인 경우 채수구는 2개를 설치해야 한다.

| 정답 | ②

족집게 과외

❶ 채수구 또는 흡수관투입구

구 분	내 용
공 통	소화수조 및 저수조의 채수구 또는 흡수관투입구는 소방차 2m 이내까지 접근 가능할 것
채수구	① 소방용호스 또는 소방용흡수관에 사용하는 구경 65mm 이상의 나사식 결합금속구를 설치할 것 ② 지면으로부터의 높이가 0.5m 이상 1m 이하의 위치에 설치하고 "채수구"라고 표시한 표지를 할 것 <table><tr><th>소요수량</th><th>20~40m^3 미만</th><th>40~100m^3 미만</th><th>100m^3 이상</th></tr><tr><td>채수구의 수</td><td>1</td><td>2</td><td>3</td></tr></table>
흡수관 투입구	① 흡수관투입구는 그 한 변이 0.6m 이상이거나 직경이 0.6m 이상일 것 ② 소요수량이 80m^3 미만인 것은 1개 이상, 80m^3 이상인 것은 2개 이상을 설치 ③ "흡수관투입구"라고 표시한 표지를 할 것

❷ 소화수조

구 분	내 용
저수량	저수량은 소방대상물의 연면적을 다음 표의 기준면적으로 나누어 얻은 수에 20m^3를 곱한 양 이상이 되도록 해야 함(소수점은 올림) <table><tr><th>소방대상물의 구분</th><th>기준면적</th></tr><tr><td>1. 1층 및 2층의 바닥면적의 합계가 15,000[m^2] 이상인 소방대상물</td><td>7,500[m^2]</td></tr><tr><td>2. 1.에 해당하지 않는 그 밖의 소방대상물</td><td>12,500[m^2]</td></tr></table>
제외조건	소화용수설비를 설치해야 할 특정소방대상물에 있어서 유수의 양이 0.8m^3/min 이상인 유수를 사용할 수 있는 경우에는 소화수조를 설치하지 않을 수 있음

❸ 가압송수장치

구 분	내 용
대 상	소화수조 또는 저수조가 지표면으로부터의 깊이(수조 내부바닥까지의 길이를 말한다)가 4.5m 이상인 지하에 있는 경우
양수량	<table><tr><th>소요수량</th><th>20~40m^3 미만</th><th>40~100m^3 미만</th><th>100m^3 이상</th></tr><tr><td>1분당 양수량</td><td>1,100L 이상</td><td>2,200L 이상</td><td>3,300L 이상</td></tr></table>
채수구 압력	소화수조가 옥상 또는 옥탑의 부분에 설치된 경우에는 지상에 설치된 채수구에서의 압력이 0.15MPa 이상이 되도록 해야 함

기출유형 완성하기

정답 01 ③ 02 ③ 03 ③ 04 ①

01 소화용수설비에 설치하는 채수구는 지면으로부터 높이는 얼마인가? `04년-2회`

① 0.2미터 이상, 1.2미터 이하
② 0.5미터 이상, 1.2미터 이하
③ 0.5미터 이상, 1미터 이하
④ 0.2미터 이상, 1미터 이하

해설
채수구의 설치 높이는 지면으로부터의 높이가 $0.5m$ 이상 $1m$ 이하의 위치에 설치한다.

02 소화용수설비에서 소방펌프차가 채수구로부터 어느 거리 이내까지 접근할 수 있도록 설치하여야 하는가? `08년-1회`

① $5m$ 이내
② $3m$ 이내
③ $2m$ 이내
④ $1m$ 이내

해설
소화수조 및 저수조의 채수구 또는 흡수관투입구는 소방차 $2m$ 이내까지 접근 가능하여야 한다.

03 소화용수설비에 설치하는 소화구조는 소요수량이 80일 때 설치하는 흡수관 투입구 및 채수구의 수는? `08년-1회`

① 흡수관투입구 → 1개 이상, 채수구 → 1개
② 흡수관투입구 → 1개 이상, 채수구 → 2개
③ 흡수관투입구 → 2개 이상, 채수구 → 2개
④ 흡수관투입구 → 2개 이상, 채수구 → 3개

해설
흡수관투입구는 $80m^3$ 이상인 것은 2개 이상 설치한다.

채수구

수 량	20~40m^2 미만	40~100m^2 미만	100m^2 이상
채수구	1개	2개	3개

04 5층 건물의 연면적이 $65,000m^2$인 소방대상물에 설치되어야 하는 소화수조 또는 저수조의 저수량은? (단, 각층의 바닥면적은 동일하다) `11년-2회`

① $180m^3$ 이상
② $240m^3$ 이상
③ $200m^3$ 이상
④ $220m^3$ 이상

해설
각 층의 면적은 $65,000 \div 5 = 13,000[m^2]$ 이므로
1, 2층 바닥면적의 합계가 $15,000[m^2]$ 이상으로
$65,000 \div 7,500 = 8.667 \Rightarrow 9$로 올린다.
저수량은 $20[m^3] \times 9 = 180[m^3]$ 이상이다.

정답 05 ② 06 ② 07 ④ 08 ②

기출유형 완성하기

05 소화용수설비에 설치하는 소화수조의 소요수량이 $50m^3$인 경우 가압송수장치의 1분당 송수량은 몇 $m^3/\min$ 이상이어야 하는가? 〈08년-4회〉

① 1.1
② 2.2
③ 3.3
④ 5.5

해설
가압송수장치의 양수량

소요 수량	$20 \sim 40m^3$ 미만	$40 \sim 100m^3$ 미만	$100m^3$ 이상
분당 양수량	$1,100L$ 이상	$2,200L$ 이상	$3,300L$ 이상

$2,200[L/\min] = 2.2[m^3/\min]$

06 소화용수설비의 소화수조는 소방차가 채수구로부터 (A) 이내 지점까지 접근할 수 있는 위치에 설치하며, 옥상 또는 옥탑에 설치 시는 지상에 설치된 채수구에서의 압력이 (B) 이상 되도록 한다. (A), (B)에 맞는 것은? 〈09년-2회〉

① A : $3m$, B : $1.0 kgf/cm^2$
② A : $2m$, B : $1.5 kgf/cm^2$
③ A : $3m$, B : $2.0 kgf/cm^2$
④ A : $2m$, B : $2.5 kgf/cm^2$

해설
소화수조 및 저수조의 채수구 또는 흡수관투입구는 **소방차 $2m$ 이내**까지 접근 가능할 것. 소화수조가 옥상 또는 옥탑의 부분에 설치된 경우에는 지상에 설치된 채수구에서의 압력이 $0.15 MPa(=1.5 kgf/cm^2)$ **이상**이 되도록 해야 한다.

07 소화용수설비를 설치하여야 할 소방대상물에 유수를 사용할 수 있는 경우에는 유수의 양이 1분당 몇 m^3 이상이면 소화수조를 설치하지 않아도 되는가? 〈09년-4회〉

① 0.3
② 0.5
③ 0.6
④ 0.8

해설
소화용수설비를 설치해야 할 특정소방대상물에 있어서 **유수의 양이** $0.8 m^3/\min$ **이상**인 유수를 사용할 수 있는 경우에는 소화수조를 설치하지 않을 수 있다.

08 소화용수가 지표면으로부터 내부수조바닥까지의 깊이가 몇 m 이상인 지하에 있는 경우에 가압송수장치를 설치해야 하는가? 〈10년-2회〉

① 4
② 4.5
③ 5
④ 5.5

해설
소화수조 또는 저수조가 지표면으로부터의 깊이(수조 내부바닥까지의 길이를 말한다)가 $4.5m$ **이상**인 지하에 있는 경우에는 가압송수장치를 설치하여야 한다.

기출유형 완성하기

정답 09 ② 10 ① 11 ④ 12 ③

09 높이가 $31m$ 이상인 건축물로서 지하층을 제외한 연면적이 $60,000m^2$일 경우에 소화용수설비의 저수량은 얼마 이상이어야 하는가? (단, 1층 및 2층 바닥면적 합계가 $6,000m^2$이다.)
〔09년-1회〕

① $160m^3$
② $100m^3$
③ $80m^3$
④ $60m^3$

해설
1, 2층 바닥면적의 합계가 $15,000[m^3]$ 미만으로 기준면적은 $12,500[m^3]$가 된다.
$60,000 \div 12,500 = 4.8 \Rightarrow 5$로 올린다.
저수량은 $20[m^3] \times 5 = 100[m^3]$ 이상이어야 한다.

10 소화용수설비의 설치기준 중 맞지 않는 것은?
〔04년-4회〕

① 채수구는 지면으로부터 높이가 $0.8m$ 이상 $1.0m$ 이하의 위치에 설치한다.
② 유량 $0.8m^3$/분 이상인 유수를 사용할 시 소화수조를 설치하지 않을 수 있다.
③ 소화용수가 지면으로부터 깊이가 $4.5m$ 이상인 경우 가압송수장치를 설치한다.
④ 흡수관 투입구는 직경이 $0.6m$ 이상으로 하여야 한다.

해설
채수구는 지면으로부터의 높이가 $0.5m$ 이상 $1m$ 이하의 위치에 설치한다.

11 소화수조 또는 저수조가 지표면으로부터의 깊이가 지하 $5m$인 곳에 설치된 가압송수장치에서 소화용수량이 $100m^3$일 때 가압송수장치의 1분당 양수량은?
〔10년-4회〕

① $1,000L$ 이상
② $1,100L$ 이상
③ $2,200L$ 이상
④ $3,300L$ 이상

해설
가압송수장치의 양수량

소요 수량	$20\sim40m^3$ 미만	$40\sim100m^3$ 미만	$100m^3$ 이상
분당 양수량	$1,100L$ 이상	$2,200L$ 이상	$3,300L$ 이상

12 소화용수설비의 저수조 소요수량이 120인 경우 채수구는 최소 몇 개를 설치하여야 하는가?
〔11년-1회〕

① 1개
② 2개
③ 3개
④ 4개

해설
채수구

수량	$20\sim40m^3$ 미만	$40\sim100m^3$ 미만	$100m^3$ 이상
채수구	1개	2개	3개

정답 13 ② 14 ④ 15 ① 16 ①

기출유형 완성하기

13 소화수조 및 저수조의 가압송수장치 설치기준 중 다음 (   ) 안에 알맞은 것은? `17년-2회`

> 소화수조가 옥상 또는 옥탑의 부분에 설치된 경우에는 지상에 설치된 채수구에서의 압력이 (   )MPa 이상이 되도록 하여야 한다.

① 0.1
② 0.15
③ 0.17
④ 0.25

해설
소화수조가 옥상 또는 옥탑의 부분에 설치된 경우에는 지상에 설치된 채수구에서의 압력이 **0.15MPa 이상**이 되도록 하여야 한다.

14 소화수조 및 저수조의 화재안전기준상 연면적이 $40,000m^2$인 특정소방대상물에 소화용수설비를 설치하는 경우 소화수조의 최소 저수량은 몇 m^3인가? (단, 지상 1층 및 2층의 바닥면적 합계가 $15,000m^2$ 이상인 경우이다) `21년-2회`

① 53.3
② 60
③ 106.7
④ 120

해설
1, 2층 바닥면적의 합계가 $15,000[m^2]$ 이상으로 기준면적은 $7,500[m^2]$가 된다.
$40,000 \div 7,500 = 5.33 \Rightarrow 6$으로 올린다.
저수량은 $20[m^3] \times 6 = 120[m^3]$ 이상이어야 한다.

15 소화용수설비에 설치하는 채수구의 설치기준 중 다음 (   ) 안에 알맞은 것은? `18년-4회`

> 채수구는 지면으로부터 높이가 (㉠)m 이상 (㉡)m 이하의 위치에 설치하고 "채수구"라고 표시한 표지를 할 것

① ㉠ 0.5, ㉡ 1.0
② ㉠ 0.5, ㉡ 1.5
③ ㉠ 0.8, ㉡ 1.0
④ ㉠ 0.8, ㉡ 1.5

해설
채수구는 지면으로부터의 높이가 **0.5m 이상 1m 이하**의 위치에 설치하고 "채수구"라고 표시한 표지를 할 것

16 소화수조의 소요수량이 $20m^3$ 이상 $40m^3$ 미만인 경우 설치하여야 하는 채수구의 개수로 옳은 것은? `18년-2회`

① 1개
② 2개
③ 3개
④ 4개

해설
채수구

수 량	$20\sim40m^3$ 미만	$40\sim100m^3$ 미만	$100m^3$ 이상
채수구	1개	2개	3개

CHAPTER 21 | 소화수조 및 저수조

22 물분무등소화설비 약제량-1(가스계-전역방출방식)

기출유형

이산화탄소소화설비의 화재안전기준에 따라 케이블실에 전역방출방식으로 이산화탄소소화설비를 설치하고자 한다. 방호구역 체적은 $750m^3$, 개구부의 면적은 $3m^2$이고, 개구부에는 자동폐쇄장치가 설치되어 있지 않다. 이때 필요한 소화약제의 양은 최소 몇 kg 이상인가? 22년-2회

① 930
② 1,005
③ 1,230
④ 1,530

해설

케이블실에 이산화탄소의 체적에 따른 약제량은 $1.3kg$이므로 약제량은 $750 \times 1.3 = 975[kg]$이다.
개구부에 대한 약제 가산량은 $3 \times 10 = 30[kg]$, 전체 약제량은 $975 + 30 = 1,005[kg]$이다.

| 정답 | ②

족집게 과외

❶ 이산화탄소소화설비

구 분	내 용			
	방호구역 체적	방호구역의 체적 $1m^3$에 대한 약제량	저장량의 최저한도 양	개구부 가산량
표면 화재	$45m^2$ 미만	$1.00kg$	$45kg$	자동폐쇄장치 미설치 시 개구부 면적당 $5kg/m^2$ 가산
	$45m^2$ 이상 $150m^2$ 미만	$0.90kg$		
	$150m^2$ 이상 $1,450m^2$ 미만	$0.80kg$	$135kg$	
	$1,450m^2$ 이상	$0.75kg$	$1,125kg$	

구 분	방호대상물	방호구역의 체적 $1m^3$에 대한 약제량	설계 농도(%)	개구부 가산량
심부 화재	유입기기를 제외한 전기설비, 케이블실	$1.3kg$	50	자동폐쇄장치 미설치 시 개구부 면적당 $10kg/m^2$ 가산
	체적 $55m^3$ 미만의 전기설비	$1.6kg$	50	
	서고, 전자제품창고, 목재가공품창고, 박물관	$2.0kg$	65	
	고무류, 면화류창고, 모피창고, 석탄창고, 집진설비	$2.7kg$	75	

❷ 할론소화설비(Halon 1301)

소방대상물 또는 그 부분	방호구역의 체적 $1m^3$에 대한 약제량	개구부 가산량 ($1m^2$당 약제량)
차고, 주차장, 전기실, 통신기기실, 전산실, 기타 이와 유사한 전기설비	$0.32 \sim 0.64kg$ 이하	$2.4kg$
가연성 고체류·가연성 액체류	$0.32 \sim 0.64kg$ 이하	$2.4kg$
면화류·나무껍질 및 대팻밥·넝마 및 종이부스러기·사류·볏짚류·목재가공품 및 나무부스러기를 저장·취급하는 것	$0.52 \sim 0.64kg$ 이하	$3.9kg$
합성수지류를 저장·취급하는 것	$0.32 \sim 0.64kg$ 이하	$2.4kg$

❸ 할로겐화합물 및 불활성기체소화설비

구 분	관계식	
할로겐 화합물	$W = \dfrac{V}{S} \times \dfrac{C}{100-C}$	W : 소화약제 무게$[kg]$ V : 방호구역 체적$[m^3]$ S : 소화약제별 선형상수 C : 체적에 따른 소화약제 설계농도$[\%]$
불활성 기체	$X = \dfrac{V_S}{S} \times 2.303 \log_{10}\left(\dfrac{100}{100-C}\right)$	X : 공간체적당 더해진 소화약제의 부피$[kg]$ V_S : 20℃에서 소화약제의 비체적$[m^3/kg]$ S : 소화약제별 선형상수 C : 체적에 따른 소화약제 설계농도$[\%]$

기출유형 완성하기

정답 01 ① 02 ② 03 ④ 04 ②

01 유압기기를 제외한 전기설비, 케이블실에 이산화탄소소화설비를 전역방출방식으로 설치할 경우 방호구역의 체적이 $600m^3$이라면 이산화탄소 소화약제 저장량은 몇 kg인가? (단, 이때 설계농도는 50%이고, 개구부 면적은 무시한다)

`10년-2회`

① 780
② 960
③ 1,200
④ 1,620

해설
유압기기를 제외한 전기설비, 케이블실에 이산화탄소의 체적에 따른 약제량은 $1.3kg$이므로 전체 약제량은 $600 \times 1.3 = 780[kg]$이다.

02 체적 $50m^3$의 변압기실에 전역방출방식의 할로겐화합물소화설비를 설치하는 경우 할론 1301의 저장량은 최소 몇 $[kg]$ 이상이어야 하는가? (단, 변압기실에는 자동폐쇄장치가 부착된 개구부가 있음)

`04년-2회`

① 13
② 16
③ 19
④ 22

해설
변압기실에 할론 1301의 단위체적당 필요 약제량은 $0.32 \sim 0.64[kg/m^3]$이므로 $50 \times 0.32 = 16[kg]$ 이상이다.

03 체적 $100m^3$의 면화류 저장창고(개구부에 자동폐쇄장치가 부착되어 있음)에 전역방출방식의 이산화탄소소화설비를 설치하는 경우 소화약제는 얼마 이상 저장하여야 하는가?

`05년-1회`

① $12[kg]$
② $27[kg]$
③ $120[kg]$
④ $270[kg]$

해설
면화류창고에 이산화탄소의 단위체적당 필요 약제량은 $2.7kg/m^3$이므로 $100 \times 2.7 = 270[kg]$ 이상이다.

04 소방대상물 중 전역방출방식의 할로겐화합물소화설비를 설치할 경우 소방대상물 단위체적당 가장 많은 양의 소화약제를 필요로 하는 곳은?

`05년-1회`

① 차고 또는 주차장
② 고무류, 목재가공품 또는 톱밥을 저장·취급하는 장소
③ 합성수지류를 저장·취급하는 장소
④ 제1종 가연물 또는 제2종 가연물을 저장·취급하는 장소

해설
할론소화설비(1301 등)에서 면화류·나무껍질 및 대팻밥·넝마 및 종이부스러기·사류·볏짚류·목재가공품 및 나무부스러기를 저장·취급하는 것의 경우가 가장 많은 단위체적당 소화약제량을 요구한다.

정답 05 ④ 06 ① 07 ② 08 ④

05 가로 $12m$, 세로 $6m$, 높이 $6m$인 석탄창고에 개구면적 가로 $2m$, 세로 $1.2m$인 통기구가 4면에 1개씩 설치되어 있다. 이 소방대상물에 전역방출방식 이산화탄소소화설비를 설치할 때 필요한 이산화탄소 소화약제의 저장량(kg)은 얼마인가? (단, 체적당 약제량은 $2.7kg$임) 〈03년-4회〉

① 960
② 393.6
③ 1,166.4
④ 1,262.4

해설
방호구역의 체적은 $12 \times 6 \times 6 = 432[m^3]$
체적에 따른 약제량이 $2.7kg$이므로
약제량은 $432 \times 2.7 = 1,166.4[kg]$이다.
석탄창고는 심부화재이므로 개구부 누설량을 가산하면
$(2 \times 1.2) \times 4[개] \times 10[kg/m^2] = 96[kg]$이다.
총 이산화탄소 약제량은 $1,166.4 + 96 = 1,262.4[kg]$이다.

06 화재안전기준상 할로겐화합물 소화약제 산출공식은? (단, W: 소화약제의 무게(kg), V: 방호구역의 체적(m^3), S: 소화약제별 선형상수($K1 + K2 \times t$)(m^3/kg), C: 체적에 따른 소화약제의 설계농도(%), t: 방호구역의 최소예상온도(℃)이다) 〈07년-4회〉

① $W = V/S \times [C/(100-C)]$
② $W = V/S \times [(100-C)/C]$
③ $W = S/V \times [C/(100-C)]$
④ $W = S/V \times [(100-C)/C]$

해설
할로겐화합물 소화약제의 산출공식
→ $W = \dfrac{V}{S} \times \dfrac{C}{100-C}$

07 체적 $55m^3$의 통신기기실에 전역방출방식의 할로겐화합물소화설비를 설치하고자 하는 경우에 하론 1301의 저장량은 최소 몇 kg이어야 하는가? (단, 통신기기실의 총 개구부 크기는 $4m^2$이며 자동폐쇄장치는 설치되어 있지 아니하다) 〈13년-1회〉

① 26.2kg
② 27.2kg
③ 28.2kg
④ 29.2kg

해설
통신기기실에 할론 1301의 단위체적당 필요 약제량은 $0.32 \sim 0.64[kg/m^3]$이므로 $55 \times 0.32 = 17.6[kg]$ 이상이다. 개구부 가산량은 $2.4[kg/m^2]$이므로 $4 \times 2.4 = 9.6[kg]$, 총 약제량은 $17.6 + 9.6 = 27.2[kg]$ 이상이다.

08 모피창고에 이산화탄소소화설비를 전역방출방식으로 설치할 경우 방호구역의 체적이 $600m^3$라면 이산화탄소 소화약제의 최소 저장량은 몇 kg인가? (단, 설계농도는 75%이고, 개구부 면적은 무시한다) 〈16년-4회〉

① 780
② 960
③ 1,200
④ 1,620

해설
모피창고에 이산화탄소의 체적에 따른 약제량은 $2.7kg$이므로 전체 약제량은 $600 \times 2.7 = 1,620[kg]$ 이상이다.

기출유형 완성하기

정답 09 ④ 10 ④ 11 ② 12 ③

09 체적 $50m^3$의 변전실에 전역방출방식의 할로겐화합물소화설비를 설치하는 경우 할론 1301의 저장량은 최소 몇 [kg] 이상이어야 하는가? (단, 변전실에는 자동폐쇄장치가 부착된 개구부가 있음) `08년-2회`

① 5
② 10
③ 13
④ 16

해설
통신기기실에 할론 1301의 단위체적당 필요 약제량은 $0.32~0.64[kg/m^3]$이므로 $50 \times 0.32 = 16.0[kg]$ 이상이어야 한다.

10 체적 $100m^3$의 면화류창고에 전역방출방식의 이산화탄소소화설비를 설치하는 경우에 소화약제는 몇 kg 이상 저장하여야 하는가? (단, 방호구역의 개구부에 자동폐쇄장치가 부착되어 있다) `19년-4회`

① 12
② 27
③ 120
④ 270

해설
면화류창고에 이산화탄소의 체적에 따른 약제량은 $2.7kg$이므로 전체 약제량은 $100 \times 2.7 = 270[kg]$ 이상이다.

11 자동차 차고나 주차장에 할론 1301 소화약제로 전역방출방식의 소화설비를 한 경우 방호구역의 체적 $1m^3$당 얼마의 소화약제가 필요한가? `09년-4회`

① $0.4kg$ 이상 $1.1kg$ 이하
② $0.32kg$ 이상 $0.64kg$ 이하
③ $0.36kg$ 이상 $0.71kg$ 이하
④ $0.60kg$ 이상 $0.71kg$ 이하

해설
차고나 주차장에 설치하는 할론 1301의 단위체적당 필요 약제량은 $0.32~0.64[kg/m^3]$이다.

12 방호체적 $550m^3$인 전기실에 하론 1301 설비를 할 때 필요한 소화약제의 양(kg)은 최소 얼마 이상으로 하여야 하는가? (단, 가로 $2m$, 세로 $0.8m$인 유리창 2개소와 가로 $1m$, 세로 $2m$의 자동폐쇄장치가 설치된 방화문이 있다) `10년-2회`

① 176.0
② 188.48
③ 183.68
④ 330.0

해설
전기실에 할론 1301의 단위체적당 필요 약제량은 $0.32~0.64[kg/m^3]$이므로 $550 \times 0.32 = 176.0[kg]$, 유리창은 약제 방출 시 파손 가능성이 높으므로 개구부로 보면 $(2 \times 0.8) \times 2[개] \times 2.4[kg/m^2] = 7.68[kg]$, 총 약제량은 $176 + 7.68 = 183.68[kg]$ 이상이다.

23 물분무등소화설비 약제량-2(분말-전역방출방식)

기출유형

소방대상물 내의 보일러실에 제1종 분말소화약제를 사용하여 전역방출방식인 분말소화설비를 설치할 때 필요한 약제량(kg)으로서 맞는 것은? (단, 방호체적 $120m^3$, 개구면적 $20m^2$이다) 05년-1회

① 97.2
② 64.8
③ 120.0
④ 162.0

해설

제1종 분말소화약제를 적용한 전역방출방식의 경우 체적에 따른 약제량은 $0.6kg$이므로 방호구역 체적에 대한 약제량은 $120×0.6=72[kg]$, 개구부에 대한 약제 가산량은 $20×4.5=90[kg]$, 전체 약제량은 $72+90=162[kg]$이다.

| 정답 | ④

족집게 과외

❶ 소화약제량

종 류	방호구역의 체적 $1m^3$에 대한 약제량	개구부 가산량($1m^2$당 약제량)
제1종 분말	$0.60kg$	$4.5kg$
제2종 분말, 제3종 분말	$0.36kg$	$2.7kg$
제4종 분말	$0.24kg$	$1.8kg$

※ 차고 또는 주차장에 설치하는 분말소화설비의 소화약제는 제3종 분말로 해야 한다.

❷ 가압용&축압용 가스

구 분		기 준
가스 종류		가압용 가스 또는 축압용 가스는 질소가스 또는 이산화탄소로 할 것
가압용 가스	질소가스	소화약제 $1kg$마다 $40L$(35℃에서 1기압의 압력상태로 환산한 것) 이상
	이산화탄소	소화약제 $1kg$에 대하여 $20g$에 배관의 청소에 필요한 양을 가산한 양 이상
축압용 가스	질소가스	소화약제 $1kg$에 대하여 $10L$(35℃에서 1기압의 압력상태로 환산한 것) 이상
	이산화탄소	소화약제 $1kg$에 대하여 $20g$에 배관의 청소에 필요한 양을 가산한 양 이상

※ 저장용기 및 배관의 청소에 필요한 양의 가스는 별도의 용기에 저장해야 한다.

기출유형 완성하기

🔒 정답 01 ① 02 ② 03 ③ 04 ②

01 제1종 분말을 사용한 전역방출방식의 분말 소화설비에 있어서 방호구역 $1m^3$에 대한 소화약제의 저장량은 얼마인가? `25년`

① $0.6kg$
② $0.36kg$
③ $0.24kg$
④ $0.72kg$

해설
소화약제량

종 류	방호구역의 체적 $1m^3$에 대한 약제량	개구부 가산량
제1종	$0.60kg$	$4.5kg$
제2종, 제3종	$0.36kg$	$2.7kg$
제4종	$0.24kg$	$1.8kg$

02 분말소화설비에서 가압용 가스로 이산화탄소를 사용하는 것에 있어서 이산화탄소는 소화약제 $1kg$에 대해 배관의 청소에 필요한 양 몇 g을 가산한 양 이상으로 하는가? `05년-2회`

① 10
② 20
③ 30
④ 40

해설
가압용 가스를 이산화탄소로 사용하는 경우 소화약제 $1kg$**에 대하여** $20g$에 배관의 청소에 필요한 양을 가산한 양 이상으로 해야 한다.

03 제1종 분말 탄산수소나트륨 전역방출방식의 분말소화설비를 한 방호구역의 체적이 $500m^2$이고 자동폐쇄장치를 설치하지 아니한 개구부의 면적이 $20m^2$인 경우 소화약제의 저장량은? `05년-4회`

① $300kg$ 이상
② $380kg$ 이상
③ $390kg$ 이상
④ $400kg$ 이상

해설
제1종 분말소화약제를 적용한 전역방출방식의 경우 체적에 따른 약제량은 $0.6kg$이므로
방호구역 체적에 대한 약제량은 $500×0.6=300[kg]$,
개구부에 대한 약제 가산량은 $20×4.5=90[kg]$,
전체 약제량은 $300+90=390[kg]$이다.

04 분말소화설비의 가압용 가스로 질소가스를 사용하는 것에 있어서 소화약제가 $25kg$이라면 이에 필요한 질소가스의 양은 최소 몇 L 정도인가? (단, $35℃$에서 1기압의 압력상태로 환산한다) `07년-1회`

① 800
② 1,000
③ 1,200
④ 1,400

해설
가압용 가스를 질소가스로 사용하는 경우 **소화약제** $1kg$**마다** $40L$ **이상**이므로 $25×40=1,000[L]$ 이상이다.

정답 05 ③ 06 ② 07 ① 08 ③

기출유형 완성하기

05 분말소화설비의 배관 청소용 가스는 어떻게 저장 유지 관리하여야 하는가? `15년-2회`

① 축압용 가스용기에 가산 저장 유지
② 가압용 가스용기에 가산 저장 유지
③ 별도 용기에 저장 유지
④ 필요시에만 사용하므로 평소에 저장 불필요

해설
저장용기 및 배관의 청소에 필요한 양의 가스는 **별도의 용기에 저장할 것**

07 분말소화설비의 화재안전기준상 제1종 분말을 사용한 전역방출방식의 분말소화설비에 있어서 방호구역 체적 $1m^3$에 대한 소화약제는 몇 kg인가? `09년-4회`

① 0.60
② 0.35
③ 0.24
④ 0.72

해설
소화약제량

종류	방호구역의 체적 $1m^3$에 대한 약제량	개구부 가산량
제1종	$0.60 kg$	$4.5 kg$
제2종, 제3종	$0.36 kg$	$2.7 kg$
제4종	$0.24 kg$	$1.8 kg$

06 다음 ( ) 안에 맞는 수치는? `11년-4회`

> 분말소화설비 가압용 가스의 설치는 가압용 가스에 이산화탄소를 사용하는 것에 있어서의 이산화탄소는 소화약제 $1kg$에 대하여 ( )g에 배관의 청소에 필요한 양을 가산한 양 이상으로 할 것

① 10
② 20
③ 30
④ 40

해설
가압용 가스를 이산화탄소로 사용하는 경우 소화약제 $1kg$에 **대하여** $20g$에 배관의 청소에 필요한 양을 가산한 양 이상으로 할 것

08 분말소화약제의 가압용 가스 또는 축압용 가스의 설치기준에 관한 설명이다. 옳지 않은 것은? (청소에 필요한 양은 제외한다) `25년`

① 가압용 가스에 질소가스를 사용하는 것은 소화약제 $1kg$마다 $40L$ 이상
② 가압용 가스에 이산화탄소를 사용하는 것은 소화약제 $1kg$마다 $20g$ 이상
③ 축압용 가스로 질소가스를 적용할 경우 소화약제 $1kg$마다 $40L$ 이상
④ 축압용 가스에 이산화탄소를 사용하는 것은 소화약제 $1kg$마다 $20g$ 이상

해설
축압용 가스로 질소가스를 적용하는 경우 소화약제 $1kg$에 대하여 $10L$ 이상일 것

CHAPTER 23 | 물분무등소화설비 약제량-2(분말-전역방출방식)

기출유형 완성하기

정답 09 ② 10 ③ 11 ④ 12 ④

09 분말소화설비가 작동한 후 배관 내 잔여분말의 청소용(cleaning)으로 사용되는 가스로 짝지어진 것은? `16년-2회`

① 질소, 건조공기
② 질소, 이산화탄소
③ 이산화탄소, 아르곤
④ 건조공기, 아르곤

해설
분말소화설비 작동 후 청소용(크리닝) 가스로 사용되는 가스는 **질소와 이산화탄소**이다.

10 전역방출방식 분말소화설비에서 방호구역의 개구부에 자동폐쇄장치를 설치하지 아니한 경우에 개구부의 면적 1제곱미터에 대한 분말소화약제의 가산량으로 잘못 연결된 것은? `14년-1회`

① 제1종 분말 – $4.5kg$
② 제2종 분말 – $2.7kg$
③ 제3종 분말 – $2.5kg$
④ 제4종 분말 – $1.8kg$

해설
소화약제량

종 류	방호구역의 체적 $1m^3$에 대한 약제량	개구부 가산량
제1종	$0.60kg$	$4.5kg$
제2종, 제3종	$0.36kg$	$2.7kg$
제4종	$0.24kg$	$1.8kg$

11 분말소화설비의 가압용 가스로 질소가스를 사용하는 경우 질소가스는 소화약제 $1kg$마다 몇 L 이상으로 하는가? `15년-4회`

① 10
② 20
③ 30
④ 40

해설
가압용 가스를 질소가스로 사용하는 경우 소화약제 $1kg$마다 $40L$ 이상으로 해야 한다.

12 분말소화약제의 가압용 가스 또는 축압용 가스의 설치기준 중 틀린 것은? `25년`

① 가압용 가스에 이산화탄소를 사용하는 것의 이산화탄소는 소화약제 $1kg$에 대하여 $20g$에 배관의 청소에 필요한 양을 가산한 양 이상으로 할 것
② 가압용 가스에 질소가스를 사용하는 것의 질소가스는 소화약제 $1kg$마다 $40L$($35°C$에서 1기압의 압력상태로 환산한 것) 이상으로 할 것
③ 축압용 가스에 이산화탄소를 사용하는 것의 이산화탄소는 소화약제 $1kg$에 대하여 $20g$에 배관의 청소에 필요한 양을 가산한 양 이상으로 할 것
④ 축압용 가스에 질소가스를 사용하는 것의 질소가스는 소화약제 $1kg$에 대하여 $40L$($35°C$에서 1기압의 압력상태로 환산한 것) 이상으로 할 것

해설
축압용 가스를 질소가스로 사용하는 경우 소화약제 $1kg$마다 $10L$ 이상으로 할 것

🔓 **정답** 13 ②

13 제2종 분말을 사용한 전역방출방식의 분말 소화설비에 있어서 방호구역 $1m^3$에 대한 소화약제의 저장량은 얼마인가? `기출변형`

① $0.6kg$
② $0.36kg$
③ $0.24kg$
④ $0.72kg$

해설

소화약제량

종 류	방호구역의 체적 $1m^3$에 대한 약제량	개구부 가산량
제1종	$0.60kg$	$4.5kg$
제2종, 제3종	$0.36kg$	$2.7kg$
제4종	$0.24kg$	$1.8kg$

24 물분무등소화설비 약제량-3(국소방출, 호스릴방식)

기출유형

할론소화설비에서 국소방출방식의 경우 할론소화약제의 양을 산출하는 식은 다음과 같다. 여기서 A는 무엇을 의미하는가? (단, 가연물이 비산할 우려가 있는 경우로 가정한다) 19년-1회

$$Q = X - Y\frac{a}{A}$$

① 방호공간의 벽면적의 합계
② 창문이나 문의 틈새면적의 합계
③ 개구부 면적의 합계
④ 방호대상물 주위에 설치된 벽의 면적의 합계

해설
할론소화설비의 국소방출방식의 약제량 산출식 중 "A : 방호공간의 벽면적의 합계$[m^2]$"이다.

|정답| ①

족집게 과외

❶ 국소방출방식

구 분	내 용		
개 념	소화약제 공급장치에 배관 및 분사헤드를 등을 설치하여 직접 화점에 소화약제를 방출하는 방식		
할 론	대 상	관계식	Q : 방호공간 $1m^3$에 대한 소화약제의 양 $[kg/m^3]$ a : 방호대상물의 주위에 설치된 벽 면적의 합계 $[m^2]$ A : 방호공간의 벽면적(벽이 없는 경우 가상면적)의 합계 $[m^2]$
	노출된 방호대상물 (연소면이 1개인 경우 제외)	$Q = X - Y\dfrac{a}{A}$	소화약제 종류 / X의 수치 / Y의 수치 할론 2402 / 5.2 / 3.9 할론 1211 / 4.4 / 3.3 할론 1301 / 4.0 / 3.0

❷ 호스릴방식

구 분		기 준
공통 기준	설치기준	① 저장용기의 개방밸브는 호스릴의 설치장소에서 수동으로 개폐할 수 있을 것 ② 소화약제 저장용기는 호스릴을 설치하는 장소마다 설치할 것 ③ 소화약제 저장용기의 가장 가까운 곳의 보기 쉬운 곳에 적색의 표시등을 설치하고, 호스릴○○설비가 있다는 뜻을 표시한 표지를 할 것
	사용 가능 장소	① 지상 1층 및 피난층에 있는 부분으로서 지상에서 수동 또는 원격조작에 따라 개방할 수 있는 개구부의 유효면적의 합계가 바닥면적의 15% 이상이 되는 부분 ② 전기설비가 설치되어 있는 부분 또는 다량의 화기를 사용하는 부분(해당 설비의 주위 5m 이내의 부분을 포함)의 바닥면적이 해당 설비가 설치되어 있는 구획의 바닥면적의 5분의 1 미만이 되는 부분 ③ 차고 또는 주차의 용도로 사용되는 장소는 제외
할 론	수평거리	방호대상물의 각 부분으로부터 하나의 호스접결구까지의 수평거리가 20m 이하
	약제량	① 할론 2402, 1211(50kg)　　　　　　　　　　　② 할론 1301(45kg)
	방출량	호스릴 할론소화설비의 노즐은 20℃에서 하나의 노즐마다 1분당 방출량 ① 할론 2402(45kg)　　　② 할론 1211(40kg)　　　③ 할론 1301(35kg)
CO_2	수평거리	방호대상물의 각 부분으로부터 하나의 호스접결구까지의 수평거리가 15m 이하
	약제량	하나의 노즐에 대하여 90kg 이상
	방출량	호스릴 이산화탄소소화설비의 노즐은 20℃에서 하나의 노즐마다 60kg/min 이상의 소화약제를 방출할 수 있는 것으로 할 것
분 말	수평거리	방호대상물의 각 부분으로부터 하나의 호스접결구까지의 수평거리가 15m 이하
	약제량	① 제1종(50kg)　　　　　② 제2종, 제3종(30kg)　　　　　③ 제4종(20kg)
	방출량	호스릴 분말소화설비의 노즐은 하나의 노즐마다 1분당 방출량 ① 제1종(45kg)　　　　　② 제2종, 제3종(27kg)　　　　　③ 제4종(18kg)

기출유형 완성하기

정답 01 ④ 02 ② 03 ③ 04 ①

01 할로겐화합물소화설비의 국소방출방식 소화약제의 양 산출방식에 관련된 공식 $\left(Q = X - Y\dfrac{a}{A}\right)$의 설명으로 옳지 않은 것은? `14년-2회`

① Q는 방호공간 $1m^3$에 대한 할로겐화합물 소화약제량이다.
② a는 방호 대상물 주위에 설치된 벽면적 합계이다.
③ A는 방호공간의 벽면적의 합계이다.
④ X는 개구부 면적이다.

해설
국소방출방식 소화약제 산출 관련 공식에서 X와 Y의 값은 화재안전기준에 제시된 표에 의한 값이다.

02 호스릴 이산화탄소설비의 설치기준으로 틀린 것은? `09년-1회`

① 노즐당 소화약제 방출량은 20℃에서 60초에 $60kg$ 이상이어야 한다.
② 소화약제 저장용기는 호스릴 2개마다 1개 이상 설치해야 한다.
③ 소화약제 저장용기의 가장 가까운 보기 쉬운 곳에 표시등을 설치해야 한다.
④ 약제 개방밸브는 호스의 설치장소에서 수동으로 개폐할 수 있어야 한다.

해설
호스릴 소화설비의 소화약제 **저장용기는 호스릴을 설치하는 장소마다 설치해야** 한다.

03 호스릴 분말소화설비에서 하나의 노즐에 대한 소화약제의 양이 잘못된 것은? `03년-2회`

① 제1종분말 – $50kg$
② 제2종분말 – $30kg$
③ 제3종분말 – $27kg$
④ 제4종분말 – $20kg$

해설
호스릴 분말소화설비의 소화약제 저장량
- 제1종($50kg$)
- 제2종, **제3종**($30kg$)
- 제4종($20kg$)

04 이산화탄소소화설비, 할로겐화합물소화설비 등의 가스계소화설비와 분말소화설비의 국소방출방식에 대한 설명 중 옳은 것은? `12년-1회`

① 고정된 분사헤드에서 특정 방호대상물에 직접 소화약제를 분사하는 방식이다.
② 내화구조등의 벽 등으로 구획된 방호대상물로서 고정함 분사헤드에서 공간 전체로 소화약제를 분사하는 방식이다.
③ 호스 선단에 부착된 노즐을 이동하여 방호대상물에 직접 소화약제를 분사하는 방식이다.
④ 소화약제 용기 노즐 등을 운반기구에 적재하고 방호대상물에 직접 소화약제를 분사하는 방식이다.

해설
소화약제 공급장치에 배관 및 분사헤드를 등을 설치하여 **직접 화점에 소화약제를 방출**하는 방식이다.

정답 05 ② 06 ③ 07 ② 08 ④

05 호스릴 분말소화설비의 소화약제 저장량을 산정함에 있어서 하나의 노즐에 대하여 필요한 분말소화약제의 종류와 양으로 가장 적합한 것은?　06년-4회

① 4종 분말 : 40kg 이상
② 3종 분말 : 30kg 이상
③ 2종 분말 : 20kg 이상
④ 1종 분말 : 10kg 이상

해설
호스릴 분말소화설비의 소화약제 저장량
- 제1종(50kg)
- 제2종, **제3종**(30kg)
- 제4종(20kg)

06 특수가연물(제1종 가연물 또는 제2종 가연물에 한한다)을 윗면이 개방된 용기에 저장하는 경우 외의 경우에 사용하는 [아래]의 할로겐소화약제 산출식에서 A는 무엇을 의미하는가?　11년-4회

$$Q = X - Y\frac{a}{A}$$

① 방호공간 $1m^3$에 대한 할로겐 소화약제의 양
② 방호대상물 주위에 설치된 벽면적의 합계
③ 방호공간의 벽면적의 합계
④ 개구부 면적의 합계

해설
A : 방호공간의 벽면적의 합계 $[m^2]$

07 호스릴 이산화탄소소화설비의 설치에 대한 설명으로서 틀린 것은?　09년-2회

① 소화약제의 저장용기는 호스릴을 설치하는 장소마다 설치한다.
② 소화약제 저장용기의 개방밸브는 호스의 설치장소에서 자동으로 개폐할 수 있도록 한다.
③ 방호 대상물의 각 부분으로부터 하나의 호스 접결구까지의 수평거리가 15m 이하가 되게 설치된다.
④ 소화약제 저장용기의 가장 가까운 곳의 보기 쉬운 곳에 표시등을 설치한다.

해설
저장용기의 개방밸브는 호스릴의 설치장소에서 **수동으로** 개폐할 수 있도록 한다.

08 호스릴 분말소화설비에서 하나의 노즐에 대한 소화약제의 양으로 잘못된 것은?　03년-2회

① 제1종 분말 50kgf 이상
② 제2종 분말 30kgf 이상
③ 제3종 분말 30kgf 이상
④ 제4종 분말 40kgf 이상

해설
호스릴 분말소화설비의 소화약제 저장량
- 제1종(50kg)
- 제2종, 제3종(30kg)
- **제4종**(20kg)

기출유형 완성하기

정답 09 ③ 10 ④ 11 ③ 12 ①

09 호스릴 이산화탄소소화설비에 있어서는 하나의 노즐에 대하여 몇 kg 이상으로 하여야 하는가?

`10년-4회`

① 45kg 이상
② 60kg 이상
③ 90kg 이상
④ 120kg 이상

해설
호스릴 이산화탄소소화설비의 약제량은 하나의 노즐에 대하여 90kg **이상**으로 하여야 한다.

10 분말소화설비의 호스릴 방식에 있어서 하나의 노즐당 1분간에 방사하는 약제량으로 옳지 않은 것은?

`10년-4회`

① 제1종 분말은 45kg
② 제2종 분말은 27kg
③ 제3종 분말은 27kg
④ 제4종 분말은 20kg

해설
호스릴 분말소화설비에 있어서 하나의 노즐당 1분간 방출량
- 제1종(45kg)
- 제2종, 제3종(27kg)
- 제4종(18kg)

11 호스릴 이산화탄소소화설비는 섭씨 20℃에서 하나의 노즐마다 분당 몇 kg 이상의 소화약제를 방사할 수 있어야 하는가?

`10년-1회`

① 40
② 50
③ 60
④ 80

해설
호스릴 이산화탄소소화설비의 노즐은 20℃에서 **하나의 노즐마다** 60kg/min 이상의 소화약제를 방출할 수 있는 것으로 하여야 한다.

12 이산화탄소소화설비 및 할론소화설비의 국소방출방식에 대한 설명으로 옳은 것은?

`21년-4회`

① 고정식 소화약제 공급장치에 배관 및 분사헤드를 설치하여 직접 화점에 소화약제를 방출하는 방식이다.
② 고정된 분사헤드에서 밀폐 방호구역 공간 전체로 소화약제를 방출하는 방식이다.
③ 호스 선단에 부착된 노즐을 이동하여 방호대상물에 직접 소화약제를 방출하는 방식이다.
④ 소화약제 용기 노즐 등을 운반기구에 적재하고 방호대상물에 직접 소화약제를 방출하는 방식이다.

해설
소화약제 공급장치에 배관 및 분사헤드를 등을 설치하여 **직접 화점에 소화약제를 방출하는** 방식이다.

정답 13 ③ 14 ④ 15 ①

기출유형 완성하기

13 호스릴 분말소화설비 설치 시 하나의 노즐이 1분당 방사하는 제4종 분말 소화약제의 기준량은 몇 kg인가? `13년-1회`

① 45
② 27
③ 18
④ 9

해설
호스릴 분말소화설비에 있어서 하나의 노즐당 1분간 방출량
- 제1종($45\,kg$)
- 제2종, 제3종($27\,kg$)
- 제4종($18\,kg$)

14 분말소화설비에 적합하지 않은 설비방식은? `05년-1회`

① 전역방출방식
② 국소방출방식
③ 호스방출방식
④ 확산방출방식

해설
분말소화설비의 방식은 전역방출방식, 국소방출방식, 호스방출방식으로 구분된다.

15 화재 시 연기가 찰 우려가 없는 장소로서 호스릴 분말소화설비를 설치할 수 있는 기준 중 다음 (　) 안에 알맞은 것은? `19년-2회`

> - 지상 1층 및 피난층에 있는 부분으로서 지상에서 수동 또는 원격조작에 따라 개방할 수 있는 개구부의 유효면적의 합계가 바닥면적의 (㉠)% 이상이 되는 부분
> - 전기설비가 설치되어 있는 부분 또는 다량의 화기를 사용하는 부분의 바닥면적이 해당 설비가 설치되어 있는 구획의 바닥면적의 (㉡) 미만이 되는 부분

① ㉠ 15, ㉡ 1/5
② ㉠ 15, ㉡ 1/2
③ ㉠ 20, ㉡ 1/5
④ ㉠ 20, ㉡ 1/2

해설
- 지상 1층 및 피난층에 있는 부분으로서 지상에서 수동 또는 원격조작에 따라 개방할 수 있는 개구부의 유효면적의 합계가 바닥면적의 **15%** **이상**이 되는 부분
- 전기설비가 설치되어 있는 부분 또는 다량의 화기를 사용하는 부분(해당 설비의 주위 $5\,m$ **이내**의 부분을 포함)의 바닥면적이 해당 설비가 설치되어 있는 구획의 바닥면적의 **5분의 1 미만**이 되는 부분

25 물분무등소화설비 저장용기

기출유형

할로겐화합물 및 불활성기체소화설비의 화재안전기준상 저장용기 설치기준으로 틀린 것은?

21년-1회

① 온도가 40℃ 이하이고 온도의 변화가 작은 곳에 설치할 것
② 용기 간의 간격은 점검에 지장이 없도록 3cm 이상의 간격을 유지할 것
③ 직사광선 및 빗물이 침투할 우려가 없는 곳에 설치할 것
④ 저장용기를 방호구역 외에 설치한 경우에는 방화문으로 구획된 실에 설치할 것

해설
할로겐화합물 및 불활성기체소화설비의 저장용기는 온도가 55℃ 이하이고 온도의 변화가 작은 곳에 설치할 것

| 정답 | ①

족집게 과외

❶ 저장용기(공통)

구 분	이산화탄소	할 론	할로겐/불활성	분 말
공 통	① 방호구역 외의 장소에 설치할 것. 다만, 방호구역 내에 설치 시 피난구 부근에 설치할 것 ② 직사광선 및 빗물이 침투할 우려가 없는 곳에 설치할 것 ③ 방화문으로 방화구획된 실에 설치할 것 ④ 용기 간의 간격은 점검에 지장이 없도록 $3cm$ 이상의 간격을 유지할 것 ⑤ 저장용기와 집합관을 연결하는 연결배관에는 체크밸브를 설치할 것. 다만, 저장용기가 하나의 방호구역만을 담당하는 경우에는 그렇지 않음			
온 도	40℃ 이하	40℃ 이하	55℃ 이하	40℃ 이하
충전비	저압식 : 1.1~1.4 고압식 : 1.5~1.9	할론 1211 : 0.7~1.4 할론 1301 : 0.9~1.6	-	0.8 이상

❷ 저장용기 - 기타기준

구 분	기 준	
이산화 탄소	① 저압식 저장용기에는 액면계 및 압력계와 $2.3MPa$ 이상 $1.9MPa$ 이하의 압력에서 작동하는 압력경보장치를 설치할 것 ② 저압식 저장용기에는 용기 내부의 온도가 섭씨 영하 18℃ 이하에서 $2.1MPa$의 압력을 유지할 수 있는 자동냉동장치를 설치할 것 ③ 저장용기는 고압식은 $25MPa$ 이상, 저압식은 $3.5MPa$ 이상의 내압시험압력에 합격한 것으로 할 것 ④ 저압식 저장용기에는 내압시험압력의 0.64배부터 0.8배의 압력에서 작동하는 안전밸브와 내압시험압력의 0.8배부터 내압시험압력에서 작동하는 봉판을 설치할 것	
할 론	① 축압식 저장용기의 압력은 온도 20℃에서 할론 1211을 저장하는 것은 $1.1MPa$ 또는 $2.5MPa$, 할론 1301을 저장하는 것은 $2.5MPa$ 또는 $4.2MPa$이 되도록 질소가스로 축압할 것 ② 가압용 가스용기는 질소가스가 충전된 것으로 하고, 그 압력은 21℃에서 $2.5MPa$ 또는 $4.2MPa$ ③ 할론소화약제 저장용기의 개방밸브는 전기식·가스압력식 또는 기계식에 따라 자동으로 개방되고 수동으로도 개방되는 것으로서 안전장치가 부착된 것	
분 말	① 저장용기의 내부압력이 설정압력으로 되었을 때 주밸브를 개방하는 정압작동장치를 설치할 것 ② 저장용기에는 가압식은 최고사용압력의 1.8배 이하, 축압식은 용기의 내압시험압력의 0.8배 이하의 압력에서 작동하는 안전밸브를 설치할 것	
	저장용기 내 용적	소화약제의 종류	소화약제 $1kg$당 저장용기의 내용적
		제1종 분말(탄산수소나트륨)	$0.8L$
		제2종 분말(탄산수소칼륨)	$1.0L$
		제3종 분말(인산염)	$1.0L$(주차장)
		제4종 분말(탄산수소칼륨)	$1.25L$

기출유형 완성하기

정답 01 ① 02 ③ 03 ④ 04 ①

01 이산화탄소 소화약제의 저장용기 설치기준에 적합하지 않은 것은? `07년-1회`

① 온도가 60℃ 이상인 장소
② 방호구역 외의 장소에 설치할 것
③ 직사광선 및 빗물이 침투할 우려가 없는 곳
④ 온도의 변화가 적은 곳에 설치

해설
이산화탄소 소화약제의 저장용기는 40℃ 이하이고, 온도 변화가 적은 곳에 설치할 것

02 하론소화설비의 축압식 저장용기에 관한 사항으로 옳은 사항은? (단, 21℃의 경우임) `04년-1회, 개정반영`

① 하론 1211은 $2.5MPa$ 이상 $4.2MPa$ 이하가 되도록 질소가스로 가압한다.
② 하론 1301은 $1.1MPa$ 이상 $2.5MPa$ 이하가 되도록 질소가스로 가압한다.
③ 하론 1301은 $2.5MPa$ 이상 $4.2MPa$ 이하가 되도록 질소가스로 가압한다.
④ 하론 1211은 $1.1MPa$ 이상 $4.2MPa$ 이하가 되도록 질소가스로 가압한다.

해설
할론 1301을 저장하는 것은 $2.5MPa$ 또는 $4.2MPa$이 되도록 질소가스로 축압한다.

03 분말소화설비의 분말소화약제 $1kg$당 저장용기의 내용적 기준 중 틀린 것은? `19년-4회`

① 제1종 분말 : $0.8L$
② 제2종 분말 : $1.0L$
③ 제3종 분말 : $1.0L$
④ 제4종 분말 : $1.8L$

해설
분말소화약제 $1kg$당 저장용기의 내용적 기준

종 류	소화약제 $1kg$당 저장용기의 내용적
제1종 분말	$0.8L$
제2종 분말	$1.0L$
제3종 분말	$1.0L$
제4종 분말	$1.25L$

04 이산화탄소 소화약제의 저장용기에 관한 설치기준 설명 중 틀린 것은? `08년-1회`

① 저장용기의 충전비는 고압식과 저압식 모두 1.1 이상 1.4 이하로 해야 한다.
② 저압식 저장용기에는 내압시험압력의 0.64배 내지 0.8배의 압력에서 작동하는 안전밸브를 설치해야 한다.
③ 저압식 저장용기에는 액면계 및 압력계와 $2.3MPa$ 이상 $1.9MPa$ 이하의 압력에서 작동하는 압력경보장치를 설치해야 한다.
④ 저장용기는 고압식은 $25MPa$ 이상, 저압식은 $3.5MPa$ 이상의 내압 시험압력에 합격한 것을 사용해야 한다.

해설
이산화탄소 저장용기의 충전비 기준은 저압식 1.1~1.4 이하, 고압식 1.5~1.9 이하이다.

🔒 **정답** 05 ③ 06 ① 07 ② 08 ②

기출유형 완성하기

05 인산염을 주성분으로 한 분말소화약제를 사용하는 분말소화설비의 소화약제 저장용기의 내용적은 소화약제 $1kg$당 얼마이어야 하는가?　`11년-1회`

① $0.8L$
② $0.92L$
③ $1L$
④ $1.25L$

해설
분말소화약제 $1kg$당 저장용기의 내용적 기준

종류	소화약제 $1kg$당 저장용기의 내용적
제1종 분말	$0.8L$
제2종 분말	$1.0L$
제3종 분말	$1.0L$
제4종 분말	$1.25L$

※ 인산염은 제3종 분말소화약제의 주성분이다.

06 이산화탄소소화설비에 사용되는 고압식 이산화탄소 소화약제 저장용기의 충전비는 얼마인가?　`25년`

① 1.5 이상 1.9 이하
② 1.2 이상 1.5 이하
③ 1.0 이상 1.3 이하
④ 0.8 이상 1.0 이하

해설
고압식 이산화탄소 저장용기의 충전비 기준은 1.5 이상 1.9 **이하**이다.

07 할론 1301 소화약제의 저장용기에 관한 사항으로 적당하지 않은 것은?　`05년-4회`

① 축압식 용기의 경우에는 20℃에서 25℃ 또는 $42kg/cm^2$의 압력이 되도록 질소가스로 축압할 것
② 저압용기의 개방밸브는 안전장치가 부착된 것으로 하며 수동으로 개방되지 않도록 할 것
③ 저장용기의 충전비는 0.9 이상 1.6 이하로 할 것
④ 동일 접합관에 접속되는 용기의 충전비는 같도록 할 것

해설
할론소화약제 저장용기의 개방밸브는 전기식·가스압력식 또는 기계식에 따라 자동으로 개방되고 **수동으로도 개방되는 것**으로서 안전장치가 부착된 것

08 분말소화약제 저장용기의 설치기준으로 틀린 것은?　`17년-2회`

① 설치장소의 온도가 40℃ 이하이고, 온도변화가 적은 곳에 설치할 것
② 용기 간의 간격은 점검에 지장이 없도록 $5cm$ 이상의 간격을 유지할 것
③ 저장용기의 충전비는 0.8 이상으로 할 것
④ 저장용기에는 가압식은 최고사용압력의 1.8배 이하, 축압식은 용기의 내압시험압력의 0.8배 이하의 압력에서 작동하는 안전밸브를 설치할 것

해설
저장용기 간의 간격은 점검에 지장이 없도록 $3cm$ 이상의 간격을 유지할 것

기출유형 완성하기

정답 09 ② 10 ② 11 ② 12 ② 13 ③

09 주차장에 필요한 분말소화약제 $120kg$을 저장하려고 한다. 이때 필요한 저장용기의 내용적(L)으로서 맞는 것은? `15년-1회`

① 96
② 120
③ 150
④ 180

[해설]
주차장에는 제3종 분말소화약제를 저장하므로 소화약제 $1kg$당 필요한 저장용기의 내용적은 $1.0L$로 $120[L]$가 필요하다.

10 할로겐화합물소화설비의 축압식 저장용기에는 질소가스를 가압하여 충전한다. $20℃$를 기준으로 했을 때, 이 저장용기 내 질소가스 축압의 기준은? `11년-1회`

① 할론 1211은 $2.2MPa$ 또는 $5MPa$
② 할론 1301은 $2.5MPa$ 또는 $4.2MPa$
③ 할론 1211은 $0.7MPa$ 이상 $1.4MPa$ 이하
④ 할론 1301은 $0.9MPa$ 이상 $1.6MPa$ 이하

[해설]
할론 1301을 저장하는 것은 $2.5MPa$ 또는 $4.2MPa$이 되도록 질소가스로 축압하여야 한다.

11 이산화탄소 소화약제를 저압식 저장용기에 충전하고자 할 때 적합한 충전비는? `18년-2회`

① 0.9 이상 1.1 이하
② 1.1 이상 1.4 이하
③ 1.4 이상 1.7 이하
④ 1.5 이상 1.9 이하

[해설]
저압식 이산화탄소 저장용기의 충전비 기준은 1.1 이상 1.4 이하이다.

12 분말소화설비 분말소화약제의 저장용기의 설치기준 중 옳은 것은? `18년-4회`

① 저장용기에는 가압식은 최고사용압력의 0.8배 이하, 축압식은 용기의 내압시험 압력의 1.8배 이하의 압력에서 작동하는 안전밸브를 설치할 것
② 저장용기의 충전비는 0.8 이상으로 할 것
③ 저장용기 간의 간격은 점검에 지장이 없도록 $5cm$ 이상의 간격을 유지할 것
④ 저장용기에는 저장용기의 내부압력이 설정압력으로 되었을 때 주밸브를 개방하는 압력조정기를 설치할 것

[해설]
분말소화약제 저장용기의 충전비는 0.8 **이상**으로 할 것

13 이산화탄소 소화약제의 저장용기 설치기준 중 옳은 것은? `18년-2회, 개정반영`

① 저장용기의 충전비는 고압식은 1.9 이상 2.3 이하, 저압식은 1.5 이상 1.9 이하로 할 것
② 저압식 저장용기에는 액면계 및 압력계와 $2.1MPa$ 이상 $1.9MPa$ 이하의 압력에서 작동하는 압력경보장치를 설치할 것
③ 저장용기 고압식은 $25MPa$ 이상, 저압식은 $3.5MPa$ 이상의 내압시험압력에 합격한 것으로 할 것
④ 저압식 저장용기에는 내압시험압력의 1.8배의 압력에서 작동하는 안전밸브와 내압시험 압력의 0.8배로부터 내압시험압력에서 작동하는 봉판을 설치할 것

[해설]
이산화탄소의 저장용기는 **고압식**은 $25MPa$ **이상**, **저압식**은 $3.5MPa$ **이상의 내압시험압력에 합격한 것으**로 할 것

정답 14 ③ 15 ② 16 ③

기출유형 완성하기

14 분말소화설비의 화재안전기준에 따라 분말소화약제 저장용기의 설치기준으로 맞는 것은? `20년-4회`

① 저장용기의 충전비는 0.5 이상으로 할 것
② 제1종 분말(탄산수소나트륨을 주성분으로 한 분말)의 경우 소화약제 1kg당 저장용기의 내용적은 1.25L일 것
③ 저장용기에는 저장용기의 내부압력이 설정압력으로 되었을 때 주밸브를 개방하는 정압작동장치를 설치할 것
④ 저장용기에는 가압식은 최고사용압력 2배 이하, 측압식은 용기의 내압시험압력의 1배 이하의 압력에서 작동하는 안전밸브를 설치할 것

해설
저장용기의 내부압력이 설정압력으로 되었을 때 주밸브를 개방하는 **정압작동장치를 설치할 것**

15 분말소화설비의 가압식 저장용기에 설치하는 안전밸브의 작동압력은 몇 MPa 이하인가? (단, 내압시험압력은 $25.0\,MPa$, 최고사용압력은 $5.0\,MPa$로 한다) `09년-4회`

① 4.0
② 9.0
③ 13.9
④ 20.0

해설
분말소화설비의 가압식 저장용기의 안전밸브는 **최고사용압력의 1.8배 이하**에서 동작해야 하므로 $5[MPa] \times 1.8 = 9.0[MPa]$ 이하이다.

16 차고 또는 주차장에 설치하는 분말소화설비의 소화약제로 옳은 것은? `17년-4회`

① 제1종 분말
② 제2종 분말
③ 제3종 분말
④ 제4종 분말

해설
차고 또는 주차장에 설치하는 분말소화설비의 약제는 **제3종 분말(인산염)** 소화약제를 사용하여야 한다.

26 물분무등소화설비 배관 및 부속품

기출유형

분말소화설비의 배관과 선택밸브의 설치기준에 대한 내용으로 옳지 않은 것은? `15년-1회`

① 배관은 겸용으로 설치할 것
② 강관은 아연도금에 따른 배관용 탄소 강관을 사용할 것
③ 동관은 고정압력 또는 최고사용압력의 1.5배 이상의 압력에 견딜 수 있는 것을 사용할 것
④ 선택밸브는 방호구역 또는 방호대상물마다 설치할 것

해설
분말소화설비의 배관은 **전용**으로 할 것

| 정답 | ①

족집게 과외

❶ 배관 기준

구 분	내 용
이산화 탄소	① 배관은 전용으로 할 것 ② 압력배관용 탄소 강관(KS D 3562) 중 스케줄 80(저압식은 스케줄 40) 이상의 것 또는 이와 동등 이상의 강도를 가진 것으로 아연도금 등으로 방식 처리된 것을 사용할 것. 다만, 배관의 호칭구경이 $20mm$ 이하인 경우에는 스케줄 40 이상인 것을 사용할 수 있음 ③ 동관을 사용하는 경우의 배관은 이음매 없는 구리 및 구리합금관(KS D 5301)으로서 고압식은 $16.5MPa$ 이상, 저압식은 $3.75MPa$ 이상의 압력에 견딜 수 있는 것을 사용할 것 ④ 고압식의 1차 측(개폐밸브 또는 선택밸브 이전) 배관부속의 최소사용설계압력은 $9.5MPa$로 하고, 고압식의 2차 측과 저압식의 배관부속의 최소사용설계압력은 $4.5MPa$로 할 것
할 론	이산화탄소설비 배관 기준(①~③)과 동일함
분 말	① 배관은 전용으로 할 것 ② 배관용 탄소 강관(KS D 3507)이나 이와 동등 이상의 강도·내식성 및 내열성을 가진 것으로 할 것. 다만, 축압식 분말소화설비에 사용하는 것 중 20℃에서 압력이 $2.5MPa$ 이상 $4.2MPa$ 이하인 것은 압력 배관용 탄소 강관(KS D 3562) 중 이음이 없는 스케줄 40 이상인 것 또는 이와 동등 이상의 강도를 가진 것으로서 아연도금으로 방식 처리된 것을 사용함 ③ 동관을 사용하는 경우의 배관은 고정압력 또는 최고사용압력의 1.5배 이상의 압력에 견딜 수 있는 것을 사용할 것

❷ 기타 구성품

구 분		기 준
이산화 탄소	안전장치	저장용기와 선택밸브 또는 개폐밸브 사이에는 배관의 최소사용설계압력과 최대허용압력 사이의 압력에서 작동하는 안전장치를 설치해야 하며, 안전장치를 통하여 나온 소화가스는 전용의 배관 등을 통하여 건축물 외부로 배출될 수 있도록 해야 함. 이 경우 안전장치로 용전식을 사용해서는 안 됨
분 말	압력조정기	① 가압용 가스 용기에는 $2.5MPa$ 이하의 압력에서 조정 가능한 압력조정기 설치 ② 가압용 가스의 압력을 감압시키기 위해 설치

정답 01 ② 02 ④ 03 ③ 04 ①

기출유형 완성하기

01 고압식 CO_2 소화설비의 배관재료 사용에 적합하지 않은 것은? (단, 배관의 호칭이 $20mm$ 이상이다) `04년-1회`

① 이음이 없는 동 합금관으로서 $165kgf/cm^2$ 이상의 압력에 견딜 수 있을 것
② 압력배관용 탄소 강관 스케줄 40 이상의 것
③ 압력배관용 탄소 강관 스케줄 80 이상의 것
④ 이음이 없는 동관으로서 $165kgf/cm^2$ 이상의 압력에 견딜 수 있을 것

해설
압력배관용 탄소 강관 중 **스케줄 80**(저압식은 스케줄 40) 이상의 것이므로 고압식은 80 이상의 것을 사용한다.

02 이산화탄소 소화약제 저장용기와 선택밸브 또는 개폐밸브 사이에는 얼마의 압력에서 작동하는 안전장치를 설치하여야 하는가? `12년-2회, 개정반영`

① 내압시험압력의 0.3배
② 내압시험압력의 0.5배
③ 내압시험압력의 0.8배
④ 최소사용설계압력 이상 최대허용압력 이하

해설
저장용기와 선택밸브 또는 개폐밸브 사이에는 배관의 **최소사용설계압력과 최대허용압력 사이의 압력에서 작동하는 안전장치를 설치할 것**

03 이산화탄소소화설비의 배관에 관한 사항으로 옳지 않은 것은? `11년-1회`

① 강관을 사용하는 경우 고압저장 방식에서는 압력배관용 탄소 강관 스케줄 중 80 이상의 것을 사용한다.
② 강관을 사용하는 경우 저압저장 방식에서는 압력배관용 탄소 강관 스케줄 중 40 이상의 것을 사용한다.
③ 동관을 사용하는 경우 이음이 없는 것으로서 고압저장 방식에서는 내압 $15MPa$ 이상의 압력에 견딜 수 있는 것을 사용한다.
④ 동관을 사용하는 경우 이음매 없는 것으로서 저압저장 방식에서는 내압 $3.75MPa$ 이상의 압력에 견딜 수 있는 것을 사용한다.

해설
동관을 사용하는 경우의 배관은 이음매 없는 구리 및 구리합금관(KS D 5301)으로서 **고압식은 $16.5MPa$ 이상**, 저압식은 $3.75MPa$ 이상의 압력에 견딜 수 있는 것을 사용한다.

04 분말소화설비에 사용하는 압력 조정기의 사용 목적은? `06년-1회`

① 분말용기에 도입되는 압력을 감압시키기 위해서
② 분말용기에 나오는 압력을 증폭시키기 위해서
③ 가압용 가스의 압력을 증대시키기 위해서
④ 방사되는 분말을 일정하게 분사하기 위해서

해설
분말소화설비에서 설치되는 압력 조정기는 분말용기에 도입되는 가압용 가스의 **압력을 감압시키기 위해** 설치한다.

CHAPTER 26 | 물분무등소화설비 배관 및 부속품

기출유형 완성하기

정답 05 ② 06 ① 07 ④ 08 ②

05 분말소화설비의 화재안전기준상 분말소화설비의 배관으로 동관을 사용하는 경우에는 최고사용압력의 최소 몇 배 이상의 압력에 견딜 수 있는 것을 사용하여야 하는가? `20년-3회`

① 1
② 1.5
③ 2
④ 2.5

해설
동관을 사용하는 경우의 배관은 고정압력 또는 **최고사용압력의 1.5배 이상**의 압력에 견딜 수 있는 것을 사용하여야 한다.

06 분말소화설비의 화재안전기준에 따른 분말소화설비의 배관과 선택밸브의 설치기준에 대한 내용으로 틀린 것은? `20년-4회`

① 배관은 겸용으로 설치할 것
② 선택밸브는 방호구역 또는 방호대상물마다 설치할 것
③ 동관은 고정압력 또는 최고사용압력의 1.5배 이상의 압력에 견딜 수 있는 것을 사용할 것
④ 강관은 아연도금에 따른 배관용 탄소 강관이나 이와 동등 이상의 강도·내식성 및 내열성을 가진 것을 사용할 것

해설
분말소화설비의 배관은 **전용으로 설치**할 것

07 이산화탄소소화설비(고압식)의 배관으로 호칭구경 $50mm$ 강관을 사용하려 한다. 이때 적용하는 배관 스케줄의 한계는? `13년-4회`

① 스케줄 20 이상
② 스케줄 30 이상
③ 스케줄 40 이상
④ 스케줄 80 이상

해설
압력배관용 탄소 강관 중 **스케줄 80(저압식은 스케줄 40) 이상**의 것이므로 고압식은 80 이상의 것을 사용한다.

08 이산화탄소소화설비의 화재안전기준상 이산화탄소소화설비의 배관설치 기준으로 적합하지 않은 것은? `07년-4회, 개정반영`

① 이음이 없는 동 및 동합금관으로서 고압식은 $16.5MPa$ 이상의 압력에 견딜 수 있는 것
② 배관의 호칭구경이 $20mm$ 이하인 경우에는 스케줄 20 이상인 것을 사용할 것
③ 1차 측 배관 부속의 최소설계압력은 $9.5MPa$로 할 것
④ 배관은 전용으로 할 것

해설
배관의 호칭구경이 $20mm$ **이하인 경우에는** 스케줄 40 **이상인 것을 사용할 것**

정답 09 ③ 10 ④ 11 ② 12 ③

09 이산화탄소소화설비의 배관의 설치기준 중 다음 ( ) 안에 알맞은 것은? 〔18년-1회, 개정반영〕

> 고압식의 1차 측(개폐밸브 또는 선택밸브 이전) 배관부속의 최소사용설계압력은 (㉠) MPa로 하고, 고압식의 2차 측과 저압식의 배관부속의 최소사용설계압력은 (㉡) MPa로 할 것

① ㉠ 9.0, ㉡ 4.0
② ㉠ 4.0, ㉡ 2.0
③ ㉠ 9.5, ㉡ 4.5
④ ㉠ 4.0, ㉡ 2.5

해설
고압식의 1차 측(개폐밸브 또는 선택밸브 이전) 배관부속의 최소사용설계압력은 $9.5\,MPa$로 하고, 고압식의 2차 측과 저압식의 배관부속의 최소사용설계압력은 $4.5\,MPa$로 할 것

10 할로겐화합물소화설비의 배관시공 방법으로 틀린 것은? 〔06년-4회〕

① 배관은 전용으로 한다.
② 동관을 사용하는 경우 이음이 없는 것을 사용한다.
③ 배관부속 및 밸브류는 강관 또는 동관과 동등 이상의 강도 및 내식성이 있는 것을 사용한다.
④ 배관은 반드시 스케줄 20 이상의 압력배관용 탄소 강관을 사용한다.

해설
할로겐화합물 및 불활성기체 소화설비의 배관두께는 최대허용압력, 배관의 바깥지름, 최대허용응력을 고려하여 산정한다.

11 분말소화설비 배관의 설치기준으로 옳지 않은 것은? 〔16년-1회〕

① 배관은 전용으로 할 것
② 배관은 모두 스케줄 40 이상으로 할 것
③ 동관을 사용할 경우는 고정압력 또는 최고사용압력의 1.5배 이상의 압력에 견딜 수 있는 것으로 할것
④ 밸브류는 개폐위치 또는 개폐방향을 표시한 것으로 할 것

해설
분말소화설비의 배관은 가압식 분말소화설비를 적용하거나 동관을 사용하는 경우에는 스케줄 40 이상을 적용하지 아니할 수 있다.

12 분말소화설비의 화재안전기준에 따라 분말소화약제의 가압용 가스용기에는 최대 몇 MPa 이하의 압력에서 조정이 가능한 압력조정기를 설치하여야 하는가? 〔20년-1·2회〕

① 1.5
② 2.0
③ 2.5
④ 3.0

해설
분말소화설비의 가압용 가스용기에는 $2.5\,MPa$ **이하**의 압력에서 조정이 가능한 **압력조정기**를 설치하여야 한다.

27 물분무등소화설비 기동장치

기출유형

분말소화설비의 자동식 기동장치의 설치기준 중 틀린 것은? (단, 자동식 기동장치는 자동화재탐지설비의 감지기와 연동하는 것이다) `16년-4회`

① 기동용 가스용기의 충전비는 1.5 이상으로 할 것
② 자동식 기동장치에는 수동으로도 기동할 수 있는 구조로 할 것
③ 전기식 기동장치로서 3병 이상의 저장용기를 동시에 개방하는 설비는 2병 이상의 저장용기에 전자개방밸브를 부착할 것
④ 기동용 가스용기에는 내압시험압력의 0.8배 내지 내압시험압력 이하에서 작동하는 안전장치를 설치할 것

해설
7병 이상의 저장용기를 동시에 개방하는 설비는 2병 이상의 저장용기에 전자개방밸브를 부착할 것

|정답| ③

족집게 과외

❶ 기동장치 공통기준(이산화탄소, 할론, 할로겐, 분말소화설비 공통)

구 분		내 용
수동식		① 오조작을 방지하기 위한 보호장치가 있는 것으로 설치할 것 ② 전역방출방식은 방호구역마다, 국소방출방식은 방호대상물마다 설치할 것 ③ 수동식 기동장치의 부근에는 소화약제의 방출을 지연시킬 수 있는 방출지연스위치(자동복귀형 스위치로서 수동식 기동장치의 타이머를 순간정지)를 설치할 것 ④ 조작부는 바닥으로부터 $0.8m$ 이상 $1.5m$ 이하의 위치에 설치할 것 ⑤ 방호구역의 출입구 부근 등 조작을 하는 자가 쉽게 피난할 수 있는 장소에 설치할 것 ⑥ 기동장치 인근에 "○○소화설비 수동식 기동장치"라는 표지를 할 것 ⑦ 기동장치에는 보호장치를 설치해야 하며, 보호장치를 개방하는 경우 기동장치에 설치된 부저 또는 벨 등에 의하여 경고음을 발할 것 ⑧ 기동장치를 옥외에 설치하는 경우 빗물 또는 외부 충격의 영향을 받지 아니하도록 설치할 것
자동식	공 통	① 감지기의 작동과 연동하는 것으로서 수동으로도 기동할 수 있는 구조 ② 전기를 사용하는 기동장치에는 전원표시등을 설치할 것
	전기식	7병 이상의 저장용기를 동시에 개방하는 설비는 2병 이상의 저장용기에 전자 개방밸브를 부착할 것
	가스 압력식	① 기동용 가스용기 및 해당 용기에 사용하는 밸브는 $25MPa$ 이상의 압력에 견딜 수 있을 것 ② 기동용 가스용기에는 내압시험압력의 0.8배부터 내압시험압력 이하에서 작동하는 안전장치를 설치할 것 ③ 기동용 가스용기의 체적은 $5L$ 이상, 해당 용기에 저장가스는 $6.0MPa$ 이상(21℃ 기준)의 압력으로 충전할 것. 다만, 기동용 가스용기의 체적을 $1L$ 이상으로 하고, 용기에 저장하는 이산화탄소의 양은 $0.6kg$ 이상으로 하며, 충전비는 1.5 이상 1.9 이하 가능 ④ 질소 등의 비활성기체 기동용 가스용기에는 충전 여부를 확인할 수 있는 압력게이지를 설치
	기계식	저장용기를 쉽게 개방할 수 있는 구조로 할 것

❷ 기타 기준(기동장치)

구 분	내 용
할로겐&불활성	$50N$ 이하의 힘을 가하여 기동할 수 있는 구조로 할 것

기출유형 완성하기

🔒 정답 01 ④ 02 ③ 03 ①

01 이산화탄소소화설비 기동장치의 설치기준으로 옳은 것은? `17년-2회`

① 가스압력식 기동장치 기동용 가스용기의 용적은 $3L$ 이상으로 한다.
② 전기식 기동장치로서 5병의 저장용기를 동시에 개방하는 설비는 2병 이상의 저장용기에 전자개방밸브를 부착해야 한다.
③ 수동식 기동장치는 전역방출방식에 있어서 방호대상물마다 설치한다.
④ 수동식 기동장치의 부근에는 방출지연을 위한 방출지연스위치를 설치해야 한다.

해설
수동식 기동장치의 부근에는 소화약제의 방출을 지연시킬 수 있는 **방출지연스위치**를 설치해야 한다.

02 다음은 할로겐화합물소화설비의 수동기동장치 점검내용이다. 이 중 가장 잘못된 것은? `12년-1회`

① 방호구역마다 설치되어 있는가?
② 방출지연용 비상스위치가 설치되어 있는가?
③ 화재감지기와 연동되어 있는가?
④ 조작부는 바닥으로부터 $0.8m$ 이상 $1.5m$ 이하의 위치에 설치되어 있는가?

해설
수동기동장치는 말 그대로 "수동"이므로 화재감지기와 연동되지 않는다.
감지기와 연동된 것은 "자동기동장치"이다.

03 다음은 분말소화설비의 수동식 기동장치의 부근에 설치하는 방출지연스위치에 관한 설명이다. 맞는 것은? `12년-2회`

① 자동복귀형 스위치로서 수동식 기동장치의 타이머를 순간정지시키는 기능의 스위치를 말한다.
② 자동복귀형 스위치로서 수동식 기동장치의 수신기를 순간정지시키는 기능의 스위치를 말한다.
③ 수동복귀형 스위치로서 수동식 기동장치의 타이머를 순간정지시키는 기능의 스위치를 말한다.
④ 수동복귀형 스위치로서 수동식 기동장치의 수신기를 순간정지시키는 기능의 스위치를 말한다.

해설
수동식 기동장치의 부근에는 소화약제의 방출을 지연시킬 수 있는 방출지연스위치(**자동복귀형 스위치로서 수동식 기동장치의 타이머를 순간정지**)를 설치해야 한다.

정답 04 ② 05 ① 06 ④

기출유형 완성하기

04 이산화탄소소화설비의 기동장치에 대한 기준으로 틀린 것은? 〔19년-4회〕

① 자동식 기동장치에는 수동으로도 기동할 수 있는 구조이어야 한다.
② 가스압력식 기동장치에서 기동용 가스용기 및 해당 용기에 사용하는 밸브는 20 MPa 이상의 압력에 견딜 수 있어야 한다.
③ 수동식 기동장치의 조작부는 바닥으로부터 높이 0.8m 이상 1.5m 이하의 위치에 설치한다.
④ 전기식 기동장치로서 7병 이상의 저장용기를 동시에 개방하는 설비는 2병 이상의 저장용기에 전자 개방밸브를 부착해야 한다.

해설
기동용 가스용기 및 해당 용기에 사용하는 밸브는 25 MPa **이상**의 압력에 견딜 수 있어야 한다.

05 이산화탄소소화설비의 화재안전기준상 수동식 기동장치의 설치기준에 적합하지 않은 것은? 〔21년-2회〕

① 전역방출방식에 있어서는 방호대상물마다 설치
② 전기를 사용하는 기동장치에는 전원표시등을 설치할 것
③ 기동장치의 조작부는 바닥으로부터 높이 0.8m 이상 1.5m 이하의 위치에 설치하고, 보호판 등에 따른 보호장치를 설치할 것
④ 기동장치의 방출용 스위치는 음향경보장치와 연동하여 조작될 수 있는 것으로 할 것

해설
수동식 기동장치는 **전역방출방식은 방호구역마다**, 국소방출방식은 방호대상물마다 설치할 것

06 자동화재탐지설비의 감지기의 작동과 연동하는 분말소화설비 자동식 기동장치의 설치기준 중 다음 (　) 안에 알맞은 것은? 〔22년-2회〕

- 전기식 기동장치로서 (㉠)병 이상의 저장용기를 동시에 개방하는 설비는 2병 이상의 저장용기에 전자개방밸브를 부착할 것
- 가스압력식 기동장치의 기동용 가스용기 및 해당 용기에 사용하는 밸브는 (㉡) MPa 이상의 압력에 견딜 수 있는 것으로 할 것

① ㉠ 3, ㉡ 2.5
② ㉠ 7, ㉡ 2.5
③ ㉠ 3, ㉡ 25
④ ㉠ 7, ㉡ 25

해설
- **전기식 기동장치로서 7병 이상**의 저장용기를 동시에 개방하는 설비는 **2병 이상**의 저장용기에 전자개방밸브를 부착할 것
- **가스압력식 기동장치**의 기동용 가스용기 및 해당 용기에 사용하는 밸브는 25 MPa **이상**의 압력에 견딜 수 있는 것

기출유형 완성하기

정답 07 ② 08 ①

07 이산화탄소소화설비의 기동장치에 대한 기준 중 틀린 것은? `15년-2회`

① 수동식 기동장치의 조작부는 바닥으로부터 높이 $0.8m$ 이상 $1.5m$ 이하에 설치한다.
② 자동식 기동장치에는 수동으로도 기동할 수 있는 구조로 할 필요는 없다.
③ 가스압력식 기동장치에서 기동용 가스용기 및 당해 용기에 사용하는 밸브는 $25MPa$ 이상의 압력에 견디어야 한다.
④ 전기식 기동장치로서 7병 이상의 저장용기를 동시에 개방하는 설비에는 2병 이상의 저장용기에 전자 개방밸브를 설치한다.

해설
자동식 기동장치는 감지기의 작동과 연동하는 것으로서 **수동으로도 기동할 수 있는 구조**이다.

08 할로겐화합물 및 불활성기체소화설비의 화재안전기준에 따른 할로겐화합물 및 불활성기체소화설비의 수동식 기동장치의 설치기준에 대한 설명으로 틀린 것은? `20년-4회`

① $50N$ 이상의 힘을 가하여 기동할 수 있는 구조로 할 것
② 전기를 사용하는 기동장치에는 전원표시등을 설치할 것
③ 기동장치의 방출용 스위치는 음향경보장치와 연동하여 조작될 수 있는 것으로 할 것
④ 해당 방호구역의 출입구 부근 등 조작을 하는 자가 쉽게 피난할 수 있는 장소에 설치할 것

해설
할로겐화합물 및 불활성기체소화설비의 수동식 기동장치는 $50N$ **이하**의 힘을 가하여 기동할 수 있는 구조로 할 것

28 피난기구-1(설치대상, 적응성)

기출유형

다음 중 피난기구의 화재안전기준에 따라 의료시설에 구조대를 설치하여야 할 층은? `22년-2회`

① 지하 2층　　　　　　　　　② 지하 1층
③ 지상 1층　　　　　　　　　④ 지상 3층

해설
노유자시설을 제외한 특정소방대상물에는 **지상 3층~지상 10층**에 구조대(피난기구)가 설치된다.

|정답| ④

족집게 과외

❶ 설치대상

구 분	내 용
대 상	특정소방대상물의 모든 층에 화재안전기준에 적합한 것으로 설치해야 함
제외 가능	피난층, 지상 1층, 지상 2층(노유자시설 중 피난층이 아닌 지상 1층과 피난층이 아닌 지상 2층은 제외), 층수가 11층 이상인 층과 위험물 저장 및 처리시설 중 가스시설, 지하가 중 터널 및 지하구의 경우에는 그렇지 않음

❷ 피난기구 적응성(용도, 층별)

구 분	1층	2층	3층	4~10층 이하
노유자시설	미끄럼대, 구조대, 피난교, 다수인피난장비, 승강식 피난기	미끄럼대, 구조대, 피난교, 다수인피난장비, 승강식 피난기	미끄럼대, 구조대, 피난교, 다수인피난장비, 승강식 피난기	구조대, 피난교, 다수인피난장비, 승강식 피난기
의료시설·근린생활시설 중 입원실이 있는 의원·접골원·조산원	-	-	미끄럼대, 구조대, 피난교, 피난용트랩, 다수인피난장비, 승강식 피난기,	구조대, 피난교, 피난용트랩, 다수인피난장비, 승강식 피난기
기 타	-	-	미끄럼대, 완강기, 피난사다리, 구조대, 피난교, 피난용트랩, 다수인피난장비 승강식 피난기, 간이완강기, 공기안전매트	피난사다리, 완강기, 구조대, 피난교, 다수인피난장비, 승강식 피난기, 간이완강기, 공기안전매트

※ 간이완강기는 3층 이상의 숙박시설 객실에, 공기안전매트는 공동주택에 추가로 설치하는 경우만 가능하다.

기출유형 완성하기

🔒 정답 01 ② 02 ③ 03 ① 04 ④

01 백화점의 7층에 적용되지 않는 피난기구는 다음 어느 것인가? `11년-1회`

① 구조대
② 미끄럼대
③ 피난교
④ 완강기

해설
미끄럼대는 지상 3층까지만 적응성이 있다.

02 소방대상물의 설치장소별 피난기구 중 의료시설, 노유자시설, 근린생활시설 중 입원실이 있는 의원 등의 시설에 적응성이 가장 떨어지는 피난기구는? `11년-2회`

① 피난교
② 구조대(수직강하식)
③ 피난사다리(금속제)
④ 미끄럼대

해설
피난사다리는 노유자시설 또는 근린생활시설 중 입원실이 있는 의원 등에는 적응성이 없다.

03 의료시설에 구조대를 설치하여야 할 층이 아닌 것은? (단, 장례식장을 제외한다) `15년-2회`

① 2
② 3
③ 4
④ 5

해설
노유자시설을 제외한 특정소방대상물에는 지상 3층~ 지상 10층에 구조대(피난기구)가 설치된다.

04 노유자시설의 3층에 적응성을 가진 피난기구가 아닌 것은? `17년-2회`

① 미끄럼대
② 피난교
③ 구조대
④ 간이완강기

해설
간이완강기는 3층 이상의 숙박시설의 객실에만 설치된다.

29 피난기구-2(설치기준)

기출유형

피난기구 설치위치로서 가장 적당한 것은? (단, ⊙표는 설치위치) *12년-2회*

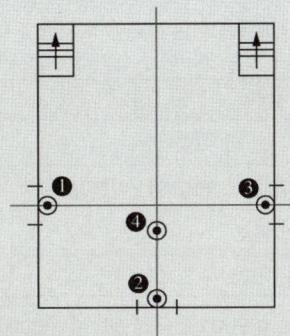

① ❶
② ❷
③ ❸
④ ❹

해설
피난기구는 계단·피난구 기타 피난시설로부터 적당한 거리에 있는 안전한 구조로 된 피난 또는 소화 활동상 유효한 개구부(가로 $0.5m$ 이상, 세로 $1m$ 이상)에 고정하여 설치하거나 필요한 때에 신속하고 유효하게 설치할 수 있는 상태에 둘 것(계단과 가장 먼 곳에 배치하는 것이 양방향 피난에 유리하다)

|정답| ②

족집게 과외

❶ 설치기준

구 분	내 용
설치 개수	① 층마다 설치하되, 특정소방대상물의 종류에 따라 그 층의 용도 및 바닥면적을 고려하여 한 개 이상 설치할 것 ② ①에 따라 설치한 피난기구 외에 숙박시설(휴양콘도미니엄 제외)의 경우에는 추가로 객실마다 완강기 또는 둘 이상의 간이완강기를 설치할 것 ③ ①에 따라 설치한 피난기구 외에 4층 이상의 층에 설치된 노유자시설 중 장애인 관련 시설로서 주된 사용자 중 스스로 피난이 불가한 자가 있는 경우에는 층마다 구조대를 1개 이상 추가로 설치할 것 {{TABLE}}

용 도	설치 개수
숙박시설 · 노유자시설 및 의료시설	그 층의 바닥면적 $500m^2$ 마다 1개
위락시설 · 문화집회 및 운동시설 · 판매시설 · 복합용도	그 층의 바닥면적 $800m^2$ 마다 1개
그 밖의 용도	그 층의 바닥면적 $1,000m^2$ 마다 1개
계단실형 아파트	각 세대마다 1개

구 분	내 용
설치 기준	① 피난기구는 계단 · 피난구 기타 피난시설로부터 적당한 거리에 있는 안전한 구조로 된 피난 또는 소화 활동상 유효한 개구부(가로 $0.5m$ 이상, 세로 $1m$ 이상)에 고정하여 설치하거나 필요한 때에 신속하고 유효하게 설치할 수 있는 상태에 둘 것 ② 피난기구를 설치하는 개구부는 서로 동일직선상이 아닌 위치에 있을 것 ③ 피난기구는 특정소방대상물의 기둥 · 바닥 및 보 등 구조상 견고한 부분에 볼트조임 · 매입 및 용접 등의 방법으로 견고하게 부착할 것 ④ 4층 이상의 층에 피난사다리(하향식 피난구용 내림식사다리 제외)를 설치하는 경우에는 금속성 고정사다리를 설치하고, 당해 고정사다리에는 쉽게 피난할 수 있는 구조의 노대를 설치할 것 ⑤ 완강기는 강하 시 로프가 건축물 또는 구조물 등과 접촉하여 손상되지 않도록 하고, 로프의 길이는 부착위치에서 지면 또는 기타 피난상 유효한 착지면까지의 길이로 할 것

❷ 완강기 기타 기준

구 분	내 용
조속기(속도제한기)	자동적으로 강하속도를 조절하는 장치(사람의 조작에 의한 속도 조절 불가)
최대사용하중	$1,500[N]$ 이상일 것

정답 01 ② 02 ④ 03 ① 04 ④

기출유형 완성하기

01 숙박시설·노유자시설 및 의료시설로 사용되는 층에 있어서의 피난기구는 그 층의 바닥면적이 몇 m^2마다 1개 이상을 설치하여야 하는가?　13년-2회

① 300
② 500
③ 800
④ 1,000

해설
숙박시설·노유자시설 및 의료시설의 경우 그 층의 바닥면적 $500m^2$마다 1개 이상의 피난기구를 설치하여야 한다.

02 완강기의 최대사용하중은 몇 N 이상이어야 하는가?　14년-4회

① $800N$ 이상
② $1,000N$ 이상
③ $1,200N$ 이상
④ $1,500N$ 이상

해설
완강기의 최대사용하중은 $1,500[N]$ 이상이어야 한다.

03 다음 중 완강기의 조속기에 관한 것으로 가장 적당한 것은?　14년-4회

① 조속기는 로프에 걸리는 하중의 크기에 따라서 자동적으로 원심력 브레이크가 작동하여 강하속도를 조절한다.
② 조속기는 사용할 때 체중에 맞추어 인위적 조작으로 강하속도를 조정할 수 있다.
③ 조속기는 3개월마다 분해 점검할 필요가 있다.
④ 조속기는 강하자가 손에 잡고 강하하는 것이다.

해설
조속기는 피난 시에 강하속도를 조절하기 위해 설치되는 장치로 인위적인 조작에 의해 속도가 조정되지 않아야 한다.

04 다음과 같은 소방대상물의 부분에 완강기를 설치할 경우 부착 금속구의 부착위치로서 가장 적합한 위치는?　18년-2회

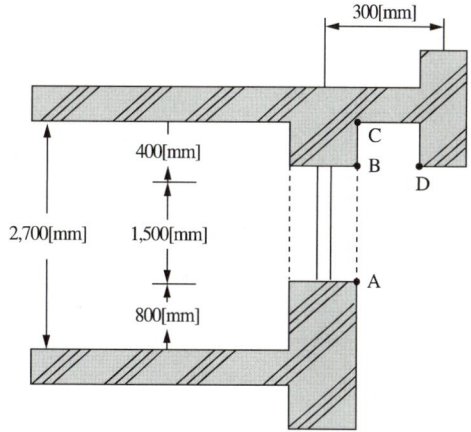

① A
② B
③ C
④ D

해설
부착금속구를 펼쳤을 때 피난이 용이한 장소에 설치되어야 한다(다빈도 출제문제입니다).

30 피난기구-3(설치 제외, 감소 기준)

기출유형

주요구조부가 내화구조이고 건널 복도가 설치된 층의 피난기구 수의 설치 감소방법으로 적합한 것은?

19년-4회

① 피난기구를 설치하지 아니할 수 있다.
② 피난기구의 수에서 1/2을 감소한 수로 한다.
③ 원래의 수에서 건널 복도 수를 더한 수로 한다.
④ 피난기구의 수에서 해당 건널 복도의 수의 2배의 수를 뺀 수로 한다.

해설
기준에 적합한 **건널 복도가** 설치되어 있는 층에는 피난기구의 수에서 해당 **건널 복도의 수의 2배의 수를 뺀** 수로 한다.

| 정답 | ④

족집게 과외

❶ 설치 제외

구 분	내 용
제외 조건 -1	다음의 사항을 만족하는 특정소방대상물 또는 그 부분에는 피난기구를 설치하지 않을 수 있음. 다만, 숙박시설(휴양콘도미니엄 제외)에 설치되는 완강기 및 간이완강기의 경우에는 그렇지 않음
	① 주요구조부가 내화구조로 되어 있어야 할 것 ② 실내의 면하는 부분의 마감이 불연재료·준불연재료 또는 난연재료로 되어 있고 방화구획이 적합하게 구획되어 있을 것 ③ 거실의 각 부분으로부터 직접 복도로 쉽게 통할 수 있어야 할 것 ④ 복도에 2 이상의 피난계단 또는 특별피난계단이 설치되어 있을 것 ⑤ 복도의 어느 부분에서도 2 이상의 방향으로 각각 다른 계단에 도달할 수 있어야 할 것
기타 제외 조건	① 갓복도식 아파트 또는 인접(수평 또는 수직) 세대로 피난할 수 있는 아파트 ② 주요구조부가 내화구조로서 거실의 각 부분으로 직접 복도로 피난할 수 있는 학교 ③ 무인공장 또는 자동창고로서 사람의 출입이 금지된 장소 ④ 건축물의 옥상부분으로서 거실에 해당하지 아니하고 층수로 산정된 층으로 사람이 근무하거나 거주하지 않는 장소

❷ 설치 감소

구 분	내 용
기준-1	피난기구를 설치하여야 할 특정소방대상물 중 다음의 기준에 적합한 층에는 피난기구의 2분의 1을 감소할 수 있음. 이 경우 피난기구의 수에 있어서 소수점 이하의 수는 1로 함
	① 주요구조부가 내화구조로 되어 있을 것 ② 직통계단인 피난계단 또는 특별피난계단이 2 이상 설치되어 있을 것
기준-2	소방대상물 중 주요구조부가 내화구조이고 다음의 기준에 적합한 건널 복도가 설치되어 있는 층에는 피난기구의 수에서 해당 건널 복도의 수의 2배의 수를 뺀 수로 함
	① 내화구조 또는 철골조로 되어 있을 것 ② 건널 복도 양단의 출입구에 자동폐쇄장치를 한 60분+ 방화문 또는 60분 방화문(방화셔터를 제외)이 설치되어 있을 것 ③ 피난·통행 또는 운반의 전용용도일 것

정답 01 ② 02 ④ 03 ④ 04 ③

기출유형 완성하기

01 피난기구의 화재안전기준상 피난기구를 설치하여야 할 소방대상물 중 피난기구의 2분의 1을 감소할 수 있는 조건이 아닌 것은? `25년`

① 주요구조부가 내화구조로 되어 있을 것
② 비상용 엘리베이터(elevator)가 설치되어 있을 것
③ 직통계단인 피난계단이 2 이상 설치되어 있을 것
④ 직통계단인 특별피난계단이 2 이상 설치되어 있을 것

해설
비상용 엘리베이터는 피난기구 개수와 무관하다.

02 다음 중 피난기구를 설치하지 아니하여도 되는 소방대상물(피난기구 설치제외 대상)이 아닌 것은? `13년-4회`

① 발코니 등을 통하여 인접세대로 피난할 수 있는 구조로 되어 있는 계단실형 아파트
② 주요구조부가 내화구조로서 거실의 각 부분으로 직접복도로 피난할 수 있는 학교의 강의실 용도로 사용되는 층
③ 무인공장 또는 자동창고로서 사람의 출입이 금지된 장소
④ 문화집회 및 운동시설·판매시설 및 영업시설 또는 노유자시설의 용도로 사용되는 층으로서 그 층의 바닥면적이 $1,000m^3$ 이상인 곳

해설
문화 및 집회시설, 운동시설, 판매시설, 영업시설, 노유자시설등은 피난기구의 설치대상이다.

03 주요구조부가 내화구조이고 건널 복도가 설치된 층의 피난기구 수의 설치 감소방법으로 적합한 것은? `15년-1회`

① 피난기구를 설치하지 아니할 수 있다.
② 원래의 수에서 1/2을 감소한다.
③ 원래의 수에서 건널 복도 수를 더한 수로 한다.
④ 피난기구의 수에서 당해 건널 복도의 수의 2배의 수를 뺀 수로 한다.

해설
기준에 적합한 **건널 복도가 설치**되어 있는 층에는 피난기구의 수에서 해당 **건널 복도의 수의 2배의 수를 뺀 수**로 한다.

04 피난기구를 설치하여야 할 소방대상물 중 피난기구의 2분의 1을 감소할 수 있는 조건이 아닌 것은? `20년-1·2회`

① 주요구조부가 내화구조로 되어 있다.
② 특별피난계단이 2 이상 설치되어 있다.
③ 소방구조용(비상용) 엘리베이터가 설치되어 있다.
④ 직통계단인 피난계단이 2 이상 설치되어 있다.

해설
소방구조용(비상용) 엘리베이터는 피난기구 개수와 무관하다.

31 인명구조기구

기출유형

특정소방대상물의 용도 및 장소별로 설치해야 할 인명구조기구의 기준으로 틀린 것은? | 17년-1회

① 지하가 중 지하상가는 인공소생기를 층마다 2개 이상 비치할 것
② 판매시설 중 대규모 점포는 공기호흡기를 층마다 2개 이상 비치할 것
③ 지하층을 포함하는 층수가 7층 이상인 관광호텔은 방열복, 공기호흡기, 인공소생기를 각 2개 이상 비치할 것
④ 물분무등소화설비 중 이산화탄소소화설비를 설치해야 하는 특정소방대상물은 공기호흡기를 이산화탄소소화설비가 설치된 장소의 출입구 인근에 1대 이상 비치할 것

해설
지하가 중 지하상가는 **공기호흡기**를 층마다 2개 이상 비치할 것

| 정답 | ①

족집게 과외

❶ 설치기준

대 상	설치기준(종류)
① 지하층을 포함하는 층수가 7층 이상인 관광호텔 ② 지하층을 포함하는 층수가 5층 이상인 병원	방열복 또는 방화복(안전모, 보호장갑, 안전화 포함) 및 공기호흡기, 인공소생기를 각 2개 이상 비치
① 문화 및 집회시설 중 수용인원 100명 이상의 영화상영관 ② 판매시설 중 대규모 점포 ③ 운수시설 중 지하역사 ④ 지하가 중 지하상가	공기호흡기를 층마다 2개 이상 비치
물분무등소화설비 중 이산화탄소소화설비가 설치된 장소의 출입구 외부 인근	공기호흡기 1개 이상 비치

기출유형 완성하기

정답 01 ② 02 ① 03 ① 04 ④

01 인명구조기구의 종류가 아닌 것은? `18년-1회`

① 방열복
② 구조대
③ 공기호흡기
④ 인공소생기

해설
구조대는 피난기구의 한 종류이다.

02 특정소방대상물의 용도 및 장소별로 설치하여야 할 인명구조기구 종류의 기준 중 다음 ( ) 안에 알맞은 것은? `25년`

특정소방대상물	인명구조기구의 종류
물분무등소화설비 중 ( )를 설치하여야 하는 특정소방대상물	공기호흡기

① 이산화탄소소화설비
② 분말소화설비
③ 할로겐화합물소화설비(할론소화설비)
④ 청정소화약제소화설비(할로겐화합물 및 불활성기체소화설비)

해설
물분무등소화설비 중 **이산화탄소소화설비**가 설치된 장소의 출입구 외부 인근에는 **공기호흡기** 1개 이상 비치할 것

03 인명구조기구의 화재안전기준에 따라 특정소방대상물의 용도 및 장소별로 설치해야 할 인명구조기구의 기준으로 틀린 것은? `기출변형`

① 지하층을 포함하는 층수가 4층 이상인 병원은 방열복(또는 방화복), 공기호흡기, 인공소생기를 각 2개 이상 비치할 것
② 판매시설 중 대규모 점포는 공기호흡기를 층마다 2개 이상 비치할 것
③ 지하층을 포함하는 층수가 7층 이상인 관광호텔은 방열복(또는 방화복), 공기호흡기, 인공소생기를 각 2개 이상 비치할 것
④ 물분무등소화설비 중 이산화탄소소화설비를 설치해야 하는 특정소방대상물은 공기호흡기를 이산화탄소소화설비가 설치된 장소의 출입구 외부 인근에 1대 이상 비치할 것

해설
지하층을 포함하는 층수가 5층 이상인 병원은 방열복(또는 방화복), 공기호흡기, 인공소생기를 각 2개 이상 비치할 것

04 물분무등소화설비 중 이산화탄소설비가 설치된 장소의 출입구 외부 인근에는 어떤 인명구조기구를 설치해야 하는가? `기출변형`

① 방열복
② 인공소생기
③ 방화복
④ 공기호흡기

해설
물분무등소화설비 중 **이산화탄소소화설비**가 설치된 장소의 출입구 외부 인근에는 **공기호흡기**를 1개 이상 비치할 것

32 거실제연설비-1(제연구역, 배출량)

기출유형

제연구역에 대한 내용 중 잘못된 것은? 〈03년-2회〉

① 제연구역에 구획은 보, 제연경계벽 및 벽으로 하여야 한다.
② 하나의 제연구역은 직경이 최대 $50m$인 원 안에 들어갈 수 있어야 한다.
③ 하나의 제연구역 면적은 $1,000m^2$ 이하이어야 한다.
④ 거실과 통로는 상호 제연구획을 하여야 한다.

[해설]
하나의 제연구역은 **직경 $60m$** 원 내에 들어갈 수 있어야 한다.

| 정답 | ②

족집게 과외

❶ 설치기준

대 상	설치기준(종류)
제연구역	① 하나의 제연구역의 면적은 $1,000m^2$ 이내로 할 것 ② 거실과 통로(복도를 포함)는 각각 제연구획할 것 ③ 통로상의 제연구역은 보행중심선의 길이가 $60m$를 초과하지 않을 것 ④ 하나의 제연구역은 직경 $60m$ 원 내에 들어갈 수 있을 것 ⑤ 하나의 제연구역은 둘 이상의 층에 미치지 않도록 할 것. 다만, 층의 구분이 불분명한 부분은 그 부분을 다른 부분과 별도로 제연구획해야 함

❷ 제연설비 배출량

거실면적	구 획	제연구역 직경	수직거리	배출량
제연구역의 바닥면적 $400m^2$ 이상	벽	$40m$ 이내	–	$40,000[m^3/h]$ 이상
		$40m$ 초과	–	$45,000[m^3/h]$ 이상
	제연경계	$40m$ 이내	$2m$ 이하	$40,000[m^3/h]$ 이상
			$2m$ 초과~$2.5m$ 이하	$45,000[m^3/h]$ 이상
			$2.5m$ 초과~$3m$ 이하	$50,000[m^3/h]$ 이상
			$3m$ 초과	$60,000[m^3/h]$ 이상
		$40m$ 초과	$2m$ 이하	$45,000[m^3/h]$ 이상
			$2m$ 초과~$2.5m$ 이하	$50,000[m^3/h]$ 이상
			$2.5m$ 초과~$3m$ 이하	$55,000[m^3/h]$ 이상
			$3m$ 초과	$65,000[m^3/h]$ 이상
$400m^2$ 미만	바닥면적 $1m^2$당 $1m^3/min$ 이상으로 하되, 예상제연구역에 대한 최소 배출량은 $5,000m^3/hr$ 이상으로 할 것			

정답 01 ④ 02 ② 03 ④ 04 ③

기출유형 완성하기

01 제연구역에 대한 설명 중 잘못된 것은? `04년-4회`

① 하나의 제연구역 면적은 $1,000m^2$ 이내로 하여야 한다.
② 거실과 통로는 상호 제연구획하여야 한다.
③ 제연구역의 구획은 보, 제연경계벽 및 벽으로 하여야 한다.
④ 통로상의 제연구역은 보행 중심선의 길이가 최대 $70m$ 이내이어야 한다.

해설
통로상의 제연구역은 **보행 중심선의 길이가 $60m$를** 초과하지 않아야 한다.

02 제연설비 설치의 설명 중 제연구역의 구획으로서 그 기준에 옳지 않은 것은? `05년-2회`

① 거실과 통로는 상호 제연구획할 것
② 하나의 제연구역의 면적은 $600m^2$ 이내로 할 것(단, 구조상 부득이한 경우는 $1,000m^2$ 이내로 할 수 있다)
③ 하나의 제연구역은 직경 $60m$ 원 내에 들어갈 수 있을 것
④ 하나의 제연구역은 2개 이상 층에 미치지 아니하도록 할 것

해설
하나의 제연구역의 면적은 $1,000m^2$ **이내로 할 것**(제연구역의 면적은 구조와 무관하다)

03 제연설비가 설치된 부분의 거실 바닥면적이 $400[m^2]$ 이상이고 수직거리가 $2[m]$ 이하일 때, 예상제연구역이 직경 $40[m]$인 원의 범위를 초과한다면 예상제연구역의 배출량은 얼마 이상이어야 하는가? `06년-4회`

① $25,000[m^3/HR]$
② $30,000[m^3/HR]$
③ $40,000[m^3/HR]$
④ $45,000[m^3/HR]$

해설
바닥면적이 $400m^2$ 이상이고 수직거리가 $2m$ 이하이고, 예상제연구역이 직경 $40m$를 초과한다면 배출량은 $45,000[m^3/hr]$ 이상이어야 한다.

04 제연설비의 설치장소에 따른 제연구역의 구획에 대한 내용 중 틀린 것은? `22년-2회`

① 하나의 제연구역의 면적은 $1,000m^2$ 이내로 할 것
② 하나의 제연구역은 직경 $60m$ 원 내에 들어갈 수 있을 것
③ 하나의 제연구역은 3개 이상 층에 미치지 아니하도록 할 것
④ 통로상의 제연구역은 보행중심선의 길이가 $60m$를 초과하지 아니할 것

해설
하나의 제연구역은 둘 이상의 층에 미치지 않도록 할 것

기출유형 완성하기

정답 05 ② 06 ② 07 ② 08 ④

05 제연설비의 화재안전기준상 제연설비의 제연구역 구획에 대한 내용 중 잘못된 것은? `07년-4회`

① 통로상의 제연구역은 보행중심선의 길이가 60m를 초과하지 아니할 것
② 하나의 제연구역은 직경이 최대 50m인 원 안에 들어갈 수 있을 것
③ 하나의 제연구역 면적은 1,000m^2 이내로 할 것
④ 거실과 통로는 상호 제연구획할 것

해설
하나의 제연구역은 **직경 60m** 원 내에 들어갈 수 있을 것

06 제연설비의 화재안전기준상 제연설비의 설치장소 기준 중 하나의 제연구역의 면적은 최대 몇 m^2 이내로 하여야 하는가? `20년-3회`

① 700
② 1,000
③ 1,300
④ 1,500

해설
하나의 제연구역의 면적은 1,000m^2 **이내**로 할 것(제연구역의 면적은 구조와 무관하다)

07 거실제연설비의 배출량 기준이다. ( )에 맞는 것은? `11년-2회`

> 거실의 바닥면적 400m^2 미만으로 구획된 예상 제연구역에 대해서는 바닥면적 1m^2당 (❶) 이상으로 하되, 예상제연구역 전체에 대한 최저 배출량을 (❷) 이상으로 하여야 한다.

① ❶ 0.5m^3/min, ❷ 10,000m^3/hr
② ❶ 1m^3/min, ❷ 5,000m^3/hr
③ ❶ 1.5m^3/min, ❷ 15,000m^3/hr
④ ❶ 2m^3/min, ❷ 5,000m^3/hr

해설
바닥면적 400m^2 미만 제연구역은 면적 1m^2**당** 1m^3/min **이상**으로 하되, 예상제연구역에 대한 **최소 배출량**은 5,000m^3/hr 이상으로 할 것

08 거실 제연설비 설계 중 배출풍량 선정에 있어서 고려하지 않아도 되는 사항 중 맞는 것은? `13년-2회`

① 예상제연구역의 수직거리
② 예상제연구역의 면적과 형태
③ 공기의 유입방식과 방출방식
④ 자동식 소화설비 및 피난설비의 설치 유무

해설
제연구역의 배출량(배출풍량)은 예상제연구역의 수직거리, 면적, 형태, 제연방식(유입 등)에 따라 선정된다. 자동식 소화설비 또는 피난설비와는 무관하다.

33 거실제연설비-2(배출방식, 배출풍도)

기출유형

제연설비의 배출기와 배출풍도에 관한 설명 중 틀린 것은?   10년-2회

① 배출기와 배출풍도의 접속부분에 사용하는 캔버스는 내열성이 있는 것으로 할 것
② 배출기의 전동기 부분과 배풍기 부분은 분리하여 설치할 것
③ 배출기 흡입 측 풍도 안의 풍속은 $15 m/s$ 이상으로 할 것
④ 배출기의 배출 측 풍도 안의 풍속은 $20 m/s$ 이하로 할 것

해설
배출구 흡입 측 풍도 안의 풍속은 $15 m/s$ **이하로 할 것**

|정답| ③

족집게 과외

❶ 배출기와 풍도

분 류	내 용
배출기	① 배출기와 배출풍도의 접속부분에 사용하는 캔버스는 내열성(석면재료 제외)이 있는 것으로 할 것 ② 전동기 부분과 배풍기 부분은 분리하여 설치해야 하며, 배풍기 부분은 내열처리를 할 것
배출풍도	배출기의 흡입 측 풍도 안의 풍속은 $15m/s$ 이하로 하고 배출 측 풍속은 $20m/s$ 이하로 할 것
유입풍도	유입풍도는 아연도금강판 또는 이와 동등 이상의 내식성·내열성이 있는 것으로 하며, 풍도 안의 풍속은 $20m/s$ 이하일 것

배출구	공 통		① 예상제연구역의 각 부분으로부터 하나의 배출구까지의 수평거리는 $10m$ 이내 ② $400m^2$ 미만에 설치된 공기유입구와 배출구간의 직선거리는 $5m$ 이상 또는 구획된 실의 장변의 2분의 1 이상 이격할 것
	벽으로 구획	$400m^2$ 미만	천장 또는 반자와 바닥 사이의 중간 윗부분에 설치
		$400m^2$ 이상	① 천장·반자 또는 이에 가까운 벽의 부분에 설치 ② 배출구를 벽에 설치한 경우 배출구의 하단은 바닥으로부터 $2m$ 이상일 것
	제연경계 구획		배출구의 하단이 해당 예상제연구역에서 제연경계의 폭이 가장 짧은 제연경계의 하단보다 높이 설치

❷ 제연 방식

구 분		내 용
자연 제연(스모크타워)		① 온도차에 의한 부력으로 연기를 배출하는 방식 ② 외부 환경 영향을 많이 받음(바람, 온도차 등)
기계 (강제)	제1종 제연	송풍기를 이용한 제연방식으로 강제 급기+강제 배기하는 방식
	제2종 제연	송풍기를 이용한 제연방식으로 강제 급기+자연 배기하는 방식
	제3종 제연	송풍기를 이용한 제연방식으로 자연 급기+강제 배기하는 방식

❸ 기 타

구 분	내 용
드래프트 커튼	공장, 창고 등의 용도로 사용하는 단층 건축물의 바닥면적이 큰 건축물에 스모크해치를 설치하는 경우 그 효과를 높이기 위한 장치(스모크해치 : 천장 연기 배출구)
제연용 송풍기	① 다익형 송풍기 ② 터보형 송풍기 ③ 리미트로드형 송풍기 ④ 에어포일 송풍기

정답 01 ③ 02 ③ 03 ② 04 ③

기출유형 완성하기

01 송풍기 등을 사용하여 건축물 내부에 발생한 연기를 배연구획까지 풍도를 설치하여 강제로 제연하는 방식은? 〔13년-4회〕

① 밀폐 제연방식
② 자연 제연방식
③ 강제 제연방식
④ 스모크타워 제연방식

해설
송풍기 등을 사용하여 강제로 제연하는 방식을 **강제(기계) 제연방식**이라고 한다.

02 제연설비의 화재안전기준에서 제연풍도의 설치에 관한 설명 중 틀린 것은? 〔07년-2회〕

① 배출기의 전동기 부분과 배풍기 부분은 분리하여 설치할 것
② 배출기와 배출풍도의 접속 부분에 사용하는 캔버스는 내열성이 있는 것으로 할 것
③ 배출기 흡입 측 풍도 안의 풍속은 $20 m/s$ 이하로 할 것
④ 유입풍도 안의 풍속은 $20 m/s$ 이하로 할 것

해설
거실제연설비의 풍도의 크기는 배출구(송풍기)를 기준으로 흡입 측은 $15 m/s$ **이하**, 배출 측은 $20 m/s$ **이하**로 한다.

Tip 유입풍도는 송풍기의 토출 측이므로 $20 m/s$ 이하

03 건물 내의 제연 계획으로 자연 제연방식의 특징이 아닌 것은? 〔14년-4회〕

① 기구가 간단하다.
② 연기의 부력을 이용하는 원리이므로 외부의 바람에 영향을 받지 않는다.
③ 건물 외벽에 제연구나 창문 등을 설치해야 하므로 건축계획에 제약을 받는다.
④ 고층건물은 계절별로 연돌효과에 의한 상하 압력차가 달라 제연효과가 불안정하다.

해설
자연 제연방식의 경우 **외부환경의 영향을 많이 받으므로** 일반적으로 기계제연방식을 적용한다.

04 스모크타워식 배연방식에 관한 설명 중 틀린 것은? 〔15년-2회〕

① 고층 빌딩에 적당하다.
② 배연 샤프트의 굴뚝 효과를 이용한다.
③ 배연기를 사용하는 기계배연의 일종이다.
④ 모든 층의 일반 거실 화재에 이용할 수 있다.

해설
스모크타워 방식 배연방식은 자연 배연방식으로 배연기(송풍기)를 사용하지 않는다.

기출유형 완성하기

> 정답 05 ① 06 ③ 07 ④ 08 ①

05 바닥면적이 $400m^2$ 미만이고 예상제연구역이 벽으로 구획되어 있는 배출구의 설치위치로 옳은 것은? (단, 통로인 예상제연구역을 제외한다)

16년-1회

① 천장 또는 반자와 바닥 사이의 중간 윗부분
② 천장 또는 반자와 바닥 사이의 중간 아랫부분
③ 천장, 반자 또는 이에 가까운 부분
④ 천장 또는 반자와 바닥 사이의 중간 부분

해설
벽으로 구획되어 있는 경우의 배출구는 바닥면적에 상관없이 **천장 또는 반자와 바닥 사이의 중간 윗부분**에 설치한다.

Tip 연기는 부력에 의해 상부로 상승하므로 실의 상부에서 배출하도록 규정한 것이다.

06 예상제연구역 바닥면적 $400m^2$ 미만 거실의 공기유입구와 배출구간의 직선거리 기준으로 옳은 것은? (단, 제연경계에 의한 구획을 제외한다)

19년-1회

① $2m$ 이상 확보되어야 한다.
② $3m$ 이상 확보되어야 한다.
③ $5m$ 이상 확보되어야 한다.
④ $10m$ 이상 확보되어야 한다.

해설
바닥면적 $400m^2$ 미만 거실의 배출구는 공기유입구와 **직선거리 $5m$ 이상** 또는 **구획된 실의 장변의 2분의 1 이상** 이격한다.

07 제연설비의 화재안전기준상 유입풍도 및 배출풍도에 관한 설명으로 맞는 것은?

20년-1·2회

① 유입풍도 안의 풍속은 $25m/s$ 이하로 한다.
② 배출풍도는 석면재료와 같은 내열성의 단열재로 유효한 단열 처리를 한다.
③ 배출풍도와 유입풍도의 아연도금강판 최소 두께는 $0.45mm$ 이상으로 하여야 한다.
④ 배출기 흡입 측 풍도 안의 풍속은 $15m/s$ 이하로 하고 배출 측 풍속은 $20m/s$ 이하로 한다.

해설
배출풍도는 배출기의 흡입 측 풍도 안의 **풍속은 $15m/s$ 이하**로 하고 **배출 측 풍속은 $20m/s$ 이하**로 한다.

08 제연설비에서 예상제연구역의 각 부분으로부터 하나의 배출구까지의 수평거리를 몇 $[m]$ 이내가 되도록 하여야 하는가?

25년

① $10[m]$
② $12[m]$
③ $15[m]$
④ $20[m]$

해설
제연설비의 배출구는 예상제연구역의 각 부분으로부터 하나의 배출구까지의 **수평거리는 $10m$ 이내**가 되도록 설치한다.

정답 09 ④ 10 ④ 11 ③ 12 ②

기출유형 완성하기

09 제연설비에 사용하는 송풍기의 종류와 관계없는 것은? `09년-1회`

① 다익형 송풍기
② 터보형 송풍
③ 리미트로드형 송풍기
④ 왕복형 송풍기

해설
제연설비에 사용되는 송풍기의 종류
- **다익형 송풍기**
- **터보형 송풍기**
- **리미트로드형 송풍기**
- 에어포일 송풍기

10 공장, 창고 등의 용도로 사용하는 단층 건축물의 바닥면적이 큰 건축물에 스모크해치를 설치하는 경우 그 효과를 높이기 위한 장치는? `15년-4회`

① 제연 덕트
② 배출기
③ 보조 제연기
④ 드래프트 커튼

해설
스모크해치를 설치하는 경우 효과를 높이기 위해 **드래프트 커튼**을 설치한다.

11 제연설비의 화재안전기준에 따른 배출풍도의 설치기준 중 다음 ( ) 안에 알맞은 것은? `22년-2회`

> 배출기의 흡입 측 풍도 안의 풍속은 (㉠) m/s 이하로 하고 배출 측 풍속은 (㉡) m/s 이하로 할 것

① ㉠ 15, ㉡ 10
② ㉠ 10, ㉡ 15
③ ㉠ 20, ㉡ 15
④ ㉠ 15, ㉡ 20

해설
거실제연설비의 풍도의 크기는 배출구(송풍기)를 기준으로 **흡입 측은 $15 m/s$ 이하, 배출 측은 $20 m/s$ 이하**로 한다.

12 예상제연구역의 각 부분으로부터 하나의 배출구까지의 수평거리는 몇 m 이내가 되어야 하는가? `20년-3회`

① 5
② 10
③ 15
④ 20

해설
제연설비의 배출구는 예상제연구역의 각 부분으로부터 하나의 배출구까지의 **수평거리는 $10 m$ 이내**가 되도록 설치한다.

CHAPTER 33 | 거실제연설비-2(배출방식, 배출풍도)

34 거실제연설비-3(댐퍼, 작동, TAB)

기출유형

문제 제연설비의 시험에 포함되는 항목으로 옳지 않은 것은? [예상문제]

① 송풍기 풍량, 송풍기 모터의 전류·전압 측정
② 화재감지기 및 수동기동장치의 정상 작동 여부 확인
③ 유입구·유입풍속, 배출구·배출풍량 측정
④ 제연설비에 의한 스프링클러 동작 유무

해설
스프링클러설비의 동작 유무는 제연설비의 성능확인 항목에 포함되지 않는다.

| 정답 | ④

족집게 과외

❶ 댐 퍼

설치 기준
① 제연설비의 풍도에 댐퍼를 설치하는 경우 댐퍼를 확인, 정비할 수 있는 점검구를 풍도에 설치할 것
② 댐퍼가 반자 내부에 설치되는 때에는 댐퍼 직근의 반자에도 점검구(지름 60cm 이상의 원이 내접할 수 있는 크기)를 설치하고 제연설비용 점검구임을 표시할 것
③ 제연설비 댐퍼의 설정된 개방 및 폐쇄 상태를 제어반에서 상시 확인할 수 있도록 할 것
④ 제연설비가 공기조화설비와 겸용으로 설치되는 경우 풍량조절댐퍼는 각 설비별 기능에 따른 작동 시 각각의 풍량을 충족하는 개구율로 자동 조절될 수 있는 기능이 있어야 할 것

❷ 작 동

구 분		설치기준
연 동		제연설비의 작동은 해당 제연구역에 설치된 화재감지기와 연동되어야 하며, 예상제연구역(또는 인접장소)마다 설치된 수동기동장치 및 제어반에서 수동으로 기동이 가능하도록 해야 함
수동 기동 장치	설치위치	① 바닥으로부터 0.8m 이상 1.5m 이하 ② 문 개방 등으로 인한 위치 확인에 장애가 없고 접근이 쉬운 위치에 설치
	기동 포함사항	① 해당 제연구역의 구획을 위한 제연경계벽 및 벽의 작동 ② 해당 제연구역의 공기유입 및 연기배출 관련 댐퍼의 작동 ③ 공기유입송풍기 및 배출송풍기의 작동

❸ 성능확인

구 분	설치기준
개 요	제연설비는 설계목적에 적합한지 검토하고 제연설비의 성능과 관련된 건물의 모든 부분(건축설비를 포함)이 완성되는 시점에 맞추어 시험·측정 및 조정(이하 "시험 등"이라 함)을 해야 함
성능 확인	① 송풍기 풍량 및 송풍기 모터의 전류, 전압을 측정할 것 ② 제연설비 시험 시에는 제연구역에 설치된 화재감지기(수동기동장치를 포함)를 동작시켜 해당 제연설비가 정상적으로 작동되는지 확인할 것 ③ 제연구역의 공기유입량 및 유입풍속, 배출량은 모든 유입구 및 배출구에서 측정할 것 ④ 제연구역의 출입문, 방화셔터, 공기조화설비 등이 제연설비와 연동된 상태에서 측정할 것
평 가	① 출구별 배출량은 배출구별 설계 배출량의 60% 이상이어야 하며, 제연구역별 배출구의 배출량 합계는 설계배출량 이상일 것 ② 유입구별 공기유입량은 유입구별 설계 유입량의 60% 이상이어야 하며, 제연구역별 유입구의 공기유입량 합계는 설계유입량을 충족할 것 ③ 제연구역의 구획이 설계조건과 동일한 조건에서 측정한 배출량이 설계배출량 이상인 경우에는 측정한 공기유입량이 설계유입량에 일부 미달되더라도 적합한 성능으로 볼 것

기출유형 완성하기

정답 01 ③ 02 ③ 03 ③ 04 ④

01 제연설비 시험 시 화재감지기와 관련된 기준으로 옳은 것은? 〔예상문제〕

① 제연구역에 설치된 화재감지기는 시험에 포함되지 않는다.
② 화재감지기 대신 발신기로 시험이 가능하다.
③ 제연구역에 설치된 화재감지기를 동작시켜 해당 제연설비가 정상 작동하는지 확인해야 한다.
④ 제연구역 밖에 설치된 화재감지기를 동작시켜 해당 제연설비가 정상 작동하는지 확인해야 한다.

해설
제연구역에 설치된 화재감지기(또는 수동기동장치)를 동작시켜 해당 제연설비가 정상 작동하는지 확인해야 한다.

02 제연설비 풍도에 설치되는 점검구 크기의 기준으로 맞는 것은? 〔예상문제〕

① 40cm 이상 원 내접 크기
② 50cm 이상 원 내접 크기
③ 60cm 이상 원 내접 크기
④ 70cm 이상 원 내접 크기

해설
제연구역 댐퍼의 점검구는 풍도에 설치하고, 크기는 60cm 이상 원이 내접할 수 있는 크기로 한다.

03 제연설비의 작동과 관련하여 옳은 것은? 〔예상문제〕

① 제연설비는 제연구역과 관계없이 건물 전체가 동시에 작동하여야 한다.
② 제연설비는 화재감지기와 연동할 필요가 없다.
③ 제연설비는 예상제연구역(또는 인접장소)마다 설치된 수동기동장치 및 제어반에서 수동기동이 가능해야 한다.
④ 제연설비의 작동은 소방대 현장 출동 시에만 가능하다.

해설
제연설비의 작동은 해당 제연구역에 설치된 화재감지기와 연동되어야 하며, 예상제연구역(또는 인접장소)마다 설치된 수동기동장치 및 제어반에서 수동으로 기동이 가능하도록 해야 한다.

04 제연설비의 작동에 포함되어야 할 사항이 아닌 것은? 〔예상문제〕

① 제연구역의 구획을 위한 제연경계벽 및 벽의 작동
② 제연구역의 공기유입구 및 연기배출 관련 댐퍼의 작동
③ 공기유입송풍기 및 배출송풍기의 작동
④ 자동화재탐지설비의 발신기의 작동

해설
제연설비 작동 시 포함사항
- 제연구역의 구획을 위한 제연경계벽 및 벽의 작동
- 제연구역의 공기유입구 및 연기배출 관련 댐퍼의 작동
- 공기유입송풍기 및 배출송풍기의 작동

정답 05 ④ 06 ③ 07 ③ 08 ②

기출유형 완성하기

05 제연설비의 시험에 포함되는 항목으로 옳지 않은 것은? <예상문제>

① 송풍기 풍량, 송풍기 모터의 전류·전압 측정
② 화재감지기 및 수동기동장치의 정상 작동 여부 확인
③ 유입구·유입풍속, 배출구·배출풍량 측정
④ 제연설비에 의한 스프링클러 동작 유무

[해설]
제연설비의 시험에 포함되는 항목
- 송풍기 풍량, 송풍기 모터의 전류·전압 측정
- 화재감지기 및 수동기동장치의 정상 작동 여부 확인
- 유입구·유입풍속, 배출구·배출풍량 측정
- 화재감지기 또는 수동기동장치와의 정상 연동
- 출입문, 방화셔터, 공기조화설비 등 연동상태 유지

06 제연설비 시험 기준 중 옳은 것은? <예상문제>

① 유입풍속과 배출풍량은 선택적으로 측정한다.
② 시험은 반드시 준공 후 6개월 이내에만 실시해야 한다.
③ 출입문, 방화셔터, 공기조화설비 등이 연동된 상태에서 측정해야 한다.
④ 성능 확인은 서류 검토로 대체할 수 있다.

[해설]
제연설비의 성능확인 시에는 제연구역의 출입문, 방화셔터, 공기조화설비 등이 연동된 상태에서 측정해야 한다.

07 제연설비의 풍도에 댐퍼를 설치하는 경우 점검구 설치 기준으로 옳은 것은? <예상문제>

① 점검구는 반드시 댐퍼의 하부에 설치하여야 한다.
② 점검구는 지름 $40cm$ 이상 원이 내접할 수 있는 크기로 설치하여야 한다.
③ 점검구는 풍도에 설치하고, 크기는 지름 $60cm$ 이상 원이 내접할 수 있어야 한다.
④ 점검구 반자에 설치한다.

[해설]
제연구역은 댐퍼의 점검구는 풍도에 설치하고, 크기는 $60cm$ 이상 원이 내접할 수 있는 크기로 한다.

08 제연설비의 시험 등의 평가 기준으로 적합하지 않은 것은? <예상문제>

① 제연구역의 구획이 설계조건과 동일한 조건에서 측정한 배출량이 설계배출량 이상인 경우에는 측정한 공기유입량이 설계유입량에 일부 미달되더라도 적합한 성능으로 볼 것
② 제연구역의 구획이 설계조건과 동일한 조건에서 측정한 공기유입량이 설계유입량 이상인 경우에는 측정한 배출량이 설계배출량에 일부 미달되더라도 적합한 성능으로 볼 것
③ 배출구별 배출량은 배출구별 설계 배출량의 60% 이상이어야 하며, 제연구역별 배출구의 배출량 합계는 설계배출량 이상일 것
④ 유입구별 공기유입량은 유입구별 설계 유입량의 60% 이상이어야 하며, 제연구역별 유입구의 공기유입량 합계는 설계유입량을 충족할 것

[해설]
제연설비의 배출량은 공기유입량과 무관하게 반드시 설계배출량 이상이어야 한다.

35 부속실 제연설비

기출유형

특별피난계단의 계단실 및 부속실 제연설비의 차압 등에 관한 기준 중 옳은 것은? [18년-4회]

① 제연설비가 가동되었을 경우 출입문의 개방에 필요한 힘은 $130N$ 이하로 하여야 한다.
② 제연구역과 옥내와의 사이에 유지하여야 하는 최소차압은 $40Pa$(옥내에 스프링클러설비가 설치된 경우에는 $12.5Pa$) 이상으로 하여야 한다.
③ 피난을 위하여 제연구역의 출입문이 일시적으로 개방되는 경우 개방되지 아니하는 제연구역과 옥내와의 차압은 기준차압의 60% 미만이 되어서는 아니 된다.
④ 계단실과 부속실을 동시에 제연하는 경우 부속실의 기압은 계단실과 같게 하거나 계단실의 기압보다 낮게 할 경우에는 부속실과 계단실의 압력차이는 $10Pa$ 이하가 되도록 하여야 한다.

해설
출입문 개방에 필요한 힘은 $110N$ **이하**, 미개방 제연구역 차압은 기준의 70% **이상**, 부속실과 계단실 압력 차이는 $5Pa$ **이하**로 하여야 한다.

|정답| ②

족집게 과외

❶ 차압과 방연풍속

분류	내 용
차 압	① 제연구역과 옥내와의 사이에 유지해야 하는 최소차압은 40 Pa(옥내에 스프링클러설비가 설치된 경우에는 12.5 Pa) 이상일 것 ② 제연설비가 가동되었을 경우 출입문의 개방에 필요한 힘은 110 N 이하일 것 ③ 출입문이 일시적으로 개방되는 경우 개방되지 않은 제연구역과 옥내와의 차압은 기준에 따른 차압의 70% 이상일 것 ④ 계단실과 부속실을 동시에 제연하는 경우 부속실의 기압은 계단실과 같게 하거나 계단실의 기압보다 낮게 할 경우에는 부속실과 계단실의 압력 차이는 5 Pa 이하일 것

방연풍속	제연구역		방연풍속
	계단실 및 부속실을 동시에 제연 or 계단실만 단독 제연		0.5 m/s 이상
	부속실만 단독으로 제연하는 경우	부속실이 면하는 옥내가 거실인 경우	0.7 m/s 이상
		부속실 면하는 옥내가 복도로서 그 구조가 방화구조인 것 (내화구조 30분 이상 구조 포함)	0.5 m/s 이상

※ 실내 가압 시 문 틈새를 통해 누설되는 공기의 양은 틈새면적에 비례한다.

❷ 유입공기 배출댐퍼

구 분	내 용
설치기준	① 두께 1.5밀리미터 이상의 강판 또는 이와 동등 이상의 성능이 있는 것으로 설치해야 하며 비 내식성 재료의 경우에는 부식방지 조치를 할 것 ② 평상시 닫힌 구조로 기밀상태를 유지할 것 ③ 개폐 여부를 당해 장치 및 제어반에서 확인할 수 있는 감지기능을 내장하고 있을 것 ④ 구동부의 작동상태와 닫혀 있을 때의 기밀상태를 수시로 점검할 수 있는 구조일 것 ⑤ 풍도의 내부 마감상태에 대한 점검 및 댐퍼의 정비가 가능한 이·탈착구조로 할 것 ⑥ 화재층에 설치된 화재감지기의 동작에 따라 당해 층의 댐퍼가 개방될 것

❸ TAB(측정, 시험, 조정)

구 분	내 용
항 목	① 제연구역의 모든 출입문 등의 크기와 열리는 방향이 설계 시와 동일한지 여부 ② 제연구역의 출입문 및 복도와 거실(옥내가 복도와 거실로 되어 있는 경우에 한함) 사이의 출입문마다 제연설비가 작동하고 있지 아니한 상태에서 그 폐쇄력을 측정할 것 ③ 층별로 화재감지기(수동기동장치를 포함)를 동작시켜 제연설비가 작동하는지 여부 ④ 제연설비가 작동하는 경우 방연풍속, 차압 및 출입문의 개방력과 자동닫힘 등의 적합 여부

기출유형 완성하기

정답 01 ④ 02 ① 03 ② 04 ②

01 다음은 특별피난계단 부속실 등에 설치하는 급기가압방식 제연설비의 측정, 시험, 조정 항목을 열거한 것이다. 맞지 않는 것은?
`03년-2회, 개정반영`

① 출입문의 크기, 개폐방향이 설계도면과 일치하는지 여부 확인
② 제연설비 미작동 상태에서 제연구역 출입문의 폐쇄력 여부 확인
③ 화재감지기 동작에 의한 설비 작동 여부 확인
④ 피난구의 설치 위치 및 크기의 적정 여부 확인

해설
부속실 제연설비에서 **피난구**는 측정, 시험, 조정 항목 대상이 **아니다**.

02 급기 가압방식으로 실내를 가압할 때, 가압용의 유입공기량에 대한 설명 중 옳은 것은?
`05년-2회`

① 실내외의 틈새면적에 정비례한다.
② 실내외의 기압차에 정비례한다.
③ 실내외의 틈새면적에 반비례한다.
④ 실내외의 기압차에 반비례한다.

해설
제연구역(실내)을 가압하게 되면 압력이 높은 곳에서 낮은 곳으로 유체(공기)가 이동하게 된다. 이때 누설되는 양은 틈새면적에 비례한다.
Tip $\dot{Q} = K \times A \times \sqrt{\Delta P}$, ∴ A : 누설(틈새)면적

03 특별피난계단의 계단실 및 부속실 제연설비에 대한 안전기준 내용으로 틀린 것은?
`25년`

① 제연구역과 옥내와의 사이에 유지하여야 하는 최소차압은 $40 Pa$ 이상으로 하여야 한다.
② 제연설비가 가동되었을 경우 출입문의 개방에 필요한 힘은 $110 N$ 이상으로 하여야 한다.
③ 계단실과 부속실을 동시에 제연하는 경우 부속실의 기압은 계단실과 같게 하거나 압력차이가 $5 Pa$ 이하가 되도록 하여야 한다.
④ 계단실 및 그 부속실을 동시에 제연하는 것 또는 계단실만 제연할 때의 방연풍속은 $0.5 m/s$ 이상이어야 한다.

해설
제연설비가 가동되었을 경우 **출입문의 개방에 필요한 힘**은 $110 N$ **이하**로 하여야 한다.

04 특별피난계단의 전실 제연설비에 있어서 각층의 옥내와 면하는 수직풍도의 관통부의 배출댐퍼 설치에 관한 설명 중 맞지 않는 것은?
`14년-2회`

① 배출댐퍼는 두께 1.5밀리미터 이상의 강판으로 제작하여야 한다.
② 풍도의 배출댐퍼는 이·탈착구조가 되지 않도록 설치한다.
③ 개폐 여부를 당해 장치 및 제어반에서 확인할 수 있는 감지기능을 내장하고 있을 것
④ 평상시 닫힘 구조로 기밀상태를 유지할 것

해설
풍도의 내부 마감상태에 대한 점검 및 **댐퍼의 정비가 가능한 이·탈착구조로 할 것**

정답 05 ① 06 ③ 07 ① 08 ④

기출유형 완성하기

05 제연구역의 선정방식 중 계단실 및 그 부속실을 동시에 제어하는 것의 방연풍속은 몇 m/s 이상이어야 하는가? `16년-4회`

① 0.5
② 0.7
③ 1
④ 1.5

해설
계단실 및 부속실을 **동시에 제연**하는 것의 방연풍속은 $0.5 m/s$ **이상**이어야 한다.

06 특별피난계단의 계단실 및 부속실 제연설비의 비상전원은 제연설비를 유효하게 최소 몇 분 이상 작동할 수 있도록 하여야 하는가?
(단, 층수가 30층 이상 49층 이하인 경우이다) `17년-4회`

① 20
② 30
③ 40
④ 60

해설
창고시설을 제외한 모든 설비의 비상전원 30층 미만 20분, 30~49층 이하 40분, 50층 이상 60분 이상이다.

07 특별피난계단의 부속실 등에 설치하는 급기가압방식 제연설비의 측정, 시험, 조정 항목을 열거한 것이다. 이에 속하지 않는 것은? `14년-3회, 개정반영`

① 배연구의 설치위치 및 크기의 적정 여부 확인
② 화재감지기 동작에 의한 제연설비의 작동 여부 확인
③ 출입문의 크기와 열리는 방향이 설계 시와 동일한지 여부 확인
④ 제연설비 미작동상태에서 제연구역 출입문의 폐쇄력 적정 여부 확인

해설
특별피난계단의 부속실 등에 설치하는 급기가압방식의 제연설비에는 배연구가 설치되지 않는다.
Tip 배출구는 연기가 아닌 유입공기를 배출하는 장치이다.

08 특별피난계단의 계단실 및 부속실 제연설비의 화재안전기준상 차압 등에 관한 기준으로 옳은 것은? `25년`

① 제연설비가 가동되었을 경우 출입문의 개방에 필요한 힘은 $150 N$ 이하로 하여야 한다.
② 제연구역과 옥내와의 사이에 유지하여야 하는 최소차압은 옥내에 스프링클러설비가 설치된 경우에는 $40 Pa$ 이상으로 하여야 한다.
③ 계단실과 부속실을 동시에 제연하는 경우 부속실의 기압은 계단실과 같게 하거나 계단실의 기압보다 낮게 할 경우에는 부속실과 계단실의 압력차이는 $3 Pa$ 이하가 되도록 하여야 한다.
④ 피난을 위하여 제연구역의 출입문이 일시적으로 개방되는 경우 개방되지 아니하는 제연구역과 옥내와의 차압은 기준에 따른 차압은 기준에 따른 차압의 70% 미만이 되어서는 아니 된다.

해설
출입문 개방에 필요한 힘은 $110 N$ **이하**, 스프링클러가 설치된 경우 $12.5 Pa$ **이상**, 부속실과 계단실 압력 차이는 $5 Pa$ **이하**로 하여야 한다.

많이 보고 많이 겪고 많이 공부하는 것은 배움의 세 기둥이다.

– 벤자민 디즈라엘리 –

PART 05
문제은행 기출유형 모의고사

제1회 문제은행 기출유형 모의고사

1과목 소방원론

01 Fourier법칙(전도)에 대한 설명으로 틀린 것은? `22년-2회`

① 이동열량은 전열체의 단면적에 비례한다.
② 이동열량은 전열체의 두께에 비례한다.
③ 이동열량은 전열체의 열전도도에 비례한다.
④ 이동열량은 전열체 내·외부의 온도차에 비례한다.

02 자연발화가 일어나기 쉬운 조건이 아닌 것은? `22년-2회`

① 열전도율이 클 것
② 적당량의 수분이 존재할 것
③ 주위의 온도가 높을 것
④ 표면적이 넓을 것

03 분말소화약제 중 탄산수소칼륨($KHCO_3$)과 요소($CO(NH_2)_2$)와의 반응물을 주성분으로 하는 소화약제는? `25년`

① 제1종 분말
② 제2종 분말
③ 제3종 분말
④ 제4종 분말

04 폭굉(detonation)에 관한 설명으로 틀린 것은? `22년-2회`

① 연소속도가 음속보다 느릴 때 나타난다.
② 온도의 상승은 충격파의 압력에 기인한다.
③ 압력상승은 폭연의 경우보다 크다.
④ 폭굉의 유도거리는 배관의 지름과 관계가 있다.

05 다음 중 피난자의 집중으로 패닉현상이 일어날 우려가 가장 큰 형태는? `25년`

① T형   ② X형
③ Z형   ④ H형

06 물리적 폭발에 해당하는 것은? `25년`

① 분해폭발
② 분진폭발
③ 중합폭발
④ 수증기폭발

07 다음 중 착화온도가 가장 낮은 것은? `21년-4회`

① 아세톤
② 휘발유
③ 이황화탄소
④ 벤 젠

08 Halon 1211의 화학식에 해당하는 것은? `21년-4회`

① CH_2BrCl
② CF_2ClBr
③ CH_2BrF
④ CF_2HBr

09 마그네슘의 화재에 주수하였을 때 물과 마그네슘의 반응으로 인하여 생성되는 가스는? `21년-4회`

① 산 소
② 수 소
③ 일산화탄소
④ 이산화탄소

10 제2종 분말소화약제의 주성분으로 옳은 것은? `25년`

① NaH_2PO_4
② KH_2PO_4
③ $NaHCO_3$
④ $KHCO_3$

11 조연성 가스로만 나열되어 있는 것은? `21년-4회`

① 질소, 불소, 수증기
② 산소, 불소, 염소
③ 산소, 이산화탄소, 오존
④ 질소, 이산화탄소, 염소

12 다음 중 증기비중이 가장 큰 것은? `21년-2회`

① Halon 1301
② Halon 2402
③ Halon 1211
④ Halon 104

13 화재발생 시 피난기구로 직접 활용할 수 없는 것은? `21년-2회`

① 완강기
② 무선통신보조설비
③ 피난사다리
④ 구조대

14 정전기에 의한 발화과정으로 옳은 것은? `21년-2회`

① 방전 → 전하의 축적 → 전하의 발생 → 발화
② 전하의 발생 → 전하의 축적 → 방전 → 발화
③ 전하의 발생 → 방전 → 전하의 축적 → 발화
④ 전하의 축적 → 방전 → 전하의 발생 → 발화

15 물리적 소화방법이 아닌 것은? `21년-2회`

① 산소공급원 차단
② 연쇄반응 차단
③ 온도 냉각
④ 가연물 제거

16 불연성 기체나 고체 등으로 연소물을 감싸 산소 공급을 차단하는 소화방법은? `20년-4회`

① 질식소화
② 냉각소화
③ 연쇄반응차단소화
④ 제거소화

17 공기 중의 산소의 농도는 약 몇 vol%인가? `20년-4회`

① 10
② 13
③ 17
④ 21

18 위험물과 위험물안전관리법령에서 정한 지정수량을 옳게 연결한 것은? `20년-3회`

① 무기과산화물 - 300kg
② 황화린 - 500kg
③ 황린 - 20kg
④ 질산에스테르류 - 200kg

19 다음 중 발화점이 가장 낮은 물질은? `20년-3회`

① 휘발유
② 이황화탄소
③ 적 린
④ 황 린

20 화재 시 발생하는 연소가스 중 인체에서 헤모글로빈과 결합하여 혈액의 산소운반을 저해하고 두통, 근육조절의 장애를 일으키는 것은? `20년-3회`

① CO_2
② CO
③ HCN
④ H_2S

2과목 소방유체역학

21 밸브가 장치된 지름 $10 cm$ 인 원관에 비중 0.8인 유체가 $2 m/s$ 의 평균속도로 흐르고 있다. 밸브 전후의 압력 차이가 $4 kPa$일 때, 이 밸브의 등가길이는 몇 m 인가? (단, 관의 마찰계수는 0.02이다) `22년-2회`

① 10.5
② 12.5
③ 14.5
④ 16.5

22 그림과 같이 물이 수조에 연결된 원형 파이프를 통해 분출하고 있다. 수면과 파이프의 출구 사이에 총 손실수두가 $200 mm$ 이라고 할 때 파이프에서의 방출유량은 약 몇 m^3/s인가? (단, 수면 높이의 변화속도는 무시한다) `22년-2회`

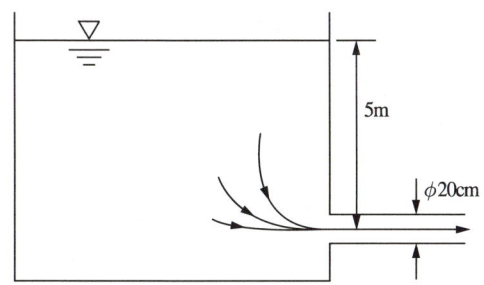

① 0.285
② 0.295
③ 0.305
④ 0.315

23 유체의 흐름에 적용되는 다음과 같은 베르누이 방정식에 관한 설명으로 옳은 것은? `22년-2회`

$$\frac{P}{\gamma} + \frac{V^2}{2g} + Z = C(일정)$$

① 비정상상태의 흐름에 대해 적용된다.
② 동일한 유선상이 아니더라도 흐름 유체의 임의점에 대해 항상 적용된다.
③ 흐름 유체의 마찰효과가 충분히 고려된다.
④ 압력수두, 속도수두, 위치수두의 합이 일정함을 표시한다.

24 펌프의 공동현상(cavitation)을 방지하기 위한 방법이 아닌 것은? `22년-2회`

① 펌프의 설치위치를 되도록 낮게 하여 흡입양정을 짧게 한다.
② 펌프의 회전수를 크게 한다.
③ 펌프의 흡입관경을 크게 한다.
④ 단흡입펌프보다는 양흡입펌프를 사용한다.

25 물을 송출하는 펌프의 소요축동력이 $70 kW$, 펌프의 효율이 78%, 전양정이 $60 m$ 일 때, 펌프의 송출유량은 약 몇 m^3/min인가? `22년-2회`

① 5.57
② 2.57
③ 1.09
④ 0.093

26 그림과 같이 수평과 30° 경사된 폭 $50cm$인 수문 AB가 A점에서 힌지(hinge)로 되어 있다. 이 문을 열기 위한 최소한의 힘 F(수문에 직각 방향)는 약 몇 kN인가? (단, 수문의 무게는 무시하고, 유체의 비중은 1이다) `22년-1회`

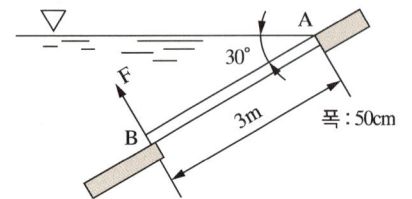

① 11.5
② 7.35
③ 5.51
④ 2.71

27 다음 중 점성계수 μ의 차원은 어느 것인가? (단, M : 질량, L : 길이, T : 시간의 차원이다) `22년-2회`

① $ML^{-1}T^{-1}$
② $ML^{-1}T^{-2}$
③ $ML^{-2}T^{-1}$
④ $M^{-1}L^{-1}T$

28 온도 80℃인 고체표면을 40℃의 공기로 강제대류 열전달에 의해서 냉각한다. 대류 열전달 계수를 $20\ W/m^2 \cdot K$라고 할 때 고체표면의 열유속은 W/m^2인가? `12년-1회`

① 785
② 790
③ 795
④ 800

29 다음 중 이상기체에서 폴리트로픽 지수(n)가 1인 과정은? `22년-2회`

① 단열과정
② 정압과정
③ 등온과정
④ 정적과정

30 관 내에 흐르는 유체의 흐름을 구분하는 데 사용되는 레이놀즈 수의 물리적인 의미는? `22년-1회`

① 관성력/중력
② 관성력/점성력
③ 관성력/탄성력
④ 관성력/압축력

31 그림과 같은 액주계에서 $h_1 = 380mm$, $h_3 = 150mm$일 때 압력 $P_A = P_B$가 되는 h_2는 몇 mm인가? (단, 각각의 비중은 $S_1 = 0.82$, $S_2 = 13.6$, $S_3 = 0.82$이다) `07년-1회`

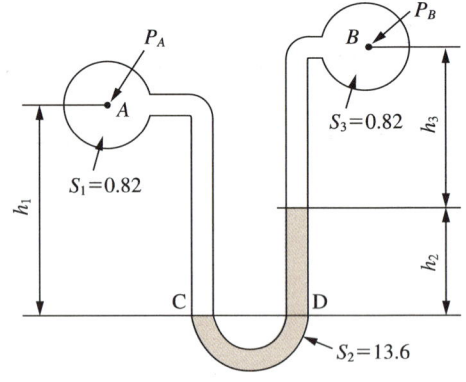

① 11.4
② 13.9
③ 22.7
④ 31.9

32 물분무소화설비의 가압송수장치로 전동기 구동형 펌프를 사용하였다. 펌프의 토출량 800 L/min, 전양정 50m, 효율 0.65, 전달계수 1.1인 경우 적당한 전동기 용량은 몇 kW인가? <small>22년-1회</small>

① 4.2
② 4.7
③ 10.0
④ 11.1

33 수평원관 속을 층류상태로 흐르는 경우 유량에 대한 설명으로 틀린 것은? <small>22년-1회</small>

① 점성계수에 반비례한다.
② 관의 길이에 반비례한다.
③ 관 지름의 4제곱에 비례한다.
④ 압력강하량에 반비례한다.

34 한 변이 8cm인 정육면체를 비중이 1.26인 글리세린에 담그니 절반의 부피가 잠겼다. 이때 정육면체를 수직방향으로 눌러 완전히 잠기게 하는 데 필요한 힘은 약 몇 N인가? <small>21년-4회</small>

① 2.56
② 3.16
③ 6.53
④ 12.5

35 길이 100m, 직경 50mm, 상대조도 0.01인 원형 수도관 내에 물이 흐르고 있다. 관 내 평균유속이 3m/s에서 6m/s로 증가하면 압력손실은 몇 배로 되겠는가? (단, 유동은 마찰계수가 일정한 완전난류로 가정한다) <small>21년-4회</small>

① 1.41배
② 2배
③ 4배
④ 8배

36 그림의 액주계에서 밀도 $\rho_1 = 1,000\,kg/m^3$, $\rho_2 = 13,600\,kg/m^3$, 높이 $h_1 = 500\,mm$, $h_2 = 800\,mm$일 때 중심 A의 계기압력은 몇 kPa인가? <small>21년-4회</small>

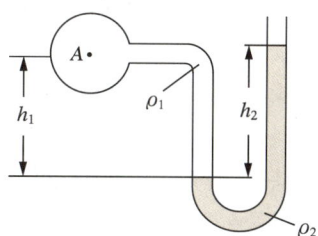

① 101.7
② 109.6
③ 126.4
④ 131.7

37 모세관 현상에 있어서 물이 모세관을 따라 올라가는 높이에 대한 설명으로 옳은 것은? <small>18년-4회</small>

① 표면장력이 클수록 높이 올라간다.
② 관의 지름이 클수록 높이 올라간다.
③ 밀도가 클수록 높이 올라간다.
④ 중력의 크기와는 무관하다.

38 유체의 점성에 대한 설명으로 틀린 것은?
　　21년-4회

① 질소 기체의 동점성계수는 온도 증가에 따라 감소한다.
② 물(액체)의 점성계수는 온도 증가에 따라 감소한다.
③ 점성은 유동에 대한 유체의 저항을 나타낸다.
④ 뉴턴유체에 작용하는 전단응력은 속도기울기에 비례한다.

39 유체의 압축률에 관한 설명으로 올바른 것은?
　　21년-2회

① 압축률＝밀도×체적탄성계수
② 압축률＝1/체적탄성계수
③ 압축률＝밀도/체적탄성계수
④ 압축률＝체적탄성계수/밀도

40 펌프의 흡입양정이 $4m$ 이고 흡입관로의 손실수두가 $2m$ 일 때 $NPSH$는 약 몇 m 인가? (단, 수면은 표준대기압($101.3kPa$) 상태이고, 이때의 포화수증기압은 $3,300Pa$이다)
　　03년-1회

① 10
② 2
③ 6
④ 4

3과목　소방관계법규

41 특정소방대상물로서 숙박시설에 해당되지 않는 것은?
　　11년-2회

① 호텔
② 모텔
③ 휴양콘도미니엄
④ 오피스텔

42 소방용수시설의 수원에 대한 기준으로 맞지 않는 것은?
　　03년-2회

① 지면으로부터 낙차가 $6m$ 이하일 것
② 흡수부분의 수심이 $0.5m$ 이상일 것
③ 소방펌프자동차가 용이하게 접근할 수 있을 것
④ 흡수에 지장이 없도록 토사, 쓰레기 등을 제거할 수 있는 설비를 할 것

43 제4류 위험물의 성질로 알맞은 것은?
　　09년-2회

① 인화성 액체
② 산화성 고체
③ 가연성 고체
④ 산화성 액체

44 다음 중 화재예방·소방활동 또는 소방훈련을 위하여 사용되는 소방신호의 종류로 볼 수 없는 것은?
　　25년

① 출동신호
② 해제신호
③ 발화신호
④ 훈련신호

45 무창층 여부 판단 시 개구부 요건기준으로 옳은 것은? `15년-1회`

① 해당 층의 바닥면으로부터 개구부 밑부분까지의 높이가 $1.5m$ 이내일 것
② 개구부의 크기가 지름 $50cm$ 이상의 원이 내접할 수 있을 것
③ 개구부의 도로 또는 차량이 진입할 수 없는 빈터를 향할 것
④ 내부 또는 외부에서 쉽게 파괴 또는 개방할 수 없을 것

46 화재의 예방 및 안전관리에 관한 법령상 화재의 예방상 위험하다고 인정되는 행위를 하는 사람에게 행위의 금지 또는 제한 명령을 할 수 있는 사람은? `21년-2회`

① 소방본부장
② 시·도지사
③ 의용소방대원
④ 소방대상물의 관리자

47 화재의 예방 및 안전관리에 관한 법령상 총괄소방안전관리자 선임대상 특정소방대상물의 기준 중 틀린 것은? `18년-1회, 개정반영`

① 판매시설 중 상점
② 복합건축물(지하층을 제외한 층수가 11층 이상인 건축물)
③ 지하가(지하의 인공구조물 안에 설치된 상점 및 사무실, 그 밖에 이와 비슷한 시설이 연속하여 지하도에 접하여 설치된 것과 그 지하도를 합한 것)
④ 복합건축물로서 연면적이 $30,000m^2$ 이상인 것

48 시·도지사는 도시의 건물 밀집지역 등 화재가 발생할 우려가 높거나 화재가 발생하는 경우 그로 인하여 피해가 클 것으로 예상되는 일정한 구역으로서 대통령령이 정하는 지역을 어떤 지구로 지정할 수 있는가? `06년-4회, 개정반영`

① 화재예방강화지구
② 화재예방강화구역
③ 방화경계구역
④ 재난재해지역

49 경유의 저장량이 2,000리터, 중유의 저장량이 4,000리터, 등유의 저장량이 2,000리터인 저장소에 있어서 지정수량의 배수는? `19년-1회`

① 동 일
② 6배
③ 3배
④ 2배

50 피난시설, 방화구획 또는 방화시설을 폐쇄·훼손·변경 등의 행위를 3차 이상 위반한 경우에 대한 과태료 부과기준으로 옳은 것은? `18년-4회`

① 200만 원
② 300만 원
③ 500만 원
④ 1,000만 원

51 화재예방을 위하여 보일러와 벽·천장 사이의 거리는 몇 [m] 이상이 되도록 하여야 하는가? 08년-2회

① 0.5m
② 0.6m
③ 0.9m
④ 1.2m

52 건축물 등의 신축·증축·개축·재축 또는 이전의 허가·협의 및 사용승인의 권한이 있는 행정기관은 건축허가 등을 함에 있어서 미리 그 건축물 등의 공사 시공지 또는 소재지를 관할하는 소방본부장 또는 소방서장의 동의를 받아야 한다. 다음 중 건축허가 등의 동의대상물의 범위로서 옳지 않은 것은? 13년-4회

① 주차장으로 사용되는 층 중 바닥면적이 $200m^2$ 이상인 층이 있는 시설
② 무창층이 있는 건축물로서 바닥면적이 $150m^2$ 이상인 층이 있는 것
③ 승강기 등 기계장치에 의한 주차시설로서 자동차 10대 이상을 주차할 수 있는 시설
④ 수련시설로서 연면적 $200m^2$ 이상인 건축물

53 위험물안전관리법령에서 규정하는 제3류 위험물의 품명에 속하는 것은? 15년-1회

① 나트륨
② 염소산염류
③ 무기과산화물
④ 유기과산화물

54 소방자동차가 화재진압 및 구조·구급활동을 위하여 출동하는 때 소방자동차의 출동을 방해한 자의 벌칙으로 알맞은 것은? 08년-2회

① 10년 이하의 징역 또는 5천만 원 이하의 벌금에 처함
② 5년 이하의 징역 또는 5천만 원 이하의 벌금에 처함
③ 3년 이하의 징역 또는 2천만 원 이하의 벌금에 처함
④ 2년 이하의 징역 또는 1천5백만 원 이하의 벌금에 처함

55 소방시설 설치 및 관리에 관한 법령상 제조 또는 가공공정에서 방염처리를 한 물품 중 방염대상물품이 아닌 것은? 22년-2회, 개정반영

① 카펫
② 전시용 합판
③ 창문에 설치하는 커튼류
④ 두께가 $2mm$ 미만인 종이벽지

56 위험물을 취급함에 있어 정전기가 발생할 우려가 있는 설비에 정전기를 유효하게 제거하기 위한 방법과 거리가 먼 것은? 09년-2회

① 접지에 의한 방법
② 공기 중의 상대습도를 70% 이상으로 하는 방법
③ 공기를 이온화하는 방법
④ 제습기를 가동시키는 방법

57 소방용수시설 및 지리조사의 실시 횟수는 어느 정도가 적당한가? 05년-4회

① 주 1회 이상
② 주 2회 이상
③ 월 1회 이상
④ 분기별 1회 이상

58 소방시설공사업법령상 소방시설공사의 하자보수 보증기간이 3년이 아닌 것은? 20년-3회

① 자동소화장치
② 무선통신보조설비
③ 자동화재탐지설비
④ 간이스프링클러설비

59 지정수량의 몇 배 이상의 위험물을 취급하는 제조소에는 피뢰침을 설치하여야 하는가? (단, 제6류 위험물을 취급하는 위험물제조소는 제외) 25년

① 5배
② 10배
③ 50배
④ 100배

60 화재의 예방 및 안전관리에 관한 법상 화재의 예방조치 명령이 아닌 것은? 15년-4회, 개정반영

① 모닥불·흡연 및 화기 취급의 금지 또는 제한
② 풍등 등 소형열기구 날리기 행위의 금지 또는 제한
③ 소방차량의 통행이나 소화활동에 지장을 줄 수 있는 물건의 이동
④ 불이 번지는 것을 막기 위하여 불이 번질 우려가 있는 소방대상물의 사용 제한

4과목 소방기계시설의 구조 및 원리

61 소화기구 및 자동소화장치의 화재안전기준상 바닥면적이 $280m^2$인 발전실에 부속용도별로 추가하여야 할 적응성이 있는 소화기의 최소 수량은 몇 개인가? `21년-4회`

① 2
② 4
③ 6
④ 12

62 옥외소화전이 3개 설치된 소방대상물에서 동시에 2개를 개방하였을 때 노즐선단의 압력은 얼마 이상이어야 하나? `04년-4회`

① $0.17MPa$
② $0.25MPa$
③ $0.35MPa$
④ $0.4MPa$

63 인산염을 주성분으로 한 분말소화약제를 사용하는 분말소화설비의 소화약제 저장용기의 내용적은 소화약제 $1kg$당 얼마이어야 하는가? `11년-1회`

① 0.8ℓ
② 0.92ℓ
③ 1ℓ
④ 1.25ℓ

64 포소화설비의 화재안전기준상 포소화설비의 자동식 기동장치에 폐쇄형 스프링클러 헤드를 사용하는 경우에 대한 설치기준 중 다음 (   ) 안에 알맞은 것은? (단, 자동화재탐지설비의 수신기가 설치된 장소에 상시 사람이 근무하고 있고, 화재 시 즉시 해당 조작부를 작동시킬 수 있는 경우는 제외한다) `22년-1회`

- 표시온도가 (㉠)℃ 미만인 것을 사용하고 1개의 스프링클러 헤드의 경계면적은 (㉡)m^2 이하로 할 것
- 부착면의 높이는 바닥면으로부터 (㉢)m 이하로 하고 화재를 유효하게 감지할 수 있도록 할 것

① ㉠ 60, ㉡ 10, ㉢ 7
② ㉠ 60, ㉡ 20, ㉢ 7
③ ㉠ 79, ㉡ 10, ㉢ 5
④ ㉠ 79, ㉡ 20, ㉢ 5

65 완강기의 형식승인 및 제품검사의 기술기준상 완강기의 최대 사용하중은 최소 몇 N 이상의 하중이어야 하는가? `20년-1·2회`

① 800
② 1,000
③ 1,200
④ 1,500

66 스프링클러설비의 화재안전기준상 조기반응형 스프링클러 헤드를 설치해야 하는 장소가 아닌 것은? `21년-1회`

① 수련시설의 침실
② 공동주택의 거실
③ 오피스텔의 침실
④ 병원의 입원실

67 분말소화설비의 배관 청소용 가스는 어떻게 저장·유지·관리하여야 하는가? `15년-4회`

① 축압용 가스용기에 가산 저장 유지
② 가압용 가스용기에 가산 저장 유지
③ 별도 용기에 저장 유지
④ 필요시에만 사용하므로 평소에 저장 불필요

68 옥내소화전설비가 각 층 5개씩 설치되어 있을 때 당해 건물의 옥내소화전 전용수원은 얼마 이상 확보하여야 하는가? `04년-1회`

① $13m^3$ 이상
② $5.2m^3$ 이상
③ $2.6m^3$ 이상
④ $1.3m^3$ 이상

69 스프링클러 헤드의 배치에서 랙크식 창고(내화구조)에서는 방호대상물의 각 부분으로부터 수평거리(헤드의 살수반경)는 몇 m 이하인가? `11년-2회, 개정반영`

① 1.7
② 2.1
③ 2.3
④ 3.2

70 작동전압이 22,900[V]의 고압의 전기기기가 있는 장소에 물분무설비를 설치할 때 전기기기와 물분무 헤드 사이의 최소 이격거리는 얼마로 해야 하는가? `19년-2회`

① 70[cm] 이상
② 80[cm] 이상
③ 110[cm] 이상
④ 150[cm] 이상

71 이산화탄소 소화약제의 저장용기 설치기준에 적합하지 않은 것은? `07년-1회`

① 온도가 60℃ 이상인 장소
② 방호구역 외의 장소에 설치할 것
③ 직사광선 및 빗물이 침투할 우려가 없는 곳
④ 온도의 변화가 적은 곳에 설치

72 포소화설비에서 펌프의 토출관에 압입기를 설치하여 포소화약제 압입용 펌프로 포소화약제를 압입시켜 혼합하는 방식은? `22년-2회`

① 라인 프로포셔너
② 펌프 프로포셔너
③ 프레져 프로포셔너
④ 프레져사이드 프로포셔너

73 물분무소화설비를 설치하는 주차장의 배수설비 설치기준으로 틀린 것은? `16년-2회`

① 차량이 주차하는 장소의 적당한 곳에 높이 10cm 이상의 경계턱으로 배수구를 설치한다.
② 40m 이하마다 기름분리장치를 설치한다.
③ 차량이 주차하는 바닥은 배수구를 향하여 100분의 1 이상의 기울기를 유지한다.
④ 가압송수장치의 최대송수능력의 수량을 유효하게 배수할 수 있는 크기 및 기울기로 설치한다.

74 제연구획에 관한 설명 중 적합하지 않는 것은? `06년-1회`

① 하나의 제연구획 면적은 1,000m^2 이내로 한다.
② 제연설비를 설치하여야 할 당해 층에 실내 마감재가 불연재로 된 경우에는 하나의 제연구획을 1,500m^2까지 할 수 있다.
③ 통로상의 제연구획은 보행중심선의 길이가 60m를 초과하지 아니한다.
④ 거실과 통로는 상호제연구획할 것

75 호스릴 이산화탄소소화설비에 있어서는 하나의 노즐에 대하여 몇 kg 이상으로 하여야 하는가? `10년-4회`

① 45kg 이상
② 60kg 이상
③ 90kg 이상
④ 120kg 이상

76 12층 건물에 설치하는 스프링클러설비에 있어서 필요한 소화펌프에 직결시킬 전동기 용량(kW)으로 적절한 것은?
(단, Q는 2.4m^3/min, 펌프의 전양정은 70m, E는 0.6, 전달계수는 1.1이다) `04년-4회`

① 20[kW]
② 30[kW]
③ 40[kW]
④ 50[kW]

77 연결송수관설비에 관한 설명 중 옳은 것은? `06년-4회`

① 송수구는 단구형으로 하고, 소방펌프자동차가 쉽게 접근할 수 있는 위치에 설치할 것
② 송수구의 부근에는 체크밸브만 설치할 것(단, 건식설비의 경우는 제외한다)
③ 주배관의 구경은 65mm 이상으로 할 것
④ 지면으로부터의 높이가 31m 이상인 소방대상물에 있어서는 습식설비로 할 것

78 분말소화설비의 저장용기 내부압력이 설정압력이 될 때 주밸브를 개방하는 것은? `14년-1회`

① 한시계전기
② 지시압력계
③ 압력조정기
④ 정압작동장치

79 스프링클러설비의 화재안전기준에 따라 개방형 스프링클러설비에서 하나의 방수구역을 담당하는 헤드 개수는 최대 몇 개 이하로 설치하여야 하는가? 20년-1·2회

① 30
② 40
③ 50
④ 60

80 상수도 소화용수설비의 화재안전기준상 상수도 소화용수설비 소화전의 설치기준 중 다음 ( ) 안에 알맞은 것은? 22년-1회

호칭지름 (㉠)mm 이상의 수도배관에 호칭지름 (㉡)mm 이상의 소화전을 접속할 것

① ㉠ 65, ㉡ 120
② ㉠ 75, ㉡ 100
③ ㉠ 80, ㉡ 90
④ ㉠ 100, ㉡ 100

제1회 문제은행 기출유형 모의고사 해설

01	02	03	04	05	06	07	08	09	10	11	12	13	14	15	16	17	18	19	20
②	①	④	①	④	④	③	②	②	④	②	②	②	②	②	①	④	③	④	②
21	22	23	24	25	26	27	28	29	30	31	32	33	34	35	36	37	38	39	40
②	③	④	②	①	②	④	③	②	②	②	④	②	②	①	①	①	①	②	④
41	42	43	44	45	46	47	48	49	50	51	52	53	54	55	56	57	58	59	60
④	①	①	①	②	①	①	①	②	②	②	③	①	②	④	④	③	②	②	④
61	62	63	64	65	66	67	68	69	70	71	72	73	74	75	76	77	78	79	80
③	②	③	④	④	②	③	②	③	①	①	④	②	②	④	②	④	④	③	②

1과목 소방원론

01 정답 ②

퓨리에법칙에 의한 전도열량 $\dot{q} = k \cdot A \cdot \frac{\triangle T}{l}$ 로

→ $\dot{q} \propto k \propto \triangle T \propto \frac{1}{l}$ 로 두께에 반비례한다.

02 정답 ①

열전도율이 클 경우 가연물에 열이 축적되지 않고 주변으로 방출이 용이하여 자연발화가 잘 발생하지 않는다.

03 정답 ④

분말소화약제의 주성분

구 분	주성분
제1종 분말	탄산수소나트륨
제2종 분말	탄산수소칼륨
제3종 분말	제1인산암모늄
제4종 분말	탄산수소칼륨+요소

04 정답 ①

디토네이션=폭굉으로, 폭굉은 연소의 전파속도가 음속보다 빠른 것을 말한다.

05 정답 ④

H형 피난통로의 경우 패닉 발생 우려가 크다.

06 정답 ④

수증기폭발은 상변화에 의한 압력상승이 발생하는 폭발로서 물리적 폭발의 한 종류이다.

07 정답 ③

이황화탄소(102℃)<휘발유(246℃)<아세톤(465℃)<벤젠(498℃)의 순서이다.

08 정답 ②

할론 1211의 분자식은 CF_2ClBr 이다.

09 정답 ②

마그네슘이 물과 반응 시 수소가스가 발생된다.

10 정답 ④

분말소화약제의 주성분

구 분	분자식(주성분)
제1종 분말	$NaHCO_3$
제2종 분말	$KHCO_3$
제3종 분말	$NH_4H_2PO_4$
제4종 분말	$KHCO_3 + CO(NH_2)_2$

11 정답 ②
조연성 가스
산소, 공기, 오존, 불소, 염소

12 정답 ②
증기비중

종 류	증기비중
CO_2	1.52
Halon 1301	5.1
Halon 2402	9.0
Halon 1211	5.7

Tip 할론 소화약제 중 2402가 가장 비중이 크다.

13 정답 ②
무선통신보조설비는 소화활동설비이다.

14 정답 ②
정전기 메커니즘
전하의 발생(정전기의 발생) → 전하의 축적(에너지 축적) → 방전(에너지 방출) → 가연물 존재 시 발화

15 정답 ②
연쇄반응 차단은 화학적 방법에 의한 소화원리이다.

16 정답 ①
산소농도를 15% 미만으로 하여 소화하는 것은 질식소화 방법이다.

17 정답 ④
공기 중 산소농도(부피 : vol%)는 약 21%이다.

18 정답 ③
황린의 지정수량은 $20kg$이다.
Tip 해당 보기들 중 다른 물질의 지정수량은 굳이 숙지할 필요 없음

19 정답 ④
착화온도(발화점)

품 명	착화온도(발화점)
휘발유	246℃
이황화탄소	102℃
적 린	260℃
황 린	30℃

Tip 출제되는 문제 중 황린의 발화점이 가장 낮다는 것을 반드시 기억할 것

20 정답 ②
일산화탄소(CO)는 헤모글로빈(Hb)과 결합하여 카복시헤모글로빈(COHb)을 형성하여 인체 내의 산소의 운반을 저해한다.

2과목 소방유체역학

21 정답 ②
$$\triangle H[m] = K \cdot \frac{V^2}{2g}, \quad \triangle P[Pa] = K \cdot \frac{\rho V^2}{2}$$
$$\triangle H = \frac{\triangle P}{\gamma} = \frac{\triangle P}{S \times \gamma_w} = \frac{4,000}{0.8 \times 9,800} = 0.51[m]$$
$$K = \triangle H \times \frac{2g}{V^2} = 0.51 \times \frac{2 \times 9.8}{2^2} = 2.5$$
$$l_e = \frac{Kd}{f} = \frac{2.5 \times 0.1}{0.02} = 12.5$$

22 정답 ③
$$\dot{Q} = A \times V = A \times \sqrt{2g(h - h_f)}$$
$$= \frac{\pi \times 0.2^2}{4} \times \sqrt{2 \times 9.8 \times (5 - 0.2)}$$
$$= 0.3047 ≒ 0.305[m^3/s]$$

23 정답 ④
베르누이 방정식 성립조건
- 비점성 유체(마찰손실 X)
- 비압축성 유체
- 유선을 따르는 유동
- 정상 유동

24 정답 ②

펌프의 회전수를 높이게 되면 유체의 속도가 증가하므로 배관 내의 압력이 저하되어 캐비테이션 발생이 용이해진다.

25 정답 ①

축동력 $L_s[W] = \dfrac{\gamma \dot{Q} H}{\eta_t}$

유량 $\dot{Q}[m^3/s] = \dfrac{L_s \times \eta_t \times 1,000}{\gamma_w \times H}$

$\dot{Q} = \dfrac{70 \times 1,000 \times 0.78}{9,800 \times 60} = 0.093[m^3/s] ≒ 5.57[m^3/\min]$

26 정답 ②

수문에 가해지는 힘(F_g)

$F_g = \gamma h_c A = \gamma_w y_c \sin\theta A$ ∴ $y_c = \dfrac{3}{2} = 1.5[m]$

$= 9,800 \times 1.5 \times \sin(30) \times (3 \times 0.5)$
$= 11,025[N] = 11.025[kN]$

작용점

$y_F = y_c + \dfrac{I_M}{A \times y_c} = 1.5 + \dfrac{0.5 \times 3^3/12}{(3 \times 0.5) \times 1.5} = 2[m]$

수문을 개방하기 위한 최소힘(F_o)
힌지로부터 작용점까지의 거리 $y_1 = 2[m]$
수문의 길이 $y_2 = 3[m]$

$\rightarrow F_o = \dfrac{F_g \times y_1}{y_2} = \dfrac{11.025 \times 2}{3} = 7.35[kN]$

27 정답 ①

$\mu = kg/m \cdot s = ML^{-1}T^{-1}$

28 정답 ④

대류 열전달의 열유속
$\dot{q}_V'' = h \cdot (T_H - T_L) = 20 \times (80 - 40) = 800[W/m^2]$

29 정답 ③

과정변화별 지수
- 단열변화 = k
- 등온변화 = 1
- 정적변화 = ∞
- 정압변화 = 0

30 정답 ②

레이놀즈 수 $Re = \dfrac{\rho V d}{\mu} = \dfrac{V d}{\nu} = \dfrac{관성력}{점성력}$

31 정답 ②

C, D 지점은 수평이므로 $P_C = P_D$를 기준으로 보면
$P_A + S_1 \times \gamma_w h_1 = P_B + S_2 \times \gamma_w h_2 + S_3 \times \gamma_w h_3$가 되고
조건이 $P_A = P_B$이므로, 정리하면
$S_1 \times \gamma_w h_1 = S_2 \times \gamma_w h_2 + S_3 \times \gamma_w h_3$가 된다.

$h_2 = \dfrac{S_1 \times \gamma_w h_1 - S_3 \times \gamma_w h_3}{S_2 \times \gamma_w}$

$= \dfrac{0.82 \times 9,800 \times 0.38 - 0.82 \times 9,800 \times 0.15}{13.6 \times 9,800}$

$= 0.0139[m]$

$h_2 = 0.0139[m] = 13.9[mm]$

32 정답 ④

$L[W] = \dfrac{\gamma \dot{Q} H}{\eta_t} \times k = \dfrac{9,800 \times 800 \times 50}{0.65 \times 60 \times 1,000} \times 1.1$

$= 11,056[W]$

$L[W] = 11,056[W] ≒ 11.1[kW]$

33 정답 ④

층류상태에서 마찰손실은 $\triangle H = \dfrac{128\mu l \dot{Q}}{\rho g \pi d^4}$ 이므로

$\triangle H \propto \dot{Q}$로 유량은 압력강하량에 비례한다.

34 정답 ②

떠 있는 물체가 잠기는 데 필요한 힘
$\rightarrow F_d = F_B - W$

비중 1.26인 글리세린에 완전히 잠겼을 때 부력 →
$F_B = \gamma V = S \times \gamma_w V$
$= 1.26 \times 9,800 \times (0.08 \times 0.08 \times 0.08) = 6.322[N]$

물체의 중량(W) = 잠긴 부피만큼의 유체의 중량
잠긴 부피는 전체의 절반이므로

$W = S \times \gamma_w V_{잠김} = 1.26 \times 9,800 \times (0.08 \times 0.08 \times 0.04)$
$= 3.161[N]$

필요한 힘 → $F_d = 6.322 - 3.161 = 3.161[N] ≒ 3.16[N]$

35 정답 ③

관 내 압력손실 $\triangle P[Pa] = f \cdot \dfrac{l}{d} \cdot \dfrac{\rho V^2}{2}$

$\triangle P_1 : V^2 = \triangle P_2 : (2V)^2$

$\Rightarrow \triangle P_2 = \dfrac{4V^2}{V^2} \times \triangle P_1 = 4 \triangle P_1$

36 정답 ①

계기압력이므로 대기압은 무시한다.
$P_A[Pa] = \gamma_2 h_2 - \gamma_1 h_1 = \rho_2 g h_2 - \rho_1 g h_1$
$P_A[Pa] = 1,360 \times 9.8 \times 0.8 - 1,000 \times 9.8 \times 0.5$
$\qquad = 101,724[Pa]$
$101,724[Pa] = 101.7[kPa]$

37 정답 ①

$h[m] = \dfrac{4\sigma \cos\theta}{\gamma \cdot d} \;\to\; h \propto \sigma \propto \dfrac{1}{\gamma} \propto \dfrac{1}{\rho} \propto \dfrac{1}{g} \propto \dfrac{1}{d}$

지름, 밀도, 중력이 클수록 모세관 상승높이는 낮아진다.

38 정답 ①

기체의 점성(≒점성, 동점성계수)은 온도와 비례하고 액체의 점성(≒점성, 동점성계수)은 온도와 반비례한다.

39 정답 ②

$\beta = \dfrac{1}{K}$ → 압축률과 체적탄성계수는 역수(반비례) 관계

40 정답 ④

$NPSH_{av} = \dfrac{P_a}{\gamma} \pm H_h - H_f - \dfrac{P_v}{\gamma}$

$NPSH_{av} = \dfrac{101,300}{9,800} - 4 - 2 - \dfrac{3,300}{9,800} = 4[m]$

3과목　소방관계법규

41 정답 ④

오피스텔은 **업무시설**에 속하는 특정소방대상물이다.

42 정답 ①

소방용수시설의 수원(저수조)은 지면으로부터 **낙차가 4.5m 이하**일 것

43 정답 ①

제4류 위험물의 성질은 **인화성 액체**이다.

44 정답 ①

소방신호

구 분	발령 시기
경계신호	화재예방상 필요하거나 화재위험경보 시
발화신호	화재가 발생할 때
해제신호	소화활동이 필요 없다고 인정되는 때
훈련신호	훈련상 필요하다고 인정되는 때

45 정답 ②

유효한 개구부는 높이 $1.2m$ 이내, 도로 또는 빈터를 향하고 내·외부에서 쉽게 파괴 또는 개방할 수 있을 것

46 정답 ①

소방관서장은 화재 발생 위험이 크거나 소화 활동에 지장을 줄 수 있다고 인정되는 행위나 물건에 대하여 행위 당사자나 그 물건의 소유자, 관리자 또는 점유자에게 명령을 할 수 있다.

> **Tip** 소방관서장=소방청장, 소방본부장, 소방서장

47 정답 ①

총괄소방안전관리자를 선임해야 하는 대상물 중 판매시설은 **도매시장, 소매시장 및 전통시장**인 경우에 해당한다.

48 정답 ①

화재예방강화지구란 **시·도지사가 화재발생 우려가 크거나 화재가 발생할 경우 피해가 클 것으로 예상되는 지역**에 대하여 화재의 예방 및 안전관리를 강화하기 위해 **지정·관리**하는 지역을 말한다.

49 정답 ②

경유 : 2,000/1,000=2배
중유 : 4,000/2,000=2배
등유 : 2,000/1,000=2배
지정수량 : 2+2+2=6배

50 정답 ②

피난시설, 방화구획, 방화시설의 폐쇄 · 훼손 · 변경 시 과태료

위반 횟수	과태료
1차 위반	100만 원
2차 위반	200만 원
3차 이상 위반	300만 원

51 정답 ②

보일러 본체와 벽 · 천장 사이의 거리는 $0.6m$ 이상 이격하여 설치하여야 한다.

52 정답 ③

승강기 등 기계장치에 의한 주차시설로서 자동차 20대 이상을 주차할 수 있는 시설

53 정답 ①

나트륨은 제3류 위험물이다.

Tip 제3류 위험물은 자연발화성 또는 금수성 물질로, 대부분 륨, 늄 등으로 끝나는 금속물질이다.

54 정답 ②

모든 차와 사람은 소방자동차가 **화재진압 및 구조 · 구급 활동**을 위하여 출동을 할 때에는 이를 **방해하여서는 아니 된다**(5년 이하의 징역 또는 5천만 원 이하 벌금).

55 정답 ④

벽지류는 방염대상물품이나 **두께가 $2mm$ 미만인 종이벽지는 제외**된다.

56 정답 ④

④ 제습기 가동 시 상대습도가 낮아진다.

위험물 제조소등에서 정전기 제거설비
- 접지에 의한 방법
- 공기 중의 상대습도를 70% 이상으로 하는 방법
- 공기를 이온화하는 방법

57 정답 ③

소방용수시설 및 지리조사

구 분	내 용
실시자	소방본부장 또는 소방서장
조사 주기	**월 1회 이상** 실시
보관 기간	조사결과를 2년간 보관

58 정답 ②

무선통신보조설비의 하자보수 보증기간은 2년이다.

59 정답 ②

지정수량의 10배 이상의 위험물을 취급하는 제조소(제6류 위험물을 취급하는 위험물제조소를 제외한다)에는 **피뢰침을 설치**하여야 한다.

60 정답 ④

불이 번지는 것을 막기 위한 행위는 소화활동이다.

4과목 소방기계시설의 구조 및 원리

61 정답 ③

발전실은 바닥면적 $50[m^2]$마다 1개 이상 수동식 소화기를 비치하여야 하므로, $280 \div 50 = 5.6 \Rightarrow 6$[단위]이다.

62 정답 ②

옥외소화전의 최소방수압력은 $0.25[MPa]$ 이상이 나와야 한다.
옥외소화전의 기준개수는 2개로 기준개수가 개방될 때 모든 방수구에서 법적 최소방수압력 이상이어야 한다.

63 정답 ③

분말소화약제 $1kg$당 저장용기의 내용적 기준

종 류	소화약제 $1kg$당 저장용기의 내용적
제1종 분말	$0.8L$
제2종 분말	$1.0L$
제3종 분말	$1.0L$
제4종 분말	$1.25L$

64 정답 ④

포소화설비에서 자동식 기동장치를 폐쇄형 스프링클러 헤드로 설치하는 경우 **표시온도** 79℃ **미만**, 1개의 스프링클러 헤드의 **경계면적은** $20m^2$ **이하**, 부착면의 높이는 **바닥으로부터** $5m$ **이하**가 되도록 설치할 것

65 정답 ④

완강기의 최대 사용하중은 $1,500[N]$ 이상일 것

66 정답 ①

조기반응형 스프링클러 헤드의 설치장소
- 공동주택ㆍ노유자시설의 거실
- 오피스텔ㆍ숙박시설의 침실
- 병원ㆍ의원의 입원실

67 정답 ③

저장용기 및 배관의 청소에 필요한 양의 가스는 **별도의 용기에 저장**하여야 한다.

68 정답 ②

옥내소화전의 수원은 기준개수가 소화전이 가장 많이 설치된 층의 개수를 기준으로 하지만 최대 2개이므로 $2 \times 2.6[m^3] = 5.2[m^3]$ 이상 확보하여야 한다.

69 정답 ③

내화구조인 랙식 창고의 경우에 스프링클러 헤드의 수평거리는 $2.3m$ 이하가 되도록 설치하여야 한다.

70 정답 ①

전기기기와 물분무 헤드 사이의 거리

전압[kV]	거리[cm]	전압[kV]	거리[cm]
66↓	70↑	154~181↓	180↑
66~77↓	80↑	181~220↓	210↑
77~110↓	110↑	220~275↓	260↑
110~154↓	150↑	–	–

71 정답 ①

이산화탄소 소화약제의 저장용기는 40℃ **이하**이고, 온도 변화가 작은 곳에 설치할 것

72 정답 ④

포소화설비에서 포소화약제 **압입용 펌프**를 따로 가지고 있는 혼합방식은 **프레져사이드 프로포셔너** 방식이다.

73 정답 ③

차고 또는 주차장에 설치하는 배수설비는 차량이 주차하는 바닥은 배수구를 향하여 100분의 2 이상의 기울기를 유지하여야 한다.

74 정답 ②

하나의 제연구역의 면적은 $1,000m^2$ **이내로 할 것**(제연구역의 면적은 구조와 무관하다)

75 정답 ③

호스릴 이산화탄소소화설비의 약제량은 하나의 노즐에 대하여 $90kg$ **이상**으로 하여야 한다.

76 정답 ④

전동기 용량

$$L = \frac{\gamma QH}{\eta} \times k = \frac{9,800 \times \frac{2.4}{60} \times 70}{0.6} \times 1.1 = 50,307[W]$$

$L = 50,307[W] ≒ 50[kW]$

77 정답 ④

① 송수구는 쌍구형으로 한다.
② 송수구(습식)는 송수구-자동배수밸브-체크밸브로 구성되어 있다.
③ 주배관의 구경은 $100mm$ 이상이다.

78 정답 ④

저장용기의 내부압력이 설정압력으로 되었을 때 주밸브를 개방하는 **정압작동장치**를 설치한다.

79 정답 ③

스프링클러설비에서 1개의 방수구역에서 담당하는 개방형 헤드의 개수는 50개 이하로 한다.

80 정답 ②

호칭지름 **75밀리미터** 이상의 수도배관에 호칭지름 **100밀리미터** 이상의 소화전을 접속할 것

제2회 문제은행 기출유형 모의고사

1과목 소방원론

01 다음 물질의 저장창고에서 화재가 발생하였을 때 주수소화를 할 수 없는 물질은? (20년-1·2회)

① 부틸리튬
② 질산에틸
③ 나이트로셀룰로스
④ 적 린

02 0℃, 1기압에서 $44.8 m^3$의 용적을 가진 이산화탄소를 액화하여 얻을 수 있는 액화탄산가스의 무게는 약 몇 kg인가? (20년-1·2회)

① 88
② 44
③ 22
④ 11

03 제거소화의 예에 해당하지 않는 것은? (20년-1·2회)

① 밀폐공간에서의 화재 시 공기를 제거한다.
② 가연성 가스 화재 시 가스의 밸브를 닫는다.
③ 산림화재 시 확산을 막기 위하여 산림의 일부를 벌목한다.
④ 유류탱크 화재 시 연소되지 않은 기름을 다른 탱크로 이동시킨다.

04 다음 중 전산실, 통신기기실 등에서의 소화에 가장 적합한 것은? (19년-4회)

① 스프링클러설비
② 옥내소화전설비
③ 분말소화설비
④ 할로겐화합물 및 불활성기체 소화설비

05 가연물의 제거와 가장 관련이 없는 소화방법은? (19년-4회)

① 유류화재 시 유류공급 밸브를 잠근다.
② 산불화재 시 나무를 잘라 없앤다.
③ 팽창진주암을 사용하여 진화한다.
④ 가스화재 시 중간밸브를 잠근다.

06 BLEVE 현상을 설명한 것으로 가장 옳은 것은? (19년-4회)

① 물이 뜨거운 기름표면 아래에서 끓을 때 화재를 수반하지 않고 over flow되는 현상
② 물이 연소유의 뜨거운 표면에 들어갈 때 발생되는 over flow 현상
③ 탱크 바닥에 물과 기름의 에멀전이 섞여있을 때 물의 비등으로 인하여 급격하게 over flow 되는 현상
④ 탱크 주위 화재로 탱크 내 인화성 액체가 비등하고 가스부분의 압력이 상승하여 탱크가 파괴되고 폭발을 일으키는 현상

07 화재강도(Fire Intensity)와 관계가 없는 것은? 〔19년-4회〕

① 가연물의 비표면적
② 발화원의 온도
③ 화재실의 구조
④ 가연물의 발열량

08 화재 시 이산화탄소를 방출하여 산소농도를 13vol%로 낮추어 소화하기 위한 공기 중 이산화탄소의 농도는 약 몇 vol%인가? 〔19년-4회〕

① 9.5
② 25.8
③ 38.1
④ 61.5

09 다음 중 인명구조기구에 속하지 않는 것은? 〔19년-4회〕

① 방열복
② 공기안전매트
③ 공기호흡기
④ 인공소생기

10 다음 중 인화점이 가장 낮은 물질은? 〔19년-4회〕

① 산화프로필렌
② 이황화탄소
③ 메틸알코올
④ 등 류

11 화재실의 연기를 옥외로 배출시키는 제연방식으로 효과가 가장 적은 것은? 〔19년-2회〕

① 자연 제연방식
② 스모크타워 제연방식
③ 기계식 제연방식
④ 냉난방설비를 이용한 제연방식

12 다음 위험물 중 특수인화물이 아닌 것은? 〔19년-2회〕

① 아세톤
② 디에틸에테르
③ 산화프로필렌
④ 아세트알데히드

13 물의 소화능력에 관한 설명 중 틀린 것은? 〔19년-2회〕

① 다른 물질보다 비열이 크다.
② 다른 물질보다 융해잠열이 작다.
③ 다른 물질보다 증발잠열이 크다.
④ 밀폐된 장소에서 증발가열되면 산소희석작용을 한다.

14 탱크화재 시 발생되는 보일오버(Boil Over)의 방지방법으로 틀린 것은? 〔19년-2회〕

① 탱크 내용물의 기계적 교반
② 물의 배출
③ 과열 방지
④ 위험물 탱크 내의 하부에 냉각수 저장

15 이산화탄소의 질식 및 냉각 효과에 대한 설명 중 틀린 것은? `19년-1회`

① 이산화탄소의 증기비중이 산소보다 크기 때문에 가연물과 산소의 접촉을 방해한다.
② 액체 이산화탄소가 기화되는 과정에서 열을 흡수한다.
③ 이산화탄소는 불연성 가스로서 가연물의 연소반응을 방해한다.
④ 이산화탄소는 산소와 반응하며 이 과정에서 발생한 연소열을 흡수하므로 냉각효과를 나타낸다.

16 분말소화약제 분말입도의 소화성능에 관한 설명으로 옳은 것은? `19년-1회`

① 미세할수록 소화성능이 우수하다.
② 입도가 클수록 소화성능이 우수하다.
③ 입도와 소화성능과는 관련이 없다.
④ 입도가 너무 미세하거나 너무 커도 소화성능은 저하된다.

17 피난로의 안전구획 중 2차 안전구획에 속하는 것은? `18년-4회`

① 복 도
② 계단부속실(계단전실)
③ 계 단
④ 피난층에서 외부와 직면한 현관

18 경유화재가 발생했을 때 주수소화가 오히려 위험할 수 있는 이유는? `18년-4회`

① 경유는 물과 반응하여 유독가스를 발생하므로
② 경유의 연소열로 인하여 산소가 방출되어 연소를 돕기 때문에
③ 경유는 물보다 비중이 가벼워 화재면의 확대 우려가 있으므로
④ 경유가 연소할 때 수소가스를 발생하여 연소를 돕기 때문에

19 제3종 분말소화약제에 대한 설명으로 틀린 것은? `18년-4회`

① A, B, C급 화재에 모두 적응한다.
② 주성분은 탄산수소칼륨과 요소이다.
③ 열분해 시 발생되는 불연성 가스에 의한 질식 효과가 있다.
④ 분말운무에 의한 열방사를 차단하는 효과가 있다.

20 표준상태에 있는 메탄가스의 밀도는 몇 g/L인가? `15년-2회`

① 0.21
② 0.41
③ 0.71
④ 0.91

2과목 소방유체역학

21 동일한 노즐구경을 갖는 소방차에서 방수압력이 1.5배가 되면 방수량은 몇 배로 되는가?

① 1.22배
② 1.41배
③ 1.52배
④ 2.25배

22 전양정 $80m$, 토출량 $500L/\min$인 물을 사용하는 소화펌프가 있다. 펌프효율 65%, 전달계수(K) 1.1인 경우 필요한 전동기의 최소동력(kW)은?

① 9
② 11
③ 13
④ 15

23 직사각형 단면의 덕트에서 가로와 세로가 각각 a 및 $1.5a$이고, 길이가 L이며, 이 안에서 공기가 V의 평균속도로 흐르고 있다. 이때 손실수두를 구하는 식으로 옳은 것은?
(단, f는 이 수력지름에 기초한 마찰계수이고, g는 중력가속도를 의미한다)

① $f\dfrac{L}{a}\dfrac{V^2}{2.4g}$
② $f\dfrac{L}{a}\dfrac{V^2}{2g}$
③ $f\dfrac{L}{a}\dfrac{V^2}{1.4g}$
④ $f\dfrac{L}{a}\dfrac{V^2}{g}$

24 다음 중 열전달 매질이 없이도 열이 전달되는 형태는?

① 전도
② 자연대류
③ 복사
④ 강제대류

25 양정 $220m$, 유량 $0.025m^3/s$, 회전수 $2,900\ rpm$인 4단 원심펌프의 비교회전도(비속도) $[m^3/\min,\ m,\ rpm]$는 얼마인가?

① 176
② 167
③ 45
④ 23

26 주어진 물리량의 단위로 옳지 않은 것은?

① 펌프의 양정 : m
② 동압 : MPa
③ 속도수두 : m/s
④ 밀도 : kg/m^3

27 수은이 채워진 U자관에 수은보다 비중이 작은 어떤 액체를 넣었다. 액체기둥의 높이가 $10cm$, 수은과 액체의 자유 표면의 높이 차이가 $6cm$일 때 이 액체의 비중은?
(단, 수은의 비중은 13.6이다)

① 5.44
② 8.16
③ 9.63
④ 10.88

28 흐르는 유체에서 정상류의 의미로 옳은 것은?　21년-1회

① 흐름의 임의의 점에서 흐름특성이 시간에 따라 일정하게 변하는 흐름
② 흐름의 임의의 점에서 흐름특성이 시간에 관계없이 항상 일정한 상태에 있는 흐름
③ 임의의 시각에 유로 내 모든 점의 속도벡터가 일정한 흐름
④ 임의의 시각에 유로 내 각 점의 속도벡터가 다른 흐름

29 그림에서 두 피스톤이 지름이 각각 $30\,cm$와 $5\,cm$이다. 큰 피스톤이 $1\,cm$ 아래로 움직이면 작은 피스톤은 위로 몇 cm 움직이는가?　21년-1회

① 1
② 5
③ 30
④ 36

30 베르누이 방정식을 적용할 수 있는 기본 전제조건으로 옳은 것은?　17년-1회

① 비압축성 흐름, 점성 흐름, 정상 유동
② 압축성 흐름, 비점성 흐름, 정상 유동
③ 비압축성 흐름, 비점성 흐름, 비정상 유동
④ 비압축성 흐름, 비점성 흐름, 정상 유동

31 Newton의 점성법칙에 대한 옳은 설명으로 모두 짝지은 것은?　21년-1회

㉮ 전단응력은 점성계수와 속도기울기의 곱이다.
㉯ 전단응력은 점성계수에 비례한다.
㉰ 전단응력은 속도기울기에 반비례한다.

① ㉮, ㉯
② ㉯, ㉰
③ ㉮, ㉰
④ ㉮, ㉯, ㉰

32 대기압이 $90\,kPa$인 곳에서 진공 $76\,mmHg$는 절대압력(kPa)으로 약 얼마인가?　21년-1회

① 10.1
② 79.9
③ 99.9
④ 101.1

33 지름 $0.4\,m$인 관에 물이 $0.5\,m^3/s$로 흐를 때 길이 $300\,m$에 대한 동력손실은 $60\,kW$이었다. 이때 관 마찰계수(f)는 얼마인가?　21년-1회

① 0.0151
② 0.0202
③ 0.0256
④ 0.0301

34 물의 체적을 5% 감소시키려면 얼마의 압력(kPa)을 가하여야 하는가? (단, 물의 압축률은 $5\times10^{-10}\ m^2/N$이다) `20년-4회`

① 1
② 10^2
③ 10^4
④ 10^5

35 대기압하에서 10℃의 물 $2kg$이 전부 증발하여 100℃의 수증기로 되는 동안 흡수되는 열량(kJ)은 얼마인가? (단, 물의 비열은 $4.2kJ/kg\cdot K$, 기화열은 $2,250kJ/kg$이다) `20년-3회`

① 756
② 2,638
③ 5,256
④ 5,360

36 두 개의 가벼운 공을 그림과 같이 실로 매달아 놓았다. 두 개의 공 사이로 공기를 불어 넣으면 공은 어떻게 되겠는가? `20년-3회`

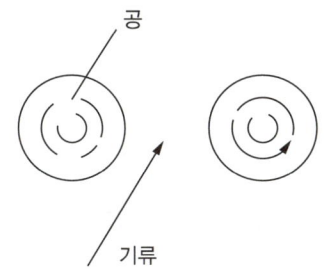

① 파스칼의 법칙에 따라 벌어진다.
② 파스칼의 법칙에 따라 가까워진다.
③ 베르누이의 법칙에 따라 벌어진다.
④ 베르누이의 법칙에 따라 가까워진다.

37 다음 중 뉴튼(Newton)의 점성법칙을 이용하여 만든 회전원통식 점도계는? `25년`

① 세이볼트(Saybolt) 점도계
② 오스왈트(Ostwald) 점도계
③ 레으우드(Redwood) 점도계
④ 맥미셸(MacMichael) 점도계

38 노즐의 계기압력 $400kPa$로 방사되는 옥내소화전에서 저수조의 수량이 $10m^3$이라면 저수조의 물이 전부 소비되는 데 걸리는 시간은 약 몇 분인가? (단, 노즐의 직경은 $10mm$이다) `15년-1회`

① 75
② 95
③ 150
④ 180

39 원관에서 길이가 2배, 속도가 2배가 되면 손실수두는 원래의 몇 배가 되는가? (단, 두 경우 모두 완전발달 난류유동에 해당되며, 관 마찰계수는 일정하다) `20년-3회`

① 동일하다.
② 2배
③ 4배
④ 8배

40 펌프가 운전 중에 한숨을 쉬는 것과 같은 상태가 되어 펌프 입구의 진공계 및 출구의 압력계 지침이 흔들리고 송출유량도 주기적으로 변화하는 이상현상을 무엇이라고 하는가? `20년-3회`

① 공동현상(cavitation)
② 수격작용(water hammering)
③ 맥동현상(surging)
④ 언밸런스(unbalance)

3과목　소방관계법규

41 다음 중 위험물과 그 지정수량의 조합으로 옳은 것은? `07년-1회`

① 황린 : 20kg
② 염소산염류 : 30kg
③ 과염소산 : 200kg
④ 알킬리튬 : 100kg

42 소방기본법상 소방활동에 필요한 소화전·급수탑·저수조를 설치하고 유지·관리하여야 하는 자는? `09년-4회`

① 관계인
② 소방대장
③ 시·도지사
④ 소방산업기술설비

43 가연성 가스를 저장·취급하는 시설로서 1급 소방안전관리대상물의 가연성 가스 저장·취급 기준으로 옳은 것은? `16년-1회`

① 100톤 미만
② 100톤 이상~1,000톤 미만
③ 500톤 이상~1,000톤 미만
④ 1,000톤 이상

44 다음 중 특수가연물에 해당되지 않는 것은? `15년-2회`

① 나무껍질 500kg
② 가연성 고체류 2,000kg
③ 목재가공품 $15m^3$
④ 가연성 액체류 $3m^3$

45 소방시설공사업법령에 따른 완공검사를 위한 현장확인 대상 특정소방대상물의 범위기준으로 틀린 것은? `21년-2회`

① 연면적 1만제곱미터 이상이거나 11층 이상인 특정소방대상물(아파트는 제외)
② 가연성 가스를 제조·저장 또는 취급하는 시설 중 지상에 노출된 가연성 가스탱크의 저장용량 합계가 1천톤 이상인 시설
③ 호스릴 방식의 소화설비가 설치되는 특정소방대상물
④ 문화 및 집회시설, 종교시설, 판매시설, 노유자시설, 수련시설, 운동시설, 숙박시설, 창고시설, 지하상가

46 화재의 예방 및 안전관리에 관한 법상 화재예방강화지구의 지정권자는? `20년-4회, 개정반영`

① 소방서장
② 시·도지사
③ 소방본부장
④ 행정안전부장관

47 제1류 위험물로서 산화성 고체에 해당되는 것은? `03년-1회`

① 아염소산염류
② 적 린
③ 알칼리토금속류
④ 철 분

48 소방시설업자가 특정소방대상물의 관계인에 대한 통보 의무사항이 아닌 것은? `15년-2회`

① 지위를 승계한 때
② 등록취소 또는 영업정지 처분을 받은 때
③ 휴업 또는 폐업한 때
④ 주소지가 변경된 때

49 다음 중 위험물의 성질이 자기반응성 물질에 속하지 않는 것은? `15년-4회`

① 유기과산화물
② 무기과산화물
③ 히드라진 유도체
④ 니트로화합물

50 다음 용어의 정의에 대한 설명 중 바르지 못한 것은? `06년-4회`

① 피난층이란 곧바로 지상으로 갈 수는 없지만 출입구가 있는 층을 의미한다.
② 비상구란 화재발생 시 지상 또는 안전한 장소로 피난할 수 있는 가로 75cm 이상, 세로 150cm 이상 크기의 출입구를 의미한다.
③ 무창층이란 개구부의 합계의 면적이 당해 층의 바닥면적의 30분의 1 이하가 되는 층을 의미한다.
④ 실내장식물이란 건축물 내부의 미관 또는 장식을 위하여 천장 또는 벽에 설치하는 것으로서 가구류·집기류를 제외한다.

51 소방시설을 구분하는 경우 소화설비에 해당되지 않는 것은? `19년-2회`

① 스프링클러설비
② 제연설비
③ 자동확산소화기
④ 옥외소화전설비

52 위험물안전관리법령상 위험물시설의 설치 및 변경 등에 관한 기준 중 다음 ( ) 안에 들어갈 내용으로 옳은 것은? `20년-3회`

> 제조소등의 위치·구조 또는 설비의 변경 없이 당해 제조소등에서 저장하거나 취급하는 위험물의 품명·수량 또는 지정수량의 배수를 변경하고자 하는 자는 변경하고자 하는 날의 (㉠)일 전까지 (㉡)이 정하는 바에 따라 (㉢)에게 신고하여야 한다.

① ㉠ : 1, ㉡ : 대통령령, ㉢ : 소방본부장
② ㉠ : 1, ㉡ : 행정안전부령, ㉢ : 시·도지사
③ ㉠ : 14, ㉡ : 대통령령, ㉢ : 소방서장
④ ㉠ : 14, ㉡ : 행정안전부령, ㉢ : 시·도지사

53 화재예방 및 안전관리에 관한 법상 총괄소방안전관리자 선임대상 특정소방대상물의 기준 중 틀린 것은? `18년-1회, 개정반영`

① 판매시설 중 도매시장 및 소매시장
② 지하가
③ 복합건축물로서 지하층을 제외한 층수가 7층 이상인 것
④ 복합건축물로서 연면적이 30,000m^2 이상인 것

54 위험물 제조소등에서 변경허가를 받아야 하는 경우로 옳지 않은 것은? `25년`

① 위험물취급탱크에 $250mm$ 이하의 맨홀을 신설하는 경우
② $300m$를 초과하는 위험물 배관을 신설하는 경우
③ 불활성기체의 봉입장치를 신설하는 경우
④ 제조소 또는 일반취급소의 위치를 이전하는 경우

55 소방시설 설치 및 관리에 관한 법령상 건축허가 등의 동의대상물의 범위 기준 중 틀린 것은? `21년-1회`

① 건축등을 하려는 학교시설 : 연면적 $200m^2$ 이상
② 노유자시설 : 연면적 $200m^2$ 이상
③ 정신의료기관(입원실이 없는 정신건강의학과 의원은 제외) : 연면적 $300m^2$ 이상
④ 장애인 의료재활시설 : 연면적 $300m^2$ 이상

56 소방시설 설치 및 관리에 관한 법률상의 특정소방대상물 중 오피스텔은 어디에 속하는가? `14년-4회`

① 병원시설
② 업무시설
③ 공동주택시설
④ 근린생활시설

57 소방대라 함은 화재를 진압하고 화재, 재난·재해 그 밖의 위급한 상황에서 구조·구급 활동 등을 하기 위하여 구성된 조직체를 말한다. 소방대의 구성원으로 틀린 것은? `19년-2회`

① 소방공무원
② 소방안전관리원
③ 의무소방원
④ 의용소방대원

58 제4류 위험물의 성질로 알맞은 것은? `09년-2회`

① 인화성 액체
② 산화성 고체
③ 가연성 고체
④ 산화성 액체

59 소방시설공사업법령상 상주 공사감리 대상 기준 중 다음 (　) 안에 알맞은 것은? `18년-2회`

- 연면적 (㉠)m^2 이상의 특정소방대상물(아파트는 제외)에 대한 소방시설의 공사
- 지하층을 포함한 층수가 (㉡)층 이상으로서 (㉢)세대 이상인 아파트에 대한 소방시설의 공사

① ㉠ 10,000, ㉡ 11, ㉢ 600
② ㉠ 10,000, ㉡ 16, ㉢ 500
③ ㉠ 30,000, ㉡ 11, ㉢ 600
④ ㉠ 30,000, ㉡ 16, ㉢ 500

60 지정수량 미만인 위험물의 저장 또는 취급에 관한 기술상의 기준은 무엇으로 정하는가? `17년-1회, 개정반영`

① 대통령령
② 총리령
③ 행정안전부령
④ 시·도의 조례

4과목 소방기계시설의 구조 및 원리

61 송풍기 등을 사용하여 건축물 내부에 발생한 연기를 배연구획까지 풍도를 설치하며 강제로 제연하는 방식은? `13년-4회`

① 밀폐 제연방식
② 자연 제연방식
③ 강제 제연방식
④ 스모크타워 제연방식

62 물분무헤드를 설치하지 아니할 수 있는 장소의 기준 중 다음 (   ) 안에 알맞은 것은? `17년-4회`

> 운전 시에 표면의 온도가 (   )℃ 이상으로 되는 등 직접 분무를 하는 경우 그 부분에 손상을 입힐 우려가 있는 기계장치 등이 있는 장소

① 160
② 200
③ 260
④ 300

63 소화기구 및 자동소화장치의 화재안전기준에 따라 대형소화기를 설치할 때 특정소방대상물의 각 부분으로부터 1개의 소화기까지의 보행거리가 최대 몇 m 이내가 되도록 배치하여야 하는가? `20년-4회`

① 20
② 25
③ 30
④ 40

64 스프링클러설비 본체 내의 유수현상을 자동적으로 검지하여 신호 또는 경보를 발하는 장치는? `21년-4회`

① 수압개폐장치
② 물올림장치
③ 일제개방밸브장치
④ 유수검지장치

65 소화수조의 소요수량이 $20m^3$ 이상 $40m^3$ 미만인 경우에 설치하여야 하는 채수구의 개수로 옳은 것은? `19년-4회`

① 1개
② 2개
③ 3개
④ 4개

66 주차장에 필요한 분말소화약제 $120kg$을 저장하려고 한다. 이때 필요한 저장용기의 최소 내용적(ℓ)은? `15년-1회`

① 96
② 120
③ 150
④ 180

67 이산화탄소 소화약제를 저압식 저장용기에 충전하고자 할 때 적합한 충전비는? `14년-4회`

① 0.9 이상 1.1 이하
② 1.1 이상 1.4 이하
③ 1.4 이상 1.7 이하
④ 1.5 이상 1.9 이하

68 포소화설비의 화재안전기준상 포헤드를 소방대상물의 천장 또는 반자에 설치하여야 할 경우 헤드 1개가 방호해야 할 바닥면적은 최대 몇 m^2 인가? 〔21년-1회〕

① 3
② 5
③ 7
④ 9

69 어느 소방대상물에 옥외소화전이 6개가 설치되어 있다. 옥외소화전설비를 위해 필요한 최소 수원의 수량은? 〔03년-1회〕

① $10m^3$
② $14m^3$
③ $21m^3$
④ $35m^3$

70 옥내소화전설비에서 소화전 말단 노즐의 구경이 $13mm$이고, 방수압이 $2.6kgf/cm^2$이었다면, 이 노즐을 통하여 방사되는 방수량은 얼마인가? 〔05년-2회〕

① $192[\ell]$
② $130[\ell]$
③ $156[\ell]$
④ $178[\ell]$

71 스프링클러설비의 교차배관에서 분기되는 지점을 기점으로 한쪽 가지배관에 설치되는 헤드는 몇 개 이하로 설치하여야 하는가? (단, 수리학적 배관방식의 경우는 제외한다) 〔19년-4회〕

① 8
② 10
③ 12
④ 18

72 스프링클러설비에 있어서 지하층을 제외한 건축물의 층수가 11층 이상의 업무용 건물에 설치하는 펌프의 양수량은 얼마 이상이어야 하는가? 〔06년-4회〕

① $1,000\ell/분$
② $1,200\ell/분$
③ $2,400\ell/분$
④ $3,000\ell/분$

73 예상제연구역의 각 부분으로부터 하나의 배출구까지의 수평거리는 몇 m 이내가 되어야 하는가? 〔06년-2회〕

① 5
② 10
③ 15
④ 20

74 모피창고에 이산화탄소소화설비를 전역방출방식으로 설치할 경우 방호구역의 체적이 $600m^3$라면 이산화탄소 소화약제의 최소 저장량은 몇 kg인가? (단, 설계농도는 75%이고, 개구부 면적은 무시한다) `16년-4회`

① 780
② 960
③ 1,200
④ 1,620

75 5층 건물의 연면적 $65,000m^2$인 소방대상물에 설치되어야 하는 소화수조 또는 저수조의 저수량은 최소 얼마 이상이 되도록 하여야 하는가? (단, 각 층의 바닥면적은 동일하다) `11년-2회`

① $180m^3$ 이상
② $240m^3$ 이상
③ $200m^3$ 이상
④ $220m^3$ 이상

76 분말소화설비에 적합하지 않은 설비 방식은? `05년-1회`

① 전역방출 방식
② 국소방출 방식
③ 호스방출 방식
④ 확산방출 방식

77 포소화설비의 화재안전기준상 전역방출방식 고발포용 고정포방출구의 설치기준으로 옳은 것은? (단, 해당 방호구역에서 외부로 새는 양 이상의 포수용액을 유효하게 추가하여 방출하는 설비가 있는 경우는 제외한다) `20년-3회`

① 개구부에 자동폐쇄장치를 설치할 것
② 바닥면적 $600m^2$마다 1개 이상으로 할 것
③ 방호대상물의 최고부분보다 낮은 위치에 설치할 것
④ 특정소방대상물 및 포의 팽창비에 따른 종별에 관계없이 해당 방호구역의 관포체적 $1m^3$에 대한 1분당 포수용액 방출량은 $1L$ 이상으로 할 것

78 항공기격납고 포헤드의 1분당 방사량은 바닥면적 $1m^2$당 최소 몇 L 이상이어야 하는가? (단, 수성막포 소화약제를 사용한다) `16년-4회`

① 3.7
② 6.5
③ 8.0
④ 10

79 특별피난계단의 계단실 및 부속실 제연설비의 차압 등에 관한 기준 중 옳은 것은? 〔18년-4회〕

① 제연설비가 가동되었을 경우 출입문의 개방에 필요한 힘은 130N 이하로 하여야 한다.
② 제연구역과 옥내와의 사이에 유지하여야 하는 최소차압은 40Pa(옥내에 스프링클러설비가 설치된 경우에는 12.5Pa) 이상으로 하여야 한다.
③ 피난을 위하여 제연구역의 출입문이 일시적으로 개방되는 경우 개방되지 아니하는 제연구역과 옥내와의 차압은 기준 차압의 60% 미만이 되어서는 아니 된다.
④ 계단실과 부속실을 동시에 제연 하는 경우 부속실의 기압은 계단실과 같게 하거나 계단실의 기압보다 낮게 할 경우에는 부속실과 계단실의 압력차이는 10Pa 이하가 되도록 하여야 한다.

80 다음 중 자동경보밸브의 오보를 방지하기 위하여 설치하는 것은? 〔25년〕

① 배수밸브
② 압력스위치
③ 작동시험밸브
④ 리타딩챔버

제2회 문제은행 기출유형 모의고사 해설

01	02	03	04	05	06	07	08	09	10	11	12	13	14	15	16	17	18	19	20
①	①	①	④	③	④	②	③	②	③	④	①	②	④	④	②	④	②	②	③
21	22	23	24	25	26	27	28	29	30	31	32	33	34	35	36	37	38	39	40
①	②	①	③	①	③	①	②	④	④	①	②	②	④	③	④	④	①	④	③
41	42	43	44	45	46	47	48	49	50	51	52	53	54	55	56	57	58	59	60
①	③	④	②	③	②	④	②	②	①	②	②	③	①	①	②	②	①	④	④
61	62	63	64	65	66	67	68	69	70	71	72	73	74	75	76	77	78	79	80
③	②	②	①	②	②	②	②	④	①	②	③	②	④	①	①	④	①	①	④

1과목 소방원론

01 정답 ①
나트륨(Na), 칼륨(K), 리튬(Li)은 화재 시에 주수소화를 시도하면 수소가 발생하므로 건조사, 팽창질석, 팽창진주암을 이용하여 피복소화한다.

02 정답 ①
이산화탄소의 분자량은 44이므로
이산화탄소 1몰당 질량은 $\frac{44[g]}{22.4[L]} = \frac{44[kg]}{22.4[m^3]}$ 이다.
총 용적은 $44.8[m^3]$ 이므로
$44[kg] \times \frac{44.8[m^3]}{22.4[m^3]} = 88[kg]$ 이다.

03 정답 ①
제거소화는 가연물을 제거하여 소화하는 것으로서 공기를 제거하는 것은 질식소화의 예이다.

04 정답 ④
① · ② 물을 사용하는 설비로서 감전의 우려가 있다.
③ 전기화재에 적응성은 있으나 오방출 또는 방출 후에 처리가 매우 곤란하다.

05 정답 ③
팽창진주암을 이용한 소화원리는 질식소화이다.

06 정답 ④
BLEVE 현상의 키워드 → 액체의 비등

07 정답 ②
화재강도의 영향요소
• 연소열(=발열량)
• 가연물의 비표면적
• 공기 공급량
• 실의 단열성(=구조)

08 정답 ③
산소농도를 13%까지 낮추기 위해 필요한 약제의 농도
$CO_2[\%] = (\frac{21-O_2\%}{21}) \times 100 = (\frac{21-13}{21}) \times 100$
$= 38.1[\%]$

09 정답 ②
공기안전매트는 피난기구이다.

10 정답 ①

인화점

품 명	인화점
산화프로필렌	-37℃
이황화탄소	-30℃
메틸알코올	11℃
등 유	37℃

11 정답 ④

냉난방설비를 이용한 제연설비는 없다.

12 정답 ①

아세톤은 제4류 위험물 중 제1석유류이다.

13 정답 ②

물은 다른 물질보다 비열, 잠열(융해, 증발)이 크다.

14 정답 ④

보일오버

중질유 저장탱크 화재 시 화재가 진행되면 열류층이 형성된 후 점점 하강하여 탱크저부에 있는 물과 접촉하여 물의 급격한 비등으로 유류가 탱크외부로 급격하게 분출되는 현상으로, **탱크하부에 있는 물이 보일오버 발생의 원인**이 된다.

15 정답 ④

이산화탄소는 산화반응이 완료된 것으로 산소와 반응하지 않는다.

16 정답 ④

분말소화약제의 입도(입자크기)는 너무 작은 경우는 부력에 의해 비산되어 소화가 어렵고, 너무 큰 경우 억제효과가 작아지므로 적당한 크기여야 한다.

17 정답 ②

피난로의 안전구획

1차 안전구획	복 도
2차 안전구획	**계단의 부속실(전실)**
3차 안전구획	계단실

18 정답 ③

대부분 제4류 위험물은 물보다 가벼워 화재면의 확대 우려로 주수소화를 대부분 금지하고 있다.

> **Tip** 예외 : 이황화탄소, 알코올류

19 정답 ②

주성분은 제1인산암모늄이다.
'분말운무'라는 용어는 소방에서 사용되지 않는다.

20 정답 ③

메탄가스의 분자량 CH_4(메탄)= $12+(1\times 4)=16$

증기밀도 = $\dfrac{분자량[g]}{22.4[L]} = \dfrac{16}{22.4} = 0.71$

2과목 소방유체역학

21 정답 ①

방수량 $\dot{Q}= 2.086 \times d^2 \times \sqrt{P}$

$\dot{Q}_1 : \sqrt{P} = \dot{Q}_2 : \sqrt{1.5P}$

$\dot{Q}_2 = \dfrac{\sqrt{1.5P}}{\sqrt{P}} \times \dot{Q}_1 = 1.22 \times \dot{Q}_1$

22 정답 ②

전동기 동력 $L[W] = \dfrac{\gamma QH}{\eta_t} \times k$

$L_s = \dfrac{9,800 \times 500 \times 80}{0.65} \times 1.1 \times \dfrac{1[\min]}{60[s]} \times \dfrac{1[m^3]}{1,000[L]}$

$= 11,056$

$L_s = 11,056[W] ≒ 11[kW]$

23 정답 ①

수력직경 $D_H = \dfrac{2 \times a \times 1.5a}{a+1.5a} = \dfrac{3a^2}{2.5a} = \dfrac{3}{2.5}a$

$\triangle H[m] = f \cdot \dfrac{l}{D_H} \cdot \dfrac{V^2}{2g} = f \cdot \dfrac{l}{a} \cdot \dfrac{V^2}{2g} \times \dfrac{2.5}{3}$

$\triangle H[m] = f \cdot \dfrac{l}{a} \cdot \dfrac{V^2}{2.4g}$

24 정답 ③

매질이 없어도 열이 전달되는 것은 "복사" 열전달만 가능하다.

25 정답 ①

다단펌프의 비속도 $N_s = \dfrac{N\sqrt{Q}}{(H/n)^{3/4}} = \dfrac{N \cdot \dot{Q}^{1/2}}{(H/n)^{3/4}}$

$N_s = \dfrac{N\sqrt{Q}}{(H/n)^{3/4}} = \dfrac{2{,}900 \times \sqrt{0.025 \times 60}}{(220/4)^{3/4}} = 176$

26 정답 ③

속도수두는 속도에 의한 에너지를 물의 높이로 나타낸 것으로 $H[m] = \dfrac{V^2}{2g}$ 이다.

27 정답 ①

$P_s = S_s \times \gamma_w h_1 = 13.6 \times 9{,}800 \times (0.1 - 0.06)$
$= 5{,}331.2\,[Pa]$

$P_f = S_f \times \gamma_w h_2$

$P_s = P_f$ 이므로 $S_f = \dfrac{P_s}{\gamma_w h_2} = \dfrac{5{,}331.2}{9{,}800 \times 0.1} = 5.44$

※ 문제에서 주어진 조건은 h_1과 h_2가 아닌 h_2과 $\triangle h$이므로 주의하여야 한다($h_2 - \triangle h = h_1$).

28 정답 ②

정상류는 시간에 따라 흐름특성이 일정한 흐름을 의미한다.

29 정답 ④

비압축성 유체이므로 어느 한쪽의 피스톤에 힘을 가해 움직이면 피스톤이 움직여서 발생한 체적만큼 다른 쪽 피스톤이 상승하게 된다.
즉, $V = A_1 \times L_1 = A_2 \times L_2$ L : 피스톤 이동거리[m]

큰 피스톤의 면적 $A_1 = \dfrac{\pi \times 0.3^2}{4} = 0.071\,[m^2]$

작은 피스톤의 면적
$A_2 = \dfrac{\pi \times 0.05^2}{4} = 1.96 \times 10^{-3}\,[m^2]$

$L_2 = L_1 \times \dfrac{A_1}{A_2} = 0.01 \times \dfrac{0.071}{1.96 \times 10^{-3}} = 0.36\,[m] = 36\,[cm]$

30 정답 ④

베르누이 방정식 전제(성립)조건
- 비점성 유체(마찰손실 X)
- 비압축성 유체
- 유선을 따르는 유동
- 정상 유동

31 정답 ①

㉱ $\tau \propto \left(\dfrac{dV}{dy}\right)^{-1}$ (X) → $\tau \propto \dfrac{dV}{dy}$ (O)

㉮ $\tau = \mu \dfrac{dV}{dy}$ (O)

㉯ $\tau \propto \mu$ (O)

32 정답 ②

진공압력 단위를 환산하면
→ $\dfrac{76\,[mmHg]}{760\,[mmHg]} \times 101.325\,[kPa] = 10.1325\,[kPa]$

절대압력 = 대기압력 − 진공압력
대입하면 → $90 - 10.1325 = 79.8675 ≒ 79.9$

33 정답 ②

수동력 : $L_w\,[W] = \gamma \dot{Q} H = [N/m^3] \times [m^3/s] \times [m]$

손실수두 : $H = \dfrac{L_w}{\gamma \dot{Q}} = \dfrac{60 \times 10^3}{9{,}800 \times 0.5} = 12.245\,[m]$

유속 : $V = \dfrac{\dot{Q}}{A} = \dfrac{\dot{Q}}{\pi d^2/4} = \dfrac{0.5}{\pi \times 0.4^2/4} = 3.979\,[m/s]$

관 마찰계수 : $f = \triangle H \cdot \dfrac{d}{l} \cdot \dfrac{2g}{V^2}$

$= 12.245 \times \dfrac{0.4}{300} \times \dfrac{2 \times 9.8}{3.979^2} = 0.0202$

34 정답 ④

$\beta = -\dfrac{1}{V_1} \times \dfrac{\triangle V}{\triangle P}$

$5 \times 10^{-10} = -1 \times \dfrac{0.05}{\triangle P}$

$P_2 - P_1 = \dfrac{0.05}{5 \times 10^{-10}} = 1 \times 10^8\,[Pa]$

$1 \times 10^8\,[Pa] = 10^5\,[kPa]$

35 정답 ③

$Q_T = q_S + q_L$
$q_S = m \times C \times (T_2 - T_1) = 2 \times 4.2 \times (100-10) = 756[kJ]$
$q_L = m \times \gamma_o = 2 \times 2,250 = 4,500[kJ]$
$Q_T = 4,500 + 756 = 5,256[kJ]$

36 정답 ④

$\dot{Q} = A_1 V_2 = A_1 V_2$로 기류가 자유공간(넓은 면적 : A_1)으로 흐르다 두 가지 물체 사이(A_2)로 경로가 좁아짐에 따라 ($A_1 > A_2$) 속도가 빨라져 ($V_1 < V_2$) 압력이 저하되어 가까워지게 된다.

$\dfrac{V_1^2}{2g} + \dfrac{P_1}{\gamma} + Z_1 = \dfrac{V_2^2}{2g} + \dfrac{P_2}{\gamma} + Z_2$

수평이므로 위치에너지는 $Z_1 = Z_2$이 되고

$\dfrac{V_1^2}{2g} < \dfrac{V_2^2}{2g}$ 이므로, $\dfrac{P_1}{\gamma} > \dfrac{P_2}{\gamma}$ 가 된다.

※ 이러한 효과를 **벤츄리효과**라고 한다.

37 정답 ④

뉴턴의 점성법칙 적용 점도계
스토머 점도계, 맥미셸 점도계

38 정답 ①

옥내소화전 방수량 $\dot{Q} = 2.086 \times d^2 \times \sqrt{P}$
$\dot{Q} = 2.086 \times 10^2 \times \sqrt{0.4} = 131.93[Lpm]$
배수시간
$t_d = 10[m^3] \times \dfrac{1,000[L]}{1[m^3]} \div 131.93[Lpm] \fallingdotseq 75[\min]$

39 정답 ④

관 내 손실수두 $\triangle H = f \cdot \dfrac{l}{d} \cdot \dfrac{V^2}{2g}$

각 요소와의 관계 $\triangle H \propto l \propto \dfrac{1}{d} \propto V^2$ 이므로
2배[길이]×4배[속도]=8배이다.

40 정답 ③

맥동현상이란 지침이 흔들리고 송출유량, 압력 등이 주기적으로 변화하는 현상이다.

3과목 소방관계법규

41 정답 ①

② 염소산염류 $-50kg$
③ 과염소산 $-300kg$
④ 알킬리튬 $-10kg$

42 정답 ③

소화전, 급수탑, 저수조의 설치·관리자

시 설	설치·관리자
소화전, 급수탑, 저수조	시·도지사
「수도법」 제45조에 따른 소화전	일반수도업자

43 정답 ④

1급 소방안전관리대상물 중 가연성 가스를 1**천톤 이상** 저장·취급하는 시설

44 정답 ②

특수가연물

품 명	수량 기준
나무껍질	$400[kg]$ 이상
가연성 고체류	$3,000[kg]$ 이상
목재가공품	$10[m^3]$ 이상
가연성 액체류	$2[m^3]$ 이상

45 정답 ③

스프링클러설비등 또는 물분무등소화설비(**호스릴 제외**)가 설치되는 특정소방대상물

46 정답 ②

화재예방강화지구란 **시·도지사**가 화재발생 우려가 크거나 화재가 발생할 경우 **피해가 클 것으로 예상되는 지역**에 대하여 화재의 예방 및 안전관리를 강화하기 위해 **지정·관리하는 지역**을 말한다.

47 정답 ①
위험물의 성질

품명	유별	성질
아염소산염류	제1류	산화성 고체
적린, 철분	제2류	가연성 고체
알칼리토금속류	제3류	자연발화성 물질 및 금수성 물질

48 정답 ④
관계인 통보 의무사항
- 소방시설업자의 지위를 승계한 경우
- 소방시설업의 등록취소처분 또는 영업정지처분을 받은 경우
- 휴업하거나 폐업한 경우

49 정답 ②
무기과산화물은 **제1류** 위험물(산화성 고체)이다.

50 정답 ①
피난층이란 곧바로 **지상으로 갈 수 있는 출입구가 있는 층**을 말한다.

51 정답 ②
제연설비는 **소화활동설비**에 해당된다.

52 정답 ②
제조소등의 위치·구조 또는 설비의 변경 없이 당해 제조소등에서 저장하거나 취급하는 위험물의 품명·수량 또는 지정수량의 배수를 변경하고자 하는 자는 **변경하고자 하는 날의 1일 전까지 행정안전부령**이 정하는 바에 따라 **시·도지사에게 신고**하여야 한다.

53 정답 ③
복합건축물(지하층을 제외한 층수가 11층 이상 또는 **연면적 3만m^2 이상**인 건축물)

54 정답 ①
변경허가 대상
- 위험물취급탱크에 노즐 또는 맨홀을 신설하는 경우 (단, 노즐 또는 맨홀의 **직경이 $250mm$를 초과**하는 경우)
- $300m$를 초과하는 위험물 배관을 신설하는 경우
- 불활성기체의 봉입장치를 신설하는 경우
- 제조소 또는 일반취급소의 위치를 이전하는 경우

55 정답 ①
학교시설은 **연면적 $100m^2$ 이상**일 경우 허가동의대상이다.

56 정답 ②
오피스텔은 특정소방대상물의 분류 중 업무시설이다.

57 정답 ②
소방대의 구성원
- 소방공무원
- 의무소방원
- 의용소방대원

58 정답 ①
위험물의 성질

유별	성질
제1류	산화성 고체
제2류	가연성 고체
제3류	자연발화성 물질 및 금수성 물질
제4류	인화성 액체
제5류	자기반응성 물질
제6류	산화성 액체

59 정답 ④
상주 공사감리 대상
- 연면적 $3만m^2$ 이상 특정소방대상물(아파트 제외)에 대한 소방시설의 공사
- 지하층을 포함한 층수가 **16층 이상**으로 **500세대 이상**인 아파트에 대한 소방시설의 공사

60 정답 ④
지정수량 미만인 위험물의 저장 또는 취급에 관한 기술상의 기준은 **시·도의 조례**로 정한다.

4과목 소방기계시설의 구조 및 원리

61 정답 ③

송풍기 등을 이용하여 배연 또는 제연을 하는 방식은 **기계(=강제)** 제연방식이다.

62 정답 ③

물분무헤드의 설치 제외
운전 시에 표면의 온도가 260℃ **이상**으로 되는 등 직접 분무를 하는 경우 그 부분에 손상을 입힐 우려가 있는 기계장치 등이 있는 장소

63 정답 ③

대형소화기의 **보행거리 기준은** $30m$ **이내**이다.

64 정답 ④

본체 내의 유수현상을 자동적으로 검지하여 **신호 또는 경보**하는 설비를 **유수검지장치**라고 한다.

65 정답 ①

채수구

수 량	$20 \sim 40 m^3$ 미만	$40 \sim 100 m^3$ 미만	$100 m^3$ 이상
채수구	1개	2개	3개

66 정답 ②

주차장에는 제3종 분말소화약제를 저장하므로 소화약제 $1kg$당 필요한 저장용기의 내용적은 $1.0L$로 $120[L]$가 필요하다.

67 정답 ②

저압식 이산화탄소 저장용기의 충전비 기준은 1.1 **이상** 1.4 **이하**이다.

68 정답 ④

포헤드는 특정소방대상물의 천장 또는 반자에 설치하되, **바닥면적** $9m^2$ **마다** 1개 이상 설치한다.

69 정답 ②

옥외소화전의 수원은 기준개수가 소화전의 설치개수를 기준으로 하지만 최대 2개이므로 $2 \times 7.0[m^3] = 14.0[m^3]$이다.

70 정답 ④

소화전의 방수량은 $\dot{Q} = 2.086 \times d^2 \times \sqrt{P}$ 이므로 압력단위를 환산하면

$2.6[kgf/cm^2] \times \dfrac{0.101325[MPa]}{1.0332[kgf/cm^2]} = 0.255[MPa]$

$\dot{Q} = 2.086 \times 13^2 \times \sqrt{0.255} = 178[Lpm]$

71 정답 ①

스프링클러설비의 교차배관에서 분기하는 지점을 기점으로 한쪽 가지배관에 설치할 수 있는 헤드의 수는 **8개 이하**로 한다.

72 정답 ③

11층 이상에 설치되는 스프링클러의 기준개수는 30개로서 가압송수장치의 토출량은 $30 \times 80[Lpm] = 2,400[\ell/분]$이다.

73 정답 ②

제연설비의 배출구는 예상제연구역의 각 부분으로부터 하나의 배출구까지의 **수평거리는** $10m$ **이내**가 되도록 설치해야 한다.

74 정답 ④

모피창고에 이산화탄소의 체적에 따른 약제량은 $2.7 kg$이므로 전체 약제량은 $600 \times 2.7 = 1,620[kg]$ 이상이다.

75 정답 ①

각 층의 면적은 $65,000 \div 5 = 13,000[m^2]$이다.
1, 2층 바닥면적의 합계가 $15,000[m^2]$ 이상으로 $65,000 \div 7,500 = 8.667 \Rightarrow 9$로 올린다.
저수량은 $20[m^3] \times 9 = 180[m^3]$ 이상이다.

76 정답 ④

확산방출 방식이라는 설비 방식은 없다.

77 정답 ①

고발포용 고정포방출구를 설치하는 경우 **개구부에 자동폐쇄장치를 설치**할 것

78 정답 ①

항공기 격납고에 수성막포를 사용하는 포헤드의 단위면적당 방수량은 $3.7[L]$ 이상이다.

79 정답 ②

출입문 개방에 필요한 힘은 $110N$ **이하**, 미개방 제연구역 차압은 기준의 70% **이상**, 부속실과 계단실 압력 차이는 $5Pa$ 이하로 하여야 한다.

80 정답 ④

자동경보밸브(유수검지장치)에서 누수로 인한 **오작동을 방지**하기 위해 **리타딩챔버**를 설치한다.

제 3 회 문제은행 기출유형 모의고사

1과목 소방원론

01 물체의 표면온도가 250℃ 에서 650℃ 로 상승하면 열 복사량은 약 몇 배 정도 상승하는가?
　　　　　　　　　　　　　　　　　　　18년-2회
　① 2.5
　② 5.7
　③ 7.5
　④ 9.7

02 조연성 가스에 해당하는 것은?　21년-1회
　① 일산화탄소
　② 산 소
　③ 수 소
　④ 부 탄

03 자연발화 방지대책에 대한 설명 중 틀린 것은?
　　　　　　　　　　　　　　　　　　　18년-2회
　① 저장실의 온도를 낮게 유지한다.
　② 저장실의 환기를 원활히 시킨다.
　③ 촉매물질과의 접촉을 피한다.
　④ 저장실의 습도를 높게 유지한다.

04 액화석유가스(LPG)에 대한 성질로 틀린 것은?
　　　　　　　　　　　　　　　　　　　18년-2회
　① 주성분은 프로판, 부탄이다.
　② 천연고무를 잘 녹인다.
　③ 물에 녹지 않으나 유기용매에 용해된다.
　④ 공기보다 1.5배 가볍다.

05 고분자 재료와 열적 특성의 연결이 옳은 것은?
　　　　　　　　　　　　　　　　　　　18년-1회
　① 폴리염화비닐 수지 – 열가소성
　② 페놀 수지 – 열가소성
　③ 폴리에틸렌 수지 – 열경화성
　④ 멜라민 수지 – 열가소성

06 연면적이 $1,000[m^2]$ 이상인 건축물에 설치하는 방화벽에 갖추어야 할 기준으로 틀린 것은?
　　　　　　　　　　　　　　　　　　　19년-2회
　① 내화구조로서 자립할 수 있는 구조일 것
　② 방화벽의 양쪽 위쪽 끝을 건축물의 외벽면 및 지붕면으로부터 $0.1[m]$ 이상 튀어나오게 할 것
　③ 방화벽에 설치하는 출입문의 너비는 $2.5[m]$ 이하로 할 것
　④ 방화벽에 설치하는 출입문의 높이는 $2.5[m]$ 이하로 할 것

07 분진폭발의 위험성이 가장 낮은 것은? `18년-1회`

① 알루미늄분
② 유 황
③ 팽창질석
④ 소맥분

08 1기압 상태에서, 100℃ 물 1g이 모두 기체로 변할 때 필요한 열량은 몇 cal인가? `21년-1회`

① 429
② 499
③ 539
④ 639

09 pH 9 정도의 물을 보호액으로 하여 보호액 속에 저장하는 물질은? `18년-1회`

① 나트륨
② 탄화칼슘
③ 칼 륨
④ 황 린

10 상온, 상압에서 액체인 물질은? `18년-1회`

① CO_2
② Halon 1301
③ Halon 1211
④ Halon 2402

11 수소의 공기 중 연소범위는 약 몇 vol%인가? `09년-1회`

① 0.4~4
② 1~12.5
③ 4~75
④ 67~92

12 다음 그림에서 목조건물의 표준화재 온도시간 곡선으로 옳은 것은? `18년-1회`

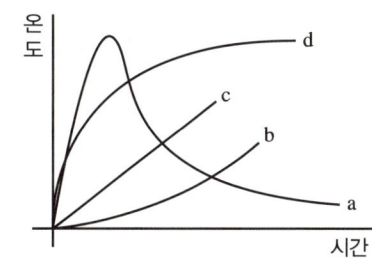

① a
② b
③ c
④ d

13 소화의 방법으로 틀린 것은? `18년-1회`

① 가연성 물질을 제거한다.
② 불연성 가스의 공기 중 농도를 높인다.
③ 산소의 공급을 원활히 한다.
④ 가연성 물질을 냉각시킨다.

14 다음 중 발화점이 가장 낮은 물질은?　`18년-1회`

① 휘발유
② 이황화탄소
③ 적 린
④ 황 린

15 휘발유의 위험성에 관한 설명으로 틀린 것은?　`17년-4회`

① 일반적인 고체 가연물에 비해 인화점이 낮다.
② 상온에서 가연성 증기가 발생한다.
③ 증기는 공기보다 무거워 낮은 곳에 체류한다.
④ 물보다 무거워 화재발생 시 물분무소화는 효과가 없다.

16 피난층에 대한 정의로 옳은 것은?　`17년-4회`

① 지상으로 통하는 피난계단이 있는 층
② 비상용 승강기의 승강장이 있는 층
③ 비상용 출입구가 설치되어 있는 층
④ 직접 지상으로 통하는 출입구가 있는 층

17 건물의 주요구조부에 해당되지 않는 것은?　`17년-4회`

① 바 닥
② 천 장
③ 기 둥
④ 주계단

18 공기 중에서 연소범위가 가장 넓은 물질은?　`17년-4회`

① 수 소
② 이황화탄소
③ 아세틸렌
④ 에테르

19 공기 중에서 자연발화 위험성이 높은 물질은?　`17년-4회`

① 벤 젠
② 톨루엔
③ 이황화탄소
④ 트리에틸알루미늄

20 이산화탄소 $20g$은 몇 mol 인가?　`17년-4회`

① 0.23
② 0.45
③ 2.2
④ 4.4

2과목　소방유체역학

21 물의 체적탄성계수가 $2.5\,GPa$일 때 물의 체적을 1% 감소시키기 위해서 얼마의 압력(MPa)을 가하여야 하는가?　20년-3회

① 20
② 25
③ 30
④ 35

22 안지름 $40\,mm$의 배관 속을 정상류의 물이 매분 $150\,L$로 흐를 때의 평균유속(m/s)은?　20년-3회

① 0.99
② 1.99
③ 2.45
④ 3.01

23 고속주행 시 타이어의 온도가 20℃에서 80℃로 상승하였다. 타이어의 체적이 변화하지 않고, 타이어 내의 공기를 이상기체를 하였을 때 압력 상승은 약 몇 kPa인가?
(단, 온도 20℃에서의 게이지압력은 $0.183\,MPa$, 대기압은 $101.3\,kPa$이다)　15년-1회

① 37
② 58
③ 286
④ 345

24 다음 그림에서 A, B점의 압력차(kPa)는? (단, A는 비중 1의 물, B는 비중 0.899의 벤젠이다)　20년-1·2회

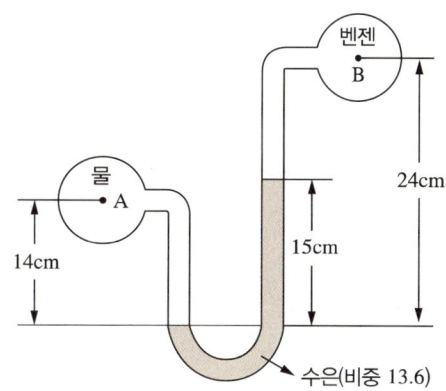

① 278.7
② 191.4
③ 23.07
④ 19.4

25 펌프의 일과 손실을 고려할 때 베르누이 수정방정식을 바르게 나타낸 것은? (단, H_P와 H_L은 펌프의 수두와 손실수두를 나타내며, 하첨자 1, 2는 각각 펌프의 전후 위치를 나타낸다)　20년-1·2회

① $\dfrac{V_1^2}{2g}+\dfrac{P_1}{\gamma}+Z_1=\dfrac{V_2^2}{2g}+\dfrac{P_2}{\gamma}+H_L$

② $\dfrac{V_1^2}{2g}+\dfrac{P_1}{\gamma}+Z_1+H_P=\dfrac{V_2^2}{2g}+\dfrac{P_2}{\gamma}+H_L$

③ $\dfrac{V_1^2}{2g}+\dfrac{P_1}{\gamma}+H_P=\dfrac{V_2^2}{2g}+\dfrac{P_2}{\gamma}+Z_2+H_L$

④ $\dfrac{V_1^2}{2g}+\dfrac{P_1}{\gamma}+Z_1+H_P=\dfrac{V_2^2}{2g}+\dfrac{P_2}{\gamma}+Z_2+H_L$

26 그림과 같이 단면 A에서 정압이 $500kPa$이고 $10m/s$로 난류의 물이 흐르고 있을 때 단면 B에서의 유속(m/s)은? `20년-1·2회`

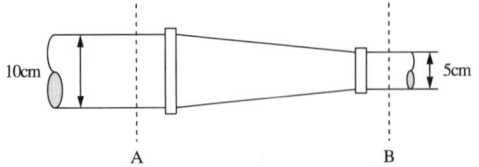

① 20
② 40
③ 60
④ 80

27 다음 중 배관의 유량을 측정하는 계측장치가 아닌 것은? `20년-1·2회`

① 로터미터(Rotameter)
② 유동노즐(Flow Nozzel)
③ 마노미터(Manometer)
④ 오리피스(Orifice)

28 다음 중 동점성계수의 차원을 옳게 표현한 것은? (단, 질량 M, 길이 L, 시간 T로 표시한다) `16년-2회`

① $[ML^{-1}T^{-1}]$
② $[L^2T^{-1}]$
③ $[ML^{-2}T^{-2}]$
④ $[ML^{-1}T^{-2}]$

29 $240mmHg$의 절대압력은 계기압력으로 약 몇 kPa인가? (단, 대기압은 $760mmHg$이고, 수은의 비중은 13.6이다) `20년-1·2회`

① -32.0
② 32.0
③ -69.3
④ 69.3

30 비중이 0.85이고 동점성계수가 $3 \times 10^{-4} m^2/s$인 기름이 직경 $10cm$의 수평원형 관 내에 $20L/s$으로 흐른다. 이 원형 관의 $100m$ 길이에서의 수두손실(m)은? (단, 정상 비압축성 유동이다) `20년-1·2회`

① 16.6
② 25.0
③ 49.8
④ 82.2

31 거리가 $1,000m$ 되는 곳에 안지름 $20cm$의 관을 통하여 물을 수평으로 수송하려 한다. 한 시간에 $800m^3$를 보내기 위해 필요한 압력(kPa)은? (단, 관의 마찰계수는 0.03이다) `19년-4회`

① 1,370
② 2,010
③ 3,750
④ 4,580

32 글로브밸브에 의한 손실을 지름이 $10\,cm$이고 관 마찰계수가 0.025인 관의 길이로 환산하면 상당길이가 $40\,m$가 된다. 이 밸브의 부차적 손실계수는? `19년-4회`

① 0.25 ② 1
③ 2.5 ④ 10

33 그림의 역U자관 마노미터에서 압력 차($P_x - P_y$)는 약 몇 Pa인가? `19년-4회`

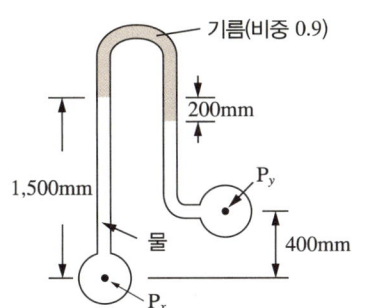

① 3,215 ② 4,116
③ 5,045 ④ 6,826

34 지름이 다른 두 개의 피스톤이 그림과 같이 연결되어 있다. "1" 부분의 피스톤의 지름이 "2" 부분의 2배일 때, 각 피스톤에 작용하는 힘 F_1과 F_2의 크기의 관계는? `19년-4회`

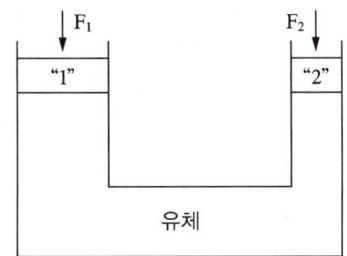

① $F_1 = F_2$ ② $F_1 = 2F_2$
③ $F_1 = 4F_2$ ④ $4F_1 = F_2$

35 다음 유체기계의 압력 상승이 일반적으로 큰 것부터 순서대로 바르게 나열한 것은? `19년-4회`

① 압축기(compressor) > 블로어(blower) > 팬(fan)
② 블로어(blower) > 압축기(compressor) > 팬(fan)
③ 팬(fan) > 블로어(blower) > 압축기(compressor)
④ 팬(fan) > 압축기(compressor) > 블로어(blower)

36 표면적이 같은 두 물체가 있다. 표면온도가 $2000\,K$인 물체가 내는 복사에너지는 표면온도가 $1,000\,K$인 물체가 내는 복사에너지의 몇 배인가? `19년-4회`

① 4
② 8
③ 16
④ 32

37 어떤 물체가 공기 중에서 무게는 $588\,N$이고, 수중에서 무게는 $98\,N$이었다. 이 물체의 체적(V)과 비중(S)은? `13년-4회`

① $V = 0.05\,m^3$, $S = 1.2$
② $V = 50\,cm^3$, $S = 1.0$
③ $V = 0.5\,m^3$, $S = 0.85$
④ $V = 0.01\,m^3$, $S = 0.98$

38 지름이 75mm인 관로 속에 물이 평균속도 4m/s로 흐르고 있을 때 유량(kg/s)은?

〔19년-4회〕

① 15.52
② 16.92
③ 17.67
④ 18.52

39 수평관의 길이가 100[m]이고, 안지름이 100[mm]인 소화설비 배관 내를 평균유속 2[m/s]로 물이 흐를 때 마찰손실수두는 약 몇 [m]인가? (단, 관의 마찰계수는 0.05이다)

〔19년-2회〕

① 9.2
② 10.2
③ 11.2
④ 12.2

40 관 내의 흐름에서 부차적으로 손실에 해당하지 않는 것은?

〔19년-2회〕

① 곡선부에 의한 손실
② 직선 원관 내의 손실
③ 유동단면의 장애물에 의한 손실
④ 관 단면의 급격한 확대에 의한 손실

3과목 소방관계법규

41 위험물제조소에는 보기 쉬운 곳에 기준에 따라 "위험물제조소"라는 표시를 한 표지를 설치하여야 하는데 다음 중 표지의 기준으로 적합한 것은?

〔14년-2회〕

① 표지의 한 변의 길이는 0.3m 이상, 다른 한 변의 길이는 0.6m 이상인 직사각형으로 하되 표지의 바탕은 백색으로 문자는 흑색으로 한다.
② 표지의 한 변의 길이는 0.2m 이상, 다른 한 변의 길이는 0.4m 이상인 직사각형으로 하되 표지의 바탕은 백색으로 문자는 흑색으로 한다.
③ 표지의 한 변의 길이는 0.2m 이상, 다른 한 변의 길이는 0.4m 이상인 직사각형으로 하되 표지의 바탕은 흑색으로 문자는 백색으로 한다.
④ 표지의 한 변의 길이는 0.3m 이상, 다른 한 변의 길이는 0.6m 이상인 직사각형으로 하되 표지의 바탕은 흑색으로 문자는 백색으로 한다.

42 화재의 예방 및 안전관리에 관한 법령상 보일러 등의 위치·구조 및 관리와 화재예방을 위하여 불의 사용에 있어서 지켜야 하는 사항 중 보일러에 경유·등유 등 액체연료를 사용하는 경우에 연료탱크는 보일러 본체로부터 수평거리 최소 몇 m 이상의 간격을 두어 설치해야 하는가?

〔22년-2회〕

① 0.5
② 0.6
③ 1
④ 2

43 소방시설 중 "화재를 진압하거나 인명구조활동을 위하여 사용하는 설비"로 구분되는 것은? `10년-4회`

① 피난설비
② 소화설비
③ 소화용수설비
④ 소화활동설비

44 화재예방강화지구로 지정할 수 있는 대상이 아닌 것은? `19년-4회`

① 시장지역
② 소방출동로가 있는 지역
③ 공장·창고가 밀집한 지역
④ 목조건물이 밀집한 지역

45 소방본부장 또는 소방서장은 화재예방강화지구 안의 관계인에 대하여 소방상 필요한 훈련 및 교육은 연 몇 회 이상 실시할 수 있는가? `19년-4회`

① 1
② 2
③ 3
④ 4

46 화재의 예방 및 안전관리에 관한 법령상 특수가연물의 저장 및 취급의 기준 중 다음 ( ) 안에 알맞은 것은? (단, 석탄·목탄류를 발전용으로 저장하는 경우는 제외한다) `18년-2회, 개정반영`

> 살수설비를 설치하거나 방사능력 범위에 해당 특수가연물이 포함되도록 대형수동식 소화기를 설치하는 경우에는 쌓는 높이를 (㉠) m 이하, 쌓는 부분의 바닥면적을 (㉡) m^2 이하로 할 수 있다.

① ㉠ 10, ㉡ 30
② ㉠ 10, ㉡ 200
③ ㉠ 15, ㉡ 100
④ ㉠ 15, ㉡ 200

47 승강기 등 기계장치에 의한 주차시설로서 자동차 몇 대 이상 주차할 수 있는 시설을 할 경우, 소방본부장 또는 소방서장의 건축허가 등의 동의를 받아야 하는가? `14년-2회`

① 10대
② 20대
③ 30대
④ 50대

48 소방시설공사가 완공되고 나면 누구에게 완공검사를 받아야 하는가? `11년-2회`

① 소방시설 설계업자
② 소방시설 사용자
③ 소방본부장 또는 소방서장
④ 시·도지사

49 소방시설공사업법령에 따른 소방시설업의 등록권자는? `20년-1·2회, 개정반영`

① 국무총리
② 소방서장
③ 시·도지사
④ 한국소방안전원장

50 무창층에서 개구부라 함은 해당 층의 바닥면으로부터 개구부 밑부분까지의 높이가 몇 [m] 이내를 말하는가? `09년-2회`

① $1.0m$ 이내
② $1.2m$ 이내
③ $1.5m$ 이내
④ $1.7m$ 이내

51 위험물로서 제1석유류에 속하는 것은? `05년-1회`

① 이황화탄소
② 휘발유
③ 디에틸에테르
④ 파라크실렌

52 소방시설공사업법령상 공사감리자 지정대상 특정소방대상물의 범위가 아닌 것은? `20년-3회`

① 제연설비를 신설·개설하거나 제연구역을 증설할 때
② 연소방지설비를 신설·개설하거나 살수구역을 증설할 때
③ 캐비닛형 간이스프링클러설비를 신설·개설하거나 방호·방수구역을 증설할 때
④ 물분무등소화설비(호스릴 방식의 소화설비 제외)를 신설·개설하거나 방호·방수구역을 증설할 때

53 화재예방강화지구의 지정대상이 아닌 것은? `17년-4회, 개정반영`

① 공장·창고가 밀집한 지역
② 목조건물이 밀집한 지역
③ 농촌지역
④ 시장지역

54 위험물안전관리법상 시·도지사의 허가를 받지 아니하고 당해 제조소등을 설치할 수 있는 기준 중 다음 ( ) 안에 알맞은 것은? `18년-1회`

> 농예용·축산용 또는 수산용으로 필요한 난방시설 또는 건조시설을 위한 지정수량 ( )배 이하의 저장소

① 20
② 30
③ 40
④ 50

55 소방본부장 또는 소방서장 등이 화재현장에서 소화활동을 원활히 수행하기 위하여 규정하고 있는 사항으로 틀린 것은? `13년-4회, 개정반영`

① 화재예방강화지구의 지정
② 강제처분
③ 소방활동 종사명령
④ 피난명령

56 소화활동을 위한 소방용수시설 및 지리조사의 실시 횟수는? `15년-2회`

① 주 1회 이상
② 주 2회 이상
③ 월 1회 이상
④ 분기별 1회 이상

57 총괄소방안전관리자를 선임하여야 하는 특정소방대상물의 기준으로 옳지 않은 것은? `14년-1회, 개정반영`

① 소매시장
② 도매시장
③ 3층 이상인 학원
④ 연면적이 30,000m^2 이상인 복합건축물

58 소방시설공사업법령에 따른 소방시설업 등록이 가능한 사람은? `20년-1·2회`

① 피성년후견인
② 위험물안전관리법에 따른 금고 이상의 형의 집행 유예를 선고받고 그 유예기간 중에 있는 사람
③ 등록하려는 소방시설업 등록이 취소된 날부터 3년이 지난 사람
④ 소방기본법에 따른 금고 이상의 실형을 선고받고 그 집행이 면제된 날부터 1년이 지난 사람

59 소방본부장 또는 소방서장은 화재의 예방 또는 진압대책을 위하여 소방대상물의 검사를 할 수 있으나 반드시 관계인의 승낙이 있거나 화재발생의 우려가 현저하여 긴급을 요할 때에만 할 수 있는 곳은? `04년-2회`

① 제조공장
② 전시장
③ 교 회
④ 개인의 주거

60 제3류 위험물에 해당하는 것은? `05년-4회`

① 염소산염류
② 나트륨
③ 무기과산화물
④ 유기과산화물

4과목 소방기계시설의 구조 및 원리

61 분말소화설비 분말소화약제 $1kg$당 저장용기의 내용적 기준으로 틀린 것은? 〔16년-4회〕

① 제1종 분말 : $0.8L$
② 제2종 분말 : $1.0L$
③ 제3종 분말 : $1.0L$
④ 제4종 분말 : $1.8L$

62 옥내소화전함의 재질을 합성수지 재료로 할 경우 두께는 몇 mm 이상이어야 하는가? 〔14년-2회〕

① 1.5
② 2
③ 3
④ 4

63 물분무소화설비의 화재안전기준상 차고 또는 주차장에 설치하는 물분무소화설비의 배수설비 기준으로 틀린 것은? 〔22년-1회〕

① 차량이 주차하는 바닥은 배수구를 향하여 100분의 2 이상의 기울기를 유지할 것
② 차량이 주차하는 장소의 적당한 곳에 높이 $5cm$ 이상의 경계턱으로 배수구를 설치할 것
③ 배수설비는 가압송수장치의 최대송수능력의 수량을 유효하게 배수할 수 있는 크기 및 기울기로 할 것
④ 배수구에는 새어나온 기름을 모아 소화할 수 있도록 길이 $40m$ 이하마다 집수관·소화핏트 등 기름분리장치를 설치할 것

64 제연구역에 대한 내용 중 잘못된 것은? 〔03년-2회〕

① 제연구역에 구획은 보, 제연경계벽 및 벽으로 하여야 한다.
② 하나의 제연구역은 직경이 최대 $50m$인 원 안에 들어갈 수 있어야 한다.
③ 하나의 제연구역 면적은 $1,000m^2$ 이하이어야 한다.
④ 거실과 통로는 상호 제연구획을 하여야 한다.

65 스프링클러 헤드를 설치하지 않을 수 있는 장소로만 나열된 것은? 〔19년-2회〕

① 계단, 병실, 목욕실, 냉동창고의 냉동실, 아파트(대피공간 제외)
② 발전실, 수술실, 응급처치실, 통신기기실, 관람석이 없는 테니스장
③ 냉동창고의 냉동실, 변전실, 병실, 목욕실, 수영장 관람석
④ 수술실, 관람석이 없는 테니스장, 변전실, 발전실, 아파트(대피공간 제외)

66 스프링클러설비의 화재안전기준에 따라 폐쇄형 스프링클러 헤드를 최고 주위온도 $40℃$인 장소(공장 및 창고 제외)에 설치할 경우 표시온도는 몇 $℃$의 것을 설치하여야 하는가? 〔21년-4회〕

① $79℃$ 미만
② $79℃$ 이상 $121℃$ 미만
③ $121℃$ 이상 $162℃$ 미만
④ $162℃$ 이상

67 개방형 헤드를 사용하는 연결살수설비에 있어서 하나의 송수구역에 설치하는 연결살수전용 헤드의 수는 몇 개 이하이어야 하는가?

① 8
② 10
③ 12
④ 14

68 공기포 소화약제 혼합방식으로 펌프와 발포기의 중간에 설치된 벤추리관의 벤추리작용에 따라 포소화약제를 흡입·혼합하는 방식은?

① 펌프 프로포셔너
② 라인 프로포셔너
③ 프레져 프로포셔너
④ 프레져 사이드 프로포셔너

69 소화기구 및 자동소화장치의 화재안전기준에 따라 다음과 같이 간이소화용구를 비치하였을 경우 능력 단위의 합은?

- 삽을 상비한 마른 모래 50L포 2개
- 삽을 상비한 팽창질석 80L포 1개

① 1단위
② 1.5단위
③ 2.5단위
④ 3단위

70 스프링클러설비에 있어서 정방형으로 배치하는 경우 헤드에서 헤드까지의 설치거리를 산출하는 식으로 옳은 것은? (단, r : 수평거리이다)

① $s = r\cos 45°$
② $s = 2r\cos 45°$
③ $s = r\sqrt{45}$
④ $s = 2r\sqrt{2}$

71 호스릴 이산화탄소소화설비의 노즐은 20℃에서 하나의 노즐마다 몇 kg/min 이상의 소화약제를 방사할 수 있는 것이어야 하는가?

① 40
② 50
③ 60
④ 80

72 할로겐화합물 및 불활성기체소화설비의 저장용기의 설치장소 기준 중 다음 (   ) 안에 알맞은 것은?

할로겐화합물 및 불활성기체소화설비의 저장용기는 온도가 (   )℃ 이하이고 온도의 변화가 적은 곳에 설치할 것

① 40
② 55
③ 60
④ 75

73 스프링클러설비의 교차배관에서 분기되는 지점을 기점으로 한쪽 가지배관에 설치되는 헤드의 개수는 최대 몇 개 이하인가?
(단, 방호구역 안에서 칸막이 등으로 구획하여 헤드를 증설하는 경우와 격자형 배관방식을 채택하는 경우는 제외한다) 〈17년-2회〉

① 8
② 10
③ 12
④ 15

74 포워터스프링클러 헤드는 바닥면적 몇 m^2마다 1개 이상으로 설치하는가? 〈13년-4회〉

① $7m^2$
② $8m^2$
③ $9m^2$
④ $10m^2$

75 옥내소화설비의 화재안전기준상 가압송수장치를 기동용 수압개폐장치로 사용할 경우 압력챔버의 용적 기준은? 〈21년-1회〉

① $50L$ 이상
② $100L$ 이상
③ $150L$ 이상
④ $200L$ 이상

76 전동 소화펌프의 토출량이 $500\,\ell/\min$, 전양정 $50m$, 펌프효율이 0.6인 경우 전동기 용량은 얼마가 적당한가? (단, 전동기 전달계수는 1.1임) 〈07년-2회〉

① $5kW$
② $7.5kW$
③ $10kW$
④ $15kW$

77 상수도 소화용수설비의 화재안전기준에 따라 호칭지름 $75mm$ 이상의 수도배관에 호칭지름 $100mm$ 이상의 소화전을 접속한 경우 상수도 소화용수설비 소화전의 설치기준으로 맞는 것은? 〈20년-4회〉

① 특정소화대상물의 수평투영면의 각 부분으로부터 $80m$ 이하가 되도록 설치할 것
② 특정소화대상물의 수평투영면의 각 부분으로부터 $100m$ 이하가 되도록 설치할 것
③ 특정소화대상물의 수평투영면의 각 부분으로부터 $120m$ 이하가 되도록 설치할 것
④ 특정소화대상물의 수평투영면의 각 부분으로부터 $140m$ 이하가 되도록 설치할 것

78 제연설비에서 통로상의 제연구역은 최대 얼마까지로 할 수 있나? 〈14년-2회〉

① 보행중심선의 길이로 $30m$ 까지
② 보행중심선의 길이로 $40m$ 까지
③ 보행중심선의 길이로 $50m$ 까지
④ 보행중심선의 길이로 $60m$ 까지

79 분말소화설비의 화재안전기준상 분말소화설비의 가압용 가스로 질소가스를 사용하는 경우 질소가스는 소화약제 $1kg$마다 최소 몇 L 이상이어야 하는가? (단, 질소가스의 양은 $35℃$에서 1기압의 압력상태로 환산한 것이다)
20년-3회

① 10
② 20
③ 30
④ 40

80 연결송수관설비에서 주배관은 얼마의 구경으로 하여야 하는가?
06년-2회

① $65mm$ 이상
② $80mm$ 이상
③ $90mm$ 이상
④ $100mm$ 이상

제3회 문제은행 기출유형 모의고사 해설

01	02	03	04	05	06	07	08	09	10	11	12	13	14	15	16	17	18	19	20
④	②	④	④	①	②	③	③	④	④	③	①	③	③	④	②	③	④	④	②
21	22	23	24	25	26	27	28	29	30	31	32	33	34	35	36	37	38	39	40
②	②	②	④	④	②	③	②	④	②	③	④	②	③	①	③	①	③	②	②
41	42	43	44	45	46	47	48	49	50	51	52	53	54	55	56	57	58	59	60
①	③	④	②	①	④	②	③	②	④	③	③	①	①	③	③	③	③	④	②
61	62	63	64	65	66	67	68	69	70	71	72	73	74	75	76	77	78	79	80
④	④	④	④	④	④	④	④	②	③	②	①	②	②	②	②	④	④	④	④

1과목 소방원론

01 정답 ④

열복사량은 스테판 볼츠만 법칙에 의해

$\dot{q}_R'' = \sigma T^4$ 이므로 → $\dfrac{\phi T_2^4}{\phi T_1^4} = \dfrac{(650+273)^4}{(250+273)^4} = 9.7$

02 정답 ②

조연성 가스
산소, 공기, 오존, 불소, 염소

03 정답 ④

습도가 높을수록 자연발화 발생이 용이하다.

04 정답 ④

액화석유가스(LPG) 는 증기밀도가 약 1.5로 공기보다 1.5배 **무겁다.**

05 정답 ①

플라스틱 가연물

열가소성	폴리에틸렌 수지, 폴리스티렌 수지, 폴리아세틸렌 수지, 폴리염화비닐 수지
열경화성	멜라민 수지, 페놀 수지, 요소 수지

Tip 이름이 폴리○○인 경우 열가소성 수지이다.

06 정답 ②

방화벽은 양쪽 또는 위쪽 끝을 건축물의 외벽면 및 지붕면으로부터 $0.5[m]$ 이상 튀어나오게 설치해야 한다.

07 정답 ③

팽창질석은 분진폭발이 발생하지 않는다.

08 정답 ③

물 $1[g]$이 1기압 $100[℃]$에서의 증발잠열은 $539[cal]$이다.

09 정답 ④

황린은 제3류 위험물 중 금수성이 아닌 자연발화성 물질로서 공기와의 접촉을 차단하기 위해 물속에 저장한다.

10 정답 ④

할론 소화약제의 상온·상압에서의 상태

구 분	상온·상압에서의 상태
Halon 1211	기 체
Halon 1301	
Halon 1011	액 체
Halon 2402	

11 정답 ③

수소의 연소범위는 4~75vol%이다.

12 정답 ①

a : 목조건축물 화재곡선
d : 내화건축물 화재곡선

13 정답 ③

산소의 공급을 원활히 하면 산화반응이 활발해지고, 산소의 공급을 차단하여야 질식소화가 된다.

14 정답 ④

착화온도(발화점)

품 명	착화온도(발화점)
휘발유	246℃
이황화탄소	102℃
적 린	260℃
황 린	30℃

15 정답 ④

가솔린의 비중은 약 0.7로 물보다 가볍다.

16 정답 ④

피난층이란 직접 지상으로 통하는 출입구가 있는 층이다.

17 정답 ②

주요구조부
내력벽, 기둥, 바닥, 보, 지붕틀 및 주계단

18 정답 ③

아세틸렌의 연소범위는 2.5~81%이다.

19 정답 ④

공기 또는 물과 반응하여 발화하는 물질은 자연발화성 물질(위험물)을 의미한다.
대부분의 자연발화성 물질은 금속이다(늄, 튬, 슘 등).

20 정답 ②

이산화탄소 $1mol$의 분자량은 44이므로
$$\frac{20[g]}{44[g]} \times 1[mol] = 0.45[mol]$$

2과목 　 소방유체역학

21 정답 ②

$$K = -V_1 \times \frac{\triangle P}{\triangle V}$$

$$2.5 \times 10^3 = -1 \times \frac{\triangle P}{0.01}$$

$$\therefore 2.5[GPa] = 2.5 \times 10^3[MPa]$$

$$-1 \times \triangle P = P_2 - P_1 = 2.5 \times 10^3 \times 0.01 = 25[MPa]$$

22 정답 ②

$$\dot{Q}[m^3/s] = AV = \frac{\pi d^2}{4} \times V, \quad V = \frac{\dot{Q}}{A} = \frac{\dot{Q}}{\pi d^2/4}$$

$$\frac{\dot{Q}}{\frac{\pi d^2}{4}} = \frac{150}{\frac{\pi \times 0.04^2}{4} \times 60 \times 1,000} = 1.99[m/s]$$

23 정답 ②

보일샤를의 법칙 → $\frac{P_1 V_1}{T_1} = \frac{P_2 V_2}{T_2} = C'$

$V_1 = V_2$ 이므로 $\frac{P_1}{T_1} = \frac{P_2}{T_2} \rightarrow P_2 = P_1 \times \frac{T_2}{T_1}$

$P_1 = 0.183 \times 10^3 + 101.3 = 284.3[kPa]$

$P_2 = 284.3 \times \frac{80+273}{20+273} = 342.5[kPa]$

압력 증가분
$\triangle P = P_2 - P_1 = 342.5 - 284.3 = 58.2[kPa]$

24 정답 ④

$h_1 = 0.14[m], h_2 = 0.15[m],$
$h_3 = 0.24 - 0.15 = 0.09[m],$
$S_s = $ 수은비중, $S_B = $ 벤젠비중이라고 정리하면
압력차
$P_A = P_B + (S_B \times \gamma_w h_3) + (S_s \times \gamma_w h_2) - (\gamma_w h_1)$
$P_A - P_B = (S_B \times \gamma_w h_3) + (S_s \times \gamma_w h_2) - (\gamma_w h_1)$
$\triangle P = (0.899 \times 9,800 \times 0.09) + (13.6 \times 9,800 \times 0.15)$
$- (9,800 \times 0.14) = 19,412.92[Pa] = 19.4[kPa]$

25 정답 ④

펌프가 하는 일은 에너지 자체로 유체가 유동 중에 펌프에 의해 일이 가해졌을 경우 1항에는 펌프의 에너지(수두로 표현된 경우에는 수두)가 더해지고, 베르누이 수정방정식이므로 1항에서 2항으로 유체가 유동함에 따라 손실이 발생하여 2항에는 손실수두항을 추가해 주어야 한다.

26 정답 ②

$$A_A V_A = A_B V_B \Rightarrow V_B = \frac{A_A}{A_B} \times V_A \quad \therefore A = \frac{\pi d^2}{4}$$

$$V_B = \frac{\pi d_A^2 / 4}{\pi d_B^2 / 4} \times V_A = \frac{0.1^2}{0.05^2} \times 10 = 40[m/s]$$

27 정답 ③

마노미터는 압력을 측정하는 장치이다.
※ 마노미터, 피에조미터를 제외한 이름 뒤에 '미터'가 붙는 경우 대부분 유량을 측정하는 장치이다.

28 정답 ②

$$\nu = m^2/s = L^2 T^{-1}$$

29 정답 ③

절대압력=대기압력+계기압력
→ 절대압력-대기압력=계기압력
$240[mmHg] - 760[mmHg] = -520[mmHg]$
→ 단위를 환산하면
$-\frac{520[mmHg]}{760[mmHg]} \times 101.325[kPa] = -69.328[kPa]$

30 정답 ②

$$V = \frac{\dot{Q}}{A} = \frac{\dot{Q}}{\pi d^2/4} = \frac{0.02}{\pi \times 0.1^2/4} = 2.546[m/s]$$

$$Re = \frac{Vd}{\nu} = \frac{2.546 \times 0.1}{3 \times 10^{-4}} = 848.67$$

$$\triangle H[m] = f \cdot \frac{l}{d} \cdot \frac{V^2}{2g}$$

$$\triangle H[m] = \frac{64}{849} \times \frac{100}{0.1} \times \frac{2.546^2}{2 \times 9.8} = 24.93 \fallingdotseq 25[m]$$

31 정답 ③

$$V = \frac{\dot{Q}}{\pi d^2/4} = \frac{800[m^3/h]}{\pi \times 0.2^2/4} \times \frac{1[h]}{3,600[s]} = 7.07[m/s]$$

관 내 압력손실 $\triangle P[Pa] = f \cdot \frac{l}{d} \cdot \frac{\rho V^2}{2}$

$$\triangle P[Pa] = 0.03 \times \frac{1,000}{0.2} \times \frac{1,000 \times 7.07^2}{2}$$
$$= 3,748,867[Pa]$$
$$\triangle P[Pa] = 3,748,867[Pa] \fallingdotseq 3,750[kPa]$$

32 정답 ④

상당길이 $l_e = \frac{Kd}{f}$

$\rightarrow K = \frac{l_e \cdot f}{d} = \frac{40 \times 0.025}{0.1} = 10$

33 정답 ②

역U자이므로 마노미터액이 더 높게 올라간 곳이 압력이 높은 쪽(기준)이 된다.
$P_x = P_y - \gamma_w h_3 - S \times \gamma_w h_2 + \gamma_w h_1$ 로
압력차로 정리하면
$P_x - P_y = -\gamma_w h_3 - S \times \gamma_w h_2 + \gamma_w h_1$
$h_1 = 1.5[m], h_2 = 0.2[m], h_3 = 1.5 - 0.2 - 0.4 = 0.9[m]$
$-9,800 \times 0.9 - 0.9 \times 9,800 \times 0.2 + 9,800 \times 1.5$
$= 4,116[Pa]$

34 정답 ③

$d_1 = 2d_2$, $A = \frac{\pi d^2}{4}$ 이므로, $A_1 = 4A_2$이 된다.
$F_1 = P_1 \times A_1$, $F_2 = P_2 \times A_2$가 되고 $P_1 = P_2$이다.
면적이 4배 크므로 $F_1 = 4F_2$이 된다.

35 정답 ①

유체기계(공기기계)의 종류를 압력 순으로 나열하면 '압축기 > 블로어 > 팬' 순서이다.

36 정답 ③

복사열에너지의 크기 $q_R = \sigma A T^4$ 이므로

복사에너지의 비 $\frac{q_{R2}}{q_{R1}} = \frac{\sigma A_2 T_2^4}{\sigma A_1 T_1^4} = \frac{2,000^4}{1,000^4} = 16$

37 정답 ①

부력 → $F_B = W_a - W_w = 588 - 98 = 490[N]$

체적 → $F_B = \gamma_w V \Rightarrow V = \dfrac{F_B}{\gamma_w} = \dfrac{490}{9,800} = 0.05[m^3]$

비중량 → $W_a = \gamma V \Rightarrow \gamma = \dfrac{W_a}{V} = \dfrac{588}{0.05}$
$= 11,760[N/m^3]$

비중 → $S = \dfrac{\gamma}{\gamma_w} = \dfrac{11,760}{9,800} = 1.2$

38 정답 ③

$\dot{m}[kg/s] = \rho_w AV$ ∴ 물의 밀도 : $\rho_w = 1,000[kg/m^3]$

$\dot{m}[kg/s] = 1,000 \times \dfrac{\pi \times 0.075^2}{4} \times 4 = 17.67[kg/s]$

39 정답 ②

손실수두 $\triangle H[m] = f \cdot \dfrac{l}{d} \cdot \dfrac{V^2}{2g}$

$\triangle H[m] = 0.05 \times \dfrac{100}{0.1} \times \dfrac{2^2}{2 \times 9.8} = 10.2[m]$

40 정답 ②

직선 원관 내의 손실은 **주손실**이다.

3과목 소방관계법규

41 정답 ①

표지는 한 변의 길이가 $0.3m$ **이상**, 다른 한 변의 길이가 $0.6m$ **이상**인 직사각형으로 하고, 표지의 **바탕은 백색**으로, **문자는 흑색**으로 한다.

42 정답 ③

액체연료를 사용하는 보일러의 경우 **연료탱크와 보일러 본체는 수평거리** $1m$ **이상 이격**하여 설치해야 한다.

43 정답 ④

소화활동설비는 화재를 진압하거나 **인명구조활동**을 위하여 사용하는 설비이다.

44 정답 ②

소방시설·소방용수시설 또는 **소방출동로가 없는 지역**이 화재예방강화지구 지정 대상지역이다.

45 정답 ①

소방관서장은 화재예방강화지구 안의 관계인에 대하여 소방에 필요한 **훈련 및 교육**을 연 1회 이상 실시할 수 있다.

46 정답 ④

살수설비를 설치하거나 방사능력 범위에 해당 특수가연물이 포함되도록 대형수동식 소화기를 설치하는 경우에는 쌓는 높이를 $15m$ **이하**, 쌓는 부분의 바닥면적을 $200m^2$ **이하**로 할 수 있다.

47 정답 ②

승강기 등 기계장치에 의한 주차시설로서 자동차 **20대 이상**을 주차할 수 있는 시설이 건축허가 등의 동의를 받아야 하는 대상이다.

48 정답 ③

공사업자는 소방시설공사를 완공하면 **소방본부장 또는 소방서장의 완공검사**를 받아야 한다.

49 정답 ③

특정소방대상물의 소방시설공사등을 하려는 자는 대통령령으로 정하는 요건을 갖추어 **시·도지사**에게 **소방시설업을 등록**하여야 한다.

50 정답 ②

유효한 개구부의 조건 중 개구부는 해당 층의 바닥면으로부터 개구부 밑부분까지의 높이가 **1.2미터 이내**여야 한다.

51 정답 ②

휘발유는 제4류 위험물 중 제1석유류(비수용성 액체)이다.

52 정답 ③

캐비닛형 간이스프링클러설비의 경우 공사감리자 지정 대상의 범위가 아니다.

53 정답 ③

농촌지역은 위험도가 높은 지역이 아니므로 화재예방강화지구의 지정대상이 아니다.

54 정답 ①

농예용·축산용 또는 **수산용**으로 필요한 **난방시설** 또는 **건조시설**을 위한 **지정수량 20배 이하**의 저장소

55 정답 ①

소방활동을 원활히 수행하기 위해서 규정하고 있는 사항에는 **소방활동구역의 지정, 종사명령, 강제처분, 피난명령, 긴급조치**가 있다.

56 정답 ③

소방용수시설 및 지리조사

구 분	내 용
실시자	소방본부장 또는 소방서장
조사 주기	월 1회 이상 실시
보관 기간	조사결과를 2년간 보관

57 정답 ③

3층 이상인 학원은 총괄소방안전관리자 선임대상이 아니다.

58 정답 ③

소방시설업 등록의 결격사유 중 "등록하려는 소방시설업 등록이 취소된 날부터 **2년**이 지나지 아니한 자"로 3년이 지난 사람의 경우 등록이 가능하다.

59 정답 ④

소방관서장은 **화재안전조사**를 실시할 수 있다. 다만, **개인의 주거**(실제 **주거용도**로 사용되는 경우에 한정한다)에 대한 화재안전조사는 **관계인의 승낙**이 있거나 화재발생의 우려가 뚜렷하여 긴급한 필요가 있는 때에 한정한다.

60 정답 ②

나트륨은 제3류 위험물이다.

Tip 제3류 위험물은 자연발화성 또는 금수성 물질로 대부분 "륨, 늄" 등으로 끝나는 금속물질이다.

4과목 소방기계시설의 구조 및 원리

61 정답 ④

분말소화약제 $1kg$당 저장용기의 내용적 기준

종 류	소화약제 $1kg$당 저장용기의 내용적
제1종 분말	$0.8L$
제2종 분말	$1.0L$
제3종 분말	$1.0L$
제4종 분말	$1.25L$

62 정답 ④

옥내소화전함의 재질을 **합성수지 재료**로 설치하는 경우의 **두께**는 $4mm$ 이상이다.

63 정답 ②

차고 또는 주차장에 설치하는 배수설비는 주차하는 장소의 적당한 곳에 높이 $10cm$ **이상**의 경계턱으로 배수구를 설치할 것

64 정답 ②

하나의 제연구역은 **직경 $60m$** 원 내에 들어갈 수 있어야 한다.

65 정답 ②

발전실, 병원의 수술실 및 응급처치실, 통신기기실, 관람석이 없는 실내테니스장은 스프링클러 헤드 설치를 제외할 수 있다.

66 정답 ②

폐쇄형 스프링클러 헤드의 온도

최고 주위온도	표시온도
39℃ 미만	79℃ 미만
39℃ **이상** 64℃ **미만**	79℃ **이상** 121℃ **미만**
64℃ 이상 106℃ 미만	121℃ 이상 162℃ 미만
106℃ 이상	162℃ 이상

67 정답 ②

개방형 헤드를 사용하는 경우 **하나의** 송수구역에 설치하는 살수헤드의 수는 **10개 이하**로 한다.

68 정답 ②

펌프와 발포기의 중간에 설치된 벤추리관의 **벤추리작용**에 따라 포소화약제를 흡입·혼합하는 방식은 **라인 푸로포셔너**이다.

69 정답 ②

마른 모래는 50ℓ, 팽창질석은 80ℓ당 0.5단위이므로 1.5단위가 된다.

70 정답 ②

헤드를 정방형으로 배치하는 경우 빈 공간이 발생하지 않도록 $2R\cos\theta \Rightarrow 2R\cos 45°$로 설치거리를 산출한다.

71 정답 ③

호스릴 이산화탄소소화설비의 노즐은 20℃에서 **하나의 노즐마다** $60\,kg/\min$ **이상**의 소화약제를 방출할 수 있는 것이어야 한다.

72 정답 ②

할로겐화합물 및 불활성기체소화설비 소화약제의 저장용기는 55℃ **이하**이고, 온도 변화가 적은 곳에 설치할 것

73 정답 ①

스프링클러설비의 교차배관에서 분기하는 지점을 기점으로 한쪽 가지배관에 설치할 수 있는 헤드의 수는 **8개 이하**로 한다.

74 정답 ②

포워터스프링클러 헤드는 특정소방대상물의 천장 또는 반자에 설치하되, **바닥면적** $8\,m^2$ **마다 1개 이상** 설치한다.

75 정답 ②

압력챔버의 용적 기준은 $100[L]$ 이상이다.

76 정답 ②

전동기 용량

$$L = \frac{\gamma QH}{\eta} \times k = \frac{9{,}800 \times \frac{500}{60 \times 1{,}000} \times 50}{0.6} \times 1.1$$
$$= 7{,}486[W]$$
$$L = 7{,}486[W] \fallingdotseq 7.5[kW]$$

77 정답 ④

소화전은 특정소방대상물의 수평투영면의 각 부분으로부터 **140미터 이하**가 되도록 설치할 것

78 정답 ④

통로상의 제연구역은 **보행중심선의 길이가** $60\,m$를 초과하지 않아야 한다.

79 정답 ④

가압용 가스를 질소가스로 사용하는 경우 소화약제 $1\,kg$ **마다** $40\,L$ **이상**이어야 한다.

80 정답 ④

연결송수관설비에서 주배관의 관경은 $100\,mm$ **이상**이어야 한다.

제4회 문제은행 기출유형 모의고사

1과목 소방원론

01 목재화재 시 다량의 물을 뿌려 소화할 경우 기대되는 주된 소화효과는? `22년-2회`
① 제거효과
② 냉각효과
③ 부촉매효과
④ 희석효과

02 전기불꽃, 아크 등이 발생하는 부분을 기름 속에 넣어 폭발을 방지하는 방폭구조는? `22년-1회`
① 내압방폭구조
② 유입방폭구조
③ 안전증방폭구조
④ 특수방폭구조

03 가연물이 연소가 잘 되기 위한 구비조건으로 틀린 것은? `17년-2회`
① 열전도율이 클 것
② 산소와 화학적으로 친화력이 클 것
③ 표면적이 클 것
④ 활성화에너지가 작을 것

04 주성분이 인산염류인 제3종 분말소화약제가 다른 분말소화약제와 다르게 A급 화재에 적용할 수 있는 이유는? `17년-2회`
① 열분해 생성물인 CO_2가 열을 흡수하므로 냉각에 의하여 소화된다.
② 열분해 생성물인 수증기가 산소를 차단하여 탈수작용 한다.
③ 열분해 생성물인 메타인산(HPO_3)이 산소의 차단역할을 하므로 소화가 된다.
④ 열분해 생성물인 암모니아가 부촉매 작용을 하므로 소화가 된다.

05 위험물의 유별 성질이 자연발화성 및 금수성 물질은 제 몇 류 위험물인가? `17년-2회`
① 제1류 위험물
② 제2류 위험물
③ 제3류 위험물
④ 제4류 위험물

06 화재 시 이산화탄소를 사용하여 화재를 진압하려고 할 때 산소의 농도를 13vol%로 낮추어 화재를 진압하려면 공기 중 이산화탄소의 농도는 약 몇 vol%가 되어야 하는가? `17년-2회`
① 18.1
② 28.1
③ 38.1
④ 48.1

07 질식소화 시 공기 중의 산소농도는 일반적으로 약 몇 vol% 이하로 하여야 하는가? `17년-2회`

① 25　　② 21
③ 19　　④ 15

08 내화구조의 기준 중 벽의 경우 벽돌조로서 두께가 최소 몇 cm 이상이어야 하는가? `17년-2회`

① 5　　② 10
③ 12　　④ 19

09 건물화재의 표준시간-온도곡선에서 화재발생 후 1시간이 경과할 경우 내부온도는 약 몇 ℃ 정도 되는가? `17년-2회`

① 225　　② 625
③ 840　　④ 925

10 동식물유류에서 "요오드값이 크다."라는 의미를 옳게 설명한 것은? `22년-1회`

① 불포화도가 높다.
② 불건성유이다.
③ 자연발화성이 낮다.
④ 산소와의 결합이 어렵다.

11 인화성 액체의 연소점, 인화점, 발화점을 온도가 높은 것부터 옳게 나열한 것은? `17년-1회`

① 발화점＞연소점＞인화점
② 연소점＞인화점＞발화점
③ 인화점＞발화점＞연소점
④ 인화점＞연소점＞발화점

12 A급, B급, C급 화재에 사용이 가능한 제3종 분말소화약제의 분자식은? `17년-1회`

① $NaHCO_3$
② $KHCO_3$
③ $NH_4H_2PO_4$
④ Na_2CO_3

13 1기압, 100℃에서의 물 $1g$의 기화잠열은 약 몇 cal인가? `17년-1회`

① 425
② 539
③ 647
④ 734

14 연기의 감광계수(m^{-1})에 대한 설명으로 옳은 것은? `17년-1회`

① 0.5는 거의 앞에 보이지 않을 정도이다.
② 10은 화재 최성기 때의 농도이다.
③ 0.5는 가시거리가 20~30m 정도이다.
④ 10은 연기감지기가 작동하기 직전의 농도이다.

15 할론(Halon) 1301의 분자식은? `17년-1회`

① CH_3Cl
② CH_3Br
③ CF_3Cl
④ CF_3Br

16 유류 저장탱크의 화재에서 일어날 수 있는 현상이 아닌 것은? `17년-1회`

① 플래시오버(Flash Over)
② 보일오버(Boil Over)
③ 슬롭오버(Slop Over)
④ 후로스오버(Froth Over)

17 칼륨에 화재가 발생할 경우에 주수를 하면 안 되는 이유로 가장 옳은 것은? `16년-4회`

① 산소가 발생하기 때문에
② 질소가 발생하기 때문에
③ 수소가 발생하기 때문에
④ 수증기가 발생하기 때문에

18 피난계획의 일반원칙 중 Fool proof 원칙에 해당하는 것은? `16년-4회`

① 저지능인 상태에서도 쉽게 식별이 가능하도록 그림이나 색채를 이용하는 원칙
② 피난설비를 반드시 이동식으로 하는 원칙
③ 한 가지 피난기구가 고장이 나도 다른 수단을 이용할 수 있도록 고려하는 원칙
④ 피난설비를 첨단화된 전자식으로 하는 원칙

19 제4류 위험물의 화재 시 사용되는 주된 소화방법은? `16년-2회`

① 물을 뿌려 냉각한다.
② 연소물을 제거한다.
③ 포를 사용하여 질식 소화한다.
④ 인화점 이하로 냉각한다.

20 증발잠열을 이용하여 가연물의 온도를 떨어뜨려 화재를 진압하는 소화방법은? `20년-4회`

① 제거소화
② 억제소화
③ 질식소화
④ 냉각소화

2과목 소방유체역학

21 펌프의 압력계가 출구 쪽에서 $440 kPa$, 입구 쪽에서 $-30 kPa$을 나타내고 출구 쪽 압력계는 입구 쪽의 것보다 $60 cm$ 높은 곳에 설치되어 있으며, 흡입관과 송출관의 지름은 같다. 도중에 에너지 손실이 없고 펌프의 유량이 $3 m^3/\min$일 때 펌프의 동력은 약 몇 kW인가? <small>04년-2회</small>

① 22 ② 24
③ 26 ④ 28

22 비중병의 무게가 비었을 때는 $2[N]$이고, 액체로 충만되어 있을 때는 $8[N]$이다. 액체의 체적이 $0.5[L]$이면 이 액체의 비중량은 약 몇 $[N/m^3]$인가? <small>19년-2회</small>

① 11,000 ② 11,500
③ 12,000 ④ 12,500

23 낙구식 점도계는 어떤 법칙을 이론적 근거로 하는가? <small>19년-1회</small>

① Stokes의 법칙
② 열역학 제1법칙
③ Hagen-Poiseuille의 법칙
④ Boyle의 법칙

24 온도차이 $20℃$, 열전도율 $5 W/(m \cdot K)$, 두께 $20 cm$인 벽을 통한 열유속(heat flux)과 온도차이 $40℃$, 열전도율 $10 W/(m \cdot K)$, 두께 t인 같은 면적을 가진 벽을 통한 열유속이 같다면 두께 t는 약 몇 cm인가? <small>19년-1회</small>

① 10 ② 20
③ 40 ④ 80

25 펌프 중심으로부터 $2m$ 아래에 있는 물을 펌프 중심으로부터 $15m$ 위에 있는 송출수면으로 양수하려 한다. 관로의 전 손실수두가 $6m$이고, 송출수량이 $1m^3/\min$라면 필요한 펌프의 동력은 약 몇 W인가? <small>19년-1회</small>

① 2,777
② 3,103
③ 3,430
④ 3,757

26 관 내에서 물이 평균속도 $9.8 m/s$로 흐를 때의 속도 수두는 약 몇 m인가? <small>18년-4회</small>

① 4.9
② 9.8
③ 48
④ 128

27 그림과 같은 1/4 원형의 수문(水門) AB가 받는 수평성분 힘(F_H)과 수직성분 힘(F_V)은 각각 약 몇 kN인가? (단, 수문의 반지름은 $2m$이고, 폭은 $3m$이다) <small>19년-1회</small>

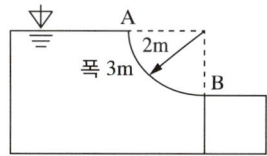

① $F_H = 24.4$, $F_V = 46.2$
② $F_H = 24.4$, $F_V = 92.4$
③ $F_H = 58.8$, $F_V = 46.2$
④ $F_H = 58.8$, $F_V = 92.4$

28 압력 $P_1 = 100\,kPa$, 온도 $T_1 = 300K$, 체적 $V_1 = 1.0\,m^3$인 밀폐계(closed system)의 이상기체가 $PV^{1.3} =$ 일정인 폴리트로픽 과정(polytropic process)을 거쳐 압력 $P_2 = 300\,kPa$까지 압축된다면 최종상태의 온도 T_2는 대략 얼마인가?

10년-4회

① $350K$
② $390K$
③ $430K$
④ $470K$

29 그림에서 물 탱크차가 받는 추력은 약 몇 N인가? (단, 노즐의 단면적은 $0.03\,m^2$이며, 탱크 내의 계기압력은 $40\,kPa$이다. 또한, 노즐에서 마찰손실은 무시한다)

19년-1회

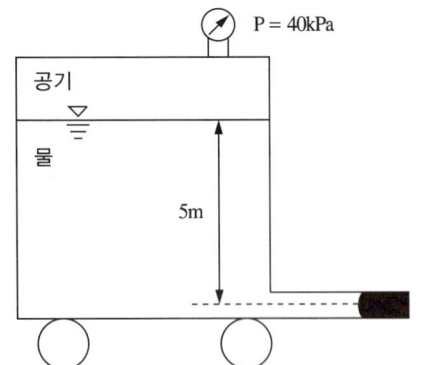

① 812
② 1,489
③ 2,709
④ 5,343

30 수은의 비중이 13.6일 때 수은의 비체적은 몇 m^3/kg인가?

19년-1회

① $\dfrac{1}{13.6}$
② $\dfrac{1}{13.6} \times 10^{-3}$
③ 13.6
④ 13.6×10^{-3}

31 그림과 같은 U자관 차압 액주계에서 A와 B에 있는 유체는 물이고 그 중간의 유체는 수은(비중 13.6)이다. 또한, 그림에서 $h_1 = 20\,cm$, $h_2 = 30\,cm$, $h_3 = 15\,cm$일 때 A의 압력(P_A)와 B의 압력(P_B)의 차이$(P_A - P_B)$는 약 몇 kPa인가?

19년-1회

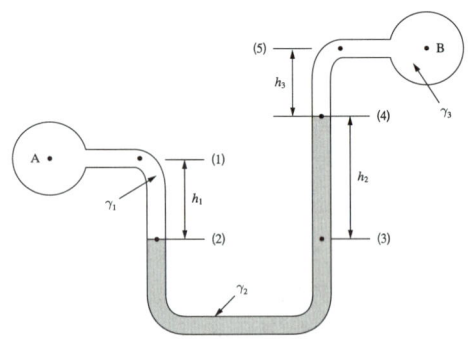

① 35.4
② 39.5
③ 44.7
④ 49.8

32 평균유속 $2m/s$로 $50L/s$ 유량의 물을 흐르게 하는 데 필요한 관의 안지름은 약 몇 mm인가?   `19년-1회`

① 158
② 168
③ 178
④ 188

33 그림과 같이 30°로 경사진 $0.5m \times 3m$ 크기의 수문평판 AB가 있다. A 지점에서 힌지로 연결되어 있을 때 이 수문을 열기 위하여 B 지점에서 수문에 직각방향으로 가해야 할 최소힘은 약 몇 N인가? (단, 힌지 A에서의 마찰은 무시한다)   `18년-4회`

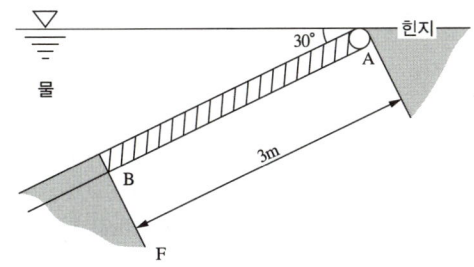

① 7,350
② 7,355
③ 14,700
④ 14,710

34 관 내에 물이 흐르고 있을 때, 그림과 같이 액주계를 설치하였다. 관 내에서 물의 유속은 약 몇 m/s인가?   `18년-4회`

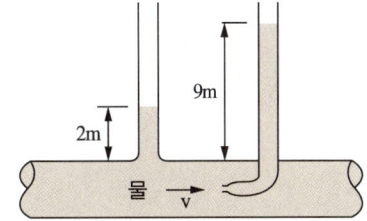

① 2.6
② 7
③ 11.7
④ 137.2

35 파이프 단면적이 2.5배로 급격하게 확대되는 구간을 지난 후의 유속이 $1.2m/s$이다. 부차적 손실 계수가 0.36이라면 급격확대로 인한 손실수두는 몇 m인가?   `18년-4회`

① 0.0264
② 0.0661
③ 0.165
④ 0.331

36 피스톤의 지름이 각각 $10mm$, $50mm$인 두 개의 유압장치가 있다. 두 피스톤의 안에 작용하는 압력은 동일하고, 큰 피스톤이 $1,000N$의 힘을 발생시킨다고 할 때 작은 피스톤에서 발생시키는 힘은 약 몇 N인가?   `18년-4회`

① 40
② 400
③ 25,000
④ 245,000

37 유체가 매끈한 원관 속을 흐를 때 레이놀즈 수가 1,200이라면 관 마찰계수는 얼마인가?
〔09년-4회〕

① 0.0254
② 0.00128
③ 0.0059
④ 0.053

38 부자(float)의 오르내림에 의해서 배관 내의 유량을 측정하는 기구의 명칭은?
〔18년-4회〕

① 피토관(pitot tube)
② 로터미터(rotameter)
③ 오리피스(orifice)
④ 벤투리미터(venturi meter)

39 동력(power)의 차원을 MLT(질량 M, 길이 L, 시간 T)계로 바르게 나타낸 것은?
〔21년-2회〕

① MLT^{-1}
② M^2LT^{-2}
③ ML^2T^{-3}
④ MLT^{-2}

40 비압축성 유체를 설명한 것으로 가장 옳은 것은?
〔18년-2회〕

① 체적탄성계수가 0인 유체를 말한다.
② 관로 내에 흐르는 유체를 말한다.
③ 점성을 갖고 있는 유체를 말한다.
④ 난류 유동을 하는 유체를 말한다.

3과목 소방관계법규

41 다음 중 위험물별 성질로서 틀린 것은?
〔16년-2회〕

① 제1류 : 산화성 고체
② 제2류 : 가연성 고체
③ 제4류 : 인화성 액체
④ 제6류 : 인화성 고체

42 화재의 예방 및 안전관리에 관한 법령상 특수가연물의 품명별 수량 기준으로 틀린 것은?
〔18년-1회〕

① 합성수지류(발포시킨 것) : $20m^3$ 이상
② 가연성 액체류 : $2m^3$ 이상
③ 넝마 및 종이부스러기 : $400kg$ 이상
④ 볏짚류 : $1,000kg$ 이상

43 화재의 예방 및 안전관리에 관한 법령에 따른 화재예방강화지구의 관리기준 중 다음 ( ) 안에 알맞은 것은?
〔18년-4회, 개정반영〕

- 소방관서장은 화재예방강화지구 안의 소방대상물의 위치·구조 및 설비 등에 대한 화재안전조사를 (㉠)회 이상 실시하여야 한다.
- 소방관서장은 소방상 필요한 훈련 및 교육을 실시하고자 하는 때에는 화재예방강화지구 안의 관계인에게 훈련 또는 교육 (㉡)일 전까지 그 사실을 통보하여야 한다.

① ㉠ 월 1, ㉡ 7
② ㉠ 월 1, ㉡ 10
③ ㉠ 연 1, ㉡ 7
④ ㉠ 연 1, ㉡ 10

44 방염성능기준 이상의 실내장식물 등을 설치해야 하는 특정소방대상물이 아닌 것은? 〈17년-4회〉

① 건축물 옥내에 있는 종교시설
② 방송통신시설 중 방송국 및 촬영소
③ 층수가 11층 이상인 아파트
④ 숙박이 가능한 수련시설

45 소방기본법상 소방용수시설의 저수조는 지면으로부터 낙차가 몇 m 이하가 되어야 하는가? 〈16년-4회〉

① 3.5
② 4
③ 4.5
④ 6

46 소방시설공사업법령상 특정소방대상물에 설치된 소방시설등을 구성하는 것의 전부 또는 일부를 개설, 이전 또는 정비하는 공사의 경우 소방시설공사의 착공신고 대상이 아닌 것은? (단, 고장 또는 파손 등으로 인하여 작동시킬 수 없는 소방시설을 긴급히 교체하거나 보수하여야 하는 경우는 제외한다) 〈17년-2회〉

① 수신반
② 소화펌프
③ 동력(감시)제어반
④ 압력챔버

47 "무창층"이라 함은 지상층 중 개구부 면적의 합계가 해당 층의 바닥면적의 얼마 이하가 되는 층인가? 〈15년-2회〉

① 1/3
② 1/10
③ 1/30
④ 1/300

48 원활한 소방활동을 위하여 소방용수시설에 대한 조사를 실시하는 사람은? 〈13년-2회〉

① 소방방재청장
② 시·도지사
③ 소방본부장 또는 소방서장
④ 안전행정부장관

49 소방본부장 또는 소방서장은 건축허가등의 동의 요구서류를 접수한 날부터 최대 며칠 이내에 건축허가등의 동의 여부를 회신하여야 하는가? (단, 허가 신청한 건축물은 지상으로부터 높이가 200[m]인 아파트이다) 〈19년-2회〉

① 5일
② 7일
③ 10일
④ 15일

50 제4류 위험물 제조소의 경우 사용전압이 $22kV$인 특고압 가공전선이 지나갈 때 제조소의 외벽과 가공전선 사이의 수평거리(안전거리)는 몇 [m] 이상이어야 하는가? 〈11년-4회〉

① $2m$
② $3m$
③ $5m$
④ $10m$

51 도시의 건물 밀집지역 등 화재가 발생할 우려가 높아 그로 인한 피해가 클 것으로 예상되는 일정한 구역을 화재예방강화지구로 지정할 수 있는 사람은? `12년-2회, 개정반영`

① 소방서장
② 소방방재청장
③ 시·도지사
④ 소방본부장

52 소방용수시설 중 소화전과 급수탑의 설치기준으로 틀린 것은? `19년-1회`

① 급수탑 급수배관의 구경은 $100mm$ 이상으로 할 것
② 소화전은 상수도와 연결하여 지하식 또는 지상식의 구조로 할 것
③ 소방용호스와 연결하는 소화전의 연결금속구의 구경은 $65mm$로 할 것
④ 급수탑의 개폐밸브는 지상에서 $1.5m$ 이상 $1.8m$ 이하의 위치에 설치할 것

53 다음 소방시설 중 하자보수 보증기간이 다른 것은? `15년-2회`

① 옥내소화전설비
② 비상방송설비
③ 자동화재탐지설비
④ 상수도소화용수설비

54 화재의 예방 및 안전관리에 관한 법령상 특수가연물의 저장 및 취급기준을 위반한 경우 과태료 부과기준은? `20년-4회, 개정반영`

① 50만 원   ② 100만 원
③ 150만 원 ④ 200만 원

55 소방기본법에서 규정하는 소방용수시설에 대한 설명으로 틀린 것은? `15년-1회`

① 시·도지사는 소방활동에 필요한 소화전·급수탑·저수조를 설치하고 유지·관리하여야 한다.
② 소방본부장 또는 소방서장은 원활한 소방활동을 위하여 소방용수시설에 대한 조사를 월 1회 이상 실시하여야 한다.
③ 소방용수시설 조사의 결과는 2년간 보관하여야 한다.
④ 수도법의 규정에 따라 설치된 소화전도 시·도지사가 유지·관리해야 한다.

56 위험물안전관리법령상 위험물 중 제1석유류에 속하는 것은? `20년-4회`

① 경 유   ② 등 유
③ 중 유   ④ 아세톤

57 각 시·도의 소방업무에 필요한 경비의 일부를 국가가 보조하는 대상이 아닌 것은? `14년-2회`

① 전산설비
② 소방헬리콥터
③ 소방관서용 청사 건축
④ 소방용수시설장비

58 화재를 진압하거나 인명구조활동을 위하여 특정소방대상물에는 소화활동설비를 설치하여야 한다. 다음 중 소화활동설비에 해당되지 않는 것은? `13년-1회`

① 제연설비, 비상콘센트설비
② 연결송수관설비, 연결살수설비
③ 무선통신보조설비, 연소방지설비
④ 자동화재속보설비, 통합감시시설

59 지하층을 포함한 층수가 16층 이상 40층 미만인 특정소방대상물의 소방시설공사현장에 배치하여야 할 소방공사 감리원의 배치기준으로 알맞은 것은? `08년-4회`

① 초급감리원 이상의 소방감리원 1인 이상
② 특급감리원 이상의 소방감리원 1인 이상
③ 고급감리원 이상의 소방감리원 1인 이상
④ 중급감리원 이상의 소방감리원 1인 이상

60 위험물의 제조소등을 설치하고자 할 때 설치장소를 관할하는 누구의 허가를 받아야 하는가? `06년-4회, 개정반영`

① 행정안전부장관
② 소방청장
③ 특별시장·광역시장 또는 도지사
④ 기초 지방자치단체장

4과목 소방기계시설의 구조 및 원리

61 하나의 옥외소화전을 사용하는 노즐선단에서의 방수압력이 몇 MPa을 초과할 경우 호스접결구의 인입 측에 감압장치를 설치하여야 하는가? `15년-4회`

① 0.5
② 0.6
③ 0.7
④ 0.8

62 할론소화설비의 화재안전기준상 축압식 할론소화약제 저장용기에 사용되는 축압용 가스로서 적합한 것은? `20년-1·2회`

① 질 소
② 산 소
③ 이산화탄소
④ 불활성 가스

63 부속용도로 사용하고 있는 통신기기실의 경우 바닥면적 몇 m^2마다 수동식 소화기 1개 이상을 추가로 비치해야 하는가? `15년-2회`

① 30
② 40
③ 50
④ 60

64 이산화탄소 소화약제의 저장용기 설치기준에 적합하지 않은 것은?　07년-1회

① 온도가 60℃ 이상인 장소
② 방호구역 외의 장소에 설치할 것
③ 직사광선 및 빗물이 침투할 우려가 없는 곳
④ 온도의 변화가 적은 곳에 설치

65 스프링클러 헤드의 강도를 반응시간지수(RTI) 값에 따라 구분할 때 RTI 값이 51 초과 80 이하 일 때의 헤드 감도는?　13년-4회

① Fast response
② Special response
③ Standard response
④ Quick response

66 포소화설비의 포헤드를 설치하고자 한다. 방호대상 바닥면적이 $40m^2$일 때 필요한 최소 포헤드 수는?　11년-2회

① 4개　　② 5개
③ 6개　　④ 8개

67 층별 바닥면적이 $2,000m^2$인 5층 백화점 건물에 폐쇄형 스프링클러설비가 설치되어 있을 때 스프링클러설비에 필요한 수원의 양은 얼마인가?　05년-1회

① $16m^3$
② $24m^3$
③ $32m^3$
④ $48m^3$

68 차고 또는 주차장에 설치하는 분말소화설비의 소화약제로 옳은 것은?　17년-4회

① 제1종 분말
② 제2종 분말
③ 제3종 분말
④ 제4종 분말

69 스프링클러설비의 가압송수장치의 정격토출압력은 하나의 헤드선단에 얼마의 방수압력이 될 수 있는 크기이어야 하는가?　19년-4회

① $0.01MPa$ 이상 $0.05MPa$ 이하
② $0.1MPa$ 이상 $1.2MPa$ 이하
③ $1.MPa$ 이상 $2.0MPa$ 이하
④ $2.5MPa$ 이상 $3.3MPa$ 이하

70 분말소화설비의 화재안전기준에 따라 분말소화설비의 자동식 기동장치의 설치기준으로 틀린 것은? (단, 자동식 기동장치는 자동화재탐지설비의 감지기의 작동과 연동하는 것이다)　21년-4회

① 기동용 가스용기의 충전비는 1.5 이상으로 할 것
② 자동식 기동장치에는 수동으로도 기동할 수 있는 구조로 할 것
③ 전기식 기동장치로서 3병 이상의 저장용기를 동시에 개방하는 설비는 2병 이상의 저장용기에 전자개방밸브를 부착할 것
④ 기동용 가스용기에는 내압시험압력의 0.8배 내지 내압시험압력 이하에서 작동하는 안전장치를 설치할 것

71 하향식 폐쇄형 스프링클러 헤드는 살수에 방해가 되지 않도록 헤드주위 반경 몇 센티미터 이상의 살수공간을 확보하여야 하는가? 〔11년-4회〕

① 40cm
② 45cm
③ 50cm
④ 60cm

72 스프링클러설비의 화재안전기준상 스프링클러 헤드를 설치하는 천장·반자·천장과 반자 사이·덕트·선반 등의 각 부분으로부터 하나의 스프링클러 헤드까지의 수평거리 기준으로 틀린 것은? (단, 성능이 별도로 인정된 스프링클러 헤드를 수리계산에 따라 설치하는 경우는 제외한다) 〔20년-3회, 개정반영〕

① 무대부에 있어서는 1.7m 이하
② 공동주택(아파트) 세대 내의 거실에 있어서는 2.6m 이하
③ 특수가연물을 저장 또는 취급하는 장소에 있어서는 2.1m 이하
④ 특수가연물을 저장 또는 취급하는 랙크식 창고의 경우에는 1.7m 이하

73 다음 중 옥내소화전의 배관 등에 대한 설치방법으로 옳지 않은 것은? 〔19년-1회〕

① 펌프의 토출 측 주배관의 구경은 평균유속을 5m/s가 되도록 설치하였다.
② 배관 내 사용압력이 1.1MPa인 곳에 배관용 탄소 강관을 사용하였다.
③ 옥내소화전 송수구를 단구형으로 설치하였다.
④ 송수구로부터 주배관에 이르는 연결배관에는 개폐밸브를 설치하지 않았다.

74 연소할 우려가 있는 개구부에 드렌처설비를 설치한 경우 해당 개구부에 한하여 스프링클러 헤드를 설치하지 아니할 수 있는 기준으로 틀린 것은? 〔17년-2회〕

① 드렌처헤드는 개구부 위 측에 2.5m 이내마다 1개를 설치할 것
② 제어밸브는 특정소방대상물 층마다에 바닥면으로 부터 0.5m 이상 1.5m 이하의 위치에 설치할 것
③ 드렌처헤드가 가장 많이 설치된 제어밸브에 설치된 드렌처헤드를 동시에 사용하는 경우에 각 헤드선단의 방수량은 80L/min 이상이 되도록 할 것
④ 드렌처헤드가 가장 많이 설치된 제어밸브에 설치된 드렌처헤드를 동시에 사용하는 경우에 각 헤드선단의 방수압력은 0.1MPa 이상이 되도록 할 것

75 포워터스프링클러 헤드는 바닥면적 몇 m^2마다 1개 이상으로 설치하는가? 〔13년-4회〕

① $7m^2$
② $8m^2$
③ $9m^2$
④ $10m^2$

76 특별피난계단의 계단실 및 부속실 제연설비의 화재안전기준상 수직풍도에 따른 배출기준 중 각층의 옥내와 면하는 수직풍도의 관통부에 설치하여야 하는 배출댐퍼 설치기준으로 틀린 것은?   21년-4회

① 화재 층의 옥내에 설치된 화재감지기의 동작에 따라 당해 층의 댐퍼가 개방될 것
② 풍도의 배출댐퍼는 이·탈착구조가 되지 않도록 설치할 것
③ 개폐 여부를 당해 장치 및 제어반에서 확인할 수 있는 감지기능을 내장하고 있을 것
④ 배출댐퍼는 두께 1.5mm 이상의 강판 또는 이와 동등 이상의 성능이 있는 것으로 설치하여야 하며 비내식성 재료의 경우에는 부식방지 조치를 할 것

77 이산화탄소소화설비의 화재안전기준상 전역방출방식의 이산화탄소소화설비의 분사헤드 방사압력은 저압식인 경우 최소 몇 MPa 이상이어야 하는가?   20년-3회

① 0.5
② 1.05
③ 1.4
④ 2.0

78 16층의 아파트에 각 세대마다 12개의 폐쇄형 스프링클러 헤드를 설치하였다. 이때 소화펌프의 토출량은 몇 $L/\min$ 이상인가?   11년-4회

① 800
② 960
③ 1,600
④ 2,400

79 소화수조 및 저수조의 화재안전기준에 따라 소화용수설비에 설치하는 채수구의 수는 소요수량이 $40m^3$ 이상 $100m^3$ 미만인 경우 몇 개를 설치해야 하는가?   20년-1·2회

① 1
② 2
③ 3
④ 4

80 배관, 행거 및 조명기구가 있어 살수의 장애가 있는 경우 스프링클러 헤드의 설치방법으로서 옳은 것은? (단, 스프링클러 헤드와 장애물과의 이격거리를 장애물 폭의 3배 이상 확보한 경우에는 그러하지 아니한다)   09년-2회

① 부착면에서 $30cm$ 이내로 설치한다.
② 부착면에서 $30~45cm$ 사이로 설치한다.
③ 장애물과 부착면 사이에 설치한다.
④ 장애물 아래에 설치한다.

제4회 문제은행 기출유형 모의고사 해설

01	02	03	04	05	06	07	08	09	10	11	12	13	14	15	16	17	18	19	20
②	②	①	③	③	③	④	④	④	①	①	③	②	②	④	①	③	①	③	④
21	22	23	24	25	26	27	28	29	30	31	32	33	34	35	36	37	38	39	40
②	③	①	④	④	①	④	②	④	②	②	②	③	①	③	②	①	④	③	①
41	42	43	44	45	46	47	48	49	50	51	52	53	54	55	56	57	58	59	60
④	③	④	③	④	③	③	③	②	③	③	③	②	④	④	④	③	②	③	④
61	62	63	64	65	66	67	68	69	70	71	72	73	74	75	76	77	78	79	80
③	①	③	①	②	④	②	②	④	②	④	②	①	③	④	②	②	②	①	④

1과목 소방원론

01 정답 ②
물은 주 소화효과가 냉각소화이며, 작은 입자로 방출 시 급격한 증발로 질식효과가 동반된다.

02 정답 ②
유입방폭구조란 전기불꽃 등이 발생하는 부분을 기름 속에 넣어서 폭발을 방지하는 구조이다.

03 정답 ①
열전도율은 물질에 열이 잘 흐르는 정도를 의미한다. 열전도율이 크다는 것은 물체에 열 축적이 잘 되지 않아 발화될 가능성이 적다.

04 정답 ③
제3종 분말소화약제 열분해 시 발생하는 메타인산(HPO_3)은 가연물을 피복하여 산소공급을 차단한다.

05 정답 ③
제3류 위험물의 성질은 **자연발화성 및 금수성 물질**이다.

06 정답 ③
산소농도를 낮추기 위해 필요한 약제의 농도
$$CO_2[\%] = (\frac{21 - O_2\%}{21}) \times 100 = (\frac{21 - 13}{21}) \times 100$$
$$= 38.1[\%]$$

07 정답 ④
정상상태의 공기 중 산소농도는 21vol%로, 불꽃연소의 경우 산소농도가 15vol% 미만 시 소화된다.

08 정답 ④
내화구조 중 벽돌조 벽은 두께가 $19cm$ 이상이다.

09 정답 ④
표준시간-가열온도곡선
$T = 20 + 345\log(8t + 1)$
$T = 20 + 345\log(8 \times 60 + 1) = 945[℃]$
※ 표준시간-온도곡선에서 실제 초기(시작)온도는 20℃ 부터 시작하게 되어있으나, 보기에서는 초기온도를 고려하지 않고 풀이하여 925℃가 정답으로 채택되었다.

10 정답 ①
요오드값은 유류(유지)의 불포화도를 확인하기 위해 측정하는 것이다.

11 정답 ①

연소점·인화점·발화점
- 인화점 : 점화원에 의해 불이 붙는 온도(점화원 제거 시 불꽃이 지속되지 않는 온도)
- 연소점 : 점화원을 제거하여도 연소가 지속되는 온도
- 발화점 : 점화원이 없어도 연소가 발생하는 온도

12 정답 ③

분말소화약제의 분자식

구 분	분자식(주성분)
제1종 분말	$NaHCO_3$
제2종 분말	$KHCO_3$
제3종 분말	$NH_4H_2PO_4$
제4종 분말	$KHCO_3 + CO(NH_2)_2$

13 정답 ②

물 1[g]이 1기압 100[℃]에서의 증발잠열은 539[cal]이다.

14 정답 ②

감광계수와 연기농도

감광계수 $[m^{-1}]$	가시거리 $[m]$	연기농도
0.1	20~30	연기감지기 동작 시의 농도
0.3	5	건물 내 숙지자의 피난한계 농도
0.5	3	어두운 것을 느낄 정도의 농도
1.0	1~2	앞이 거의 보이지 않을 정도의 농도
10	0.2~0.5	화재 최성기의 농도

15 정답 ④

할론 1301의 분자식은 C, F, Cl, Br의 순서에 따라 CF_3Br 이다.

16 정답 ①

플래시오버란 **건물화재**에서 발생한 가연성 가스가 일시에 인화되어 급격히 화염이 확대(착화)되는 현상이다.

17 정답 ③

금수성 물질의 대부분은 물과 반응하여 **수소를 발생**시키기 때문이다.

18 정답 ①

Fool proof
저지능인 상태에서도 쉽게 식별이 가능하도록 그림이나 색채를 이용하는 원칙으로 정상적인 판단이 불가능한 상태에서도 쉽게 이용할 수 있도록 하는 것이다.

19 정답 ③

제4류 위험물의 주된 소화방법은 포소화설비이다.

20 정답 ④

가연물의 온도를 떨어뜨려서 화재를 진압하는 것은 가연물을 냉각시키는 것이므로 **냉각소화**이다.

2과목   소방유체역학

21 정답 ②

전수두 $H = |\text{흡입 압력수두}| + |\text{토출 압력수두}|$

$|\text{흡입 압력수두}| = \dfrac{30[kPa]}{101.325[kPa]} \times 10.332[mAq]$
$= 3.06[m]$

$|\text{토출 압력수두}| = \dfrac{440[kPa]}{101.325[kPa]} \times 10.332[mAq] + 0.6$
$= 45.46[m]$

$H = 3.06 + 45.46 = 48.52[m]$

수동력 $L_w[W] = \gamma \dot{Q} H$

$L_w = 9,800 \times 3 \times 48.52 \times \dfrac{1[min]}{60[s]} = 23,775[W]$
$\fallingdotseq 24[kW]$

22 정답 ③

$W_t = W_{\text{비중병}} + W_{\text{액체}} \quad \therefore W_{\text{액체}} = mg = \gamma V$

$8 = 2 + (\gamma \times 0.5 \times 10^{-3}) \quad \therefore 1,000[L] = 1[m^3]$

$\gamma = \dfrac{8-2}{0.5 \times 10^{-3}} = 12,000 N/m^3$

23 정답 ①

점도계 종류별 관련 법칙

점도계 종류	관련 법칙
스토머 점도계 맥미셀 점도계	뉴턴의 점성법칙
세이볼트 점도계 오스왈드 점도계 레드우드 점도계	하젠-포아젤 법칙
낙구식 점도계	스토크스 법칙

24 정답 ④

전도열량 $\dot{q}_C = k \cdot A \cdot \dfrac{(T_H - T_L)}{l} = k \cdot A \cdot \dfrac{\Delta T}{l}$

$\dot{q}_{C1} = \dot{q}_{C2} = k_1 \cdot A_1 \cdot \dfrac{(T_{H1} - T_{L1})}{t_1}$

$\qquad = k_2 \cdot A_2 \cdot \dfrac{(T_{H2} - T_{L2})}{t_2}$

$A_1 = A_2$ 이므로 t_2로 정리하면

$t_2 = \dfrac{k_2}{k_1} \times \dfrac{(T_{H2} - T_{L2})}{(T_{H1} - T_{L1})} \times t_1 = \dfrac{10}{5} \times \dfrac{40}{20} \times 0.2 = 0.8[m]$

$t_2 = 0.8[m] = 80[cm]$

25 정답 ④

축동력 $L_s[W] = \dfrac{\gamma \dot{Q} H}{\eta_t}$

$H = H_h + H_f = (2 + 15) + 6 = 23[m]$

$L_s = 9,800 \times 1 \times 23 \times \dfrac{1[\min]}{60[s]} = 3,757[W]$

26 정답 ①

속도수두 $H_v = \dfrac{V^2}{2g} = \dfrac{9.8^2}{2 \times 9.8} = 4.9[m]$

27 정답 ④

수평성분 $F_x = \gamma h A$

수평성분이 가해지는 수평투영면적

$A = 3 \times 2 = 6[m^2]$

$h = \dfrac{2}{2} = 1[m]$

$F_x = 9,800 \times 1 \times 6 = 58,800[N] = 58.8[kN]$

수직성분 $F_y = \gamma V$

$V = A_{정면} \times w_폭 = \left(\dfrac{\pi d^2}{4} \div 4\right) \times w_폭 = \dfrac{\pi \times 4^2}{4 \times 4} \times 3$

$\quad = 9.425[m^3]$

$F_y = 9,800 \times 9.425 = 92,365[N] \fallingdotseq 92.4[kN]$

28 정답 ②

폴리트로픽 과정 온도변화 $T_2 = T_1 \times \left(\dfrac{P_2}{P_1}\right)^{\frac{n-1}{n}}$

$T_2 = 300 \times \left(\dfrac{300}{100}\right)^{\frac{1.3-1}{1.3}} = 386.6 \fallingdotseq 390[K]$

29 정답 ④

$V = \sqrt{2g\Delta h} = \sqrt{2 \times 9.8 \times \left(5 + \dfrac{40}{101.325} \times 10.332\right)}$

$\quad = 13.34[m/s]$

추력 $F_T = \rho A V^2$

$F_T = 1,000 \times 0.03 \times 13.34^2 = 5,339[N] \fallingdotseq 5,343[N]$

30 정답 ②

$v[m^3/kg] = \dfrac{1}{\rho[kg/m^3]}$

∴ 물의 밀도 : $\rho_w = 1,000[kg/m^3]$

$\rho = S \times \rho_w = 13.6 \times 1,000 = 13.6 \times 10^3$

$v = \dfrac{1}{\rho} = \dfrac{1}{13.6 \times 10^3} = \dfrac{1}{13.6} \times 10^{-3}$

31 정답 ②

하부의 수평지점을 기준으로 $P_C = P_D$라고 두면

$P_C = P_A + \gamma_w h_1$,

$P_D = P_B + S_s \times \gamma_w h_2 + \gamma_w h_3$ 이므로

$P_A + \gamma_w h_1 = P_B + S_s \times \gamma_w h_2 + \gamma_w h_3$

압력이 높은 쪽인 P_A를 기준으로 압력차를 정리하면

$P_A - P_B = S_s \times \gamma_w h_2 + \gamma_w h_3 - \gamma_w h_1$

$13.6 \times 9,800 \times 0.3 + 9,800 \times 0.15 - 9,800 \times 0.2$

$= 39,494[Pa]$

$\Delta P = 39,494[Pa] = 39.5[kPa]$

32 정답 ③

$\dot{Q}[m^3/s] = AV = \dfrac{\pi d^2}{4} \times V \Rightarrow d[m] = \sqrt{\dfrac{4\dot{Q}}{\pi V}}$

단위환산

$\dot{Q}[m^3/s] = 50[L/s] \times \dfrac{1}{1,000}[m^3/L] = 0.05[m^3/s]$

$d[m] = \sqrt{\dfrac{4 \times 0.05}{\pi \times 2}} = 0.1784[m]$

$\Rightarrow 0.1784[m] \times 1,000[mm/m] \fallingdotseq 178[mm]$

33 정답 ①

수문에 가해지는 힘(F_g)

$F_g = \gamma h_c A = \gamma_w y_c \sin\theta A \qquad \therefore y_c = \dfrac{3}{2} = 1.5[m]$

$= 9,800 \times 1.5 \times \sin(30) \times (3 \times 0.5) = 11,025[N]$

작용점

$y_F = y_c + \dfrac{I_M}{A \times y_c} = 1.5 + \dfrac{0.5 \times 3^3/12}{(3 \times 0.5) \times 1.5} = 2[m]$

수문을 개방하기 위한 최소힘(F_o)
힌지로부터 작용점까지의 거리 $y_1 = 2[m]$
수문의 길이 $y_2 = 3[m]$

$\rightarrow F_o = \dfrac{F_g \times y_1}{y_2} = \dfrac{11,025 \times 2}{3} = 7,350[N]$

34 정답 ③

정압 $P_s = \gamma h_1 = 9,800 \times 2 = 19,600[Pa]$
전압 $P_t = \gamma h_2 = 9,800 \times 9 = 88,200[Pa]$
동압 $P_v = \dfrac{\rho_w V^2}{2} = P_t - P_s = 88,200 - 19,600$
$\qquad = 68,600[Pa]$

$V = \sqrt{\dfrac{2P_v}{\rho_w}} = \sqrt{\dfrac{2 \times 68,600}{1,000}} = 11.7[m/s]$

35 정답 ③

$\dot{Q}[m^3/s] = A_1 V_1 = A_2 V_2 \Rightarrow \dfrac{V_2}{V_1} = \dfrac{A_1}{A_2} = \dfrac{d_1^2}{d_2^2}$

$V_1 = V_2 \times \dfrac{A_2}{A_1} = 1.2 \times \dfrac{2.5}{1} = 3[m/s]$

급격한 확대관의 부차적손실수두

$\triangle H[m] = K \cdot \dfrac{V_1^2}{2g} = 0.36 \times \dfrac{3^2}{2 \times 9.8} = 0.165[m]$

36 정답 ①

$P_+ = \dfrac{F_2}{A_2} = \dfrac{F_1}{A_1}$ 이므로 $F_1 = F_2 \times \dfrac{A_1}{A_2}$ 이다.

$F_2 = 1,000[N], \ A_2 = \dfrac{\pi \times 0.05^2}{4} = 1.96 \times 10^{-3}[m^2]$

$A_1 = \dfrac{\pi \times 0.01^2}{4} = 7.85 \times 10^{-5}[m^2]$

$F_1 = 1,000 \times \dfrac{7.85 \times 10^{-5}}{1.96 \times 10^{-3}} = 40.05[N]$

37 정답 ④

매끈한 원관 속을 흐르는 마찰손실계수

$f = \dfrac{64}{Re} = \dfrac{64}{1,200} = 0.053$

38 정답 ②

로터미터는 유량에 따라서 Float가 위아래로 움직여 그 눈금을 읽어 유량 값을 측정한다.

39 정답 ③

힘의 단위 $[N] = kg \cdot m/s^2$
에너지 단위 $[J] = kg \cdot m^2/s^2$
동력의 단위 $[W] = [J/s] = kg \cdot m^2/s^3 = ML^2 T^{-3}$

40 정답 ①

비압축성 유체란 압축이 되지 않는 것으로 체적탄성계수 또는 압축률이 0인 유체를 의미한다.

3과목 소방관계법규

41 정답 ④

제6류 위험물의 성질은 **산화성 액체**이다.

42 정답 ③

특수가연물의 품명별 수량 기준

품 명	수 량
합성수지류(발포시킨 것)	$20[m^3]$ 이상
가연성 액체류	$2[m^3]$ 이상
넝마 및 종이부스러기	$1,000[kg]$ 이상
볏짚류	$1,000[kg]$ 이상

43 정답 ④

화재예방강화지구의 관리 기준

구 분	기 준
화재안전조사	연 1회 이상 실시
벌 금	300만 원 이하의 벌금
훈련 및 교육	연 1회 이상 실시
통 보	10일 전까지 통보

44 정답 ③

층수와 무관하게 아파트는 방염성능물품 적용 대상에서 제외된다.

45 정답 ③

소방용수시설의 수원(저수조)은 지면으로부터 **낙차가 4.5m 이하**가 되어야 한다.

46 정답 ④

개설, 이전, 정비하는 공사로서 착공신고 대상
- 수신반
- 소화펌프
- 동력(감시)제어반

47 정답 ③

무창층은 지상층 중 유효한 개구부의 면적의 합계가 해당 층의 바닥면적의 **30분의 1 이하**가 되는 층이다.

48 정답 ③

소방용수시설 조사

구 분	내 용
실시자	소방본부장 또는 소방서장
조사 주기	월 1회 이상 실시
보관 기간	조사결과를 2년간 보관

49 정답 ③

50층 이상(지하층 제외) or 지상으로부터 높이 $200m$ 이상인 아파트는 건축허가등의 동의 요구서류를 접수한 날부터 **10일 이내**에 건축허가등의 **동의 여부를 회신**해야 한다.

50 정답 ②

사용전압이 $7[kV]$ **초과~$35[kV]$ 이하** 특고압가공전선과 제조소의 **건축물은 $3m$ 이상 안전거리**를 확보하여야 한다.

51 정답 ③

화재예방강화지구란 **시·도지사**가 화재발생 우려가 크거나 화재가 발생할 경우 피해가 클 것으로 예상되는 지역에 대하여 화재의 예방 및 안전관리를 강화하기 위해 지정·관리하는 지역을 말한다.

52 정답 ④

급수탑의 개폐밸브는 **지상 $1.5m$ 이상~$1.7m$ 이하**에 설치한다.

53 정답 ②

비상방송설비의 하자보수 보증기간은 2년이다.

54 정답 ④

특수가연물의 저장 및 취급기준을 위반한 자는 **200만원 이하**의 과태료를 부과한다.

55 정답 ④

「**수도법**」 제45조에 따른 소화전은 **일반수도업자**가 유지 및 관리하여야 한다.

56 정답 ④

경 유	제2석유류
등 유	
중 유	제3석유류
아세톤	제1석유류

57 정답 ④

국고보조 대상 소화활동장비 및 설비의 종류
- 소방자동차
- 소방헬리콥터 및 소방정
- 소방전용통신설비 및 전산설비
- 방화복 등 소방활동에 필요한 장비

국고보조 대상 건축
소방관서용 청사의 건축

58 정답 ④

자동화재속보설비 및 통합감시시설은 경보설비이다.

59 정답 ②

특급감리원 배치기준
- 연면적 $3만m^2$ 이상 $20만m^2$ 미만(아파트 제외)
- 지하층을 포함한 층수가 16층 이상 40층 미만

60 정답 ③

제조소등을 설치하고자 하는 자는 대통령령이 정하는 바에 따라 그 설치장소를 관할하는 **시·도지사의 허가**를 받아야 한다.

> **Tip** 시·도지사=특별시장·광역시장 또는 도지사

4과목   소방기계시설의 구조 및 원리

61 정답 ③

옥내소화전 또는 옥외소화전은 방수압력이 $0.7[MPa]$을 초과하는 경우에 감압장치를 설치한다.

62 정답 ①

할론소화약제 저장용기에 사용되는 축압용 가스는 질소가스가 적합하다.

63 정답 ③

통신기기실의 경우 $50[m^2]$마다 적응식 소화기 1개 이상을 추가로 비치하여야 한다.

64 정답 ①

이산화탄소 소화약제의 저장용기는 40℃ **이하**이고, 온도 변화가 작은 곳에 설치할 것

65 정답 ②

RTI(반응시간지수)

RTI	헤드 분류
50 이하	조기반응형(Fast Response Type)
50~80 이하	특수형(Special Response Type)
80~350 이하	표준형(Standard Response Type)

66 정답 ②

포헤드는 특정소방대상물의 천장 또는 반자에 설치하되, **바닥면적 $9m^2$마다 1개 이상** 설치하므로 $40[m^2] \div 9[m^2]=4.44 \Rightarrow 5[개]$ 이상 설치한다.

67 정답 ④

백화점은 판매시설로서 기준개수는 30개이므로, 수원의 양은 $30 \times 1.6m^3 = 48[m^3]$이다.

68 정답 ③

차고 또는 주차장에 설치하는 분말소화설비의 약제는 **제3종 분말(인산염)** 소화약제를 사용하여야 한다.

69 정답 ②

스프링클러의 방수압력은 $0.1 \sim 1.2[MPa]$ 범위이다.

70 정답 ③

7**병 이상**의 저장용기를 동시에 개방하는 설비는 2**병 이상**의 저장용기에 전자개방밸브를 부착할 것

71 정답 ④

스프링클러 헤드는 살수가 방해되지 않도록 스프링클러 헤드로부터 **반경 $60cm$ 이상의 공간**을 보유하여야 한다.

72 정답 ③

특수가연물을 저장·취급하는 장소에 설치되는 스프링클러 헤드의 수평거리는 $1.7m$ **이하**가 되도록 설치하여야 한다.

73 정답 ①

옥내소화전 펌프의 토출 측 주배관의 유속은 $4m/s$ 이하가 되어야 한다.

74 정답 ②

제어밸브(일제개방밸브)는 바닥면으로부터 높이 $0.8 \sim 1.5m$ 이하에 설치하여야 한다.

75 정답 ②

포워터스프링클러 헤드는 특정소방대상물의 천장 또는 반자에 설치하되, **바닥면적 $8m^2$마다 1개 이상** 설치한다.

76 정답 ②

풍도의 내부마감 상태에 대한 **점검 및 댐퍼의 정비가 가능한 이·탈착구조로 할 것**

77 정답 ②

이산화탄소설비의 분사헤드 방사압력
- 고압식 : $2.1 MPa$ 이상의 것
- 저압식 : $1.05 MPa$ 이상의 것

78 정답 ①

아파트에 설치되는 스프링클러의 기준개수는 헤드가 가장 많이 설치된 세대 내 헤드 개수가 10개 이하인 경우 세대 내 설치개수, 10개 이상인 경우 10개로 적용하여 가압송수장치의 토출량은 $10 \times 80[Lpm] = 800[L/\min]$ 이다.

79 정답 ②

소요수량이 $40[m^3]$ 이상 $100[m^3]$ 미만인 경우 채수구는 2개를 설치해야 한다.

80 정답 ④

배관, 행거, 조명기구 등 살수를 방해하는 것이 있는 경우에는 **그 아래에 설치**한다.

제 5 회 문제은행 기출유형 모의고사

1과목 소방원론

01 블레비(BLEVE) 현상과 관계가 없는 것은?
16년-2회

① 핵분열
② 가연성 액체
③ 화구(Fire ball)의 형성
④ 복사열의 대량 방출

02 연쇄반응을 차단하여 소화하는 약제는?
16년-2회

① 물
② 포
③ 할론 1301
④ 이산화탄소

03 화재 발생 시 인간의 피난 특성으로 틀린 것은?
16년-2회

① 본능적으로 평상시 사용하는 출입구를 사용한다.
② 최초로 행동을 개시한 사람을 따라서 움직인다.
③ 공포감으로 인해서 빛을 피하여 어두운 곳으로 몸을 숨긴다.
④ 무의식중에 발화 장소의 반대쪽으로 이동한다.

04 에스테르가 알칼리의 작용으로 가수분해되어 알코올과 산의 알칼리염이 생성되는 반응은?
16년-2회

① 수소화 분해반응
② 탄화 반응
③ 비누화 반응
④ 할로겐화 반응

05 굴뚝효과에 관한 설명으로 틀린 것은?
16년-2회

① 건물 내·외부의 온도차에 따른 공기의 흐름 현상이다.
② 굴뚝효과는 고층건물에서는 잘 나타나지 않고 저층건물에서 주로 나타난다.
③ 평상시 건물 내의 기류분포를 지배하는 중요 요소이며 화재 시 연기의 이동에 큰 영향을 미친다.
④ 건물 외부의 온도가 내부의 온도보다 높은 경우 저층부에서는 내부에서 외부로 공기의 흐름이 생긴다.

06 폭굉(Detonation)에 관한 설명으로 틀린 것은?
16년-2회

① 연소속도가 음속보다 느릴 때 나타난다.
② 온도의 상승은 충격파의 압력에 기인한다.
③ 압력상승은 폭연의 경우보다 크다.
④ 폭굉의 유도거리는 배관의 지름과 관계가 있다.

07 화재의 종류에 따른 표시 색 연결이 틀린 것은? `16년-2회`

① 일반화재 – 백색
② 전기화재 – 청색
③ 금속화재 – 흑색
④ 유류화재 – 황색

08 황린의 보관방법으로 옳은 것은? `16년-1회`

① 물속에 보관
② 이황화탄소 속에 보관
③ 수산화칼륨 속에 보관
④ 통풍이 잘 되는 공기 중에 보관

09 산소의 농도를 낮추어 소화하는 방법은? `20년-1·2회`

① 질식소화
② 냉각소화
③ 제거소화
④ 억제소화

10 위험물안전관리법령상 위험물 유별에 따른 성질이 잘못 연결된 것은? `16년-1회`

① 제1류 위험물 – 산화성 고체
② 제2류 위험물 – 가연성 고체
③ 제4류 위험물 – 인화성 액체
④ 제6류 위험물 – 자기반응성 물질

11 공기 중에서 연소상한값이 가장 큰 물질은? `15년-4회`

① 아세틸렌
② 수 소
③ 가솔린
④ 프로판

12 불꽃의 색상을 저온으로부터 고온 순서로 옳게 나열한 것은? `10년-2회`

① 암적색, 휘백색, 황적색
② 휘백색, 암적색, 황적색
③ 암적색, 황적색, 휘백색
④ 휘백색, 황적색, 암적색

13 화재하중 계산 시 목재의 단위발열량은 약 몇 $kcal/kg$인가? `15년-4회`

① 3,000
② 4,500
③ 9,000
④ 12,000

14 건축물 화재에서 플래시오버(Flash over) 현상이 일어나는 시기는? `15년-4회`

① 초기에서 성장기로 넘어가는 시기
② 성장기에서 최성기로 넘어가는 시기
③ 최성기에서 감쇠기로 넘어가는 시기
④ 감쇠기에서 종기로 넘어가는 시기

15 유류탱크 화재 시 기름표면에 물을 살수하면 기름이 탱크 밖으로 비산하여 화재가 확대되는 현상은? `20년-1·2회`

① 스롭오버(Slop over)
② 보일오버(Boil over)
③ 프로스오버(Froth over)
④ 블레비(BLEVE)

16 촛불의 주된 연소형태에 해당하는 것은? `14년-4회`

① 표면연소
② 분해연소
③ 증발연소
④ 자기연소

17 가연성 액체로부터 발생한 증기가 액체표면에서 연소범위의 하한계에 도달할 수 있는 최저온도를 의미하는 것은? `14년-4회`

① 비 점
② 연소점
③ 발화점
④ 인화점

18 메탄 80vol%, 에탄 15vol%, 프로판 5vol%인 혼합가스의 공기 중 폭발하한계는 약 몇 vol%인가? (단, 메탄, 에탄프로판의 공기 중 폭발하한계는 5.0%, 3.0%, 2.1%이다) `11년-4회`

① 3.23
② 3.61
③ 4.02
④ 4.28

19 열전도도(thermal conductivity)를 표시하는 단위에 해당하는 것은? `21년-2회`

① $J/m^2 \cdot h$
② $kcal/h \cdot ℃^2$
③ $W/m \cdot K$
④ $J \cdot K/m^3$

20 0℃ 1기압에서 $44.8m^3$의 용적을 가진 이산화탄소가스를 액화하여 얻을 수 있는 액화탄산가스의 무게는 몇 kg인가? `11년-4회`

① 88
② 44
③ 22
④ 11

2과목 소방유체역학

21 초기온도와 압력이 각각 50℃, 600kPa인 이상 기체를 100kPa까지 가역 단열팽창시켰을 때 온도는 약 몇 K인가? (단, 이 기체의 비열비는 1.4이다) `25년`

① 194
② 216
③ 248
④ 262

22 10℃와 300℃ 사이에서 작동하는 카르노싸이클의 열효율은 얼마인가? `04년-2회`

① 45.6%
② 50.6%
③ 70.5%
④ 96.7%

23 중력가속도가 $2m/s^2$인 곳에서 무게가 $8kN$이고 부피가 $5m^3$인 물체의 비중은 약 얼마인가? `17년-2회`

① 0.2
② 0.8
③ 1.0
④ 1.6

24 20℃ 물 100L를 화재현장의 화염에 살수하였다. 물이 모두 끓는 온도(100℃)까지 가열되는 동안 흡수하는 열량은 약 몇 kJ인가? (단, 물의 비열은 $4.2kJ/(kg \cdot K)$이다) `18년-2회`

① 500
② 2,000
③ 8,000
④ 33,600

25 아래 그림과 같은 반지름이 $1m$이고, 폭이 $3m$인 곡면의 수문 AB가 받는 수평분력은 약 몇 N인가? `18년-2회`

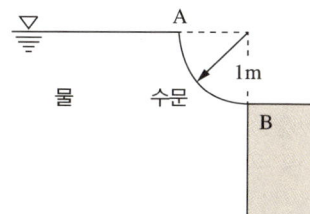

① 7,350
② 14,700
③ 23,900
④ 29,400

26 비중이 1.03인 바닷물에 비중 0.9인 빙산이 떠 있다. 전체 부피의 몇 %가 해수면 위로 올라와 있는가? `18년-2회`

① 12.6
② 10.8
③ 7.2
④ 6.3

27 한 변의 길이가 L인 정사각형 단면의 수력지름 (hydraulic diameter)은? `18년-1회`

① $L/4$
② $L/2$
③ L
④ $2L$

28 베르누이 방정식을 적용할 수 있는 기본 전제조 건으로 옳은 것은? `21년-1회`

① 비압축성 흐름, 점성 흐름, 정상 유동
② 압축성 흐름, 비점성 흐름, 정상 유동
③ 비압축성 흐름, 비점성 흐름, 비정상 유동
④ 비압축성 흐름, 비점성 흐름, 정상 유동

29 수격작용에 대한 설명으로 맞는 것은? `18년-1회`

① 관로가 변할 때 물의 급격한 압력 저하로 인해 수중에서 공기가 분리되어 기포가 발생하는 것을 말한다.
② 펌프의 운전 중에 송출압력과 송출유량이 주기적으로 변동하는 현상을 말한다.
③ 관로의 급격한 온도변화로 인해 응결되는 현상을 말한다.
④ 흐르는 물을 갑자기 정지시킬 때 수압이 급격히 변화하는 현상을 말한다.

30 다음 그림과 같이 설치한 피토정압관의 액주계 눈금 $R=100mm$일 때 ❶에서의 물의 유속은 약 몇 m/s인가? (단, 액주계에 사용된 수은의 비중은 13.6이다) `13년-1회`

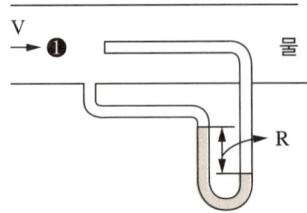

① 15.7
② 5.35
③ 5.16
④ 4.97

31 용량 $2,000L$의 탱크에 물을 가득 채운 소방차가 화재현장에 출동하여 노즐압력 $390kPa$(계기압력), 노즐구경 $2.5cm$를 사용하여 방수한다면 소방차 내의 물이 전부 방수되는 데 소요되는 시간은? `19년-4회`

① 약 2분 26초
② 약 3분 35초
③ 약 4분 12초
④ 약 5분 44초

32 대기 중으로 방사되는 물제트에 피토관의 흡입구를 갖다 대었을 때, 피토관의 수직부에 나타나는 수주의 높이가 $0.6m$라고 하면, 물제트의 유속은 약 몇 m/s인가?
(단, 모든 손실은 무시한다) `17년-4회`

① 0.25
② 1.55
③ 2.75
④ 3.43

33 안지름이 $13mm$인 옥내소화전의 노즐에서 방출되는 물의 압력(계기압력)이 $230kPa$이라면 10분 동안의 방수량은 약 몇 m^3인가?

17년-4회

① 1.7
② 3.6
③ 5.2
④ 7.4

34 계기압력이 $730mmHg$이고 대기압이 $101.3kPa$일 때 절대압력은 약 몇 kPa인가? (단, 수은의 비중은 13.6이다)

17년-4회

① 198.6
② 100.2
③ 214.4
④ 93.2

35 Carnot 사이클이 $800K$의 고온열원과 $500K$의 저온열원 사이에서 작동한다. 이 사이클에 공급하는 열량이 사이클당 $800kJ$이라 할 때, 한 사이클당 외부에 하는 일은 약 몇 kJ인가?

17년-4회

① 200
② 300
③ 400
④ 500

36 그림과 같이 기름이 흐르는 관에 오리피스가 설치되어 있고, 그 사이의 압력을 측정하기 위해 U자형 차압 액주계가 설치되어 있다. 이때 두 지점 간의 압력차$(P_x - P_y)$는 약 몇 kPa인가?

17년-4회

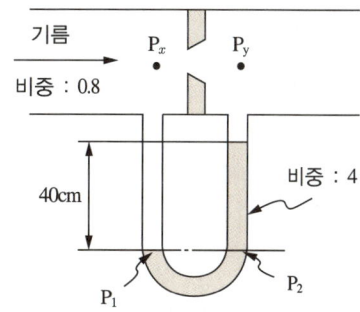

① 28.8
② 15.7
③ 12.5
④ 3.14

37 안지름 $300mm$, 길이 $200m$인 수평 원관을 통해 유량 $0.2m^3/s$의 물이 흐르고 있다. 관의 양 끝단에서의 압력 차이가 $500mmHg$이면 관의 마찰계수는 약 얼마인가? (단, 수은의 비중은 13.6이다)

17년-2회

① 0.017
② 0.025
③ 0.038
④ 0.041

38 대기의 압력이 $1.08 kgf/cm^2$ 였다면 게이지 압력이 $12.5 kgf/cm^2$ 인 용기에서 절대압력(kgf/cm^2)은? 〈17년-1회〉

① 12.50
② 13.58
③ 11.42
④ 14.50

39 그림과 같이 물이 수조에 연결된 원형 파이프를 통해 분출하고 있다. 수면과 파이프의 출구 사이에 총 손실수두가 $200mm$ 이라고 할 때 파이프에서의 방출유량은 약 몇 m^3/s 인가? (단, 수면 높이의 변화 속도는 무시한다) 〈22년-2회〉

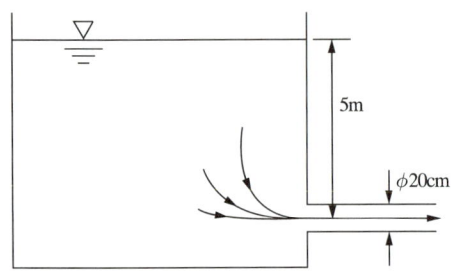

① 0.285
② 0.295
③ 0.305
④ 0.315

40 점성계수의 단위로 사용되는 푸아즈(Poise)의 환산 단위로 옳은 것은? 〈17년-1회〉

① cm^2/s
② $N \cdot s^2/m^2$
③ $dyne/cm \cdot s$
④ $dyne \cdot s/cm^2$

3과목 소방관계법규

41 위험물제조소의 표지의 바탕 및 문자의 색으로 옳은 것은? 〈03년-1회〉

① 황색바탕, 흑색문자
② 백색바탕, 흑색문자
③ 흑색바탕, 백색문자
④ 적색바탕, 백색문자

42 다음 중 소방기본법상 소방대가 아닌 것은? 〈11년-2회〉

① 소방공무원
② 의무소방원
③ 자위소방대원
④ 의용소방대원

43 소방안전관리자 선임에 관한 설명 중 옳은 것은? 〈13년-4회, 개정반영〉

> 소방안전관리대상물의 관계인이 소방안전관리자를 선임한 경우에는 안전행정부령이 정하는 바에 따라 선임한 날부터 (㉠) 이내에 (㉡)에게 신고하여야 한다.

① ㉠ 14일 ㉡ 시·도지사
② ㉠ 14일 ㉡ 소방본부장이나 소방서장
③ ㉠ 30일 ㉡ 시·도지사
④ ㉠ 30일 ㉡ 소방본부장이나 소방서장

44 다음 중 그 성질이 자연발화성 물질 및 금수성 물질인 제3류 위험물에 속하지 않는 것은?

07년-2회

① 황 린
② 칼 륨
③ 나트륨
④ 황화린

45 소방기본법령상 소방본부 종합상황실의 실장이 서면·팩스 또는 컴퓨터통신 등으로 소방청 종합상황실에 보고하여야 하는 화재의 기준이 아닌 것은?

21년-4회

① 이재민이 100인 이상 발생한 화재
② 재산피해액이 50억 원 이상 발생한 화재
③ 사망자가 3인 이상 발생하거나 사상자가 5인 이상 발생한 화재
④ 층수가 5층 이상이거나 병상이 30개 이상인 종합병원에서 발생한 화재

46 건축허가등의 동의 대상물의 범위로 옳지 않은 것은?

10년-2회

① 연면적 400제곱미터 이상인 건축물
② 항공기격납고
③ 방송용 송·수신탑
④ 지하층 또는 무창층이 있는 건축물로서 바닥면적이 50제곱미터 이상인 층이 있는 것

47 화재예방, 소방시설 설치·유지 및 안전관리에 관한 법령상 무창층으로 판정하기 위한 개구부가 갖추어야 할 요건으로 틀린 것은?

22년-2회

① 크기는 반지름 30cm 이상의 원이 내접할 수 있을 것
② 해당 층의 바닥면으로부터 개구부 밑부분까지 높이가 1.2m 이내일 것
③ 도로 또는 차량이 진입할 수 있는 빈터를 향할 것
④ 화재 시 건축물로부터 쉽게 피난할 수 있도록 창살이나 그 밖의 장애물이 설치되지 아니할 것

48 도시의 건물 밀집지역 등 화재가 발생할 우려가 높거나 화재가 발생하는 경우 그로 인하여 피해가 클 것으로 예상되는 일정한 구역으로서 대통령령이 정하는 지역에 대하여 시·도지사가 지정하는 것은?

10년-2회, 개정반영

① 화재예방강화지구
② 화재예방강화구역
③ 방화경계구역
④ 재난재해지역

49 제4류 위험물로서 제1석유류인 수용성 액체의 지정수량은 몇 리터인가?

15년-2회

① 100
② 200
③ 300
④ 400

50 소방시설공사업법령상 일반 소방시설설계업(기계분야)의 영업범위에 대한 기준 중 ( )에 알맞은 내용은? (단, 공장의 경우는 제외한다) `22년-2회`

> 연면적 ( )m^2 미만의 특정소방대상물(제연설비가 설치되는 특정소방대상물은 제외한다)에 설치되는 기계분야 소방시설의 설계

① 10,000
② 20,000
③ 30,000
④ 50,000

51 지정수량 이상의 위험물을 임시로 저장·취급할 수 있는 기간은? `07년-4회`

① 100일 이상
② 60일 이상
③ 90일 이내
④ 120일 이내

52 소방기본법령상 특수가연물의 수량 기준으로 옳은 것은? `21년-4회`

① 면화류 : 200kg 이상
② 가연성 고체류 : 500kg 이상
③ 나무껍질 및 대팻밥 : 300kg 이상
④ 넝마 및 종이부스러기 : 400kg 이상

53 소방기본법상 소방활동구역의 설정권자로 옳은 것은? `18년-2회`

① 소방본부장
② 소방서장
③ 소방대장
④ 시·도지사

54 방염대상물품 중 제조 또는 가공공정에서 방염처리를 하여야 하는 물품이 아닌 것은? `13년-4회`

① 암 막
② 두께가 2mm 미만인 종이벽지
③ 무대용 합판
④ 창문에 설치하는 블라인드

55 소방기본법령상 소방용수시설의 설치기준 중 급수탑의 급수배관의 구경은 최소 몇 mm 이상이어야 하는가? `21년-1회`

① 100
② 150
③ 200
④ 250

56 화재예방 및 안전관리에 관한 법령에 따른 총괄소방안전관리자를 선임하여야 하는 특정소방대상물 중 복합건축물은 지하층을 제외한 층수가 몇 층 이상인 건축물만 해당되는가? `18년-4회, 개정반영`

① 6층
② 11층
③ 20층
④ 30층

57 다음 중 소방시설관리사 응시자격에 해당하지 않는 것은? `25년`

① 공조냉동기계기술사
② 건축사
③ 건축기계설비기술사
④ 전기기능사

58 소방시설의 하자가 발생한 경우 통보를 받은 공사업자는 며칠 이내에 이를 보수하거나 보수 일정을 기록한 하자보수 계획을 관계인에게 서면으로 알려야 하는가? `14년-1회`

① 3일
② 7일
③ 14일
④ 30일

59 화재예방강화지구 안의 소방대상물의 위치·구조 및 설비 등에 대한 화재안전조사 실시 주기는? `09년-2회, 개정반영`

① 월 1회 이상
② 분기별 1회 이상
③ 반기별 1회 이상
④ 연 1회 이상

60 제1류 위험물 산화성 고체인 것은? `15년-2회`

① 질산염류
② 특수인화물
③ 과염소산
④ 유기과산화물

4과목 소방기계시설의 구조 및 원리

61 소화기구 및 자동소화장치의 화재안전기준에 따른 용어에 대한 정의로 틀린 것은? `21년-2회`

① "소화약제"란 소화기구 및 자동소화장치에 사용되는 소화성능이 있는 고체·액체 및 기체의 물질을 말한다.
② "대형소화기"란 화재 시 사람이 운반할 수 있도록 운반대와 바퀴가 설치되어 있고 능력단위가 A급 20단위 이상, B급 10단위 이상인 소화기를 말한다.
③ "전기화재(C급 화재)"란 전류가 흐르고 있는 전기기기, 배선과 관련된 화재를 말한다.
④ "능력단위"란 소화기 및 소화약제에 따른 간이소화용구에 있어서는 소방시설법에 따라 형식승인된 수치를 말한다.

62 건축물에 설치하는 연결살수설비 헤드의 설치기준 중 다음 ( ) 안에 알맞은 것은? `18년-2회`

> 천장 또는 반자의 각 부분으로부터 하나의 살수헤드까지의 수평거리가 연결살수설비 전용 헤드의 경우는 (㉠)m 이하, 스프링클러 헤드의 경우는 (㉡)m 이하로 할 것. 다만, 살수헤드의 부착면과 바닥과의 높이가 (㉢)m 이하인 부분은 살수헤드의 살수 분포에 따른 거리로 할 수 있다.

① ㉠ 3.7, ㉡ 2.3, ㉢ 2.1
② ㉠ 3.7, ㉡ 2.1, ㉢ 2.3
③ ㉠ 2.3, ㉡ 3.7, ㉢ 2.3
④ ㉠ 2.3, ㉡ 3.7, ㉢ 2.1

63 층수가 10층인 일반창고에 습식의 폐쇄형 스프링클러 헤드가 설치되어 있다면 이 설비에 필요한 수원의 양은 얼마 이상이어야 하는가? (단, 이 창고는 특수가연물을 저장·취급하지 않는 일반물품을 적용한다) 〈19년-2회〉

① $16m^3$
② $32m^3$
③ $64m^3$
④ $96m^3$

64 할론소화설비의 화재안전기준상 할론소화약제 저장용기의 설치기준 중 다음 (   ) 안에 알맞은 것은? 〈22년-1회〉

> 축압식 저장용기의 압력은 온도 20℃에서 할론 1301을 저장하는 것은 (㉠)MPa 또는 (㉡)MPa이 되도록 질소가스로 축압할 것

① ㉠ 2.5, ㉡ 4.2
② ㉠ 2.0, ㉡ 3.5
③ ㉠ 1.5, ㉡ 3.0
④ ㉠ 1.1, ㉡ 2.5

65 옥외소화전설비의 화재안전기준에서 어느 대상물에 옥외 소화전이 4개 설치되어 있는 경우 수원의 저수량은 얼마 이상이 되도록 하여야 하는가? 〈07년-2회〉

① $2 \times 7m^3$
② $3 \times 7m^3$
③ $4 \times 7m^3$
④ $5 \times 7m^3$

66 스프링클러설비의 화재안전기준상 스프링클러 헤드 설치 시 살수가 방해되지 아니하도록 벽과 스프링클러 헤드 간의 공간은 최소 몇 cm 이상으로 하여야 하는가? 〈22년-1회〉

① 60
② 30
③ 20
④ 10

67 물분무소화설비의 화재안전기준상 수원의 저수량 설치기준으로 틀린 것은? 〈21년-1회〉

① 특수가연물을 저장 또는 취급하는 특정소방대상물 또는 그 부분에 있어서 그 바닥면적(최대 방수구역의 바닥면적을 기준으로 하며, $50m^2$ 이하인 경우에는 $50m^2$) $1m^2$에 대하여 $10\ell/min$로 20분간 방수할 수 있는 양 이상으로 할 것
② 차고 또는 주차장은 그 바닥면적(최대방수구역의 바닥면적을 기준으로 하며, $50m^2$ 이하인 경우에는 $50m^2$) $1m^2$에 대하여 $20\ell/min$로 20분간 방수할 수 있는 양 이상으로 할 것
③ 케이블트레이, 케이블덕트 등은 투영된 바닥면적 $1m^2$에 대하여 $12\ell/min$로 20분간 방수할 수 있는 양 이상으로 할 것
④ 콘베이어벨트 등은 벨트부분의 바닥면적 $1m^2$에 대하여 $20\ell/min$로 20분간 방수할 수 있는 양 이상으로 할 것

68 포소화설비에서 소화약제 압입용 펌프를 따로 가지고 있는 방식은? 〈13년-1회〉

① 라인 푸로포셔너 방식
② 펌프 푸로포셔너 방식
③ 프레져 푸로포셔너 방식
④ 프레져사이드 푸로포셔너 방식

69 포소화설비의 자동식 기동장치로 폐쇄형 스프링클러 헤드를 사용하고자 하는 경우 ㉠ 부착면의 높이(m)와 ㉡ 1개의 스프링클러 헤드의 경계면적(m^2) 기준은? 〔10년-1회〕

① ㉠ 바닥으로부터 높이 $5m$ 이하, ㉡ $18m^2$ 이하
② ㉠ 바닥으로부터 높이 $5m$ 이하, ㉡ $20m^2$ 이하
③ ㉠ 바닥으로부터 높이 $4m$ 이하, ㉡ $18m^2$ 이하
④ ㉠ 바닥으로부터 높이 $4m$ 이하, ㉡ $20m^2$ 이하

70 스프링클러 헤드를 설치하는 천장·반자·천장과 반자사이·덕트·선반 등의 각 부분으로부터 하나의 스프링클러 헤드까지의 수평거리 기준으로 틀린 것은? 〔17년-4회〕

① 무대부에 있어서는 $1.7m$ 이하
② 창고(내화구조)에 있어서는 $2.3m$ 이하
③ 공동주택(아파트) 세대 내의 거실에 있어서는 $2.6m$ 이하
④ 특수가연물을 저장 또는 취급하는 장소에 있어서는 $2.1m$ 이하

71 국내규정상 단위 옥내소화전설비 가압송수장치의 최소시설기준으로 다음과 같은 항목을 맞게 열거한 것은? (단, 순서는 법정 최소방사량($\ell/\min$) – 법정 최소방출압력(MPa) – 법정 최소방출시간(분)이다) 〔13년-4회〕

① $130\ell/\min$ – $1.0MPa$ – 30분
② $350\ell/\min$ – $2.5MPa$ – 30분
③ $130\ell/\min$ – $0.17MPa$ – 20분
④ $350\ell/\min$ – $305MPa$ – 20분

72 상수도 소화용수설비의 설치기준 중 다음 (　) 안에 알맞은 것은? 〔17년-4회〕

호칭지름 (㉠)mm 이상의 수도배관에 호칭지름 (㉡)mm 이상의 소화전을 접속하여야 하며, 소화전은 특정소방대상물의 수평 투영면의 각 부분으로부터 (㉢)m 이하가 되도록 설치할 것

① ㉠ 65, ㉡ 100, ㉢ 120
② ㉠ 65, ㉡ 100, ㉢ 140
③ ㉠ 75, ㉡ 100, ㉢ 120
④ ㉠ 75, ㉡ 100, ㉢ 140

73 케이블트레이에 물분무소화설비를 설치할 때 저장하여야 할 수원의 양은 몇 m^3인가? (단, 케이블트레이의 투영된 바닥면적은 $70m^3$이다) 〔10년-4회〕

① 28
② 12.4
③ 14
④ 16.8

74 이산화탄소소화설비의 화재안전기준에 따라 케이블실에 전역방출방식으로 이산화탄소소화설비를 설치하고자 한다. 방호구역 체적은 750 m^3, 개구부의 면적은 $3m^3$이고, 개구부에는 자동폐쇄장치가 설치되어 있지 않다. 이때 필요한 소화약제의 양은 최소 몇 kg 이상인가? 〔22년-2회〕

① 930
② 1,005
③ 1,230
④ 1,530

75 스프링클러설비 헤드의 설치기준 중 다음 ( ) 안에 알맞은 것은?

> 살수가 방해되지 아니하도록 스프링클러 헤드부터 반경 (㉠)cm 이상의 공간을 보유할 것. 다만, 벽과 스프링클러 헤드 간의 공간은 (㉡)cm 이상으로 한다.

① ㉠ 10, ㉡ 60
② ㉠ 30, ㉡ 10
③ ㉠ 60, ㉡ 10
④ ㉠ 90, ㉡ 60

76 스프링클러설비의 화재안전기준에서 폐쇄형 스프링클러설비 기준으로 하나의 방호구역의 바닥면적은 몇 m^2를 초과하지 않아야 하는가?

① 4,000
② 3,000
③ 2,000
④ 1,000

77 다음 장치 중 소화설비의 소화수 배관 내에 요구되는 적정압력을 상시 유지시켜 주고 적정압력 이하로 될 경우 소화수 펌프를 자동 기동시켜 주는 장치는?

① 물올림장치
② 유수검지장치
③ 기동용 수압개폐장치
④ 가압송수장치

78 포소화설비의 화재안전기준에서 고정포방출구에서 방출하기 위하여 필요한 양을 산출하는 다음 공식에 대한 설명으로 틀린 것은?

$$Q = A \times Q_1 \times T \times S$$

① Q : 포소화약제의 양(ℓ)
② T : 방출시간(min)
③ A : 탱크의 체적(m^2)
④ S : 포소화약제의 사용농도(%)

79 제연설비의 화재안전기준상 제연풍도의 설치기준으로 틀린 것은?

① 배출기의 전동기 부분과 배풍기 부분은 분리하여 설치할 것
② 배출기와 배출풍도의 접속 부분에 사용하는 캔버스는 내열성이 있는 것으로 할 것
③ 배출기의 흡입 측 풍도 안의 풍속은 $20m/s$ 이하로 할 것
④ 유입풍도 안의 풍속은 $20m/s$ 이하로 할 것

80 분말소화설비의 화재안전기준상 차고 또는 주차장에 설치하는 분말소화설비의 소화약제는?

① 제1종 분말
② 제2종 분말
③ 제3종 분말
④ 제4종 분말

제 5 회 문제은행 기출유형 모의고사 해설

01	02	03	04	05	06	07	08	09	10	11	12	13	14	15	16	17	18	19	20
①	③	③	③	②	①	③	①	①	④	①	③	②	②	①	③	④	④	③	①
21	22	23	24	25	26	27	28	29	30	31	32	33	34	35	36	37	38	39	40
①	②	②	④	②	①	③	④	④	④	①	④	①	①	②	③	②	②	③	④
41	42	43	44	45	46	47	48	49	50	51	52	53	54	55	56	57	58	59	60
②	③	②	④	③	④	①	①	④	③	③	①	③	②	①	②	④	①	④	①
61	62	63	64	65	66	67	68	69	70	71	72	73	74	75	76	77	78	79	80
②	①	④	①	①	④	④	④	②	④	③	④	④	②	③	②	③	③	③	③

1과목 소방원론

01 정답 ①
BLEVE는 인화성 또는 **가연성 액체**가 충전되어 있는 용기가 외부화재에 의해 가열되면 분출하여 **화구**가 형성되며 **대량의 복사열**을 방출한다.

02 정답 ③
할론 1301은 연쇄반응을 차단하여 소화하는 약제이다.

03 정답 ③
지광본능이란 빛을 향해 도피하려는 본능으로, 사람은 화재 시 빛을 향해 이동하는 본능을 갖는다.

04 정답 ③
비누화 반응이란 에스테르(유지)가 알칼리의 작용으로 가수분해되어 알칼리염(비누)이 생성되는 반응이다.

05 정답 ②
굴뚝효과는 건물의 높이가 높을수록 강하게 나타난다.

06 정답 ①
폭굉과 폭연
- 폭굉 : 연소속도＞음속
- 폭연 : 연소속도＜음속

07 정답 ③
화 재

급	화 재	표시색상
A급 화재	일반화재	백 색
B급 화재	유류화재	황 색
C급 화재	전기화재	청 색
D급 화재	금속화재	회 색

08 정답 ①
황린은 자연발화성 물질로 자연발화를 방지하기 위해 물(보호액)속에 보관한다.

09 정답 ①
산소의 농도를 낮추어(15% 미만) 소화하는 방법은 질식소화이다.

10 정답 ④

위험물 분류

유 별	성 질
제1류	산화성 고체
제2류	가연성 고체
제3류	자연발화성 물질 및 금수성 물질
제4류	인화성 액체
제5류	자기반응성 물질
제6류	**산화성 액체**

11 정답 ①

아세틸렌의 연소범위는 2.5~81%이다.

Tip 시험범위 중 아세틸렌의 연소범위가 가장 넓다.

12 정답 ③

연소의 온도별 색상

휘백색 > 백색 > 황적색 > 휘적색 > 적색 > 암적색

13 정답 ②

화재하중은 목재의 등가발열량으로 바꾼 것으로, 목재의 단위발열량(단위질량당 발열량)은 $4,500[kcal/kg]$이다.

14 정답 ②

플래시오버는 화재 성장기에서 최성기로 넘어가는 분기점에서 발생한다.

15 정답 ①

스롭오버란 유류탱크 화재 시 기름 표면에 **주수(또는 살수)**하면 **기름이 탱크 밖으로 비산**하여 화재가 확대되는 현상이다.

16 정답 ③

촛불의 주된 연소형태는 증발연소이다.

17 정답 ④

인화점이란 가연성 증기를 형성하는 고체 또는 액체의 최저온도로 증기가 누적되면 연소하한계에 도달한다.

18 정답 ④

혼합가스의 폭발(연소)하한계

$$L_T = \frac{100}{\frac{V_1}{L_1}+\frac{V_2}{L_2}+\cdots\frac{V_n}{L_n}} = \frac{100}{\frac{80}{5}+\frac{15}{3}+\frac{5}{2.1}} = 4.28[\%]$$

19 정답 ③

열전도도(k)의 단위

$[W/m \cdot K]$, $[W/m \cdot ℃]$, $[W/m \cdot \deg]$

20 정답 ①

이산화탄소의 분자량은 44이므로

이산화탄소 1몰당 질량은 $\frac{44[g]}{22.4[L]} = \frac{44[kg]}{22.4[m^3]}$ 이다.

총 용적은 $44.8[m^3]$이므로

$44[kg] \times \frac{44.8[m^3]}{22.4[m^3]} = 88[kg]$ 이다.

2과목 소방유체역학

21 정답 ①

단열팽창 후 온도 $T_2 = T_1 \times \left(\frac{P_2}{P_1}\right)^{\frac{k-1}{k}}$

$T_2 = (50+273) \times \left(\frac{100}{600}\right)^{\frac{1.4-1}{1.4}} = 194[K]$

22 정답 ②

$\eta_C = \frac{T_H - T_L}{T_H} = \frac{(300+273)-(10+273)}{300+273} = 0.506$

$\eta_C[\%] = \eta_C \times 100[\%] = 0.506 \times 100 = 50.6[\%]$

23 정답 ②

$W = mg \Rightarrow 8,000 = m \times 2, \quad m = \frac{8,000}{2} = 4,000[kg]$

$m = \rho V \Rightarrow 4,000 = \rho \times 5, \quad \rho = 800[kg/m^3]$

$S = \frac{\rho}{\rho_w} = \frac{800}{1,000} = 0.8$

24 정답 ④

물을 가열하는 데 필요한 열은 현열이다.
현열 $q_S = m \times C \times (T_2 - T_1)$

$$q_S = \rho_w V \times C \times (T_2 - T_1)$$
$$= 1,000[kg/m^3] \times 0.1[m^3] \times 4.2[kJ/kg \cdot ℃]$$
$$\times (100 - 20)[℃]$$
$$q_S = 33,600[kJ]$$

25 정답 ②

수평분력 $F_x = \gamma h A$
수평분력이 가해지는 수평투영면적
$A = 3 \times 1 = 3[m^2]$
$h = \dfrac{1}{2} = 0.5[m]$
$F_x = 9,800 \times 0.5 \times 3 = 14,700[N]$

26 정답 ①

$$V_{노출}[\%] = (1 - \dfrac{S}{S_f}) \times 100 = (1 - \dfrac{0.9}{1.03}) \times 100$$
$$= 12.62[\%]$$

27 정답 ③

사각관의 수력지름(직경)은 $D_H = \dfrac{2ab}{a+b}$ 이므로
$$D_H = \dfrac{2 \times L^2}{L + L} = \dfrac{\cancel{2}L \times L}{\cancel{2}L} = L$$

28 정답 ④

베르누이 방정식 성립조건
- 비점성 유체(마찰손실 X)
- 비압축성 유체
- 유선을 따르는 유동
- 정상 유동

29 정답 ④

급격한 유속변화(정지) 시 운동에너지가 압력에너지로 변화하면서 충격파가 발생되는 현상을 수격현상이라고 한다.

30 정답 ④

$$P_v = \dfrac{\rho V^2}{2} = S \times \gamma_w h - \gamma_w h$$

∴ 물의 비중량 : $9,800[N/m^3]$
$P_v = 13.6 \times 9,800 \times 0.1 - 9,800 \times 0.1 = 12,348[Pa]$
$V = \sqrt{\dfrac{2P_v}{\rho}} = \sqrt{\dfrac{2 \times 12,348}{1,000}} = 4.969 ≒ 4.97[m/s]$

31 정답 ①

수원의 체적 $V = 2,000[l]$
수원 방출량 $\dot{Q} = 2.086 \times d^2 \times \sqrt{P}$
$\dot{Q} = 2.086 \times 25^2 \times \sqrt{0.39} = 814.19[l/min]$
소요시간 $t_d = \dfrac{2,000}{814.19} = 2.46[min]$
단위환산 $t_d = 2.46[min] \times \dfrac{60[s]}{1[min]} = 147.6[s]$
$147.6[s] = 2$분 28초
※ 2.46분은 2분 46초가 아님을 주의한다.

32 정답 ④

단위환산 $\dfrac{0.6[mAq]}{10.332[mAq]} \times 101,325[Pa] = 5,884[Pa]$

동압 $P_v = \dfrac{\rho_w V^2}{2}$

$V = \sqrt{\dfrac{2P_v}{\rho_w}} = \sqrt{\dfrac{2 \times 5,884}{1,000}} = 3.43[m/s]$

33 정답 ①

옥내소화전 노즐에서 방수량
$\dot{Q}[l/\min] = 2.086 \times d^2[mm] \times \sqrt{P}[MPa]$
$= 2.086 \times 13^2 \times \sqrt{0.23} = 169[l/min]$
$\dot{Q} = 169[l/min] \times \dfrac{1[m^3]}{1000[l]} \times 10[\min] = 1.69[m^3]$

34 정답 ①

절대압력 = 대기압력 + 계기압력
→ 단위를 환산하면 계기압력은
$\dfrac{730[mmHg]}{760[mmHg]} \times 101.325[kPa] = 97.33[kPa]$
절대압력 $= 101.3[kPa] + 97.33[kPa] = 198.63[kPa]$

35 정답 ②

일(출력) $W = Q_H - Q_L = T_H - T_L$ 로
열량차는 온도차와 값이 같으므로
$W = 800 - 500 = 300[kJ]$
※ 실제 온도차이에는 엔트로피의 곱이 생략되어 있으므로 온도차이의 단위도 $[kJ]$이 된다.

36 정답 ③

압력차 $\triangle P = \gamma_1 h - \gamma_2 h = S_1 \times \gamma_w h - S_2 \times \gamma_w h$
$\triangle P = (S_1 - S_2)\gamma_w h = (4 - 0.8) \times 9,800 \times 0.4$
$\quad\quad = 12,544[Pa]$
$\triangle P = 12,544[Pa] = 12.5[kPa]$

37 정답 ②

$V = \dfrac{\dot{Q}}{A} = \dfrac{\dot{Q}}{\pi d^2/4} = \dfrac{0.2}{\pi \times 0.3^2/4} = 2.83[m/s]$

$\triangle P = \dfrac{500[mmHg]}{760[mmHg]} \times 101,325[Pa] = 66,661[Pa]$

관 내 압력손실은 $\triangle P[Pa] = f \cdot \dfrac{l}{d} \cdot \dfrac{\rho V^2}{2}$

$f = \triangle P \cdot \dfrac{d}{l} \cdot \dfrac{2}{\rho_w V^2}$
$\quad = 66,661 \times \dfrac{0.3}{200} \times \dfrac{2}{1,000 \times 2.83^2} = 0.025$

38 정답 ②

절대압력 = 대기압력 + 계기압력이므로
$1.08 + 12.5 = 13.58[kgf/cm^2]$

39 정답 ③

$\dot{Q} = A \times V = A \times \sqrt{2g(h - h_f)}$
$\quad = \dfrac{\pi \times 0.2^2}{4} \times \sqrt{2 \times 9.8 \times (5 - 0.2)} = 0.3047$
$\quad \fallingdotseq 0.305[m^3/s]$

40 정답 ④

점성계수와 동점성계수의 단위

구 분	단 위
점성계수	$1[Pa \cdot s] = 1[N \cdot s/m^2] = 10[poise]$, $1[poise] = 1[dyne \cdot s/cm^2]$
동점성계수	$1[m^2/s] = 1 \times 10^4[st] = 1 \times 10^6[cst]$, $1[stokes] = 1[cm^2/sec]$

3과목 소방관계법규

41 정답 ②

표지의 **바탕은 백색으로, 문자는 흑색으로** 한다.

42 정답 ③

소방대의 구성
• 소방공무원
• 의무소방원
• 의용소방대원

43 정답 ②

소방안전관리대상물의 관계인은 소방안전관리자를 선임한 날부터 **14일 이내에 소방본부장 또는 소방서장에게 신고**하여야 한다.

44 정답 ④

제3류 위험물인 자연발화성 물질 및 금수성 물질은 황린 및 금속류로 구성되어 있으며, **황화린은 제2류 위험물**이다.

45 정답 ③

사망자가 5인 이상 발생하거나 사상자가 10인 이상 발생한 화재

46 정답 ④

지하층 또는 **무창층**이 있는 건축물로서 바닥면적이 $150m^2$(**공연장은 $100m^2$) 이상인 층**이 있는 것

47 정답 ①

크기는 지름 **50센티미터** 이상의 원이 통과할 수 있을 것

48 정답 ①

화재예방강화지구란 **시·도지사가 화재발생 우려가 크거나 화재가 발생할 경우 피해가 클 것**으로 예상되는 지역에 대하여 화재의 예방 및 안전관리를 강화하기 위해 **지정·관리하는 지역**을 말한다.

49 정답 ④

제1석유류(수용성 액체)의 지정수량은 400ℓ이다.

50 정답 ③

연면적 3만m^2(공장의 경우에는 1만m^2) **미만의 특정소방대상물**(제연설비가 설치되는 특정소방대상물은 제외)에 설치되는 기계분야 소방시설의 설계

51 정답 ③

시·도의 조례가 정하는 바에 따라 **관할소방서장의 승인**을 받아 지정수량 이상의 위험물을 **90일 이내**의 기간 동안 임시로 저장 또는 취급하는 경우

52 정답 ①

② 가연성 고체류 – 3,000kg 이상
③ 나무껍질 및 대팻밥 – 400kg 이상
④ 넝마 및 종이부스러기 – 1,000kg 이상

53 정답 ③

소방대장은 소방활동구역을 정하여 **구역에 출입하는 것을 제한** 가능하다.

54 정답 ②

벽지류는 방염물품대상이나 **두께가** 2mm **미만인 종이벽지는 제외**된다.

55 정답 ①

소방용수시설 중 급수탑에 연결되는 급수배관 구경은 100mm **이상**이어야 한다.

56 정답 ②

총괄소방안전관리자를 선임하여야 하는 건축물 중 복합건축물(지하층을 제외한 층수가 **11층 이상** 또는 **연면적** 3만m^2 **이상**인 건축물)인 것

57 정답 ④

소방시설관리사 시험의 응시자격
· 소방기술사·위험물기능장·건축사·건축기계설비기술사·건축전기설비기술사 또는 공조냉동기계기술사
· 소방설비기사 자격을 취득한 후 2년 이상 실무경력이 있는 자
· 소방설비산업기사, 위험물산업기사, 위험물기능사, 산업안전기사 자격을 취득한 후 3년 이상 소방실무경력이 있는 자
· 소방공무원으로 5년 이상 근무한 경력이 있는 자
· 10년 이상 소방실무경력이 있는 자

58 정답 ①

소방시설의 하자가 발생하였을 때에는 공사업자에게 그 사실을 알려야 하며, 통보를 받은 공사업자는 **3일 이내**에 하자를 **보수**하거나 보수 일정을 기록한 **하자보수계획**을 관계인에게 서면으로 알려야 한다.

59 정답 ④

소방관서장은 화재예방강화지구 안의 **소방대상물의 위치·구조 및 설비** 등에 대한 **화재안전조사를 연 1회 이상** 실시해야 한다.

60 정답 ①

② 특수인화물 – 제4류 위험물
③ 과염소산 – 제6류 위험물
④ 유기과산화물 – 제5류 위험물

4과목 소방기계시설의 구조 및 원리

61 정답 ②

대형소화기는 A급은 10단위 이상, B급은 20단위 이상인 소화기를 말한다.

62 정답 ①

전용헤드의 수평거리 3.7m **이하**, 스프링클러 헤드 적용 시 2.3m **이하**, 살수헤드의 부착면과 바닥의 높이가 2.1m **이하**인 부분은 살수 분포에 따른 거리로 적용할 수 있다.

63 정답 ④

창고시설에 설치되는 헤드의 기준개수는 30개로 수원의 양은 $30 \times 3.2[m^3] = 96[m^3]$ 이다.

64 정답 ①

축압식 저장용기의 압력은 온도 20℃에서 **할론 1301**을 저장하는 것은 2.5MPa 또는 4.2MPa이 되도록 질소가스로 축압할 것

65 정답 ①

옥외소화전의 수원은 기준개수가 소화전의 설치개수를 기준으로 하지만 최대 2개이므로 $2 \times 7.0[m^3] = 14.0[m^3]$이다.

66 정답 ④

스프링클러 헤드는 살수장애가 발생하지 않도록 **벽과 스프링클러 헤드 간의 공간은** $10\,cm$ **이상**으로 한다.

67 정답 ④

콘베이어벨트의 살수밀도는 $10[L/\min \cdot m^2]$이다.

68 정답 ④

포소화설비에서 포소화약제 **압입용 펌프**를 따로 가지고 있는 혼합방식은 프레져사이드 프로포셔너 방식이다.

69 정답 ②

포소화설비의 자동 기동장치로 폐쇄형 스프링클러 헤드를 사용하는 경우 **부착면의 높이는 바닥으로부터** $5\,m$ **이하, 감지(경계)면적은** $20\,m^2$ **이하**로 한다.

70 정답 ④

특수가연물을 저장·취급하는 장소에 설치되는 스프링클러 헤드의 수평거리는 $1.7\,m$ 이하가 되도록 설치하여야 한다.

71 정답 ③

옥내소화전의 방수량은 $130[Lpm]$ **이상**, 방수압력은 $0.17[MPa]$ **이상**, 최소방수시간은 **20분 이상**이다.

72 정답 ④

상수도 소화용수설비는 호칭지름 $75\,mm$ **이상**의 수도배관에 호칭지름 $100\,mm$ **이상**의 소화전을 접속하여야 하며, 소화전은 특정소방대상물의 수평 투영면의 각 부분으로부터 $140\,m$ **이하**가 되도록 설치할 것

73 정답 ④

케이블트레이에 설치하는 물분무소화설비의 살수밀도는 $12[L/\min \cdot m^2]$이므로 $70[m^2]$에 필요한 전체 살수량은 $70 \times 12 = 840[Lpm]$이다. 수원은 20분간 방수할 수 있어야 하므로 $840 \times 20 = 16,800[L] = 16.8[m^3]$ 이상이다.

74 정답 ②

케이블실에 이산화탄소의 체적에 따른 약제량은 $1.3\,kg$이므로 약제량은 $750 \times 1.3 = 975[kg]$,
개구부에 대한 약제 가산량은 $3 \times 10 = 30[kg]$이다.
전체 약제량은 $975 + 30 = 1,005[kg]$이다.

75 정답 ③

스프링클러 헤드는 살수가 방해되지 아니하도록 반경 $60\,cm$ **이상**의 공간을 보유하고, 벽과의 공간은 $10\,cm$ **이상**으로 확보한다.

76 정답 ②

스프링클러설비에서 1개의 방호구역의 바닥면적은 $3,000[m^2]$ **이하**로 한다.

77 정답 ③

배관 내의 압력을 검지하여 적정압력을 유지하기 위해 펌프를 자동으로 기동시키는 장치를 기동용 수압개폐장치라고 한다.

78 정답 ③

고정포방출구설비의 포소화약제 저장량을 구하는 공식 중 "A"는 저장탱크의 액표면적$[m^2]$을 의미한다.

79 정답 ③

배출기의 흡입 측 풍도 안의 **풍속은** $15\,m/s$ **이하**로 하고 **배출 측 풍속은** $20\,m/s$ **이하**로 할 것

80 정답 ③

차고 또는 주차장에 설치하는 분말소화설비의 소화약제는 **제3종 분말**로 해야 한다.

2026 시대에듀 유선배 소방설비기사 기계분야 필기 합격노트

개정1판1쇄 발행	2026년 01월 15일 (인쇄 2025년 10월 24일)
초 판 발 행	2025년 02월 10일 (인쇄 2024년 12월 27일)
발 행 인	박영일
책 임 편 집	이해욱
저　　　자	정세윤
편 집 진 행	노윤재 · 윤소진
표지디자인	김도연
편집디자인	김기화 · 고현준
발 행 처	(주)시대고시기획
출 판 등 록	제10-1521호
주　　　소	서울시 마포구 큰우물로 75 [도화동 538 성지 B/D] 9F
전　　　화	1600-3600
팩　　　스	02-701-8823
홈 페 이 지	www.sdedu.co.kr
I S B N	979-11-434-0223-3
정　　　가	34,000원

※ 이 책은 저작권법의 보호를 받는 저작물이므로 동영상 제작 및 무단전재와 배포를 금합니다.
※ 잘못된 책은 구입하신 서점에서 바꾸어 드립니다.

한국산업인력공단 시행

화재조사관이 집필한 최고의 수험서!
화재감식평가기사 · 산업기사

화재조사론 · 화재감식론 · 증거물관리 및 법과학 · 화재조사보고 및 피해평가 · 화재조사 관계법규

- 저자의 오랜 경험을 통해 수험서이지만 현장실무에서도 유용하게 적용할 수 있는 가이드
- 기존의 화재조사관 시험의 철저한 분석을 바탕으로 최적의 이론과 문제를 과목별로 수록
- 1~3과목의 현장조사, 증거물 관련 사진 등을 컬러로 수록해 생생한 학습 유도

화재감식평가기사 · 산업기사
필기 | 한권으로 끝내기

- 출제율이 높은 핵심요약집
- 과목별 출제예상문제
- 과년도 기출변형문제

화재감식평가기사 · 산업기사
필기 | 기출문제집

- 출제율이 높은 핵심요약집
- 실전모의고사
- 기사 · 산업기사 기출문제
- 과년도 기사 · 산업기사 기출변형문제

※ 상기 이미지는 변경될 수 있습니다.

시대에듀 소방 도서 LINE UP

소방승진
위험물안전관리법

소방승진
위험물안전관리법 최종모의고사

소방승진
소방전술 최종모의고사

화재감식평가기사·산업기사
필기 한권으로 끝내기

화재감식평가기사·산업기사
실기 필답형

화재감식평가기사·산업기사
필기 기출문제집

※ 상기 도서의 이미지 및 세부구성은 변경될 수 있습니다.

46.3%

*2024년 소방설비기사 기계분야 필기 합격률

CBT 모의고사, 이제 선택이 아닌 필수!

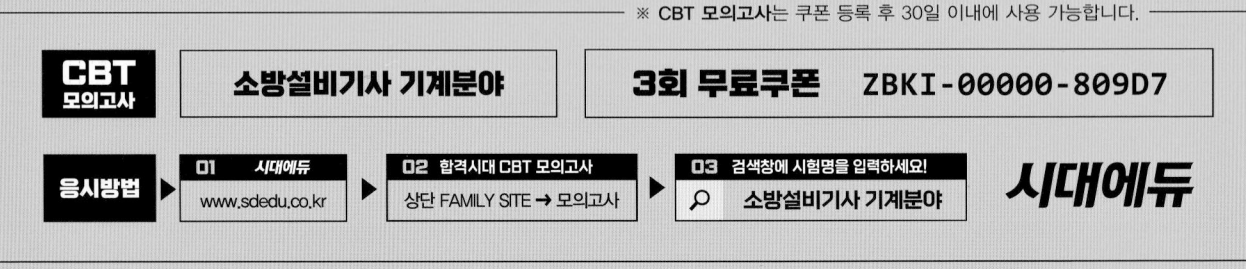